CAD/CAM 技能型人才培养丛书

UG NX 9 模具设计应用教程

宋清亮 编著

清华大学出版社

北 京

内容简介

UG NX是由西门子UGS PLM软件开发的CAD/CAM/CAE高端软件，MoldWizard是其中的模具设计模块，它提供了对整个模具设计过程的向导，非常直观和快捷。本书以UG NX 9版本为平台，并结合多年应用和培训UG NX的经验编写而成。

本书从工科院校学生学习的实际出发，按从基础到高级的顺序进行编排，并对每章内容进行梳理。全书共分为15个章节，详细介绍了使用UG NX 9 MoldWizard模块进行模具设计的过程，包括设计初始化、分型工具、分型管理器、模架加载、标准件加载、浇注系统、冷却系统、模具设计后处理，并以代表性的综合实例引导读者使用UG NX 9 MoldWizard模块进行模具设计操作。

本书深入浅出，实例引导，讲解翔实，非常适合广大从事UG NX模具设计的初中级读者使用，既可作为大中专院校、高职院校机械设计专业的教科书，也可以作为社会相关培训机构的培训教材和工程技术人员的参考用书。

图书在版编目(CIP)数据

UG NX 9模具设计应用教程 / 宋清亮 编著. —北京：清华大学出版社，2014

(CAD/CAM技能型人才培养丛书)

ISBN 978-7-302-36809-0

Ⅰ. ①U… Ⅱ. ①宋… Ⅲ. ①模具—计算机辅助设计—应用软件—教材 Ⅳ. ①TG76-39

中国版本图书馆CIP数据核字(2014)第124345号

责任编辑：刘金喜
装帧设计：孔祥峰
责任校对：成凤进
责任印制：李红英

出版发行：清华大学出版社
网　址：http://www.tup.com.cn，http://www.wqbook.com
地　址：北京清华大学学研大厦A座　　邮　编：100084
社 总 机：010-62770175　　邮　购：010-62786544
投稿与读者服务：010-62776969，c-service@tup.tsinghua.edu.cn
质 量 反 馈：010-62772015，zhiliang@tup.tsinghua.edu.cn
课 件 下 载：http://www.tup.com.cn,010-62794504

印 刷 者：北京富博印刷有限公司
装 订 者：北京市密云县京文制本装订厂
经　销：全国新华书店
开　本：185mm×260mm　　印　张：25.5　　字　数：573千字
(附光盘1张)
版　次：2014年10月第1版　　印　次：2014年10月第1次印刷
印　数：1～3000
定　价：42.00元

产品编号：058271-01

前　言

UG NX 9是当今世界上非常先进的面向设计制造行业的CAD/CAM/CAE高端软件，MoldWizard是其中的一个软件模块，该模块专注于注塑模具设计过程的简化和自动化。

UG NX 9 MoldWizard 提供了对整个模具设计过程的向导，包括从零件的装载、模具坐标系、工件、布局、分型、模具设计、浇注系统设计、冷却系统设计到模具系统制图的整个过程，非常直观和快捷。

UG NX 经过多次的版本更新和性能完善，如今已发展到 UG NX 9 版本。熟练掌握本软件，逐渐成为机械、汽车、快速消费品等行业工程师的必备技能。

1. 本书特点

知识梳理：本书在每章开头设置学习目标，具体提示每章的重点学习内容，用户可根据本提示对重点学习内容进行逐点学习，以快速掌握 UG NX 9 模具设计的基本操作。

专家点拨：本书在一些命令介绍后面设置了“提示”和“注意”小模块，通过对特殊操作或重点内容进行提示，使用户掌握更多的操作。

实例讲解：本书以丰富的实例介绍 UG NX 9 的各项命令及全过程操作，并在各章的结尾设置综合实例对章节内容进行综合介绍，使用户能够快速掌握命令。

视频教学：为方便读者学习本书内容，本书为每章的基础讲解及综合实例的操作提供了视频教学，读者可以跟随视频的操作一步步进行学习。

另外，为方便教师授课，编者专门为本书配置了课件制作素材，请到专门为本书提供的博客http://blog.sina.com.cn/tecbook下载。

2. 本书内容

作者根据自己多年在模具领域进行工作设计的经验，从全面、系统、实用的角度出发，以基础知识与大量实例相结合的方式，详细介绍了 UG NX 9 MoldWizard 模块的各种操作、技巧、常用命令以及应用实例。全书共分 15 章，具体内容如下。

第 1 章　本章主要介绍模具入门应懂得的一些基础知识，主要对 UG NX 9 MoldWizard(注塑模向导)模块进行简要介绍，以方便用户入门学习。

第 2 章　本章概括了使用 UG NX 9 MoldWizard 模块进行模具设计的流程，并通过一个简单模型简要介绍了模具设计的操作过程。

第 3 章　本章的内容是模具设计的第一步，介绍了各个初始化项目的功能，希望用户能认真学习定义模具坐标系和定义工件方面的内容。

第 4 章 本章介绍了分析前对零件上的孔或槽进行修补的功能。这些功能主要有创建方块、分割实体、实体补片、曲面补片、边缘补片、扩大曲面、自动孔修补等。

第 5 章 本章介绍了使用 UG NX 9 注塑模向导进行分型和型腔布局的操作方法，并对模具分型和型腔布局各工具的操作和命令进行了说明。

第 6 章 本章内容是对前面学过的知识的总结，用两个具体的实例来介绍模具设计中分型设计的一般操作。这两个实例是模具设计中的典型实例，设计过程包括了模具初始化、模具 CSYS 设置、工件加载、分型设计及型腔布局等过程。

第 7 章 本章介绍了模架的简介、模架库的操作方法及创建避让腔体的操作方法，最后用一个实例综合讲解了标准模架的添加及创建避让腔的操作过程。

第8章 本章详细介绍了浇注系统的组成和设计原则，且对MoldWizard 的浇口设计、流道设计和定位环及浇口衬套设计的各种操作进行了详细介绍，并通过具体实例让读者更深入地了解浇注系统的设计。

第 9 章 本章首先对冷却系统进行了简要概述，用户应理解并掌握合理布置冷却管道应遵循的原则。然后，对“冷却标准件库”命令的用法进行了详细介绍。

第 10 章 本章重点介绍了 MoldWizard 中的标准件及标准件工具，介绍了模具设计中常用的标准件，如顶杆、电极、镶块、抽芯的概念及设计方法等。

第 11 章 本章内容是模具设计的后续处理阶段，介绍了物料清单的创建方法、模具图纸的创建方法，最后介绍了视图管理器和未用部件的管理命令的使用。

第 12 章 本章介绍了对内螺纹件进行注塑模具设计的详细的操作过程，包括分型前准备工作、分型、模架加载和标准件创建等过程。分型操作是本章的重点。

第 13 章 本章介绍了对某一异形块进行注塑模具设计的详细的操作过程，包括分型前准备、分型、模架加载和标准件创建等过程。其中，分析前对异形块开模方向的确定及滑块头创建是本章的重点。

第 14 章 本章介绍了对一塑料手柄模型进行模具设计的详细的操作过程，其中型腔布局操作及镶件创建是本章的重点。

第 15 章 本章介绍了对行星盘零件进行模具设计的详细的操作过程，其中浇注系统创建、镶块创建是本章的重点。

3. 光盘内容

本书光盘包括了源文件和视频文件两部分，源文件是实例的起始操作文件和完成设计后的文件，包括从 Char01 至 Char15 共 15 个文件夹；视频文件包括了所有综合实例操作内容，视频文件全被放置在“视频”文件夹中。

用户在使用实例文件时，请将文件复制到任意盘的根目录下使用，勿放置在桌面或带有汉字的文件夹下，否则文件将打不开。

4. 读者对象

本书适合于UG NX 9注塑模向导的初学者和进行模具设计的科研或生产技术人员，具体如下：

- ✧ 相关从业人员
- ✧ 初学UG NX 9注塑模向导的技术人员
- ✧ 大中专院校的教师和在校生
- ✧ 相关培训机构的教师和学员
- ✧ 企业技术人员
- ✧ UG NX 9注塑模向导爱好者
- ✧ 广大科研工作人员

5. 本书作者

本书由宋清亮编著，另外参与编写的人员还有徐进峰、史洁玉、孙国强、张樱枝、孔玲军、李昕、刘成柱、郝守海、代晶、贺碧蛟、石良臣、柯维娜等，在此一并表示感谢。

虽然作者在本书的编写过程中力求叙述准确、完善，但由于水平有限，书中欠妥之处在所难免，希望读者和同仁能够及时指出，共同促进本书质量的提高。

6. 读者服务

为了方便解决本书疑难问题，读者朋友在学习过程中若遇到与本书有关的技术问题，可以发邮件到邮箱 book_hai@126.com 或 wkservice@vip.163.com，或者访问博客 http://blog.sina.com.cn/tecbook，编者会尽快给予解答，我们将竭诚为您服务。

本书PPT课件素材可通过 http://www.tupwk.com.cn/downpage 下载。

服务邮箱：wkservice@vip.163.com

编　者

2014年4月

目　录

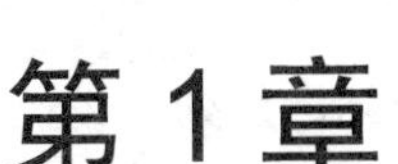

第 1 章 模具设计概述

模具的类型分为注塑模具、冲压模具和压铸模具三种。相对切削加工而言，模具制造具有材料利用率高、能耗低、产品性能好、生产效率高和成本低等显著特点。

学习目标

- ✧ 了解模具制造的特点及发展趋势
- ✧ 了解塑料的工艺特性
- ✧ 了解注塑模具的基础知识
- ✧ 掌握使用 NX 9 软件进行模具设计的基础知识

1.1　模具制造概述

模具在汽车、拖拉机、飞机、家用电器、工程机械、冶金、机床、兵器、仪器仪表、轻工、日用五金等制造业中，起着极为重要的作用。模具是实现上述行业的钣金件、锻件、粉末冶金件、压铸件、注塑件、玻璃件和陶瓷件等生产的重要工艺设备。

1.1.1　模具制造的特点

模具制造的特点包括两方面的内容：模具生产方式的选择和制造模具的特点。

1. 模具生产方式的选择

零件批量较小的模具，一般采用单机生产及配制的方式制造。

零件批量较大的模具制造，可以采用成套性生产，即根据模具标准化、系列化设计，使模具坯料成套供应。

模具各部件的备料、锻、铣、刨、磨等工序均由专人负责。而各部件的精加工、热处理、电加工等则由模具钳工自己管理，最后由钳工整修成型并按装配图装配、调试，直到生产出合适的制品。

这样生产出来的模具部件通用性及互换性较好，模具生产周期短，质量稳定。如果同一种零件制品需要多个模具来完成，在加工和调整模具时，应保持前后的连续性。

2. 制造模具的特点

模具作为一种高寿命的专用工艺装备，有以下生产特点：

(1) 属于单件、多品种生产。模具是高寿命专用工艺装备，每副模具只能生产某一特定形状、尺寸和精度的制件，这就决定了模具生产属于单件、多品种生产规程的性质。

(2) 客观要求模具生产周期短。当前由于新产品更新换代的加快和市场的竞争，客观上要求模具生产周期越来越短。模具的生产管理、设计和工艺工作都应该适应客观要求。

(3) 模具生产的成套性。当某个制件需要多副模具来加工时，各副模具之间往往互相牵连和影响，只有最终制件合格，这一系列模具才算合格。因此，在生产和计划安排上必须充分考虑这一特点。

(4) 试模和试修。由于模具生产的上述特点和模具设计的经验性，模具在装配后必须通过试冲或试压，最后确定是否合格；同时，有些部位需要试修才能最后确定。因此，在生产进度安排上必须留有一定的试模周期。

(5) 模具加工向机械化、精密化和自动化方向发展。目前产品零件对模具精度的要求越来越高，高精度、高寿命、高效率的模具越来越多。而加工精度主要取决于加工机床精度、加工工艺条件、测量手段和方法。目前，精密成型磨床、CNC 高精度平面磨床、精密数控电火花线切割机床、高精度连续轨迹坐标磨床以及三坐标测量机的使用越来越普遍，使模具加工向高技术密集型发展。

1.1.2　模具制造的分类

模具的类型较多，按照成型件材料的不同可分为冲压模具、注塑模具、锻造模具、压铸模具、橡胶模具、粉末冶金模具、玻璃模具和陶瓷模具。注塑模具、冲压模具和压铸模具是应用最广泛的三种模具。

1. 注塑模具

注塑模具是一种生产塑胶制品的工具，也是赋予塑胶制品完整结构和精确尺寸的工具。操作过程是将受热熔化的材料由高压射入模腔，经冷却固化后，得到成形品。

注塑模具依成型特性区分为热固性塑胶模具、热塑性塑胶模具两种；依成型工艺区分为传塑模、吹塑模、铸塑模、热成型模、热压模(压塑模)、注射模等，其中热压模以溢料方式又可分为溢式、半溢式、不溢式三种，注射模以浇注系统又可分为冷流道模、热流道模两种；按装卸方式可分为移动式、固定式两种。

2. 冲压模具

冲压模具，是在冷冲压加工中，将材料(金属或非金属)加工成零件(或半成品)的一种特殊工艺装备，称为冷冲压模具(俗称冷冲模)。冲压，是在室温下，利用安装在压力机上的模具对材料施加压力，使其产生分离或塑性变形，从而获得所需零件的一种压力加工方法。

冲压模具是冲压生产必不可少的工艺装备，是技术密集型产品。冲压件的质量、生产效率以及生产成本等，与模具设计和制造有直接关系。模具设计与制造技术水平的高低，是衡量一个国家产品制造水平高低的重要标志之一，在很大程度上决定着产品的质量、效益和新产品的开发能力。

3. 压铸模具

压铸模具是铸造液态模锻的一种方法，一种在专用的压铸模锻机上完成的工艺。它的基本工艺过程是：金属液先低速或高速铸造充型进模具的型腔内，模具有活动的型腔面，它随着金属液的冷却过程加压锻造，既消除毛坯的缩孔缩松缺陷，也使毛坯的内部组织达到锻态的破碎晶粒。毛坯的综合机械性能得到显著的提高。

压铸材料、压铸机、模具是压铸生产的三大要素，缺一不可。所谓压铸工艺，就是将这三大要素有机地加以综合运用，使能稳定地、有节奏地和高效地生产出外观、内在质量好的及尺寸符合图样或协议规定要求的合格铸件，甚至优质铸件的过程。

1.2 塑料概述

塑料是以树脂为主要成分的高分子有机化合物，由于具有质量轻、强度高、耐腐性好、绝缘性能好、可塑性良好、易于成型等特点，因此在机械、医学、日常生活等领域中得到了广泛的应用。

1.2.1 塑料的分类

目前，塑料品种已达 300 多种，常见的约 30 多种。根据塑料的成型性能、使用特性和加工方法可以对塑料进行分类。

1. 按塑料的成型性能分类

按塑料成型工艺性能可以将塑料分为热固性塑料和热塑性塑料。

(1) 热固性塑料

热固性塑料是指受热或其他条件下能固化，并且这种固化具有不可逆反性(即这种固化只有一次，不可以反复)，如酚醛塑料、脲醛塑料和环氧树脂等。

(2) 热塑性塑料

热塑性塑料是指在特定温度范围内能反复加热软化和冷却硬化的塑料，如聚乙烯、聚四氟乙烯等。注塑模具成型的塑料，绝大多数都是热塑性塑料。

2. 按使用特性分类

根据使用特性分类，通常将塑料分为通用塑料、工程塑料和特种塑料三种类型。

(1) 通用塑料

通用塑料指常用的塑料品种，这类塑料产量大，用途广，价格低，包括聚氯乙烯(PVC)、聚乙烯(PP)、聚丙烯(PE)、聚苯乙烯(PS)、酚醛和氨基塑料。其产量占整个塑料产量的 80%以上。

(2) 工程塑料

工程塑料一般指能承受一定的外力作用，具有良好的力学性能和耐高低温性能，它能代替金属材料作为工程的承重构件。常见的工程塑料包括 ABS、聚甲醛、聚碳酸酯和聚酰胺等。

(3) 特种塑料

特种塑料是指具有特种功能(如导电、导磁和导热等)可用于航天航空等特殊应用领域的塑料。常见的如氟塑料和有机硅等。

3. 按加工的方法分类

根据各种塑料不同的加工成型方法分类，可以分为膜压、层压、注塑、挤出、吹塑和反应注塑塑料等多种类型。

膜压塑料多为物性的加工性能与一般固性塑料相类似的塑料；层压塑料是指浸有树脂的纤维织物，经叠合、热压而结合成为整体的塑料；注塑、挤出和吹塑多为物性和加工性能与一般热塑性塑料相类似的塑料；反应注塑塑料是将液态原料注入型腔内，使其反应固化成一定形状制品的塑料，如聚氨酯。

1.2.2　塑料的性能

塑料的性能主要是指塑料在成型工艺过程中所表现出来的成型特性。在模具设计过程中，要充分考虑这些因素对塑料成型过程和成型效果的影响。

1. 塑料的收缩性

塑料制品的收缩不仅与塑料本身的热胀冷缩有关，而且还与模具结构及成型工艺条件等因素有关，将塑料制品的收缩称为成型收缩，以收缩率表示收缩性的大小，即单位长度塑料制品收缩量的百分数。

设计模具型腔尺寸时，应该按塑料的收缩性进行设计，在注塑成型过程中控制好模文、注塑压力、注塑速度及冷却时间等因素以控制零件成型后的最终尺寸。

2. 塑料的流动性

塑料流动性是指在流动过程中，塑料熔体在一定温度和压力作用下填充型腔的能力。

流动性差的塑料，在注塑成型时不易填充型腔，易产生缺料，在塑料熔体回合处不能很好地熔接而产生熔接痕。这些缺陷会导致零件的报废，反之，若材料的流动性好，注塑成型时容易产生飞边和流延现象。浇注系统的形式、尺寸和布置，包括型腔的表面粗糙度、浇道截面厚度、型腔形式、排气系统和冷却系统等模具结构都对塑料的流动性有重要影响。

3. 塑料的取向和结晶

取向是由于各异性导致塑料在各个方向上收缩不一致的现象。影响取向的因素主要有塑料品种、制品壁厚和温度等。除此之外，模具的浇口位置、数量和断面大小对塑料制品的取向方向、取向程度和各个部位的取向分子情况也有重大影响，是模具设计时必须重视的问题。

结晶是塑料中树脂大分子的排列呈三相远程有序的现象，影响结晶的主要因素有塑料类型、添加剂、模具温度和冷却速度。结晶对于塑料的性能有重要影响，因此，在模具设计和塑件成型过程中应予以特别注意。

4. 热敏性

热敏性是指塑料对于在稳定变化后，塑料性能的改变情况，如热稳定性。热稳定性差的塑料，在高温受热条件下，若浇口截面过小，剪切力过大或料温增高就容易发生变色、降解和分解等情况。为防止热敏性塑料材料出现过热分解现象，可以采取加入稳定剂、合理选择设备、合理控制成型温度及成型周期和及时清理设备等措施。

1.3 注塑成型模具基础

注塑成型是批量生产某些形状复杂部件时用到的一种加工方法。注塑模具是一种生产塑胶制品的工具，也是赋予塑胶制品完整结构和精确尺寸的工具。

1.3.1 注塑成型的工艺原理

注塑成型的原理是将颗粒状或粉状塑料从注塑机的料斗送进加热的料筒中，经过加热熔塑化成粘流态熔体，在注塑机柱塞或螺杆的高压推动下，以很大的流速通过喷嘴注入模具型腔，经过一定时间的保压冷却定型后，可以保持模具型腔所赋予的形状，然后开模分型获得成型塑件。

注射装置是使树脂材料受热熔化后射入模具内的装置。如图 1-1 所示，从料头把树脂挤入料筒中，通过螺杆的转动将熔体输送至机筒的前端。在那个过程中，在加热器的作用下加热使机筒内的树脂材料受热，在螺杆的剪切应力作用下使树脂成为熔融状态，将相当于成型品及主流道、分流道的熔融树脂滞留于机筒的前端(称为计量)，螺杆的不断向前将材料射入模腔。当熔融树脂在模具内流动时，需控制螺杆的移动速度(射出速度)，并在树脂充满模腔后用压力(保压力)进行控制。当螺杆位置、注射压力达到一定值时可以将速度控制切换成压力控制。

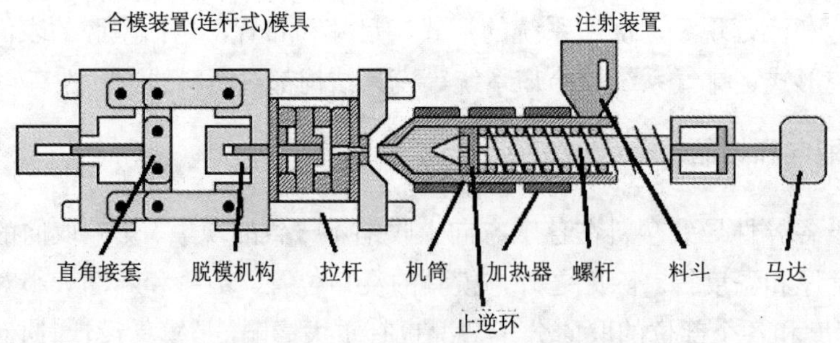

图 1-1　螺杆式注塑机注塑成型的原理图

1.3.2 注塑模具的结构组成

注塑模具由动模和定模两部分组成，动模安装在注射成型机的移动模板上，定模安装在注射成型机的固定模板上。在注射成型时动模与定模闭合构成浇注系统和型腔，开模时动模和定模分离以便取出塑料制品。

模具的结构虽然由于塑料品种和性能、塑料制品的形状和结构以及注射机的类型等不同而可能千变万化，但是基本结构是一致的。模具主要由浇注系统、调温系统、成型零件和结构零件组成。其中，浇注系统和成型零件是与塑料直接接触的部分，并随塑料和制品而变化，是塑模中最复杂，变化最大，要求加工光洁度和精度最高的部分。

1. 浇注系统

浇注系统又称流道系统，它是将塑料熔体由注射机喷嘴引向型腔的一组进料通道，通常由主流道、分流道、浇口和冷料穴组成。它直接关系到塑料制品的成型质量和生产效率。

2. 主流道

主流道是模具中连接注塑机射嘴至分流道或型腔的一段通道。主流道顶部呈凹形以便与喷嘴衔接。主流道进口直径应略大于喷嘴直径(0.8mm)以避免溢料，并防止两者因衔接不准而发生的堵截。进口直径根据制品大小而定，一般为 4～8mm。主流道直径应向内扩大呈 3°～5°的角度，以便流道赘物的脱模。

3. 冷料穴

冷料穴是设在主流道末端的一个空穴，用以捕集射嘴端部两次注射之间所产生的冷料，从而防止分流道或浇口的堵塞。如果冷料一旦混入型腔，则所制制品中就容易产生内应力。冷料穴的直径约 8～10mm，深度为 6mm。为了便于脱模，其底部常由脱模杆承担。脱模杆的顶部宜设计成曲折钩形或设下陷沟槽，以便脱模时能顺利拉出主流道赘物。

4. 分流道

分流道是多槽模中连接主流道和各个型腔的通道。为使熔料以等速度充满各型腔，分流道在塑模上的排列应成对称和等距离分布。分流道截面的形状和尺寸对塑料熔体的流动、制品脱模和模具制造的难易都有影响。如果按相等料量的流动来说，则以圆形截面的流道阻力最小。但因圆柱形流道的比表面小，对分流道赘物的冷却不利，而且这种分流道必须开设在两半模上，既费工又不易对准。因此，经常采用的是梯形或半圆形截面的分流道，且开设在带有脱模杆的一半模具上。流道表面必须抛光以减少流动阻力提供较快的充模速度。流道的尺寸决定于塑料品种、制品的尺寸和厚度。对大多数热塑性塑料来说，分流道截面宽度均不超过 8m，特大的可达 10～12m，特小的 2～3m。在满足需要的前提下应尽量减小截面面积，以免增加分流道赘物和延长冷却时间。

5. 浇口

浇口是接通主流道(或分流道)与型腔的通道。通道的截面积可以与主流道(或分流道)相等，但通常都是缩小的。所以它是整个流道系统中截面积最小的部分。浇口的形状和尺寸对

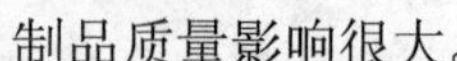

制品质量影响很大。

浇口的作用是：

(1) 控制料流速度。

(2) 在注射中可因存于这部分的熔料早凝而防止倒流。

(3) 使通过的熔料受到较强的剪切而升高温度，从而降低表观黏度以提高流动性。

(4) 便于制品与流道系统分离。

浇口形状、尺寸和位置的设计取决于塑料的性质、制品的大小和结构。一般浇口的截面形状为矩形或圆形，截面面积宜小而长度宜短，这不仅基于上述作用，还因为小浇口变大较容易，而大浇口缩小则很困难。浇口位置一般应选在制品最厚而又不影响外观的地方。浇口尺寸的设计应考虑到塑料熔体的性质。

6. 型腔

型腔是模具中成型塑料制品的空间。用作构成型腔的组件统称为成型零件。各个成型零件常有专用名称。构成制品外形的成型零件称为凹模(又称阴模)，构成制品内部形状(如孔、槽等)的称为型芯或凸模(又称阳模)。

设计成型零件时首先要根据塑料的性能、制品的几何形状、尺寸公差和使用要求来确定型腔的总体结构。其次是根据确定的结构选择分型面、浇口和排气孔的位置以及脱模方式。最后则按控制品尺寸进行各零件的设计及确定各零件之间的组合方式。塑料熔体进入型腔时具有很高的压力，故成型零件要进行合理的选材及强度和刚度的校核。为保证塑料制品表面的光洁美观和容易脱模，凡与塑料接触的表面，其粗糙度需大于0.32μm，而且要耐腐蚀。成型零件一般都通过热处理来提高硬度，并选用耐腐蚀的钢材制造。

7. 调温系统

为了满足注射工艺对模具温度的要求，需要有调温系统对模具的温度进行调节。对于热塑性塑料用注塑模，主要是设计冷却系统使模具冷却。模具冷却的常用办法是在模具内开设冷却水通道，利用循环流动的冷却水带走模具的热量；模具的加热除可利用冷却水通道热水或蒸汽外，还可在模具内部和周围安装电加热元件。

8. 成型部件

成型部件由型芯和凹模组成。型芯形成制品的内表面，凹模形成制品的外表面形状。合模后型芯和型腔便构成了模具的型腔。按工艺和制造要求，有时型芯和凹模由若干拼块组合而成，有时做成整体，仅在易损坏、难加工的部位采用镶件。

9. 排气口

排气口是在模具中开设的一种槽形出气口，用以排出原有的及熔料带入的气体。熔料注入型腔时，原存于型腔内的空气以及由熔体带入的气体必须在料流的尽头通过排气口向模外排出，否则将会使制品带有气孔、接触不良、充模不满，甚至积存空气因受压缩产生高温而将制品烧伤。

一般情况下，排气孔既可设在型腔内熔料流动的尽头，也可设在塑模的分型面上。后者是在凹模一侧开设深0.03～0.2mm，宽1.5～6mm 的浅槽。注射中，排气孔不会有很多熔料渗出，因为熔料会在该处冷却固化将通道堵死。

排气口的开设位置切勿对着操作人员，以防熔料意外喷出伤人。此外，亦可利用顶出杆与顶出孔的配合间隙、顶块和脱模板与型芯的配合间隙等来排气。

10. 结构零件(标准件)

结构零件是指构成模具结构的各种零件，包括导向、脱模、抽芯以及分型的各种零件，如前后夹板、前后扣模板、承压板、承压柱、导向柱、脱模板、脱模杆及回程杆等。

(1) 导向部件

为了确保动模和定模在合模时能准确对中，在模具中必须设置导向部件。在注塑模中通常采用四组导柱与导套来组成导向部件，有时还需在动模和定模上分别设置互相吻合的内、外锥面来辅助定位。

(2) 推出机构

在开模过程中，需要有推出机构将塑料制品及其在流道内的凝料推出或拉出。推出固定板和推板用以夹持推杆。在推杆中一般还固定有复位杆，复位杆在动、定模合模时使推板复位。

(3) 侧抽芯机构

有些带有侧凹或侧孔的塑料制品，在被推出以前必须先进行侧向分型，抽出侧向型芯后方能顺利脱模，此时需要在模具中设置侧抽芯机构。

11. 标准模架

为了减少繁重的模具设计和制造工作量，注塑模大多采用了标准模架。

1.4　注塑模具 CAX 技术概述

随着工业的发展，人们越来越关注如何缩短模具设计与加工的生产周期及怎样提高模具加工的质量，传统的模具设计与制造方法已不能适用产品及时更新换代和提高质量的要求。

将计算机应用于模具工业，即使用计算机进行产品设计、工艺设计与成型工艺的模拟等，提高模具设计效率与加工质量，缩短了模具生产的周期。

1.4.1 模具 CAX 技术

1. 模具 CAD

CAD(Computer Aided Design)是利用计算机硬件、软件系统辅助人们对产品或工程进行设计、绘图和工程分析与技术文档编制等设计活动的总称。

利用计算机运算速度快、精确度高和信息存储量大的优势进行数值分析计算、图形处理及信息管理等，将人从繁杂的重复任务中解放出来，专注于创造性的工作。

模具工业中 CAD 的应用，使模具设计的水平得以迅速发展，提高了生产率，改善了质量，降低了成本，减轻了劳动强度。

(1) CAD 可以提高模具的设计质量。在计算机系统内存储了各个有关专业的综合性的技术知识，为模具的设计和工艺的制造提供了科学的依据。计算机与设计人员的交互作用，有利于发挥人、机各自的特长，使模具设计和制造工艺更加合理化。系统采用的优化设计方法有助于某些工艺参数和模具结构的优化。

(2) CAD 可以节省时间，提高生产率。设计计算和图样绘制的自动化大大缩短了设计时间。CAD 与 CAM 的一体化可以明显缩短从设计到制造的周期。

(3) CAD 可以大幅降低成本。计算机的高速运算和自动绘图大大节省了劳动力。

(4) CAD 技术将设计人员从繁冗的计算、绘图和 NC 编程工作中解放出来，使其可以从事更多的创造性劳动。

2. 模具 CAE

CAE(Computer Aided Engineering)技术，借助于有限元法、有限差分法和边界元法等数值计算方法，分析型腔中塑料的流动、保压和冷却过程，计算制品和模具的应力分布，预测制品的翘曲变形，并由此分析工艺条件、材料参数，以及模具结构对制品质量的影响，以达到优化制品、模具结构和优选成型工艺参数的目的。

塑料注塑成型 CAE 软件主要包括流动保压模拟、流道平衡分析、冷却模拟、模具刚度、强度分析和应力计算、翘曲预测等功能。其中：

(1) 流动保压模拟软件能提供不同时刻型腔内塑料熔体的温度、压力和剪切应力分布，其预测结果能直接指导工艺参数的选定及流道系统的设计。

(2) 流道平衡分析软件能帮助用户对一模多腔模具的流道系统进行平衡设计，计算各个流道和浇口的尺寸，以保证塑料熔体能同时充满各个型腔。

(3) 冷却模拟软件能计算冷却时间、制品及型腔的温度分布，其分析结果可以用来优化冷却系统的设计。

(4) 刚度、强度分析能够对模具结构力学性能进行分析，帮助对模具型腔壁厚及模板的刚度和强度的校核。

3. 模具 CAM

CAM(Computer Aided Manufacture)技术，是用计算机辅助完成产品制造过程的统称。有狭义的 CAM 和广义的 CAM。

狭义的 CAM 主要指产品的数控加工，它的输入信息是零件的工艺路线和工序内容，输出信息是刀具的运动轨迹和数控程序。

广义的 CAM 主要是指利用计算机进行零件的工艺规划、数控程序编制和加工过程仿真等，还包括制造活动中与物流有关的所有过程(加工、装配、检验、存储和输送)的监视、控制和管理。

1.4.2 注塑模具 CAD 技术

1. 注塑模具 CAD 的主要内容

塑料注塑成型生产包括塑料产品设计、模具结构设计、模具加工制造和模塑生产等几个主要方面，它需要产品设计师、模具设计师、模具加工工艺师及熟练操作工协同来完成，它是一个设计、修改、再设计的反复迭代、不断优化的过程。CAD技术在注塑模中的应用表现在以下几个方面。

(1) 塑料制品的设计

塑料制品应该根据使用要求进行设计，同时，考虑塑料性能的要求、成型的工艺特点、模具结构及制造工艺、成型设备、生产批量及生产成本，以及外形的美观大方等各方面的因素。

基于特征的三维造型CAD软件为设计师提供了方便的设计平台、强大的编辑功能和曲面造型功能，逼真的显示效果使设计者可以运用自如地表达自己的设计意图，真正做到所想即所得，而且制品的各种参数全部计算保存，为后续的模具设计和分析打下良好的基础。

(2) 模具结构的设计

注塑模具结构要根据塑料制品的形状、精度、大小、工艺要求和生产批量来决定，它包括型腔数目及排列方式、浇注系统、成型部件、冷却系统、脱模机构和侧抽芯机构等几大部分，同时，尽量采用标准模架。CAD 技术在注塑模中的应用主要体现在注塑模结构设计中。

(3) 模具开、合模运动仿真

注塑模具结构复杂，要求各部件运行自如、互不干涉且对模具零件的顺序动作、行程有严格的控制。运用 CAD 技术可以对模具开模、合模，以及对制品被顶出的全过程进行仿真，从而检查出模具结构设计不合理之处，并及时更正，以减少修模时间。

2. 应用注塑模 CAD 系统进行模具设计的通用流程

注塑模 CAD 系统一般都具有相似的设计流程，如图 1-2 所示。

(1) 制品造型，可以直接采用通用的三维造型软件。

(2) 根据注塑制品采用专家系统进行模具的概念设计，专家系统包括模具结构设计、模具制造工艺规划和模具价格估计等模块，在专家系统的推理过程中，采用基于知识与基于实例相结合的推理方法，推理的结果是注塑工艺和模具的初步方案。

方案设计包括型腔数目与布置、浇口类型、模架类型、脱模方式和抽芯方式等。如图 1-3 所示为模具结构设计流程图。

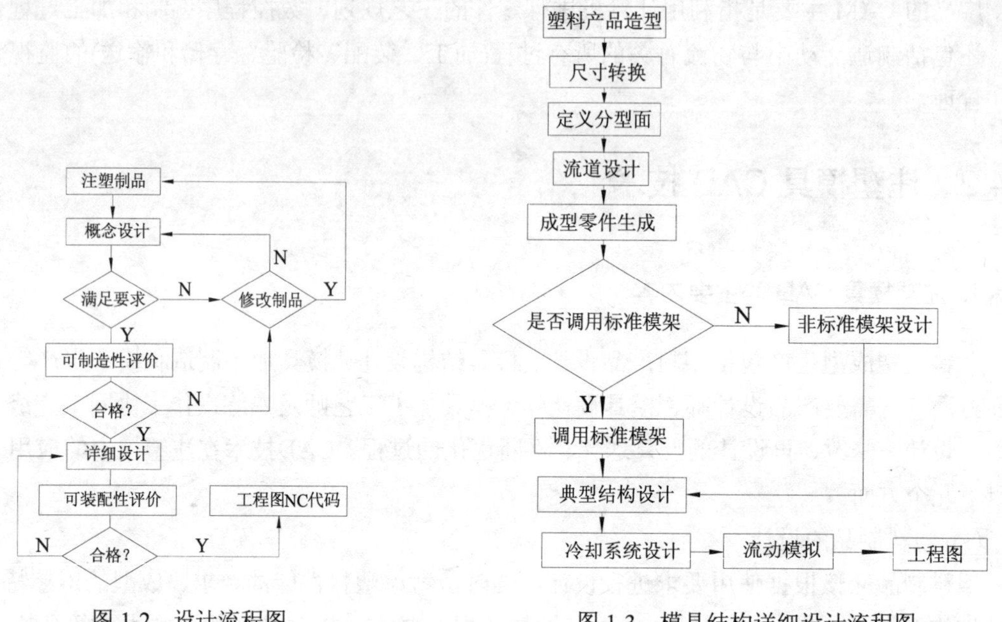

图 1-2　设计流程图　　　　图 1-3　模具结构详细设计流程图

(3) 在模具初步方案确定后，用 CAE 软件进行流动、保压、冷却和翘曲分析，以确定合适的浇注系统和冷却系统等。如果分析结果不能满足生产要求，那么可以根据用户的要求修改注塑制品的结构或修改模具的设计方案。

1.5　Siemens NX 9 注塑模向导概述

MoldWizard(注塑模向导)是 Siemens NX 9(下文称 NX 9)中专门用于注塑模具自动化设计的模块，利用该模块可以更容易、更快捷地实现塑件产品的模具结构设计。

MoldWizard集成了一些模具设计中的自动检测工具，方便用户进行及时的纠错；其基于主模型结构的自顶向下的设计方式，将参数化装配建模设计引入到模具设计中，使模具中的各个部件能够进行交互的设计与更新。此外，MoldWizard集成了一套完善的模具标准件库，库中包含了多个著名模具部件生产厂的标准件，从而大大节省了模架设计的时间。

1.5.1　进入 NX 9 注塑模向导模块

进入 NX 9 注塑模向导模块以前，用户首先需要打开 Siemens NX 9 软件，在计算机待机状态下用户选择“开始”→“所有程序”→Siemens NX 9→NX 9 即可打开如图 1-4 所示的软件待机窗口。

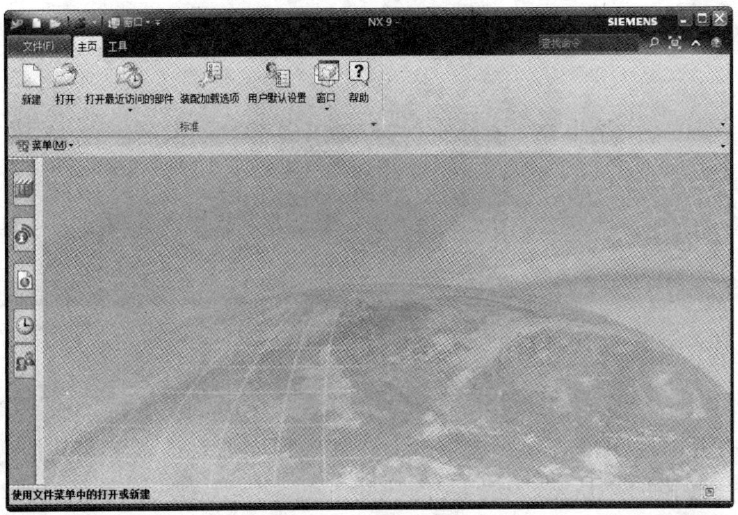

图 1-4　Siemens NX 9 待机窗口

进入窗口后，单击窗口上方的(打开)按钮，即可弹出如图 1-5 所示的“打开”对话框。

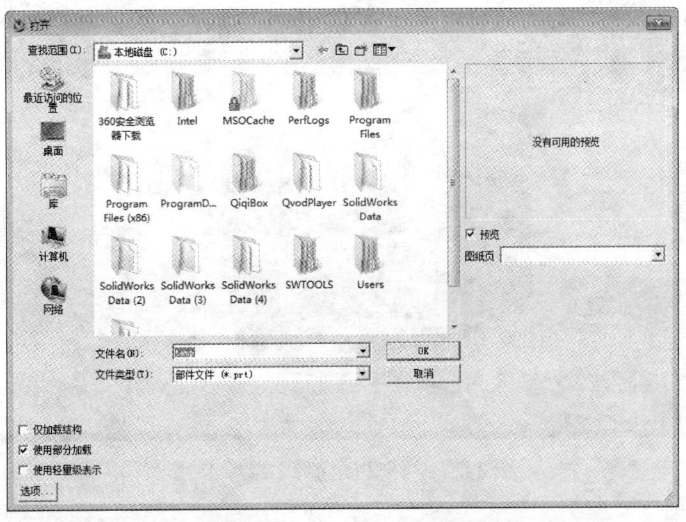

图 1-5　“打开”对话框

用户打开对话框后，选择存放于目录中的文件，然后单击 OK 按钮，即可将模型文件打开。例如，笔者打开某文件后的窗口如图 1-6 所示。

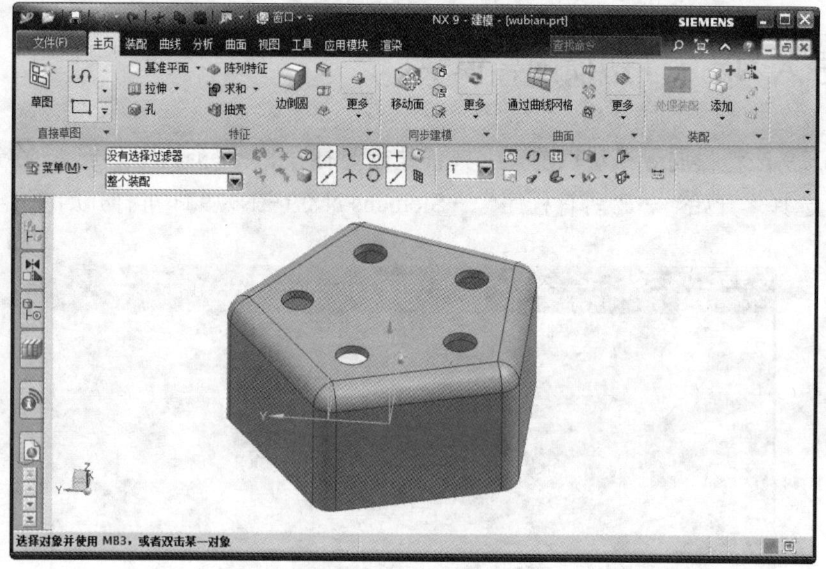

图 1-6 打开模型后窗口

用户单击窗口上方的“应用模块”选项卡，并再次单击“特定于工艺”工具框内的(模具)按钮，即可打开“注塑模向导”选项卡。“注塑模向导”选项卡和其他选项卡并列呈现在软件窗口上方，如图 1-7 所示，请用户对比图 1-6，即可发现选项卡的区别。

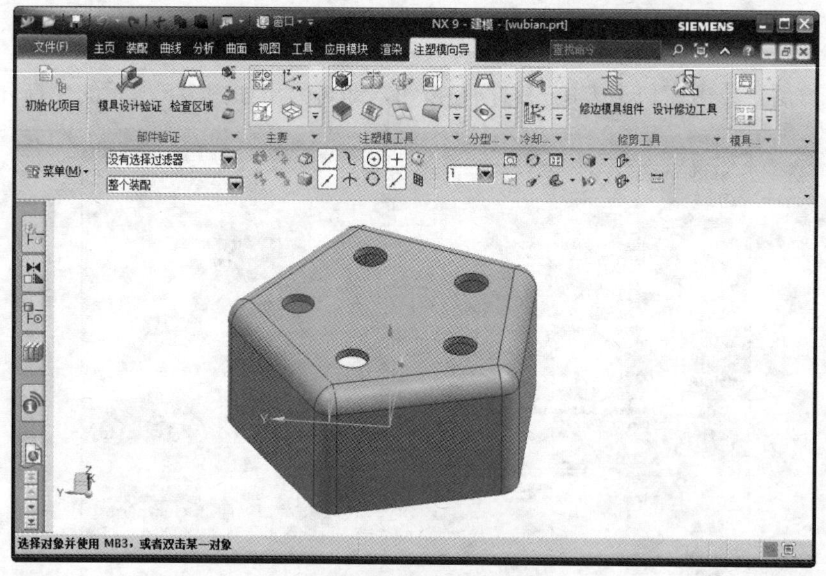

图 1-7 “注塑模向导”选项卡

帮助

用户所使用的文件必须存放在根目录或非中文字符的文件夹中(路径中不可出现中文字符)，否则将不能打开文件进行操作。

窍门

在使用不同选项卡的时候，用户可使用鼠标滚轮滚动切换不同的选项卡。

1.5.2　NX 9 注塑模向导命令

NX 9是当今世界上非常先进的面向设计制造行业的CAD/CAM/CAE高端软件。其中Siemens NX 9 MoldWizard是其中的一个软件模块，该模块专注于注塑模具设计过程的简化和自动化。

Siemens NX 9 MoldWizard 提供了对整个模具设计过程的向导，使从零件的装载、模具坐标系、工件、布局、分型、模具设计、浇注系统设计、冷却系统设计到模具系统制图的整个过程，非常直观和快捷。

如图 1-8 所示为 Siemens NX 9 MoldWizard 的“注塑模向导”工具栏，与以往的 NX 版本不同的是，NX 9 把各种模块以选项卡的方式置于窗口的上方。

图 1-8　“注塑模向导”工具栏

1. 初始化项目

模具设计过程由载入产品模型开始。注意：开始模具项目之前没有必要打开产品模型，可以直接在 NX 启动界面，选择菜单栏中的“工具”→“自定义”命令，弹出“自定义”对话框，在该对话框中勾选“应用程序”复选框，然后在“应用程序”工具栏中单击“注塑模向导”按钮，便会出现“注塑模向导”工具栏。如果已经打开了一个产品模型文件，在开始初始化模具设计项目时，也没有必要关闭它。

在“注塑模向导”工具栏中单击“初始化项目”按钮来开始一个注塑模向导项目，以实现将产品零件导入到 MoldWizard 模具设计模块。随即进行项目初始化过程。

2. 多腔模设计

生成不同设计的多个产品(如 MP3 外壳的上壳和下壳)的模具称为多腔模。当加载多个产品模型时，注塑模向导会自动排列多腔模项目到装配结构中，每个部件和它的相关文件放到不同的分支下。多腔模模块允许选择激活的部件(从已经载入多腔模的部件中)来执行所需要的操作。

3. 模具 CSYS

通过模具坐标系功能能实现重新定位产品模型，以把它们放置到模具装配中正确的位置上。

注塑模向导假设绝对坐标系的 Z+方向为模具顶出的方向。Z=0 的面是模具装配的分型面。

4. 收缩率

“收缩率”是一个比例系数，它用于塑胶产品模型冷却时收缩后的补偿。如果用户的型腔、型芯模型是相关的，则可以在模具设计过程中的任何时候设定或调整该收缩率的值。收缩率功能自动搜索装配，并设置 Shrink(收缩)部件为工作部件，然后在 Shrink 部件中的产品模型的几何链接复制件中加上比例特征。NX 9 根据塑料性能及制品的结构特征设定了三种比例类型：“均匀的”、“轴对称”和“一般”。

5. 工件

“工件”功能用于定义型腔和型芯的镶块体。有多种方法来定义工件。MoldWizard用一个比产品模型体积大些的材料容积包容产品，然后通过后续的分型工具使其成型，从而作为模具的型腔和型芯。

6. 型腔布局

“型腔布局”可以添加、移除或重定位模具装配结构中的分型组件。在本过程中，布局组件下有多个产品节点。每添加一个型腔，就会在布局节点下面添加一个产品子装配树的整列的子节点(注：工件要在使用布局功能之前设计，因为布局的布置会参考工件尺寸。在布局过程中，产品的子装配树的 Z 平面是不变的。如果要移除 Z 平面，需要重设模具坐标系)。开始布局功能时，一个型腔会高亮显示，作为初始化操作的型腔。这时可以选定或取消选定要重定位的型腔。

7. 注塑模工具

注塑模向导提供一整套的工具来为产品模型创建模具，用工具创建一些曲面或实体，进行修补孔、槽或其他的结构特征，这些特征会影响正常的分模过程。

8. 分型

“分型”管理将各分型子命令组织成逻辑连续的步骤，并允许用户自始至终使用整个分型功能。因为分型步骤是独立的，因此，分型过程更快、更容易操作。

9. 模架库

“模架库”功能可以为注塑模向导过程配置模架，并定义模架库。NX 提供了标准模架、可互换模架、通用模架和自定义模架，特别是自定义模架可以根据用户自身的需求自己定义适合用户自身的模架库。

10. 标准部件库

注塑模向导中的标准件管理系统是一个经常使用的组件库，也是一个能安装调整这些组件的系统。标准件是用标准件管理系统配置的模具组件，也可以自定义标准件库以匹配公司的标准件设计，并扩展到库中以包括所有的组件或装配。

11. 顶杆后处理

“顶杆后处理”功能可以改变标准件功能创建的顶杆长度并设定配合的距离(与顶杆孔有公差配合的长度)。由于顶杆功能要用到成型腔和型芯的分型片体(或已完成型腔和型芯的抽取区域)，因此，在使用顶杆之前必须先创建型腔和型芯。在用标准件创建顶杆时，必须选择一个比要求值长的顶杆，才可以将它调整到合适的长度。

12. 滑块和浮升销库

在设计一个塑料产品的模具时，有时需要用到滑块和抽芯来成型。滑块和抽芯功能提供了一个很容易的方法来设计所需要的滑块和抽芯。

13. 子镶块库

“子镶块库”用于型腔或型芯容易发生消耗的区域，也可以用于简化型腔和型芯的加工。一个完整的镶块装配由镶块头和镶块足/体组成。可以从镶块的标准件库中选择镶块的类型，并用标准件管理系统来配置这些镶块。

14. 浇口库

注塑模具要有流动通道来使塑料熔体流向型腔。这些通道的设计会根据部件形状、尺寸及部件数量的不同而不同。最常用的流动类型是冷浇道(冷流道)。冷浇道系统有三种通道类型：主浇道、浇道和浇口。注塑模向导可以设计主流道、分流道及浇口。可以从浇口库中选择浇口类型，也可以自定义浇口类型。

15. 流道

流道是塑料熔体在填充型腔时从主流道流向浇口的通道，其截面的尺寸和形状可以在流道的路径上变化。流道功能可以创建和编辑流道的路径和截面。流道通道通过引导线扫掠截面的方法来创建。创建的通道是单一的部件文件，需要在设计确认后从型腔和型芯中减掉以得到浇道。

16. 冷却

“冷却”功能提供模具装配形式的冷却通道。创建冷却通道有通道设计方法(设计和创建冷却通道)和标准件法。其中，标准件法是创建冷却通道的首选方法，通道设计方法则是一种辅助方法。

17. 电极

“电极”用于不适用或不能用铣削方式加工的模具型腔部分的制作。可以通过插入标准件和插入电极的方法来创建电极。

18. 修剪模具组件

利用“修剪模具组件”功能，可以自动修剪相关的镶块、电极和标准件(如滑块和斜顶)来形成型腔或型芯。“修剪模具组件”功能用于修剪产品节点下的子组件。如果一个项目为多腔模，将会修剪激活的多腔模成员下的组件。

19. 腔体

创建“腔体”的概念，就是将标准件里的 FALSE 体链接到目标体部件中并从目标体中减掉。如果已经完成了标准件和其他组件的选择和放置，使用“腔体”能剪切相关的或非相关的腔体。

20. 物料清单

模具设计向导包含具有类别排序信息的完全相关的零部件明细表的功能。零部件明细表的内容可以通过添加或删除已有的信息，由用户自行定制。镶块的毛坯尺寸可以被自动测量并列表。表中的每一项记录都可以被编辑修改，并可以输出到 Excel 电子表格中。

21. 装配图纸

根据实际的要求，创建模具工程图，并可以添加不同视图和截面，包括装配图纸、组件图纸和孔表三种。

22. 孔表

“孔表”功能将模具工件实体上的孔进行列表，记录各个孔的尺寸和位置信息，并能将其以 Excel 表格的形式导出，方便在模具后续修模和校核中进行对比。

23. 铸造工艺助理

“铸造工艺助理”功能可以修改样式、型芯模型和工具特征，用以创建浇铸和工具设计。

24. 视图管理器

用于模具构件的可见性控制、颜色编辑、更新控制，以及打开或关闭文件的管理功能。

25. 未使用的部件管理

注塑模向导会自动列出并不包括在设计装配中的工程目录的部件文件，可以从工程目录中选择这些部件文件来删除，或将它们移动到回收站目录中。

1.5.3　Siemens NX 9 模具设计过程

Siemens NX 9 MoldWizard 设计过程一般由以下几个部分构成：

(1) 项目名称、装载产品和单位等的初始化。

(2) 确定拔模方向、收缩率和工件创建等。

(3) 修补开放面等。

(4) 定义分型面、创建型芯和型腔。

(5) 标准模架的加载。

(6) 推杆、滑块、抽芯和镶件的设计。

(7) 浇口、流道、冷却系统、电极、避让腔、物料清单和模具装配图的设计。

注意：这些步骤都将在后文中出现，用户现在只做一个初步的了解即可。

1.6　本章小结

本章是注塑模具设计的第 1 章，主要介绍模具入门应懂得的一些基础知识。首先讲述模具制造的特点、分类及发展趋势，接着对塑料的分类和性能进行介绍，然后是注塑成型模具的基础介绍及 CAX 技术在注塑模具上的应用，最后对 Siemens NX 9 MoldWizard(注塑模向导)模块进行简要介绍。其中，注塑模具设计的一般流程是本章的重点和难点。

1.7　习　　题

一、填空题

1. 模具的类型较多，按照成型件材料的不同可分为________、________、________、压铸模具、________、粉末冶金模具、________和陶瓷模具。

2. 按塑料成型工艺性能可以将塑料分为________和________。

3. 根据使用特性分类，通常将塑料分为__________、__________和__________三种类型。

4. 注塑模具由________和________两部分组成，________安装在注射成型机的移动模板上，________安装在注射成型机的固定模板上。在注射成型时________与________闭合构成浇注系统和型腔，开模时________和________分离以便取出塑料制品。

5. 模具 CAX 技术包括__________、__________和__________三种。

二、问答题

1. 塑料的工艺特性包括哪些内容？
2. 注塑模具是如何分类的？
3. 使用 Siemens NX 9 MoldWizard 模块设计注塑模具的一般流程是什么？

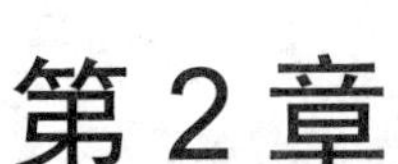

第 2 章 模具设计入门

NX 9 提供了非常方便、实用的模具设计工具——MoldWizard 模具设计模块。本章首先通过流程图的形式介绍模具设计的一般操作流程，然后通过一个简单的零件模型来介绍 NX 9 模具设计的一般过程，用户可随操作步骤进行入门学习。

学习目标

- ✧ 熟悉使用 NX 9 MoldWizard 模块进行模具设计的流程
- ✧ 初步学习使用 NX 9 对简单模型进行模具设计的过程

2.1　NX 9 模具设计流程

如图 2-1 所示展示了使用 MoldWizard 模块进行模具设计的流程。流程图中的前三步是创建和判断一个三维实体模型是否适用于模具设计，一旦确定使用该模型作为模具设计依据，则必须考虑应该怎样实施模具设计，这就是第四步所表示的意思。

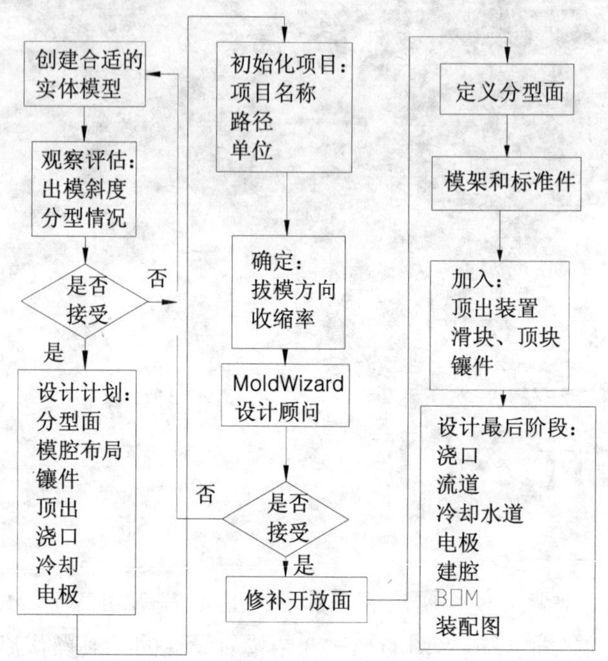

图 2-1　注塑模具设计的一般流程

用户在图中可看到进行模具设计的过程分为八个步骤：

步骤一：初始化项目，确定项目名称、加载产品、单位、材料及创建文件存储路径等操作。

步骤二：分型前准备工作，包括坐标系重新确定、收缩率检查、成型镶件(工件)加载、模型校正等操作。

步骤三：是否接受模型验证结果，如果不合理则返回重新操作，如果合理则继续操作。

步骤四：模型补片，对需补片的孔进行补片。

步骤五：定义分型面，创建分型线，并根据分型线创建分型面。

步骤六：添加模架，根据分型创建结果选择合适的模架，并创建动定模板避让腔。

步骤七：添加推杆、滑块、抽芯和镶块，根据实际情况添加。

步骤八：创建添加浇注系统、冷却系统及其他标准件，并出物料清单，创建模具图纸。

提示

根据进行模具设计模型的实际情况，部分步骤可以进行省略。

2.2　加载产品和项目初始化

从本节开始介绍使用 MoldWizard 模块对一简单模型进行模具设计的入门操作，如图 2-2 所示为一简单模型的三维视图，如图 2-3 所示为完成设计后的注塑模具。

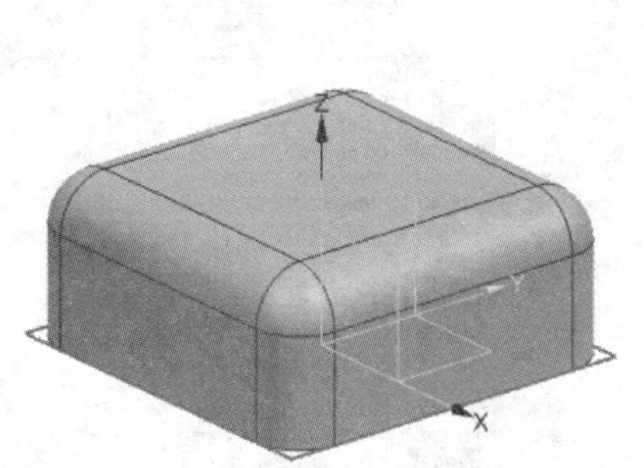

图 2-2　抽壳模型

图 2-3　完成设计后的注塑模具

NX 9 项目初始化过程包括对产品进行初始化项目设置，将其调入模具环境以及设置模具坐标系、收缩率、工件和型腔布局等操作。

初始文件	\光盘文件\NX 9\Char02\model1.prt
结果文件路径	\光盘文件\NX 9\Char02\zhusu\
视频文件	\光盘文件\视频文件\Char02\第 2 章.Avi

2.2.1　加载产品和项目初始化

本节操作包括对项目名称、加载产品、单位、材料及创建文件存储路径等。具体操作步骤如下：

(1) 根据起始文件路径打开 model1.prt 文件。

(2) 单击 (初始化项目)按钮，弹出“初始化项目”对话框。

(3) 单击“路径”文本框右面的 (浏览)按钮，弹出“打开”对话框，用户可在此对话框设置初始化项目后创建的文件存储路径。

用户可在“F 盘”创建英文路径文件夹，单击“打开”对话框中的 确定 按钮，完成路径设置。

(4) Name 文本框可重新设置模型的名称，单击“材料”列表框并选择注塑的材料为 ABS，“收缩率”文本框会根据材料的选择自动变化。

其余默认设置，完成设置后的“初始化项目”对话框如图 2-4 所示。

(5) 单击 <确定> 按钮，进行项目初始化操作，此时软件会自动进行计算并加载注塑模装配结构零件，根据计算机的配置不同完成加载的时间会有所不同。

完成项目初始化后，窗口模型会自动切换成名称为 model1_top_***.prt 的模型零件，此模型和原模型的外形一样。

单击窗口上方的(窗口)按钮，在下拉菜单中单击“更多”选项，弹出如图2-5所示的“更改窗口”对话框。

图 2-4 “初始化项目”对话框

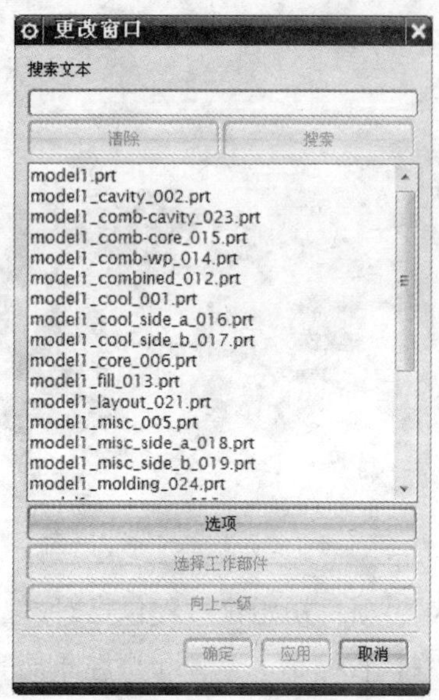

图 2-5 “更改窗口”对话框

在弹出的对话框中，用户可以发现 NX 9 软件中打开了很多不同名称的空白窗口，这些空白文件即进行初始化项目操作的结果，随着注塑模设计的深入，这些空白文件被替换，最终完成完整的注塑模设计。

(6) 单击取消按钮关闭“更改窗口”对话框，选择“文件”→“全部保存”命令，将项目初始化的文件进行保存。(若继续操作，可不进行保存)

提示

model1_top_***.prt 为软件自动生成名称，后面的“***”代表数字，此数字随用户重复的次数增大，用户寻找零件时注意前面的名称即可。

2.2.2 分型前准备工作

分型前准备工作包括坐标系重新确定、收缩率检查、成型镶件(工件)加载、模型校正等操作。具体操作步骤如下：

(1) 单击(模具 CSYS)按钮，弹出“模具 CSYS”对话框，可以看到系统提供了“当前

WCS”、“产品实体中心”、“选定面的中心”三种对坐标轴重新定位的方式。

提供了“锁定 X 位置”、“锁定 Y 位置”、“锁定 Z 位置”三种不同方向上的位置锁定方式。

(2) 如图 2-6 所示，分别选中“选定面的中心”和“锁定 Z 位置”选项，并单击如图 2-7 所示模型的底面作为“选择对象”。

图 2-6　“模具 CSYS”对话框

图 2-7　单击模型底面

(3) 单击“模具 CSYS”对话框中的<确定>按钮，即可完成模型重新定位操作。

(4) 选择“全部保存”命令，保存所有操作。

(5) 单击(收缩率)按钮，弹出如图 2-8 所示的“缩放体”对话框。

(6) 由“缩放体”对话框中可以看出，“比例因子”为 1.006，与 ABS 材料的收缩率相同，因此不用改变，单击<确定>按钮，完成操作。

(7) 单击(工件)按钮后，会出现一段短暂的工件加载时间，过后会加载预览工件，如图 2-9 所示，并弹出“工件”对话框。

图 2-8　“缩放体”对话框

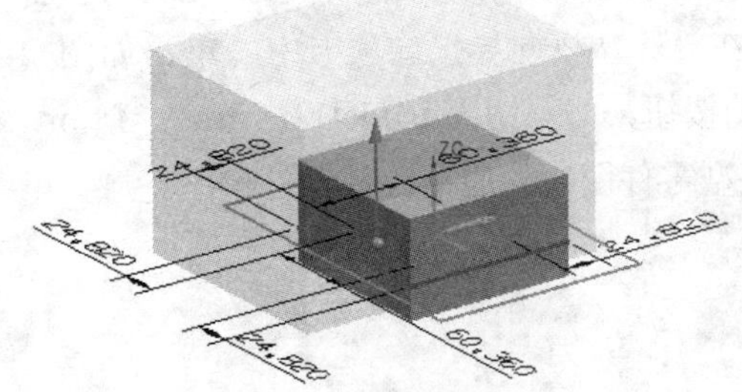

图 2-9　预加载工件

(8) 如图 2-10 所示，在“工件”对话框中，“类型”列表框选择“产品工件”，“工件方法”列表框选择“用户定义的块”，选择自动创建的长宽都为 110mm的矩形四边作为截面曲线。

“限制”下面的“开始”列表框选择“值”，“距离”设置为-20mm。“结束”列表框

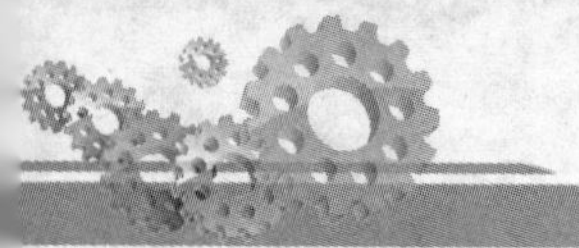

选择“值”，“距离”设置为 40mm。

(9) 单击< 确定 >按钮，完成工件加载，如图 2-11 所示。

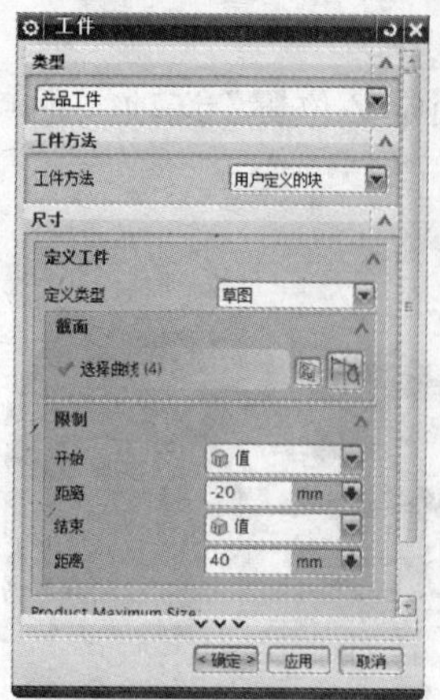

图 2-10 “工件”对话框

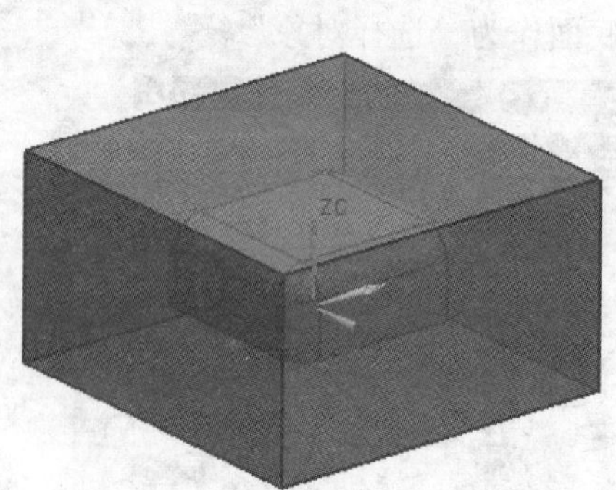

图 2-11 完成工件加载

2.3 分 型 操 作

使用分型工具进行分型操作，包括分型区域检查、曲面补片、定义区域、分型面设计及定义型腔和型芯等操作。

延续 2.2 节的操作，本模型为简单模型，不用进行补片操作。

2.3.1 进入模具分型窗口

进入模具分型窗口后，用户才可以进行分型操作。具体操作步骤如下：

(1) 在“注塑模向导”选项卡中，单击如图 2-12 所示的“分型刀具”工具栏中的(分型导航器)按钮，即可切入 model1_parting_***.prt 文件窗口。如图 2-13 所示为切入本文件窗口后的模型零件图，外边框代替工件模型轮廓。

图 2-12 “分型刀具”工具栏

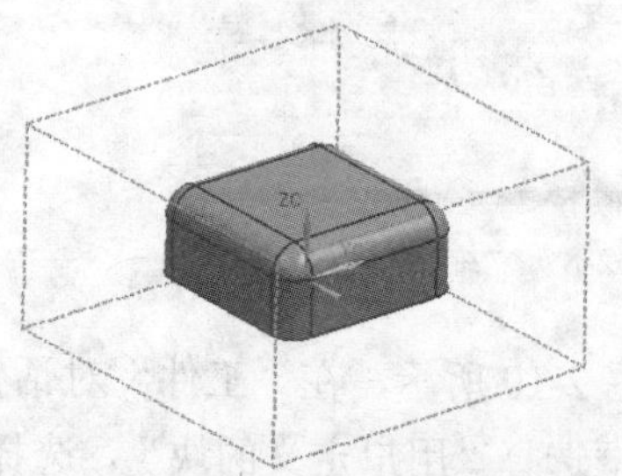

图 2-13 模型零件图

(2) 切入文件窗口的同时，弹出如图 2-14 所示的“分型导航器”窗口。

(3) 用户可使用“分型导航器”将产品实体、工件、工件线框、分型线、型芯、型腔等进行隐藏/显示操作。例如，选中“工件”左侧的白色方框，可以将工件显示出来，如图 2-15 所示。

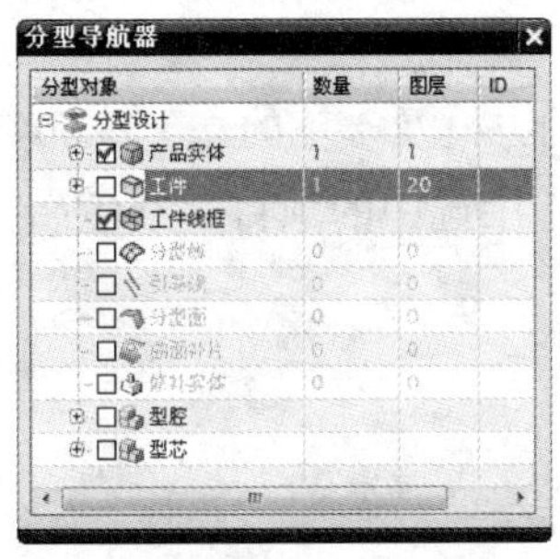

图 2-14　“分型导航器”窗口

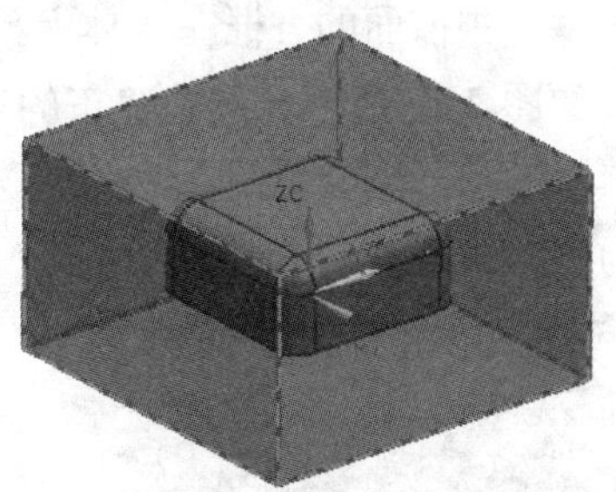

图 2-15　显示工件

窍门

用户可以单击(分型导航器)按钮，打开/关闭“分型导航器”窗口。

2.3.2　检查区域并定义型芯/型腔区域

通过检查区域，并对不合要求的区域面进行重新定义，确定合乎用户分型要求的型芯/型腔区域面。具体操作步骤如下：

(1) 单击(检查区域)按钮，弹出“检查区域”对话框。

(2) 单击模型作为“选择产品实体”，单击“指定脱模方向”右侧的按钮的下拉箭头选择 ZC 方向，选中“选项”下面的“保持现有的”单选按钮。完成设置后的“计算”选项卡如图 2-16 所示。

(3) 单击(计算)按钮，进行计算。

(4) 完成计算后单击选项卡区域中的“面”，切入“面”选项卡，如图 2-17 所示。

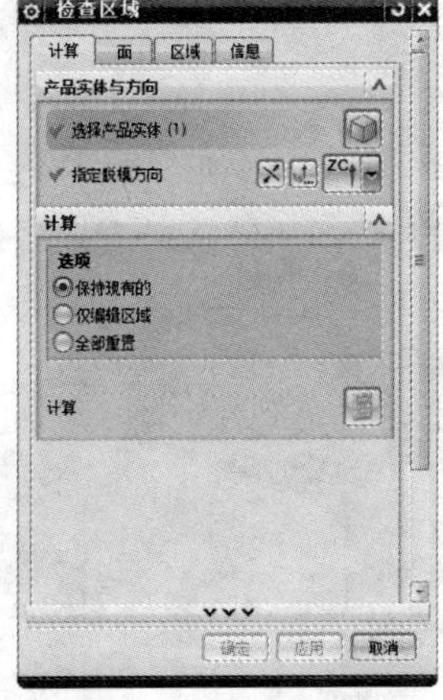

图 2-16　“计算”选项卡

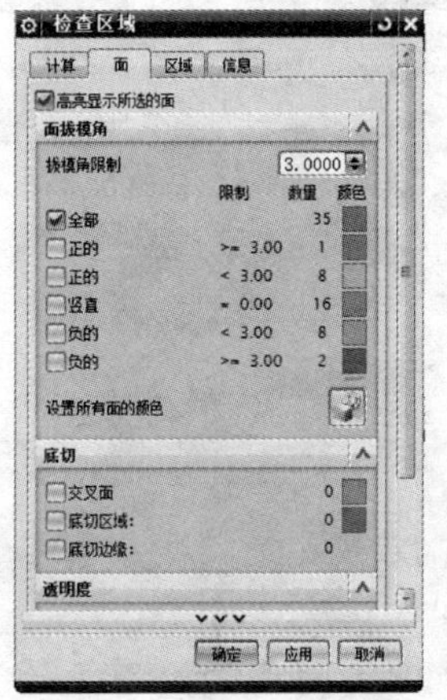

图 2-17　“面”选项卡

(5) 用户可以在“面”选项卡下看到，通过计算得到 35 个面，其中拔模角度≥3.00 的面有 1 个，0＜拔模角度＜3.00 的面有 8 个，拔模角度＝0.00 的面有 16 个，拔模角度＜-3.00 的面有 8 个，-3.00＜拔模角度＜0 的面有 2 个。

用户可以选中前面的方框在实体上预览这些面。

例如，如图 2-18 所示，选中“正的＞＝3.00”左侧的方框及“正的　＜3.00”左侧的方框，在窗口内的图形则会如图 2-19 所示对应“面”选项卡中选中的项目并红色高亮显示。

以此为例，检查其他的面。

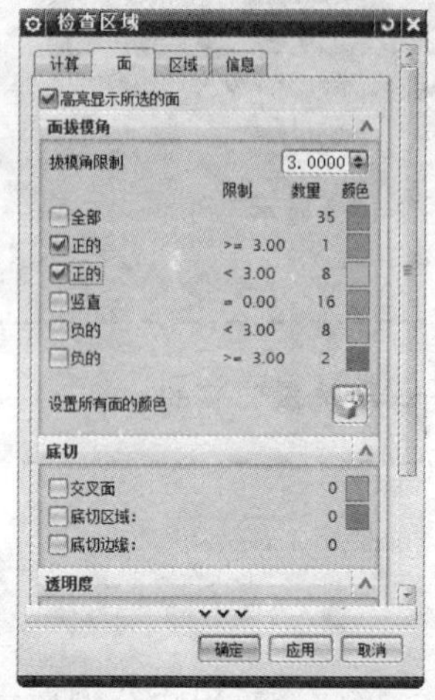

图 2-18　“面”选项卡设置

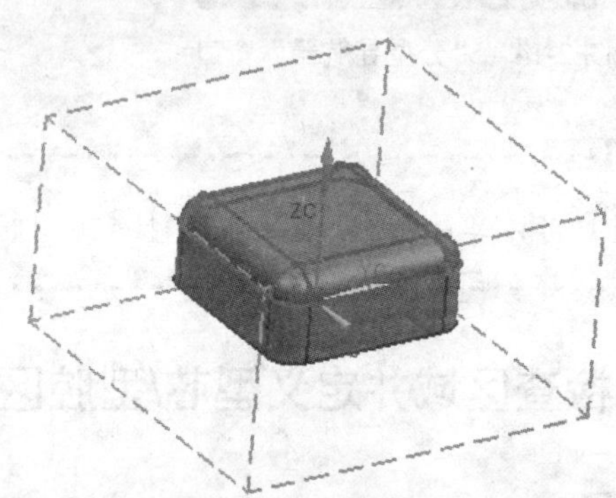

图 2-19　窗口图形显示

(6) 完成检查后，单击选项卡区域中的“区域”，切入定义“区域”选项卡。

(7) 在此选项卡中可以看到，“型腔区域”被定义了 9 个面，“型芯区域”被定义了 18 个面，还有 8 个面属于“未定义的区域”。

如图 2-20 所示，选中“交叉竖直面”选项，即可将如图 2-21 所示未定义的 8 个面在窗口模型中选中，同时可调整型腔区域的透明度。

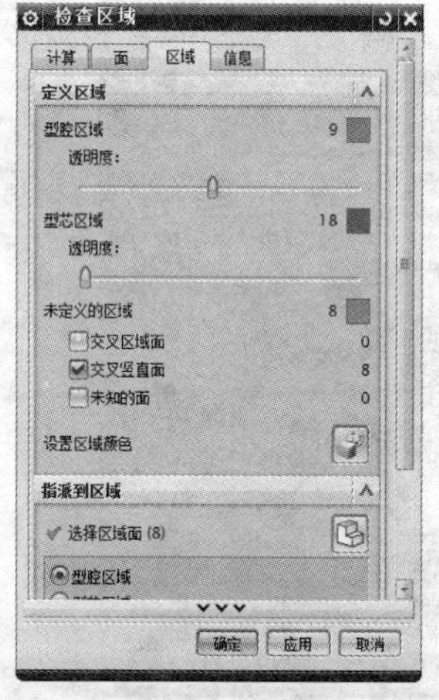

图 2-20　“区域”选项卡

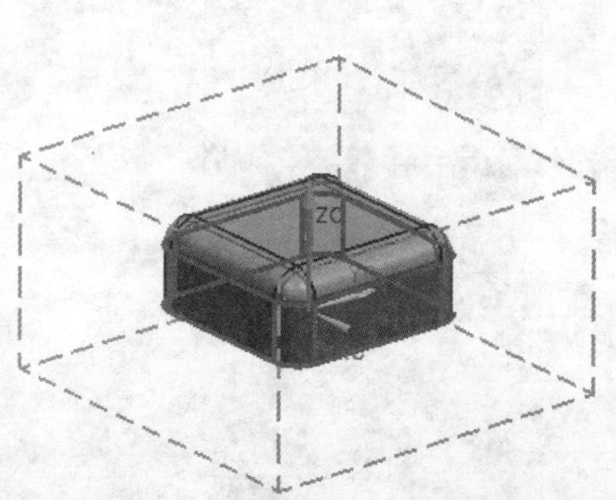

图 2-21　选中“交叉竖直面”

(8) 设置完成后，单击[应用]按钮，即可将选定面重新定义进型腔区域，并且型腔区域面做了透明处理。

单击[<确定>]按钮，完成“检查区域”操作。

2.3.3　定义区域

这里定义区域，确定合理的型芯/型腔区域和分型线。具体操作步骤如下：

(1) 单击(定义区域)按钮，弹出“定义区域”对话框。

用户可在此对话框中看到，模型共 35 个面，“型腔区域”、“型芯区域”各占 17、18 个面；用户可单击“定义区域”下面的方框内的名称进行检查，检查是否按照用户的意愿进行分区，并可对其进行修改。

例如，如图 2-22 所示，单击“定义区域”下面方框内的“型腔区域”，则如图 2-23 所示，窗口内属于“型腔区域”的面会红色高亮显示。

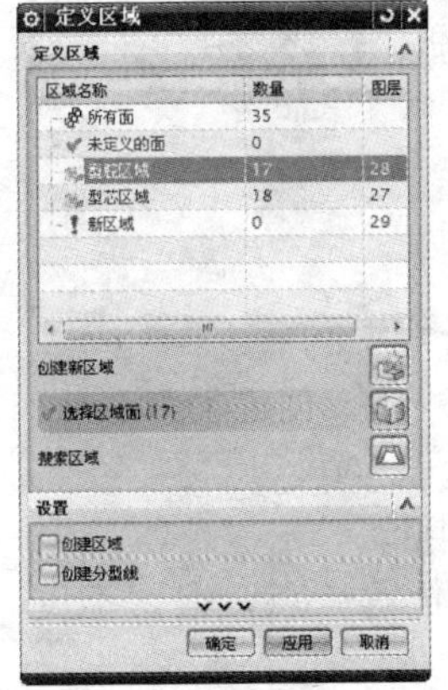

图 2-22　选中“型腔区域”

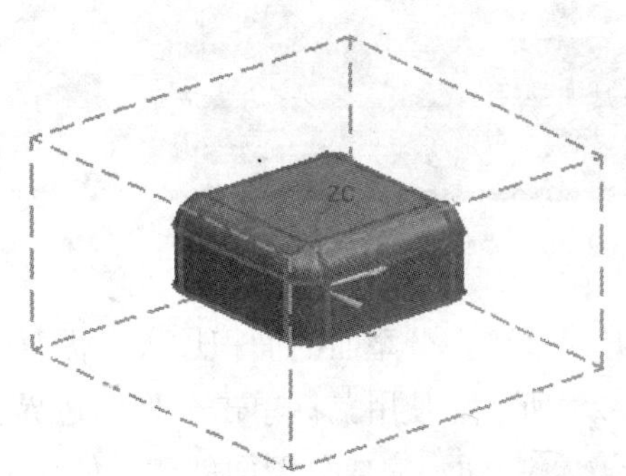

图 2-23　窗口内“型腔区域”

(2) 完成检查后，依次选中“设置”下面的“创建区域”、“创建分型线”复选框，单击[应用]按钮，如图 2-24 所示，“定义区域”下面白色方框内名称前符号发生变化。

(3) 单击[<确定>]按钮，并旋转窗口内模型，可发现模型面按型腔、型芯区域发生如图 2-25 所示的颜色变化。

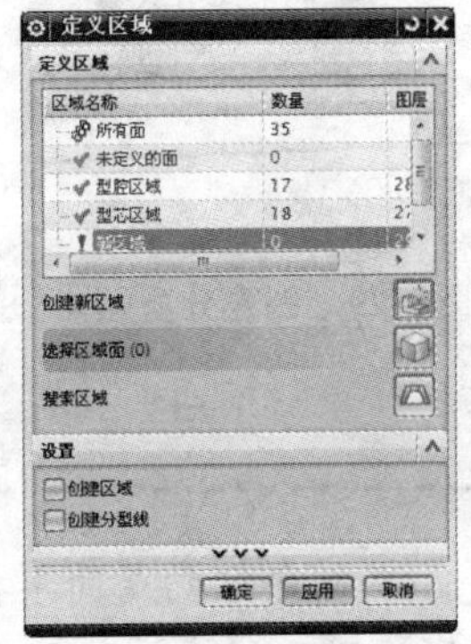

图 2-24　“定义区域”对话框

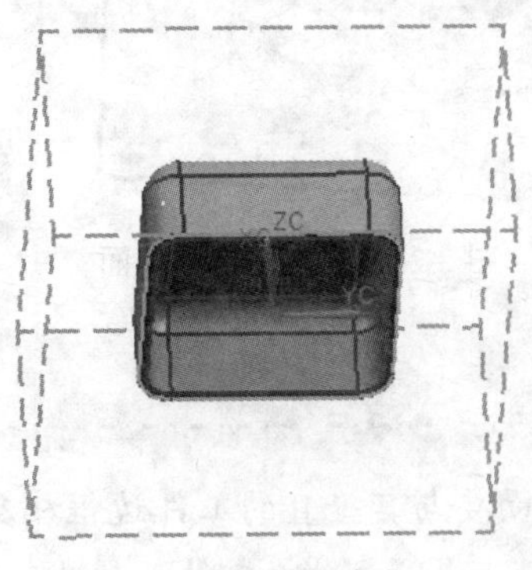

图 2-25　区域面变化

2.3.4 设计分型面

通过本小节操作，设计合理的分型面。具体操作步骤如下：

(1) 单击(设计分型面)按钮，弹出如图 2-26 所示的“设计分型面”对话框，并参考分型线自动创建分型面，如图 2-27 所示。

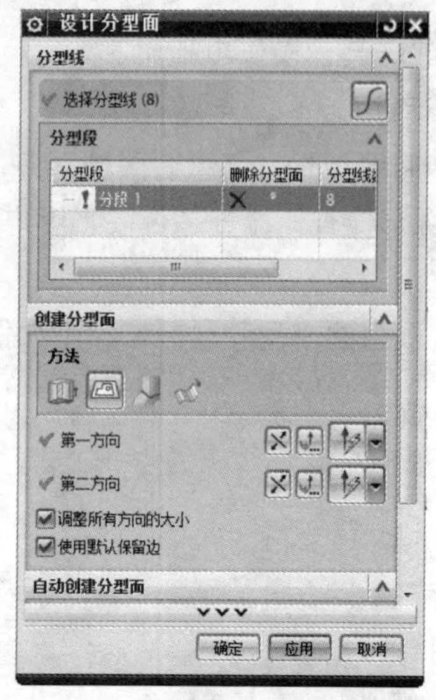

图 2-26 “设计分型面”对话框

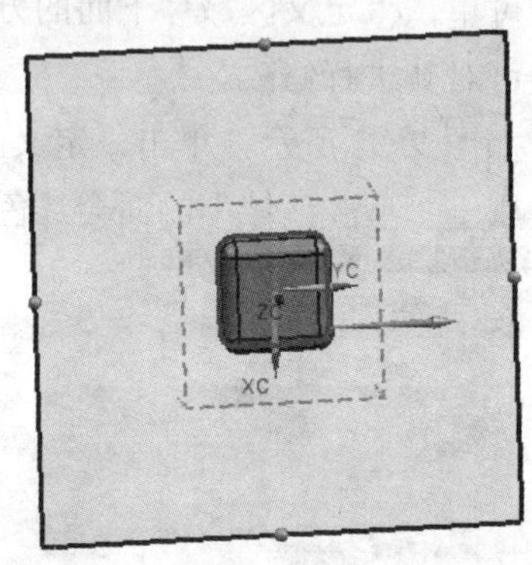

图 2-27 自动创建分型面

(2) 用户可发现，分型面的面积过大，需要将分型面缩小。

如图 2-28 所示，使用鼠标单击分型面边界上的 4 点的任意一点，向内拖曳，使分型面缩小，单击<确定>按钮，完成分型面创建，如图 2-29 所示。

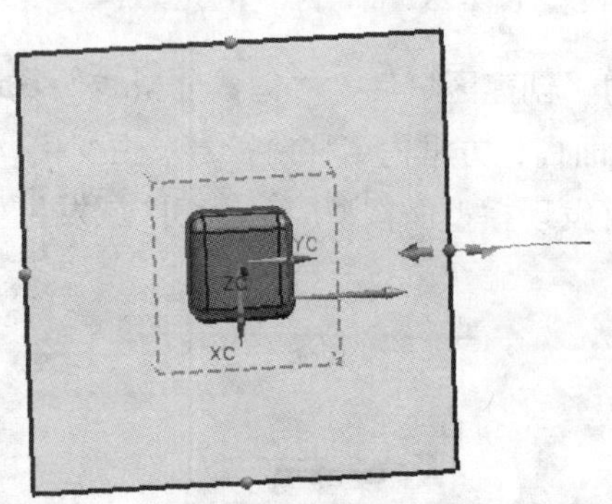

图 2-28 拖曳缩小分型面

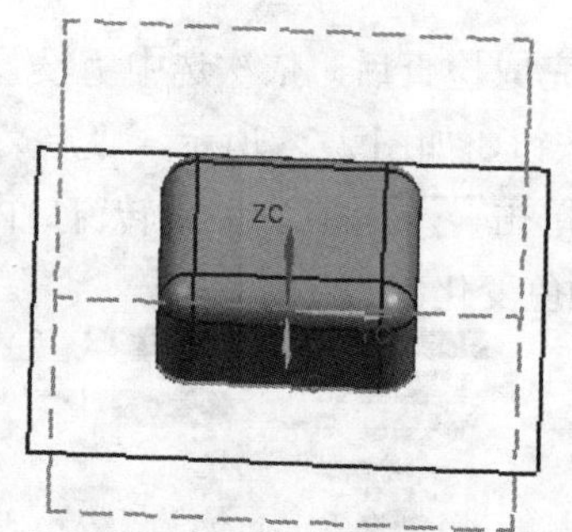

图 2-29 创建分型面

提示

分型面要与其垂直的工件边框相交，不宜缩的太小。本例介绍的是简单模型分型面创建，特点是分型线全部共面，创建简单，非共面分型线分型面创建方法见后面章节。

2.3.5　编辑分型面和曲面补片

用户使用“编辑分型面和曲面补片”命令，可选择现有片体以在分型部件中对开放区域进行补片，或取消选择片体以删除分型或补片的片体。

单击(编辑分型面和曲面补片)按钮，弹出如图2-30所示的“编辑分型面和曲面补片”对话框，默认自动选择分型面，单击“确定”按钮，完成操作。

2.3.6　定义型腔和型芯

定义型腔和型芯的具体操作步骤如下。

(1) 单击(定义型腔和型芯)按钮，弹出“定义型腔和型芯”对话框。

(2) 如图2-31所示，选中“选择片体”下面白色方框的“型腔区域”，如图2-32所示会自动选中模型的型腔面片体和分型面片体。

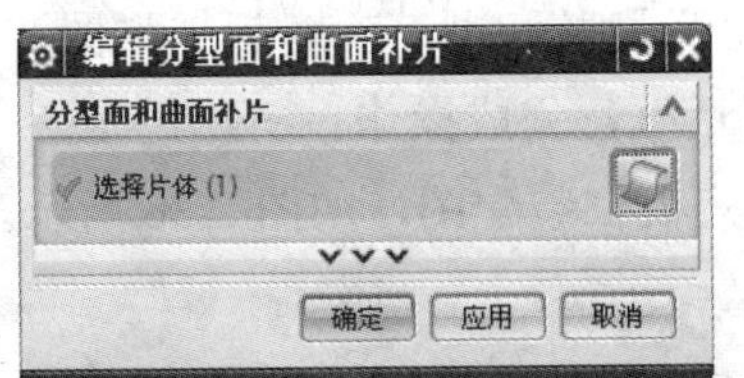

图2-30　“编辑分型面和曲面补片”对话框

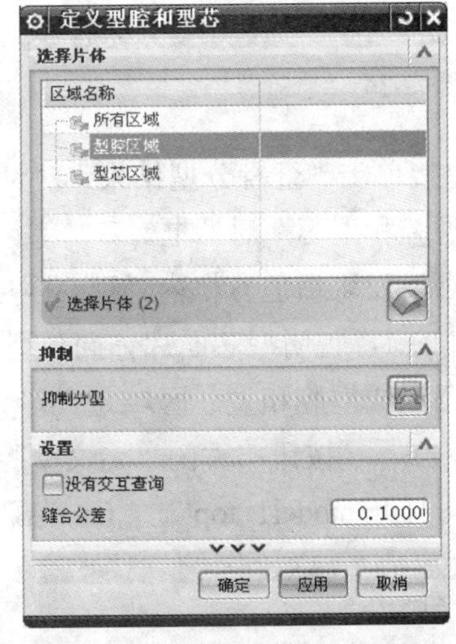

图2-31　选中“型腔区域”

(3) 其余默认设置，单击“应用”按钮，软件进行计算，完毕后得到如图2-33所示的型腔模仁(定模仁)，并弹出如图2-34所示的“查看分型结果”对话框。

(4) 直接单击“查看分型结果”对话框中的“确定”按钮，完成型腔区域定义操作，并返回至“定义型腔和型芯”对话框。

此时可以发现白色方框内“型腔区域”前面的符号变为✔，选择片体的数量由操作前的2变为现在的1，说明型腔面片体同分型面片体缝合为一个片体。

(5) 重复操作，选中“选择片体”下面白色方框的“型芯区域”，选中型芯面片体和分型面片体，其余默认设置，单击“应用”按钮，计算得到型芯模仁(动模仁)如图2-35所示，并弹出“查看分型结果”对话框。

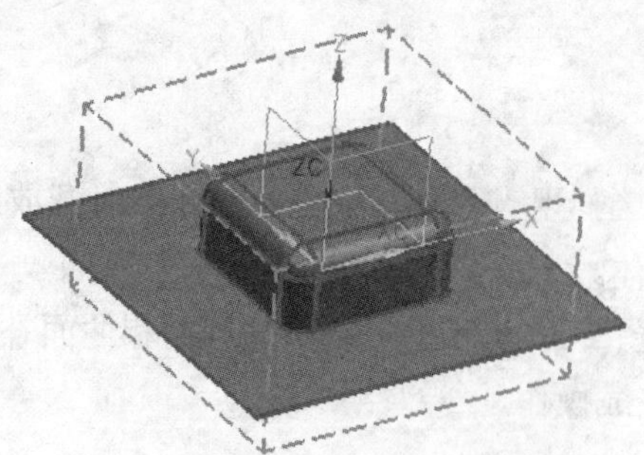

图 2-32　选中型腔区域示意

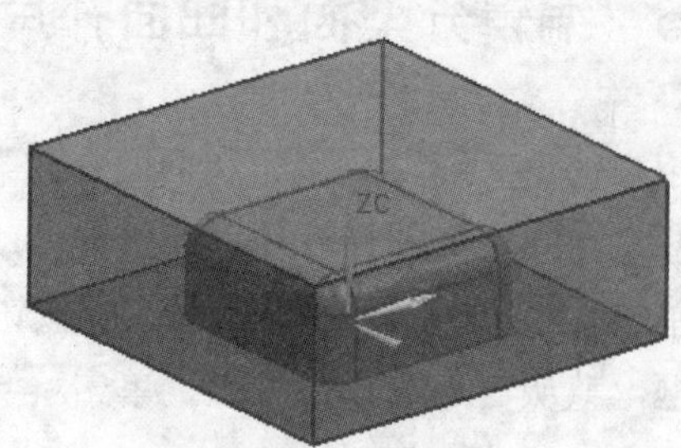

图 2-33　创建定模仁

图 2-34　“查看分型结果”对话框

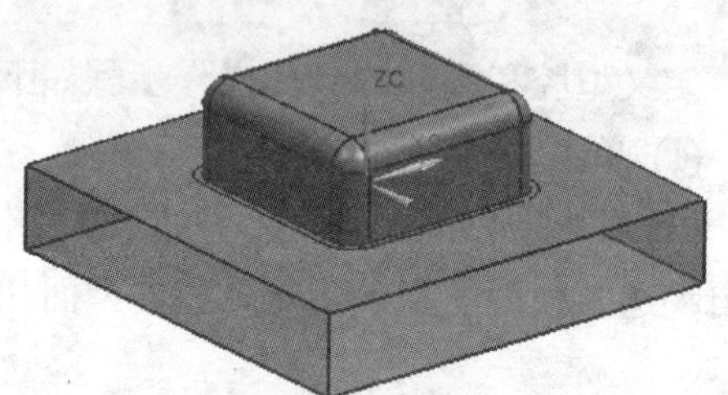

图 2-35　创建动模仁

(6) 直接单击“查看分型结果”对话框中的确定按钮，完成型芯区域定义操作，并返回至“定义型腔和型芯”对话框。

此时可以发现白色方框内“型芯区域”前面的符号变为，选择片体的数量由操作前的 2 变为现在的 1，说明型芯面片体同分型面片体缝合为一个片体。

此时已完成型腔和型芯区域定义，完成后的“定义型腔和型芯”对话框如图 2-35 所示。

(7) 单击取消按钮，关闭“定义型腔和型芯”对话框，完成操作。

用户可打开 model1_top_***.prt 装配文件查看动定模仁装配图，如图 2-36 所示。

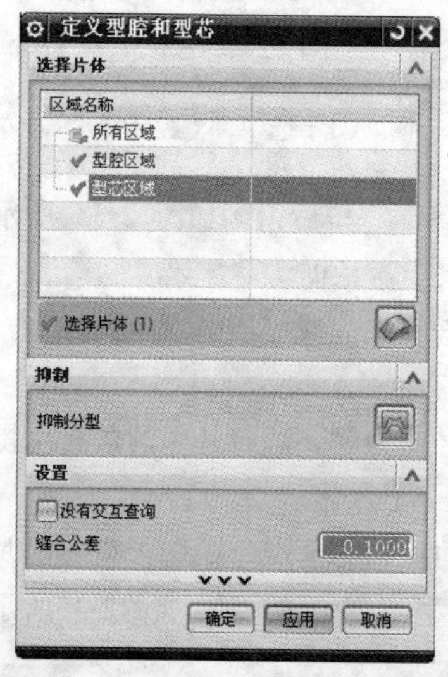

图 2-36　完成操作后的“定义型腔和型芯”对话框

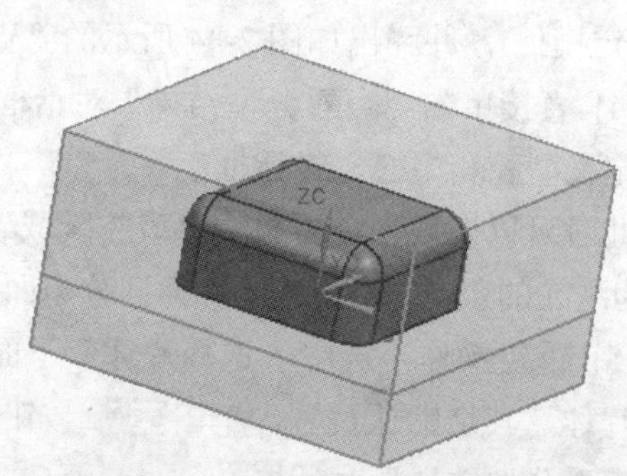

图 2-37　动定模仁装配图

2.3.7　创建刀槽框和模仁倒角

使用型腔布局命令，可进行型腔布局和创建刀槽框，刀槽框用于在动定模板创建避让腔体。具体操作步骤如下：

(1) 单击(型腔布局)按钮，弹出“型腔布局”对话框。

(2) 单击“型腔布局”对话框中的按钮，弹出更多操作命令按钮。

(3) 单击“型腔布局”对话框中“编辑布局”下面的(编辑插入腔)按钮，弹出“插入腔体”对话框。

“插入腔体”对话框提供了四种插入刀槽框的方式，这里选择第二种方式。

如图 2-38 所示，“目录”选项卡底部 R 列表框选择 10，type 列表框选择 0，其余默认设置。

(4) 单击按钮，创建刀槽框如图 2-38 所示(为方便用户比较，模仁零件被隐藏了)，并返回到“型腔布局”对话框中。

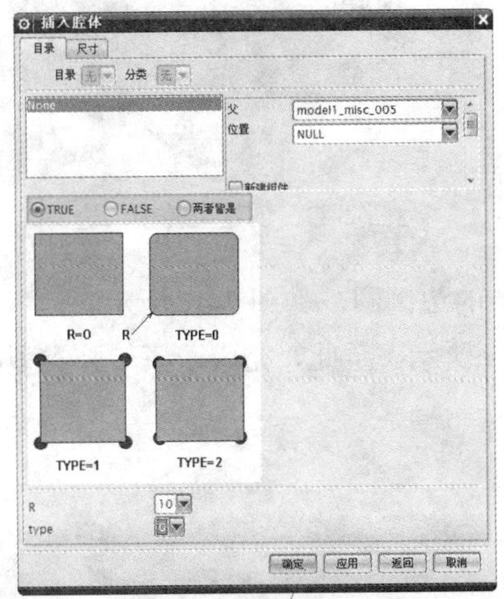

图 2-38　“目录”选项卡

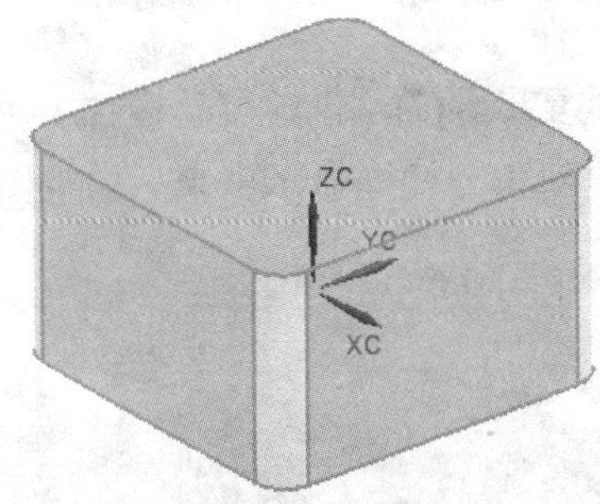

图 2-39　创建的刀槽框

(5) 单击按钮，关闭“型腔布局”对话框。

(6) 选中刀槽框模型零件，使用鼠标右键将其隐藏，继续对模仁零件进行倒角操作。

(7) 使用鼠标指定型腔模仁零件并单击右键，在弹出的快捷菜单中选择“设为工作部件”命令，完成后如图 2-39 所示。

单击“主页”选项卡中的(边倒圆)按钮，弹出“边倒圆”对话框，如图 2-40 所示，选中型腔模仁零件的 4 条棱边作为“要倒圆的边”。

如图 2-41 所示，“边倒圆”对话框中的“半径 1”设置为 10mm，其余默认设置，完成设置后单击按钮，创建型腔模仁边倒圆如图 2-42 所示。

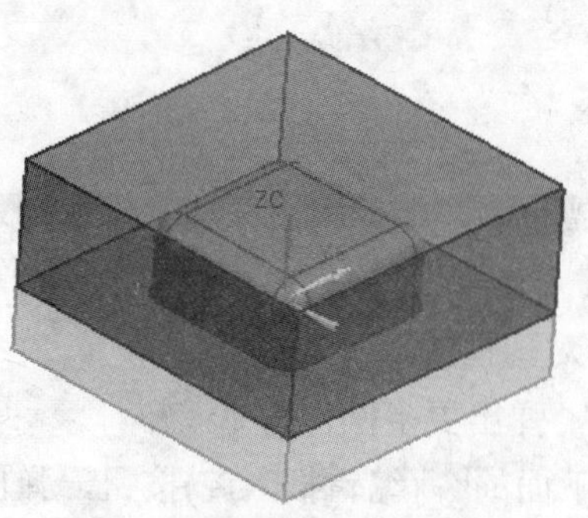

图 2-40　设置型腔模仁为工作部件

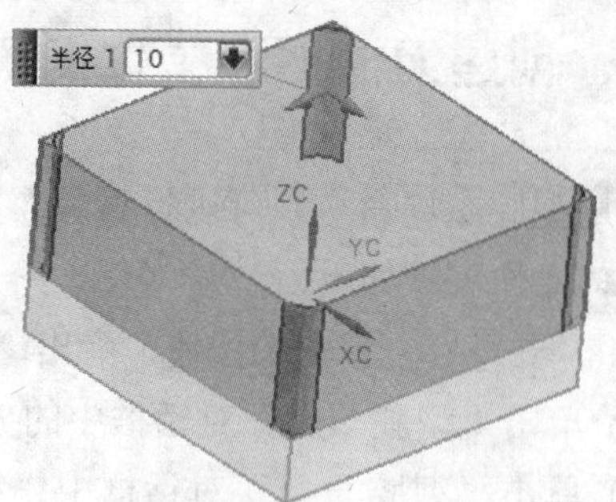

图 2-41　选中棱边

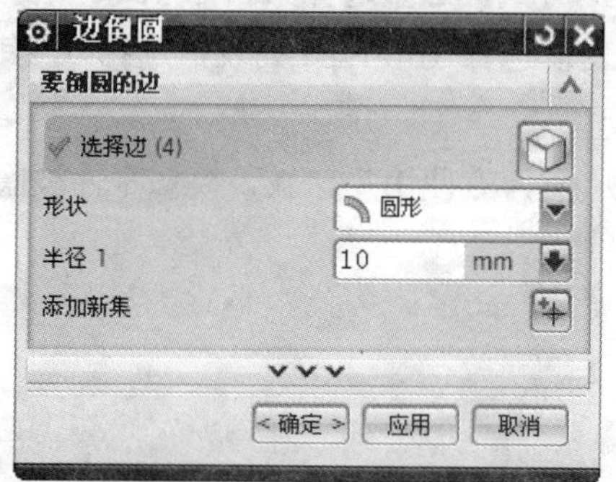

图 2-42　“边倒圆”对话框

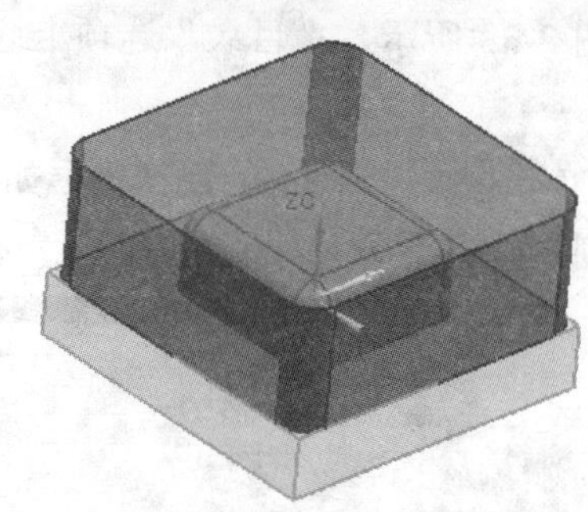

图 2-43　创建型腔模仁边倒圆

(8) 重复步骤(7)，创建型芯模仁半径为 10mm 的边倒圆，如图 2-43 所示。

(9) 重新将刀槽框显示出来后的视图如图 2-44 所示。至此，完成一模单腔类型的型腔布局操作。

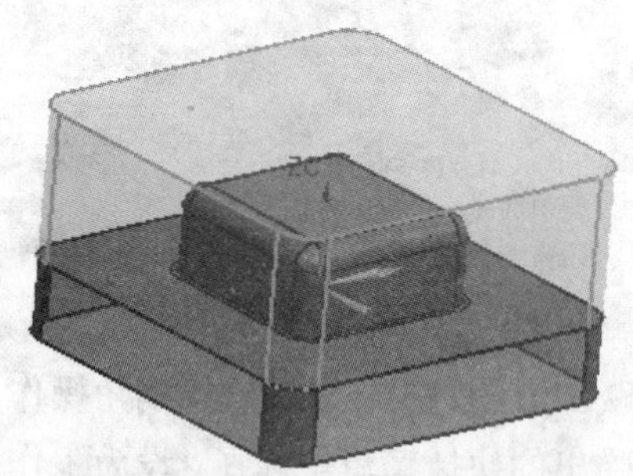

图 2-44　创建型芯模仁倒圆

图 2-45　显示刀槽框后视图

2.4　加载模架和添加浇注系统

完成型腔和型芯创建及型腔布局后，即可进行模架加载操作，并使用刀槽框创建动定模板避让腔体，以用来镶嵌装配动定模仁，完成模架加载后即可添加浇注系统。

2.4.1　加载模架

模架加载方法简单，选定合适模架后会自动根据坐标系从模架库中加载到视图中去。具体操作步骤如下：

(1) 单击(模架库)按钮，弹出“模架设计”对话框，单击如图 2-45 所示的“文件夹视图”框中的 DME。

(2) 完成步骤(1)操作后，单击如图 2-46 所示的“成员视图”框中的 2A，弹出如图 2-47 所示的“信息”小窗口。

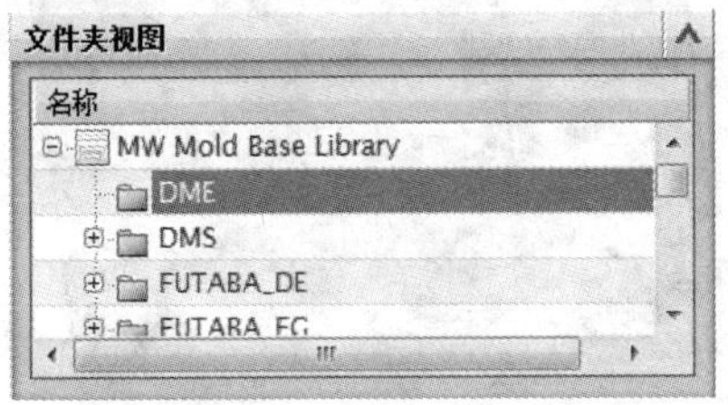

图 2-46　“文件夹视图”框

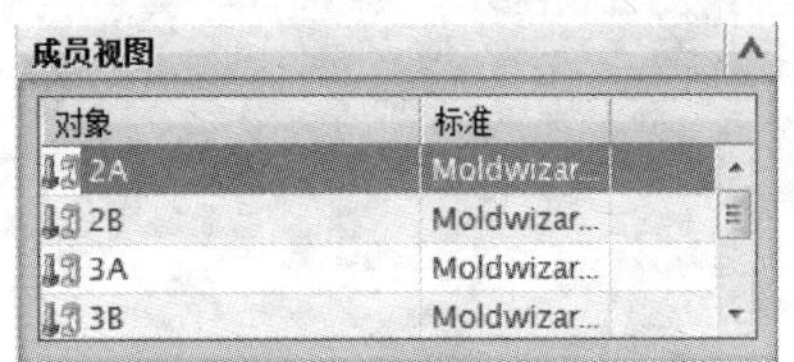

图 2-47　“成员视图”框

(3) 根据“信息”小窗口中的预览图，设置“详细信息”框中的内容。

根据模仁的大小选择 index=2530 的模架，根据定模仁嵌入定模板内的部分和动模仁嵌入动模仁内的部分的尺寸，如图 2-48 所示，设置“模架设计”对话框下部的 AP_h 文本框为 56，BP_h 文本框为 36，CP_h 文本框为“86”，完成设置后单击按钮，加载模架。

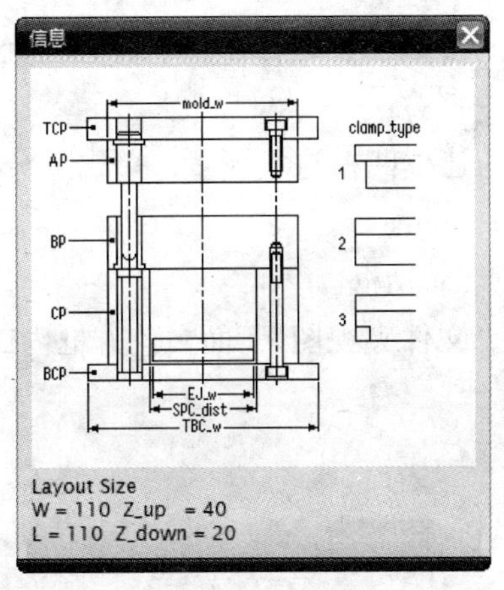

图 2-48　“信息”小窗口

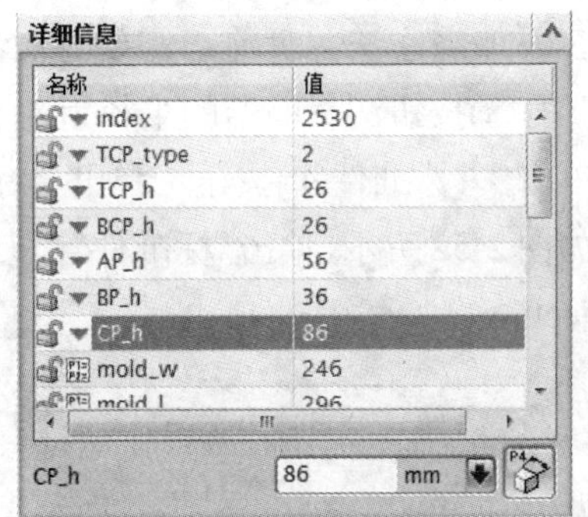

图 2-49　“详细信息”框

(4) 单击(腔体)按钮，弹出“腔体”对话框，单击视图中定模板作为需要修剪的“目标”，单击刀槽框作为修剪所用的“刀具”。

“模式”列表框选择“减去材料”，“刀具”下面的“工具类型”列表框选择“实体”，完成设置后的“腔体”对话框如图 2-49 所示。

单击“工具”下面的按钮，即可完成定模板创建腔体操作，将刀槽框隐藏后得到

带腔体的定模板如图 2-50 所示。

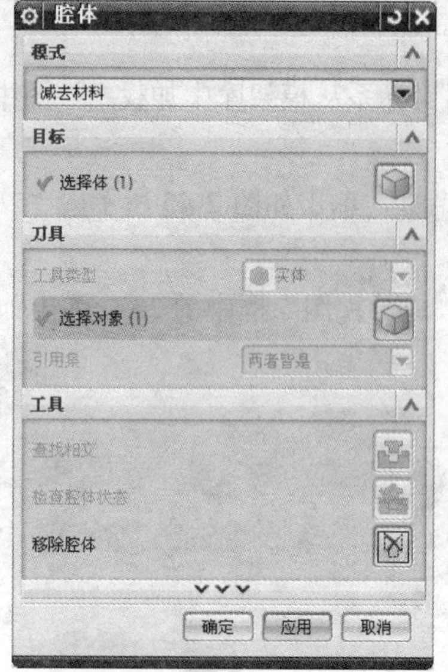

图 2-50 “腔体”对话框

图 2-51 创建定模板腔体

(5) 重复步骤(4)创建动模板腔体，如图 2-51 所示。

2.4.2 添加浇注系统及修整

浇注系统包括浇注法兰盘和浇口套，通过简单的参数设置即可在模架合适位置添加浇注法兰盘和浇口套。具体操作步骤如下：

(1) 在添加浇注法兰盘前，需要对浇注法兰盘的让位凹槽进行测量，单击“分析”选项卡(测量距离)按钮测量凹槽的半径为 45mm，深为 5mm。

(2) 单击(标准件库)按钮，弹出“标准件管理”对话框。

(3) 如图 2-52 所示，单击“标准件管理”对话框的“文件夹视图”下面白色方框内DME_MM的子级Injection。

图 2-52 创建动模板腔体

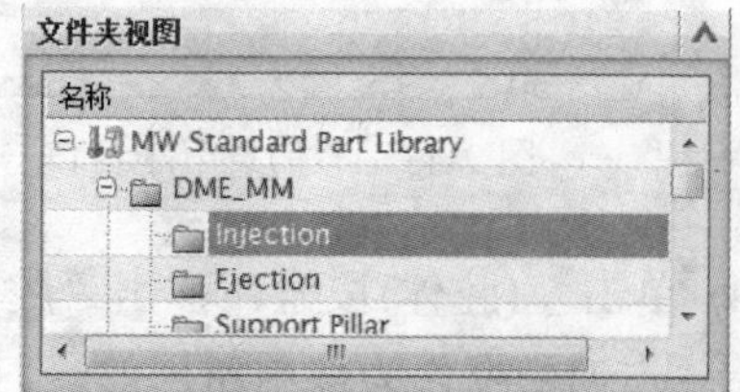

图 2-53 单击 Injection

“成员视图”下面白色方框内容会发生变化，如图 2-53 所示，单击 Locating_RING_With_Mounting_Holes[DHR21]，会在窗口右侧出现一个名为“信息”的预览窗口，如图 2-54 所示。

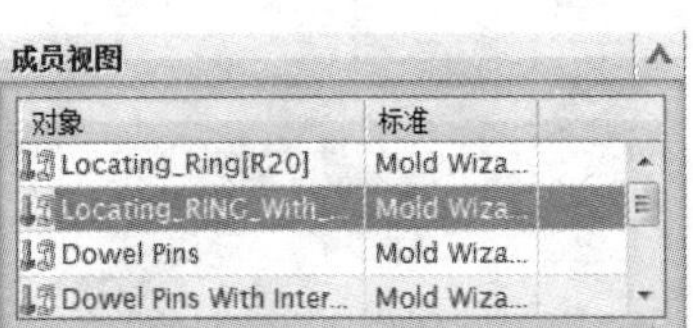

图 2-54　单击 Locating_RING_With_Mounting_Holes[DHR21]

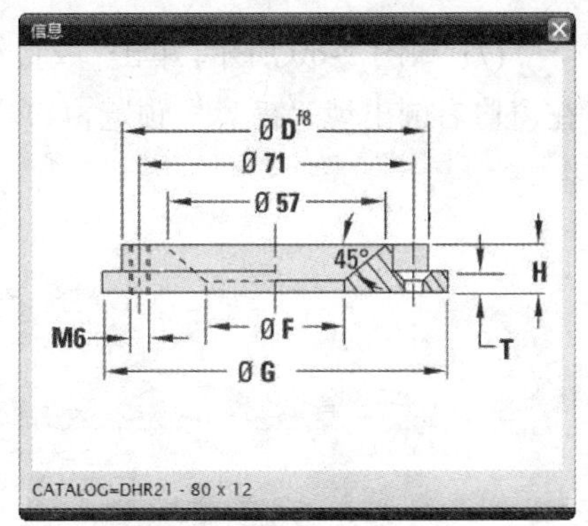

图 2-55　“信息”预览窗口

(4) 如图 2-56 所示，设置“标准件管理”对话框下部的“详细信息”白色方框中的参数，TYPE 设为 M8，其余默认设置，此时“信息”的预览窗口如图 2-57 所示。

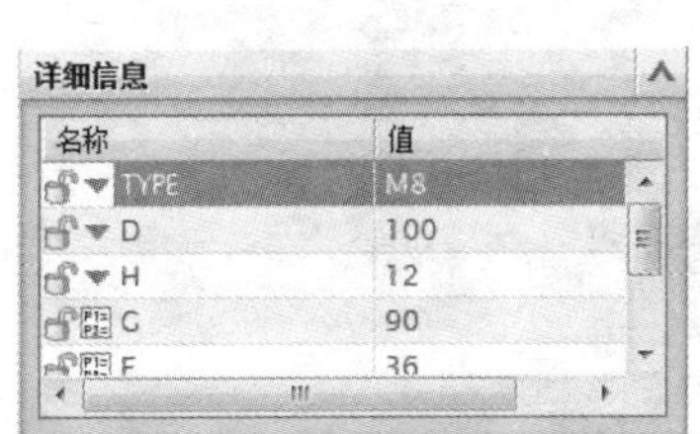

图 2-56　设置详细参数

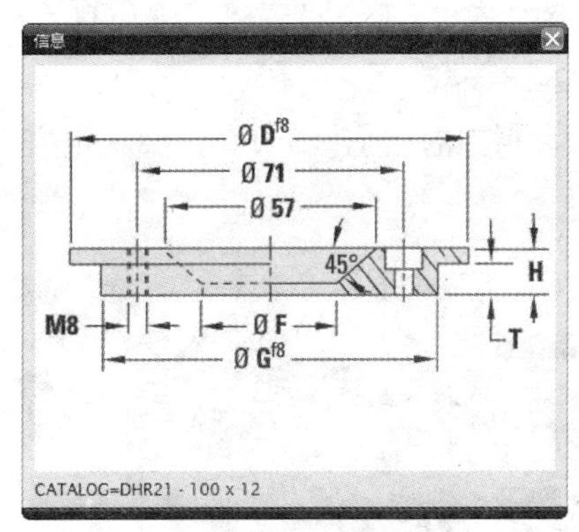

图 2-57　“信息”预览窗口

(5) 单击“标准件管理”对话框中的 应用 按钮，等待片刻，在模架上添加浇注法兰盘，如图 2-58 所示。

(6) 单击(测量距离)按钮，如图 2-59 所示，测量上模座上平面至动模板上平面的距离，确定浇口套的大致长度为 82mm。

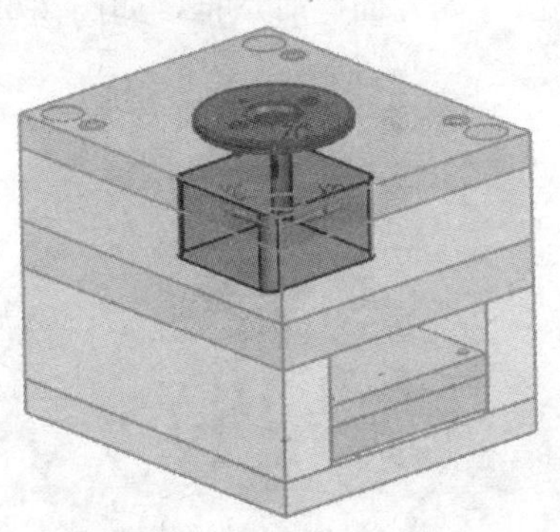

图 2-58　添加浇注法兰盘

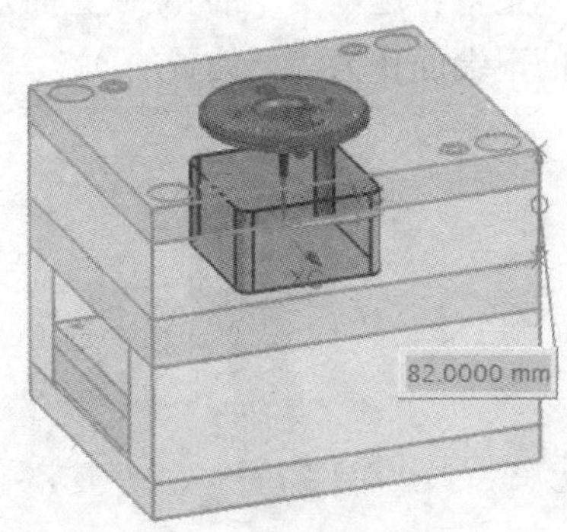

图 2-59　测量距离

(7) 如图 2-60 所示，单击“成员视图”下面白色方框内的 Sprue Bushing(DHR 76 DHR78)，在窗口右侧出现“信息”预览窗口，如图 2-61 所示。

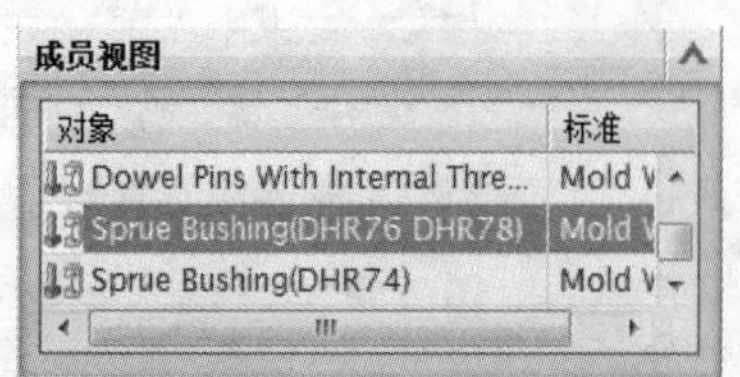

图 2-60 单击 Sprue Bushing(DHR76 DHR78)

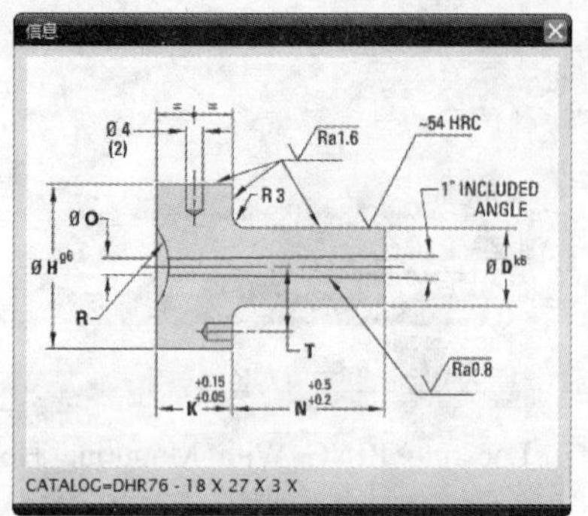

图 2-61 “信息”预览窗口

(8) 如图 2-62 所示，设置“详细信息”白色方框内的参数，D 为浇口套外径，设为 18，N 设置为 82-18=64。

单击应用按钮，创建浇口套，隐藏定模座、定模板后的视图，如图 2-63 所示。

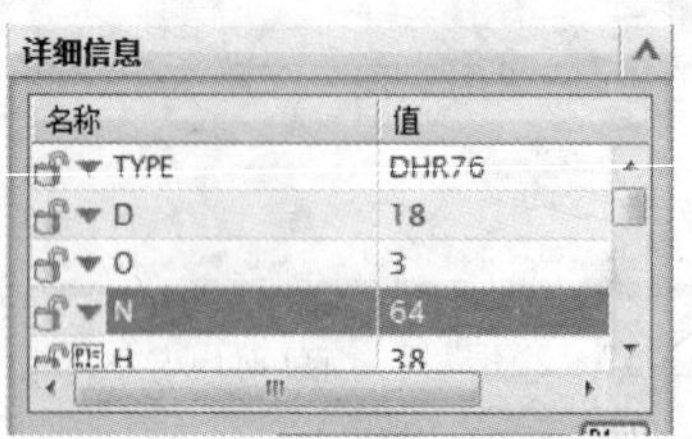

图 2-62 “信息”预览窗口

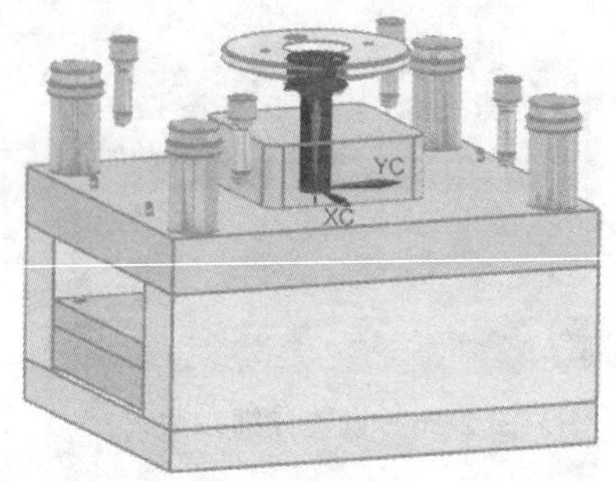

图 2-63 设置“详细信息”参数后的视图

(9) 将模型、浇口套及浇口法兰盘以外的其余零部件全部隐藏，并右击浇口套选择“设为工作部件”命令，如图 2-64 所示(将浇口套的刀槽框也隐藏)。

单击“主页”选项卡中的(偏置面)按钮，弹出“偏置面”对话框，如图 2-65 所示，单击浇口套的下端面作为“要偏置的面”。

图 2-64 隐藏其余部件视图

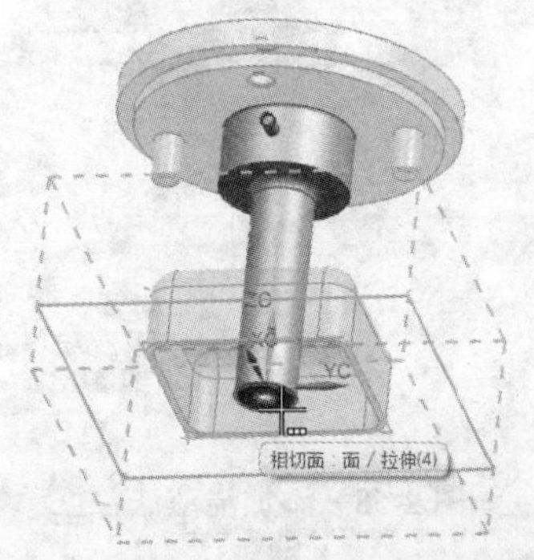

图 2-65 选择浇口套端面

如图 2-66 所示，将“偏置面”对话框中的“偏置”设置为 28mm，并单击按钮，将偏置方向反向，单击< 确定 >按钮，得到如图 2-67 所示的结果视图。

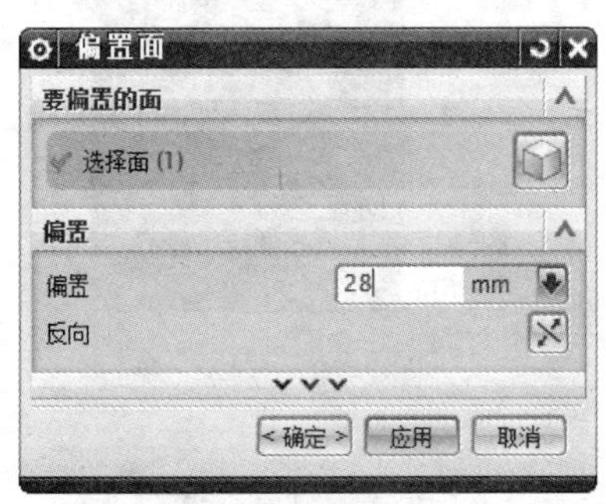

图 2-66　设置偏置尺寸

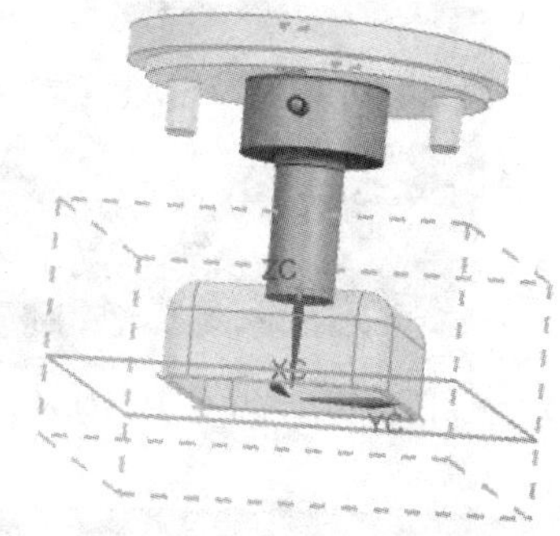

图 2-67　偏置结果视图

用户也可通过拖动箭头的方式确定偏置的位置，偏置位置确定的标准是浇口套端部恰好与模型相交。

(10) 单击(腔体)按钮，弹出“腔体”对话框，单击视图中浇口套作为需要修剪的“目标”，单击模型作为修剪所用的“刀具”。

“模式”列表框选择“减去材料”，“刀具”下面“工具类型”列表框选择“实体”，完成设置后的“腔体”对话框如图 2-68 所示。

单击< 确定 >按钮，即可完成浇口套依靠模型修剪操作。修剪后的组件如图 2-69 所示。

图 2-68　“腔体”对话框

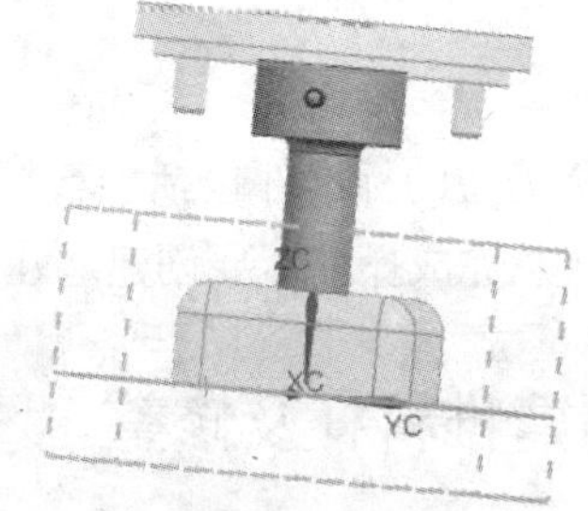

图 2-69　修剪浇口套

(11) 单击(腔体)按钮，弹出“腔体”对话框，“模式”列表框选择“减去材料”，“工具类型”列表框选择“组件”。

如图 2-70 所示，依次单击定模座、定模板、定模仁作为需要修剪的“目标”，分别单击浇口法兰盘组件、浇口套组件(选中浇口套刀槽实体)作为修剪所用的“刀具”(以浇口法兰、浇口套刀槽实体分别修剪，勿一次修剪，否则将修剪不出)。

完成设置后单击< 确定 >按钮，完成避开腔体创建。如图 2-71 所示为完成避开腔体创建后的定模仁，如图 2-72 所示为定模板，如图 2-73 所示为定模座。

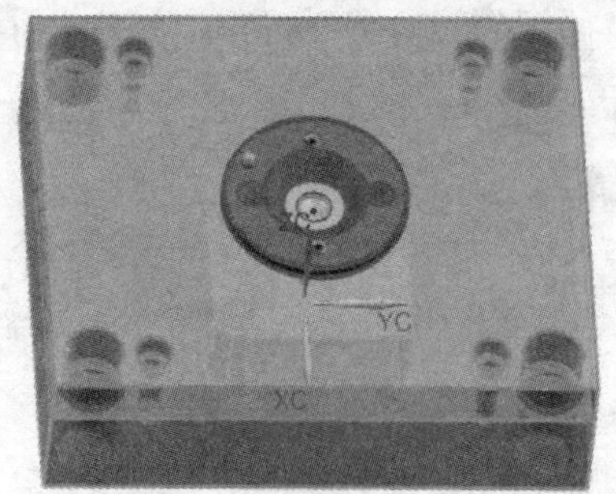

图 2-70　选中修剪目标及刀具

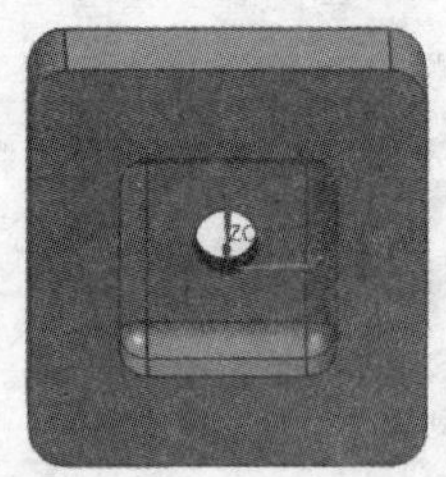

图 2-71　定模仁视图

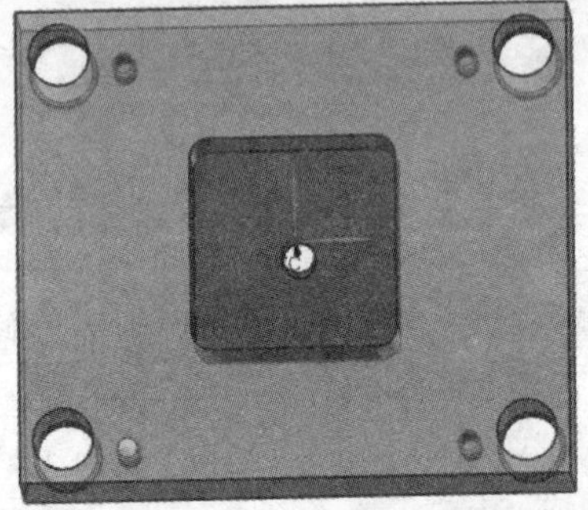

图 2-72　定模板视图

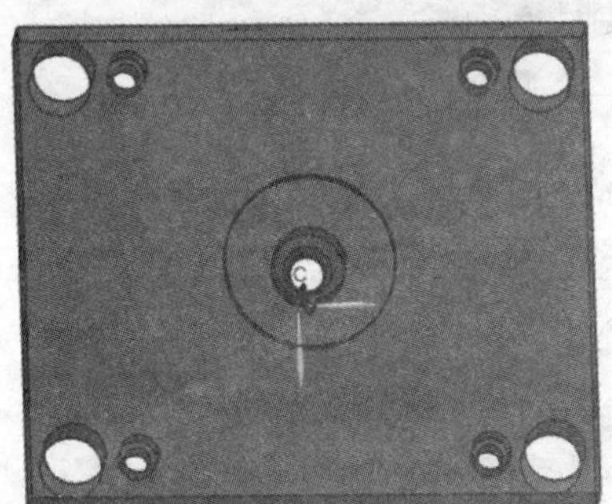

图 2-73　定模座视图

2.5　标准件及冷却系统

本范例所需要的标准件包括推料杆、复位杆及推板导柱导套，标准件和冷却系统可混合操作添加，注意完成操作后要创建避让腔体。

2.5.1　创建推料杆及修整

创建推料杆重要的操作是确定不同的位置坐标，用户可自行测算坐标位置。具体操作步骤如下：

(1) 单击(标准件库)按钮，弹出“标准件管理”对话框。

(2) 如图 2-74 所示，单击“标准件管理”对话框的“文件夹视图”下面白色方框内 DME_MM 的子级 Ejection。

“成员视图”下面白色方框内容会发生变化，如图 2-75 所示，单击 Ejector Pin[Straight]，会在窗口右侧出现一个名为“信息”的预览窗口，如图 2-76 所示。

(3) 如图 2-77 所示，设置“标准件管理”对话框下部的“详细信息”白色方框中的参数，CATALOG_DIA(直径)设置为 3，CATALOG_LENGTH(长度)设置为 160，其余默认设置。

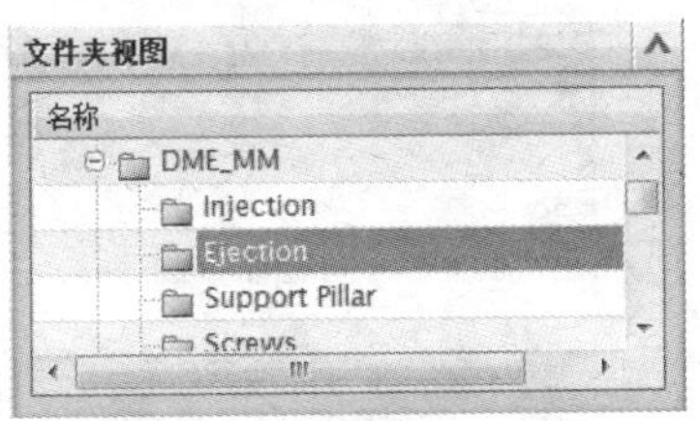

图 2-74　单击 Ejection

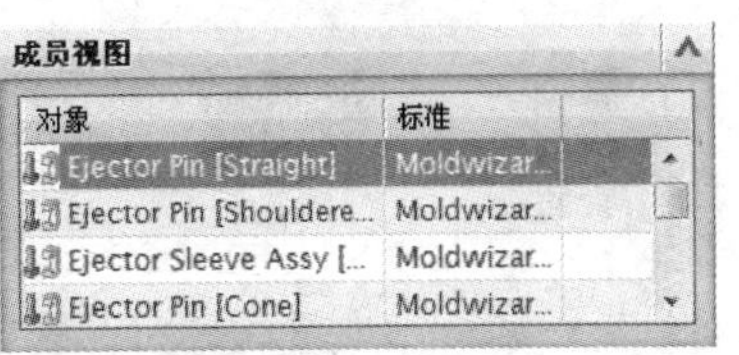

图 2-75　单击 Ejector Pin[Straight]

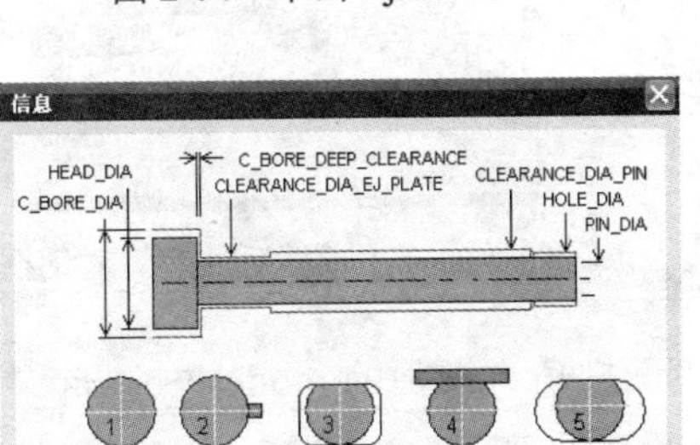

图 2-76　“信息”预览窗口

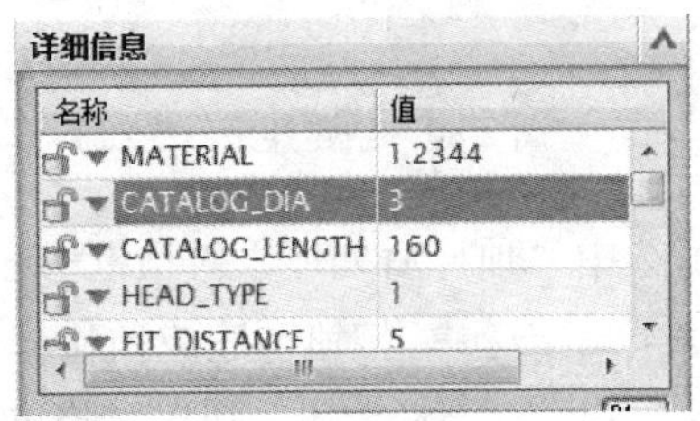

图 2-77　设置直径和长度

(4) 完成设置，单击“标准件管理”对话框中的应用按钮，弹出“点”对话框，如图 2-78 所示，“坐标”下面的“参考”列表框选择 WCS，XC 设置为 15mm，YC 设置为 15mm，ZC 设置为 0mm，其余默认设置。

完成设置单击确定按钮，在模具中创建首个推料杆，如图 2-79 所示。

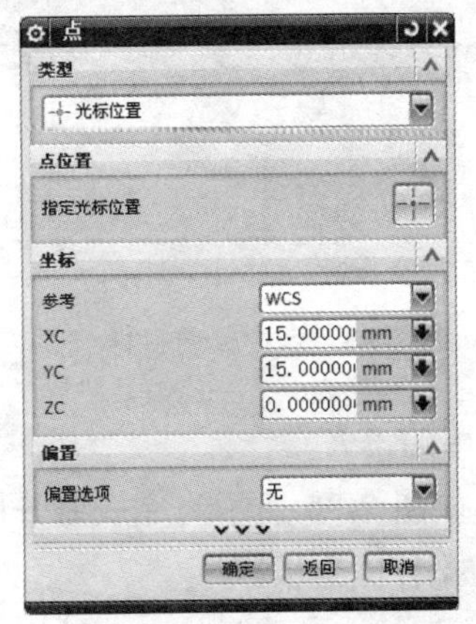

图 2-78　“点”对话框

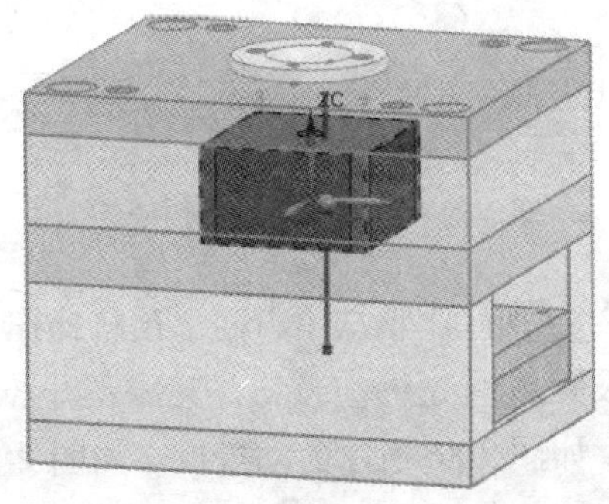

图 2-79　创建首个推料杆

(5) 重复设置“点”对话框，分别设置(XC，YC)的坐标组合为(15mm，-15mm)、(-15mm，15mm)、(-15mm，-15mm)，创建其余三个推料杆，如图 2-80 所示。

(6) 单击“点”对话框中的取消按钮，退出“点”对话框，回到“标准件管理”对话框，单击确定按钮，完成推料杆创建操作。

(7) 单击(顶杆后处理)按钮，弹出如图 2-81 所示的“顶杆后处理”对话框。

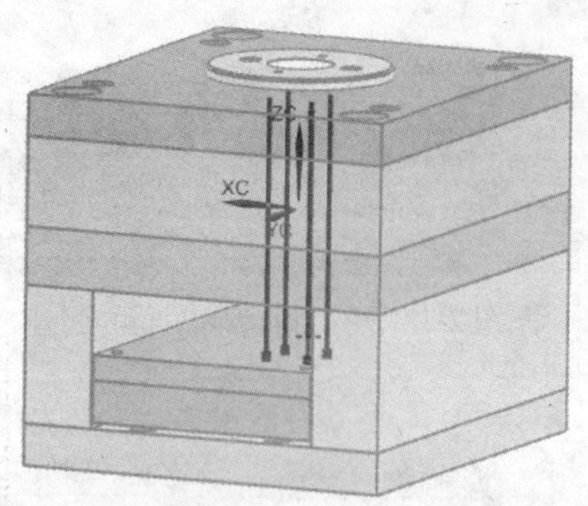

图 2-80　创建其余三个推料杆

图 2-81　“顶杆后处理”对话框

(8) 选中“顶杆后处理”对话框中“目标”下面白色方框中的 model1_ej_pin_***，其余默认设置，单击确定按钮，完成顶料杆修剪，如图 2-82 所示。

(9) 单击(腔体)按钮，弹出“腔体”对话框，“模式”列表框选择“减去材料”，“工具类型”列表框选择“组件”。

如图 2-83 所示，依次单击动模仁、动模板、推杆固定板作为需要修剪的“目标”。

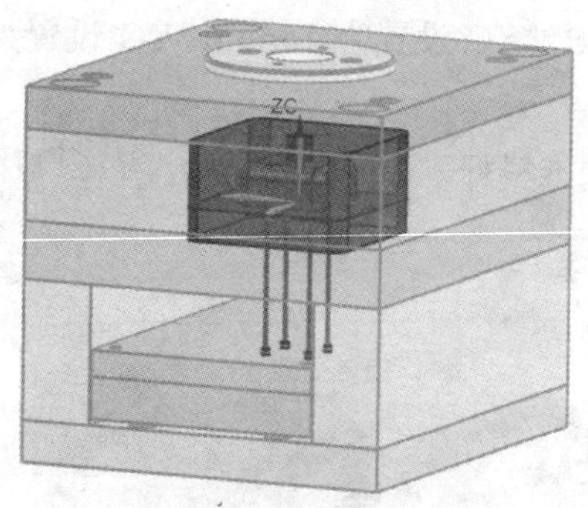

图 2-82　完成顶料杆修剪操作

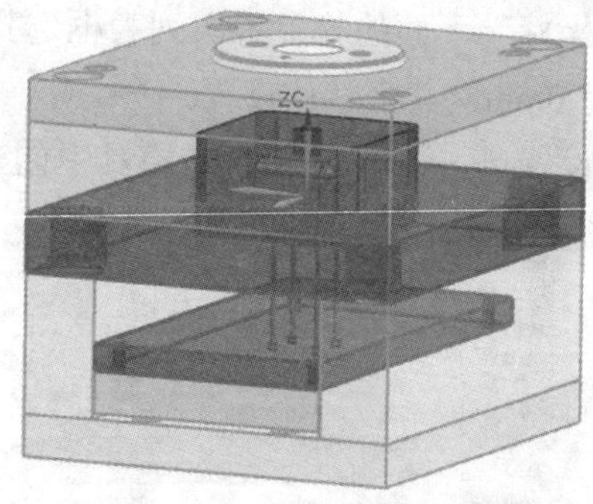

图 2-83　选中修剪目标

如图 2-84 所示，依次单击四个顶料杆作为修剪所用的“刀具”。

完成设置后单击< 确定 >按钮，完成避开腔体创建。如图 2-85 所示为完成避开腔体创建后的动模仁，如图 2-86 所示为动模板，如图 2-87 所示为推杆固定板。

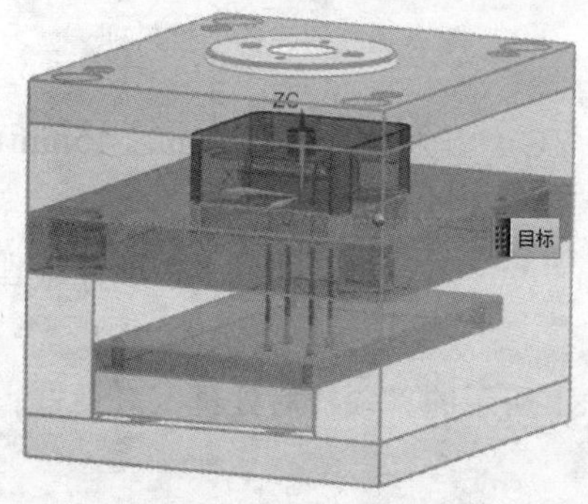

图 2-84　选中修剪刀具

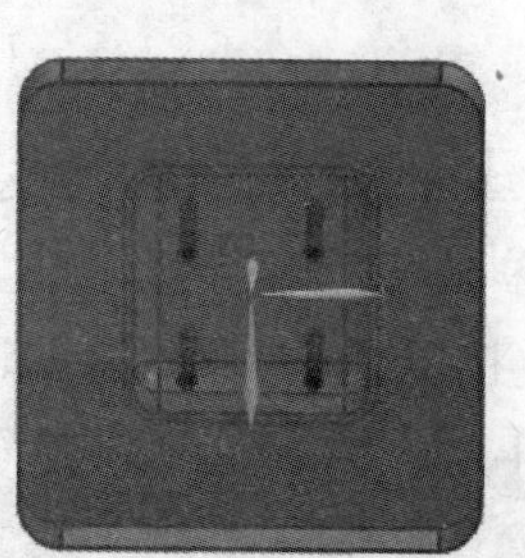

图 2-85　动模仁视图

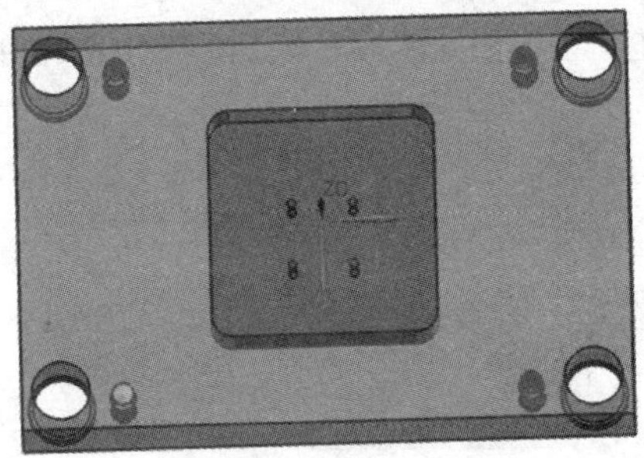

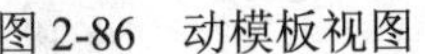

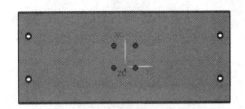

图 2-86　动模板视图

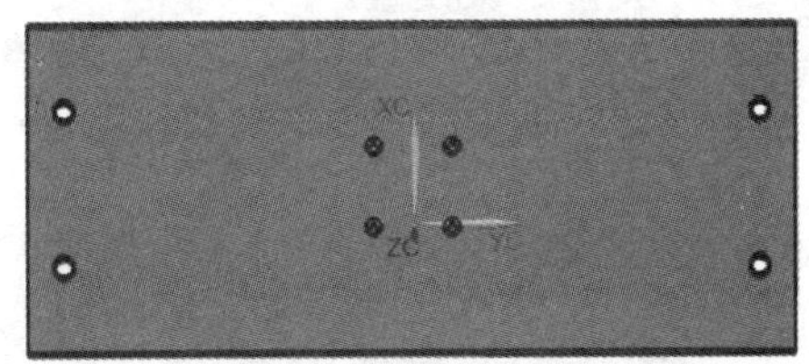

图 2-87　推杆固定板视图

2.5.2　创建冷却系统及修整

冷却系统包括冷却水道刀槽和冷却水道堵头，注意堵头的添加是依靠冷却水道刀槽添加点创建的。具体操作步骤如下：

(1) 单击如图 2-88 所示的“冷却工具”工具栏中的 (冷却标准件库)按钮，弹出“冷却组件设计”对话框。

(2) 如图 2-89 所示，单击“冷却组件设计”对话框中“文件夹视图”下面白色方框内 MW Cooling Standard Library 的子级 COOLING。

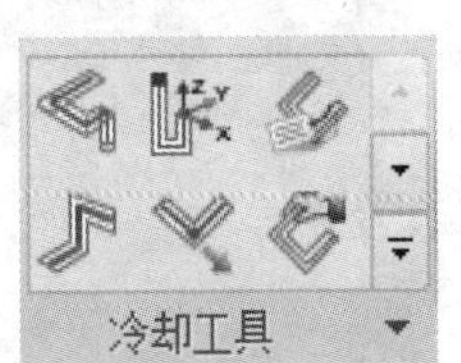

图 2-88　“冷却工具”工具栏

图 2-89　选中 COOLING

(3) “成员视图”下面白色方框内容会发生变化，如图 2-90 所示，单击 COOLING HOLE，会在窗口右侧出现一个名为“信息”的预览窗口，如图 2-91 所示。

图 2-90　选中 COOLING HOLE

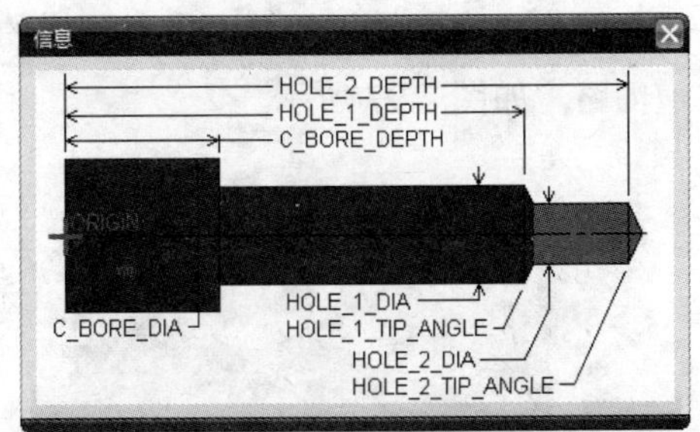

图 2-91　“信息”预览窗口

(4) 如图 2-92 所示，单击定模板的较长面为“放置”、“位置”。

如图2-93所示，设置“冷却组件设计”对话框下部的“详细信息”白色方框中的参数，

HOLE_1_DIA 设置为8，HOLE_2_DIA 设置为8，HOLE_1_DEPTH 设置为240，HOLE_2_DEPTH 设置为240，其余默认设置。

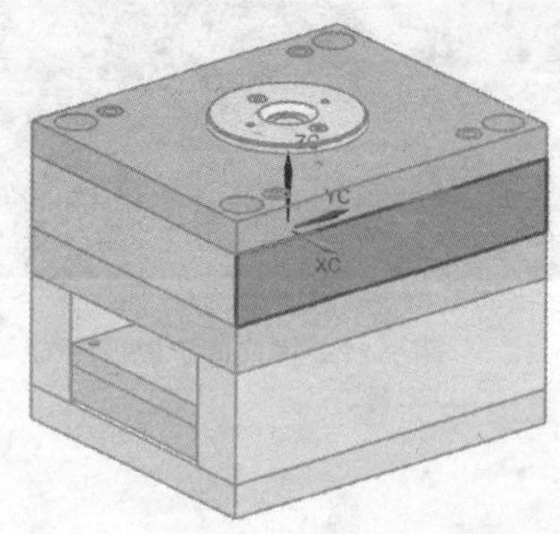

图 2-92　选择放置面

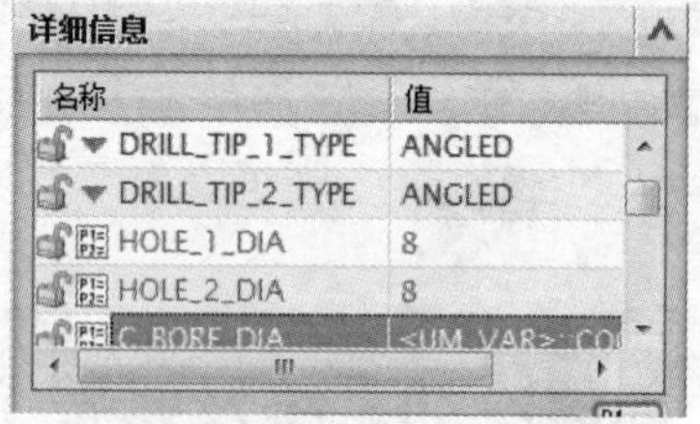

图 2-93　设置参数

(5) 单击应用按钮，弹出“标准件位置”对话框，如图 2-94 所示，设置“偏置”下面的“X 偏置”、“Y 偏置”分别为 30mm、35mm。

单击确定按钮，创建冷却水道刀路实体，如图 2-95 所示。

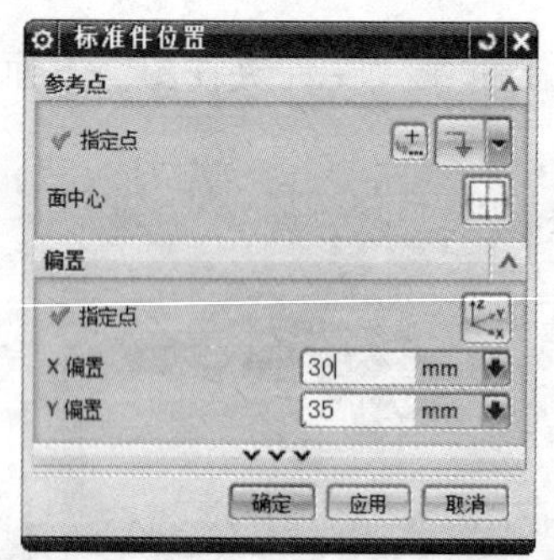

图 2-94　“标准件位置”对话框

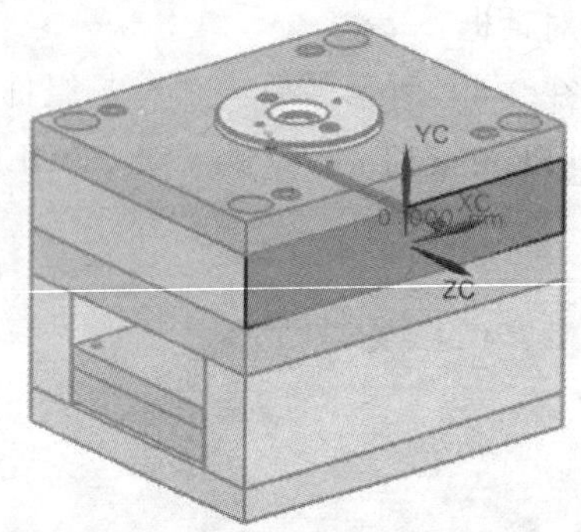

图 2-95　创建冷却水道刀路

同理，在 X 偏置为-30mm，Y 偏置为 35mm 的另一位置创建另一冷却水道刀路，如图 2-96 所示，完成后关闭“冷却组件设计”对话框。

重复操作，在定模板较短面上以同样的 X 偏置、Y 偏置尺寸创建两条长为 290mm 的冷却水道刀路，如图 2-97 所示。

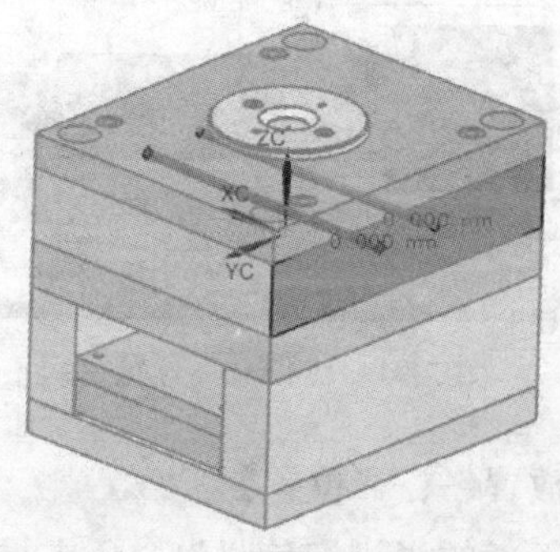

图 2-96　创建两个水道刀路

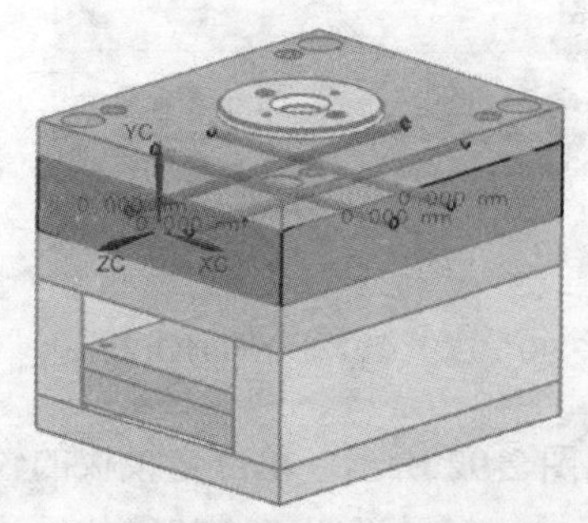

图 2-97　创建临面的两个水道刀路

(6) 单击“冷却组件设计”对话框中的 确定 按钮，完成所有水道刀路创建。

(7) 单击 (冷却标准件库)按钮，弹出“冷却组件设计”对话框。

(8) 如图 2-98 所示，单击“成员视图”下面的 CONNECTOR PLUG，会在窗口右侧出现一个名为“信息”的预览窗口，如图 2-99 所示。

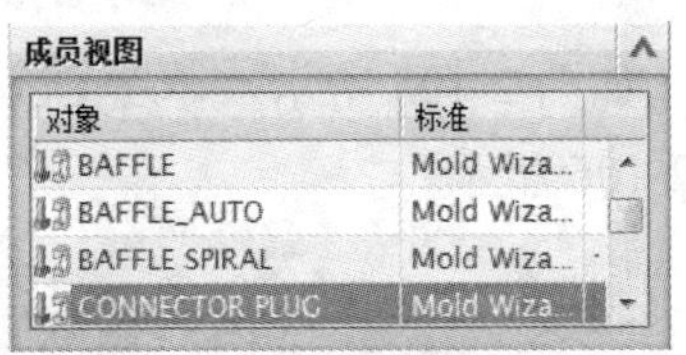

图 2-98　单击 CONNECTOR PLUG

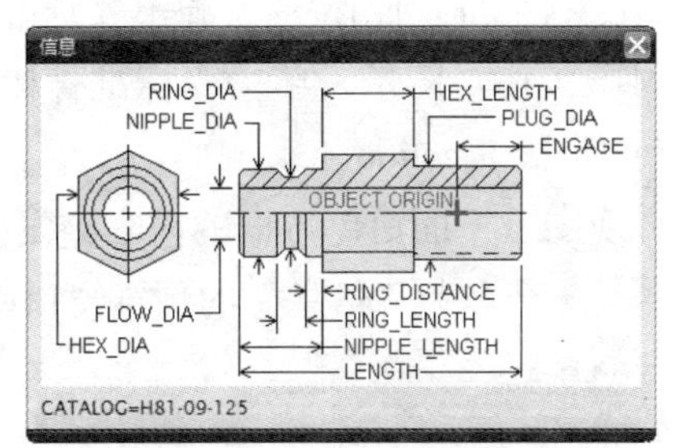

图 2-99　“信息”预览窗口

(9) 使用默认设置，单击 应用 按钮，加载堵头如图 2-100 所示。

(10) 单击另一侧一水道刀路，并重复步骤(8)，加载堵头如图 2-101 所示。

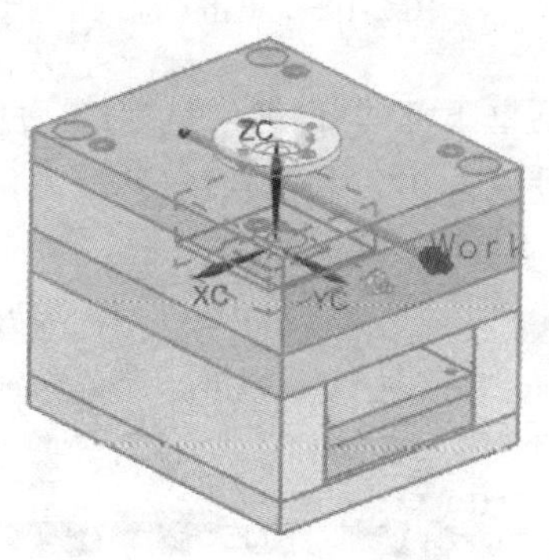

图 2-100　加载前两个堵头

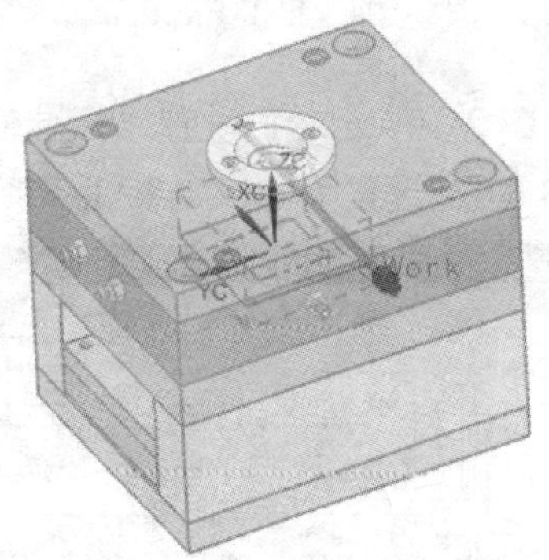

图 2-101　加载剩余两个堵头

(11) 单击 (腔体)按钮，使用创建避让腔的方法，以堵头和冷却水道刀路作为修剪刀具，以定模板和定模仁作为修剪目标，创建避让腔。

如图 2-102 所示为创建避让腔体之后的定模仁视图。

如图 2-103 所示为创建避让腔体之后的定模板视图。

图 2-102　创建避让腔体后的定模仁

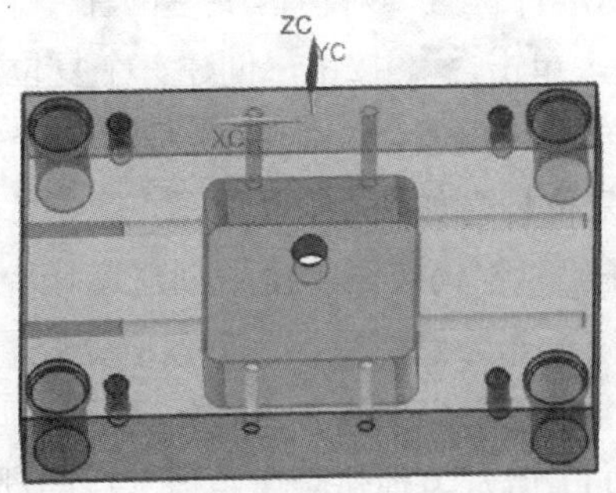

图 2-103　创建避让腔体后的定模板

2.5.3 创建复位杆及修整

复位杆的作用是通过动模部分复位时将推板进行复位。具体操作步骤如下：

(1) 单击(标准件库)按钮，弹出“标准件管理”对话框。

(2) 如图 2-104 所示，单击“标准件管理”对话框中“文件夹视图”下面白色方框内 DME_MM 的子级 Ejection。

“成员视图”下面白色方框的内容会发生变化，如图 2-105 所示，单击 Core Pin，会在窗口右侧出现一个名为“信息”的预览窗口，如图 2-106 所示。

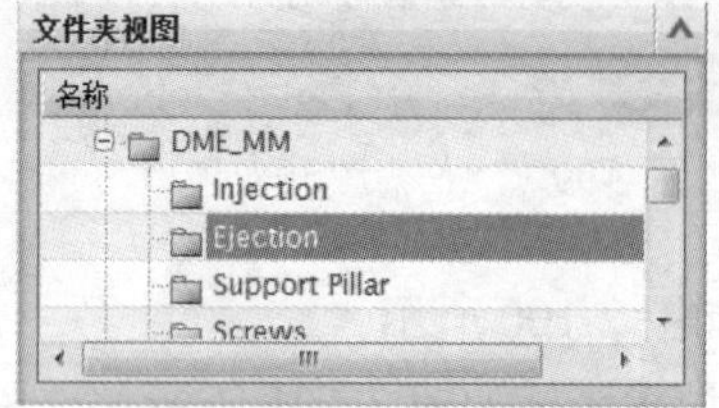

图 2-104　单击 Ejection

图 2-105　单击 Core Pin

(3) 如图 2-107 所示，设置“标准件管理”对话框下部的“详细信息”白色方框中的参数，CATALOG_DIA 设置为 6，CATALOG_LENGTH 设置为 92，其余默认设置。

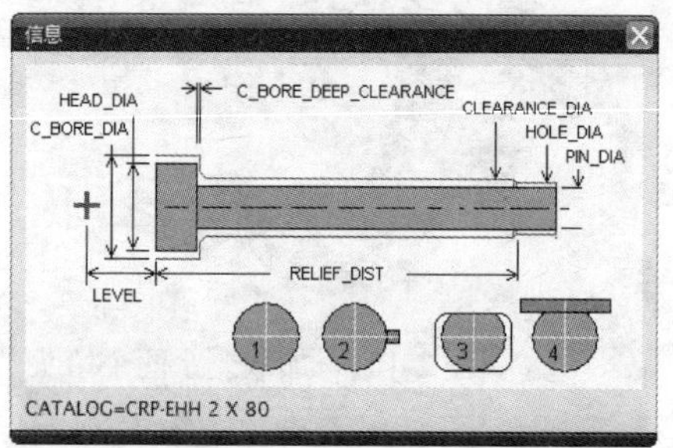

图 2-106　“信息”预览窗口

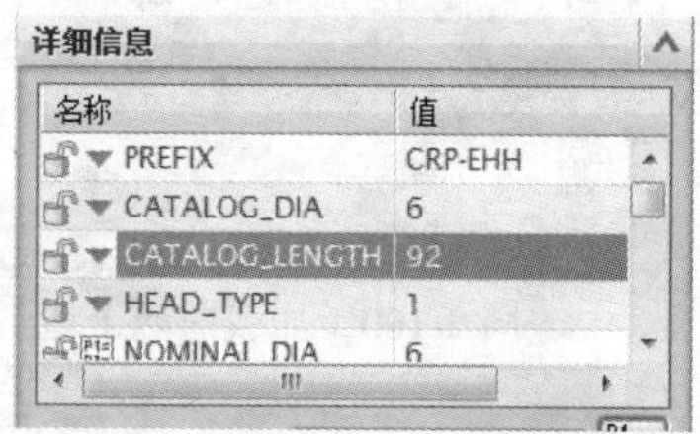

图 2-107　设置详细参数

(4) 单击动模板的上平面，单击“标准件管理”对话框中的应用按钮，弹出“标准件位置”对话框。

(5) “标准件位置”对话框中“偏置”下面的“X 偏置”设置为 50mm，“Y 偏置”设置为 120mm，单击确定按钮，创建首个复位杆，如图 2-108 所示。

(6) 同样，(X 偏置，Y 偏置)坐标组合分别设置为(-50，120)、(-50，-120)、(50，-120)，创建另三个复位杆，如图 2-109 所示。

(7) 单击(腔体)按钮，使用创建避让腔的方法，以四个复位杆作为修剪刀具，以推杆固定板和动模板作为修剪目标，创建避让腔。

如图 2-110 所示为创建避让腔体之后的推杆固定板视图。

如图 2-111 所示为创建避让腔体之后的动模板视图。

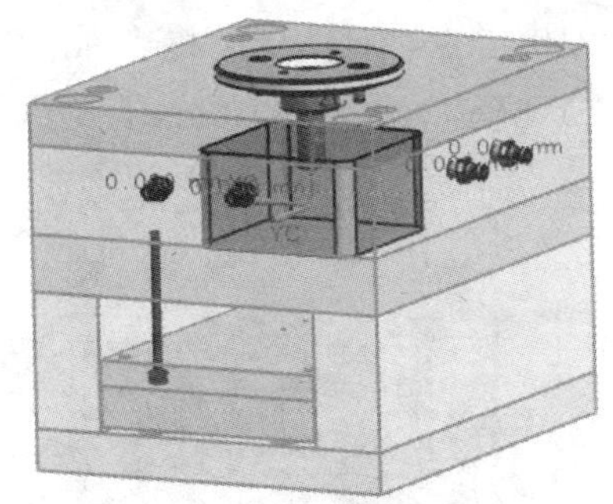

图 2-108　创建首个复位杆

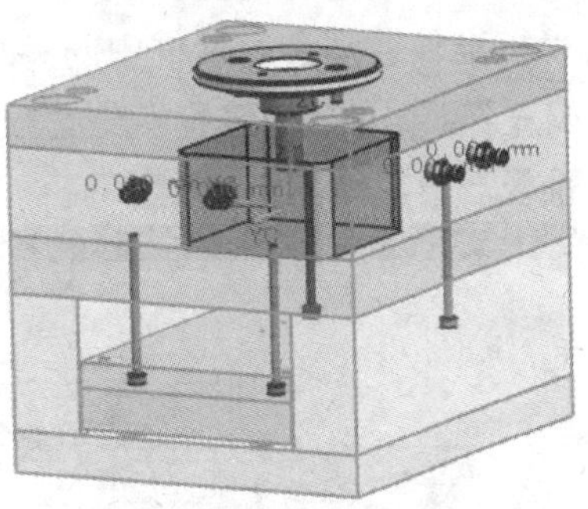

图 2-109　创建其余三个复位杆

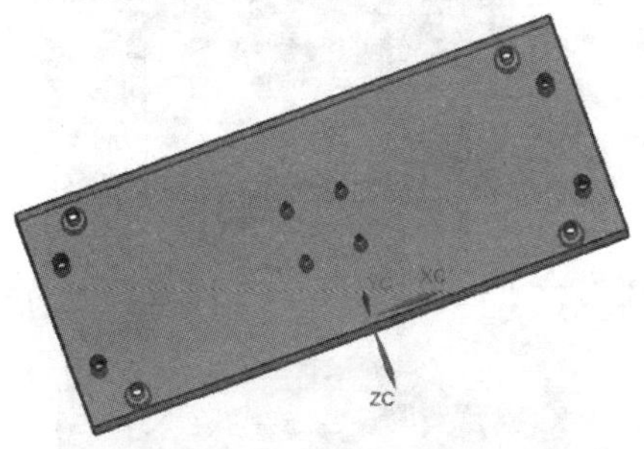

图 2-110　推杆固定板视图

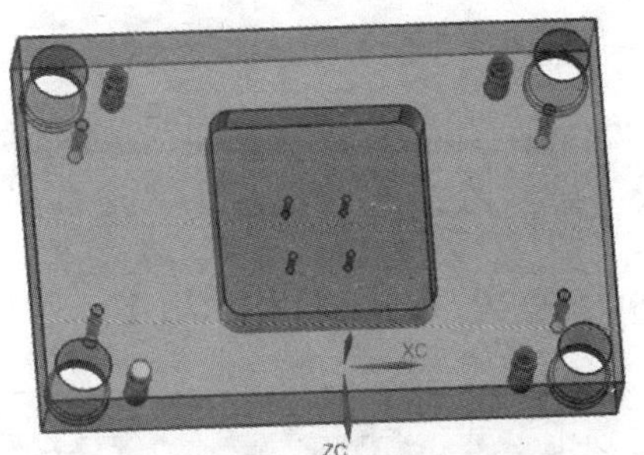

图 2-111　动模板视图

2.5.4　创建推板导柱导套及修整

使用推板导柱导套将推板、推板固定板和动模座相互连接，起到保证推板复位准确的作用。具体操作步骤如下：

(1) 单击(标准件库)按钮，弹出“标准件管理”对话框。

(2) 如图 2-112 所示，单击“标准件管理”对话框中“文件夹视图”下面白色方框内 DME_MM 的子级 Dowels。

“成员视图”下面白色方框的内容会发生变化，如图 2-113 所示，单击 Centering Bushing(R05)，会在窗口右侧出现一个名为“信息”的预览窗口，如图 2-114 所示。

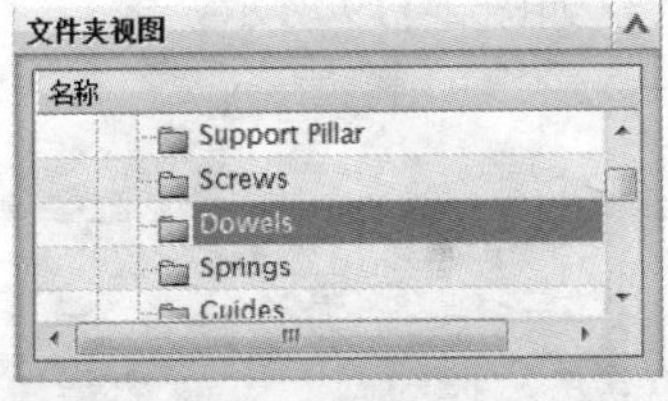

图 2-112　单击 Dowels

图 2-113　单击 Centering Bushing(R05)

(3) “标准件管理”对话框下部的“详细信息”白色方框中的参数默认设置。

(4) 单击如图 2-115 所示的推杆固定板下底面作为“放置”、“位置”。

单击“标准件管理”对话框中的 应用 按钮，弹出“点”对话框；将“标准件位置”对话框中“偏置”下面的“X 偏置”设置为 20mm，“Y 偏置”设置为 110mm，单击 确定 按钮，创建首个推板导套，如图 2-116 所示。

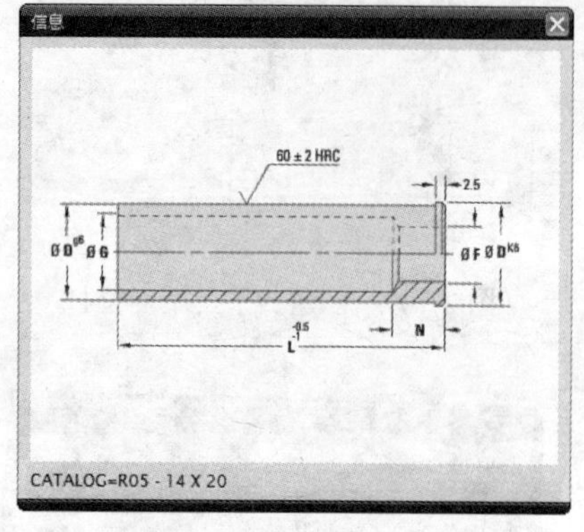

图 2-114 “信息”预览窗口

图 2-115 “放置”“位置”面

(5) (X 偏置，Y 偏置)坐标为(-20，-110)，创建另一个推板导套，如图 2-117 所示。

图 2-116 创建首个推板导套

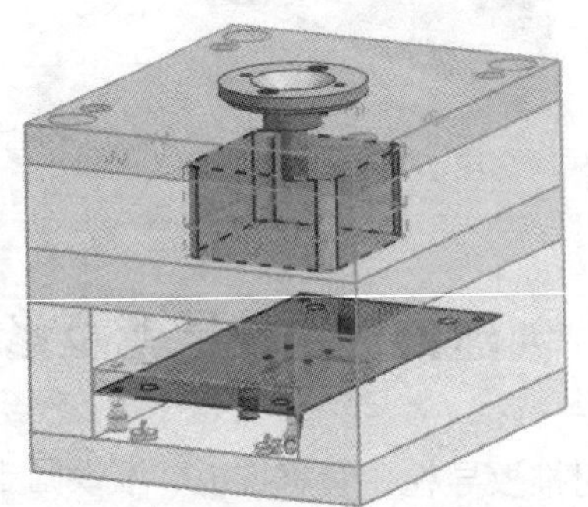

图 2-117 创建第 2 个推板导套

(6) 同样单击“成员视图”下面的白色方框中的 Tubular Dowels(R09)，在推板导套位置创建推板导柱，如图 2-118 所示。

(7) 单击(腔体)按钮，使用创建避让腔的方法，以推板导柱导套做修剪刀具，以推杆固定板和动模座作为修剪目标，创建避让腔。

完成修整后，即完成简单抽壳零件的注塑模具设计，如图 2-119 所示。

图 2-118 创建两个推板导柱

图 2-119 完成注塑模具设计

2.6　后　处　理

后处理过程包括物料清单、模具图纸、视图管理等，此过程将在后面进行详细介绍，这里只介绍创建物料清单的过程。

单击▦(物料清单)按钮，弹出如图 2-120 所示的“物料清单”对话框，用户可在此对话框中查看物料“描述”、“类别/大小”、“材料”、“供应商”及“坯料尺寸”等内容。

亦可通过单击视图中的零件，来确定物料类型。

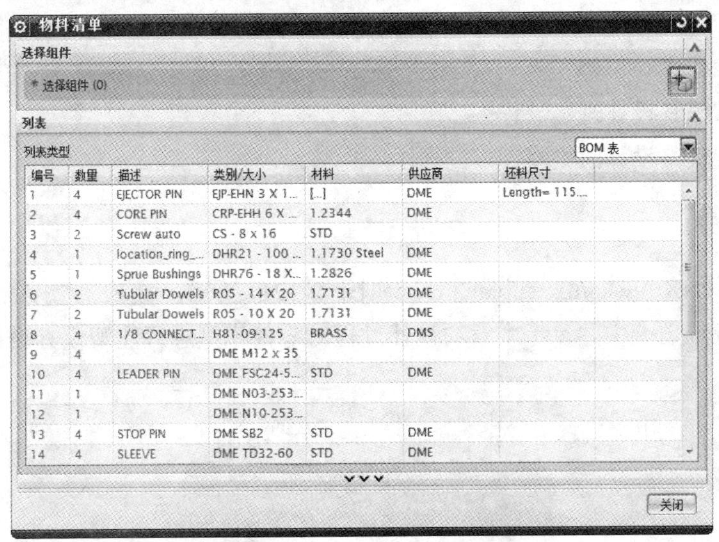

图 2-120　“物料清单”对话框

2.7　本 章 小 结

本章大致可分为两部分，前一部分概括了使用 NX 9 MoldWizard 模块进行模具设计的流程，第二部分通过一个模型简单介绍了模具设计的操作过程。

本部分属了解学习部分，具体各种操作的介绍请参考后面章节。

2.8　习　　题

一、填空题

1. NX 9 项目初始化过程包括对产品进行初始化项目设置，将其调入模具环境以及设置

模具坐标系、________、________和________等操作。

2. 分型前准备工作，一般包括________、________、________、模型校正等操作。

3. 使用分型工具进行分型操作，包括__________、__________、定义区域、分型面设计及________等操作。

4. 通过检查区域，并对________的区域面进行重新定义，确定合乎用户分型要求的型芯/型腔区域面。

5. 用户使用“编辑分型面和曲面补片”命令，可选择现有片体以在分型部件中对开放区域进行________，或________以删除分型或补片的片体。

二、问答题

1. 默写注塑模具设计过程流程图。

2. 简述注塑模具设计的步骤。

三、上机操作

打开源文件\NX 9\char02\wubian.prt，如图 2-121 所示，完成后切入 Siemens NX 9 MoldWizard 模块选项卡中并参考本章的设计过程对零件模型进行注塑模具设计。

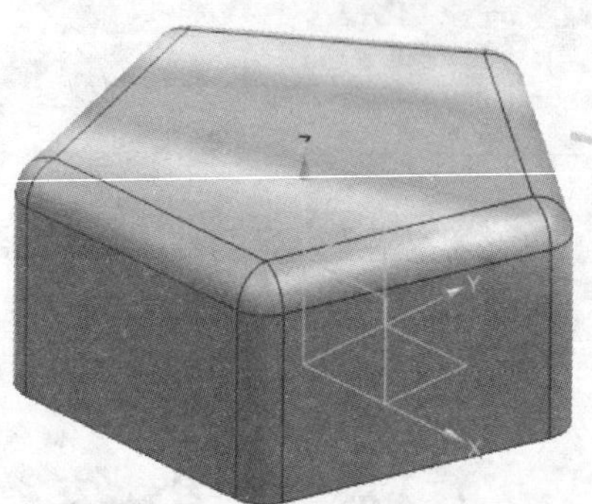

图 2-121　上机操作题的零件图

第 3 章

模具设计初始化

本章通过介绍“注塑模向导”工具栏中的初始化项目、模具 CSYS、收缩率、工件加载等操作，使读者熟悉 NX 9 模具设计方案初期准备步骤，理解注塑模向导模块的设计思路。本章内容对后面模具设计过程有直接影响，因此读者必须对本章内容高度重视。

学习目标

- ✧ 掌握模具坐标系的设置方法
- ✧ 掌握模具收缩率的设置方法
- ✧ 掌握工件的创建方法和步骤
- ✧ 掌握型腔布局的设置方法

3.1 加载产品和项目初始化

NX 9 与以往各种版本的操作方法略有不同，需将模型打开后进行项目初始化，项目初始化后，可将模型调入模具环境，从而开始模具设计。

3.1.1 加载产品和项目初始化过程

打开模型后，单击“应用模块”选项卡中的(模具)按钮，即可打开“注塑模向导”模块，注塑模向导模块的命令此时以选项卡的方式处在软件视图的上方，与其他模块的选项卡并列排列。

单击(初始化项目)按钮，弹出如图 3-1 所示的“初始化项目”对话框。

单击“路径”下面的文本框右面的(浏览)按钮，弹出如图 3-2 所示的“打开”对话框，用户可在此对话框中设置初始化项目后创建的文件存储路径，然后单击 确定 按钮，完成路径设置。

图 3-1 “初始化项目”对话框

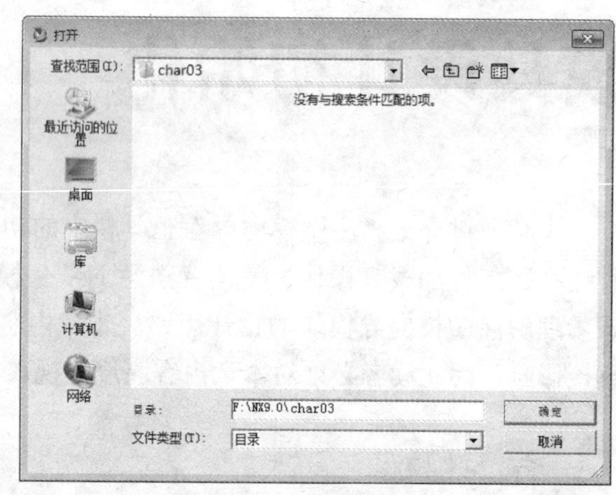

图 3-2 “打开”对话框

用户可以单击“初始化项目”对话框下方的 按钮，将对话框下方选项展开，进行更多项目的设置，展开后的“初始化项目”对话框如图 3-3 所示。

此时可以实现“投影单位(项目单位)”、“投影轨迹(设置项目路径和名称)”、“材料”和“收缩率”的共同修改。

MoldWizard 的模块提供了丰富的材料数据，可以从材料库中直接选取符合要求的材料。另外，可以单击“编辑材料数据库”右侧的按钮，进行材料库中材料的收缩率编辑修改，如图 3-4 所示，也可添加新材料。在“初始化项目”对话框中设置完所需的参数后，单击 确定 按钮即可。

图 3-3　展开后的“初始化项目”对话框

MATERIAL	SHRINKAGE
NONE	1.000
NYLON	1.016
ABS	1.006
PPO	1.010
PS	1.006
PC+ABS	1.0045
ABS+PC	1.0055
PC	1.0045
PC	1.006
PMMA	1.002
PA+60%GF	1.001
PC+10%GF	1.0035

图 3-4　编辑材料数据库

3.1.2　MoldWizard 的装配克隆

完成初始化项目参数的设置后，MoldWizard将使用装配克隆功能，创建一个装配结构的复制品，而在项目目录文件夹下生成一些装配文件。

单击视图左侧的(装配导航器)按钮，打开“装配导航器”窗口，可以看到装载产品后生成的装配结构。如图 3-5 所示是“项目装配结构和产品装配结构”的菜单结构。

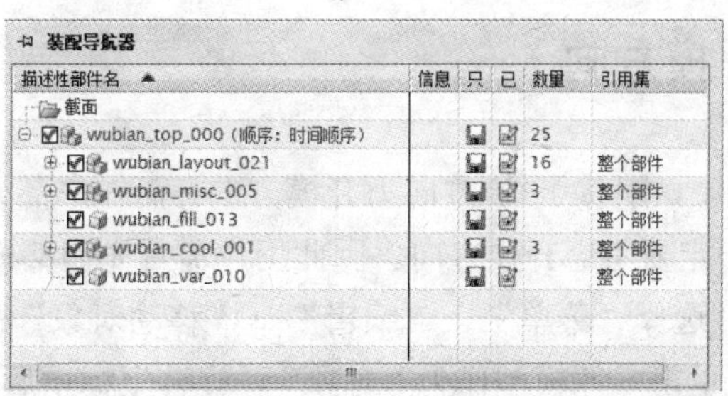

图 3-5　“项目装配结构和产品装配结构”菜单结构

初始化项目的过程复制了两个装配结构：项目装配结构和产品装配结构，其中产品装配结构包含在 layout 分支下。

项目装配结构各字段的描述如下：

✧　top：该文件是项目的总文件，包含并控制一副模具的所有装配部件和相关数据。

✧　cool：定义冷却水道的文件。

✧ fill：放置浇口和流道组件的文件。

✧ misc：定义标准件，如支撑块、定位环等。

✧ layout：该文件用来安排产品布局，确定包含型腔和型芯的产品子装配相对模架的位置。layout 可以包含多个 prod 子集，即一个项目可以做几个产品模型。

3.1.3 prod 装配子结构

MoldWizard在初始化项目时创建的另一个项目是prod子装配结构。在prod中包含单个产品模型的文件，该文件下包含shrink、parting、core、cavity、trim、molding等子装配文件。可以用“复制”和“粘贴”等命令在layout节点下生成多个prod节点来制作多腔模具。

产品装配结构各字段的描述如下：

✧ shrink：包含产品的收缩模型。

✧ parting：包含产品分型面片体。

✧ core：型芯镶块。

✧ cavity：型腔镶块。

✧ trim：用来修剪标准件的几何体。

✧ molding：模具模型。

3.2 定义模具坐标系

在模具设计过程中，需要定义模具坐标系。模具坐标系的定义过程，就是将产品子装配从 WCS(工作坐标系)移植模具到绝对坐标系(ACS)，并且以该绝对坐标系作为模具坐标系。

3.2.1 调整产品开模方向

在 MoldWizard 模块中，默认了+Z 方向为开模方向。而在产品设计过程中，为了设计的方便，有时设计产品不一定要考虑开模方向。因此用户需首先调整模型的大致方向。

打开“建模”模块，选择“菜单”→“编辑”→“移动对象”命令，弹出如图 3-6 所示的“移动对象”对话框，单击零件模型作为“对象”，旋转坐标系后得到模型的方向如图 3-7 所示。

单击<确定>按钮，完成旋转操作，此时开模方向得到重新定位。

提示

模型坐标方向合理，此步骤不用操作。

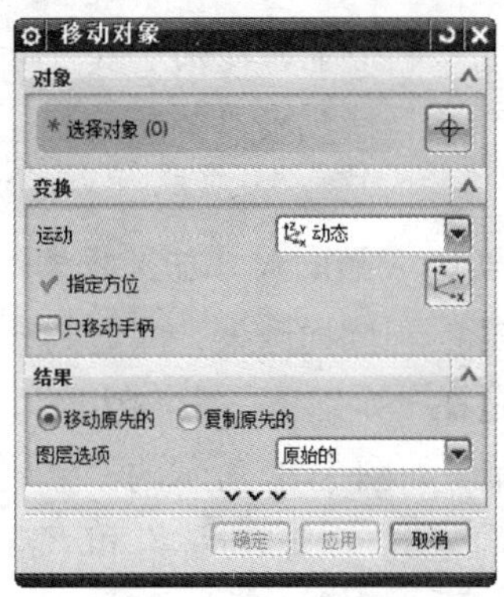

图 3-6　“移动对象”对话框

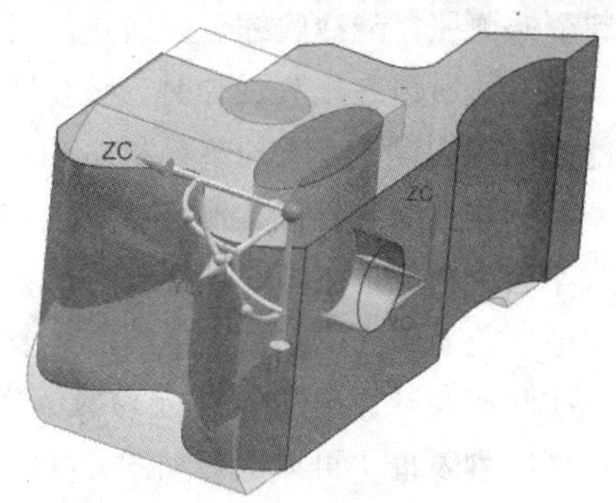

图 3-7　旋转模型

3.2.2　定义模具坐标系

设置模具坐标系，模具坐标系的原点必须位于模架分型面的中心，Z 轴的正方向指向模具的注入口。

单击“注塑模向导”工具栏中的(模具 CSYS)按钮，弹出如图 3-8 所示的“模具 CSYS”对话框，通过这个对话框来锁定产品的模具坐标。

✧　“锁定”：指在重新定义模具 CSYS 时，锁定某个坐标平面的位置不变。

✧　“当前 WCS”：指设置模具 CSYS 与当前工作坐标系位置相匹配。

✧　“产品实体中心”：指设置模具 CSYS 位于产品实体的中心，坐标轴方向保持不变。

✧　“选定面的中心”：指设置模具 CSYS 位于边界面的中心。

通过单击如图 3-9 所示的用户欲作为分型面的一个平面，进行对话框设置后，单击“确定”按钮，完成模具坐标设置。

图 3-8　“模具 CSYS”对话框

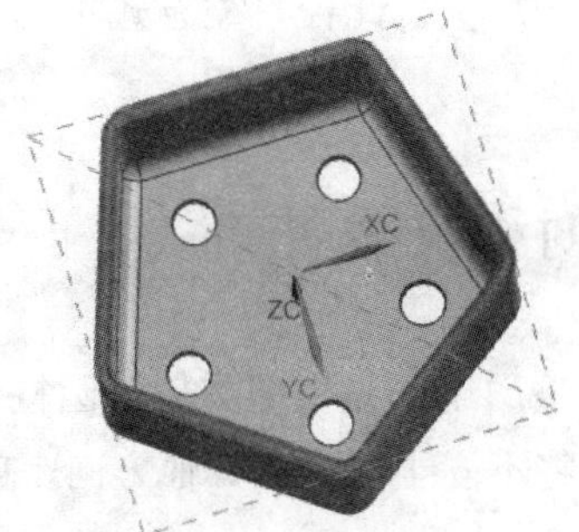

图 3-9　单击平面

3.3　设置模具收缩率

由于产品在充模后，一般都会发生收缩现象，所以在设计模具时需要考虑产品的收缩率

问题。塑料受热膨胀，遇冷收缩，因而热加工方法制作的塑料制品，冷却后其尺寸一般小于相应的模具尺寸，所以在模具设计时，必须把塑料件收缩量补偿到模具的相应尺寸中去，这样才有可能得到符合设计要求的塑料制件。

收缩率是指塑料收缩性的大小，模具的实际尺寸为实际成品的尺寸加上收缩率的尺寸。收缩率的大小会因材料的性质、填充材料或者补充材料等的不同而改变，即使同一牌号的材料，由于成型工艺的不同，收缩率也不是一个常数，而是在一定的范围内波动。

单击“注塑模向导”选项卡中的(收缩率)按钮，弹出如图 3-10 所示的“缩放体”对话框。在“类型”列表框中可以选择如图 3-11 所示的“均匀”、“轴对称”和“常规”三种改变部件比例的方式。

图 3-10　“缩放体”对话框

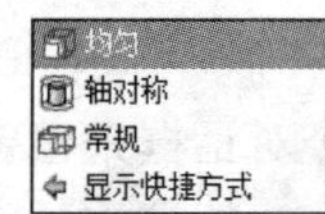

图 3-11　三种不同收缩方式

3.3.1　均匀收缩

均匀收缩适用于参照模型类似于正方体的情况，其中三个坐标轴方向上的尺寸值将按照相同的比例均匀放大。此种收缩方式不同于项目初始化时的收缩率，此时的收缩率原点可任意设置。

3.3.2　轴对称收缩

轴对称收缩用于产品模型类似于圆柱形的情况。选择这种方式后，产品在坐标系指定方向上的收缩率将不同于产品在其他方向上的收缩率。

3.3.3　常规方式

常规方式可以在 X、Y、Z 三个方向上设置不同的收缩系数。

3.4　设置模具工件

工件又叫毛坯，作为模具设计的一个部分，它是用来生成模具型腔和型芯的实体，并且与模架相连接。所以工件尺寸的确定必须以型腔或者型芯的尺寸为依据。

单击“注塑模向导”选项卡中的(工件)按钮后，会出现一段短暂的工件加载时间，过后会加载预览工件，并弹出如图 3-12 所示的“工件”对话框。

该对话框分为 5 个部分：类型、工件方法、尺寸、设置和预览。

3.4.1　类型

工件类型包括产品工件和组合工件两种类型，可以在“类型”列表框中选择这两种工件类型。

“类型”列表框中选择“组合工件”时，对话框变为如图 3-13 所示的形式。

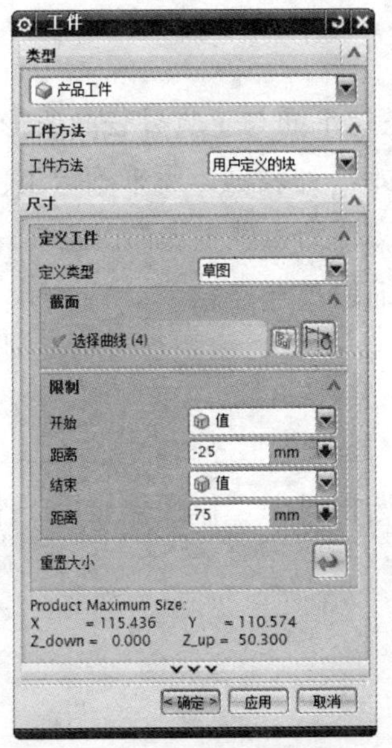

图 3-12　“工件”对话框一

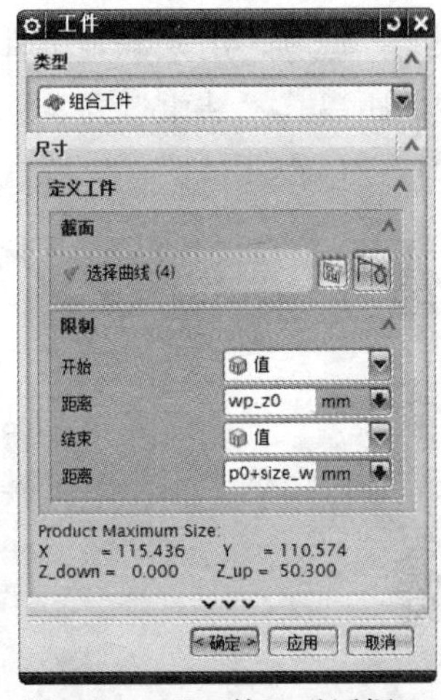

图 3-13　“工件”对话框二

3.4.2　工件方法

当“类型”列表框为“产品工件”时，有 4 种工件方法：用户定义的块、型腔-型芯、仅型腔、仅型芯。

1. 用户定义的块

在设计工作时，有些情况下需要修剪型腔或型芯实体，其尺寸和形状与标准块不同，此

时需要用户自定义实体作为工件的实体。自定义的工件保存在parting部件内，可以是一个在parting部件内建立的模型，也可以是一个几何链接体，或者是用户自定义的特征或者输入文件。

2. 型腔-型芯

“型腔-型芯”选项是指用户自定义型腔和型芯，系统将使用 WAVE 的方法链接实体。系统将要求用户选择 parting 文件中的一个实体作为生产型芯和型腔的工件。

3. “仅型腔”和“仅型芯”

这两个选项用于定义用在型腔或者型芯的工件的实体，它们的形状可以不同。在“工件”对话框中的“工件方法”列表框中选择“仅型腔”或“仅型芯”，就可以自定义形状和尺寸的工件。

3.4.3 尺寸

“尺寸”由定义工件和限制两部分组成。

- ✧ “定义工件”选项，用来确定模具坐标系所在的平面与工具外表面所形成的外交线。
- ✧ “限制”选项，用来确定工件的尺寸。“开始”列表框，用来确定工件下表面到相交线的距离。“结束”列表框，用来确定相交线到工件上表面的距离。

完成设置后，用户还可以在“尺寸”下面看到详细的尺寸信息。

3.4.4 设置

当选中“设置”下面的“显示产品包容方块”复选框时，工作区会显示一个包容了产品最大体积的长方体，以便于用户对工具尺寸进行设置。

3.4.5 预览

当选中“预览”下面的“预览”复选框时，就可以在工作区看到工件尺寸的设置结果，取消选中则预览工件消失。

3.5 多 件 模

多件模是指把具有一定关系的两个或多个产品放在一个模型里注塑成型。模腔里面允许包含多个不同形状的产品，注塑模向导会自动排列多模腔工程到装配结构里，每个部件及其相关文件都将放到不同的分支下。利用多腔模工具，可以针对选择的激活部件执行相应的操作。

对多个产品模型执行项目初始化操作后，即可执行多腔模操作。

将多个产品加载到一项工程后，单击“注塑模向导”选项卡中的(多腔模设计)按钮，打开如图 3-14 所示的“多腔模设计”对话框。

图 3-14　“多腔模设计”对话框

“多腔模设计”对话框的功能主要是激活或删除加载的模型，选中对话框中的一个模型，单击“确定”或“移除族成员”按钮，即可激活或移除模型。

注意，本操作区别于后面的利用型腔布局创建的一模多腔操作。

3.6　实 例 示 范

如图 3-15 所示为一五边形抽壳模型，需对此模型进行模具初始化设计。如图 3-16 所示为完成工件加载后的视图。

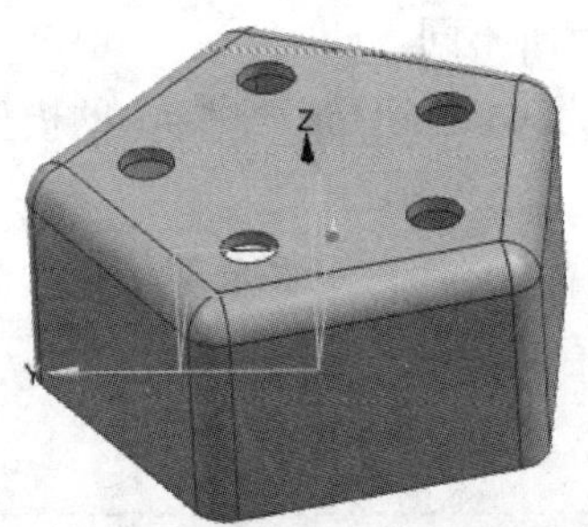

图 3-15　倒置杯子造型

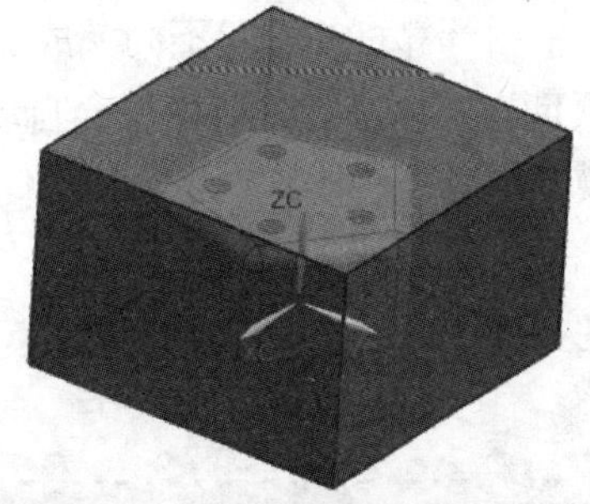

图 3-16　完成工件加载后的视图

初始文件	\光盘文件\NX 9\Char03\wubian.prt
结果文件路径	\光盘文件\NX 9\Char03\zhusu\
视频文件	\光盘文件\视频文件\Char03\第 3 章.Avi

3.6.1　初始化项目

在开始设计前需对模型进行初始化，从而创建模具装配结构。

具体操作步骤如下：

(1) 根据起始文件路径打开 wubian.prt 文件。

(2) 单击(初始化项目)按钮，弹出如图 3-17 所示的“初始化项目”对话框。

(3) 单击“路径”文本框右面的(浏览)按钮，弹出“打开”对话框，用户可在此对话框中设置初始化项目后创建的文件存储路径。

如图 3-18 所示，在“F 盘”创建英文路径文件夹，单击确定按钮，完成路径设置。

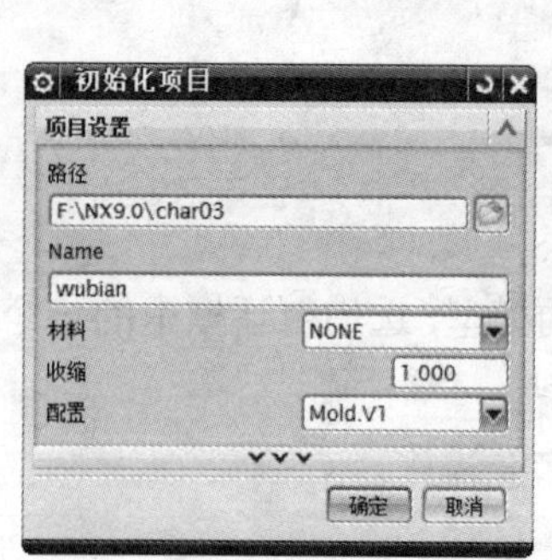

图 3-17　“初始化项目”对话框

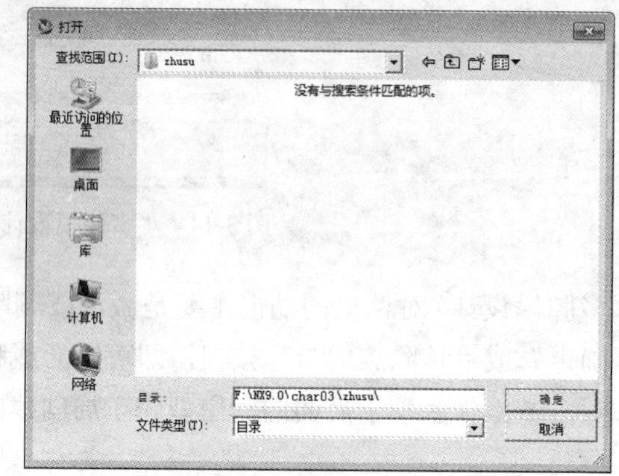

图 3-18　“打开”对话框

(4) Name文本框可重新设置模型的名称，单击“材料”列表框并选择注塑的材料为ABS，收缩文本框会根据材料的选择自动变化。

其余默认设置，完成设置后的“初始化项目”对话框如图 3-19 所示。

(5) 单击< 确定 >按钮，进行项目初始化操作，此时软件会自动进行计算并加载注塑模装配结构零件，根据计算机的配置不同完成加载的时间会有所不同。

完成项目初始化后，窗口模型会自动切换成名称为 wubian_top_***.prt 的模型零件，此模型和原模型的外形一样。

(6) 单击取消按钮关闭“更改窗口”对话框，选择“文件”→“全部保存”命令，将项目初始化的文件进行保存。(若继续操作，可不进行保存)

提示

wubian_top_***.prt 为软件自动生成名称，后面的“***”代表数字，此数字随用户重复的次数增大，用户寻找零件时注意前面的名称即可。

3.6.2　模型重新定位

完成项目初始化操作后，需对准开模方向，重定开模坐标系。

具体操作步骤如下：

(1) 单击(模具 CSYS)按钮，弹出“模具 CSYS”对话框，可以看到系统提供了“当前 WCS”、“产品实体中心”、“选定面的中心”三种对坐标轴重新定位的方式。

提供了“锁定 X 位置”、“锁定 Y 位置”、“锁定 Z 位置”三种不同方向上的位置锁定方式。

(2) 如图 3-20 所示，分别选中“选定面的中心”和“锁定 Z 位置”选项，并单击如图 3-21 所示模型的底面作为“选择对象”。

图 3-19　“初始化项目”对话框

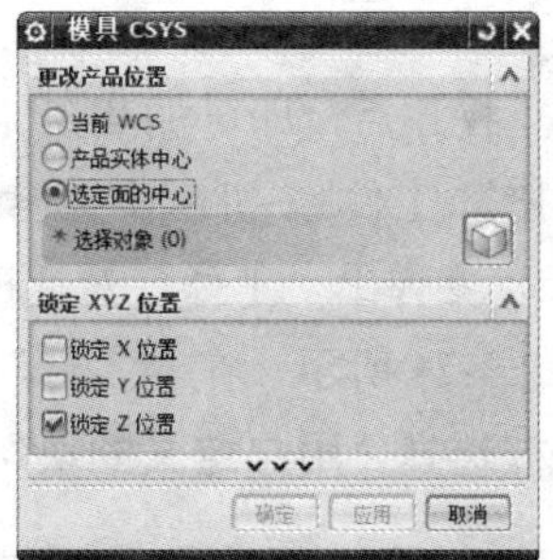

图 3-20　“模具 CSYS”对话框

(3) 单击“模具 CSYS”对话框中的<确定>按钮，即可完成模型重新定位操作。

(4) 选择“全部保存”命令，保存所有操作。

提示

本模型的坐标轴原就在底面的中心位置，所以本模型也可选中“当前 WCS”定位坐标轴。

3.6.3　收缩率检查

不同模型的收缩率不同，用户可使用此步骤重建收缩率。在此仅介绍均匀收缩率的检查操作。

具体操作步骤如下：

(1) 单击(收缩率)按钮，弹出如图 3-22 所示的“缩放体”对话框。

图 3-21　单击模型底面

图 3-22　“缩放体”对话框

(2) 在“缩放体”对话框中，设置“比例因子”为 1.005，其余默认设置，单击[确定]按钮，完成操作。

3.6.4 工件加载

完成以上操作后，即可加载工件，准备分割工件作为凸凹模。具体操作步骤如下：

(1) 单击(工件)按钮后，会出现一段短暂的工件加载时间，过后会加载预览工件，如图 3-23 所示，并弹出“工件”对话框。

(2) 如图 3-24 所示，在“工件”对话框中，“类型”列表框选择“产品工件”，“工件方法”列表框选择“用户定义的块”，选择自动创建的长为 165mm，宽为 160mm 的矩形四边作为截面曲线。

“限制”下面的“开始”列表框选择“值”，“距离”设置为-25mm。

“结束”列表框选择“值”，“距离”设置为 75mm。

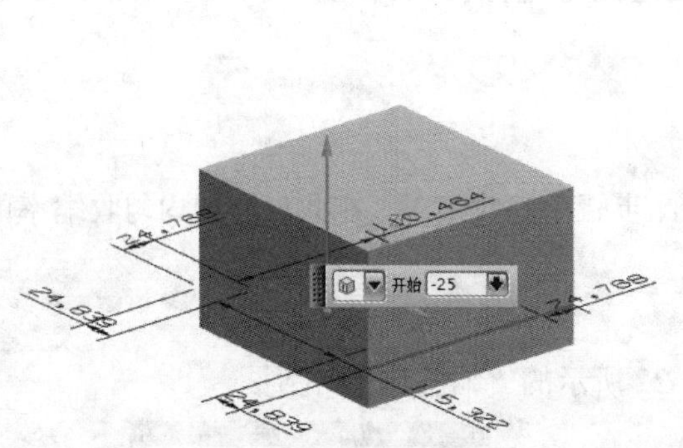

图 3-23 预加载工件

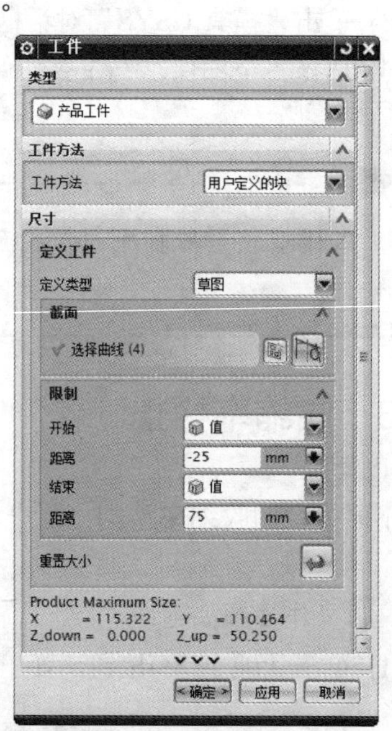

图 3-24 “工件”对话框

(3) 单击[确定]按钮，完成工件加载操作。

3.7 本章小结

本章的内容是模具设计的第一步，介绍了各个初始化项目的功能，希望用户能认真学习定义模具坐标系和定义工件方面的内容。在本章最后安排了一个实例来讲解模具设计初始化的过程，帮助用户能更好地了解模具设计的操作过程，为以后分型面的创建奠定了基础。

3.8　习　　题

一、填空题

1. 只有当前装载的部件是该项目的第一个零件时才会弹出“初始化项目”对话框，否则系统认为是一模多腔，而直接弹出________对话框。

2. 初始化项目是将从种子模板中复制两个装配结构：________和________。

3. ________是影响塑件制品尺寸精度的主要因素。

4. 后缀为________的文件代表模具主装配文件。

二、问答题

1. 描述装配导航器中各主要文件代表承载部件的意义。

2. 描述产品装配结构各字段的意义。

三、上机操作

1. 打开源文件\NX 9\char03\beizi.prt，如图3-25所示，完成该文件进行模具设计的初期准备操作。

2. 打开源文件\NX 9\char03\T24-1.prt，如图 3-26 所示，完成该文件进行模具设计的初期准备操作。

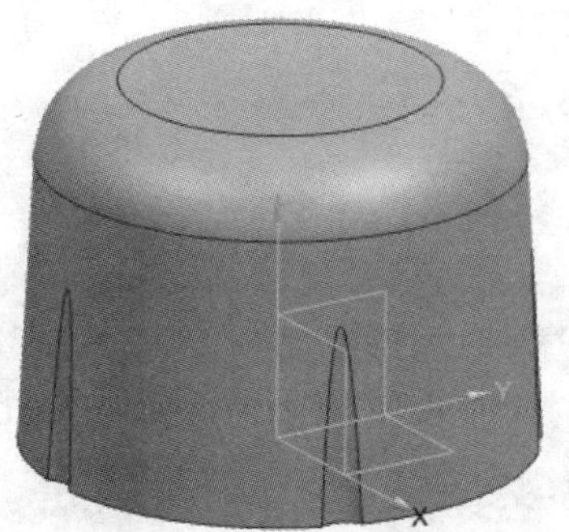

图 3-25　上机操作题 1 的零件图

图 3-26　上机操作题 2 的零件图

第 4 章

分型前准备工作

根据参照模型结构上的差异，通常需要在模型上创建多个开口区域，如孔、槽等，这些开口区域将会直接影响后续分型操作的顺利进行。因此，在进行分析操作之前，需要对模型上的孔、槽等进行修补工作。

学习目标

- ✧ 掌握方块创建和分割实体的设置方法
- ✧ 掌握曲面补片和边缘补片的设置方法
- ✧ 掌握自动孔修补的功能和用处
- ✧ 熟悉面拆分和扩大曲面的设置方法

4.1 分型前准备工作概述

在初始化项目完成以后，接下来就要对产品模型中的孔等部位进行修补，以便后续分型工作的顺利进行。可以通过 MoldWizard 模块强大的修补功能来快速实现对各种孔、槽的修补工作。

4.1.1 基于修剪的分型过程

基于修剪的分型过程中很多建模的操作都是自动进行的，其步骤可以分为以下两步。

1. 使用 MPV 确认已经准备好产品模型

对模型进行分析，定位模具的开模方向，即使产品开模时留在定模板上；确认产品模型有正确的斜度，以便产品能够顺利脱模；考虑如何设计封闭特征，如镶块等；合理设计分型线和选择合适大小的成型工件。

2. 内部和外部的分型

分型特征的设计分为两部分：内部分型和外部分型。通常先完成较容易的内部分型特征。使用注塑模向导分型特征工具，可以完成大部分分型的步骤。

内部分型指的是，带有内部开口的产品模型需要用封闭的几何体来定义不可见的封闭区域。其方法有两种，分别是实体和片体方法。它们都可以用于封闭开口区域。

而外部的分型，主要是指为已经修补好片体的产品模型定义未定义面、定义区域、创建分型线、分型面、型腔和型芯等。

外部分型的步骤如下：

(1) 设定顶出方向，即定义模具坐标系的 Z 轴方向。

(2) 设置一个合适的成型工件作为型腔和型芯的实体。

(3) 创建必要的修补几何体，即对模型上的孔和槽进行修补。

(4) 创建分型线。

(5) 根据前面创建的分型线创建分型面。

(6) 如果创建了多个分型面，可以用缝合工具将分型面系列缝合成一个分型面。

(7) 提取型腔和型芯区域。

(8) 创建型腔和型芯。

4.1.2 注塑模工具概览

在进行分型过程中，一些孔、槽或其他结构会影响正常的分模过程。所以需要创建一些曲面或是片体对模型进行修补。NX模具工具帮助我们创建这样的几何体，包括实体、面补丁和分割实体等。

注塑模工具提供了一整套的工具来实现模型的修补。工具栏如图4-1所示。将鼠标停留在工具栏按钮上，可显示出每个工具的名称。

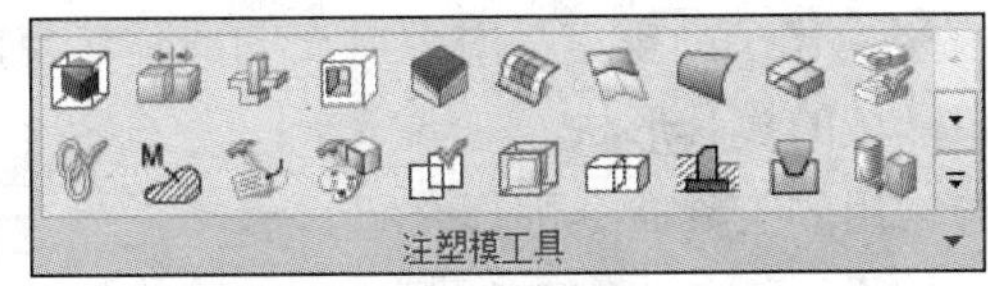

图 4-1　“注塑模工具”工具栏

“注塑模工具”工具栏中包含的工具名称及功能如下：

✧ (创建方块)按钮：创建与选定的面相关联的箱框。
✧ (分割实体)按钮：使用面、基准平面或其他几何体分割一个实体，并且对得到的两个分割后的实体，保留所有原实体的参数。
✧ (实体补片)按钮：当用易于成型的实体来填充开口时，创建实体来封闭分型部件中的开放区域上的特征。
✧ (边修补)按钮：使用封闭环曲线，并通过片体修补部件中的开放区域。
✧ (修剪区域补片)按钮：通过选定的边缘修剪实体，创建曲面补片。
✧ (扩大曲面补片)按钮：通过控制 U 和 V 尺寸来放大面参数，并修剪放大后的面到其边界。
✧ (引导式延伸)按钮：通过引导线创建延伸曲面。
✧ (编辑分型面和曲面补片)按钮：选择现有片体以在分型部件中对开放区域进行补片，或取消选择片体以删除分型或补片的片体。
✧ (拆分面)按钮：将一个面拆分成两个或多个面。
✧ (分型检查)按钮：检查状态并在产品部件和模具部件之间映射面颜色。
✧ (WAVE 控制)按钮：控制注塑模向导项目中的 WAVE 数据。
✧ (加工几何体)按钮：将加工(CAM)属性添加到要由下游加工标识的面。
✧ (对象属性管理)按钮：指派并编辑选定对象的属性。
✧ (面颜色管理)按钮：指派并编辑选定面的颜色。
✧ (静态干涉检查)按钮：检查对象之间的干涉状态。
✧ (型材尺寸)按钮：在工作部件中创建或编辑坯料尺寸。
✧ (合并腔)按钮：通过合并现有镶块件来创建组合型芯、型腔和工件。
✧ (设计镶块)按钮：基于子镶块体的尺寸创建组件。
✧ (修剪实体)按钮：使用选定的面创建要修剪的实体。
✧ (替换实体)按钮：使用选定的面创建包容块并使用该选定的面替换包容块上的面。
✧ (参考圆角)按钮：创建一个圆角特征，该特征继承参考圆角或面的半径。
✧ (计算面积)按钮：计算投影到平面时的实体或片体的面积。

✧ (线切割起始孔)按钮：为 CAM 应用模块生成圆，作为线切割起始孔。

✧ (加工刀具运动仿真)按钮：使用运动仿真检查动态干涉。

有内部开口的产品模型要求封闭每一个开口。封闭有两种修补方法：片体补片及实体补片。

片体补片用于封闭产品模型的某个开口区域；实体补片用于填充多个封闭面。实体补片修补方法通过填充开口区域来简化产品模型。用于填充的实体，会自动集合并连接到型腔和型芯组件上，以便定义开口区域的模具形状。

从下一节开始，将挑选常用的工具命令进行介绍。

4.2 创 建 方 块

“创建方块”是指创建一个长方体来填充局部开放区域，一般用于不适合曲面修补或边界修补的情况。例如，塑件上有与脱模方向相垂直的侧孔时，往往要用到“创建方块”对侧孔进行修补。另外，此种修补块也是创建滑块的常用方法。

创建方块需要指定所修补的曲面的边界面，此边界面可以是规则的平面，也可以是曲面。在使用这个命令后系统将创建一个能包围所有边界面的体积最小的长方体填充空间。对于边界面是曲面的，所创建的箱体多余部分可使用分割实体的方法修剪。

4.2.1 对象包容块

单击“注塑模工具”工具栏中的(创建方块)按钮，弹出如图 4-2所示的“创建方块”对话框。选择“包容块”选项，单击“选择对象”按钮，并在产品模型的缺口边，可拖动方块中的 4 个箭头控制方块的大小，如图 4-3所示，然后单击“创建方块”对话框中的确定按钮，创建如图 4-4所示的实体。

图 4-2 “创建方块”对话框

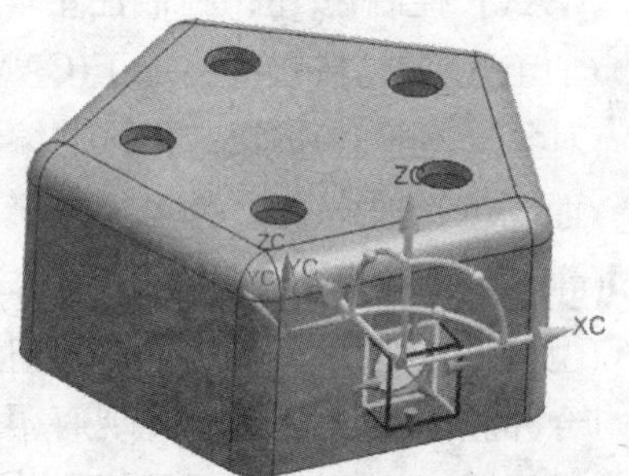

图 4-3 创建方块过程

4.2.2 一般方块

使用“一般方块”方法创建方块时，需要根据指定的方块中心点和输入方块的边长来确定方块的位置和大小。

单击“注塑模工具”工具栏中的“创建方块”按钮，弹出“创建方块”对话框。选择“一般方块”选项，单击如图 4-5所示的外圆圆心为中心点，此时对话框变为如图 4-6 所示，并按照图 4-6所示设置长方体的边界尺寸，单击“创建方块”对话框中的<确定>按钮，创建如图 4-7所示的实体。

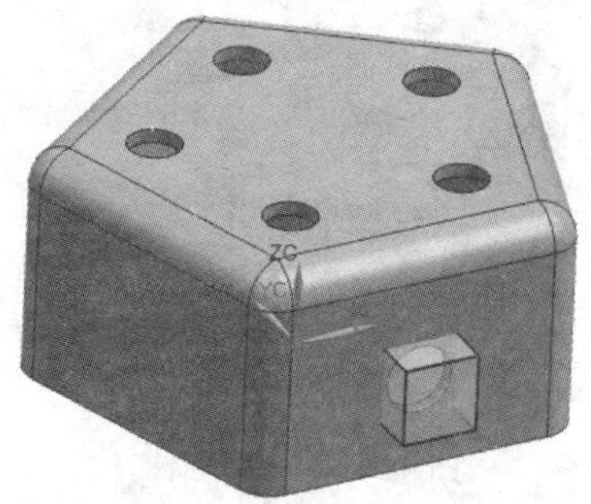

图 4-4　创建方块结果图

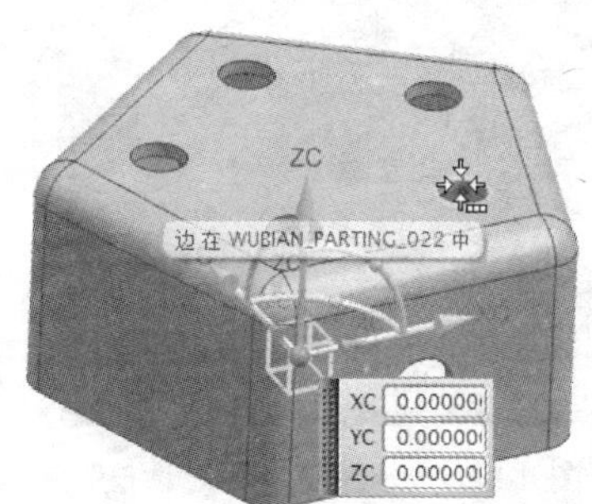

图 4-5　单击外圆圆心

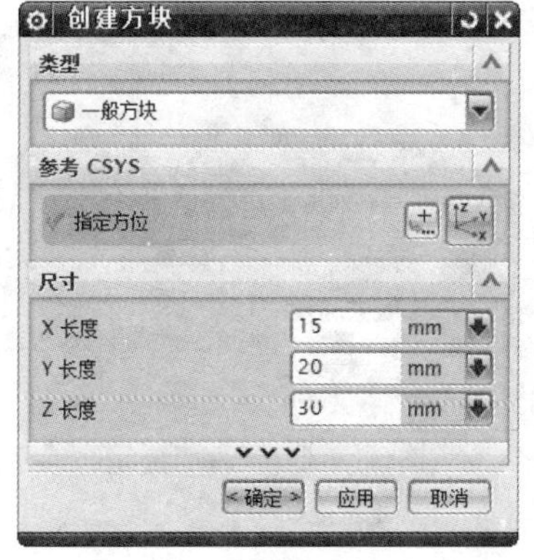

图 4-6　“创建方块”对话框

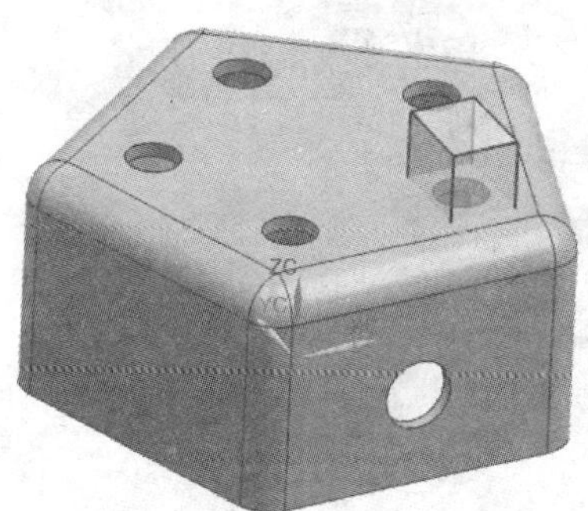

图 4-7　创建方块结果图

4.3　分割实体

“分割实体”工具命令用于在工具体和目标体之间创建求交体，并从型腔或型芯中分割出一个镶件或滑块。

分割实体的操作步骤如下：

(1) 单击“注塑模工具”工具栏中的(分割实体)按钮，弹出“分割实体”对话框。

(2) 如图 4-8所示，“类型”包括“修剪”和“分割”两个选项。

✧　修剪：调整修剪方向，切换所保留的部分。

✧　分割：将目标从工具中间断，同时保留两个部分。

“类型”列表框选择“修剪”选项。

(3) 如图4-9所示，单击视图中的方块作为“目标”，如图4-10所示，单击面作为“工具”。

图 4-8 “分割实体”对话框

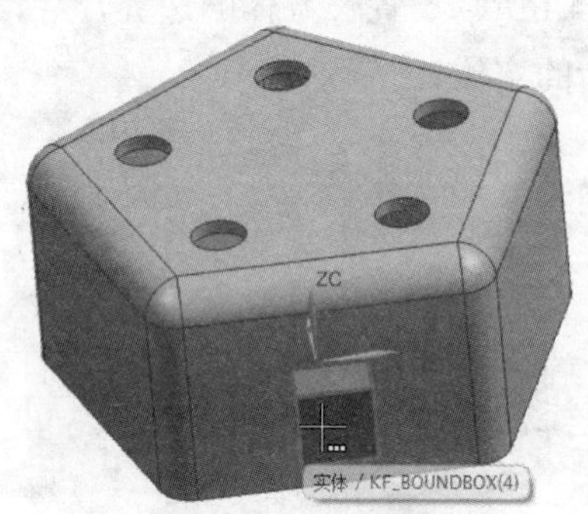

图 4-9 选择目标体

(4) 单击“分割实体”对话框中“工具”下面的(反向)按钮，调整保留体的方向，单击按钮，完成修剪操作，如图 4-11所示。

图 4-10 单击工具体

图 4-11 完成修剪操作

提示

若用户将步骤(2)中的“类型”列表框选择“分割”选项，最后的结果仅仅是依靠工具体将目标体分割开，并同时保留工具面两端的体。

4.4 实体补片

实体修补是 MoldWizard 修补功能中非常强大的修补功能模块，可以对不规则的孔进行修补。因此，必须熟练掌握实体修补方法。实体修补的实质是创建实体工具体，并对工具体

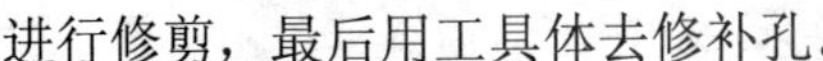

进行修剪，最后用工具体去修补孔。

具体操作步骤如下：

(1) 单击“注塑模工具”工具栏中的(实体补片)按钮，弹出如图 4-12所示的“实体补片”对话框。

(2) 软件默认选择图中的零件体为要修补的产品实体。

(3) 单击上面的工具体作为补片体。

(4) 单击<确定>按钮完成，实体修补后的模型如图 4-13所示，可在图中看到孔被完全修补好。

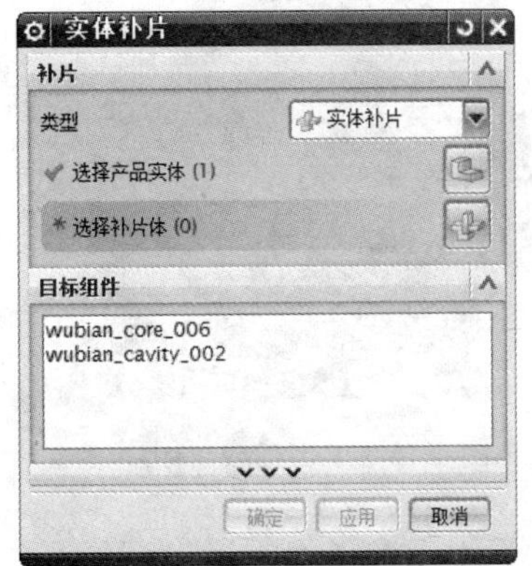

图 4-12　“实体补片”对话框

图 4-13　实体修补结果图

4.5 边　修　补

“边修补”是通过现有的边缘环来修补开放区域，适用于位于曲面的孔的修补，是一种常用的修补方法。

边修补有三种修补方式：移刀、面、体。

4.5.1　移刀方式的边修补

移刀方式的边修补是通过单击各条边构成一个封闭环的方式来创建修补曲面，从而完成开放区域修补的方法。

具体操作步骤如下：

(1) 单击“注塑模工具”工具栏中的(边修补)按钮，弹出如图4-14所示的“边修补”对话框，一般“环选择”下面的“类型”列表框默认选择“移刀”，否则请单击选择。

(2) 单击“边修补”对话框下方的 ∨∨∨ 按钮，展开“设置”列表框(位置在遍历环下面)，取消选中“按面的颜色遍历”复选框。

(3) 依次单击开放区域的外边，使其构成一个封闭环，如图 4-15所示。(单击过程中可能

会出现“桥接缝隙”对话框，用户必须选中“否”，单击[确定]按钮，然后继续单击选择环)

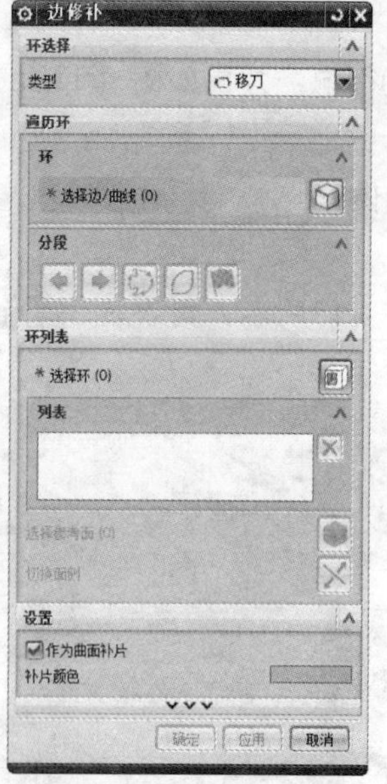

图 4-14 “边修补”对话框

图 4-15 单击构成封闭环

(4) 单击 (退出环)按钮，此时软件应该自动选择 4 个参考面，用户可单击“环列表”下面的“选择参考面”，检查参考面是否正确，单击后视图变化如图 4-16所示。

(5) 单击[确定]按钮，完成补面操作，如图 4-17所示。

图 4-16 检查参考面

图 4-17 完成补面操作

(6) 模型预先进行MPV处理，在识别出型腔和型芯并用不同的颜色标识出后，可以用“按面的颜色遍历”这种方法实现修补。MPV定义型腔和型芯的步骤在上节中曾经讨论过，这里就不再介绍，读者可以结合上述介绍，自己尝试完成。

4.5.2 面方式的边修补

面方式的边修补是通过单击平面自动寻找封闭环，从而完成开放区域修补的方法。

具体操作步骤如下：

(1) 单击“注塑模工具”工具栏中的(边修补)按钮，弹出“边修补”对话框，如图 4-18所示，选择“环选择”下面“类型”列表框中的“面”选项。

(2) 单击如图4-19所示的平面作为参考面，选择完毕会自动选择此面上的5个圆作为需修补的环并如图4-20所示出现在“边修补”对话框“环列表”下面的“列表”白色框中。[用户可通过单击“列表”白色框右侧的(移除)按钮将不想进行补片的环移除]

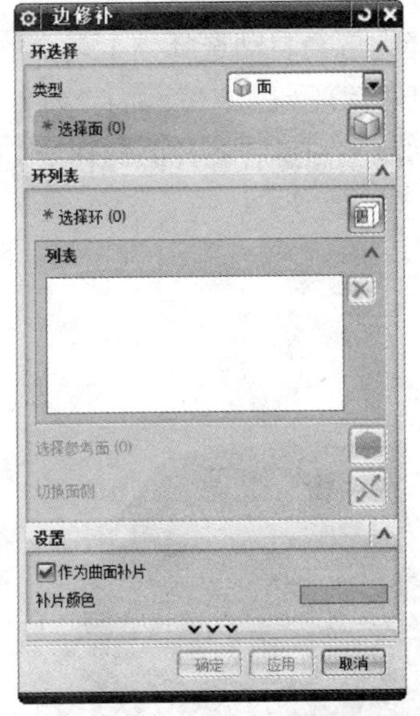

图 4-18　“边修补”对话框

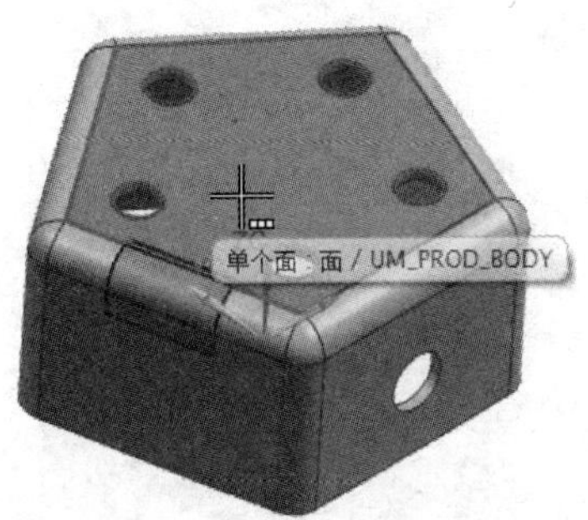

图 4-19　单击参考平面

(3) 单击确定按钮，完成补片操作，如图 4-21所示。

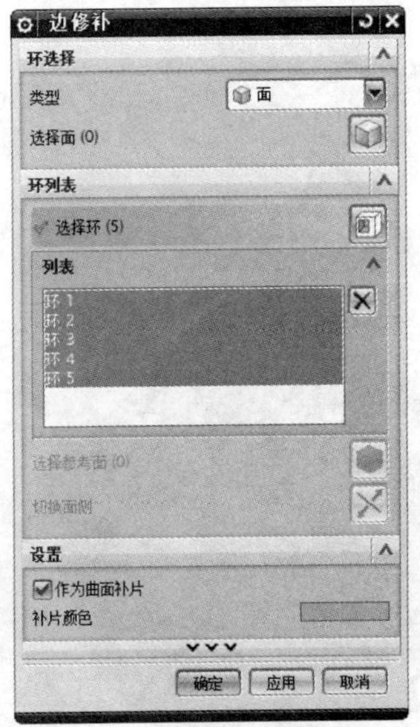

图 4-20　“边修补”对话框

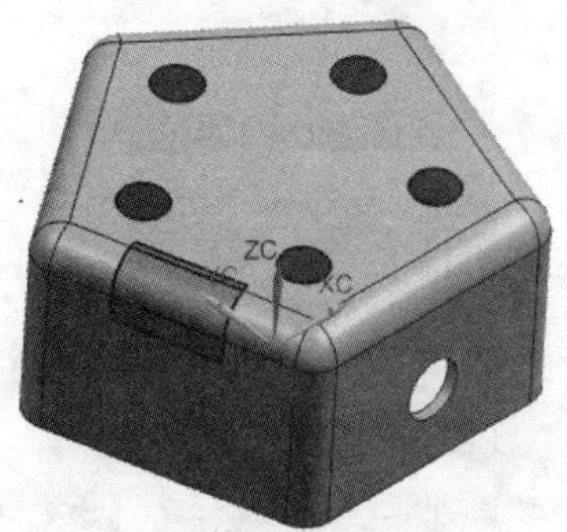

图 4-21　完成补片操作

4.5.3 体方式的边修补

体方式的边修补是通过单击体自动寻找封闭环，从而完成开放区域修补的方法。

具体操作步骤如下：

(1) 单击“注塑模工具”工具栏中的(边修补)按钮，弹出“边修补”对话框，如图 4-22所示，选择“环选择”下面“类型”列表框中的“体”选项。

(2) 单击如图 4-23所示的零件体作为参考，选择完毕会自动选择体上剩余的一个圆作为需修补的环，并如图 4-24所示出现在“边修补”对话框“环列表”下面的“列表”白色框中。[用户可通过单击“列表”白色框右侧的(移除)按钮将不想进行补片的环移除]

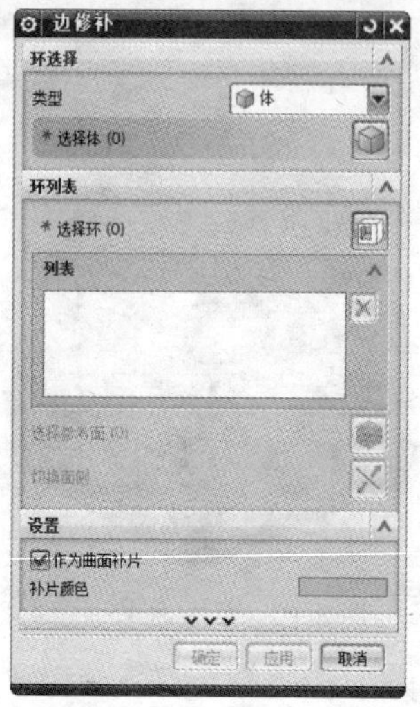

图 4-22 “边修补”对话框

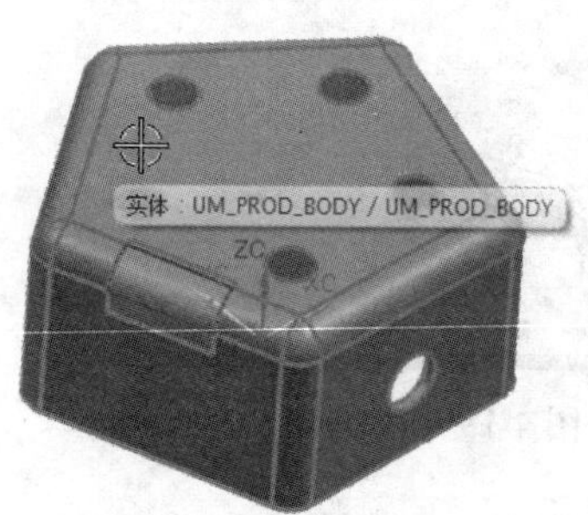

图 4-23 单击参考体

(3) 单击按钮，完成补片操作，如图 4-25所示。

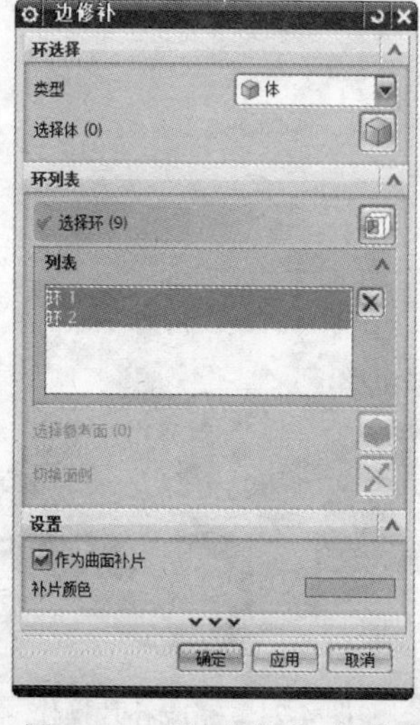

图 4-24 “边修补”对话框

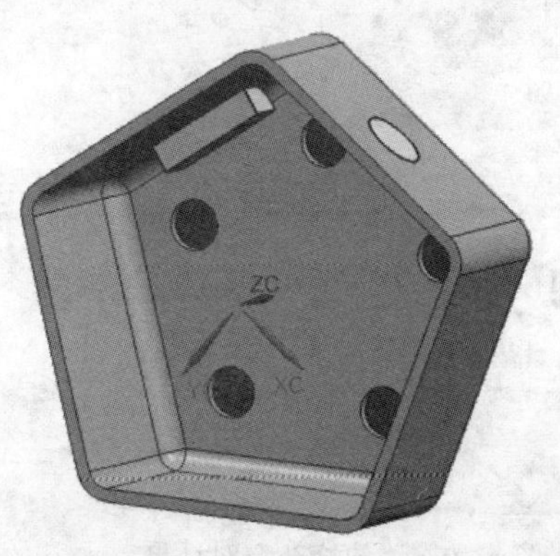

图 4-25 完成补片操作

4.6 拆 分 面

“拆分面”是通过已有的参考对象或临时创建的曲线或面将一个完整平面拆分成两个或数个的工具。

具体操作步骤如下：

(1) 单击“注塑模工具”工具栏中的(拆分面)按钮，弹出“拆分面”对话框，如图 4-26 所示，选择“类型”列表框中的“曲面\边”选项。

(2) 单击如图 4-27所示的面作为“要分割的面”。

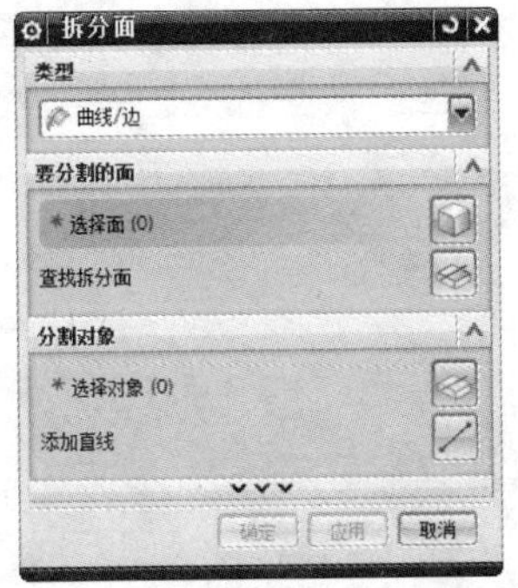

图 4-26　“拆分面”对话框

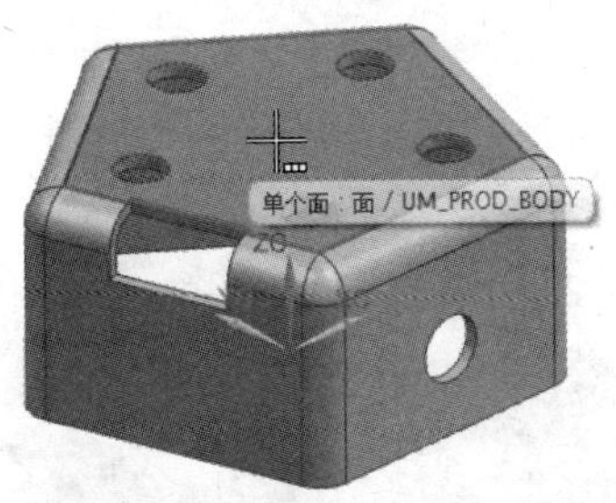

图 4-27　选中“要分割的面”

(3) 单击“分割对象”下面的(添加直线)按钮，弹出“直线”对话框，使用“点-点”的方式在面上创建一参考直线，如图4-28所示，单击“直线”对话框中的确定按钮，完成直线创建。

(4) 单击“拆分面”对话框中的应用按钮，完成拆分面操作，此时用户如图 4-29所示将鼠标置于拆分完毕的面上，可以看出面已得到拆分。

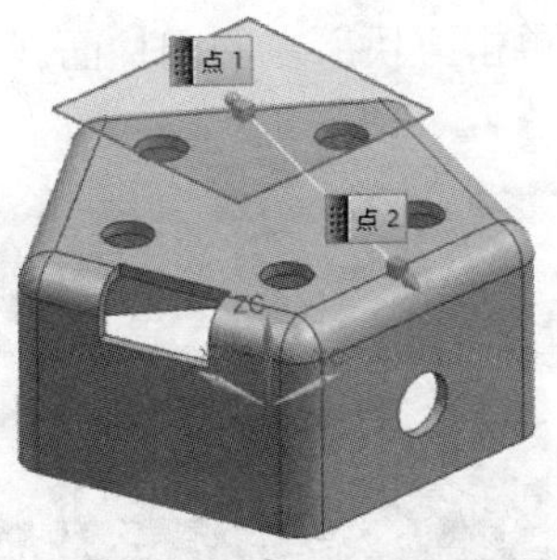

图 4-28　创建参考直线

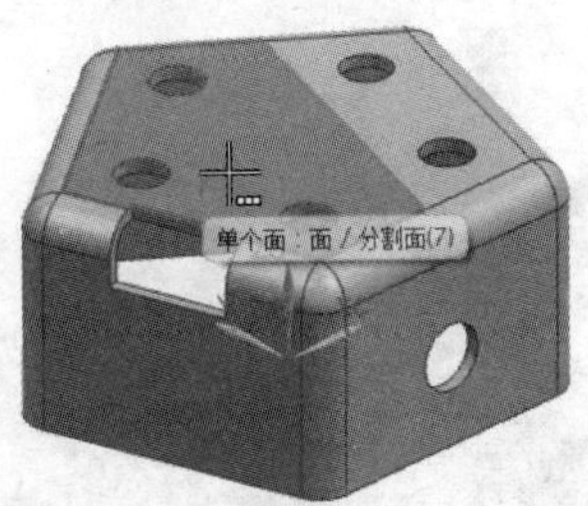

图 4-29　完成面拆分操作

提示

(1) 其余参考面、交点等拆分面操作请参考本例。

(2) 拆分面亦可通过“曲面”选项卡中的“分割面”命令来实现，用户可自行试验操作。

4.7 修剪实体

“修剪实体”工具用于修剪模具设计中创建的实体对象，用户可以使用本命令创建滑块头或镶块头。

具体操作步骤如下：

(1) 使用(创建方块)工具创建如图 4-30所示的方块。

(2) 单击“注塑模工具”工具栏中的(修剪实体)按钮，弹出“修剪实体”对话框，如图 4-31所示，选择“类型”列表框中的“面”选项。

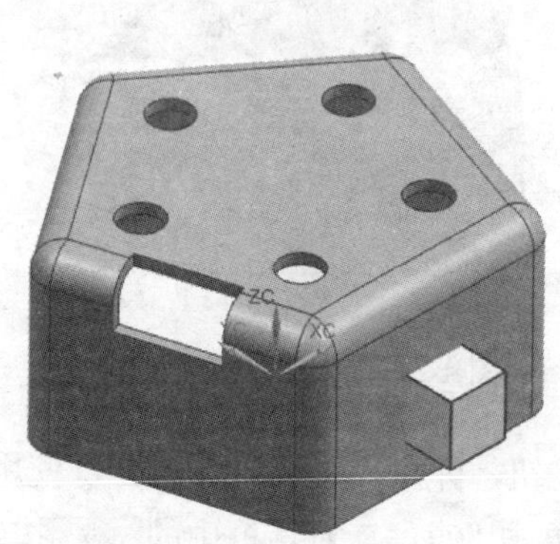

图 4-30　创建方块

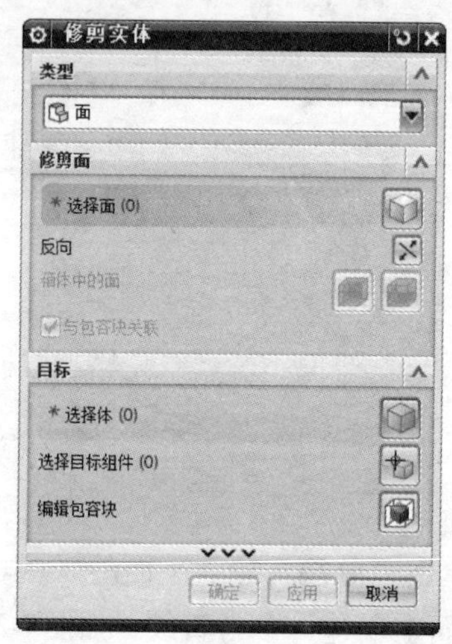

图 4-31　“修剪实体”对话框

(3) 单击“修剪实体”对话框“目标”下面的“选择体”按钮，并如图 4-32所示单击方块作为修剪的目标。

(4) 将方块隐藏，如图 4-33所示，并如图 4-34所示单击方块所在的圆柱面。

图 4-32　单击修剪目标

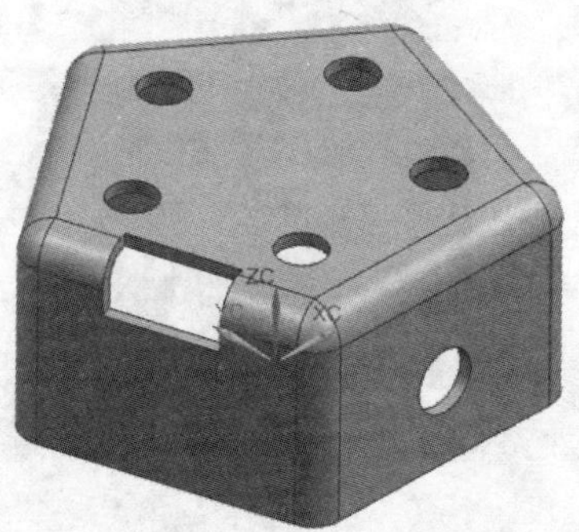

图 4-33　隐藏方块

(5) 单击“修剪实体”对话框中的确定按钮，并将块显示出来，如图 4-35所示。由图中可以看出方块得到修剪。

图 4-34　单击修剪面

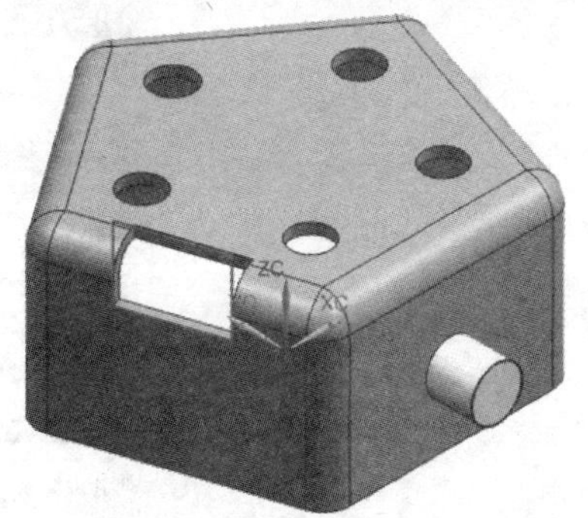

图 4-35　完成修剪实体操作

4.8　实 例 示 范

本节主要通过实例来帮助读者迅速掌握修补工具的正确使用方法，以达到实际分型的需要，使用户深入掌握 NX 9 模具设计的实体修补方法。

如图 4-36所示为一塑料凳子模型，最终补片结果如图 4-37所示。

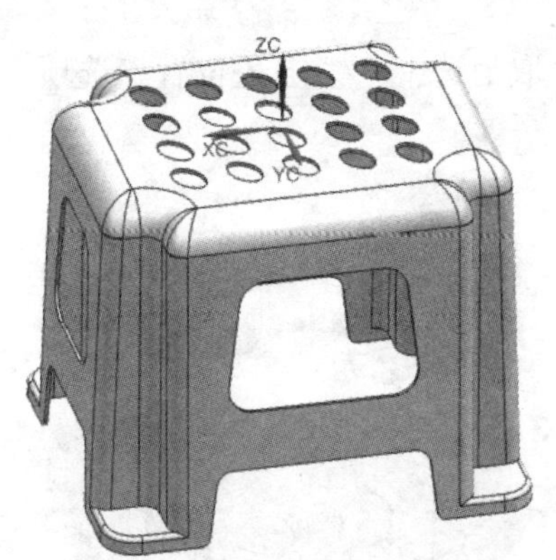

图 4-36　塑料凳子模型

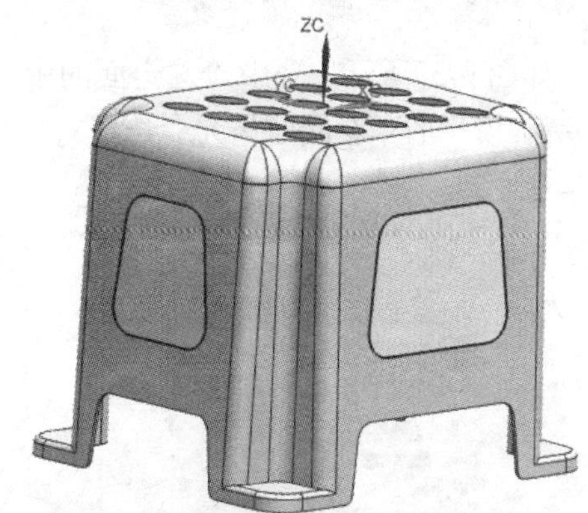

图 4-37　最终补片结果

初始文件	\光盘文件\NX 9\Char04\dengzi.prt
结果文件路径	\光盘文件\NX 9\Char04\zhusu\
视频文件	\光盘文件\视频文件\Char04\第 4 章.Avi

首先需根据前面进行初始化设置的方法加载dengzi.prt文件，在“F盘”创建英文路径文件夹并设置为其路径，设置模型材料为ABS，完成设置后的“初始化项目”对话框如图 4-38所示。单击<确定>按钮，进行项目初始化操作。

图 4-38 “初始化项目”对话框

4.8.1 模型重新定位

完成项目初始化操作后，需对准开模方向，重定开模坐标系。

具体操作步骤如下：

(1) 单击(模具 CSYS)按钮，弹出“模具 CSYS”对话框，可以看到系统提供了“当前 WCS”、“产品实体中心”、“选定面的中心”三种对坐标轴重新定位的方式。

提供了“锁定 X 位置”、“锁定 Y 位置”、“锁定 Z 位置”三种不同方向上的位置锁定方式。

(2) 如图 4-39所示，选中“选定面的中心”，并取消选中“锁定 Z 位置”选项，单击如图 4-40所示模型的 4 个底面作为“选择对象”。

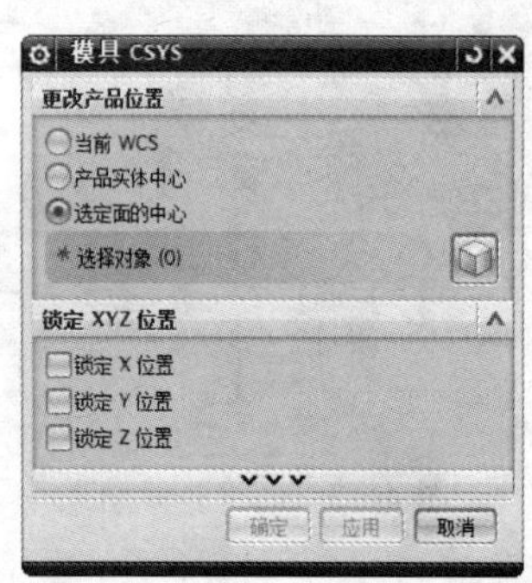

图 4-39 “模具 CSYS”对话框

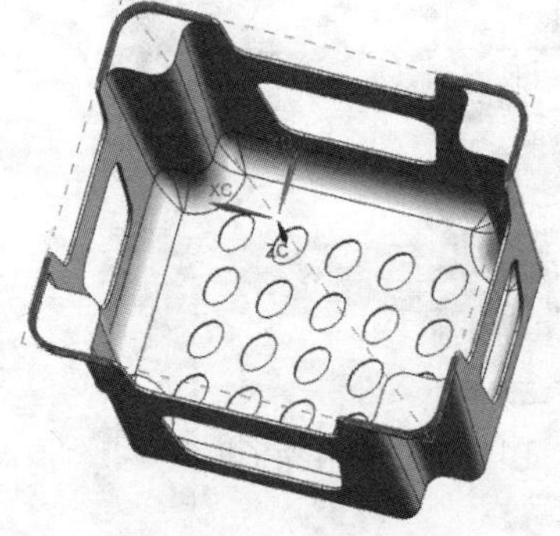

图 4-40 单击模型底面

(3) 单击“模具 CSYS”对话框中的<确定>按钮，即可完成模型重新定位操作。

(4) 选择“全部保存”命令，保存所有操作。

4.8.2 收缩率检查

不同模型的收缩率不同，用户可使用此步骤重建收缩率。在此仅介绍均匀收缩率的检查操作。

具体操作步骤如下：

(1) 单击(收缩率)按钮，弹出如图 4-41所示的“缩放体”对话框。

(2) 在“缩放体”对话框中，设置“比例因子”为 1.005，其余默认设置，单击<确定>按钮，完成操作。

图 4-41　“缩放体”对话框

4.8.3　工件加载

完成以上操作后，即可加载工件，准备分割工件作为凸凹模。

具体操作步骤如下：

(1) 单击(工件)按钮后，会出现一段短暂的工件加载时间，过后会加载预览工件，如图 4-42所示，并弹出“工件”对话框。

(2) 如图 4-43所示，在“工件”对话框中，“类型”列表框选择“产品工件”，“工件方法”列表框选择“用户定义的块”，选择自动创建的长为 305mm，宽为 265mm 的矩形四边作为截面曲线。

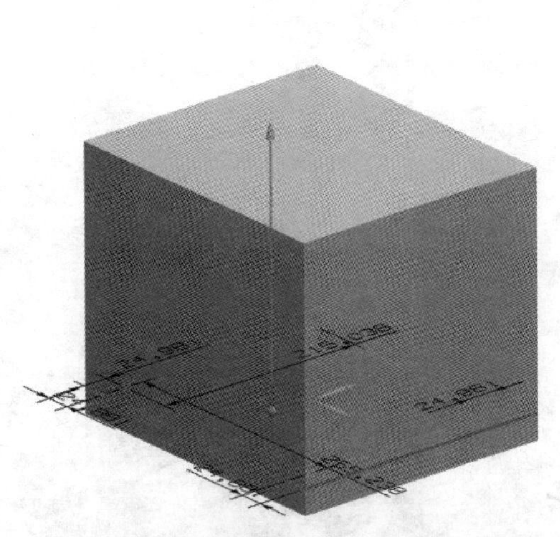
图 4-42　预加载工件

图 4-43　“工件”对话框

“限制”下面的“开始”列表框选择“值”，“距离”设置为-25mm。

“结束”列表框选择“值”，“距离”设置为 225mm。

(3) 单击<确定>按钮，完成工件加载，如图 4-44所示。

图 4-44　完成工件加载

4.8.4　边修补

本模型属于周遭带孔零件，完成以上操作后，需进行边修补操作。

具体操作步骤如下：

(1) 单击“注塑模工具”工具栏中的(边修补)按钮，弹出“边修补”对话框，如图 4-45所示，选择“环选择”下面“类型”列表框中的“面”选项。

(2) 单击如图4-46所示的平面作为参考面，选择完毕会自动选择此面上的圆作为需修补的环并如图4-47所示出现在“边修补”对话框“环列表”下面的“列表”白色框中。[用户可通过单击“列表”白色框右侧的(移除)按钮将不想进行补片的环移除]

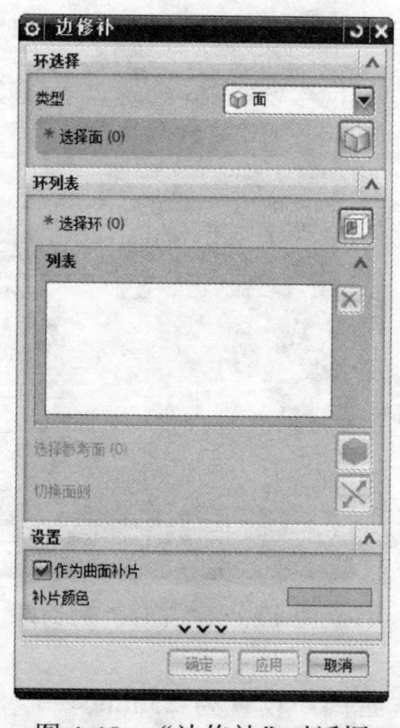

图 4-45　“边修补”对话框

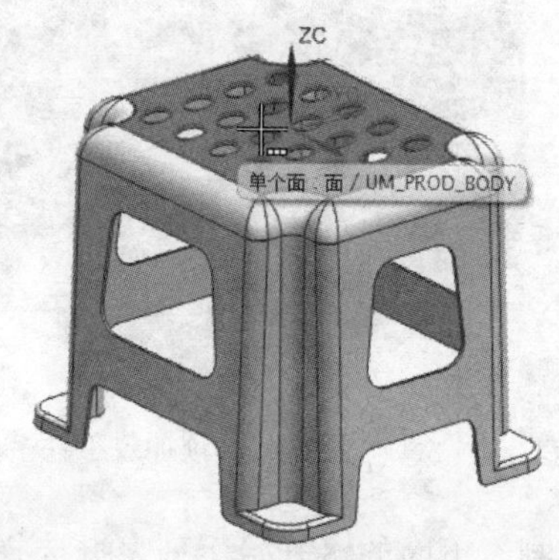

图 4-46　单击参考平面

(3) 单击确定按钮，完成补片操作，如图 4-48所示。

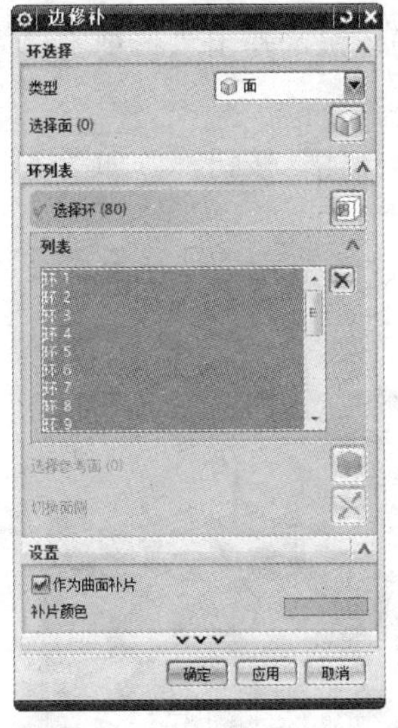

图 4-47　“边修补”对话框

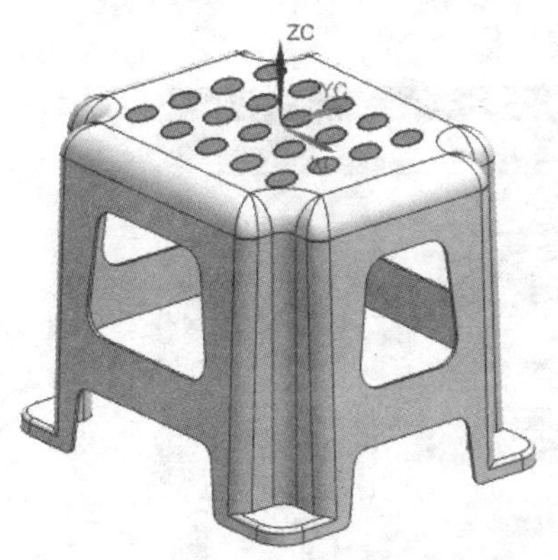

图 4-48　完成补片操作

4.8.5　创建方块并修剪

塑件上有与脱模方向相垂直的侧孔时，往往要用到“创建方块”对侧孔进行修补。

具体操作步骤如下：

(1) 单击“注塑模工具”工具栏中的 (创建方块)按钮，弹出如图 4-49所示的“创建方块”对话框。

(2) 选择“包容块”选项，单击“选择对象”按钮，并在产品模型的缺口边可拖动方块中的4个箭头控制方块的大小，如图4-50所示，然后单击“创建方块”对话框中的 确定 按钮，创建如图4-51所示的实体。

图 4-49　“创建方块”对话框

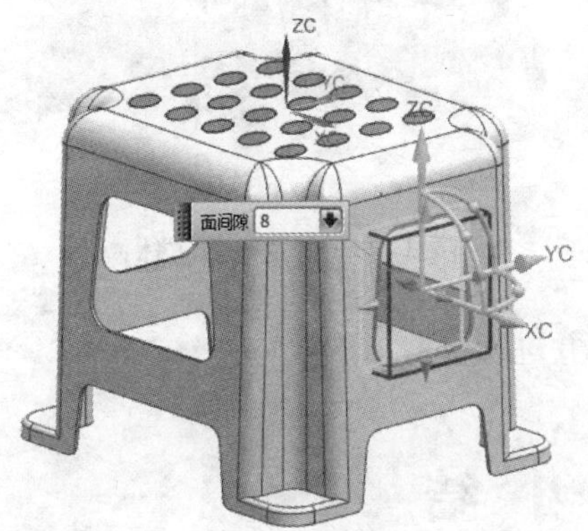

图 4-50　创建方块过程

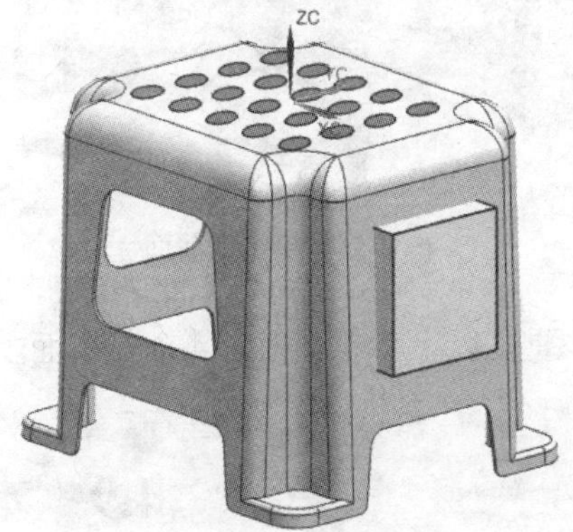

图 4-51　创建方块

(3) 单击“注塑模工具”工具栏中的(修剪实体)按钮，弹出“修剪实体”对话框，如图 4-52所示，选择“类型”列表框中的“面”选项。

(4) 单击“修剪实体”对话框“目标”下面的“选择体”按钮，并如图 4-53所示单击方块作为修剪的目标。

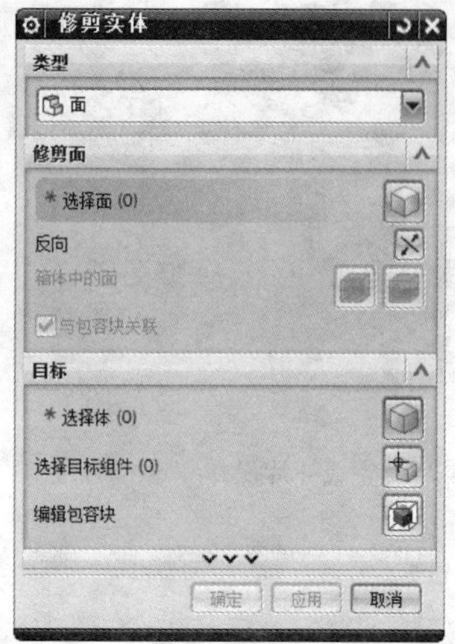

图 4-52 “修剪实体”对话框

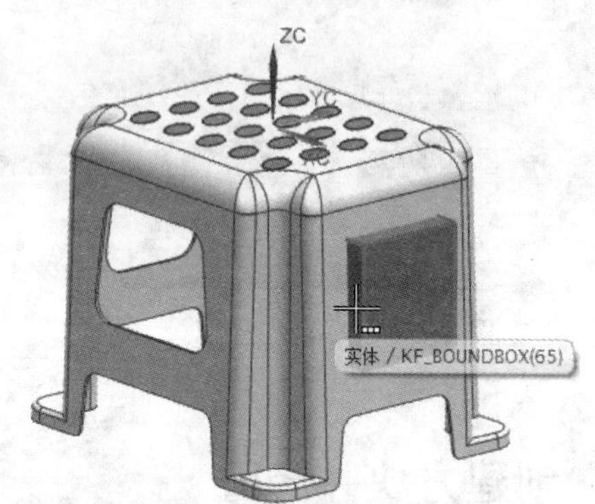

图 4-53 单击修剪目标

(5) 将方块隐藏，并如图 4-54所示单击方块遮挡的内侧面。

(6) 单击“修剪实体”对话框中的确定按钮，并将块显示出来，如图 4-55所示。由图中可以看出方块得到修剪。

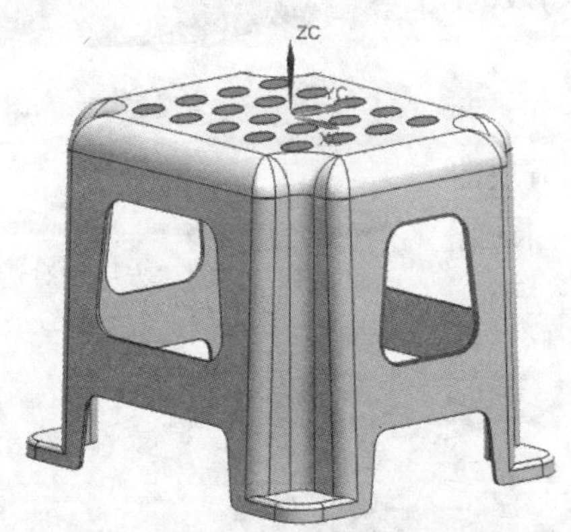

图 4-54 单击修剪面

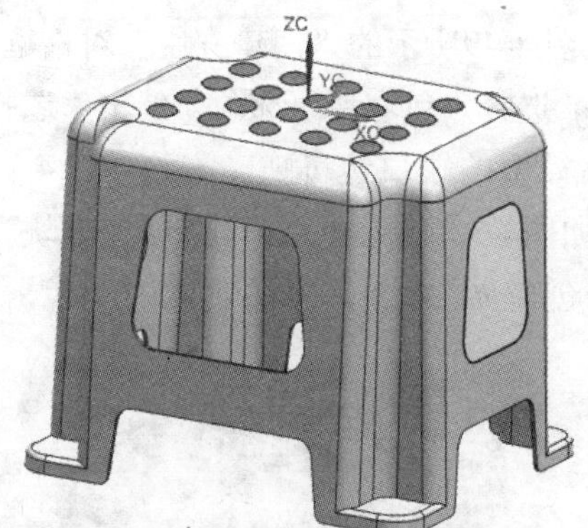

图 4-55 完成修剪实体操作

(7) 重复以上步骤，创建其余三个面上的方块并进行修剪。

4.9 本章小结

本章介绍了分析前对零件上的孔或槽进行修补的功能。这些功能主要有创建方块、分割实体、实体补片、曲面补片、边缘补片、扩大曲面、自动孔修补等。本章在介绍完每个对话框的含义后，对常用工具进行了详细讲解和示范，并在最后使用一个综合实例来对模具修补进行介绍，以方便读者的理解和掌握，更有利于读者综合运用能力的提高。

4.10　习　　题

一、填空题

1. “创建方块”是指创建一个______来填充局部开放区域，一般用于不适合曲面修补或边界修补的情况。例如，塑件上有与脱模方向相垂直的侧孔时，往往要用到“创建方块”对侧孔进行修补。另外，此种修补块也是创建______的常用方法。

2. 创建方块的类型有________和________两种。

3. “分割实体”工具命令用于在________和________之间创建求交体，并从型腔或型芯中分割出一个镶件或滑块。

4. 实体修补是 MoldWizard 修补功能中非常强大的修补功能模块，可以对________进行修补。

5. 边修补有三种修补方式：________、________、________。

二、问答题

1. 简单描述外部分型的步骤。
2. 描述“拆分面”的概念。
3. 描述“修剪实体”的概念。

三、上机操作

1. 打开源文件\NX 9\char04\model3.prt，如图4-56所示，完成该文件进行模具设计的修补操作。

2. 打开源文件\NX 9\char04\T24-1.prt，如图 4-57所示，完成该文件进行模具设计的修补操作。

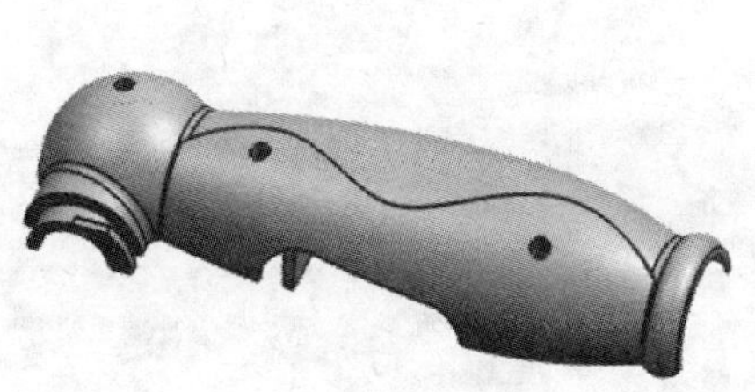

图 4-56　上机操作题 1 零件图

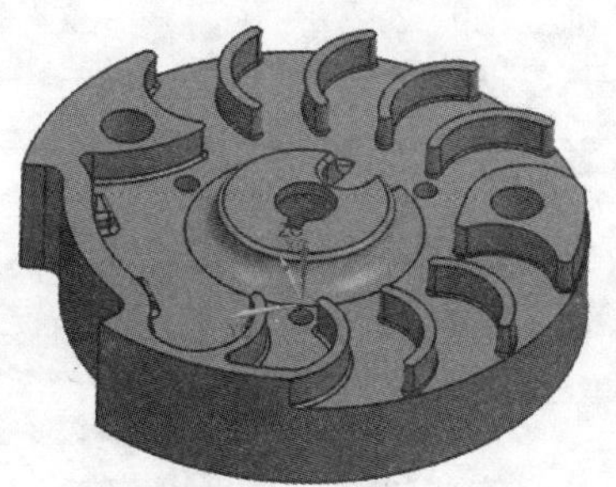

图 4-57　上机操作题 2 零件图

第 5 章

模具分型及型腔布局

前面章节讲述了初始化项目的操作和注塑模工具的使用，这些都是为模具分型设计服务的。分型主要包括定义分型线、定义分型面、定义型腔和型芯区域等。根据完成分型后的结果，进行合理的型腔布局。

学习目标

- ✧ 掌握分型刀具各项命令的用途
- ✧ 掌握分型线和分型面的创建方法
- ✧ 掌握创建型腔和型芯的操作方法
- ✧ 掌握型腔布局的各项操作方法

5.1 模具分型及型腔布局概述

MoldWizard“分型刀具”工具栏提供了一套强大的分型工具。它包括检查区域、曲面补片、定义区域、设计分型面等 9 个分型命令，为用户提供了强大而完善的分型工具。

MoldWizard的“型腔布局”功能可以方便地定位模具的每个成型工件，确定它们之间的相互关系和在模具中的位置。

5.1.1 模具分型概述

分型是模具设计中必不可少的一个步骤，本节将讲述分型的有关概念和对应的操作。

1. 分型面的概念和形式

分型面位于模具动模和定模之间，或者在注塑件最大截面处，设计的目的是注塑件和凝料的取出。注塑模有的只有一个分型面，有的有多个分型面，而且分型面有的是平面，有的是曲面或斜面。如图 5-1 所示为平直分型面，如图 5-2 所示为阶梯分型面，如图 5-3 所示为倾斜分型面。

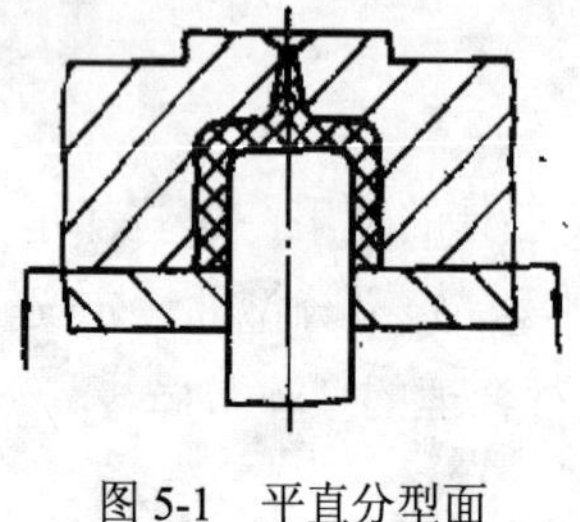

图 5-1 平直分型面

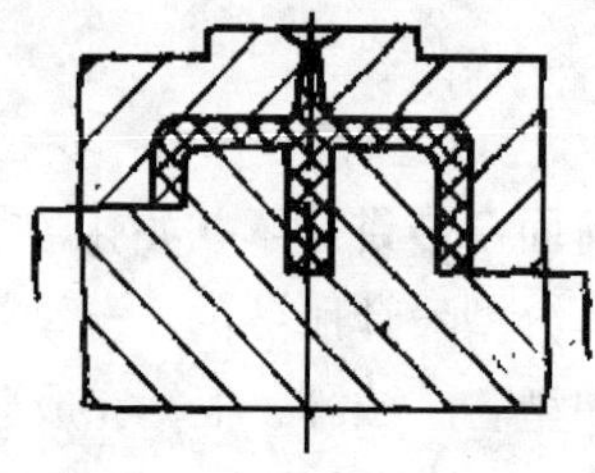

图 5-2 阶梯分型面

2. 分型面设计原则

分型面的类型、形式选择得是否恰当，设计得是否合理，在模具设计中也非常重要。它们不但直接关系到模具结构的复杂程度，而且对制品的成型质量和生产操作等都有影响。设计分型面时，主要考虑如下问题：

(1) 分型面不仅应该选择在对制品外观没有影响的位置，而且还必须考虑如何能比较方便地消除分型面上产生的溢料飞边。同时，还应该避免在分型面上产生飞边。

(2) 分型面的选择应该有利于制品脱模，否则，模具结果便会变得比较复杂。通常，分型面的选择应该使制品开模后滞留在动模侧。例如，薄壁筒形制品，收缩后易滞留在型芯上，但将模型滞留在动模侧是合理的，如图 5-4 所示。

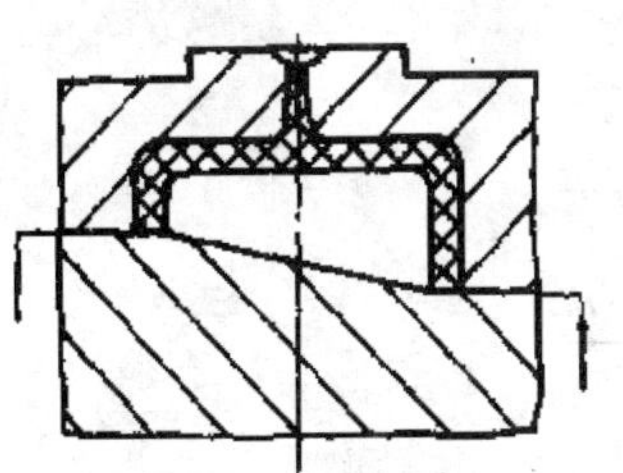

图 5-3　倾斜分型面

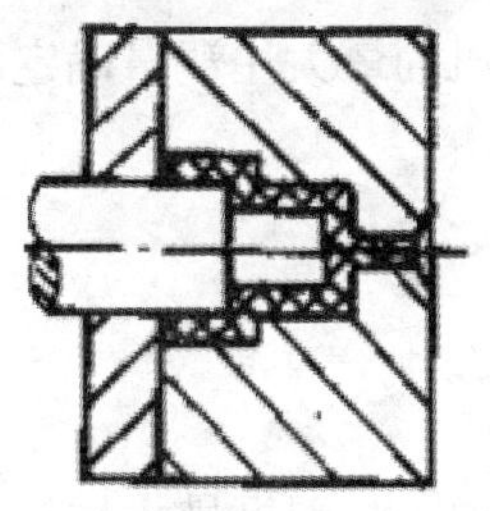

图 5-4　保证制品滞留在动模侧

(3) 分型面不应该影响制品的形状和尺寸精度。如果精度要求较高的部分被分型面分割，就会因为合模误差造成较大的形状和尺寸误差，达不到预定的精度要求。

(4) 分型面应该尽量与最后填充熔体的型腔表面重合，以利于排气。

(5) 选择分型面时，应该尽量减少脱模斜度给制品尺寸大小带来的差异。

(6) 分型面应该便于模具加工。

(7) 选择分型面时，应该尽量减少制品在分型面上的投影面积，以防此面积过大，造成锁模困难，产生严重的溢料。

(8) 有侧孔或侧凹的制品，选择分型面时，首先应该考虑将抽芯或分型距离长的一边放在动模和定模开模的方向，而将短的一边作为侧向分型抽芯机构。除了液压抽芯能获得较大的侧向抽拔距离外，一般分型抽芯机构侧向抽拔距离都较小。

在模具分型面的两侧只要是构成型腔的零件都称为成型零件，主要包括凹模、型芯、镶块和各种成型杆、成型环。

由于型腔直接与高温高压的塑料相接触，它的质量直接关系到制件质量，因此要求它有足够的强度、刚度、硬度和耐磨性以承受塑料的挤压力及料流的摩擦力，并要有足够的精度和表面光洁度，在设计这些注塑件时，除了充分注意分型面的设计外，还要使其成型容易、排气通畅和加工简单等。

5.1.2　型腔布局概述

在模具设计中，型腔的种类可大致分为两种，分别为单型型腔和多型型腔，它们各有优缺点。

单型型腔的优点为塑料制品精度高、工艺参数易于控制、模具结构紧凑、设计自由度大、模具制造成本低和制造简单等。

多型型腔的优点为生产效率低、可降低塑件的成本和使用于大多数小型塑件的注塑成型等。

1. 型腔数量

为了使模具和注塑机相匹配以提高生产率和经济性，并保证塑件的精度，模具设计时应合理地确定型腔数量。下面介绍常用的几种确定型腔数量的方法。

(1) 按注塑机的最大注塑量确定型腔数量 n。

$$n \leqslant \frac{0.8V_g - V_j}{V_\varepsilon} \tag{5-1}$$

$$n \leqslant \frac{0.8m_g - m_j}{m_\varepsilon} \tag{5-2}$$

式中，$V_g(m_g)$为注塑机最大注塑量(cm^3 或 g)；$V_j(m_j)$为浇注系统凝料量(cm^3 或 g)；$V_\varepsilon(m_\varepsilon)$为单个制品的容积或质量(cm^3 或 g)。

(2) 按注塑机的额定合模力确定型腔数量。

$$n \leqslant \frac{F - P_m A_j}{P_m A_z} \tag{5-3}$$

式中，F 为注塑机的额定合模力(N)；P_m 为塑料熔体对型腔的平均压力(MPa)；A_j 为浇注系统在分型面上的投影面积(mm^2)；A_z 为单个制品在分型面上的投影面积(mm^2)。

(3) 按制品的精度要求确定型腔数量。

生产经验认为，每增加一个型腔，塑件的尺寸进度要降低 4%。一般成型高精度制品时，型腔数不宜过多，通常推荐不超过 4 腔，因为多腔很难使腔的成型条件一致。

(4) 按经济性确定型腔数量。

根据成型加工费用最小原则，忽略准备时间和试生产材料费用，仅考虑模具费用和程序加工费用。模具费用的计算公式为

$$X_m = nC_1 + C_2$$

式中，C_1 为每个型腔所需承担的与型腔数有关的模具费用；C_2 为与型腔无关的费用。

成型加工费用的计算公式为

$$X_j = N^* Yt\backslash(60n)$$

式中，N 为制品总件数；Y 为每小时注塑成型加工费；t 为成型周期(min)。

总成型加工费用的计算公式为

$$X = X_m + X_j$$

为使总成型加工费用最小，令 $\mathrm{d}x\backslash\mathrm{d}n=0$，则有

$$n = \sqrt{\frac{NYt}{60C_1}} \tag{5-4}$$

2. 型腔的布局

对于多腔膜模具，型腔的排列方式分为平衡式和非平衡式两种。

(1) 平衡式布局

平衡式布局的特点是从主流道到各个型腔浇口的分流道的长度、截面形状、尺寸和布局都具有对称性，有利于实现各个型腔均匀进料以达到同时充满型腔的目的，如图 5-5 所示。

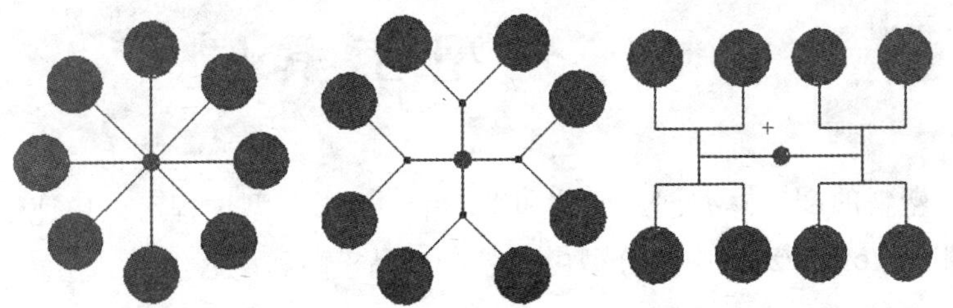

图 5-5　平衡式布局

(2) 非平衡式布局

非平衡式布局的特点是从主流道到各个型腔浇口的分流道的长度不相同。这样，可以明显地缩短流道的长度和节约材料，但是这样不利于均匀进料，而且为了同时充满型腔，各个分流道的截面尺寸都不一样，如图 5-6 所示。

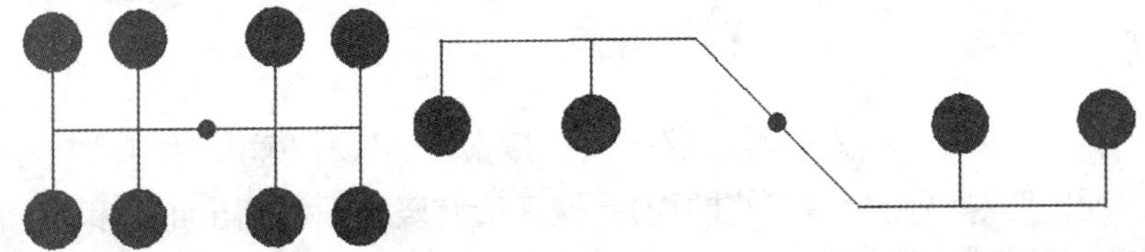

图 5-6　非平衡式布局

5.1.3　模具分型命令和型腔布局命令

模具分型命令总共 9 个，被包含在“分型刀具”工具栏中，而“型腔布局”是单独存在的。所有命令的解释如下：

✧ (检查区域)按钮：使用型腔和型芯侧面的可见性执行区域分型。
✧ (曲面补片)按钮：创建曲面补片。
✧ (定义区域)按钮：根据产品实体面定义区域并创建分型线。
✧ (设计分型面)按钮：创建或编辑分型曲面以进行分析设计。
✧ (编辑分型面和曲面补片)按钮：选择现有片体以在分型部件中对开放区域进行补片，或取消片体以删除分型或补片的片体。
✧ (定义型腔和型芯)按钮：缝合区域、分型和补片片体，以在链接的部件中定义缝合片体。
✧ (交换模型)按钮：使用新产品实体交换产品实体。
✧ (备份分型\补片片体)按钮：从现有的分型或补片片体进行备份。
✧ (分型导航器)按钮：打开或关闭分型器。
✧ (型腔布局)按钮：在模具装配结构中添加、移除或重定位型腔。

5.2 分型工具

分型是基于塑料的产品模型创建型腔和型芯的过程。分型过程可以快速地执行分型操作并保持其相关性。MoldWizard 中的分型由型腔、产品模型和型芯组成。

5.2.1 检查区域

使用“检查区域”命令，通过对模型进行检查并进行计算，并对计算后的结果进行大概分类，初步确定型腔和型芯区域。

单击(检查区域)按钮，弹出如图 5-7 所示的“检查区域”对话框，可以在图中看到“检查区域”对话框包括“计算”、“面”、“区域”、“信息”4 个选项卡。

1. “计算”选项卡

通过“计算”可以搜索拔模斜度不够的面；搜索产品实体模型的所有切底区域和边界；搜索交叉面(即同时跨越型腔和型芯侧的面)；搜索所有竖直面，列出正面和负面及型腔和型芯侧的补片环；搜索分型线，改变特点组面的颜色；提供另外一种搜索分型线的方法，将型腔和信息区域面变更为不同的颜色。提供编辑工具来指定型腔和型芯区域的面；指定可视化工具，如颜色和透明度来控制、显示型腔和型芯区域。

具体操作步骤如下：

(1) 单击“分型管理器”对话框中的(检查区域)按钮，弹出“检查区域”对话框。“计算”选项卡中包括以下选项。

✧ “保持现有的”单选按钮：用于计算现有面的属性，并不更新。

✧ “仅编辑区域”单选按钮：不执行面的计算。

✧ “全部重置”单选按钮：将所有面重置为默认值。

(2) 如果顶出方向不是 Z 的正方向，单击“选择脱模方向”按钮(矢量)右侧的文本框，如图 5-8 所示的重新定义顶出方向为 YC 方向。

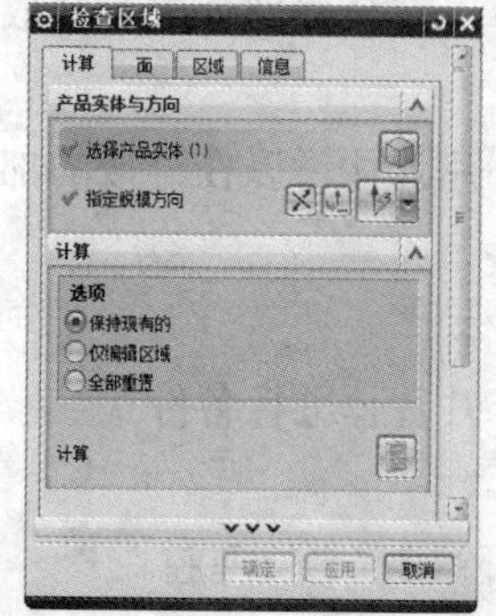

图 5-7 “检查区域”对话框

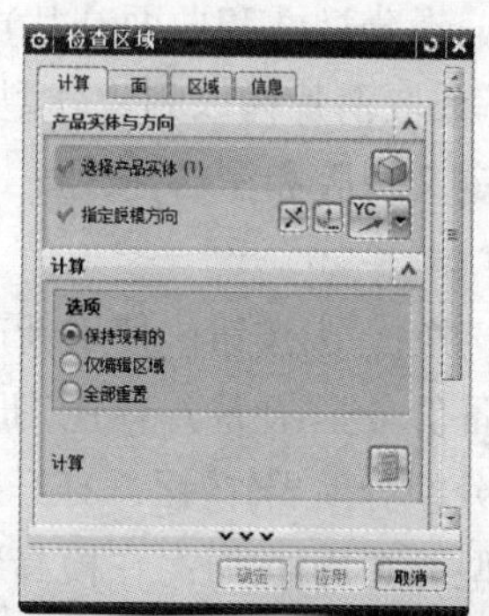

图 5-8 选择顶出方向

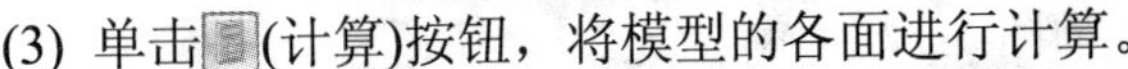

(3) 单击(计算)按钮，将模型的各面进行计算。

2. “面”选项卡

“检查区域”对话框的“面”选项卡用于分析产品成型信息，如拔模斜角和底切等，如图 5-9 所示。

“面”选项卡中的子功能如下：

✧ “高亮显示所选的面”复选框：该选项可以设置快速打开或关闭拔模斜度范围的面的高亮显示。

✧ “拔模角限制”微调框：指定界限来定义两种拔模角，即大于或小于设置拔模角的面。

✧ “面拔模角”选项组：可以高亮显示产品模型的拔模或底切区域面的颜色。

✧ “设置所有面的颜色”按钮：将产品模型的所有面的颜色设置为“面拔模”部分的颜色。

✧ “透明度”选项组：通过滑块控制当前选择面的透明度。

✧ “面拆分”按钮：初始化“拆分面”对话框，对面进行分割，如图 5-10 所示。

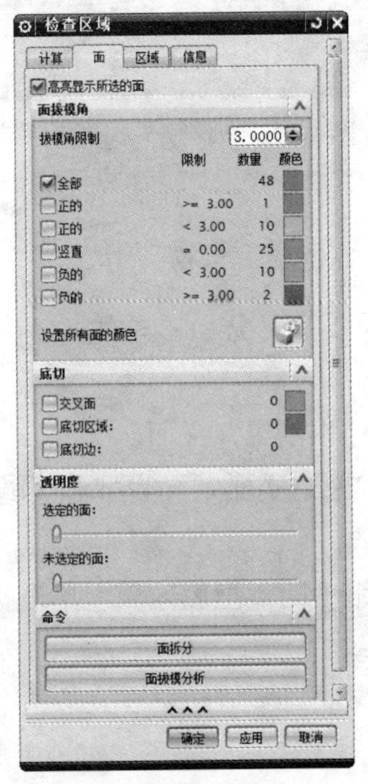

图 5-9　“面”选项卡

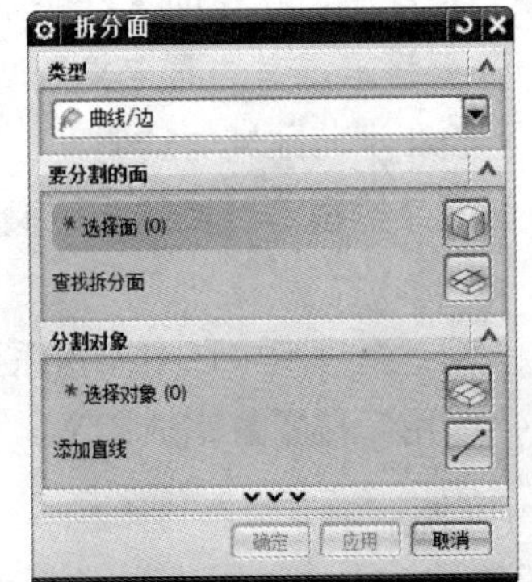

图 5-10　“拆分面”对话框

✧ “面拔模分析”按钮：单击该按钮，将弹出标准的 NX 的面分析中的“拔模分析”对话框，如图 5-11 所示。

3. “区域”选项卡

“检查区域”对话框的“区域”选项卡可以从模型上提取型腔和型芯区域，并指定颜色，还可以将未定义区域定义为型腔或型芯，如图 5-12 所示。

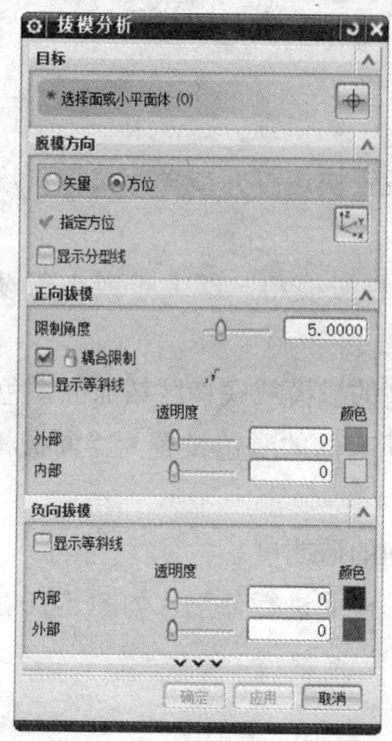

图 5-11 “拔模分析”对话框

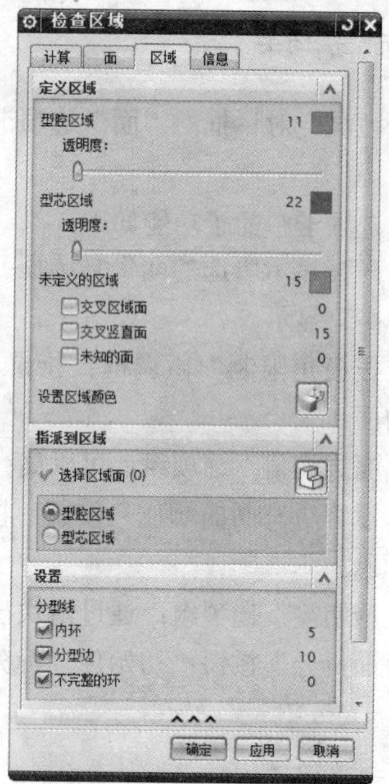

图 5-12 “区域”选项卡

设置“区域”选项卡的步骤如下：

(1) 单击“设置区域颜色”按钮，面可自动识别为型腔或型芯区域，并用不同的颜色显示。但是在很多情况下，存在面无法识别型腔或型芯区域的情况。这些面集合在“未定义的区域”部分，需要将未定义的面定义为型腔或型芯区域。

(2) 设置型腔和型芯区域的透明度，以便可以容易地识别未定义面。

(3) 选择要定义给型芯区域的未定义面(这里默认将未定义面定义为型芯区域，读者也可以定义为型腔区域)。

(4) 在“区域”选项卡中选中“指派到区域”选项组中的“型腔区域”单选按钮。

(5) 单击“应用”按钮，完成定义。

4. “信息”选项卡

“信息”选项卡可以检查模型的几种属性，包括面属性、模型属性和尖角。

在产品模型进行分型前，需要对产品模型进行初始化、设定收缩率、添加工件和模型修补等操作。

5.2.2 曲面补片

NX 9 在“分型刀具”工具栏中添加了一个(曲面补片)命令，用以对开放区域进行补片操作，本命令的使用方法同“注塑模工具”工具栏中的“边修补”命令一致，具体操作方法请参考第 4 章中“边修补”命令的操作方法。

5.2.3　定义区域

单击“分型刀具”工具栏中的(定义区域)按钮，弹出如图 5-13 所示的“定义区域”对话框。

定义区域的功能是创建型腔\型芯\区域和分型线。在使用该功能时，注塑模向导会在相邻的分型线上搜索边界和修补面。当实体的面的总数等于复制到型腔和型芯的面的总数时，可以创建区域。反之，发出警告并高亮显示有问题的面。

具体操作步骤如下：

(1) 在“区域名称”窗口中选择“型腔区域”和“型芯区域”选项，并在“设置”选项组中选择“创建区域”和“创建分型线”复选框，单击“确定”按钮，系统自动完成型腔和型芯区域的提取和分型线的提取。

(2) 在“分型管理器”窗口上的分型线、型腔和型芯三个节点发生改变，如图 5-14 所示。

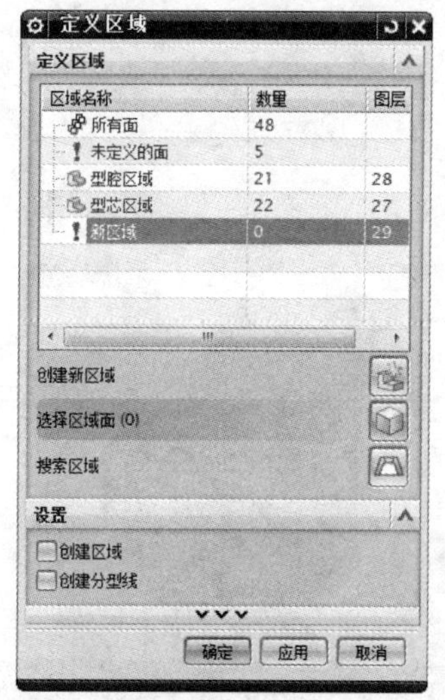

图 5-13　“定义区域”对话框

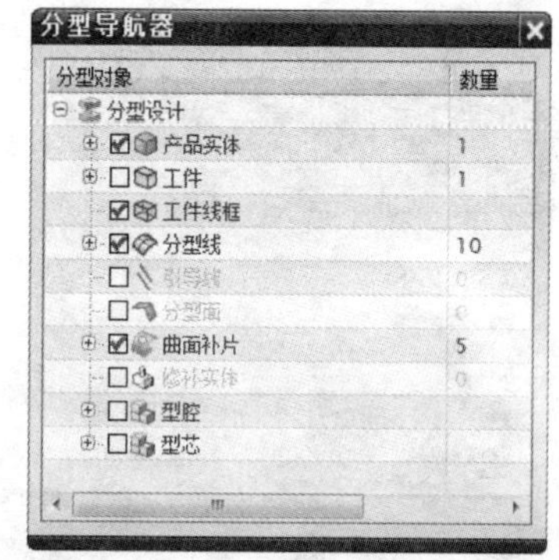

图 5-14　“分型导航器”窗口

(3) 展开这三个节点，可以知道“定义区域”子功能操作在“分型导航器”列表中添加的分型线、型腔区域和型芯区域。

5.2.4　设计分型面

单击“分型刀具”工具栏中的(设计分型面)按钮，弹出如图 5-15 所示的“设计分型面”对话框。

分型线创建完成后，对于较复杂的分型线，还不能立即创建分型面。

因为模型的分型线不是由一条曲线组成的，也不在同一个平面上，而是由多条处于不同平面的曲线组成的。如果不对这些分型线进行分段，对于比较复杂的模型，是很难立刻创建分型面的。MoldWizard为用户提供了引导线的设计功能。通过这个工具可以对分型段进行各种编辑，其主要功能是创建和编辑引导线。

引导线是由产品的分型线产生的可以控制后续分型线的功能。不同的引导线可以生成不同的分型面。

1. 创建引导线

单击“设计分型面”对话框中“编辑分型段”下面的“选择分型或引导线”，将光标置于需要创建引导线的线段上，即会如图5-16所示在线上出现红黄蓝三种颜色的箭头，移动光标确定红色箭头的位置，然后单击鼠标即可创建如图5-17所示的引导线。

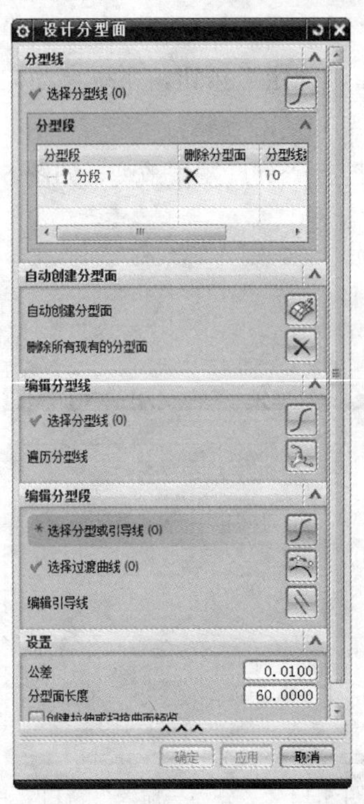

图 5-15　“设计分型面”对话框

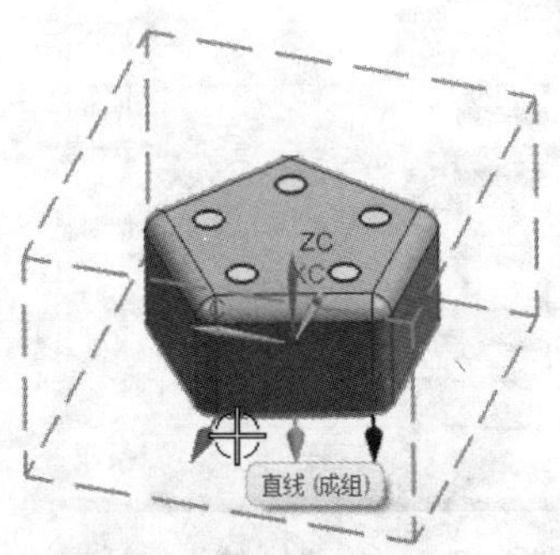

图 5-16　光标置于分型线段上

2. 编辑引导线

单击“设计分型面”对话框中“编辑分型段”下面的 (编辑引导线)按钮，弹出如图 5-18 所示的“引导线”对话框。

使用此对话框可以编辑引导线长度、方向，还可以对选定引导线进行删除操作或对所有引导线进行删除，或者进行自动创建引导线等。

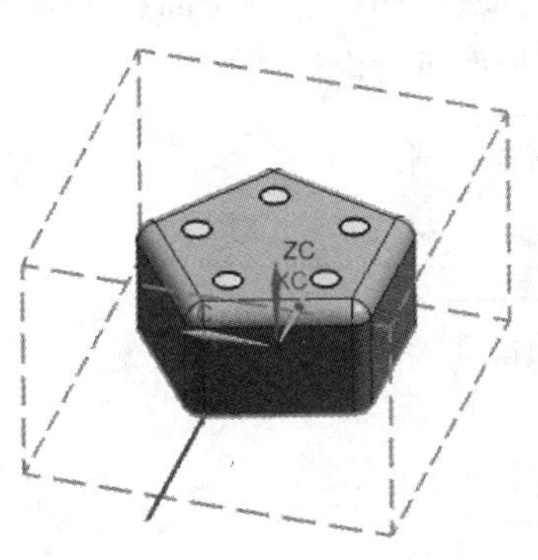

图 5-17　创建引导线

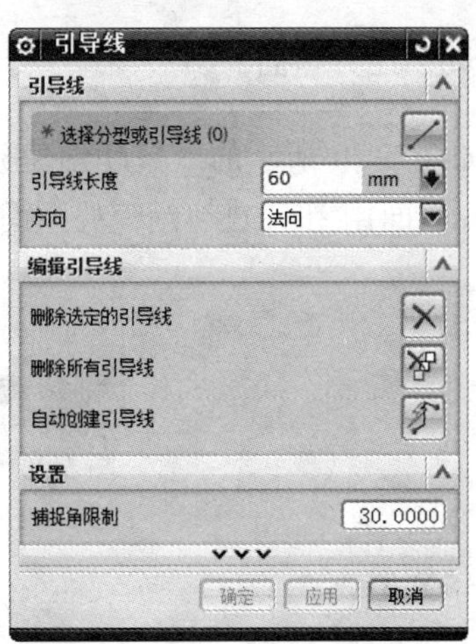

图 5-18　“引导线”对话框

3. 创建分型面

创建引导线以后，分型线被引导线分割开，并在“分型段”下面的白色方框中以组的方式呈现出来，如图 5-19 所示，单击任意一组分型线段，即可使用“创建分型面”下面的按钮对此组分型线进行操作，从而创建分型面。

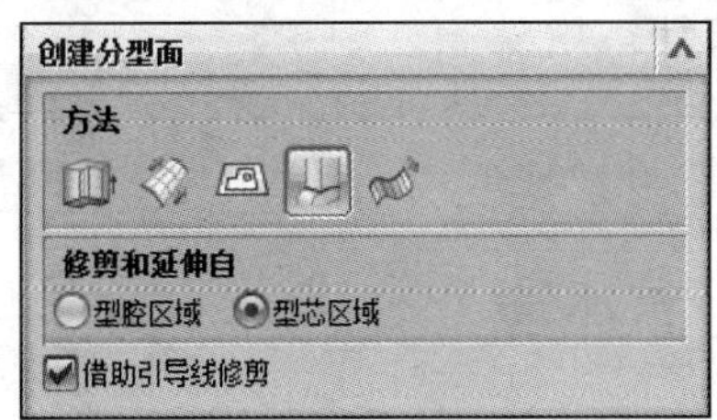

图 5-19　创建分型面按钮

分型面的创建方法有 6 种，分别是拉伸、有界平面、扫掠、修剪和延伸、条带曲面、扩大的曲面。

- ✧ (拉伸)按钮：使用本按钮根据一组分型线段和一个拉伸方向创建拉伸曲面。
- ✧ (扫掠)按钮：使用本按钮根据一组分型线段和两个方向创建扫掠曲面。
- ✧ (有界平面)按钮：本按钮是用途最广泛的一个按钮，当所选取的分型线段都在同一平面上时，大多数都会使用本按钮。此按钮是根据一组分型线段和两个方向创建有界平面的，一般把引导线作为面的边界。
- ✧ (修剪和延伸)按钮：使用“修剪和延伸”功能生成分型面的方法可细分为两种，即修剪和延伸自型腔区域和型芯区域。
- ✧ (条带曲面)按钮：“条带曲面”是由一条直线沿分型线扫掠而成的。使用“条带曲面”功能创建分型面只需要设置扫掠直线的长度即可。
- ✧ (扩大的曲面)按钮：此按钮比较简单，与模具工具中的扩展曲面类似。

4. 自动创建分型面

使用如图 5-20 所示的“自动创建分型面”下面的(自动创建分型面)按钮和(删除所有现有的分型面)按钮，自动创建分型面或对创建的分型面进行删除操作。

图 5-20　自动创建分型面按钮

5. 编辑分型线

用户可以手动添加或删除曲线\边，方法是单击(编辑分型线)按钮，然后在视图中选择需要选中的线。

单击(遍历分型线)按钮，能够在型腔和型芯交界处查找相邻的线。

提示

本对话框的操作非常重要，需要用户仔细研究、琢磨，详细操作请参考本章实例和第 6 章实例中的分型面设计。

5.2.5　编辑分型面和曲面补片

使用“编辑分型面和曲面补片”命令选择现有片体以在分型部件中对开放区域进行补片，或取消选择片体以删除分型或补片的片体。具体操作步骤如下：

单击(编辑分型面和曲面补片)按钮，弹出如图 5-21 所示的“编辑分型面和曲面补片”对话框，此时视图中如图 5-22 所示的分型面和补片被同时选中，单击确定按钮，完成操作。

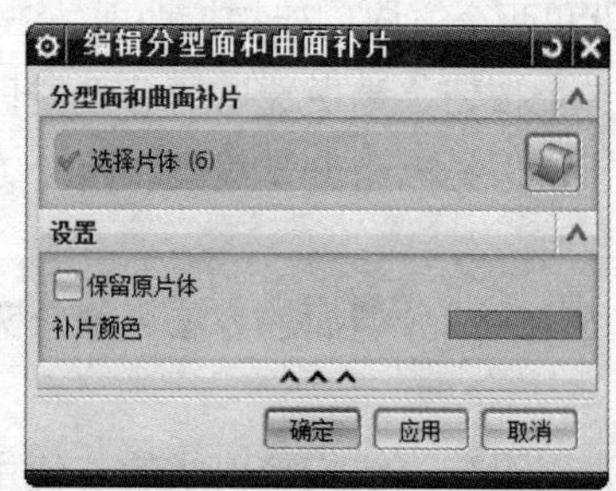

图 5-21　“编辑分型面和曲面补片”对话框

图 5-22　选中片体

5.2.6　定义型腔和型芯

在修补好产品模型的孔、槽等部位，并正确创建分型面和提取型腔和型芯区域后，就可以进入型腔和型芯的创建操作了。

生成型腔和型芯的具体操作步骤如下：

(1) 单击“分型管理器”对话框中的(定义型腔和型芯)按钮，弹出如图5-23所示的“定义型腔和型芯”对话框。

(2) 选择“型腔区域”选项，在“选择片体”中提示选择了7个片体，“缝合公差”文本框一般取默认值，单击“确定”按钮即生成型腔，如图5-24所示。

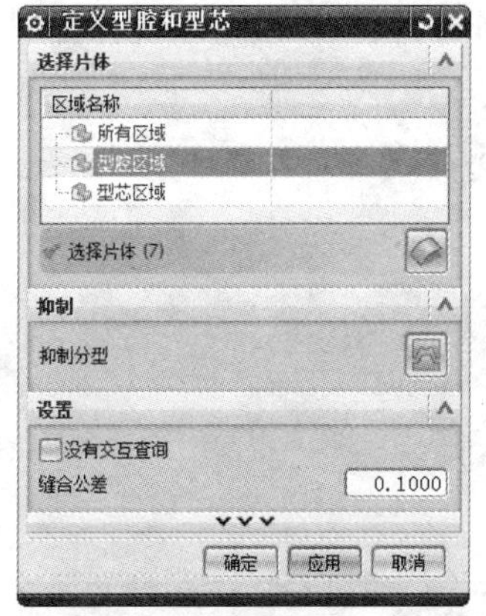

图5-23　“定义型腔和型芯”对话框

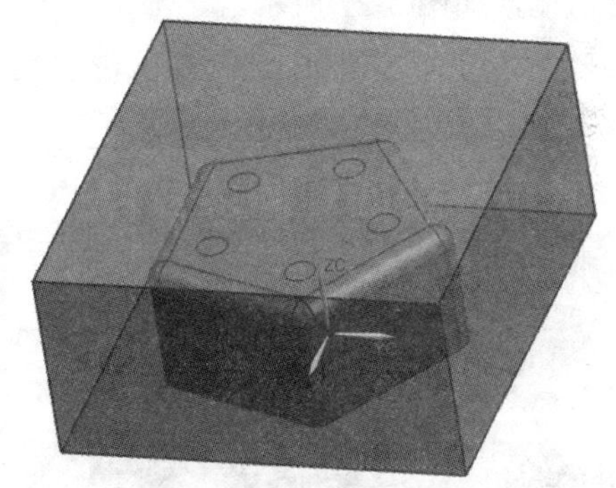

图5-24　型腔

(3) 在生成型腔的同时，系统弹出“查看分型结果”对话框，如图5-25所示。如果生成型腔的方向不符合要求，则单击“法向反向”按钮。

(4) 选择“型芯区域”选项，在“选择片体”中提示选择了7个片体，选择“检查几何体”和“检查重叠”复选框，“缝合公差”文本框取默认值，单击“确定”按钮即生成型芯，如图5-26所示。

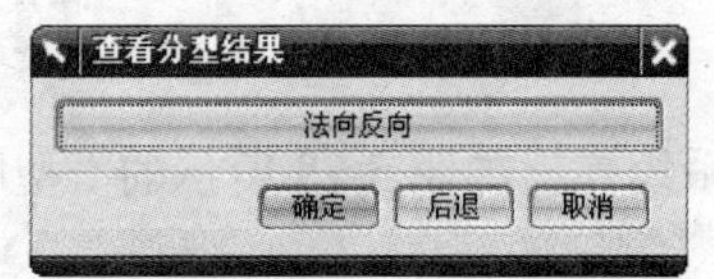

图5-25　“查看分型结果”对话框

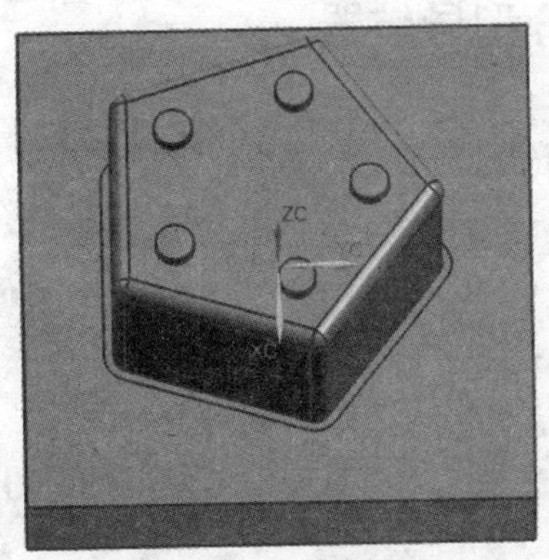

图5-26　型芯

5.2.7　交换模型

“交换模型”功能可以用一个新的产品模型代替旧的模型进行模具设计，而且不用重复前面的工作，这样可以节约模具设计的时间。

5.2.8　备份分型\补片片体

“备份分型\补片片体”功能对模具修补和分型中产生的分型面和补片片体进行备份。其操作步骤如下：

(1) 单击“分型管理器”对话框中的(备份分型\补片片体)按钮，系统弹出“备份分型对象”对话框，如图5-27所示。

(2) 在“类型”列表框中选择要备份的类型，如图5-28所示。

图5-27　“备份分型对象”对话框

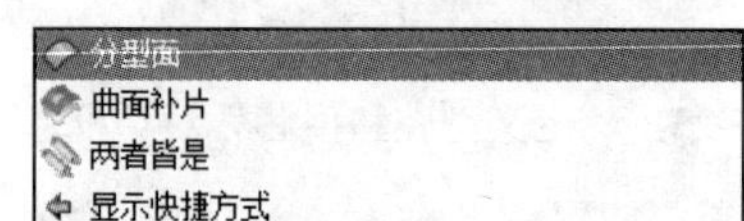

图5-28　选择要备份的类型

(3) 单击“选择片体”按钮选择要备份的对象。

(4) 单击“确定”按钮实现备份。

5.2.9　分型导航器

单击(分型导航器)按钮，可打开或关闭“分型导航器”窗口。

5.3　型腔布局

单击“主要”工具框中的(型腔布局)按钮，系统弹出如图5-29所示的“型腔布局”对话框。

5.3.1　布局类型

“布局类型”包括矩形布局和圆形布局两种情况。

1. 矩形布局

如图 5-29 所示，在“布局类型”选项组中选择“矩形”选项并选择“平衡”单选按钮，系统自动以矩形的平衡方式布局型腔。对于矩形平衡布局方式，其型腔数可设为 2 或 4。

如果在“布局类型”选项组中选择“矩形”选项并选择“线性”单选按钮，系统自动以矩形线性方式布局型腔。对于矩形线性布局方式，其型腔数不限。但是，成型工件并不会做旋转调整而只是在位置上移动。这是矩形线性布局和矩形平衡布局的不同之处。

2. 圆形布局

如图 5-30 所示，在“布局类型”选项组中选择“圆形”选项并选择“径向”单选按钮，系统自动以圆形径向方式布局型腔。其中型腔绕布局中心做周向均匀分布，同时，型腔也绕原点做调整。圆形径向方式使型腔上的浇口到布局原点的距离相同，实现了布局均匀的目的。

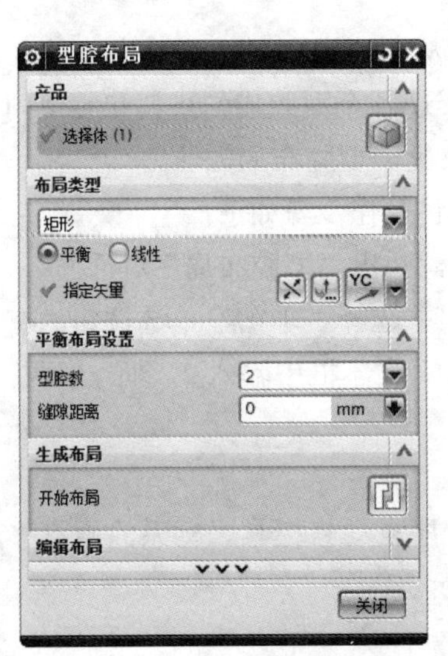

图 5-29　“型腔布局”对话框

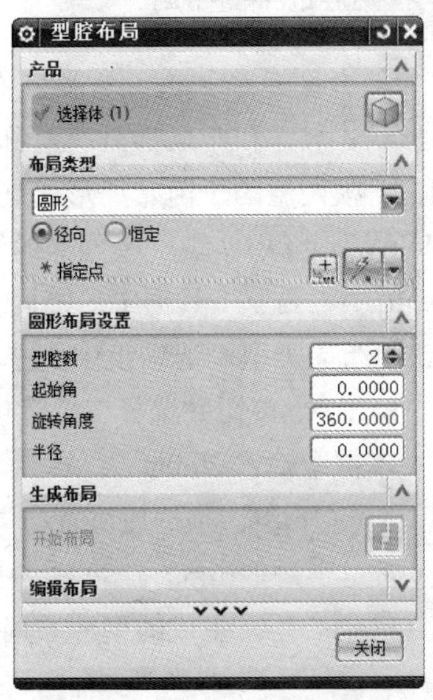

图 5-30　“型腔布局”对话框

在“布局类型”选项组中选择“圆形”选项并选择“恒定”单选按钮，系统自动以圆形恒定方式布局型腔。其中，型腔绕布局中心做周向均匀分布，但是，型腔的方向保持一致。

5.3.2　开始布局

“开始布局”命令：单击 (开始布局)按钮将按设置的参数对型腔进行布局。

5.3.3 重定位

“重定位”包括以下几项：

✧ “编辑插入腔”按钮：可以对布局成功的工件添加统一的腔体。

✧ “变换”按钮：使用如图5-31所示的“变换”对话框对被选择的模型进行变换。其类型包括旋转、平移和点对点。

✧ “移除”按钮：删除生成的型腔。

✧ “自动对准中心”按钮：程序自动将模具坐标系的原点移动到多型型腔几何体的中心处。

5.3.4 矩形布局

在本小节中，将详细介绍几种矩形型腔布局的步骤。包括一模两腔的平衡和线性布局、一模四腔的平衡和线性布局。

1. 一模两腔的平衡布局

从前面的介绍已经知道，平衡式布局的特点是从主流道到各个型腔浇口的分流道的长度、截面形状、尺寸和布局都具有对称性，有利于实现各个型腔均匀进料和实现同时充满型腔的目的。一模两腔的平衡布局形式是注塑模中最常见的型腔布局方法。

在 MoldWizard 中实现一模两腔的平衡布局的具体操作步骤如下：

(1) 单击“主要”工具框中的(型腔布局)按钮，弹出“型腔布局”对话框。

(2) 在“布局类型”选项组中选择“矩形”选项并选择“平衡”单选按钮，在“指定矢量”选项中单击按钮并选择 YC 选项，在“型腔数”文本框中输入 2，即一模两腔，在“缝隙距离”文本框中输入 20mm。

(3) 单击(开始布局)按钮进行布局。

(4) 布局完毕，单击(自动对准中心)按钮，程序自动将模具坐标系的原点移动到多型型腔几何体的中心处。生成的型腔布局如图 5-32 所示。

图 5-31 “变换”对话框

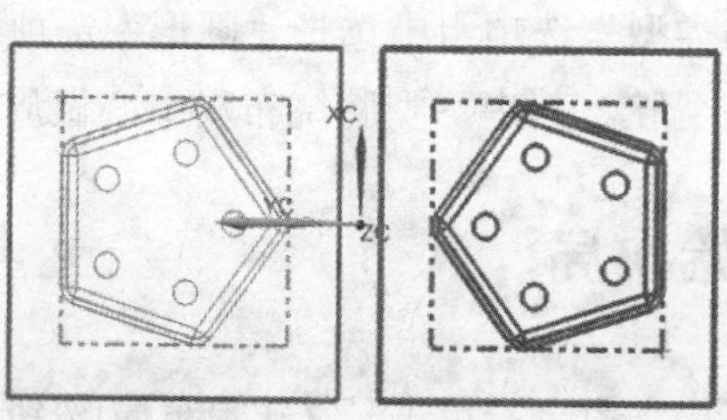

图 5-32 平衡布局

2. 一模两腔的线性布局

在MoldWizard中线性布局和平衡布局的区别在于被复制的产品模型的方向不会进行旋转。其具体操作步骤如下：

(1) 单击“主要”工具框中的(型腔布局)按钮，弹出如图 5-33 所示的“型腔布局”对话框。

(2) 在“布局类型”选项组中选择“矩形”选项并选择“线性”单选按钮，在“X向型腔数”文本框中输入1，在“Y向型腔数”文本框中输入2，在“Y移动参考”列表框中选择“块”选项，在“Y距离”文本框中输入20。

(3) 单击“开始布局”按钮进行布局。

(4) 布局完毕，单击(自动对准中心)按钮，程序自动将模具坐标系的原点移动到多型腔几何体的中心处。创建的型腔布局如图 5-34 所示。

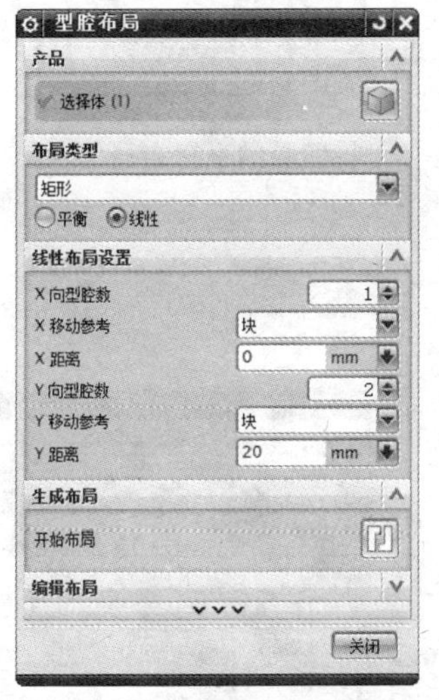

图 5-33　“型腔布局”对话框

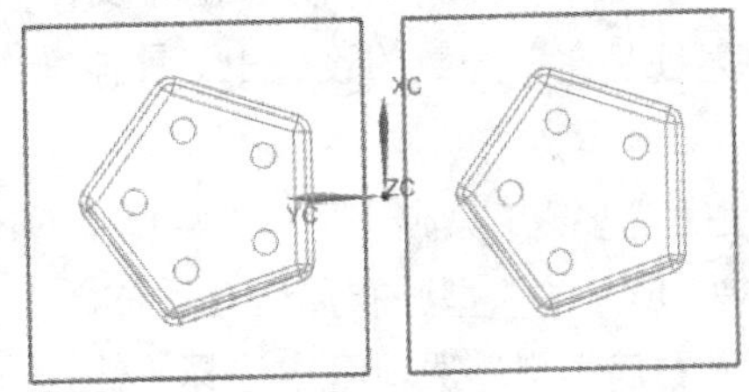

图 5-34　线性布局

其中值得注意的是，在线性布局中，MoldWizard并没有对型腔数做限制，可以随意设定。Y移动参考方式有两种，分别是“块”和“移动”。

✧ 块：在长方体指定方向的边上偏移一定距离布置型腔。

✧ 移动：在原点的基础上偏移一定距离布置型腔。

3. 一模四腔的平衡布局

一模四腔的平衡布局和一模两腔的平衡布局类似；不同之处，如图5-35所示，增加了“第二距离”的设定。第二距离指型腔在第二方向上的间隙距离。在一模两腔的平衡布局中，用户选定的方向默认为第一方向，而第一方向逆时针旋转90°的方向为第二方向。

单击(开始布局)按钮进行布局，并单击(自动对准中心)按钮后得到如图5-36所示的布局。

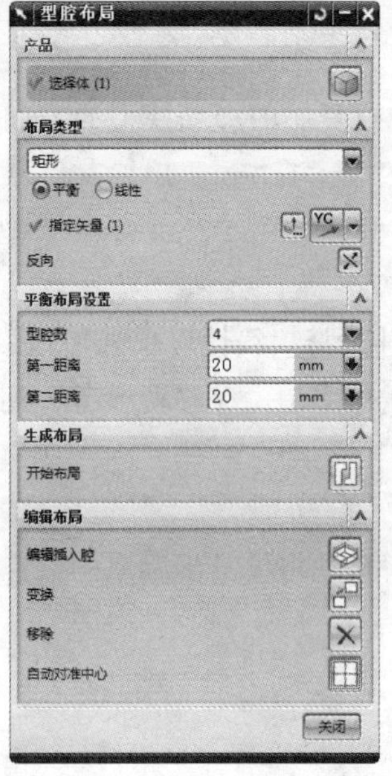

图 5-35 “型腔布局”对话框

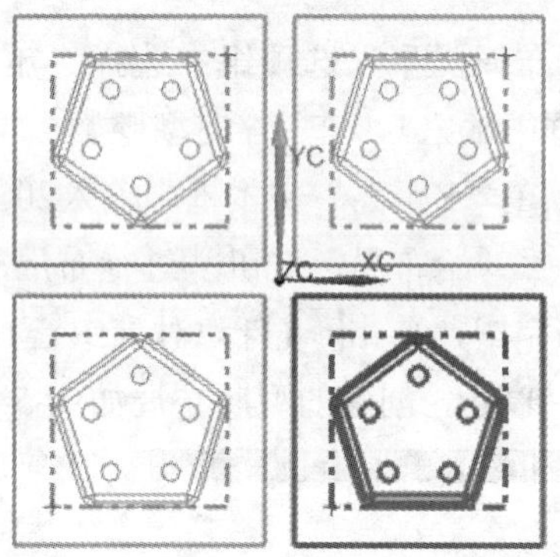

图 5-36 一模四腔的平衡布局

4. 一模四腔的线性布局

一模四腔的线性布局和一模两腔的线性布局类似，其不同之处是在型腔数的设置上。具体操作步骤如下：

(1) 单击“主要”工具框中的(型腔布局)按钮，弹出如图 5-37 所示的“型腔布局”对话框。

(2) 在“布局类型”选项组中选择“矩形”选项并选择“线性”单选按钮，在“X 向型腔数”文本框中输入 2，在“Y 向型腔数”文本框中输入 2。

(3) 选择“X 移动参考”列表框中的“长方体”选项，在“X 距离”文本框中输入 20。选择“Y 移动参考”列表框中的“长方体”选项，在“Y 距离”文本框中输入 20。

(4) 单击(开始布局)按钮进行布局。

(5) 布局完毕，单击(自动对准中心)按钮，程序自动将模具坐标系的原点移动到多型腔几何体的中心处。设置后的结果如图 5-38 所示。

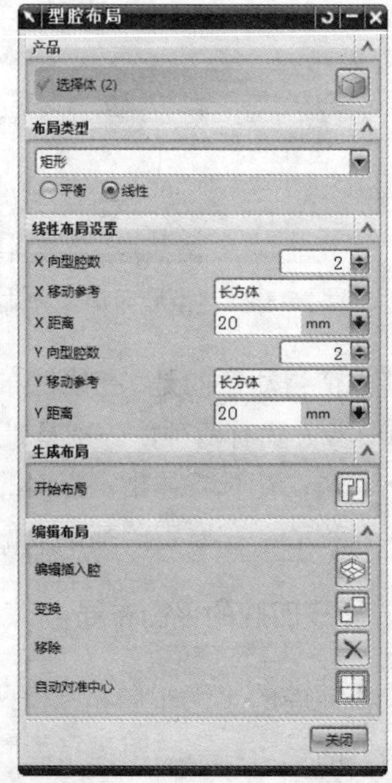

图 5-37 “型腔布局”对话框

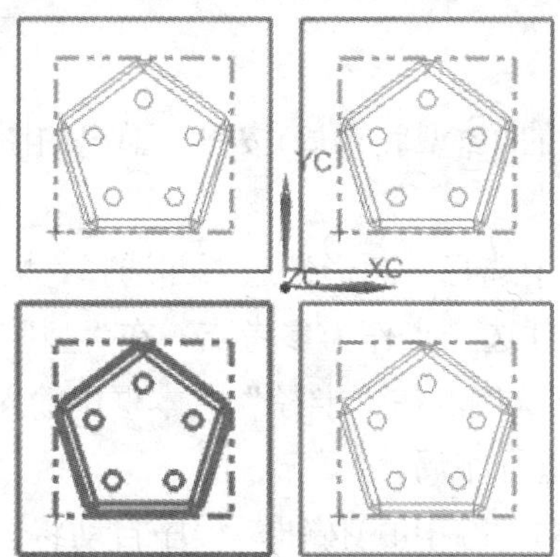

图 5-38　一模四腔的线性布局

5.3.5　圆形布局

在本小节中，将详细介绍两种圆形型腔布局的步骤，包括径向布局和恒定布局。

1. 径向布局

(1) 单击“主要”工具框中的(型腔布局)按钮，弹出如图 5-39 所示的“型腔布局”对话框。

(2) 在“布局类型”选项组中选择“圆形”选项并选择“径向”单选按钮，在“指定点”选项中单击按钮，在型腔外任选一点作为参考点，在“型腔数”文本框中输入6，“起始角”和“旋转角度”文本框取默认值，在“半径”文本框中输入60。

(3) 单击(开始布局)按钮进行布局。

(4) 布局完毕，单击(自动对准中心)按钮，程序自动将模具坐标系的原点移动到多型腔几何体的中心处。创建的型腔布局如图 5-40 所示。

图 5-39　“型腔布局”对话框

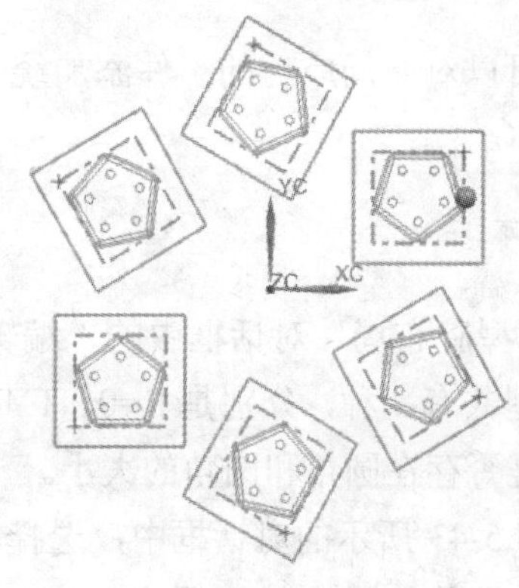

图 5-40　径向布局

2. 恒定布局

(1) 单击“主要”工具框中的(型腔布局)按钮，弹出如图 5-41 所示的“型腔布局”对话框。

(2) 在“布局类型”选项组中选择“圆形”选项并选择“恒定”单选按钮，在“指定点”选项中单击按钮，在型腔外任选一点作为参考点，在“型腔数”文本框中输入6，“起始角”和“旋转角度”文本框取默认值，在“半径”文本框中输入160。

(3) 单击(开始布局)按钮进行布局。

(4) 布局完毕，单击(自动对准中心)按钮，程序自动将模具坐标系的原点移动到多型腔几何体的中心处。生成的型腔布局如图5-42所示。恒定布局和径向布局的不同之处是恒定布局生成的型腔保持同一个方向。

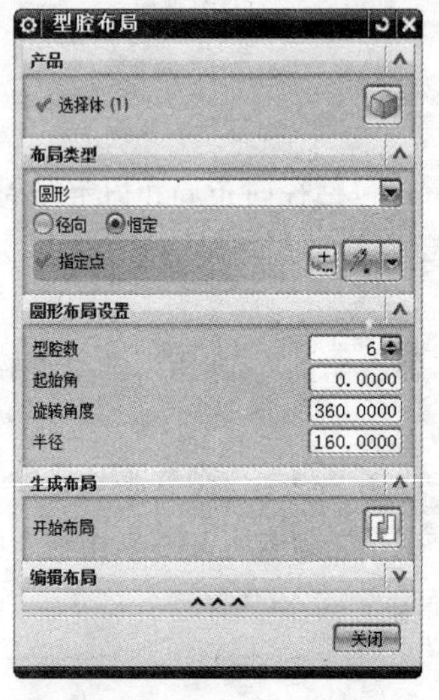

图 5-41 “型腔布局”对话框

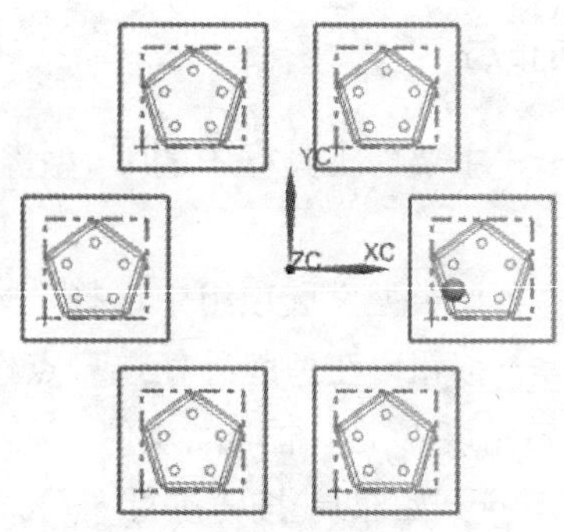

图 5-42 恒定布局

5.3.6 编辑布局

插入腔体可以对布局成功的工件添加统一的腔体。插入的腔体就是准备沉入模板的成型工件的空间实体。

1. 插入腔体

(1) 单击“型腔布局”对话框中的“编辑插入腔”按钮，弹出“插入腔体”对话框。插入腔体的类型共有 4 种，分别是 R=0、TYPE=0、TYPE=1 和 TYPE=2。它们的不同之处是在腔体边界处是否存在圆角和圆角的大小。

(2) 在如图 5-43 所示的对话框中，选择 R=5，“类型”选择 1，即 TYPE=1，单击“确定”按钮，插入腔体如图 5-44 所示。

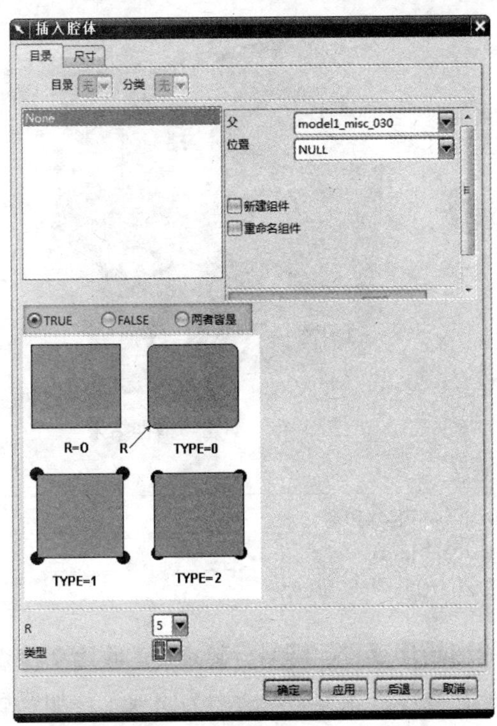

图 5-43　“插入腔体”对话框

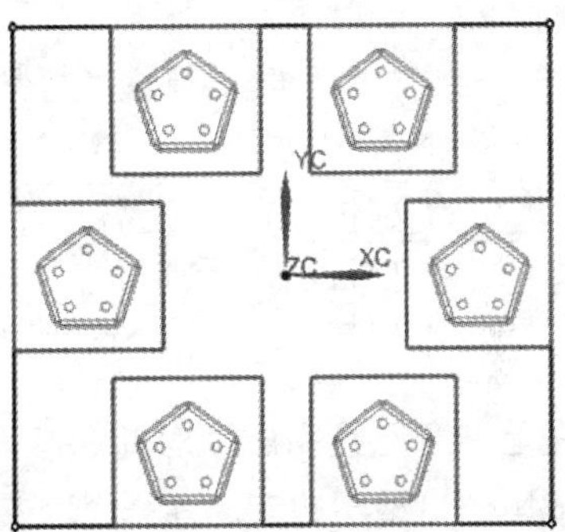

图 5-44　插入腔体

2. 变换

单击“变换”按钮，可以对被选择的模型进行变换。其类型有旋转、平移和点对点。

3. 删除

“删除”按钮用来删除布局中被选择的型腔，但不可以删除最后一个型腔。

4. 自动对准中心

“自动对准中心”指程序自动将多模型腔几何体的中心移动到layout子装配的绝对坐标原点上，而且仅在XY平面上移动。

5.4　实例示范

分型和型腔布局是模具设计的重点也是难点，正确的分型是模具设计的基础。本节将通过实例来介绍产品模型的分型过程和型腔布局的过程，使读者进一步掌握产品的分型。

如图 5-45 所示为一塑料凳子模型，最终创建刀槽框结果如图 5-46 所示。

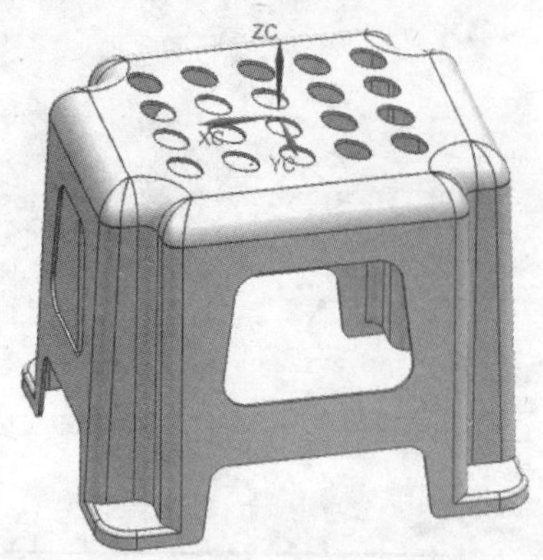
图 5-45　塑料凳子模型

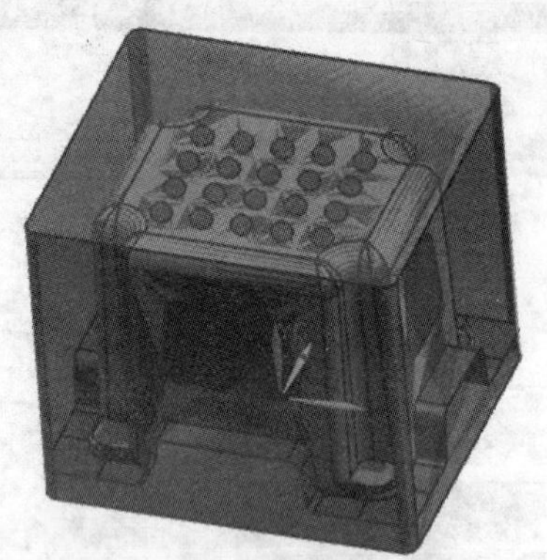
图 5-46　创建刀槽框结果

初始文件	\光盘文件\NX 9\Char05\dengzi.prt
结果文件路径	\光盘文件\NX 9\Char05\zhusu\
视频文件	\光盘文件\视频文件\Char05\第 5 章.Avi

在上一章已经完成了对此塑料凳子零件的初始化项目、模型重新定位、收缩率检查及工件加载操作，请用户参考上一章实例对模型进行操作。如图5-47所示为完成工件加载后的视图。

5.4.1　进入模具分型窗口

完成操作后，首先需切入模具分型窗口，准备对工件进行分型操作。

具体操作步骤如下：

(1) 在“注塑模向导”选项卡中，单击如图5-48所示的“分型刀具”工具框中的(分型导航器)按钮，即可切入 dengzi_parting_***.prt 文件窗口。如图5-49所示为切入本文件窗口后的模型零件图，外边框代替工件模型轮廓。

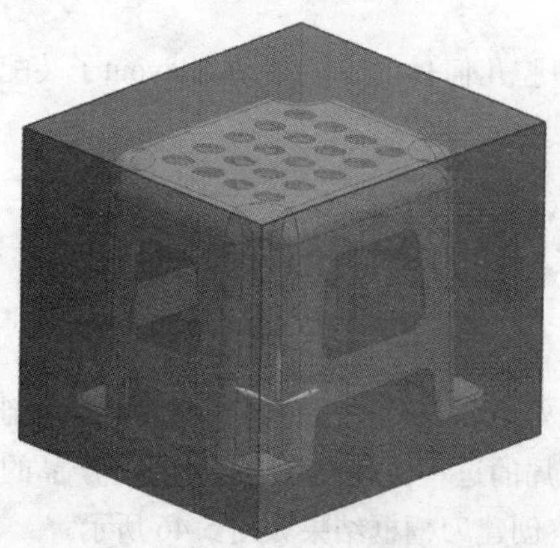
图 5-47　完成工件加载

图 5-48　“分型刀具”工具框

(2) 切入文件窗口的同时，弹出如图 5-50 所示的“分型导航器”窗口。

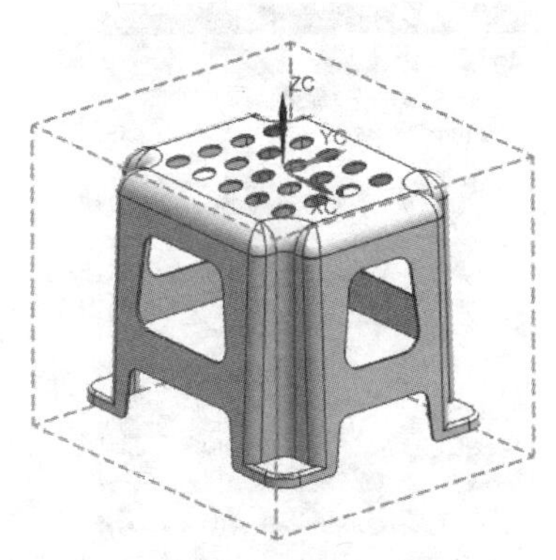

图 5-49　模型零件图

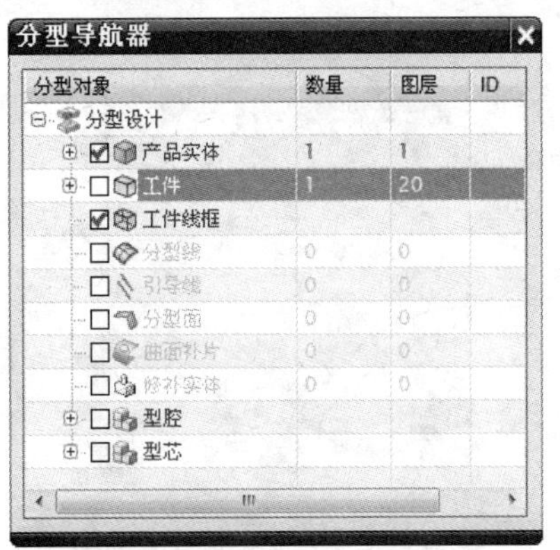

图 5-50　“分型导航器”窗口

(3) 用户可使用“分型导航器”将产品实体、工件、工件线框、分型线、型芯、型腔等进行隐藏\显示操作，如图 5-51 所示选中“工件”左侧的白色方框，如图 5-52 所示将工件显示出来。(此处用户应尽量进行操作，可检查加载工件及软件是否正常)

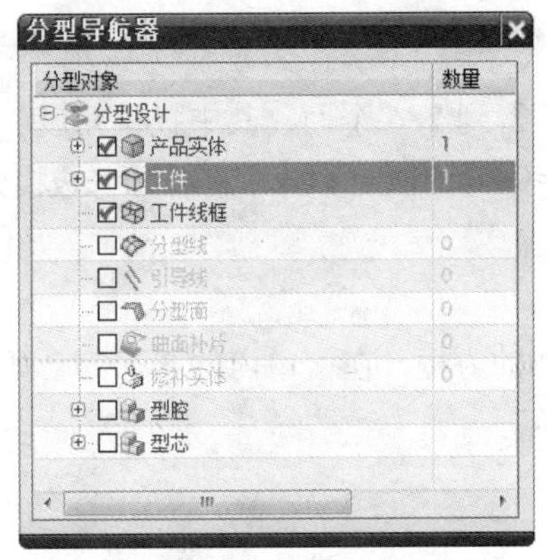

图 5-51　选中“分型导航器”内工件

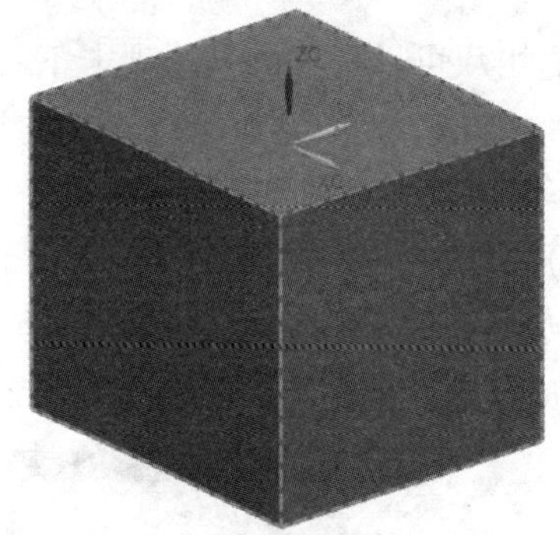

图 5-52　显示工件

用户可以单击(分型导航器)按钮，打开\关闭“分型导航器”窗口。

5.4.2　检查区域

通过检查区域的方法，可便捷地检查加载模型的型腔和型芯区域。

具体操作步骤如下：

(1) 单击(检查区域)按钮，弹出“检查区域”对话框。

(2) 单击模型作为“选择产品实体”，单击“指定脱模方向”右侧的按钮的下拉箭头选择 ZC 方向，选中“选项”下面的“保持现有的”单选按钮，完成设置后的“计算”选项卡如图 5-53 所示。

(3) 单击(计算)按钮，进行计算。

(4) 完成计算后单击选项卡区域中的“面”，切入“面”选项卡，如图 5-54 所示。

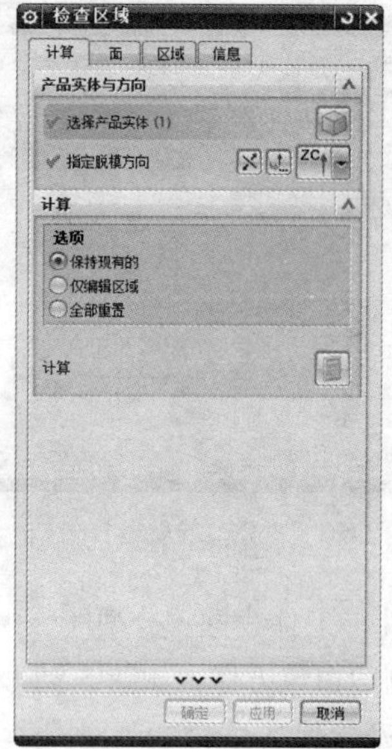

图 5-53 “计算”选项卡

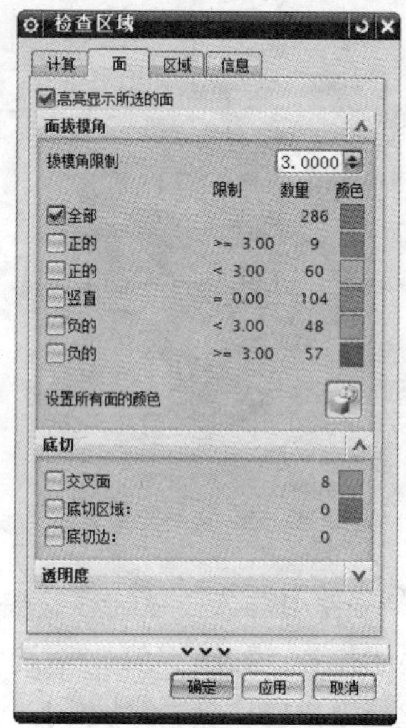

图 5-54 “面”选项卡

(5) 用户可以在“面”选项卡下看到，通过计算得到 286 个面，其中拔模角度≥3.00 的面有9 个，拔模角度<3.00 的面有 60 个，拔模角度=0.00 的面有 104 个，-3.00<拔模角度<0 的面有 48 个，拔模角度≤-3.0 的面有 57 个。

用户可以选中前面的方框在实体上预览这些面。

例如，如图 5-55 所示，选中“竖直=0.00”左侧的方框，在窗口内的图形则会如图 5-56 所示对应“面”选项卡中选中的项目并红色高亮显示。

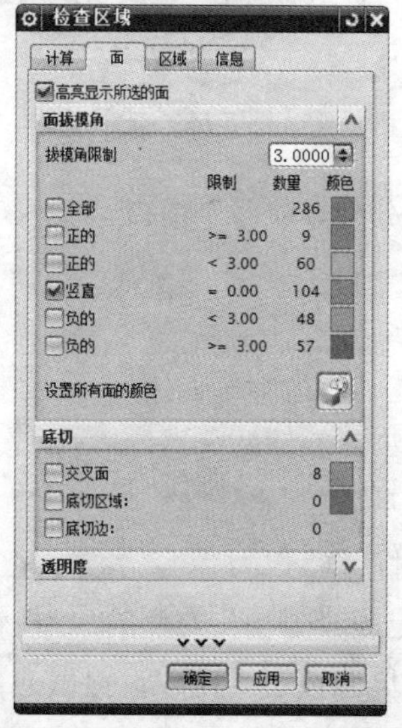

图 5-55 “面”选项卡设置

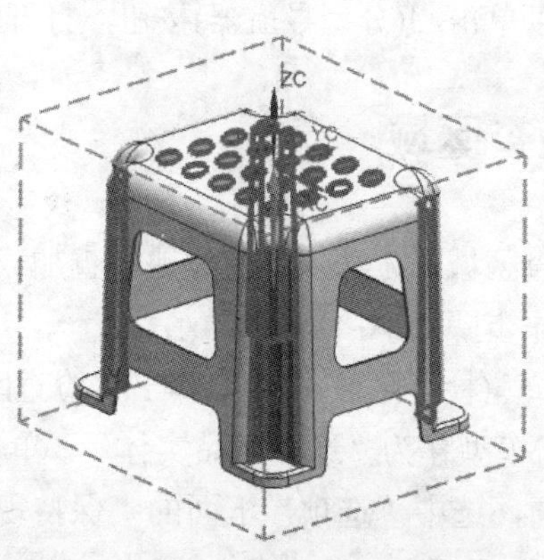

图 5-56 窗口图形显示

(6) 完成检查后，单击选项卡区域中的“区域”，切入“区域”选项卡。

(7) 在此选项卡中可以看到，“型腔区域”被定义了81个面，“型芯区域”被定义了117个面，还有88个面属于“未定义的区域”。

(8) 如图 5-57 所示，选中“定义区域”下面的“交叉竖直面”复选框，如图 5-58 所示，预览 80 个未被定义的区域面。

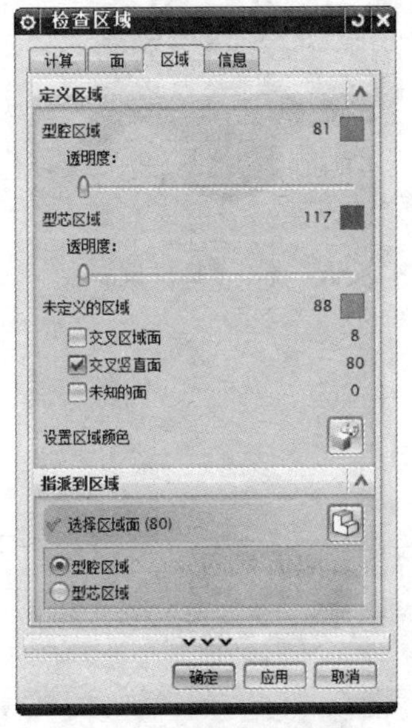

图 5-57　“区域”选项卡

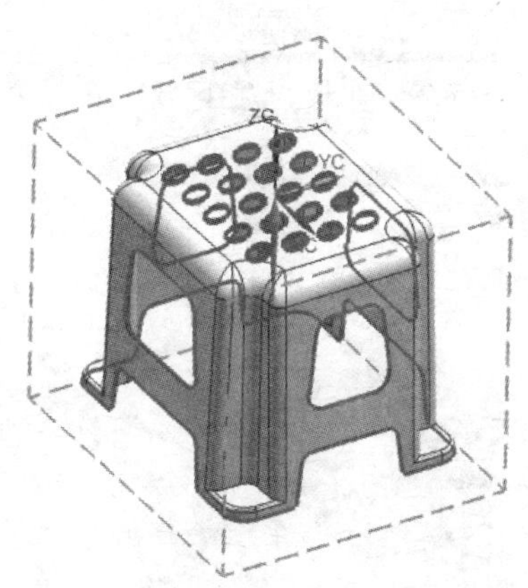

图 5-58　选中区域面

预览完成后，选中“指派到区域”下面的“型腔区域”并单击确定按钮，将“交叉竖直面”指派到型芯区域内。

5.4.3　定义区域及曲面补片

完成检查区域操作后，用户已可将模型面进行简单分型操作，使用本小节操作可对区域进行细致分型，必要时需创建曲面补片。

具体操作步骤如下：

(1) 单击(定义区域)按钮，弹出“定义区域”对话框。

用户可在此对话框中看到，模型共 286 个面，“未定义的面”、“型腔区域”、“型芯区域”各占 8、81、197 个面。

(2) 如图 5-59 所示单击“定义区域”下面白色方框中的“型腔区域”，可在视图中预览型腔区域面如图 5-60 所示。

(3) 单击“定义区域”对话框中的(创建新区域)按钮，创建如图5-61所示的 Region4、Region5、Region6、Region7 4个新区域，并单击 Region4。

如图 5-62 所示单击侧面孔的内侧面，单击应用按钮，将面定义进 Region4 区域内。

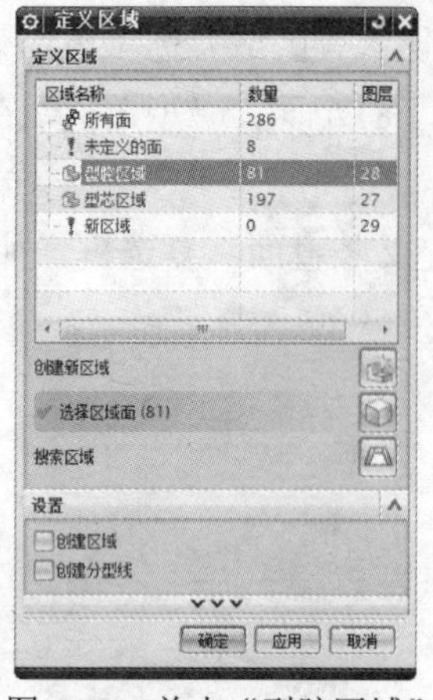

图 5-59　单击“型腔区域”

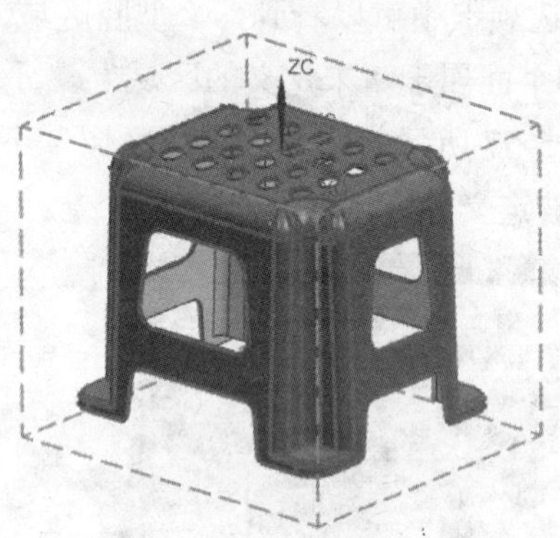

图 5-60　选中型腔区域面

图 5-61　“定义区域”对话框

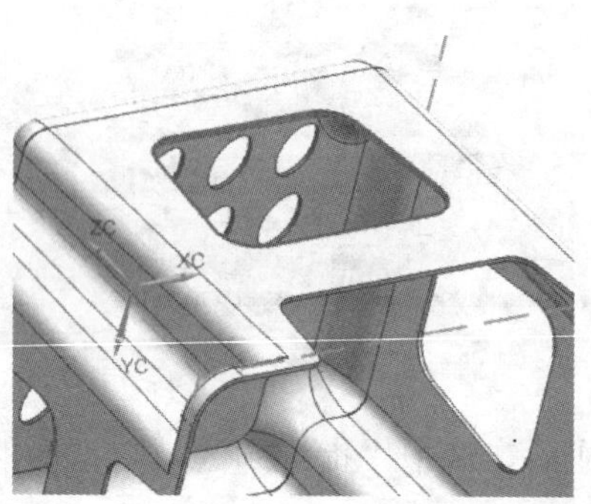

图 5-62　选中面

(4) 完成区域定义后的“定义区域”对话框如图5-63所示，可以看到将8个面定义进Region4区域内，同样的方法将其余三个面上的侧孔面定义进其余三个区域内。完成定义后的“定义区域”对话框如图5-64所示。

图 5-63　定义 Region4 区域

图 5-64　定义其余区域

(5) 完成设置后，依次选中“设置”下面的“创建区域”、“创建分型线”复选框，单击[应用]按钮，如图 5-65 所示的“定义区域”下面白色方框内的名称前符号发生变化。

(6) 单击[确定]按钮，并旋转窗口内模型，可发现模型面按型腔、型芯区域发生如图 5-66 所示的颜色变化。

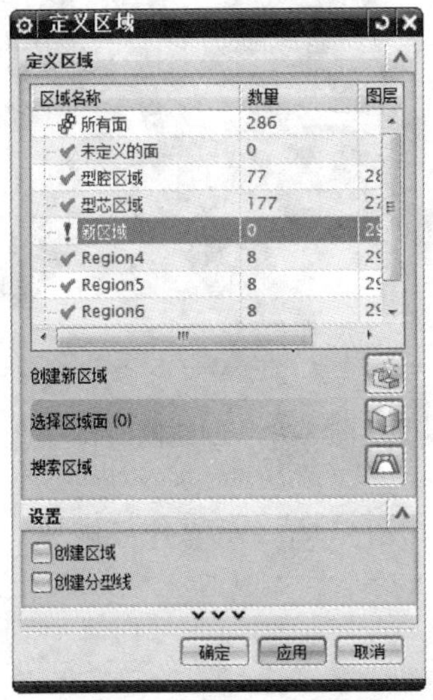

图 5-65　“定义区域”对话框

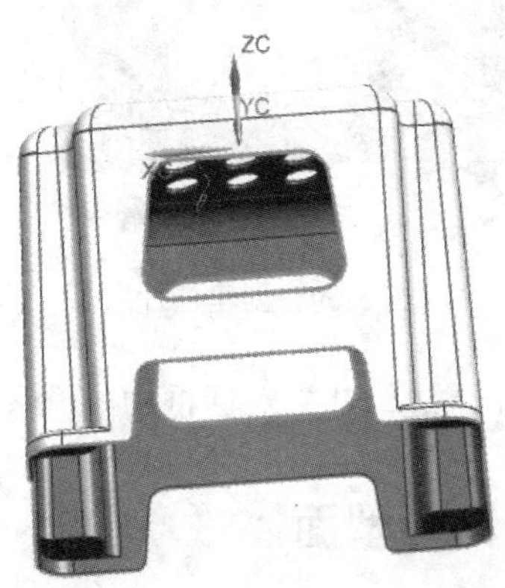

图 5-66　区域面变化

(7) 单击(曲面补片)按钮，弹出“边修补”对话框。

在“边修补”对话框“环选择”下面的“类型”列表框中选择“面”，设置“补片颜色”为红色，完成设置后如图 5-67 所示单击模型上平面，如图 5-68 所示为完成曲面选择后的“边修补”对话框。

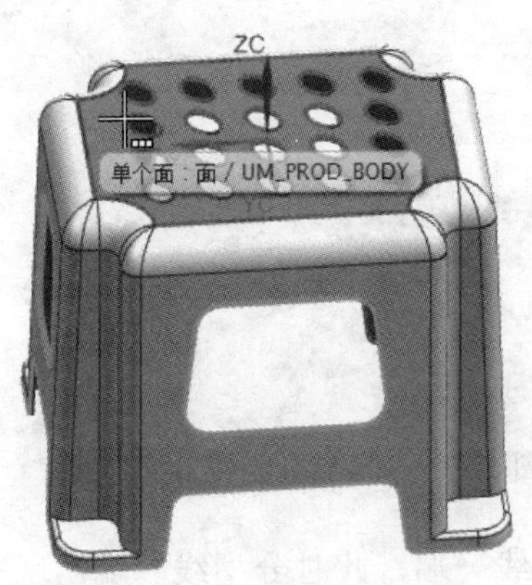

图 5-67　单击模型上平面

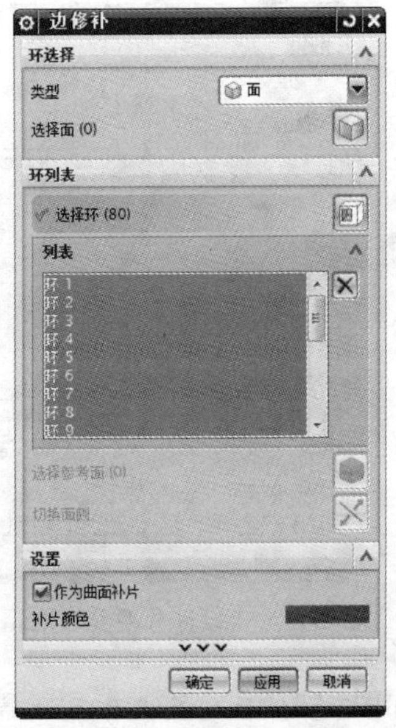

图 5-68　“边修补”对话框

(8) 单击[应用]按钮完成选中曲面的补片操作，如图 5-69 所示。

(9) 重复步骤(7)(8)将侧面孔外侧面和内侧面进行补片操作，如图 5-70 所示。

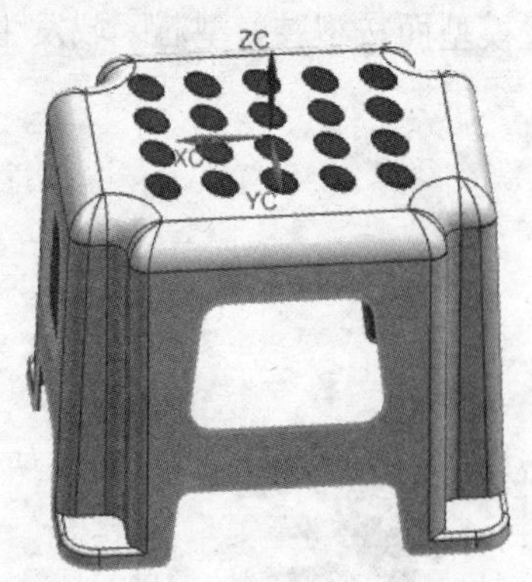

图 5-69 创建补片

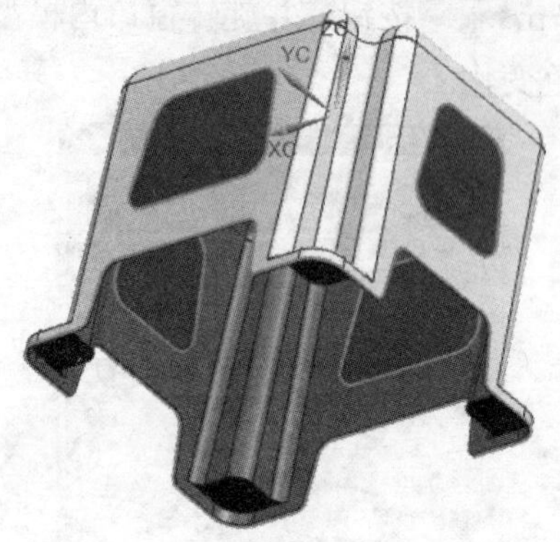

图 5-70 创建侧面补片

(10) 单击“边修补”对话框中的[取消]按钮，关闭对话框，完成补片操作。

5.4.4 设计分型面

通过对创建的分型线进行再次细分，可创建不在一个平面上的分型面。

具体操作步骤如下：

(1) 单击(设计分型面)按钮，弹出如图 5-71 所示的“设计分型面”对话框。

(2) 单击对话框下部的(更多)按钮，弹出进行分型面设计需要的更多操作命令。

(3) 如图 5-72 所示，单击“编辑分型段”下面的“选择分型或引导线”按钮。

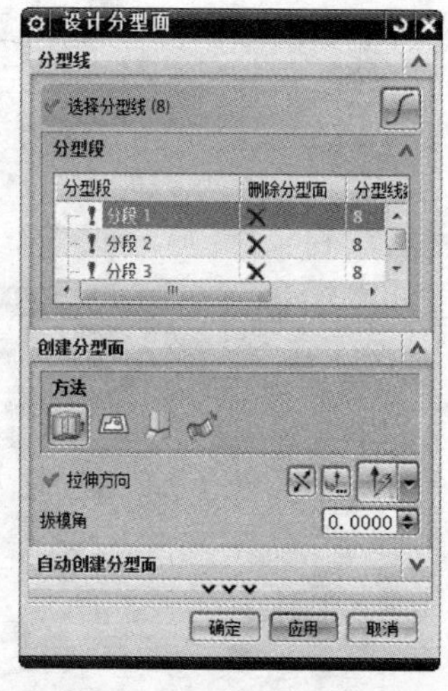

图 5-71 “设计分型面”对话框

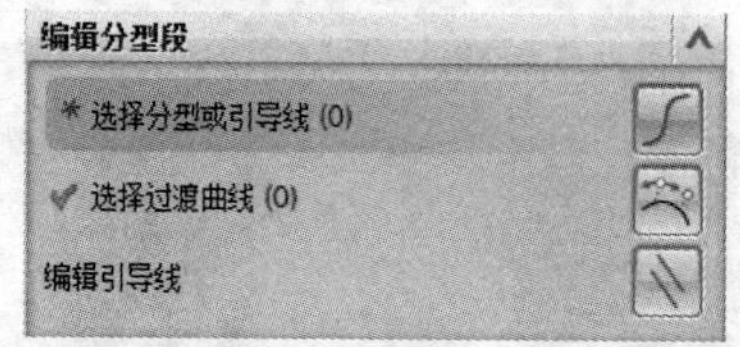

图 5-72 “编辑分型段”列表框

(4) 如图5-73所示，将光标置于需处理的分型线一端，此时分型线一端出现三个箭头，移动光标使最靠近分型线一端的箭头呈红色，此时单击鼠标会出现如图5-74所示的一段延长线。

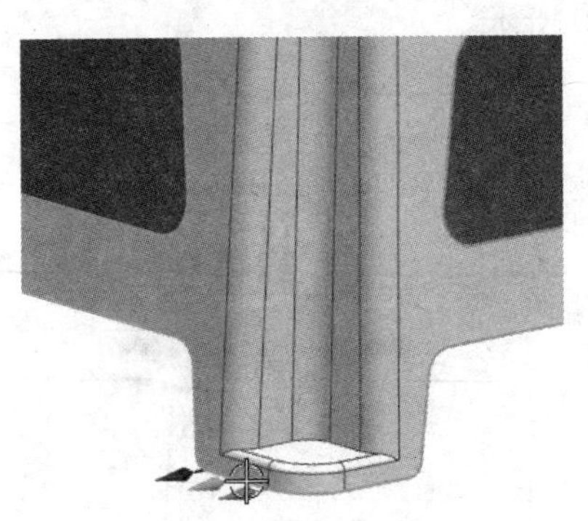

图 5-73　移动光标

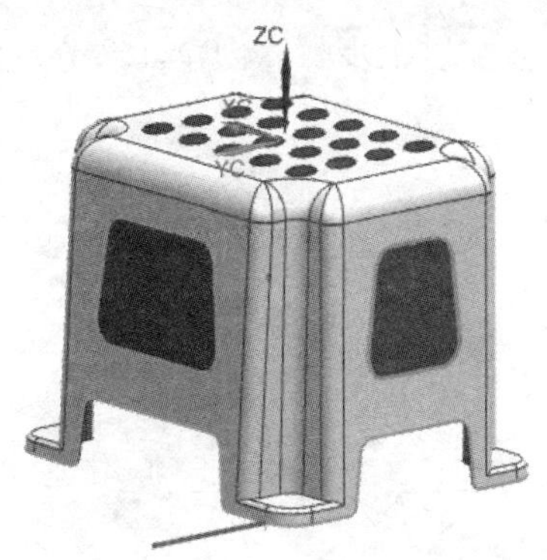

图 5-74　延长线

(5) 重复操作，创建另一端延长线，如图 5-75 所示。

(6) 如图 5-76 所示，单击“分型段”下面的“分段 2”，再单击“创建分型面”下面的 (拉伸)按钮，使用默认“有界平面”操作，拖动边界，单击 应用 按钮，创建有界平面如图 5-77 所示。

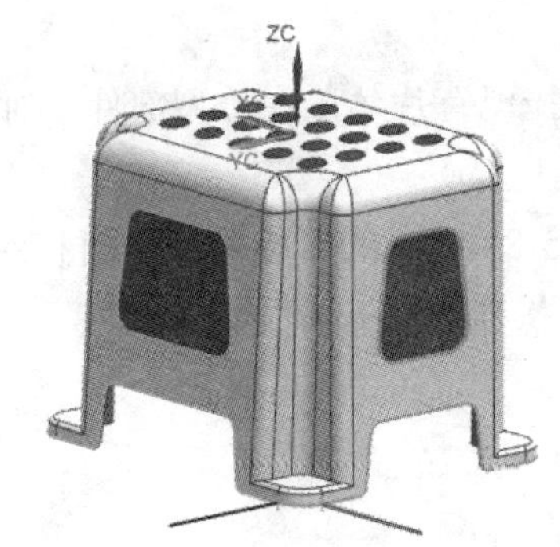

图 5-75　创建第 2 条延长线

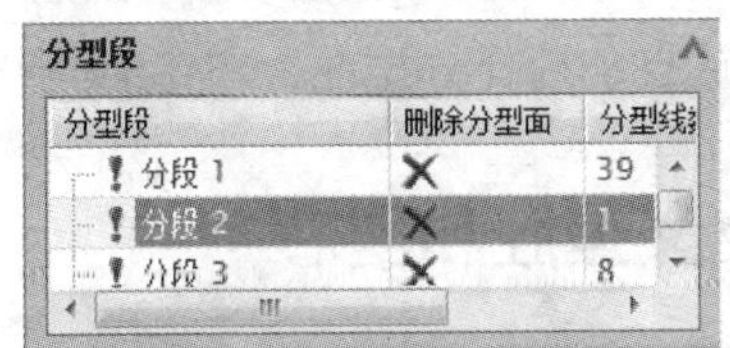

图 5-76　单击“分段 2”

(7) 继续寻找下一段分型线，重复步骤(3)(4)，创建延长线如图 5-78 所示。

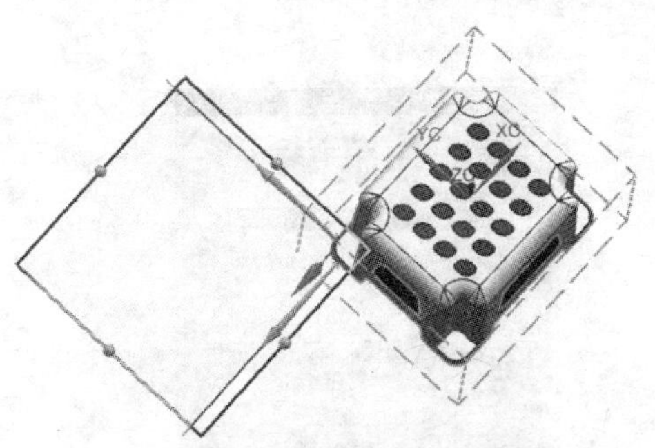

图 5-77　创建有界平面

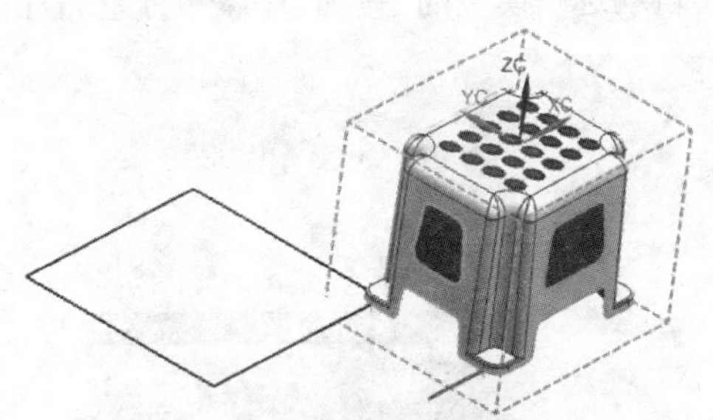

图 5-78　创建延长线

(8) 单击“分型段”下面的“分段 1”，使用拉伸方向为“-XC”创建拉伸面，单击 应用 按钮得到分型面如图 5-79 所示。

(9) 重复以上步骤，创建其余分型面，如图 5-80 所示。

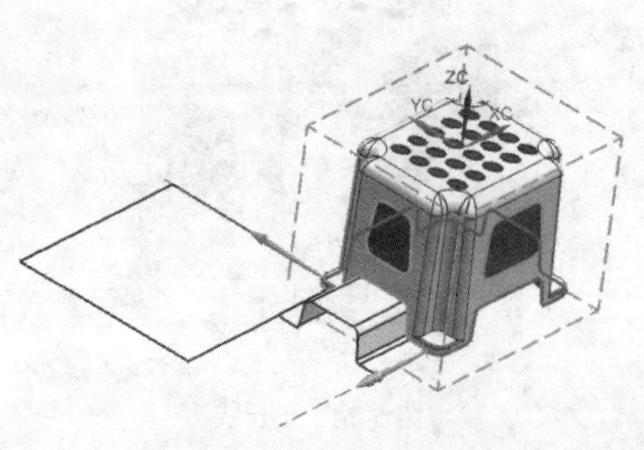

图 5-79　创建拉伸分型面

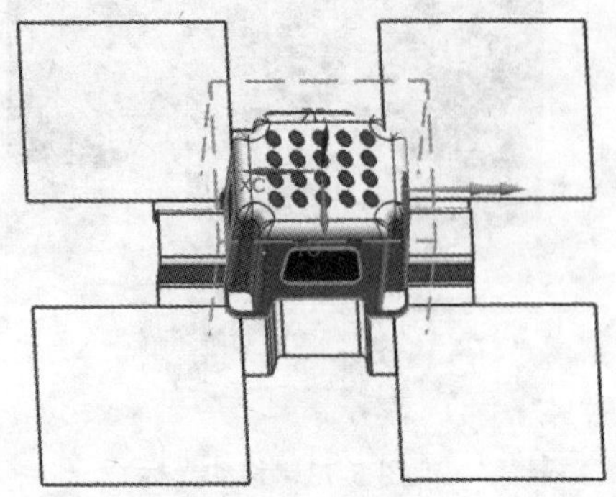

图 5-80　创建其余分型面

(10) 单击取消按钮，关闭对话框，完成分型面设计。

5.4.5　编辑分型面和曲面补片

用户使用“编辑分型面和曲面补片”命令，可选择现有片体以在分型部件中对开放区域进行补片，或取消选择片体以删除分型或补片的片体。

单击(编辑分型面和曲面补片)按钮，弹出如图 5-81 所示的“编辑分型面和曲面补片”对话框，默认自动选择分型面，单击确定按钮，完成操作。

5.4.6　定义型腔和型芯

通过对型腔区域和型芯区域进行定义，可创建出型腔、型芯模仁。具体操作步骤如下：

(1) 单击(定义型腔和型芯)按钮，弹出“定义型腔和型芯”对话框。

(2) 如图 5-82 所示，选中“选择片体”下面白色方框中的“型腔区域”，如图 5-83 所示会自动选中模型的型腔面片体和分型面片体。

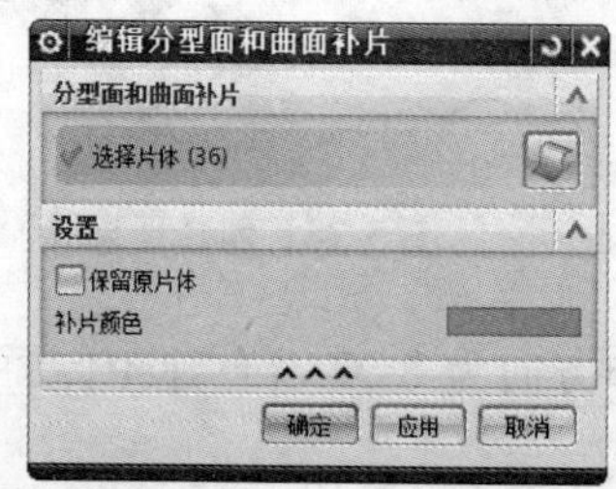

图 5-81　“编辑分型面和曲面补片”对话框

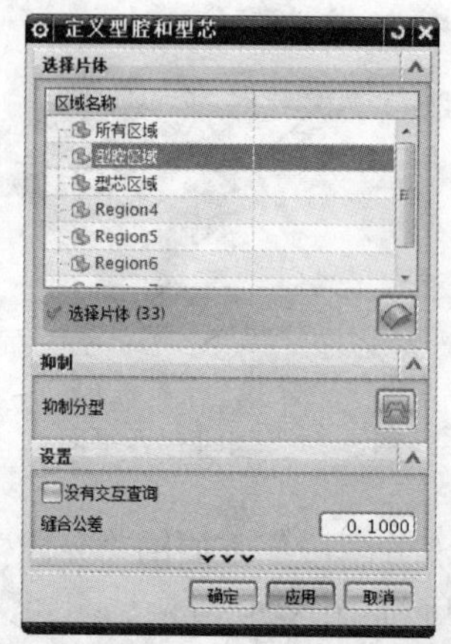

图 5-82　“定义型腔和型芯”对话框

(3) 其余默认设置，单击应用按钮，软件进行计算，完毕后得到如图5-84所示的型腔模仁(定模仁)，并弹出如图5-85所示的“查看分型结果”对话框。

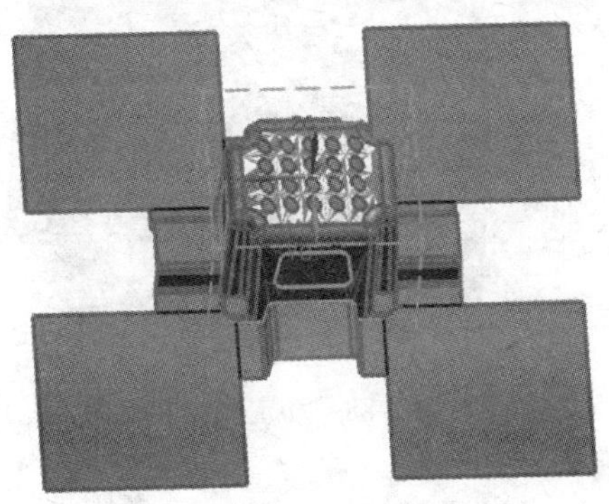

图 5-83　选中型腔区域示意

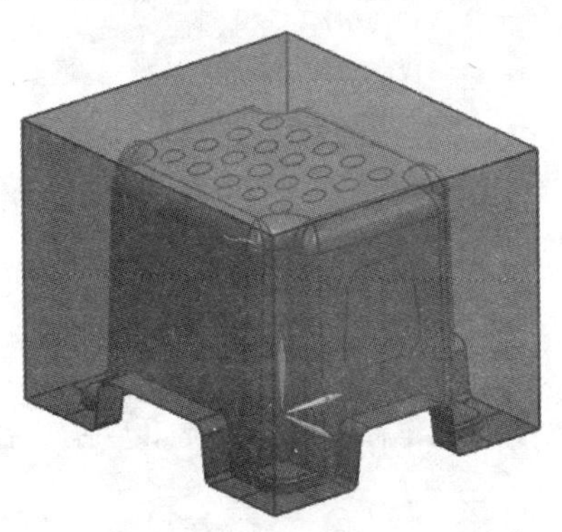

图 5-84　创建定模仁

(4) 直接单击“查看分型结果”对话框中的确定按钮，完成型腔区域定义操作，并返回至“定义型腔和型芯”对话框。

此时可以发现白色方框内“型腔区域”前面的符号变为✔，选择片体的数量由操作前的 33 变为现在的 1，说明型腔面片体同分型面片体缝合为一个片体。

(5) 重复操作，选中“选择片体”下面白色方框中的“型芯区域”，选中型芯面片体和分型面片体，其余默认设置，单击应用按钮，计算得到型芯模仁(动模仁)如图5-86所示，并弹出“查看分型结果”对话框。

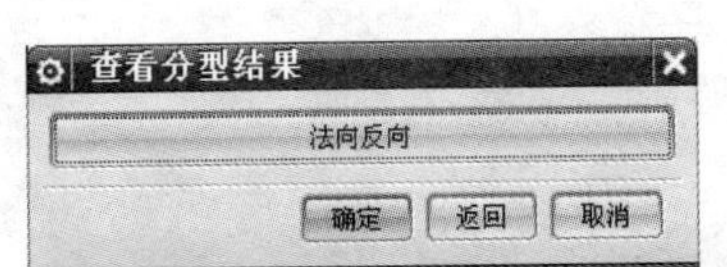

图 5-85　“查看分型结果”对话框

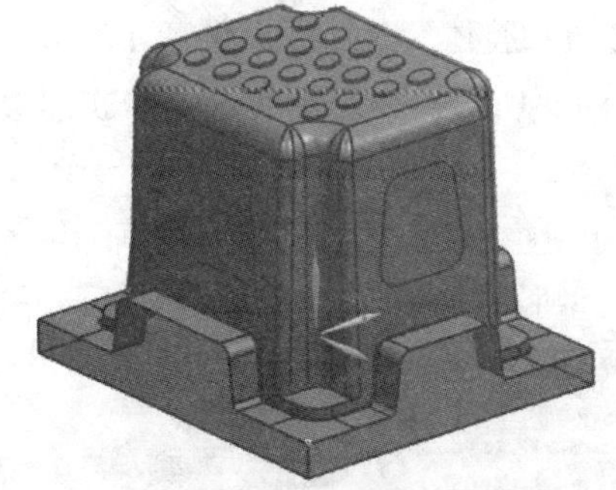

图 5-86　创建动模仁

(6) 直接单击“查看分型结果”对话框中的确定按钮，完成型芯区域定义操作，并返回至“定义型腔和型芯”对话框。

此时可以发现白色方框内“型芯区域”前面的符号变为✔，选择片体的数量由操作前的 33 变为现在的 1，说明型芯面片体同分型面片体缝合为一个片体。

此时已完成型腔和型芯区域定义，完成后的“定义型腔和型芯”对话框如图 5-87 所示。

(7) 单击取消按钮，关闭“定义型腔和型芯”对话框，完成操作。

用户可打开 dengzi_top_***.prt 装配文件查看动定模仁装配图，如图 5-88 所示。

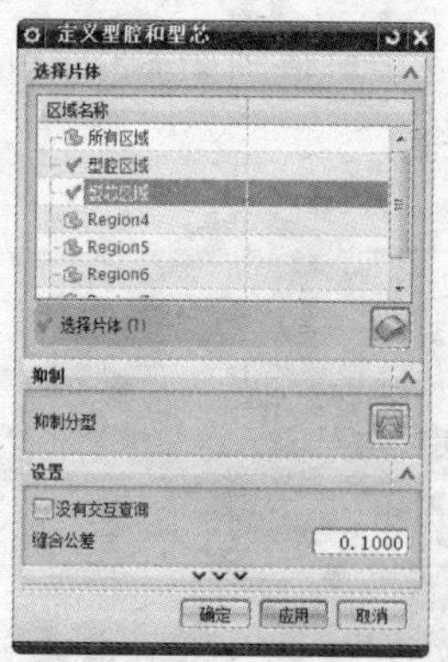

图 5-87　完成操作后的“定义型腔和型芯”对话框

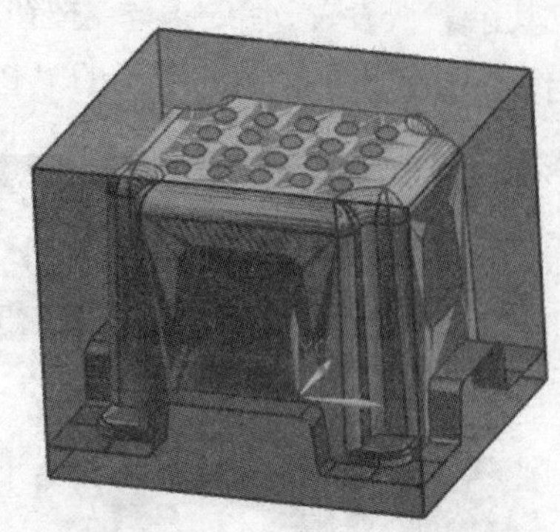

图 5-88　动定模仁装配图

5.4.7　创建刀槽框及模仁倒角

最后需创建模仁刀槽框，并进行模仁倒角操作。

具体操作步骤如下：

(1) 单击(型腔布局)按钮，弹出“型腔布局”对话框。

(2) 单击“型腔布局”对话框中的(更多)按钮，弹出更多操作命令按钮。(若已展开则不需单击)

(3) 单击“型腔布局”对话框“编辑布局”下面的(编辑插入腔)按钮，弹出“插入腔体”对话框。

(4) “插入腔体”对话框提供了 4 种插入刀槽框的方式，这里选择第 2 种方式。

如图 5-89 所示，“目录”选项卡底部 R 列表框选择 10，type 列表框选择 0，其余默认设置。

(5) 单击确定按钮，创建的刀槽框如图 5-90 所示(为方便用户比较，模仁零件被隐藏了)，并返回到“型腔布局”对话框中。

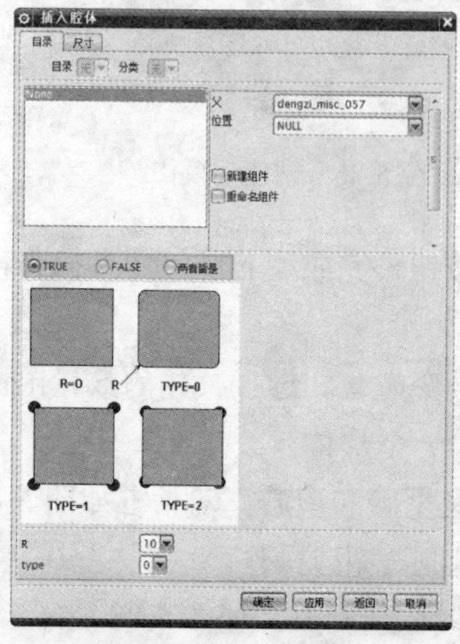

图 5-89　“目录”选项卡

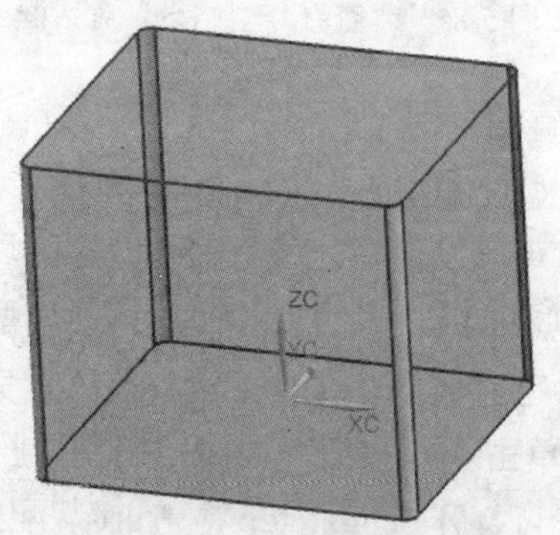

图 5-90　创建的刀槽框

(6) 选中刀槽框模型零件，使用鼠标右键将其隐藏，继续对模仁零件进行倒角操作。

(7) 使用鼠标指定型腔模仁零件并单击右键，在弹出的快捷菜单中选择“设为工作部件”命令，完成后如图 5-91 所示。

单击“主页”选项卡中的 (边倒圆)按钮，弹出“边倒圆”对话框，如图 5-92 所示，选中型腔模仁零件的 4 条棱边作为“要倒圆的边”。

如图 5-93 所示，“边倒圆”对话框中的“半径 1”设置为 10mm，其余默认设置，完成设置后单击< 确定 >按钮，创建型腔模仁边倒圆，如图 5-94 所示。

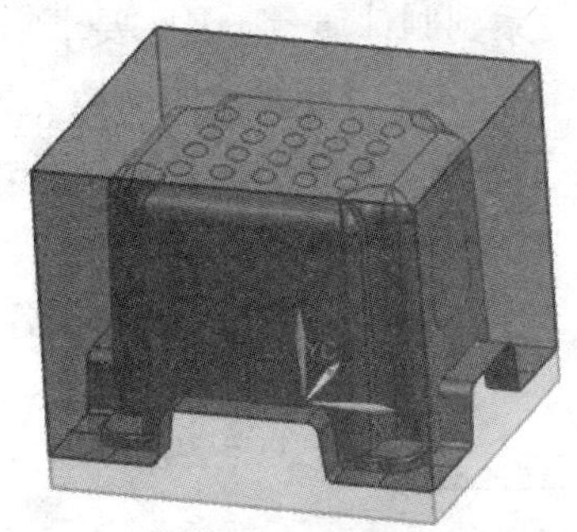

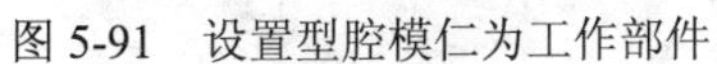

图 5-91　设置型腔模仁为工作部件

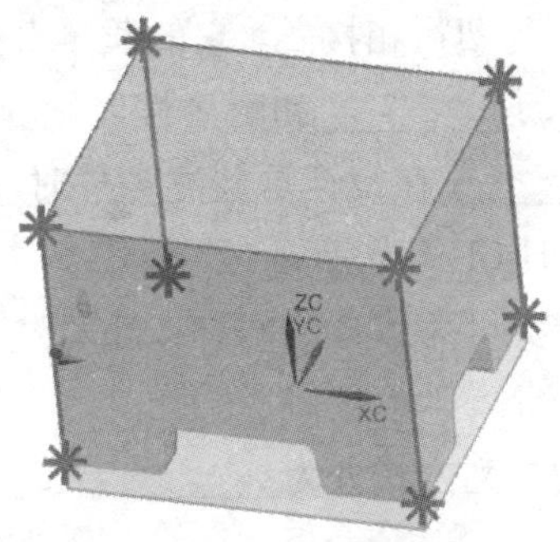

图 5-92　选中棱边

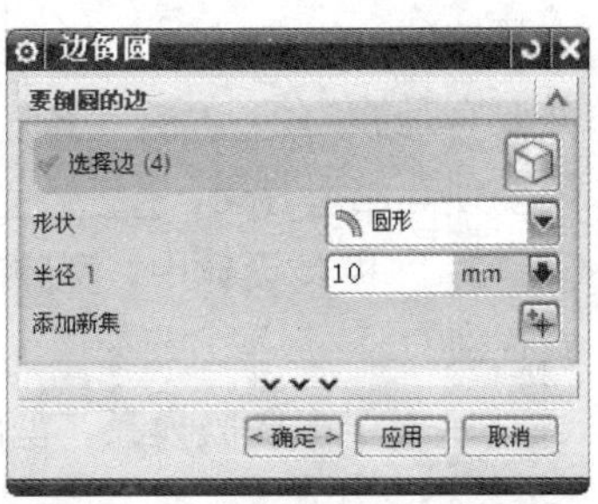

图 5-93　“边倒圆”对话框

(8) 重复步骤(7)，创建型芯模仁半径为 10mm 的边倒圆，如图 5-95 所示。

(9) 重新将刀槽框显示出来后的视图如图 5-96 所示。至此，完成一模单腔类型的型腔布局操作。

图 5-94　创建型腔模仁边倒圆

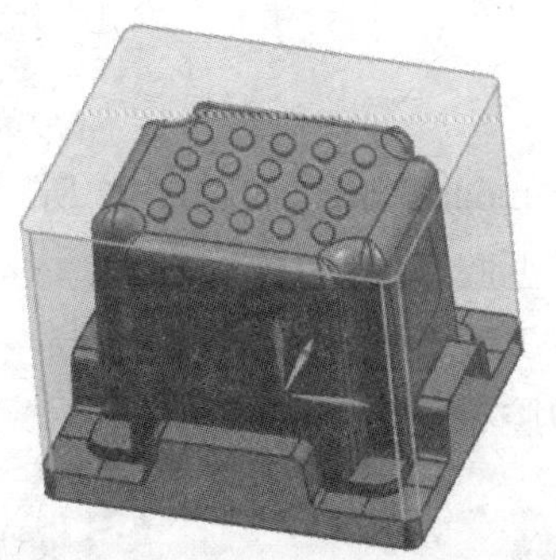

图 5-95　创建型芯模仁边倒圆

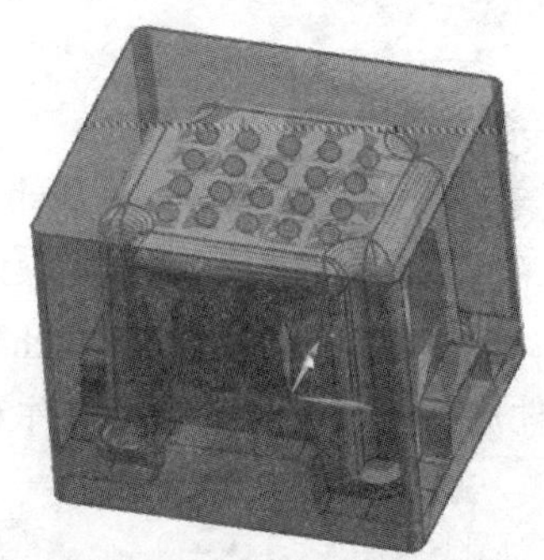

图 5-96　显示刀槽框后的视图

5.5　本 章 小 结

本章介绍了使用 NX 9 注塑模向导进行分型和型腔布局的操作方法，并对模具分型和型腔布局的各工具的操作和命令进行了说明。通过详细实例，让读者对分型和型腔布局有更深入的了解。在学完本章以后，读者可以独立地对模型进行分型设计和型腔布局设计。

5.6 习　题

一、填空题

1. 分型面位于模具动模和定模之间，或者在注塑件________处，设计的目的是注塑件和________的取出。

2. 由于型腔直接与高温高压的塑料相接触，它的质量直接关系到制件质量，因此要求它有足够的________、________、________和耐磨性以承受塑料的挤压力及料流的摩擦力，并要有足够的________和________，在设计这些注塑件时，除了充分注意分型面的设计外，还要使其成型容易、________和加工简单等。

3. 在模具设计中，型腔的种类可大致分为两种，分别为________和________，它们各有优缺点。

4. 对于多腔膜模具，型腔的排列方式分为________和________两种。

二、问答题

1. 简述分型面设计原则。

2. 简述单型型腔和多型型腔的优点。

3. 简述平衡式布局和非平衡式布局的特点。

三、上机操作

1. 打开源文件\NX 9\char05\model3.prt，如图 5-97 所示，请参考前文及本章内容完成该文件进行模具设计的分型操作和型腔布局。

2. 打开源文件\NX 9\char05\T24-1.prt，如图 5-98 所示，请参考前文及本章内容完成该文件进行模具设计的分型操作和型腔布局。

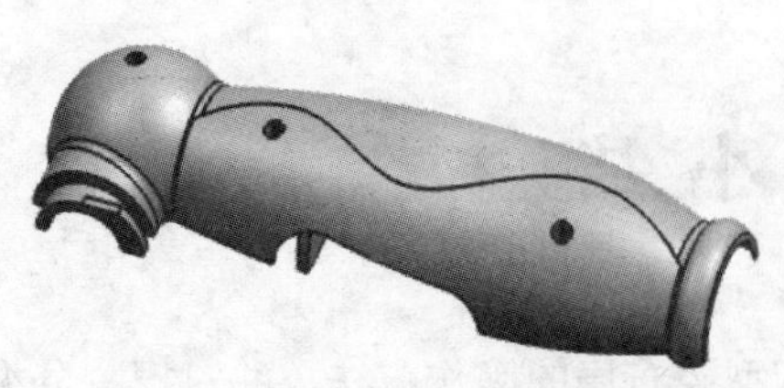

图 5-97　上机操作题 1 零件图

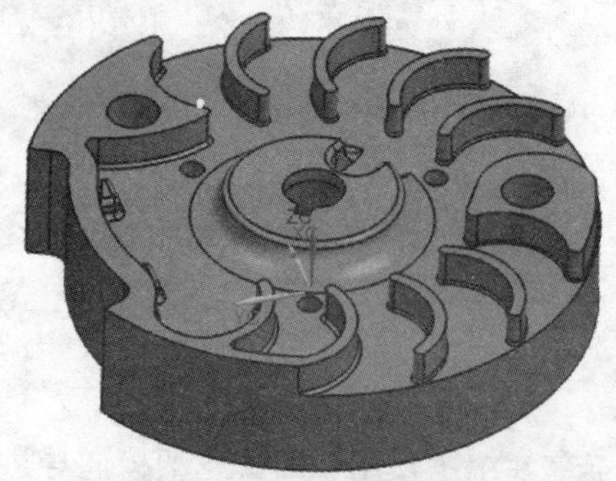

图 5-98　上机操作题 2 零件图

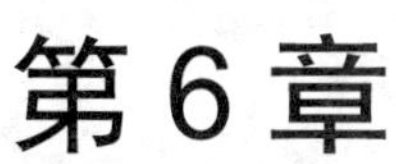

第 6 章

模具型腔和型芯设计

本章介绍了使用 NX 9 对不同的两种模型进行型腔和型芯设计的操作过程。此过程包括模型项目初始化、模具 CSYS 设置、工件加载、分型及型腔布局等操作。

学习目标

- ✧ 学习并熟练掌握一模四腔模具型腔和型芯设计
- ✧ 学习并熟练掌握需多补面的模具型腔和型芯设计

6.1　一模四腔模具型腔和型芯设计

如图 6-1 所示为一倒置的塑料杯子造型，需对此造型进行型腔和型芯设计。如图 6-2 所示为完成型腔型芯设计及进行型腔布局后的视图。

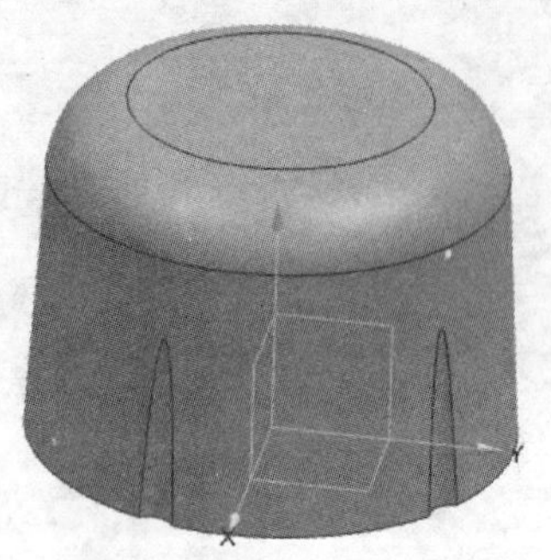

图 6-1　倒置杯子造型

图 6-2　完成型腔型芯设计后的视图

初始文件	\光盘文件\NX 9\Char06\zhusu1\beizi.prt
结果文件路径	\光盘文件\NX 9\Char06\zhusu1\zhusu\
视频文件	\光盘文件\视频文件\Char06\第 6 章-1.Avi

6.1.1　模具设计初始化

从步骤 1 至步骤 4 介绍了模具设计初始化过程，本过程包括初始化项目、模型重新定位、收缩率检查及工件加载操作。

步骤 1：初始化项目

(1) 根据起始文件路径打开 beizi.prt 文件。

(2) 单击(初始化项目)按钮，弹出“初始化项目”对话框。

(3) 单击“路径”下面的文本框右面的(浏览)按钮，弹出“打开”对话框，用户可在此对话框中设置初始化项目后创建的文件存储路径。

(4) Name 文本框可重新设置模型的名称，单击“材料”列表框并选择注塑的材料为 ABS，“收缩”文本框会根据材料的选择自动变化。

其余默认设置，完成设置后的“初始化项目”对话框如图 6-3 所示。

(5) 单击按钮，进行项目初始化操作，此时软件会自动进行计算并加载注塑模装配结构零件，根据计算机的配置不同完成加载的时间会有所不同。

完成项目初始化后，窗口模型会自动切换成名称为 beizi_top_***.prt 的模型零件，此模型和原模型的外形一样。

(6) 单击按钮关闭“更改窗口”对话框，选择“文件”→“全部保存”命令，将项目初始化的文件进行保存。(若继续操作，可不进行保存)

步骤 2：模型重新定位

(1) 单击(模具 CSYS)按钮，弹出“模具 CSYS”对话框，可以看到系统提供了“当前 WCS”、“产品实体中心”、“选定面的中心”三种对坐标轴重新定位的方式。

提供了“锁定 X 位置”、“锁定 Y 位置”、“锁定 Z 位置”三种不同方向上的位置锁定方式。

(2) 如图 6-4 所示，分别选中“选定面的中心”和“锁定 Z 位置”选项，并单击如图 6-5 所示模型的底面作为“选择对象”。

图 6-3　“初始化项目”对话框

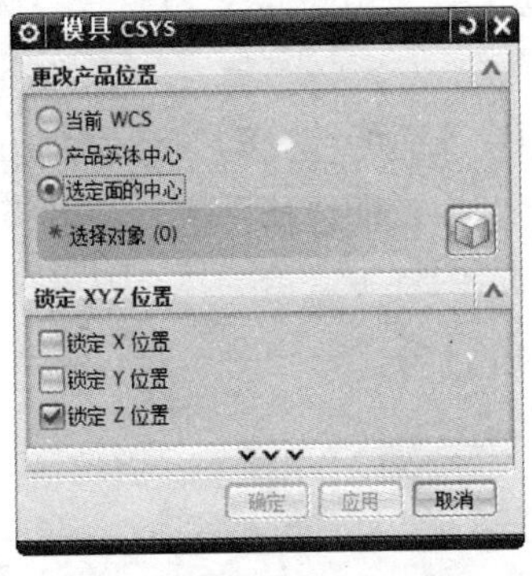

图 6-4　“模具 CSYS”对话框

(3) 单击“模具 CSYS”对话框中的确定按钮，即可完成模型重新定位操作。

(4) 选择“全部保存”命令，保存所有操作。

提示

本模型的坐标轴原就在底面的中心位置，所以本模型也可选中“当前 WCS”定位坐标轴。

步骤 3：收缩率检查

(1) 单击(收缩率)按钮，弹出如图 6-6 所示的“缩放体”对话框。

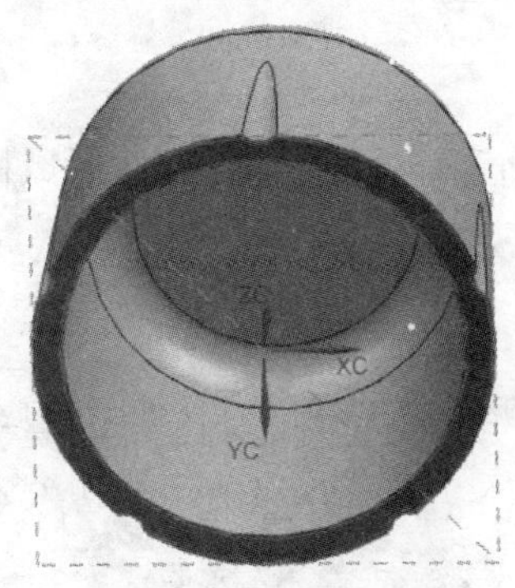

图 6-5　单击模型底面

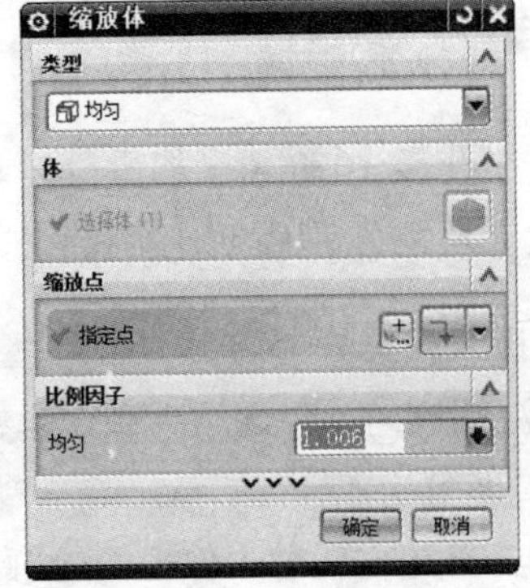

图 6-6　“缩放体”对话框

(2) 由“缩放体”对话框中可以看出，“比例因子”为 1.006，与 ABS 材料的收缩率相同，因此不用改变，单击确定按钮，完成操作。

步骤 4：工件加载

(1) 单击(工件)按钮后，会出现一段短暂的工件加载时间，过后会加载预览工件，如图 6-7 所示，并弹出“工件”对话框。

(2) 如图6-8所示，在“工件”对话框中，“类型”列表框选择“产品工件”，“工件方法”列表框选择“用户定义的块”，选择自动创建的长宽都为100mm 的矩形四边作为截面曲线。

“限制”下面的“开始”列表框选择“值”，“距离”设置为-20mm。

“结束”列表框选择“值”，“距离”设置为 50mm。

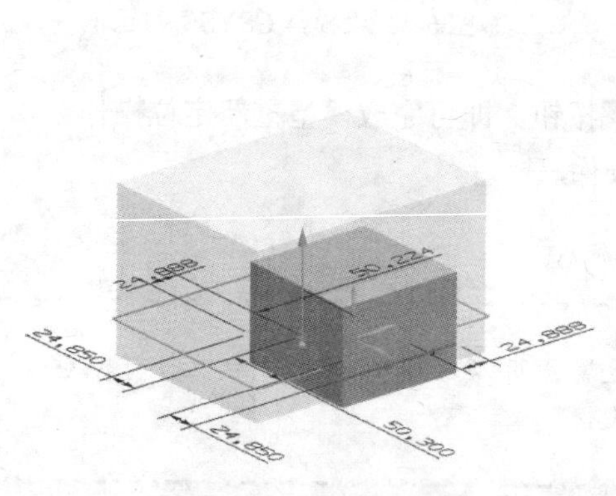

图 6-7　预加载工件

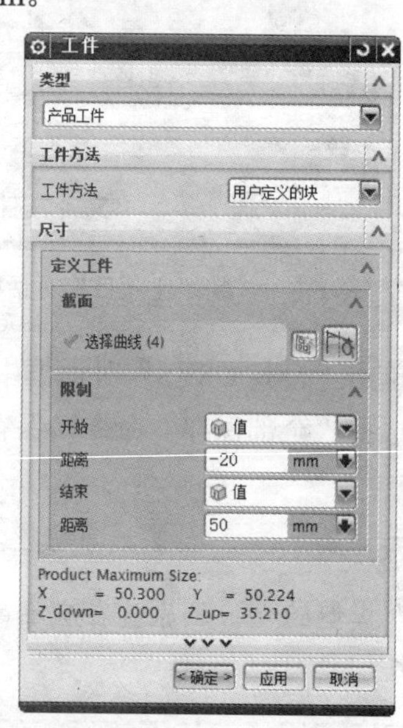

图 6-8　“工件”对话框

(3) 单击确定按钮，完成工件加载，如图 6-9 所示。

6.1.2　模型分型操作

从步骤 5 至步骤 10 介绍了模具分型设计过程，本过程包括型芯\型腔区域检查、定义区域、分型面设计及型芯\型腔创建等操作过程。

步骤 5：进入模具分型窗口

(1) 在“注塑模向导”选项卡中，单击如图6-10所示的“分型刀具”工具栏中的(分型导航器)按钮，即可切入 beizi_parting_***.prt 文件窗口。如图6-11所示为切入本文件窗口后的模型零件图，外边框代替工件模型轮廓。

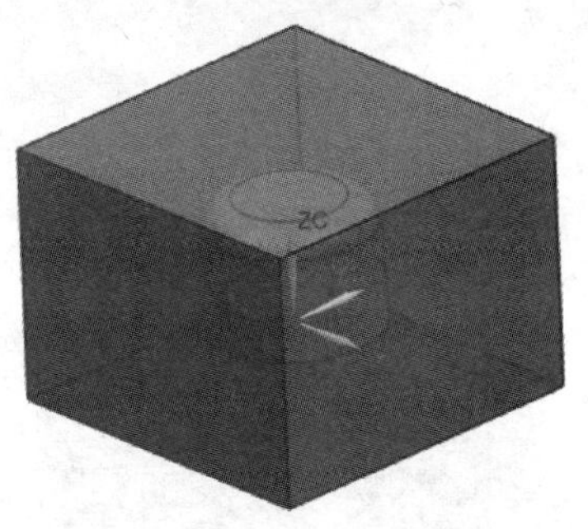

图 6-9　完成工件加载

图 6-10　“分型刀具”工具栏

(2) 切入文件窗口的同时，弹出如图 6-12 所示的“分型导航器”窗口。

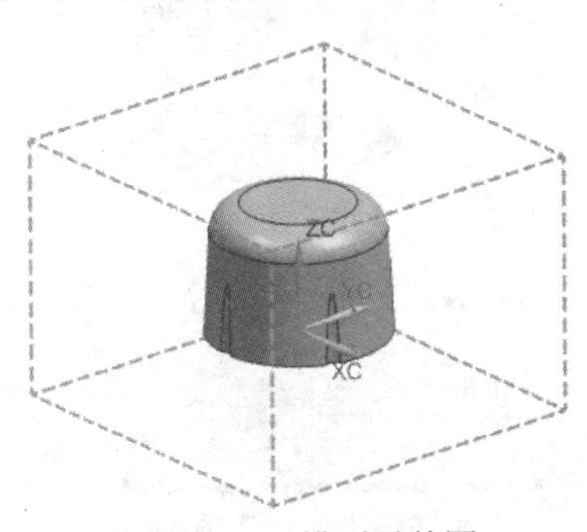

图 6-11　模型零件图

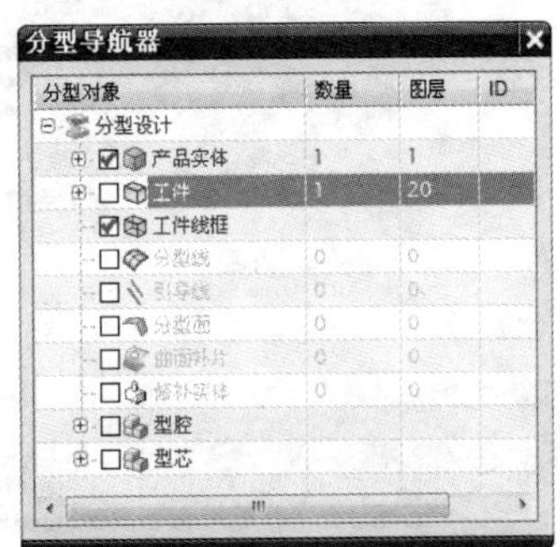

图 6-12　“分型导航器”窗口

(3) 用户可使用“分型导航器”将产品实体、工件、工件线框、分型线、型芯、型腔等进行隐藏\显示操作。例如，如图 6-13 所示选中“工件”左侧的白色方框，可以如图 6-14 所示将工件显示出来。

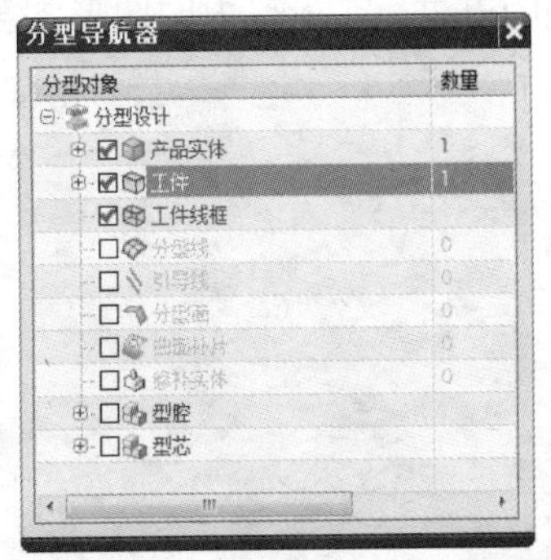

图 6-13　选中“分型导航器”内工件

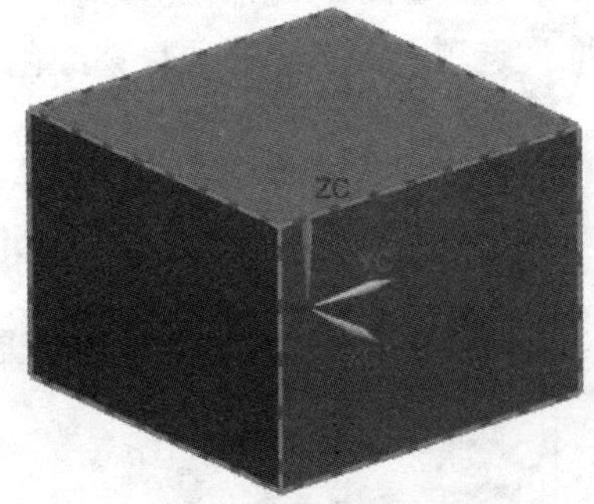

图 6-14　显示工件

用户可以单击 (分型导航器)按钮，打开\关闭“分型导航器”窗口。

步骤 6：检查区域，定义型芯\型腔区域

(1) 单击 (检查区域)按钮，弹出“检查区域”对话框。

(2) 单击模型作为“选择产品实体”，单击“指定脱模方向”右侧的 按钮的下拉箭头选择 ZC 方向，选中“选项”下面的“保持现有的”单选按钮，完成设置后的“计算”选项

卡如图 6-15 所示。

(3) 单击▇(计算)按钮，进行计算。

(4) 完成计算后单击选项卡区域中的“面”，切入“面”选项卡，如图 6-16 所示。

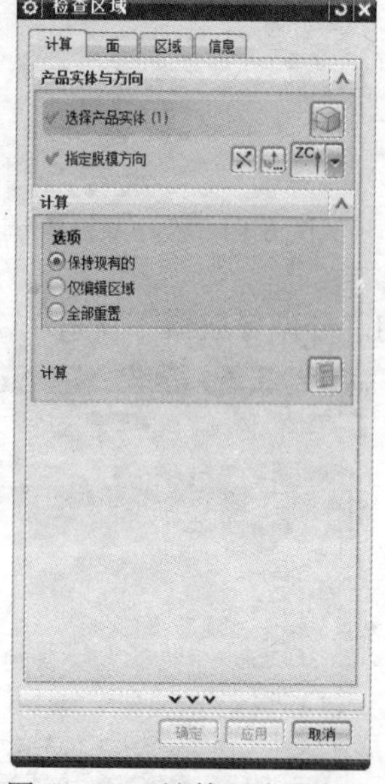

图 6-15 “计算”选项卡

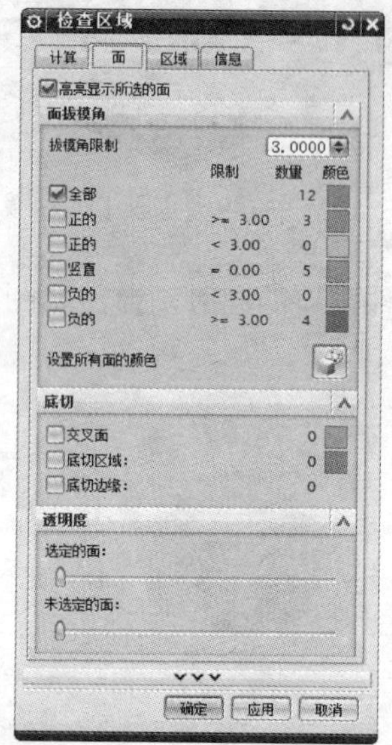

图 6-16 “面”选项卡

(5) 用户可以在“面”选项卡下看到，通过计算得到 12 个面，其中拔模角度≥3.00 的面有 3 个，拔模角度＝0.00 的面有 5 个，-3.00＜拔模角度＜0 的面有 4 个。

用户可以选中前面的方框在实体上预览这些面。

例如，如图 6-17 所示，选中“正的＞＝3.00”左侧的方框，在窗口内的图形则会如图 6-18 所示对应“面”选项卡中选中的项目并红色高亮显示。

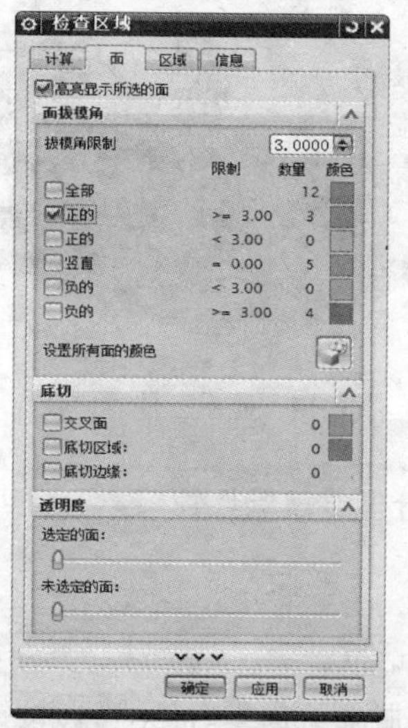

图 6-17 “面”选项卡设置

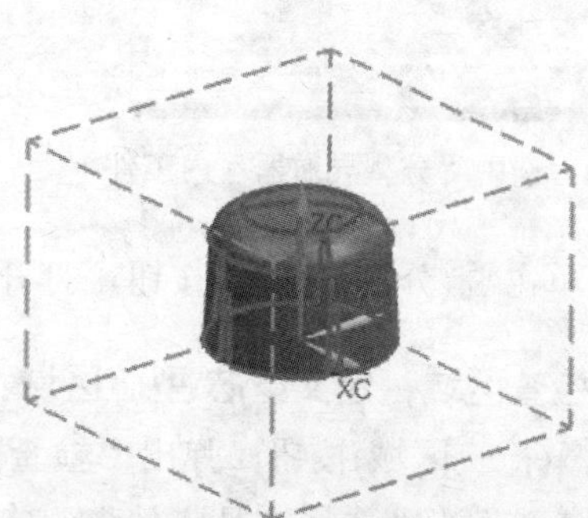

图 6-18 窗口图形显示

以此为例，检查其他的面。

(6) 完成检查后，单击选项卡区域中的“区域”，切入“区域”选项卡。

(7) 在此选项卡中可以看到，“型腔区域”被定义了 3 个面，“型芯区域”被定义了 4 个面，还有 5 个面属于“未定义的区域”。

如图 6-19 所示，选中“交叉竖直面”选项，即可将如图 6-20 所示未定义的 5 个面在窗口模型中选中。

同时可调整型腔区域的透明度。

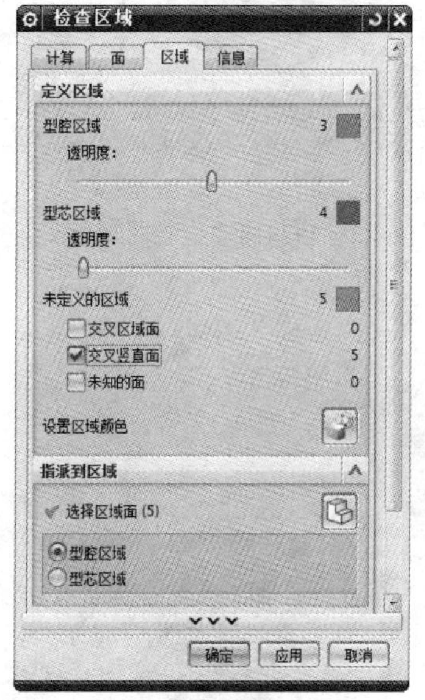

图 6-19　“区域”选项卡

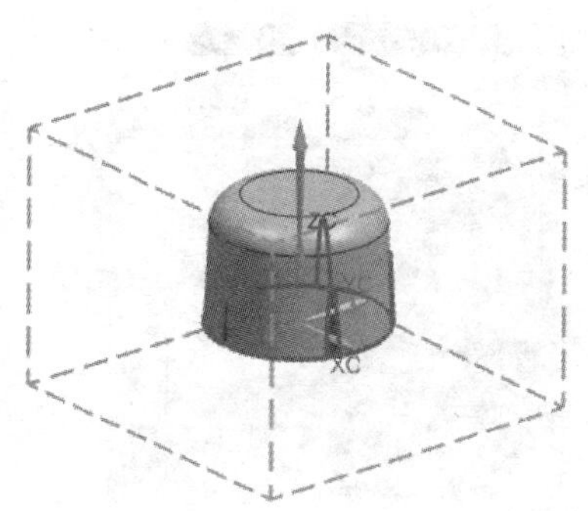

图 6-20　选中“交叉竖直面”

(8) 设置完成后，单击应用按钮，即可将选定面重新定义进型腔区域，并且型腔区域面做了透明处理。

单击确定按钮，完成“检查区域”操作。

步骤 7：定义区域

(1) 单击(定义区域)按钮，弹出“定义区域”对话框。

用户可在此对话框中看到，模型共 12 个面，“型腔区域”、“型芯区域”各占 8、4 个面；用户可单击“定义区域”下面的方框内的名称进行检查，检查是否按照用户的意愿进行分区，并可对其进行修改。

例如，如图 6-21 所示，单击“定义区域”下面方框内的“型腔区域”，则如图 6-22 所示，窗口内属于“型腔区域”的面会红色高亮显示。

(2) 完成检查后，依次选中“设置”下面的“创建区域”、“创建分型线”选项，单击应用按钮，如图 6-23 所示“定义区域”下面白色方框内的名称前符号发生变化。

(3) 单击确定按钮，并旋转窗口内模型，可发现模型面按型腔、型芯区域发生如图 6-24 所示的颜色变化。

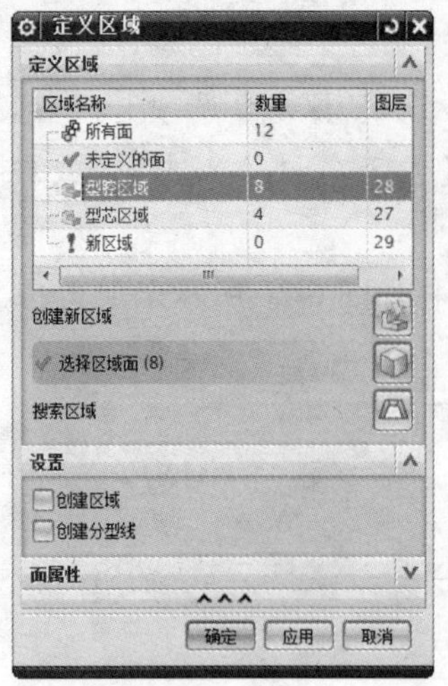

图 6-21 选中“型腔区域”

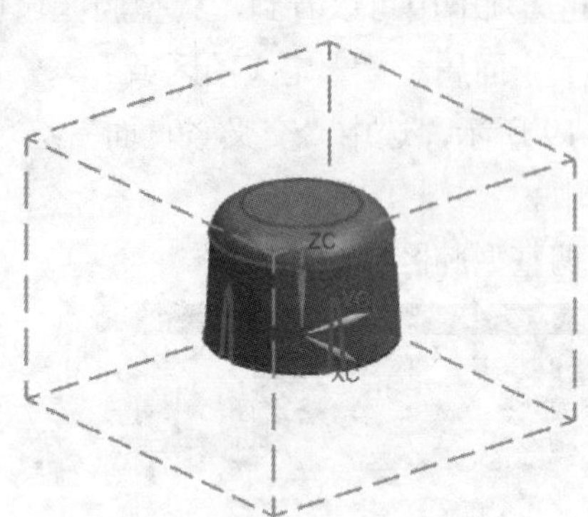

图 6-22 窗口内“型腔区域”

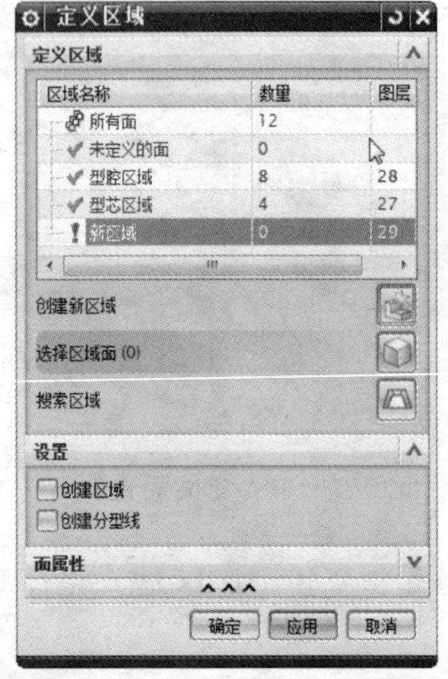

图 6-23 “定义区域”对话框

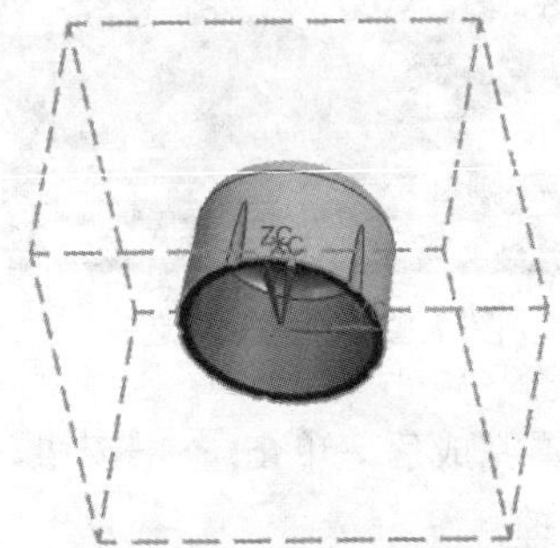

图 6-24 区域面变化

步骤 8：设计分型面

(1) 单击(设计分型面)按钮，弹出如图 6-25 所示的“设计分型面”对话框，并参考分型线自动创建分型面，如图 6-26 所示。

(2) 用户可发现，分型面的面积过大，需要将分型面缩小。

如图6-27所示，使用鼠标单击分型面边界上的4点的任意一点，向内拖曳，使分型面缩小，单击确定按钮，完成分型面创建，如图6-28所示。

步骤 9：编辑分型面和曲面补片

用户使用“编辑分型面和曲面补片”命令，可选择现有片体以在分型部件中对开放区域进行补片，或取消选择片体以删除分型或补片的片体。

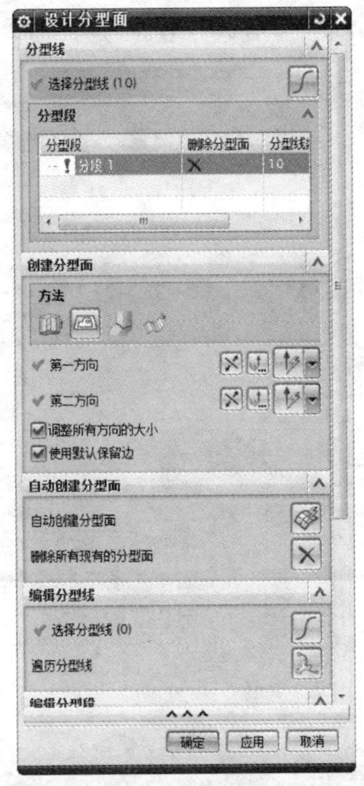

图 6-25　“设计分型面”对话框

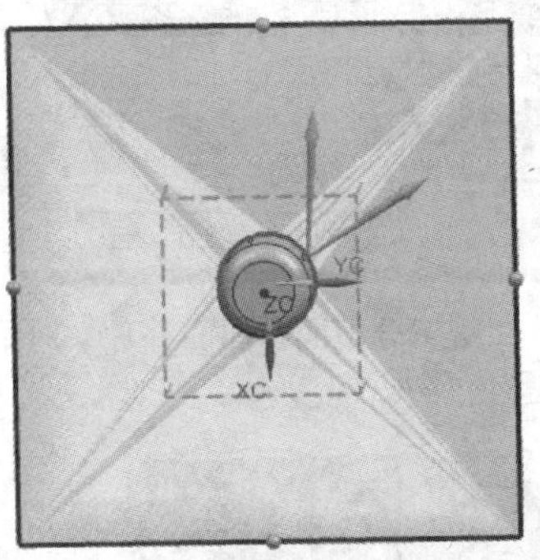

图 6-26　自动创建分型面

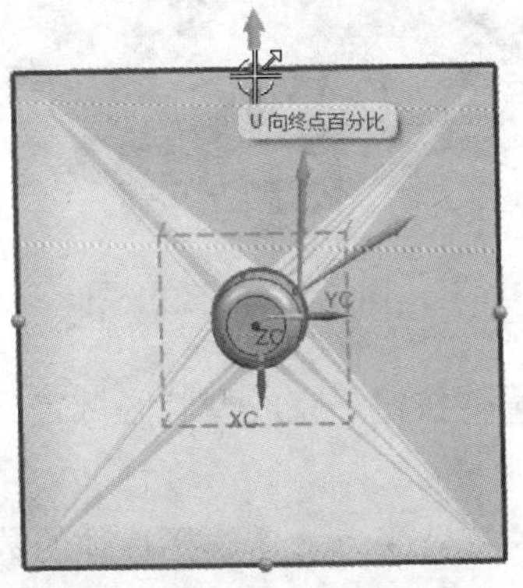

图 6-27　拖曳缩小分型面

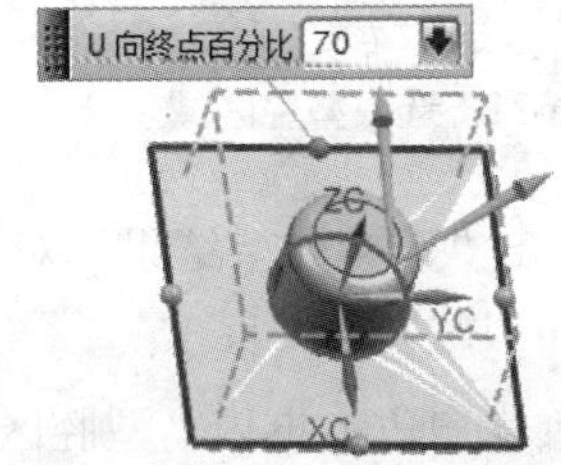

图 6-28　创建分型面

单击(编辑分型面和曲面补片)按钮，弹出如图 6-29 所示的“编辑分型面和曲面补片”对话框，默认自动选择分型面，单击按钮，完成操作。

步骤 10：定义型腔和型芯

(1) 单击(定义型腔和型芯)按钮，弹出“定义型腔和型芯”对话框。

(2) 如图 6-30 所示，选中“选择片体”下面白色方框中的“型腔区域”，如图 6-31 所示会自动选中模型的型腔面片体和分型面片体。

(3) 其余默认设置，单击按钮，软件进行计算，完毕后得到如图6-32所示的型腔模仁(定模仁)，并弹出如图6-33所示的“查看分型结果”对话框。

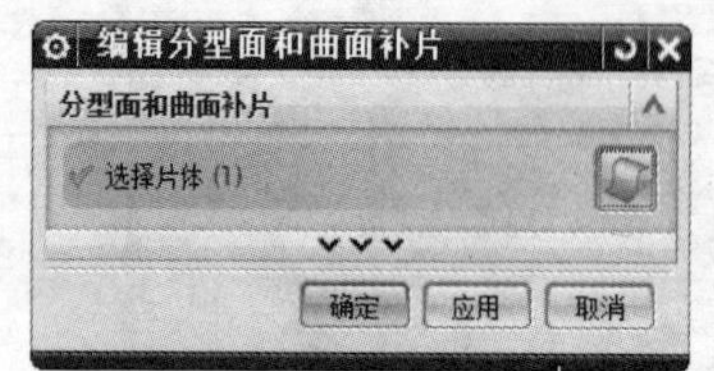

图 6-29 "编辑分型面和曲面补片"对话框

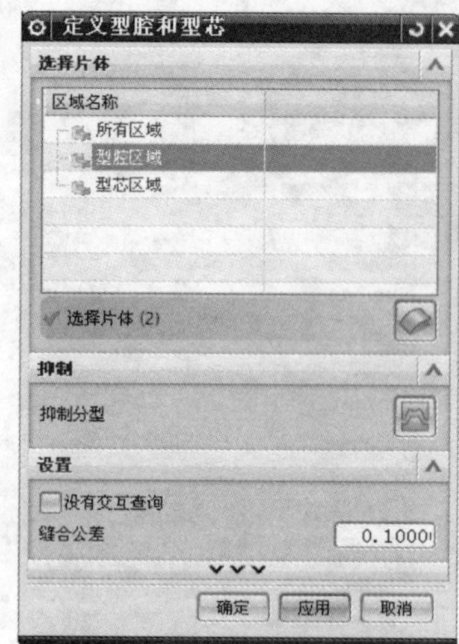

图 6-30 单击"型腔区域"

图 6-31 选中型腔区域示意

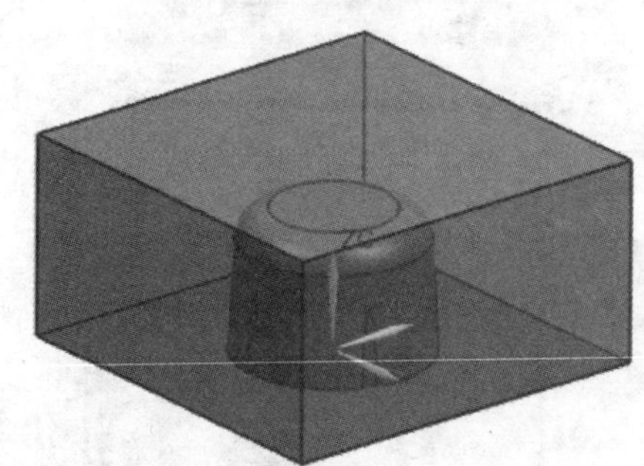

图 6-32 创建定模仁

(4) 直接单击"查看分型结果"对话框中的确定按钮，完成型腔区域定义操作，并返回至"定义型腔和型芯"对话框。

此时可以发现白色方框内"型腔区域"前面的符号变为✔，选择片体的数量由操作前的2变为现在的1，说明型腔面片体同分型面片体缝合为一个片体。

(5) 重复操作，选中"选择片体"下面白色方框中的"型芯区域"，选中型芯面片体和分型面片体，其余默认设置，单击应用按钮，计算得到型芯模仁(动模仁)，如图 6-34 所示，并弹出"查看分型结果"对话框。

图 6-33 "查看分型结果"对话框

图 6-34 创建动模仁

(6) 直接单击“查看分型结果”对话框中的[确定]按钮，完成型芯区域定义操作，并返回至“定义型腔和型芯”对话框。

此时可以发现白色方框内“型芯区域”前面的符号变为✔，选择片体的数量由操作前的 2 变为现在的 1，说明型芯面片体同分型面片体缝合为一个片体。

此时已完成型腔和型芯区域定义，完成后的“定义型腔和型芯”对话框如图 6-35 所示。

(7) 单击[取消]按钮，关闭“定义型腔和型芯”对话框，完成操作。

用户可打开 model2_top_***.prt 装配文件查看动定模仁装配图，如图 6-36 所示。

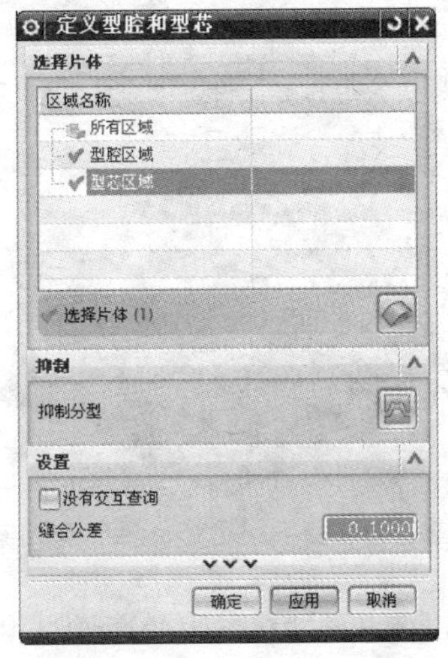

图 6-35　完成操作后的“定义型腔和型芯”对话框

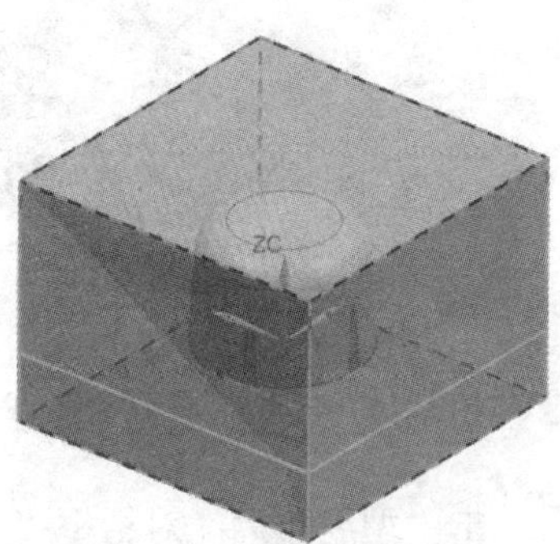

图 6-36　动定模仁装配图

6.1.3　一模多腔设计

步骤 11 介绍了使用型腔布局功能创建型芯\型腔刀槽框及一模多腔设计等的操作过程，请用户区别多腔模设计功能。

步骤 11：一模多腔型芯布局

(1) 单击[型腔布局图标](型腔布局)按钮，弹出“型腔布局”对话框。

(2) 单击“型腔布局”对话框“编辑布局”下面的[变换图标](变换)按钮，弹出“变换”对话框。

(3) “变换”对话框默认选择视图内工件作为“腔”，“变换类型”列表框选择“旋转”，单击“指定枢轴点”右侧的[点图标]按钮的下拉箭头选择[终点图标](终点)按钮，并如图 6-37 所示单击边线选择工件上一点。

如图 6-38 所示，将“变换”对话框中“旋转”下面的“角度”设置为 90deg，选中“结果”下面的“复制原先的”单选按钮。

(4) 单击“变换”对话框中的[确定]按钮，创建首个模仁后的视图如图 6-39 所示。

(5) 重复步骤(2)(3)(4)，创建旋转角度分别为 180deg、270deg 的另外两个模仁，如图 6-40 所示。

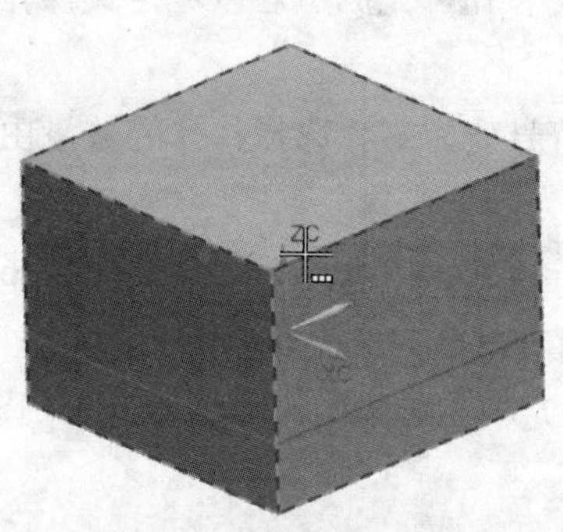

图 6-37　选择参考点

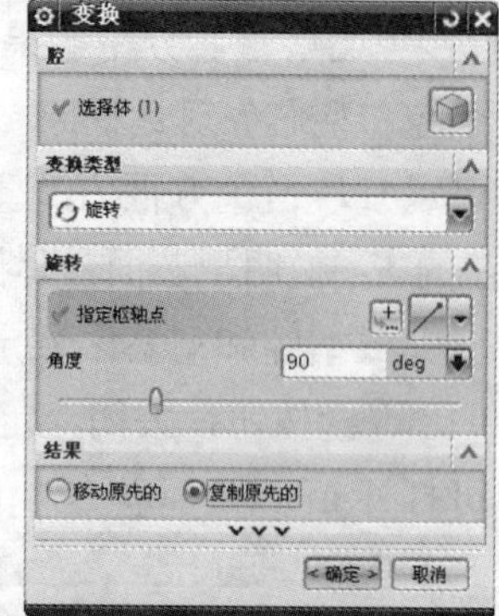

图 6-38　设置“变换”对话框

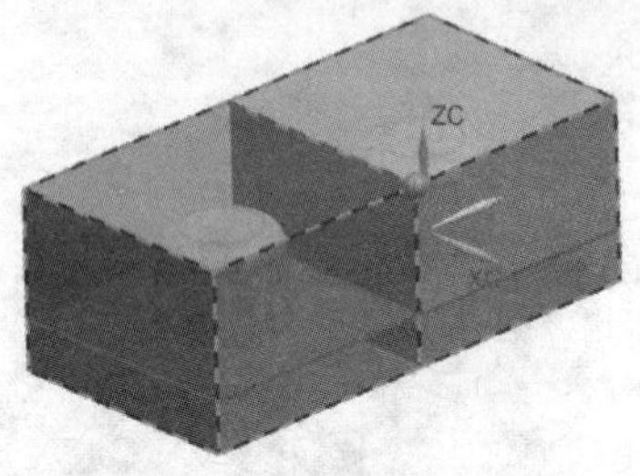

图 6-39　变换创建首个模仁

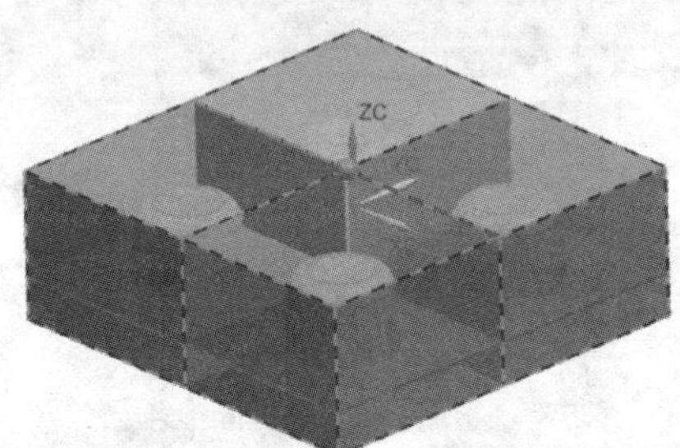

图 6-40　变换创建其余两个模仁

(6) 单击“型腔布局”对话框“编辑布局”下面的田(自动对准中心)按钮，即可将 WCS 轴自动对称到模仁组合的中心处，完成操作后如图 6-41 所示。

(7) 单击“型腔布局”对话框“编辑布局”下面的(编辑插入腔)按钮，弹出“插入腔体”对话框。

(8) 如图 6-42 所示，“目录”选项卡底部 R 列表框选择 10，type 列表框选择 0，其余默认设置。

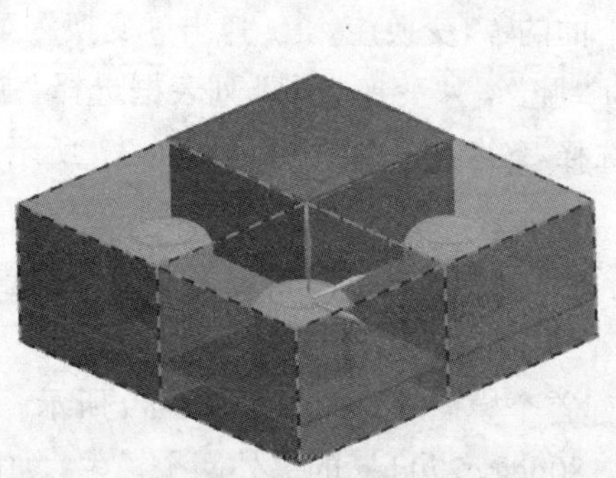

图 6-41　自动对准中心

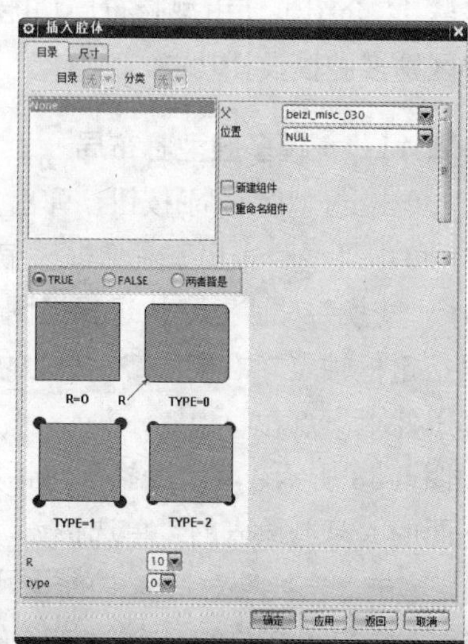

图 6-42　“目录”选项卡设置

(9) 单击[确定]按钮，创建刀槽框如图 6-43 所示(为方便用户比较，模仁零件被隐藏了)，并返回到“型腔布局”对话框中。

(10) 单击[关闭]按钮，关闭“型腔布局”对话框。

(11) 选中刀槽框模型零件，使用鼠标右键将其隐藏，继续对模仁零件进行倒角操作。

(12) 使用鼠标指定任一型腔模仁零件并单击右键，在弹出的快捷菜单中选择“设为工作部件”命令，完成后如图 6-44 所示。

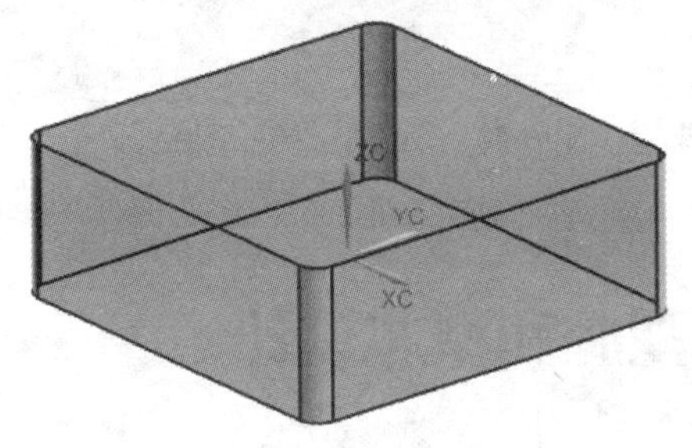

图 6-43　创建刀槽框

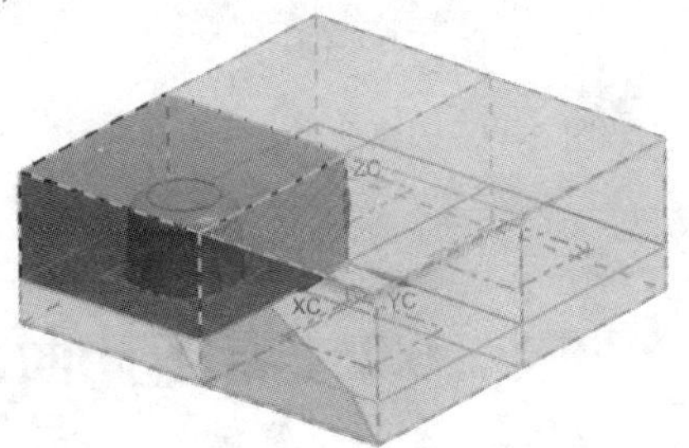

图 6-44　设置型腔模仁为工作部件

(13) 单击“主页”选项卡中的(边倒圆)按钮，弹出“边倒圆”对话框，如图 6-45 所示选中型腔模仁零件的外棱边作为“要倒圆的边”。

用户可以发现，其余三个型腔模仁的外棱边被自动选中。

如图 6-46 所示，将“边倒圆”对话框中的“半径 1”设置为 10mm，其余默认设置，完成设置后单击[确定]按钮，创建型腔模仁边倒圆，如图 6-47 所示。

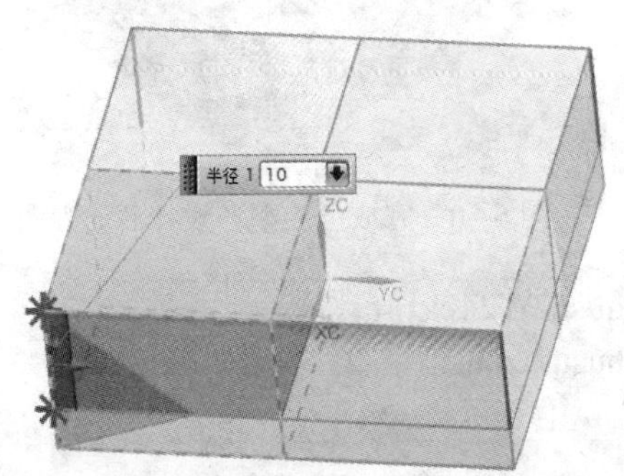

图 6-45　选中模仁外棱边

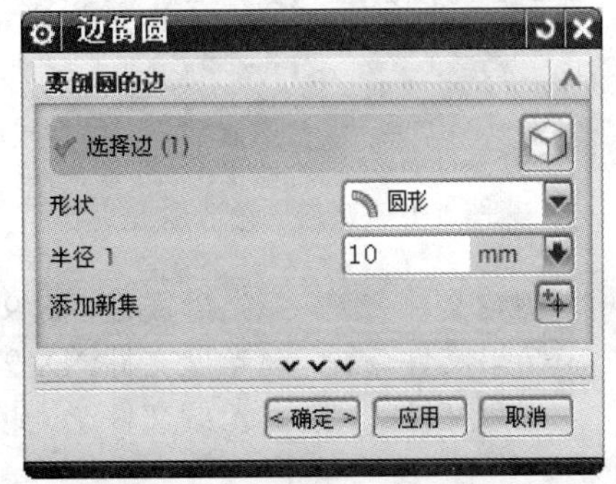

图 6-46　“边倒圆”对话框

(14) 重复步骤(13)创建型芯模仁半径为 10mm 的边倒圆，如图 6-48 所示。

提示

在多腔创建的步骤中，用户需仔细参考介绍，若步骤出现不一，最终倒圆角会很难处理，很可能在腔体中间因倒圆角而出现缝隙。

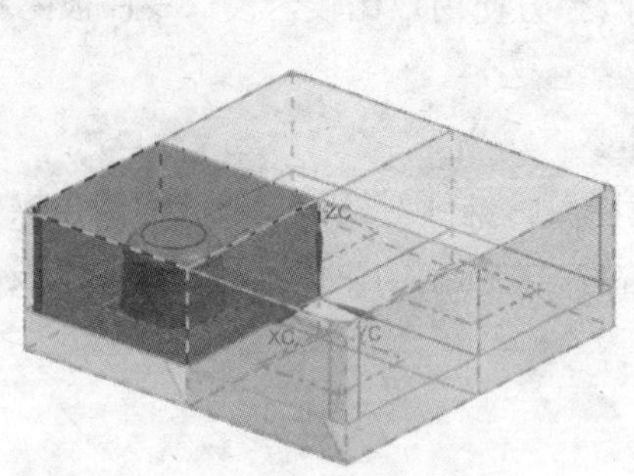

图 6-47　创建型腔模仁边倒圆

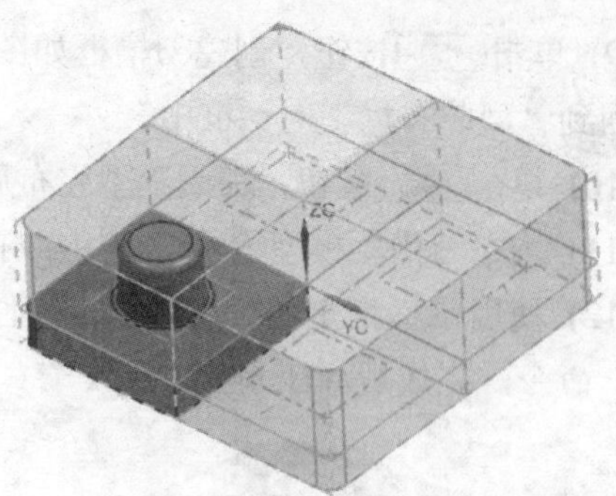

图 6-48　创建型芯模仁边倒圆

6.2　需多补面的模具型腔和型芯设计

如图 6-49 所示为一倒置的塑料风轮模型，需对此造型进行型腔和型芯设计。如图 6-50 所示为完成型腔型芯设计及进行型腔布局后的视图。

图 6-49　塑料风轮造型

图 6-50　完成型腔型芯设计后的视图

初始文件	\光盘文件\NX 9\Char06\zhusu2\T24-1.prt
结果文件路径	\光盘文件\NX 9\Char06\zhusu2\zhusu\
视频文件	\光盘文件\视频文件\Char06\第 6 章-2.Avi

6.2.1　模具设计初始化

从步骤 1 至步骤 4 介绍了模具设计初始化过程，本过程包括了重定位开模方向、初始化项目、模型重新定位、收缩率检查及工件加载操作。

步骤 1：重定位开模方向，初始化项目

(1) 根据起始文件路径打开 T24.prt 文件。(用户使用 T24-1.prt 文件进行操作)

(2) 经过审视零件模型可知，简易设计本模型的注塑模需改变其开模方向。

打开“建模”模块，选择“菜单”→“编辑”→“移动对象”命令，弹出“移动对象”

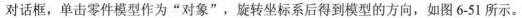

对话框，单击零件模型作为“对象”，旋转坐标系后得到模型的方向，如图 6-51 所示。

单击<确定>按钮，完成旋转操作，此时开模方向得到重新定位。

(3) 单击(初始化项目)按钮，弹出“初始化项目”对话框；根据前面进行初始化设置的方法加载 T24.prt 文件，在“F 盘”创建英文路径文件夹并设置为其路径，设置模型材料为 ABS。单击<确定>按钮，进行项目初始化操作。

步骤 2：模型重新定位

(1) 单击(模具 CSYS)按钮，弹出“模具 CSYS”对话框，可以看到系统提供了“当前 WCS”、“产品实体中心”、“选定面的中心”三种对坐标轴重新定位的方式。

提供了“锁定 X 位置”、“锁定 Y 位置”、“锁定 Z 位置”三种不同方向上的位置锁定方式。

(2) 如图 6-52 所示，选中“选定面的中心”，取消选中“锁定 Z 位置”选项，并单击如图 6-53 所示模型的底面作为“选择对象”。

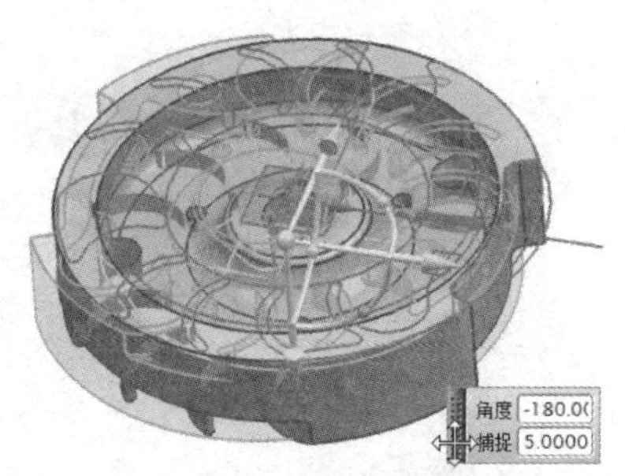

图 6-51 改变坐标系方向

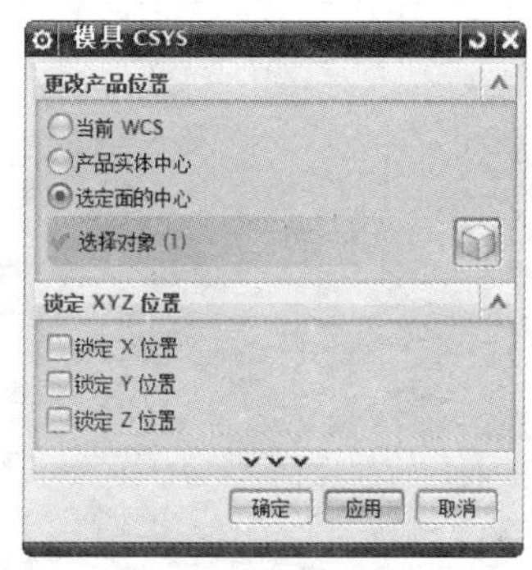

图 6-52 “模具 CSYS”对话框

(3) 单击“模具 CSYS”对话框中的<确定>按钮，即可完成模型重新定位操作。

(4) 选择“全部保存”命令，保存所有操作。

步骤 3：收缩率检查

(1) 单击(收缩率)按钮，弹出如图 6-54 所示的“缩放体”对话框。

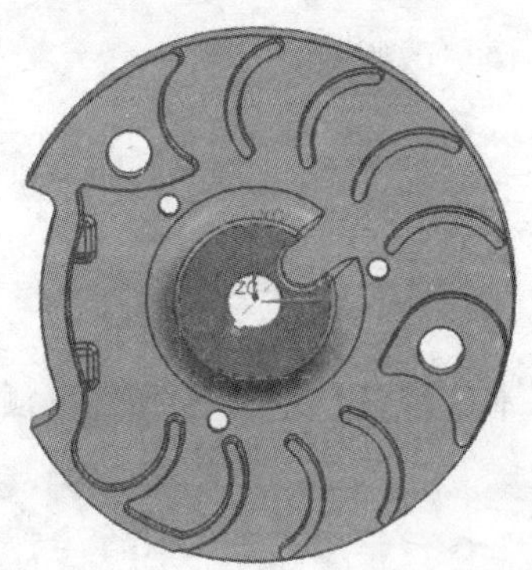

图 6-53 单击模型底面

图 6-54 “缩放体”对话框

(2) 由“缩放体”对话框中可以看出，“比例因子”为 1.006，与 ABS 材料的收缩率相同，因此不用改变，单击确定按钮，完成操作。

步骤 4：工件加载

(1) 单击(工件)按钮后，会出现一段短暂的工件加载时间，过后会加载预览工件，如图 6-55 所示，并弹出“工件”对话框。

(2) 如图 6-56 所示，在“工件”对话框中，“类型”列表框选择“产品工件”，“工件方法”列表框选择“用户定义的块”，选择自动创建的长为 185mm 宽为 195mm 的矩形四边作为截面曲线。

“限制”下面的“开始”列表框选择“值”，“距离”设置为-25mm。

“结束”列表框选择“值”，“距离”设置为 55mm。

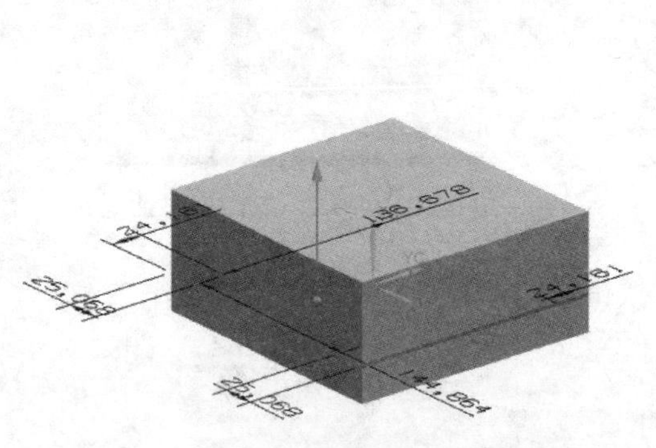

图 6-55　预加载工件

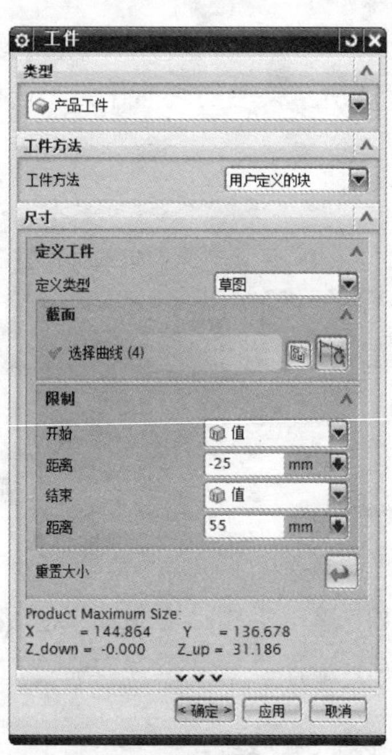

图 6-56　“工件”对话框

(3) 一般默认设置即为步骤(2)所示数据，否则，请更改数据。

单击确定按钮，完成工件加载，如图 6-57 所示。

6.2.2　模型分型操作

从步骤 5 至步骤 10 介绍了模具分型设计过程，本过程包括了型芯\型腔区域检查、定义区域、分型面设计及型芯\型腔创建等操作过程。

步骤 5：进入模具分型窗口

(1) 在“注塑模向导”选项卡中，单击如图6-58所示的“分型刀具”工具框中的(分型导航器)按钮，即可切入 T24_parting_***.prt 文件窗口。如图6-59所示为切入本文件窗口后的模型零件图，外边框代替工件模型轮廓。

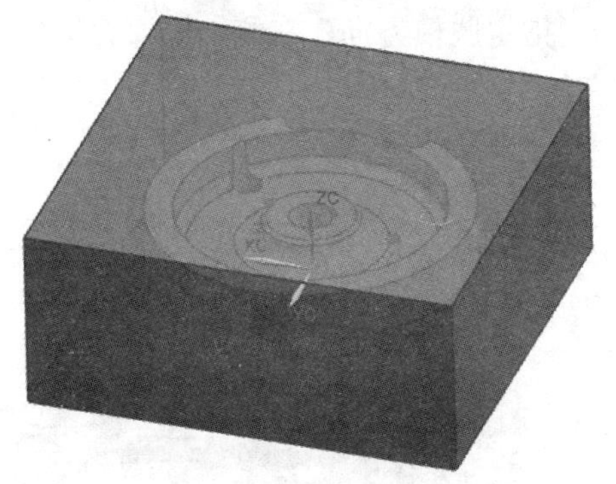

图 6-57　完成工件加载

图 6-58　“分型刀具”工具框

(2) 切入文件窗口的同时，弹出如图 6-60 所示的“分型导航器”窗口。

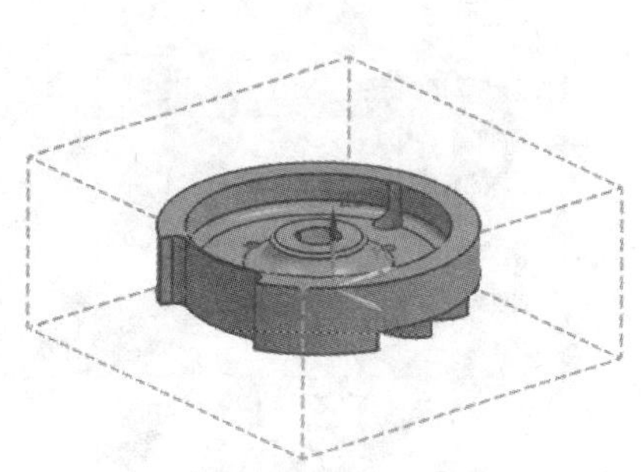

图 6-59　模型零件图

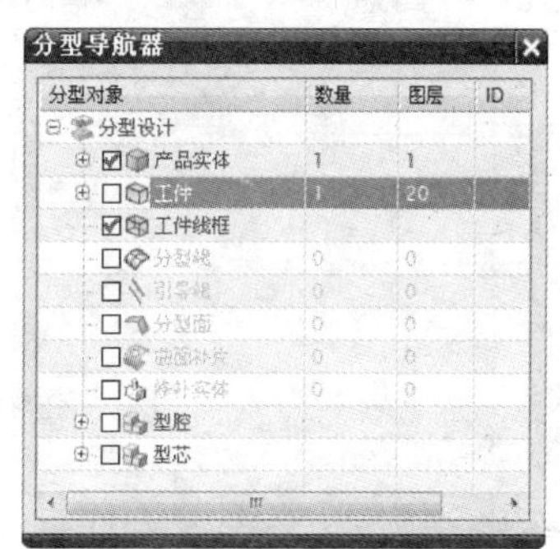

图 6-60　“分型导航器”窗口

(3) 用户可使用“分型导航器”将产品实体、工件、工件线框、分型线、型芯、型腔等进行隐藏\显示操作，如图 6-61 所示，选中“工件”左侧的白色方框，如图 6-62 所示将工件显示出来。(此处用户应尽量进行操作，可检查加载工件及软件是否正常)

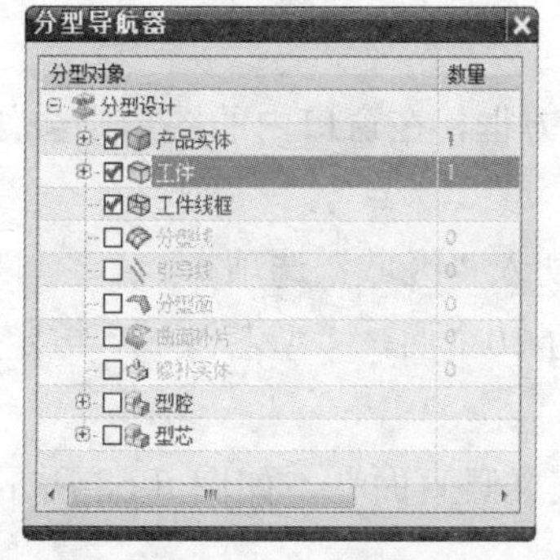

图 6-61　选中“分型导航器”内工件

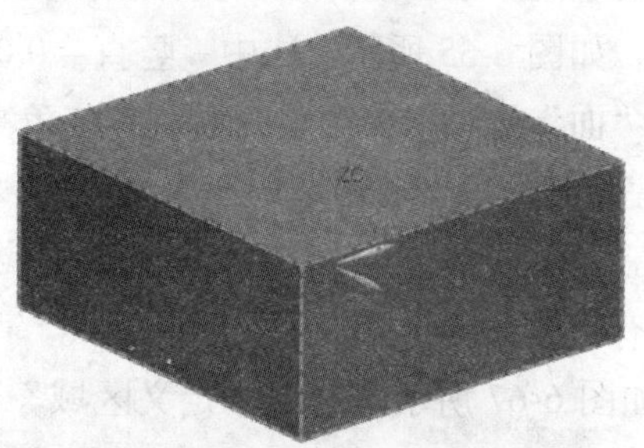

图 6-62　显示工件

用户可以单击(分型导航器)按钮，打开\关闭“分型导航器”窗口。

步骤 6：检查区域

(1) 单击(检查区域)按钮，弹出“检查区域”对话框。

(2) 单击模型作为“选择产品实体”，单击“指定脱模方向”右侧的按钮的下拉箭头选择 ZC 方向，选中“选项”下面的“保持现有的”单选按钮，完成设置后的“计算”选项卡如图 6-63 所示。

(3) 单击(计算)按钮，进行计算。

(4) 完成计算后单击选项卡区域中的“面”，切入“面”选项卡，如图 6-64 所示。

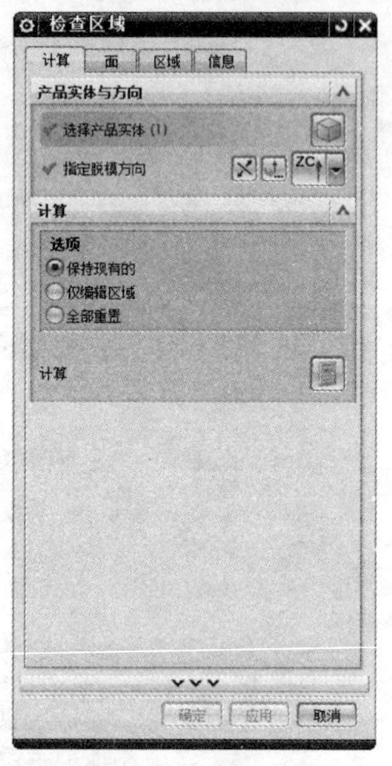

图 6-63　“计算”选项卡

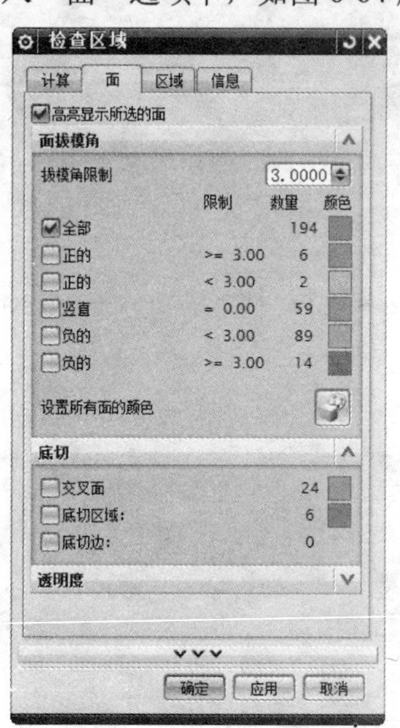

图 6-64　“面”选项卡

(5) 用户可以在“面”选项卡下看到，通过计算得到 194 个面，其中拔模角度≥3.00 的面有 6 个，拔模角度<3.00 的面有 2 个，拔模角度=0.00 的面有 59 个， -3.00<拔模角度<0 的面有 89 个，拔模角度≤-3.00 的面有 14 个。

用户可以选中前面的方框在实体上预览这些面。

例如，如图 6-65 所示，选中“竖直=0.00”左侧的方框，在窗口内的图形则会如图 6-66 所示对应“面”选项卡中选中的项目并红色高亮显示。

(6) 完成检查后，单击选项卡区域中的“区域”，切入“区域”选项卡。

(7) 在此选项卡中可以看到，“型腔区域”被定义了10个面，“型芯区域”被定义了169 个面，还有15个面属于“未定义的区域”。

(8) 如图 6-67 所示，选中“定义区域”下面的“交叉竖直面”，如图 6-68 所示预览 15 个未被定义的区域面。

预览完成后，取消选中“交叉竖直面”并单击确定按钮完成检查区域操作。

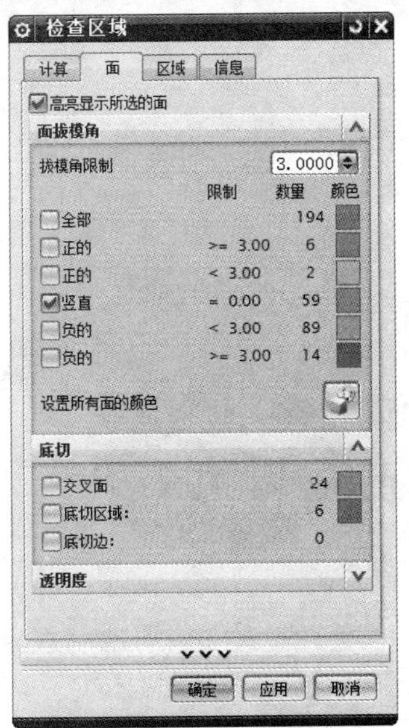

图 6-65　“面”选项卡设置

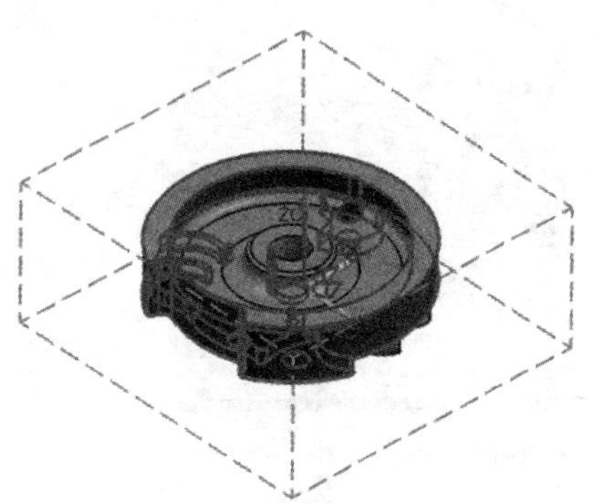

图 6-66　窗口图形显示

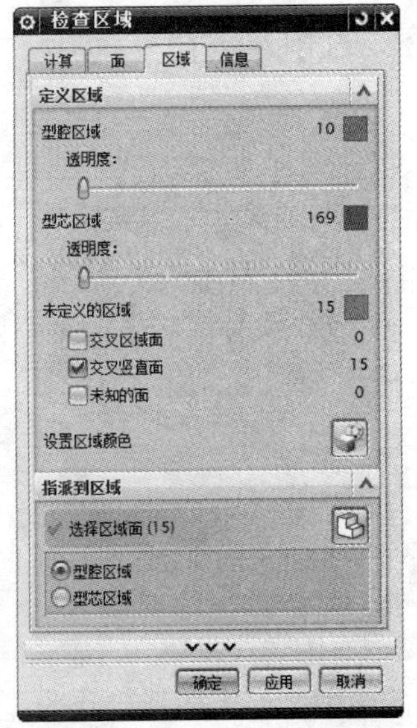

图 6-67　“区域”选项卡

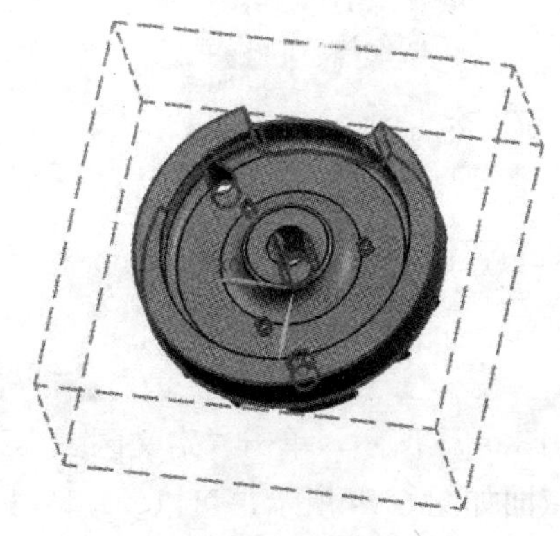

图 6-68　选中区域面

步骤 7：定义区域及曲面补片

(1) 单击(定义区域)按钮，弹出“定义区域”对话框。

用户可在此对话框中看到，模型共 194 个面，“未定义的面”、“型腔区域”、“型芯区域”各占 15、10、169 个面。

(2) 如图 6-69 所示，单击“定义区域”下面白色方框中的“型腔区域”，可在视图中预

览型腔区域面，如图 6-70 所示。

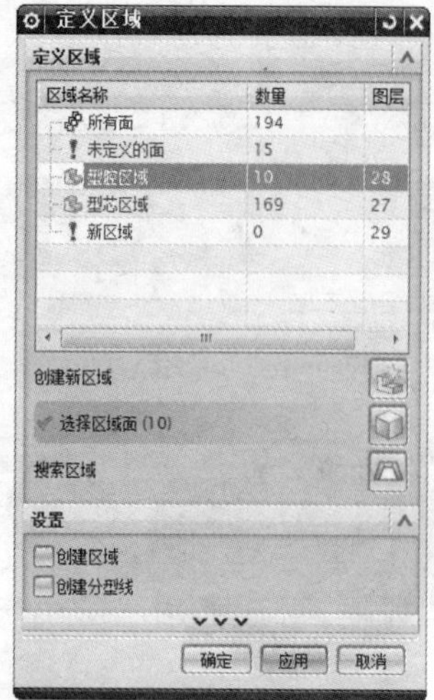

图 6-69 单击“型腔区域”

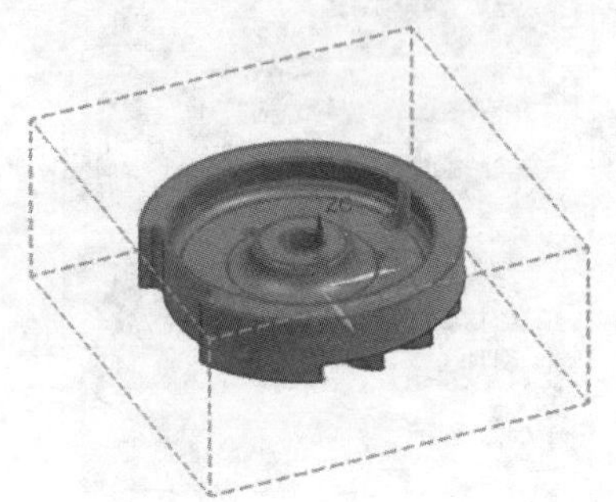

图 6-70 选中型腔区域面

(3) 如图6-71所示，选中视图中一系列面作为型腔区域面(此处注意一定将中心轴中的面全部选中)，选中面包括中心轴面和外沿面等。

完成面选中后单击应用按钮，完成型腔区域面创建，如图 6-72 所示。

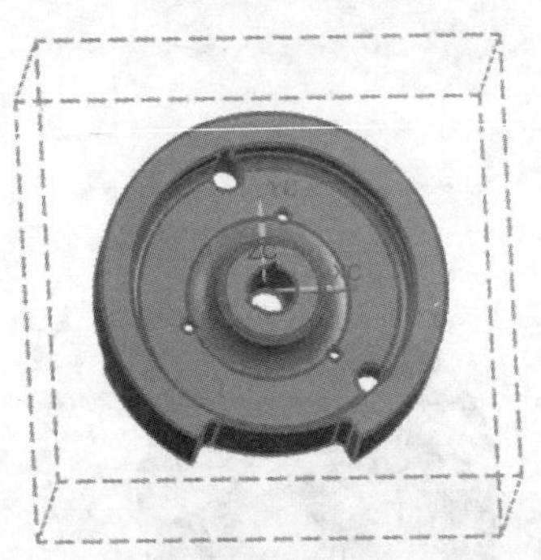

图 6-71 选中一系列面

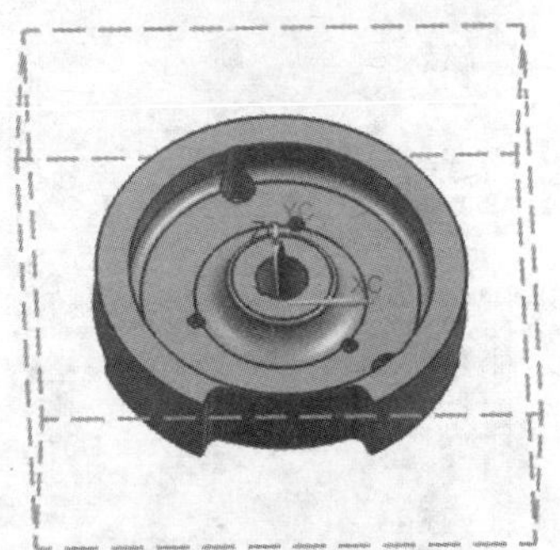

图 6-72 完成型腔区域面创建

(4) 如图 6-73 所示，单击“定义区域”下面白色方框中的“型芯区域”，可在视图中预览型芯区域面如图 6-74 所示，可以发现除 5 个孔面未被选中，其余面选中作为型芯区域面，此种做法是正确的。

完成面选中后单击应用按钮，完成型芯区域面创建。

(5) 完成检查后，依次选中“设置”下面的“创建区域”、“创建分型线”选项，单击应用按钮，如图 6-75 所示的“定义区域”下面白色方框内名称前符号发生变化。

(6) 单击<确定>按钮，并旋转窗口内模型，可发现模型面按型腔、型芯区域发生如图 6-76 所示的颜色变化。

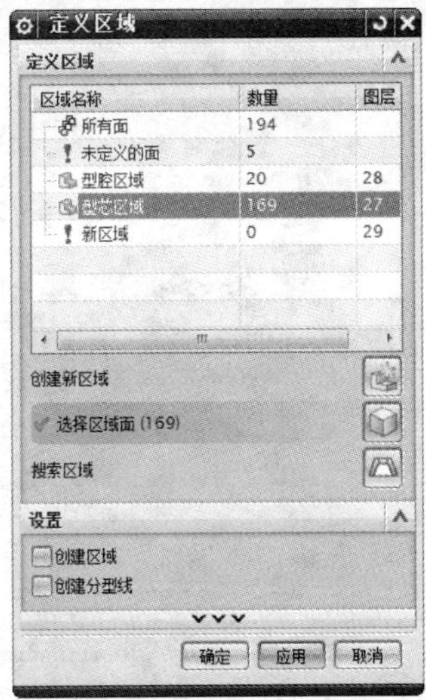

图 6-73　选中型芯区域面检查

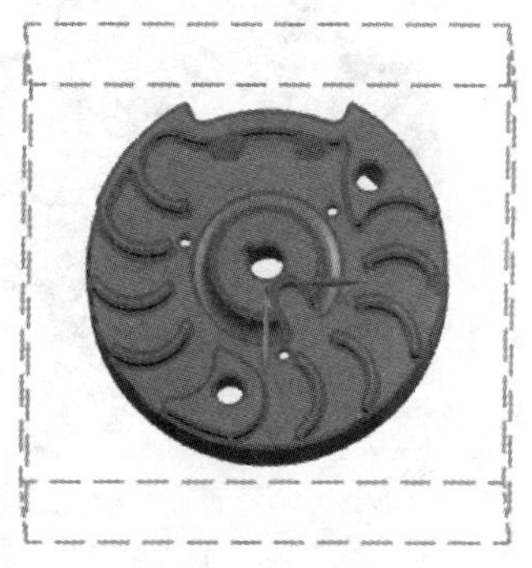

图 6-74　型芯区域面视图

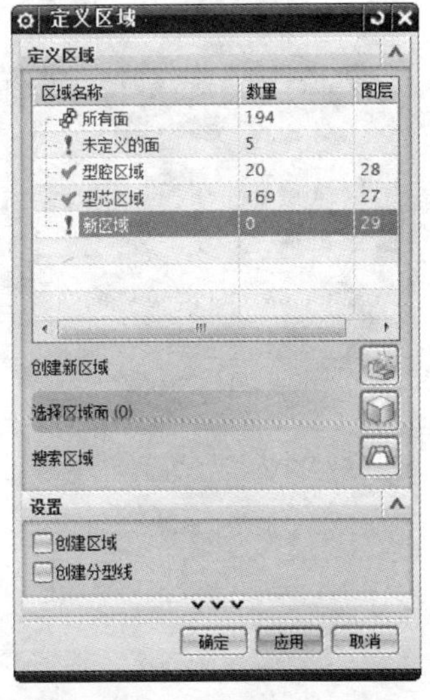

图 6-75　“定义区域”对话框

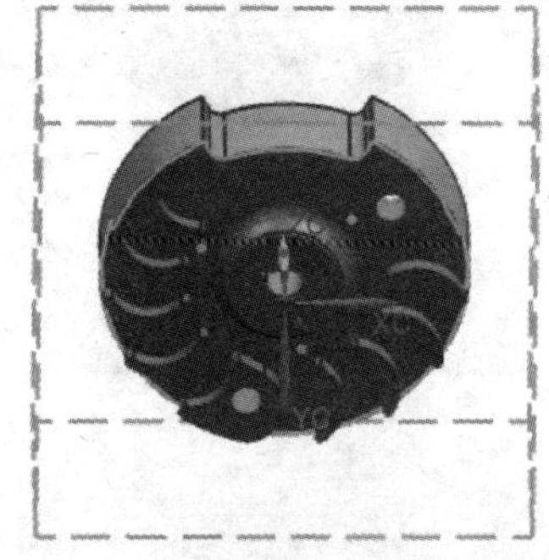

图 6-76　区域面变化

(7) 单击(曲面补片)按钮，弹出“边修补”对话框。

在“边修补”对话框“环选择”下面的“类型”列表框中选择“体”，设置“补片颜色”为红色，完成设置后如图 6-77 所示单击模型，如图 6-78 所示为完成曲面选择后的“边修补”对话框。

(8) 单击应用按钮完成选中曲面的补片操作，如图 6-79 所示。

(9) 在“边修补”对话框“环选择”下面的“类型”列表框中选择“移刀”，设置“补片颜色”为红色，完成设置后如图 6-80 所示单击反转模型后的一个孔边，如图 6-81 所示为完成孔边选择后的“边修补”对话框。

(10) 单击应用按钮完成选中曲面的补片操作，如图 6-82 所示。

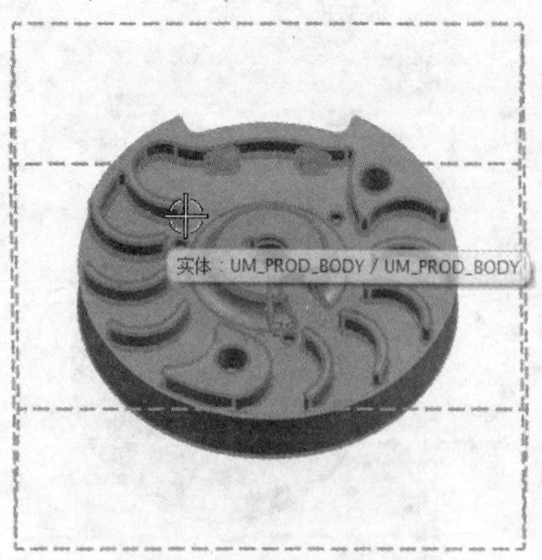

图 6-77　单击模型

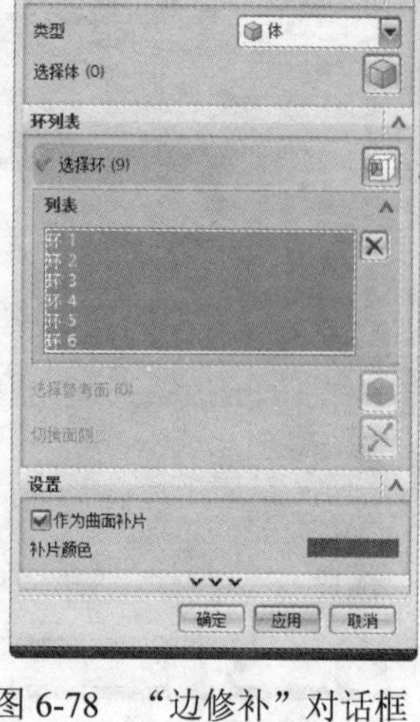

图 6-78　“边修补”对话框

图 6-79　创建补片

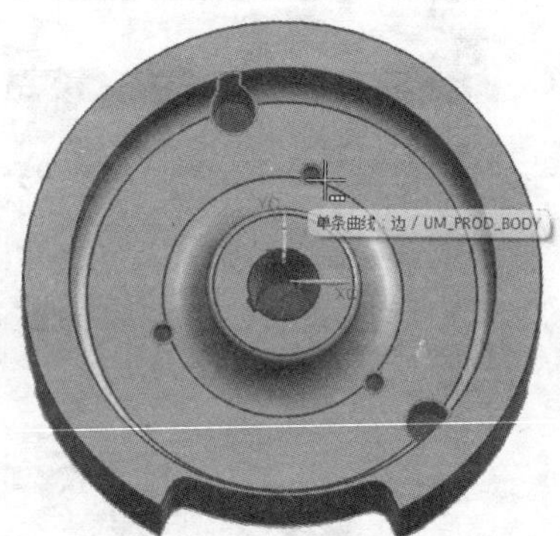

图 6-80　单击一个孔边

图 6-81　“边修补”对话框

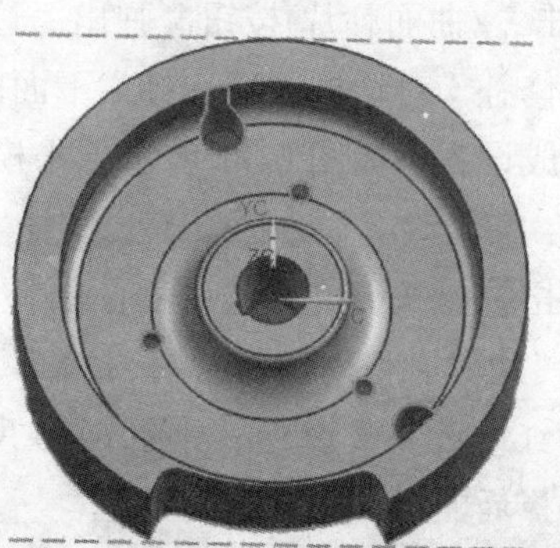

图 6-82　创建补片

(11) 重复步骤(9)(10)创建其余两个类似孔的补片，如图 6-83 所示。

(12) 在“边修补”对话框“环选择”下面的“类型”列表框中选择“移刀”，设置“补片颜色”为红色，完成设置后如图 6-84 所示单击模型的一个大孔的边，如图 6-85 所示为完成孔边选择后的“边修补”对话框。

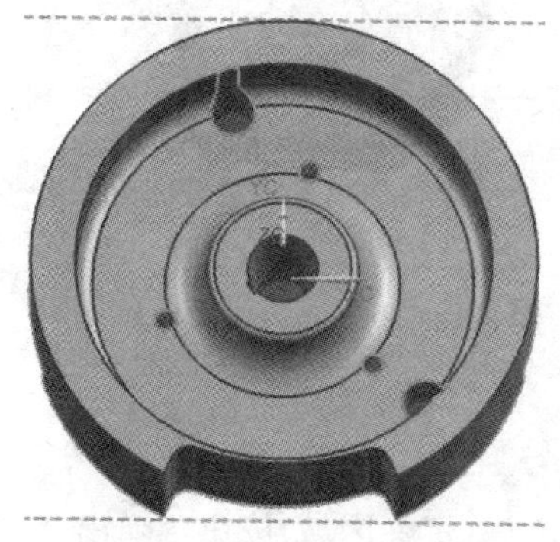

图 6-83　创建其余两补片

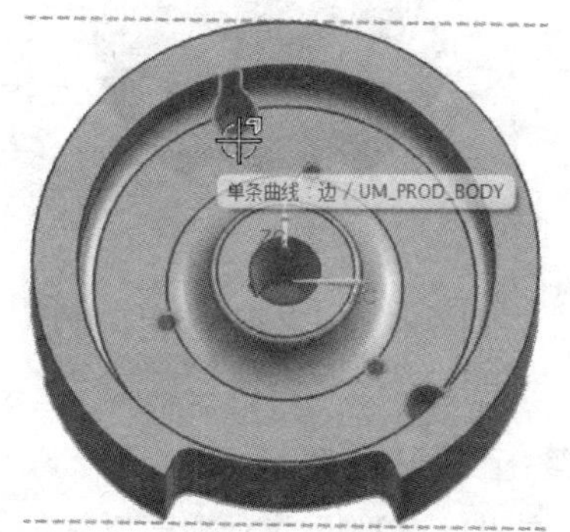

图 6-84　单击大孔的边

(13) 单击“环列表”下面“切换面侧”右边的(切换面侧)按钮，此时“环列表”下面的参考面由 1 变为 6，如图 6-86 所示。

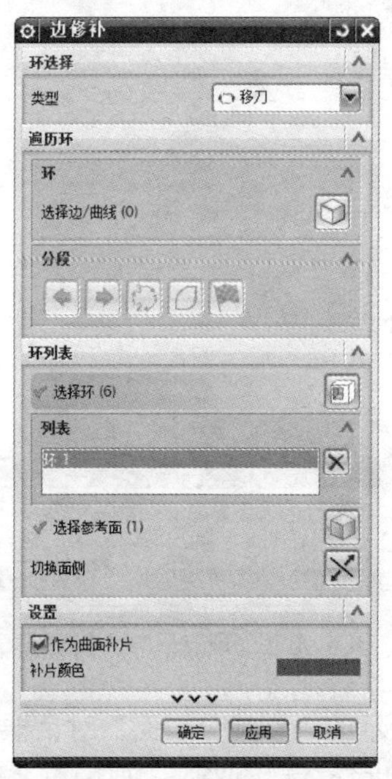

图 6-85　“边修补”对话框

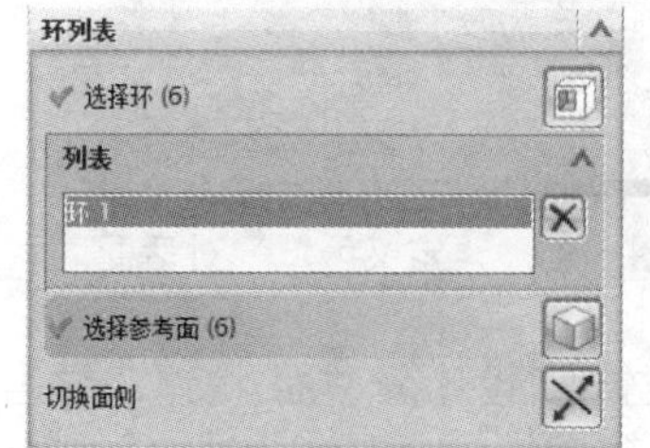

图 6-86　参考面变化

(14) 单击应用按钮完成选中曲面的补片操作，如图 6-87 所示。

(15) 重复步骤(13)(14)创建另一大孔的补片，如图 6-88 所示。

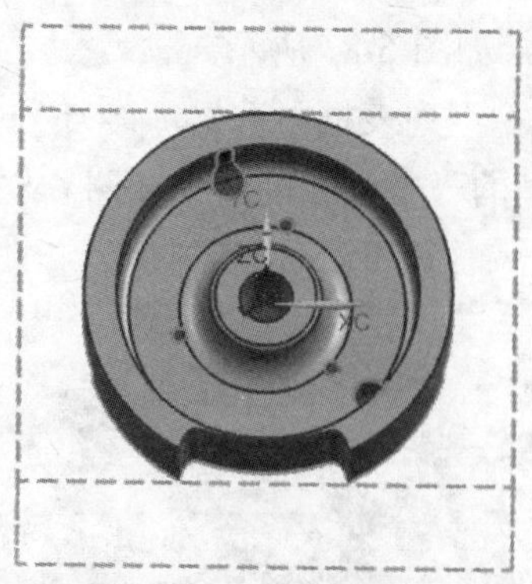

图 6-87　创建第一个大孔补片

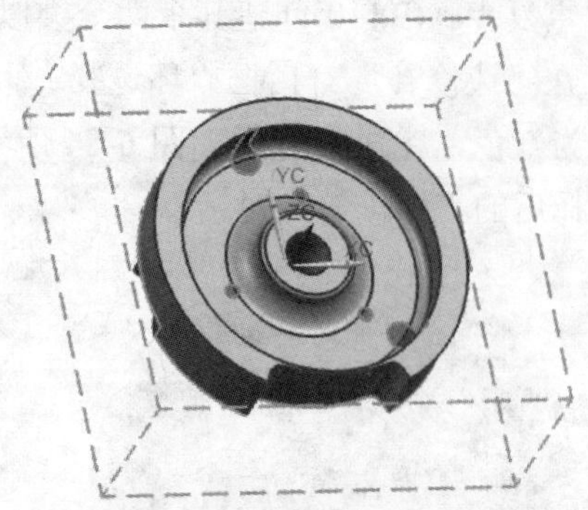

图 6-88　创建另一大孔补片

步骤 8：设计分型面

(1) 在设计分型面前，需要重新创建分型线，单击(定义区域)按钮，弹出“定义区域”对话框。

(2) 如图6-89所示，依次选中“创建区域”和“创建分型线”选项，单击确定按钮，弹出如图6-90所示的“现有区域”对话框，单击删除并继续按钮，完成分型线重新创建。

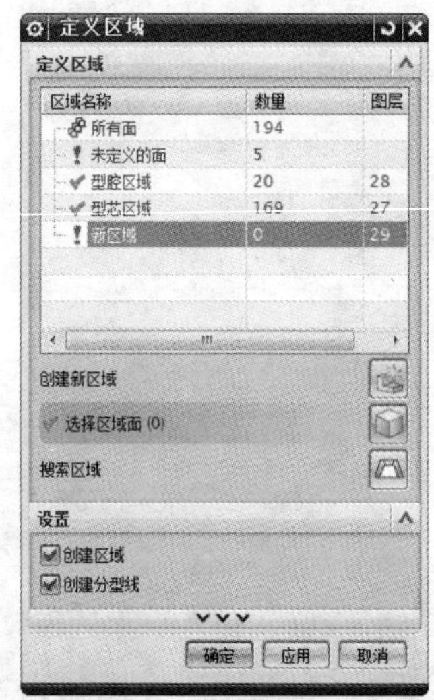

图 6-89　“定义区域”对话框

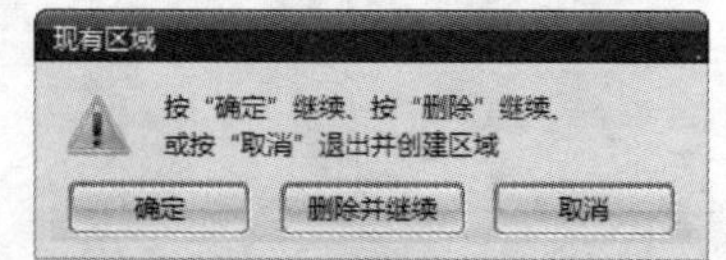

图 6-90　“现有区域”对话框

(3) 单击(设计分型面)按钮，弹出如图 6-91 所示的“设计分型面”对话框。

(4) 单击对话框下部的(更多)按钮，弹出进行分型面设计需要的更多操作命令。

(5) 如图 6-92 所示，单击“编辑分型段”下面的“选择分型或引导线”。

(6) 如图 6-93 所示，将光标置于需处理的分型线一端，此时分型线一端出现三个箭头，移动光标使最靠近分型线一端的箭头呈红色，此时单击鼠标会出现如图 6-94 所示的一段延长线。

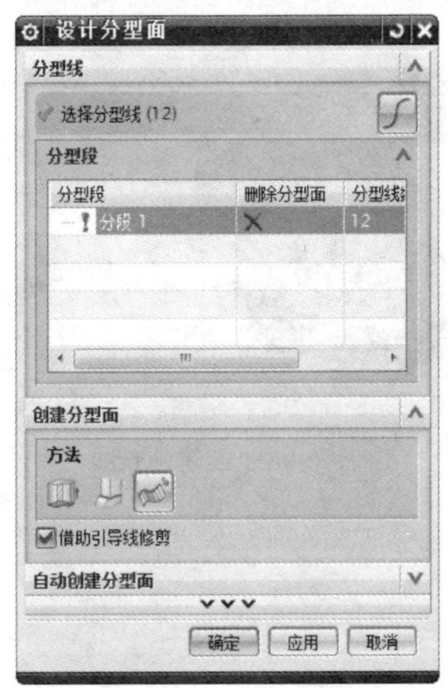

图 6-91　“设计分型面”对话框

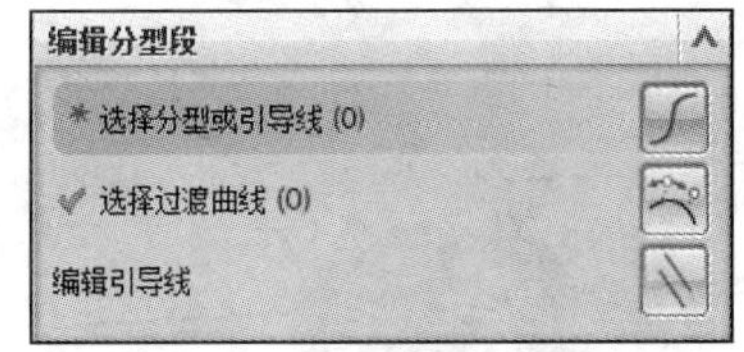

图 6-92　单击“选择分型或引导线”

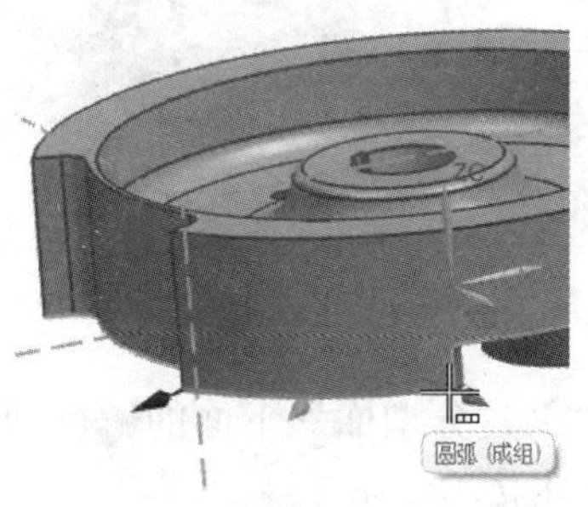

图 6-93　移动光标

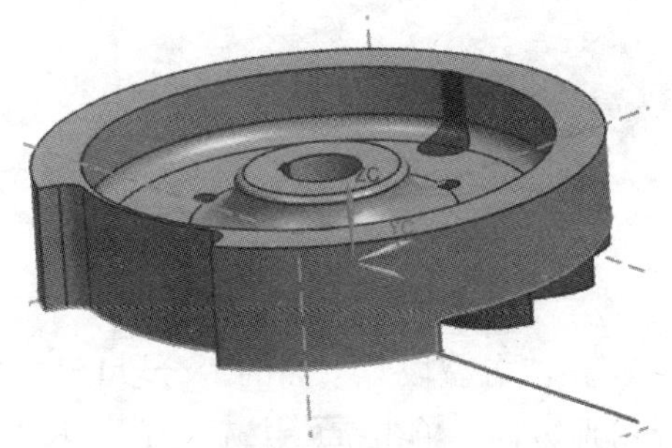

图 6-94　延长线

(7) 重复操作，创建另一端延长线，如图 6-95 所示。

(8) 如图 6-96 所示，单击“分型段”下面的“分段 2”，再单击“创建分型面”下面的(拉伸)按钮，使用默认拉伸方向，单击应用按钮，创建拉伸分型面，如图 6-97 所示。

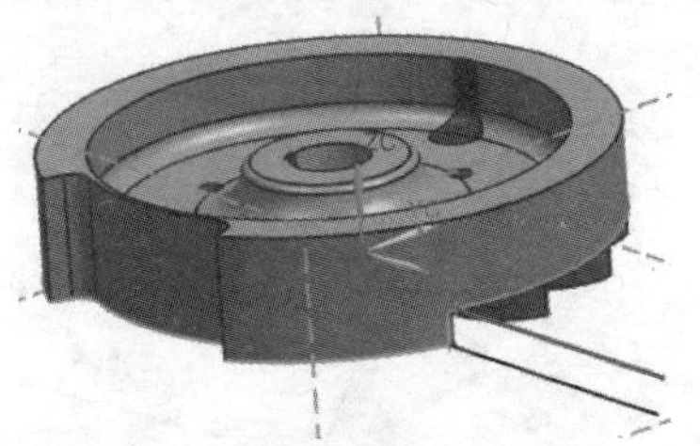

图 6-95　创建第 2 条延长线

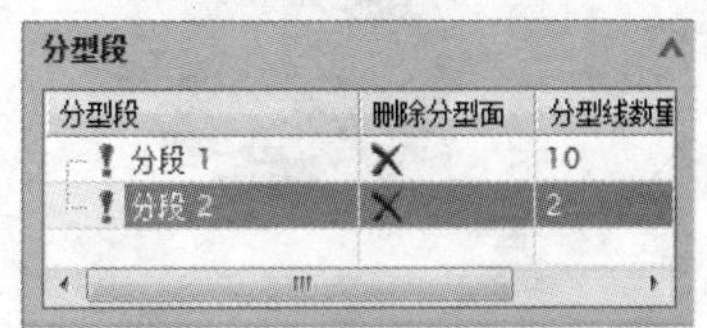

图 6-96　单击“分段 2”

(9) 继续寻找下一段分型线，重复步骤(5)(6)，创建延长线如图 6-98 所示。

(10) 单击“分型段”下面的“分段 2”，软件自动创建分型面，拖动改变边界位置后单击应用按钮得到分型面，如图 6-99 所示。

(11) 继续寻找下一段分型线，重复步骤(5)(6)，创建延长线，如图 6-100 所示。

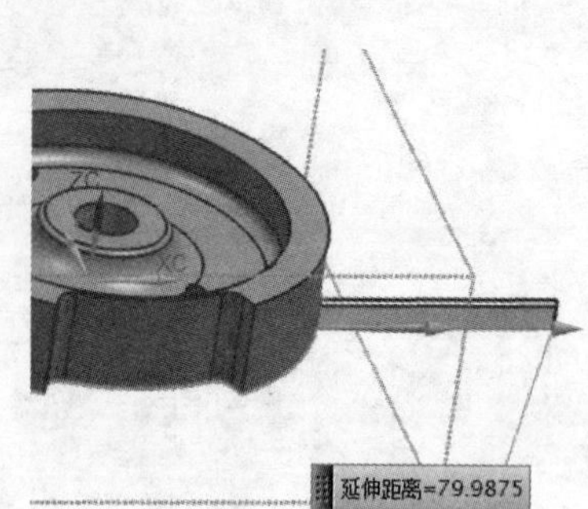

图 6-97 创建拉伸面

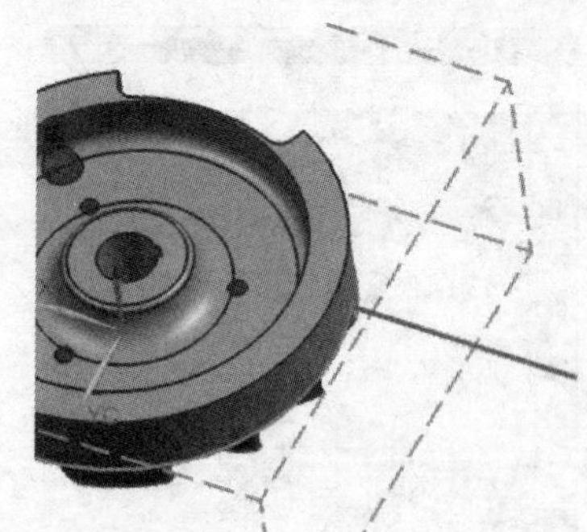

图 6-98 创建延长线

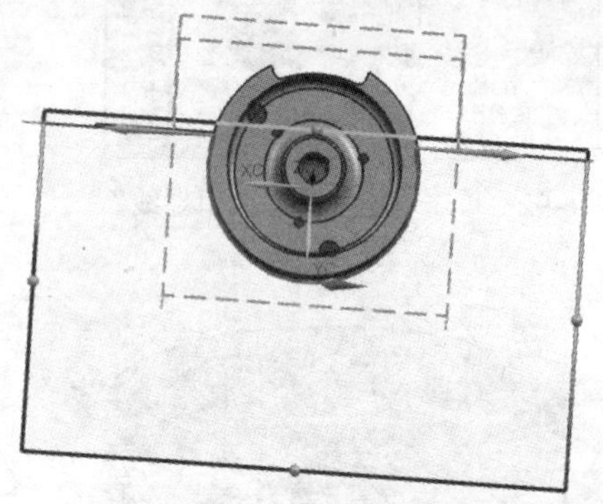

图 6-99 创建分型面

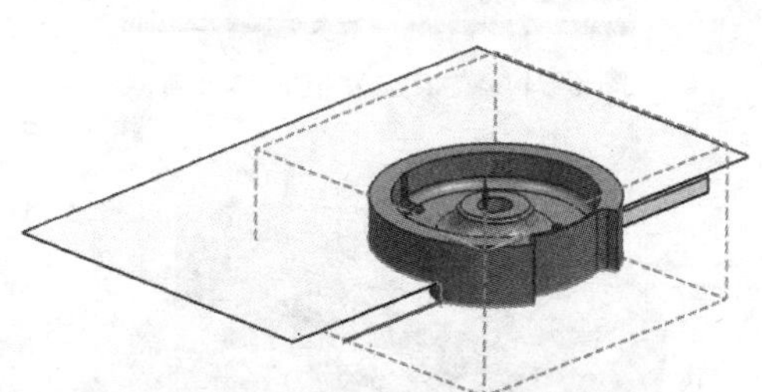

图 6-100 创建延长线

(12) 单击“分型段”下面的“分段1”，再单击“创建分型面”下面的(拉伸)按钮，使用默认拉伸方向，单击应用按钮，创建拉伸分型面如图6-101所示。

(13) 单击“分型段”下面的“分段 2”，软件自动创建分型面，拖动改变边界位置后单击应用按钮得到分型面，如图 6-102 所示。

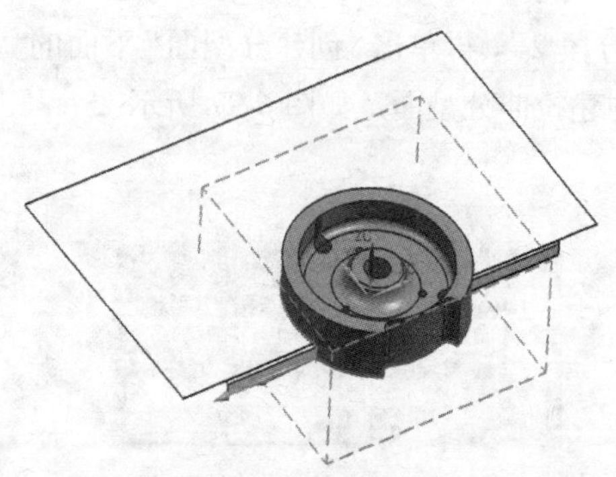

图 6-101 创建分型面

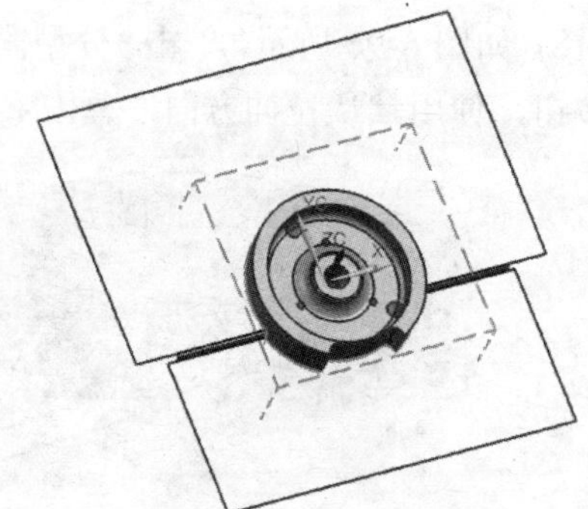

图 6-102 单击“分段 2”

(14) 单击取消按钮，关闭对话框完成分型面设计。

步骤 9：编辑分型面和曲面补片

用户使用“编辑分型面和曲面补片”命令，可选择现有片体以在分型部件中对开放区域进行补片，或取消选择片体以删除分型或补片的片体。

单击(编辑分型面和曲面补片)按钮，弹出如图 6-103 所示的“编辑分型面和曲面补片”对话框，默认自动选择分型面，单击按钮，完成操作。

步骤 10：定义型腔和型芯

(1) 单击(定义型腔和型芯)按钮，弹出“定义型腔和型芯”对话框。

(2) 如图6-104所示，选中“选择片体”下面白色方框中的“型腔区域”，如图6-105所示会自动选中模型的型腔面片体和分型面片体。

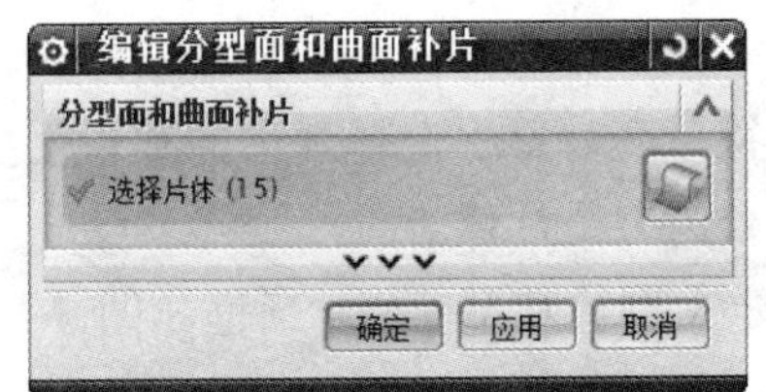

图 6-103 “编辑分型面和曲面补片”对话框

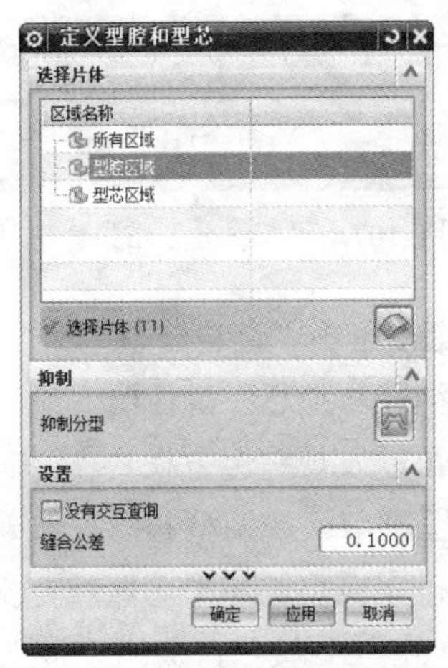

图 6-104 “定义型腔和型芯”对话框

(3) 其余默认设置，单击按钮，软件进行计算，完毕后得到如图 6-106 所示的型腔模仁(定模仁)，并弹出如图 6-107 所示的“查看分型结果”对话框。

图 6-105 选中型腔区域示意

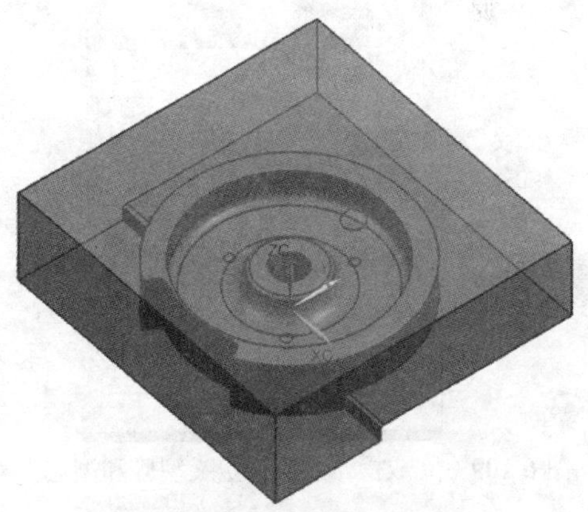

图 6-106 创建定模仁

(4) 直接单击“查看分型结果”对话框中的按钮，完成型腔区域定义操作，并返回至“定义型腔和型芯”对话框。

此时可以发现白色方框内“型腔区域”前面的符号变为，选择片体的数量由操作前的 11 变为现在的 1，说明型腔面片体同分型面片体缝合为一个片体。

(5) 重复操作，选中“选择片体”下面白色方框中的“型芯区域”，选中型芯面片体和分型面片体，其余默认设置，单击[应用]按钮，计算得到型芯模仁(动模仁)，如图 6-108 所示，并弹出“查看分型结果”对话框。

图 6-107 “查看分型结果”对话框

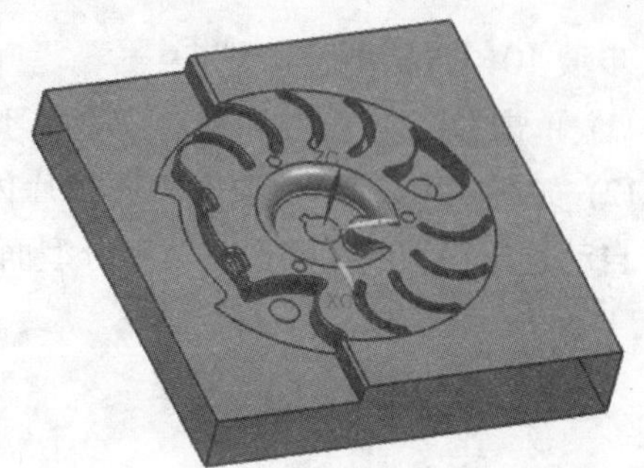

图 6-108 创建动模仁

(6) 直接单击“查看分型结果”对话框中的[确定]按钮，完成型芯区域定义操作，并返回至“定义型腔和型芯”对话框。

此时可以发现白色方框内“型芯区域”前面的符号变为✔，选择片体的数量由操作前的 11 变为现在的 1，说明型芯面片体同分型面片体缝合为一个片体。

此时已完成型腔和型芯区域定义，完成后的“定义型腔和型芯”对话框如图 6-109 所示。

(7) 单击[取消]按钮，关闭“定义型腔和型芯”对话框，完成操作。

用户可打开 T24_top_***.prt 装配文件查看动定模仁装配图，如图 6-110 所示。

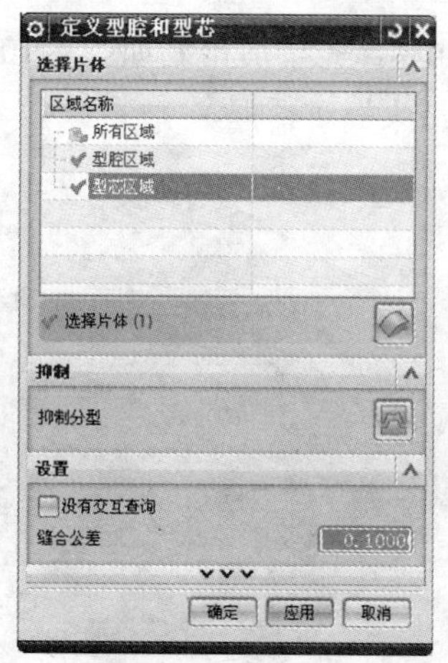

图 6-109 完成操作后的“定义型腔和型芯”对话框

图 6-110 动定模仁装配图

6.2.3 型腔布局

步骤 11 介绍了使用型腔布局功能创建型芯\型腔刀槽框及模仁倒角等的操作过程，请用户仔细参考。

步骤 11：创建刀槽框，模仁倒角

(1) 单击(型腔布局)按钮，弹出“型腔布局”对话框。

(2) 单击“型腔布局”对话框中的按钮，弹出更多操作命令按钮。(若已展开则不需单击)

(3) 单击“型腔布局”对话框“编辑布局”下面的(编辑插入腔)按钮，弹出“插入腔体”对话框。

(4) “插入腔体”对话框提供了 4 种插入刀槽框的方式，这里选择第 2 种方式。

如图 6-111 所示，“目录”选项卡底部 R 列表框选择 10，type 列表框选择 0，其余默认设置。

(5) 单击按钮，创建的刀槽框如图 6-112 所示(为方便用户比较，模仁零件被隐藏了)，并返回到“型腔布局”对话框中。

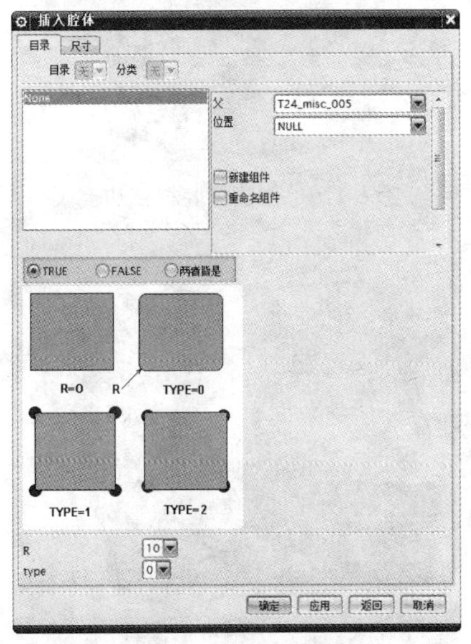

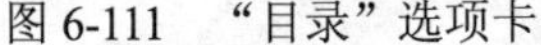

图 6-111　“目录”选项卡

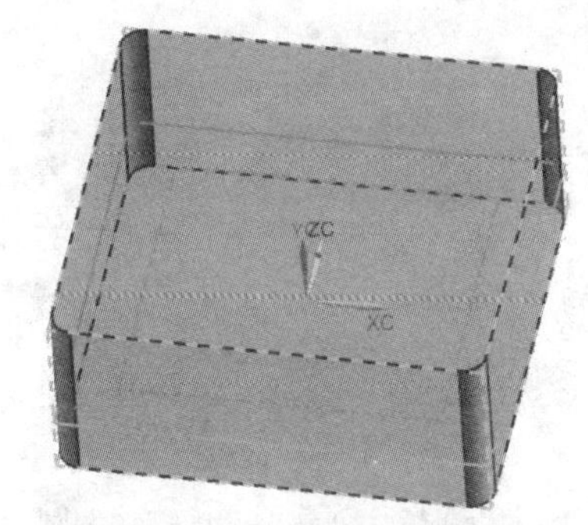

图 6-112　创建的刀槽框

(6) 选中刀槽框模型零件，使用鼠标右键将其隐藏，继续对模仁零件进行倒角操作。

(7) 使用鼠标指定型腔模仁零件并单击右键，在弹出的快捷菜单中选择“设为工作部件”命令，完成后如图 6-113 所示。

单击“主页”选项卡中的(边倒圆)按钮，弹出“边倒圆”对话框，如图 6-114 所示，选中型腔模仁零件的 4 条棱边作为“要倒圆的边”。

如图 6-115 所示，将“边倒圆”对话框中的“半径 1”设置为 10mm，其余默认设置，完成设置后单击按钮，创建型腔模仁边倒圆，如图 6-116 所示。

(8) 重复步骤(7)，创建型芯模仁半径为 10mm 的边倒圆，如图 6-117 所示。

(9) 重新将刀槽框显示出来后的视图如图 6-118 所示。至此，完成一模单腔类型的型腔布局操作。

图 6-113　设置型腔模仁为工作部件

图 6-114　选中棱边

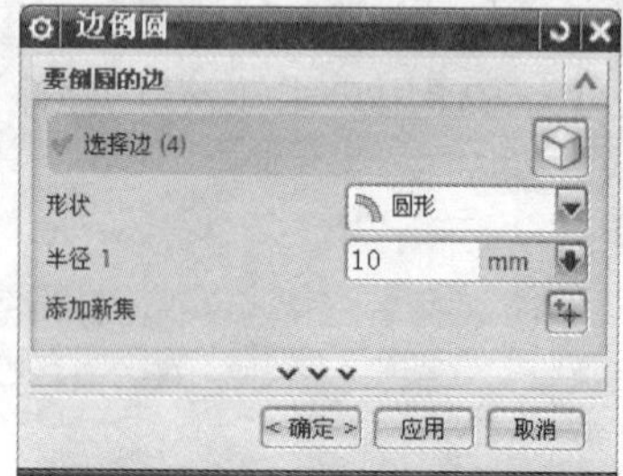

图 6-115　“边倒圆”对话框

图 6-116　创建型腔模仁边倒圆

图 6-117　创建型芯模仁边倒圆

图 6-118　显示刀槽框后的视图

6.3　本 章 小 结

本章内容是对前面学过的知识的总结，用两个具体的实例来介绍模具设计中分型设计的一般操作。这两个实例是模具设计中的典型实例，设计过程包括了模具初始化、模具 CSYS 设置、工件加载、分型设计及型腔布局等过程。

学习完本章后，读者要能掌握好模具设计的一般步骤，能完成简单模具的分型设计工作，从而设计合理的型腔和型芯。

第 7 章

模 架 加 载

在整个模具设计过程中，模架的添加是注塑模具设计过程中一个重要的组成部分。模架是用于型腔和型芯装夹、顶出和分离的机构，它由定模座板、定模板、动模板、动模座板等构件组成，有连接和支撑整套模具的作用。

学习目标

- ✧ 了解模架简介
- ✧ 掌握模架库的设置方法
- ✧ 掌握模架的添加过程

7.1 模架简介

模架也称为模坯，是由模板、导柱和导套等零件组成，但其型腔是未加工的组合体。它主要用于型芯和型腔的装夹、顶出和分离机构，能够提高生产效率，便于机械化操作。

根据模架尺寸和配置的要求，模架类型包括标准模架、可互换模架、通用模架、自定义模架。每一种模架类型都有不同的特性，以适应不同的情况。

1. 标准模架

标准模架用于要求使用标准目录模架的情况。在注塑模架向导中，模具长度和宽度、模板的厚度和模具的行程等模架参数可以通过后面介绍的“模架库”对话框来配置和编辑。如果模具设计要求使用非标准的配置，选用可互换模架会更合适。

2. 可互换模架

可互换模架是以标准结构的尺寸为基础的，用于需要用到非标准的设计选项的情况。注塑模具向导提供了很多种互换模架板，并可详细配置各个组件和组件系列。如果可互换模架也无法满足需要，可以选择使用通用模架。

3. 通用模架

通用模架系统用于自定义模架结构，可用于绝大多数注塑模具。通用模架可以用于配置不同模架板来组合成数千种模架，用于可互换模架选项不能满足要求的情况。如果配置和安装一个通用模架，需要设置每一种区域的模架板的叠加状况和每块模架板的厚度。

4. 自定义模架

注塑模向导是一个开放式的结构，可以使用模架管理系统来组织和控制模架，而不需要用到编程。如果有特殊要求，可以使用建模功能来设计自己的模架并添加到注塑模向导的模架管理系统中。

7.2 模架设计

MoldWizard模架库中包含了DME、HASCO和UNIVERSAL等厂家的标准模架系列。在公制单位模具库中，包含有FUTABA品牌的标准模架。在英制单位模具库中，还包含有OMNI品牌的标准模架。使用时可以根据模具设计的需要从模架库中任意选择。

单击“主要”工具栏中的(模架库)按钮，弹出如图 7-1 所示的“模架库”对话框。

7.2.1　文件夹视图

如图 7-2 所示，在“模架库”对话框中的“文件夹视图”下面白色方框中选择所需的模架，并且在“成员视图”白色方框中选择相应的项目，就可以完成模架的选取设置。

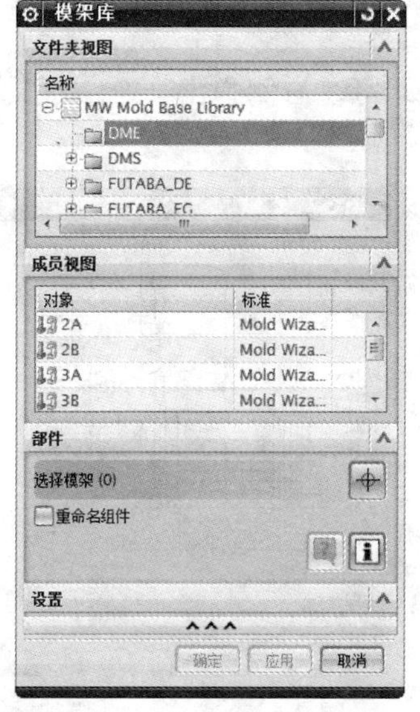

图 7-1　“模架库”对话框

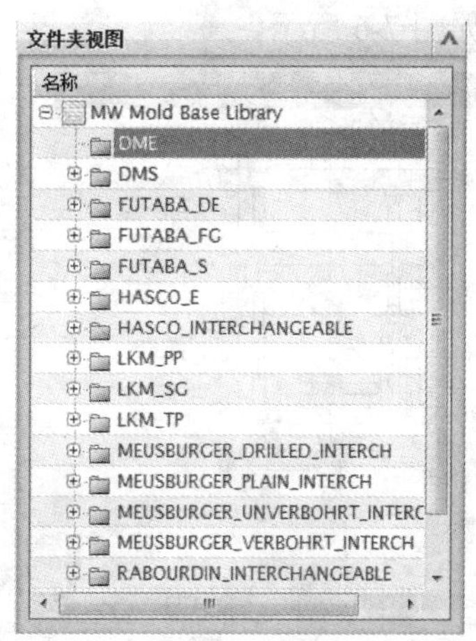

图 7-2　选取模架

在图中可以看到，系统提供了一系列模块化的模架结构，可以用来配置各种标准目录的模架类型，编辑模架板的类型和组件的参数。

7.2.2　成员视图

在如图 7-3 所示的“成员视图”白色方框中列出了指定供应商所提供的标准模具的详细类型，如 DME 模架包括 2A(2 板式 A 型)、2B(2 板式 B 型)、3A(3 板式 A 型)、3B(3 板式 B 型)、3C(3 板式 C 型)和 3D(3 板式 D 型)。

2 板式标准模架是以分型面为界的，并可分为两部分：一部分固定于注塑机的固定板上不动；另一部分固定在注塑机的动模上，随动板运动。2 板式是最具代表性的结构，一个分型面，一个开模方向。(本书实例基本上都以此模架创建模具)

DME 模架的 2 板式 A 型是定板 2 板、动板 1 板，B 型是定板 2 板、动板 2 板，如图 7-4 所示，单击“成员视图”白色方框中 2A 选项，即可在右侧弹出一个 2 板式 A 型模架的预览视图，如图 7-5 所示。

成员视图

对象	标准
2A	Mold Wiza...
2B	Mold Wiza...
3A	Mold Wiza...
3B	Mold Wiza...
3C	Mold Wiza...
3D	Mold Wiza...

图 7-3 “成员视图”白色方框

图 7-4 单击 2A 选项

同样单击“成员视图”白色方框中的 2B 选项，即可在右侧弹出一个 2 板式 B 型模架的预览视图，如图 7-6 所示。

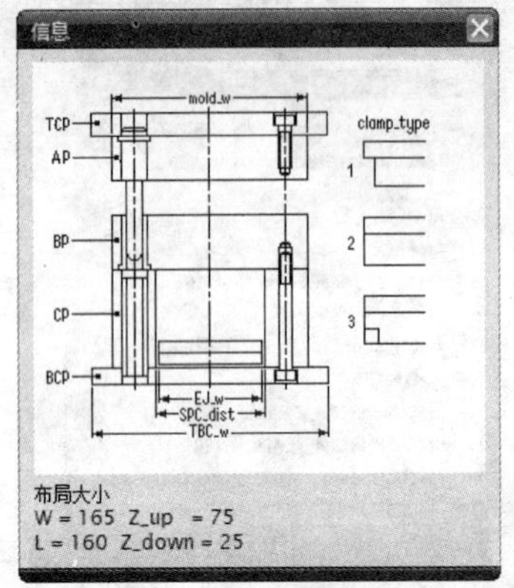

图 7-5 2 板式 A 型模架

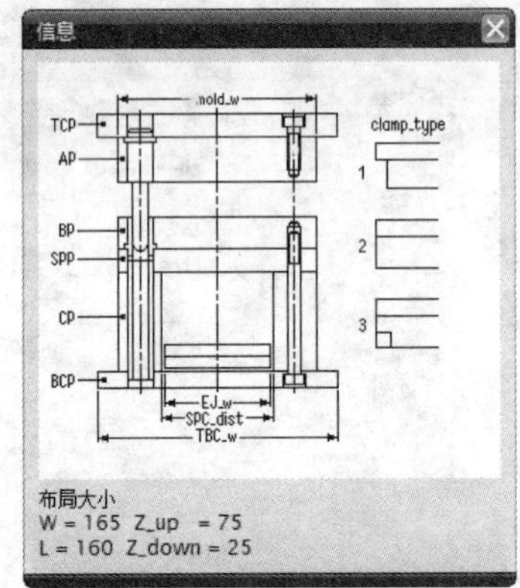

图 7-6 2 板式 B 型模架

3 板式模具有 3 个主要部分。在模具打开时形成两个分型面。塑件在两个相邻部分的分界中成型。而浇注系统则由另外两个相邻部分取出(指普通浇注系统，绝热浇注系统模具的浇注系统不取出)。这种模具的特点是使用点浇注成型，浇注系统能和塑件自动分离，多用于多腔成型或大型塑件。

3 板式 A 型是在 2 板式 B 型基础上增加一个浮动板，位于定模固定板和动模固定板之间，如图 7-7 所示。3 板式 B 型是在 2 板式 B 型基础上增加两个浮动板，如图 7-8 所示。3 板式 C 型是在 2 板式 A 型上增加一个浮动板，如图 7-9 所示。3 板式 D 型是在 2 板式 A 型基础上增加两个浮动板，如图 7-10 所示。

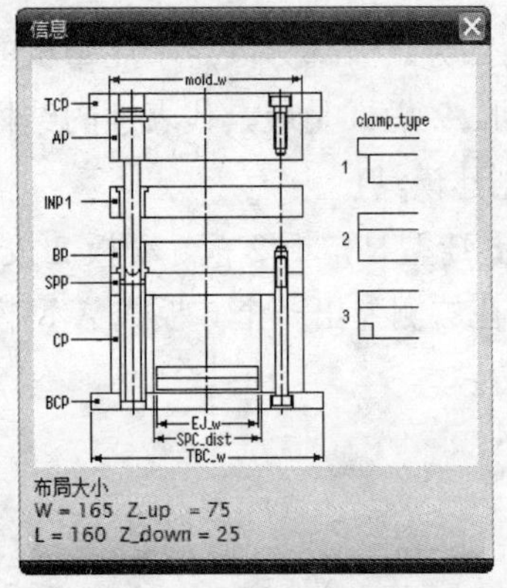

图 7-7 3 板式 A 型模板

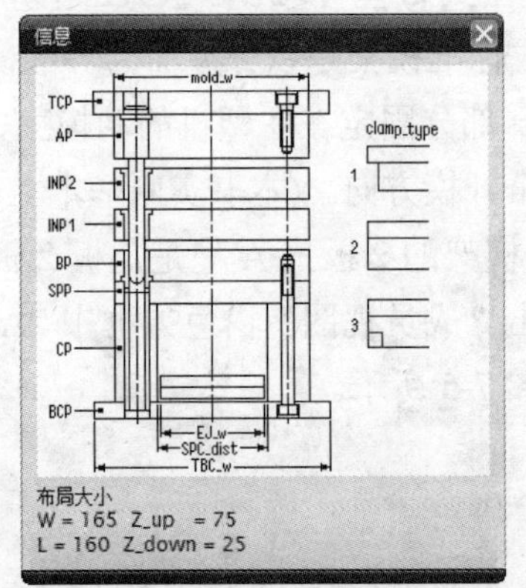

图 7-8 3 板式 B 型模板

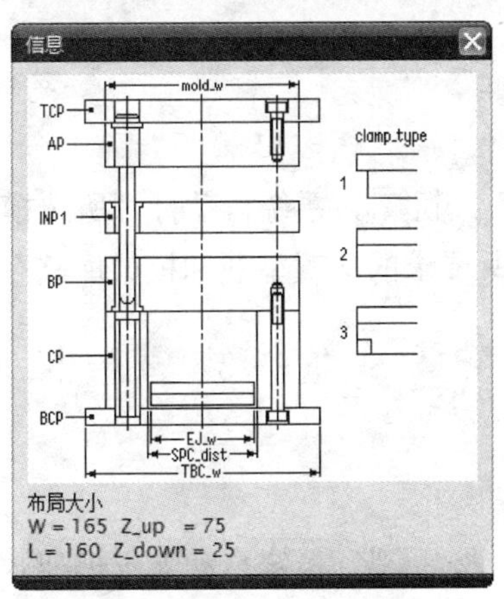

图 7-9　3 板式 C 型模板

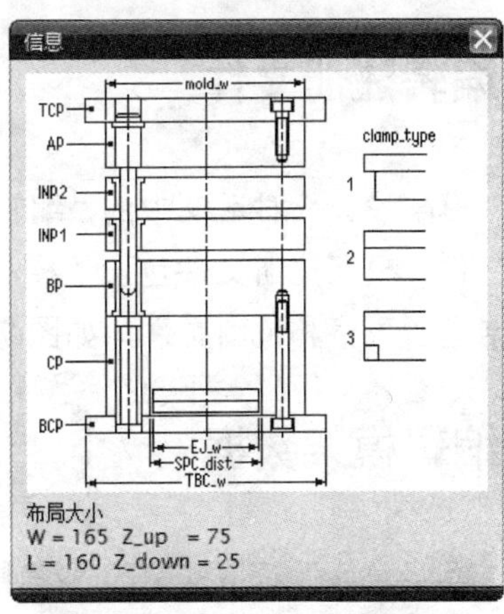

图 7-10　3 板式 D 型模板

7.2.3　详细信息

使用如图 7-11 所示“详细信息”白色方框设置模架的基本参数。

index 为选择模架的长和宽的基本参数。

TCP_type 为定模座板类型，定模座板即固定在连接定模部分和安装在注塑机上的板。

AP_h为定模固定板的厚度，定模固定板即为镶嵌凹模或直接加工成型腔的板，一般是成型塑件的外表面。

BP_h 为动模固定板的厚度，动模固定板即为镶嵌凸模或直接加工成凸模的板。

CP_h 为垫板的厚度，垫板的作用是为使推板能够完成推顶动作而形成空间所用。

BCP_h 为动模座板的厚度，动模座板即固定连接动模部分和安装在注塑机上的板。

TCP_h 为定模座板的厚度。

完成设置后，单击 应用 按钮，即可添加如图 7-12 所示的 2 板式模架。

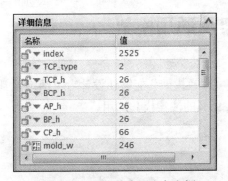

详细信息

名称	值
index	2525
TCP_type	2
TCP_h	26
BCP_h	26
AP_h	26
BP_h	26
CP_h	66
mold_w	246

图 7-11　“详细信息”白色方框

图 7-12　加载 2 板式模架

7.2.4 编辑注册文件

单击“模架设计”对话框中的“编辑注册文件”按钮，系统自动打开所选模架的注册电子表格文件，模架注册文件包含了模具管理系统所要求的配置型芯和模架库路径信息，它们控制数据电子表格和位图文件，如图 7-13 所示。

7.2.5 编辑模架数据

单击“模架设计”对话框中的“编辑模架数据”按钮，系统自动弹出模架数据，用户可以根据自己的需要编辑模架数据，如图 7-14 所示。

	A	B	C
1	##DME	MM	
2			
3			
4	TYPE	CAT_DAT	MODEL
5	2A	/moldbase/metric/dme_m/dme_m2a.xs4	/moldbase/metric/
6	2B	/moldbase/metric/dme_m/dme_m2b.xs4	
7	3A	/moldbase/metric/dme_m/dme_m3a.xs4	
8	3B	/moldbase/metric/dme_m/dme_m3b.xs4	
9	3C	/moldbase/metric/dme_m/dme_m3c.xs4	
10	3D	/moldbase/metric/dme_m/dme_m3d.xs4	
11			
12			
13			

DME_MM DMS_MM HASCO_E

图 7-13 编辑注册文件

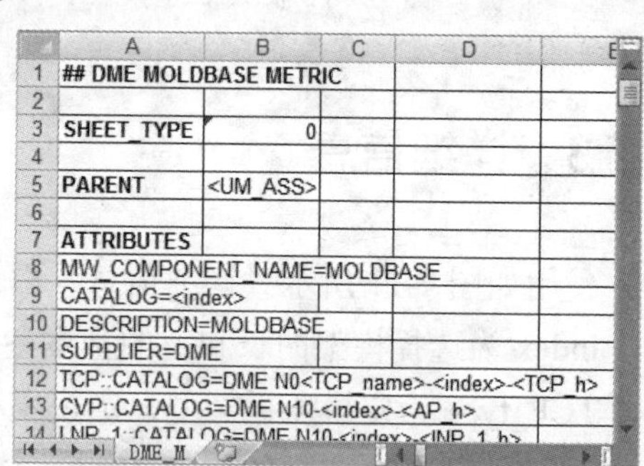

	A	B	C	D
1	## DME MOLDBASE METRIC			
2				
3	SHEET_TYPE	0		
4				
5	PARENT	<UM_ASS>		
6				
7	ATTRIBUTES			
8	MW_COMPONENT_NAME=MOLDBASE			
9	CATALOG=<index>			
10	DESCRIPTION=MOLDBASE			
11	SUPPLIER=DME			
12	TCP::CATALOG=DME N0<TCP_name>-<index>-<TCP_h>			
13	CVP::CATALOG=DME N10-<index>-<AP_h>			

DME_M

图 7-14 编辑模架数据

7.2.6 旋转模架

单击“模架设计”对话框中的“旋转模架”按钮，可以将整套模架绕 Z 轴旋转 90°，而保持镶块布局不变。

7.3 可互换模架及通用模架

模架标准化大大简化了模具设计的过程。“可互换模架”能够让设计者灵活地设计一套非标准模架，而通用模架系统(UNIVERSAL)可供 99%的注塑模具选用。

7.3.1 可互换模架

单击“文件夹视图”下面白色方框中的LKM_PP选项，并单击“成员视图”白色方框中的DA选项，完成单击选择后右侧出现如图 7-15 所示的可互换模架预览图。

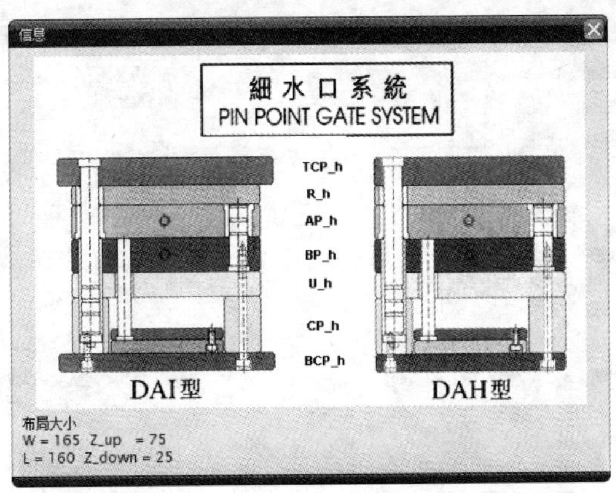

图 7-15　可互换模架预览图

7.3.2　通用模架

用户单击“成员视图”下白色方框中的 UNIVERSAL 名称，可看到“成员视图”白色方框中亦变为 UNIVERSAL，单击此名称，右侧弹出如图 7-16 所示的“信息”窗口，此为通用模架的预览信息。

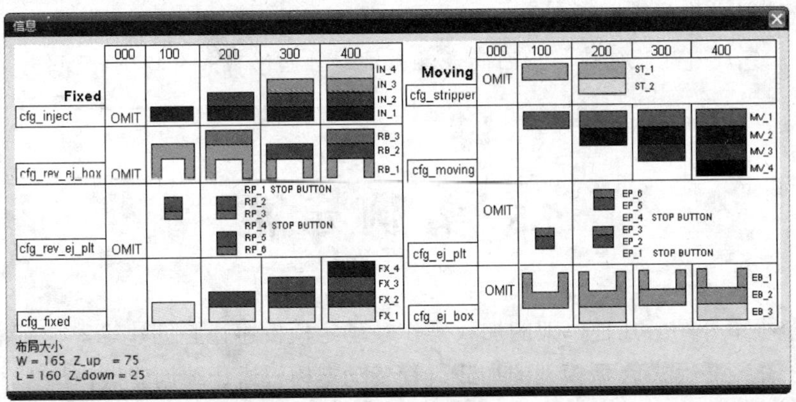

图 7-16　通用模架预览图

7.4　创建模仁避让腔

完成模架加载以后，需要根据模仁刀槽框创建避让腔体。本节讲解“腔体”命令的使用方法。

单击“主要”工具栏中的(腔体)按钮，弹出如图 7-17 所示的“腔体”对话框，默认的模式为“减去材料”，即“模式”列表框默认选择“减去材料”，用户可选择“添加材料”，如图 7-18 所示。

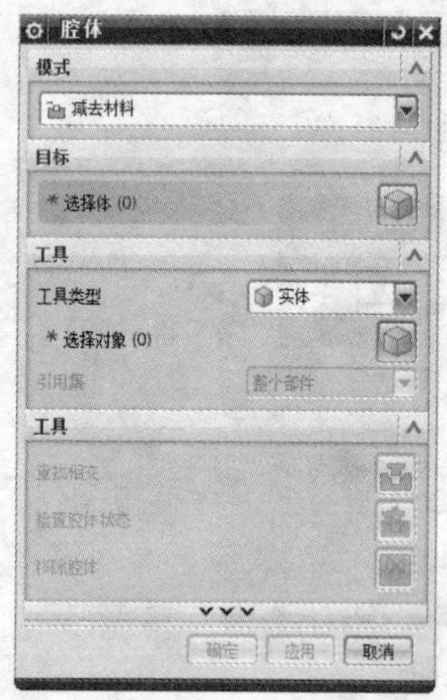

图 7-17　“腔体”对话框

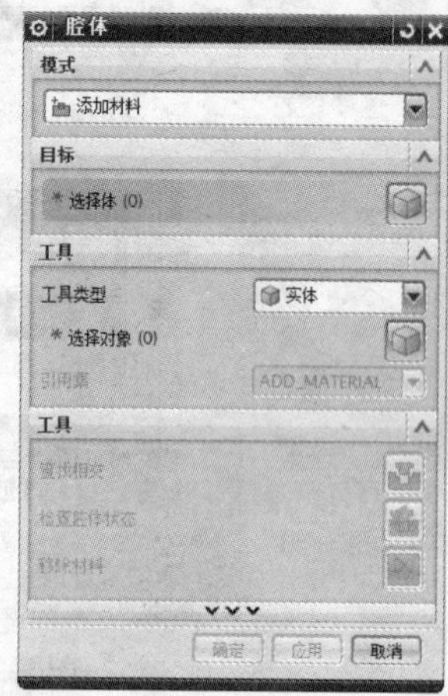

图 7-18　选择“添加材料”

使用本命令，用户单击动定模板作为目标体，单击模仁刀槽框作为工具体，单击应用按钮，即可完成避让腔创建操作。

用户还可以使用本对话框完成查找相交、检查腔体状态及移除材料等操作。

提示

若刀槽框非单个整体，而是一组件，选择“工具”下面的“工具类型”列表框为“组件”，完成避让腔创建，后面的浇注系统避让腔修剪等会提到此操作。

7.5 实例示范

前面几个小节介绍了几种模架的加载操作及动定模板避让腔创建等，本节继续第 5 章实例进行操作，介绍 2 板式 A 型模架的加载过程及动定模板避让腔创建操作。

如图 7-19 所示为根据前文操作完成动定模仁分型并创建刀槽框后的部件，如图 7-20 所示为完成模架加载及避让腔创建后的动定模板。

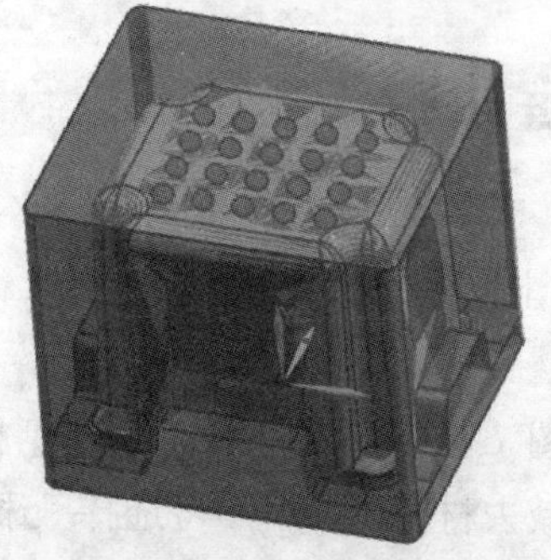

图 7-19　创建刀槽框后的部件

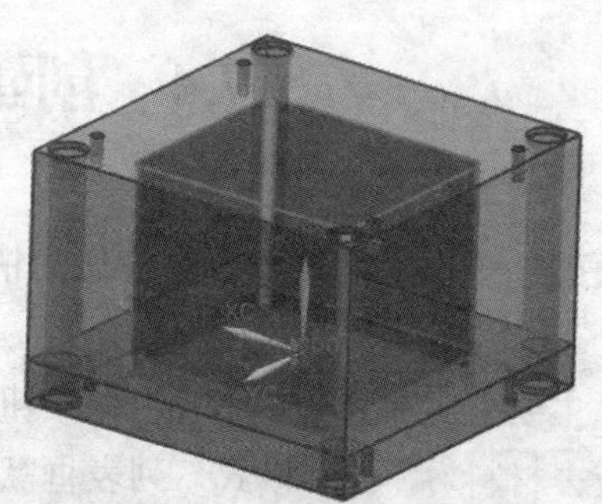

图 7-20　创建避让腔后的模板

结果文件路径	\光盘文件\NX 9\Char07\zhusu\
视频文件	\光盘文件\视频文件\Char07\第 7 章.Avi

7.5.1　打开部件并检查其完整性

首先用户可打开第 5 章的结果文件，找到装配文件，打开检查其完整性。

具体操作步骤如下：

(1) 根据第 5 章结果文件路径找到 dengzi_top_052.prt 文件，并将其打开，打开后的视图如图 7-21 所示。

(2) 单击软件窗口左侧的 (装配导航器)按钮，在弹出的“装配导航器”中单击 dengzi_layout_073，视图变化如图 7-22 所示。

图 7-21　打开文件后视图

图 7-22　操作后视图

(3) 在图中可以看到，视图显示出很清晰的动定模仁及模型零件轮廓，代表模仁是完成分型操作的。

7.5.2　添加模架

完成以上操作后，首先需对模型添加模架。具体操作步骤如下：

(1) 单击 (模架库)按钮，弹出“模架设计”对话框，单击如图 7-23 所示的“文件夹视图”，选择框中的 DME。

(2) 完成步骤(1)操作后，单击如图 7-24 所示的“成员视图”选择框中的 2A，弹出如图 7-25 所示的“信息”窗口。

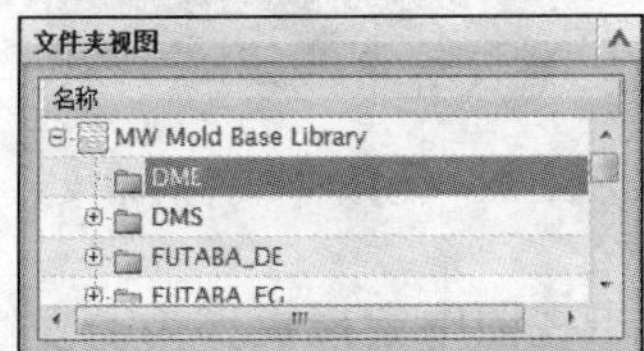

图 7-23　“文件夹视图”框

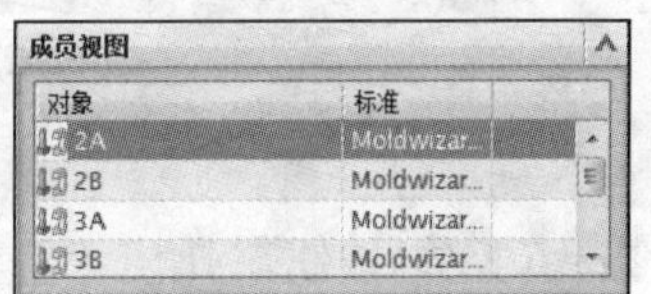

图 7-24　“成员视图”框

(3) 根据“信息”窗口中的预览图，设置“详细信息”框中的内容。

根据模仁的大小选择 index=4545 的模架，根据定模仁嵌入定模板内的部分和动模仁嵌入动模仁内的部分的尺寸，如图 7-26 所示设置“模架设计”对话框下部 AP_h 文本框为 250，BP_h 文本框为 50，CP_h 文本框为 220，完成设置后单击“确定”按钮，加载模架如图 7-27 所示。

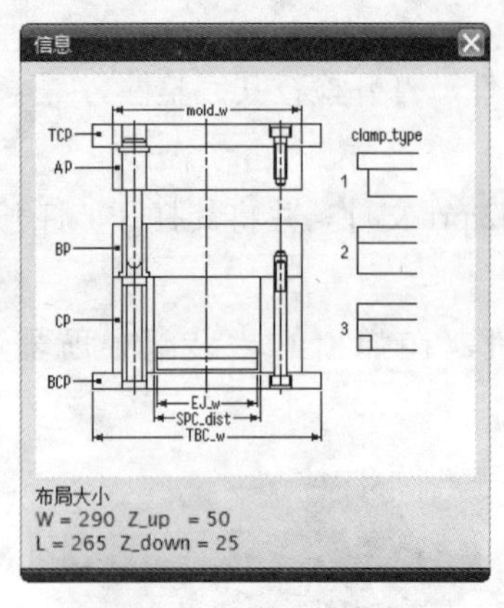

图 7-25 “信息”窗口

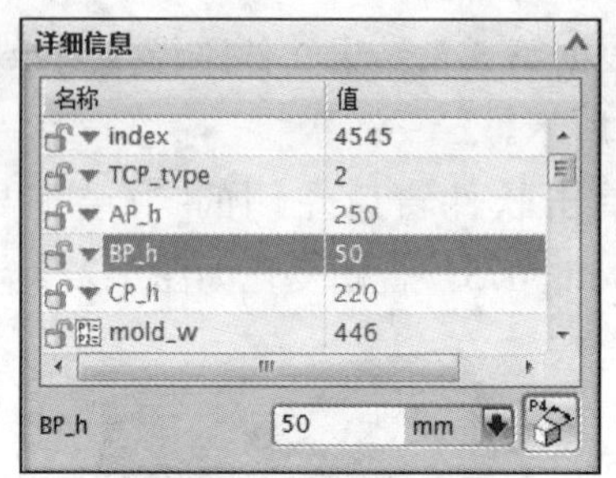

图 7-26 “详细信息”框

7.5.3 创建避让腔

等完成模架加载后，根据前面创建的模仁刀槽框创建模仁避让腔。

具体操作步骤如下：

(1) 完成模架加载后，下一步需要对模板腔体进行修剪。首先修剪定模板上的腔，将除了定模板和刀槽框其余的模具零部件隐藏，得到视图如图 7-28 所示。

图 7-27 加载模架

图 7-28 隐藏零部件后结果

(2) 单击 (腔体)按钮，弹出“腔体”对话框，单击视图中定模板作为需要修剪的“目标”，单击刀槽框作为修剪所用的“刀具”。

(3) “模式”列表框选择“减去材料”，“刀具”下面的“工具类型”列表框选择“实体”，完成设置后的“腔体”对话框如图 7-29 所示。

(4) 单击“工具”下面的应用按钮，即可完成定模板创建腔体操作，将刀槽框隐藏后得到带腔体的定模板，如图 7-30 所示。

图 7-29　“腔体”对话框

图 7-30　创建定模板腔体

(5) 重复步骤(2)创建动模板腔体，如图 7-31 所示。如图 7-32 所示是完成避让腔创建后将模架显示出来后的视图。

图 7-31　创建动模板腔体

图 7-32　重新显示模架

7.6 本 章 小 结

本章介绍了模架的简介、模架库的操作方法及创建避让腔体的操作方法，最后用一个实例综合讲解了标准模架的添加及创建避让腔的操作过程。在注塑模具设计过程中，大多数模具公司使用的都是标准模架，这样可节约成本并提高生产效率。要做到对本章知识融会贯通，读者还需多多操作。

7.7 习　　题

一、填空题

1. 模架也称为_________，是由模板、导柱和导套等零件组成，但其型腔是未加工的组合体。它主要用于_________和_________的装夹、顶出和分离机构，能够提高生产效率，便于机械化操作。

2. DME 模架包括_________、_________、3A(3 板式 A 型)、_________、3C(3 板式 C 型)和_________。

3. 根据模架尺寸和配置的要求，模架类型包括_________、_________、_________、自定义模架。每一种模架类型都有不同的特性，以适应不同的情况。

二、上机操作

1. 打开源文件\NX 9\char07\yxk-1.prt，如图 7-33 所示，根据前文和本章的内容介绍，完成本模型模具设计的前期设计及模架加载设计。

2. 打开源文件\NX 9\char07\model5.prt，如图 7-34 所示，根据前文和本章的内容介绍，完成本模型模具设计的前期设计及模架加载设计。

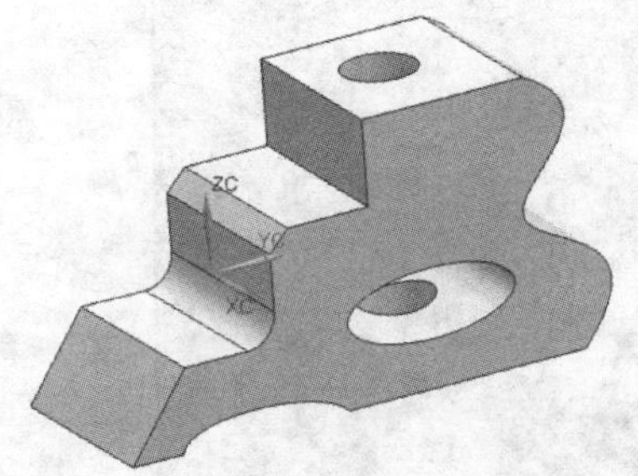

图 7-33　上机操作题 1 零件图

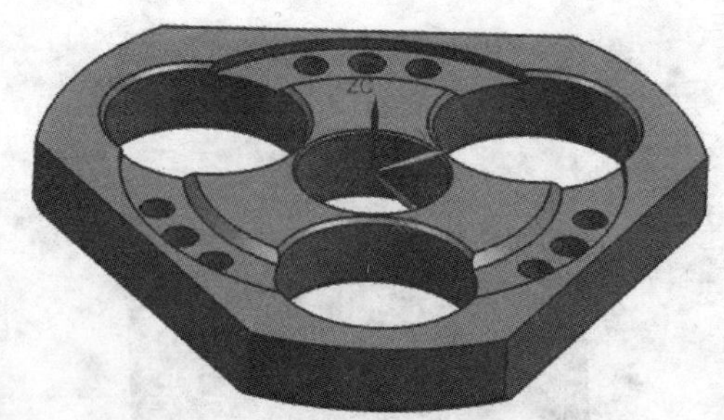

图 7-34　上机操作题 2 零件图

第 8 章

浇注系统设计

浇注系统是指模具中从接触注塑机喷嘴开始到进入型腔为止的塑料流动通道，其作用是使熔体平稳地充满型腔。本章将详细地介绍浇注系统的组成和各部分的设计原则，同时还将介绍在 MoldWizard 中如何设计主流道、分流道和浇口。

学习目标

- ✧ 了解浇注系统的组成和设计原则
- ✧ 掌握浇注系统的结构设计
- ✧ 掌握浇口设计
- ✧ 掌握分流道设计
- ✧ 掌握定位环和浇口衬套设计

8.1 浇注系统概述

浇注系统是模具设计的重点之一。浇注系统的设计关系到产品成型的质量，如浇口的形式和位置直接影响产品外观质量。本节将详细介绍浇注系统的组成和设计原则，以便读者可以独立地为模具设计浇注系统。

8.1.1 浇注系统的组成

注塑机将熔化的塑料注入模具型腔形成塑料产品。通常把由模具与注塑机喷嘴接触到模具型腔之间的塑料熔体的流动通道或在此通道内凝结的固体塑料称为浇注系统。浇注系统分为普通流道浇注系统和无流道(热流道)浇注系统两大类。这里主要介绍普通浇注系统。如图8-1 所示，普通浇注系统由主流道、分流道、冷料井和浇口组成。

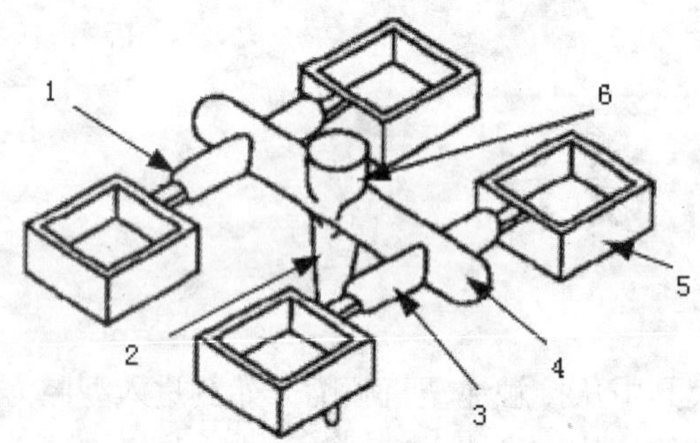

1—浇口；2—主流道；3—次分流道；4—分流道；5 塑件；6—冷料井

图 8-1　浇注系统的组成

8.1.2 浇注系统的设计原则

浇注系统的设计是注塑模具设计的一个重要环节，它对注塑成型的周期和塑件质量(如外观、物理性能、尺寸精度等)都有直接影响。设计时须遵循如下原则：

(1) 型腔布局和浇口的设置部位要求对称，防止模具因承受偏载而产生溢料现象。如图 8-2 所示的布局不合理，如图 8-3 所示的布局要更加合理。

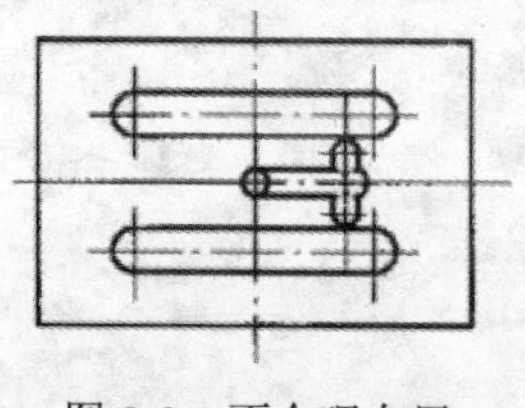

图 8-2　不合理布局

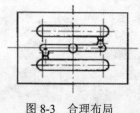

图 8-3　合理布局

(2) 型腔和浇口的排列要尽可能地减小模具外形尺寸。如图 8-4 所示的布局不合理，如图 8-5 所示的布局要更加合理。

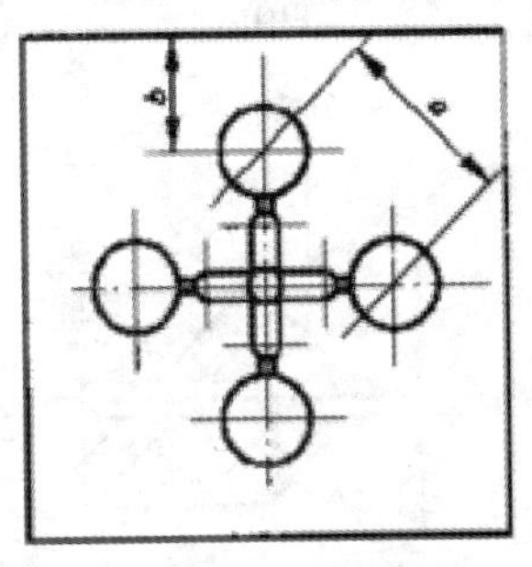

图 8-4　不合理布局

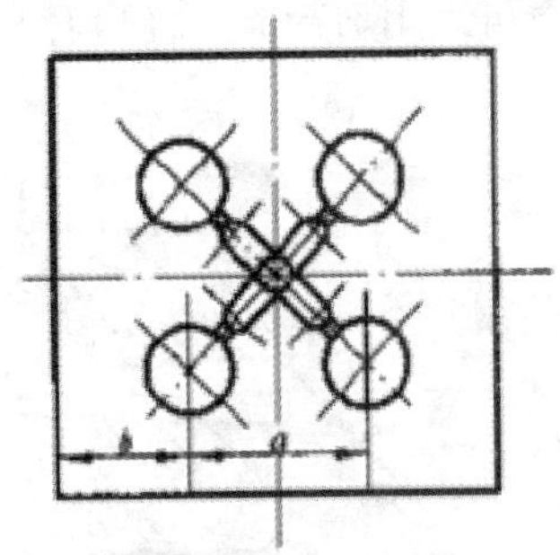

图 8-5　合理布局

(3) 系统流道应该尽可能地短，断面尺寸要适当(太小则压力及热量损失大，太大则塑料耗费大)；尽量减小弯折，表面粗糙度要低，使热量及压力损失尽可能小。

(4) 对于多型腔，应该尽可能地使塑料熔体在同时间内进入各个型腔的深处及角落，即分流道尽可能采用平衡式布局。

(5) 在满足型腔充满的前提下，浇注系统容积尽量小，以减少塑料的耗量。

(6) 浇口位置要恰当，尽量避免冲击嵌件和细小的型芯，防止型芯变形，浇口的残痕不能影响塑件的外观。

8.1.3　主流道的设计

主流道是塑料熔体进入模具型腔时最先经过的部位，它将注塑机喷嘴注入的塑料熔体导入分流道或型腔，其形状为圆锥形，以便熔体顺利地向前流动及开模时主流道凝料又能顺利地拉出来。

主流道的尺寸直接影响塑料熔体的流动速度和充模时间。由于主流道要与高温塑料和注塑机喷嘴反复接触和碰撞，通常不直接放置在定模板上，而是将它单独设计成主流道衬套镶入定模板内。

主流道衬套通常由高碳工具钢制造并热处理淬硬。主流道衬套又称浇口套，如图 8-6 所示为其结构。现在，有标准件可供选购。

在选择浇口套时应该注意以下几项。

(1) 浇口套进料口直径 D

$$D=d+(0.5\sim1)\text{mm}$$

式中，d 为注塑机喷嘴口直径。

(2) 球面凹坑半径 R

$$R=r+(0.5\sim1)\text{mm}$$

式中，r 为注塑机喷嘴球面凹坑半径。

(3) 浇口套与定模板的配合

两者的配合可采用 H7\m6，浇口套与定位环的配合可采用 H9\h8。

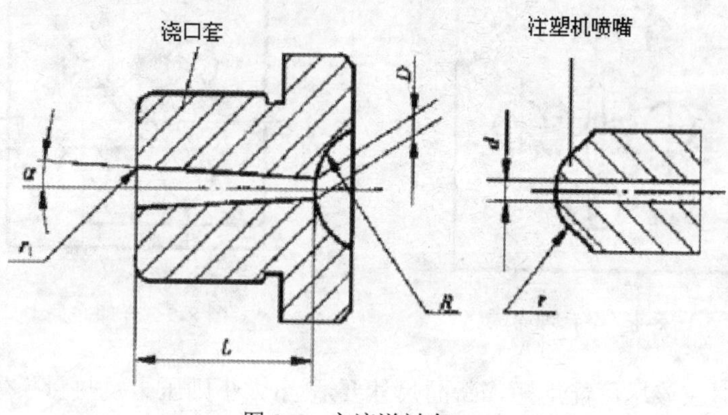

图 8-6　主流道衬套

8.1.4　冷料井的设计

冷料井位于主流道正对面的动模板上，或处于分流道末端，其作用是防止“冷料”进入型腔而影响塑件质量。

冷流道的直径应该大于主流道大端直径，长度约等于主流道大端直径。

8.1.5　分流道的设计

如图 8-7 所示，分流道截面的形状可以是圆形、半圆形、矩形、梯形和 U 形。圆形和矩形截面流道的比表面积最小(流道表面积与体积之比称为比表面积)，塑料熔体温度下降较少，阻力也较小，流道效率最高，但是加工较困难。因此，在实际生产中常用梯形、半圆形和 U 形截面的分流道。

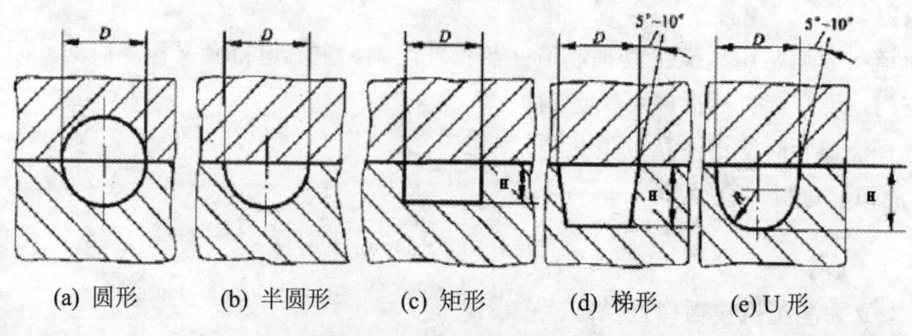

图 8-7　分流道截面形状

1. 分流道的尺寸

分流道尺寸由塑料品种、塑件大小及流道长度确定。对于质量在 200g 以下，壁厚在 3mm 以下的塑件可用经验公式计算分流值的直径。

公式如下：

$$D=0.2654W^{1\backslash 8}L^{1\backslash 4}$$

式中，D 为分流道的直径，单位为 mm；W 为塑件的质量，单位为 g；L 为分流道的长度，单位为 mm。

此公式计算的分流道直径限于 3.2～9.5mm。对于 HPVC 和 PMMA，应该将计算结果增加 25%。对于梯形分流道，应该使用公式 $H=2D\backslash 3$；对于 U 形分流道，应该使用公式 $H=1.25R$ 和 $R=0.25D$。D 算出后一般取整数。常用的塑料分流道直径如表 8-1 所示。

表 8-1　常用塑料分流道直径推荐值

材　料	直径(mm)	材　料	直　径(mm)
POM	3.0～10	PE	1.6～10
ABS，SAN，AS	4.5～9.5 或 1.6～10	PC	6.4～10
PP	1.6～10	HIPS	3.2～10
CA	1.6～11	PS	1.6～10
PA	1.6～10	PSF	6.4～10
PPO	6.4～10	SPVC	3.1～10
PPS	6.4～13	HPVC	6.4～16

2. 分流道的布局方式

在多型腔模具中分流道的布局方式有两种，分别是平衡式和非平衡式。

平衡式布局是指分流道到各个型腔浇口的长度、断面形状和尺寸都相同的布局方式。它要求对应部件的尺寸相等，如图 8-8 所示。这样有利于实现各个型腔均匀进料和同时充满型腔的目的，使成型塑件的力学性能基本一致。

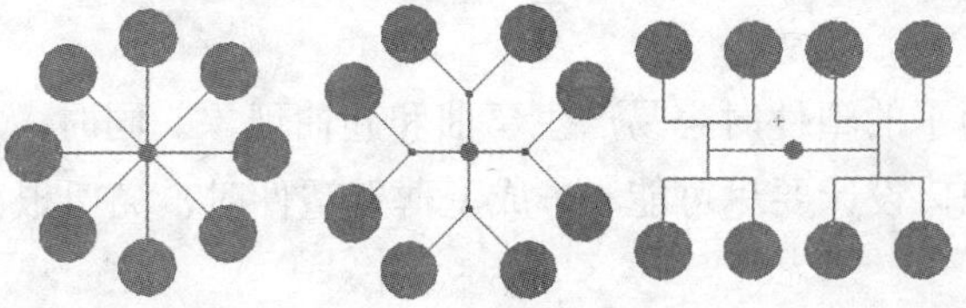

图 8-8　平衡式布局

非平衡式布局的特点是从主流道到各个型腔浇口的分流道的长度不相同。这样可以明显地缩短流道的长度和节约材料，但是这样不利于均匀进料，而且为了达到同时充满型腔的目的，各个分流道的截面尺寸都不一样，如图 8-9 所示。

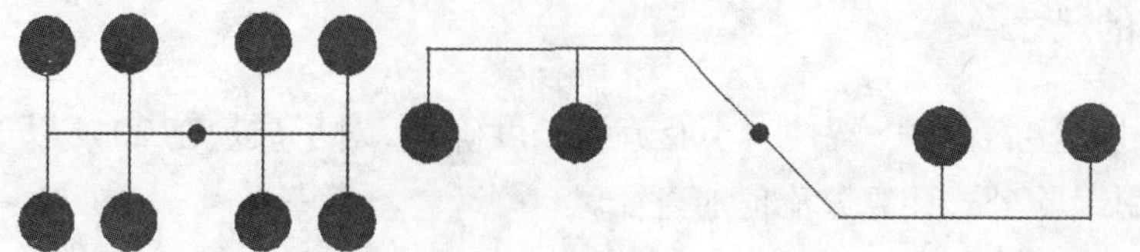

图 8-9　非平衡式布局

3. 分流道的设计原则

在保证足够的注塑压力使塑料熔体顺利充满型腔的前提下，分流道截面积与长度尽量取小值，分流道转弯处应该以圆弧过渡。

分流道较长时，在分流道末端应该开设冷料井。

分流道的位置可以单独设置在定模板或动模板上，也可以同时设置在动模板和定模板上，合模后形成分流道截面的形状。

分流道与浇口连接处应该加工成斜面，并用圆弧过渡。

8.1.6　浇口的设计

浇口又称进料口，是连接分流道与型腔之间的一段细短流道(除直接浇口外)，它是浇注系统的关键部分。其主要作用如下：

(1) 型腔充满后，熔体在浇口处首先凝结，防止其倒流。

(2) 易于在浇口处切除浇注系统的凝料。浇口截面积为分流道截面积的 0.03～0.09，浇口长度为 0.5～2mm，浇口具体尺寸可根据经验公式来确定，取其下限值，然后在试模时逐步纠正。

浇口的形式包括直浇口、侧浇口、点浇口和潜伏式浇口，具体描述如下。

1. 直浇口

直浇口又称中心浇口，这种浇口的流动阻力小，进料速度快，在单型腔模具中常用来成型大而深的塑件，如图 8-10 所示。它适用于各种塑料，特别是黏度高、流动性差的塑料，如 PS。

用直浇口成型浅而平的塑件时容易产生弯曲和翘曲现象，同时，去除浇口不便，会有明显的浇口痕迹，因此浇口设计要尽可能小，成型薄壁塑件时，浇口根部的直径最多等于塑件壁厚的 2 倍。

2. 侧浇口

侧浇口一般设置在分型面上，塑料熔体从内侧或外侧充满型腔，其形状多为矩形，是限制性浇口。侧浇口广泛应用在多型腔单分型面的注塑模上，侧浇口的形式如图 8-11 所示。

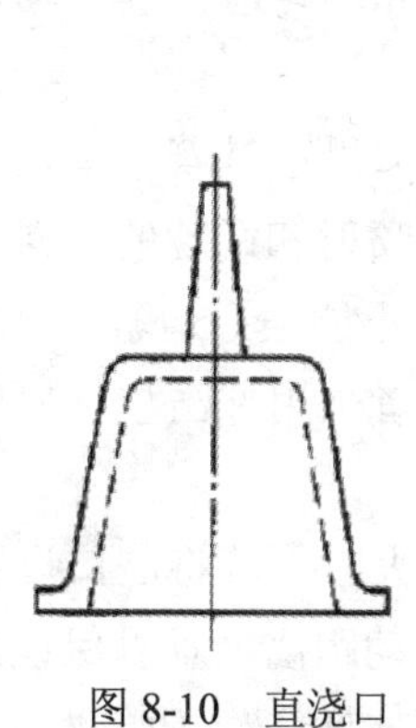

图 8-10　直浇口

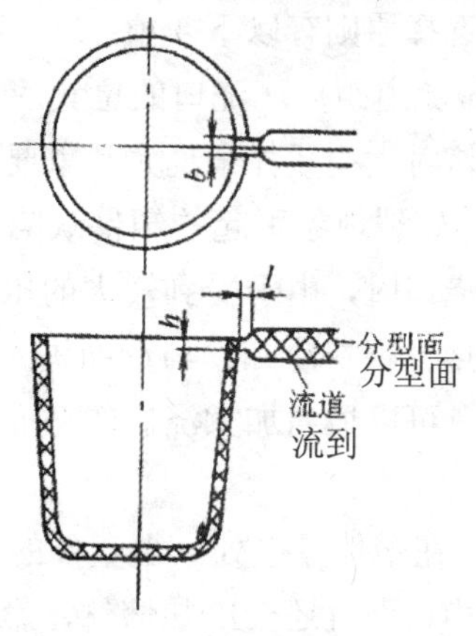

图 8-11　侧浇口

由于浇口截面积小，从而减少了浇口注塑系统塑料的消耗，同时，去除浇口容易，不留明显痕迹。但是，侧浇口容易出现熔接痕且注塑压力损失较大。

3. 点浇口

点浇口是一种截面积很小的浇口，俗称小浇口，适用于深型腔盒型塑件，如图 8-12 所示。

点浇口的优点是：进料口设置在型腔的底部，排气顺畅，成型良好。大型塑件可以设置多点浇口，小型塑件可以一模多腔，一个型腔一个浇口，使各个塑件质量一致；进料口直径很小，点浇口拉断后，仅在塑件上留下很小的痕迹，对塑件的外观质量影响较小。

点浇口的缺点是：不适用于热敏性塑料；进料口直径受限制，加工困难；需要定模分析取出浇口，模具应该设有自动脱落浇口的机构；模具必须是 3 板模，结构复杂。

4. 潜伏式浇口

潜伏式浇口又称剪切浇口，是由点浇口演变而来的，点浇口用于 3 板模，而潜伏式浇口用于 2 板模，从而简化了模具结构，如图 8-13 所示。潜伏式浇口设置在塑件内侧或外侧的隐蔽部位，不影响塑件的外观质量。在顶出塑件时浇口被切断，但需要有较强的推力，对强韧的塑料不宜采用。

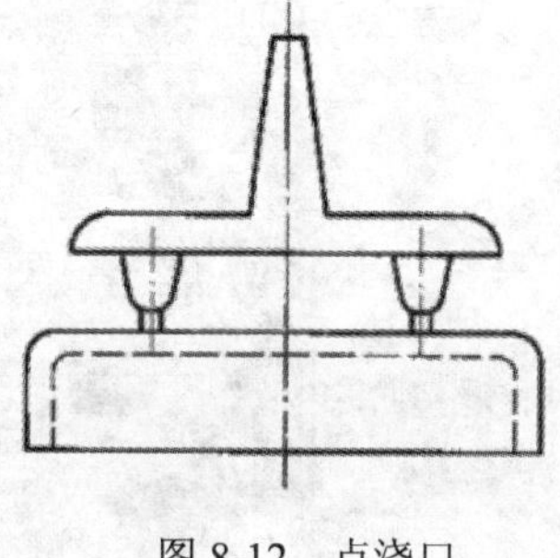

图 8-12　点浇口

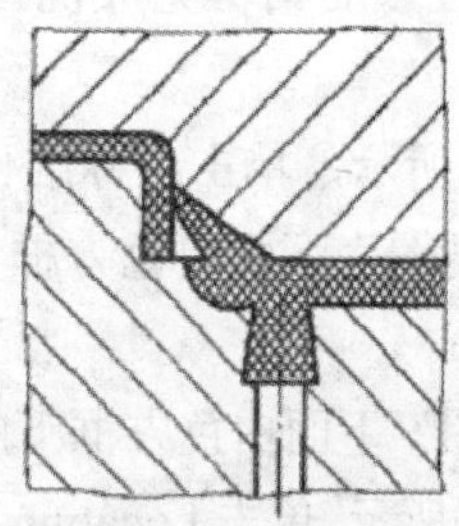

图 8-13　潜伏式浇口

浇口位置的选择原则有以下 4 项：

(1) 尽量缩短流道距离。浇口的位置应该保证迅速和均匀地充满模具型腔，尽量缩短熔体的流动距离，这对大型塑件来说尤其重要。

(2) 避免熔体破裂现象引起的塑件缺陷。小的浇口如果正对着一个宽度和厚度较大的型腔，则熔体经过浇口时，由于受到较大的压力，将产生喷射和蠕动的现象，这些喷射出来的高度定向的丝状熔体很快冷却，与后面进入型腔的熔体不能很好地融合，容易产生熔接痕。要克服这种现象，可以适当加大浇口的截面积尺寸，或者采用冲击型浇口以避免熔体破裂现象的产生。

(3) 浇口应开在塑件厚壁处。当塑件的壁厚差异较大时，若将浇口设置在薄壁处，将增加熔体的流道阻力，而且还会冷却熔体，影响熔体的流动距离，难以保证熔体充满型腔。为了保证塑料充满型腔，使注塑压力得到很好的传递，而在熔体液态收缩时又能得到充分收缩，一般将浇口的位置设置在塑件的厚壁处。

(4) 减少熔接痕，提高熔接强度。由于浇口位置的原因，塑料熔体填充型腔时会造成两股以上的熔体汇集，并形成熔接痕。熔接痕的存在会降低塑件的强度和外观。为了提高熔接的强度，可以在料流汇集处的外侧或内侧设置一个冷料井，将料流前端的冷料引入冷料井中。

8.2 主流道设计

在 NX 9 模具设计中，通常使用标准件命令来对主流道进行设计，本节简单介绍使用“标准件库”命令加载浇口法兰和浇口套的过程，并介绍使用“腔体”命令创建其避让腔的过程。“标准件库”命令的详细用法请参考第 10 章。

8.2.1 添加浇口法兰

单击“主要”工具框中的(标准部件库)按钮，弹出如图 8-14 所示的“标准件管理”对话框。可以通过该对话框完成浇口法兰部件的添加。

图 8-14 “标准件管理”对话框

如图 8-15 所示，单击“标准件管理”对话框的“文件夹视图”下面白色方框内 DME_MM 的子级 Injection。

“成员视图”下面白色方框下的内容会发生变化，如图 8-16 所示，单击 Locating_RING_With_Mounting_Holes[DHR21]，会在窗口右侧出现一个名为“信息”的预览窗口，如图 8-17 所示。

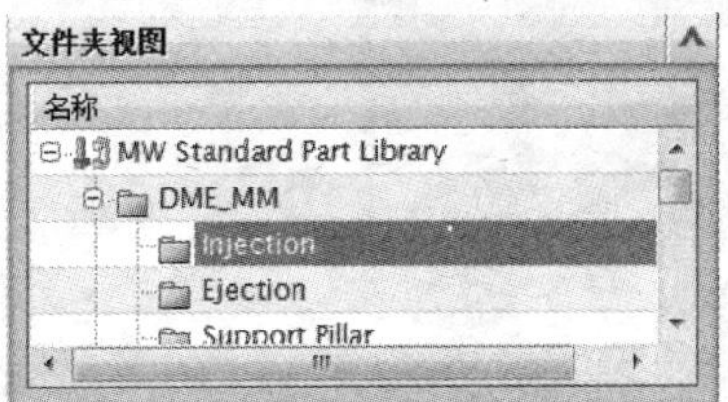

图 8-15　单击 Injection

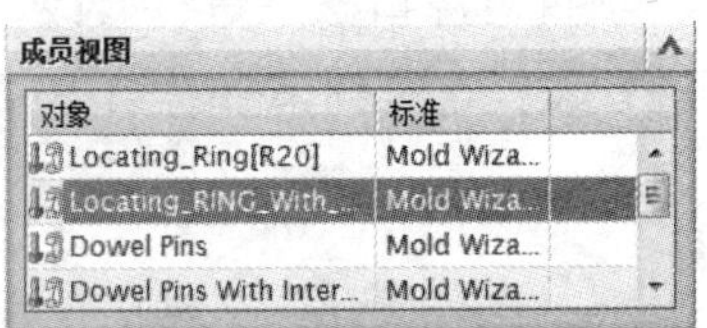

图 8-16　单击 Locating_RING_With_Mounting_Holes[DHR21]

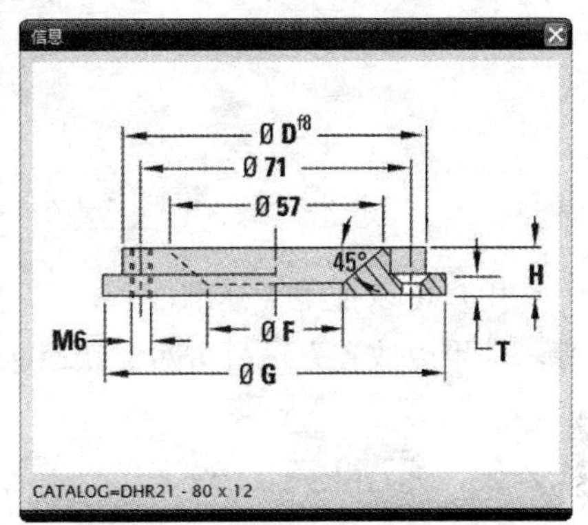

图 8-17　“信息”预览窗口

由图中可以看出，此浇口法兰是一个向上的浇口法兰，而我们需要创建一个向下浇注的浇口法兰。

如图 8-18 所示，设置“标准件管理”对话框下部的“详细信息”白色方框中的参数，TYPE 设为 M8，其余默认设置，此时“信息”预览窗口如图 8-19 所示，此时浇口法兰的浇注方向为向下，合乎要求。

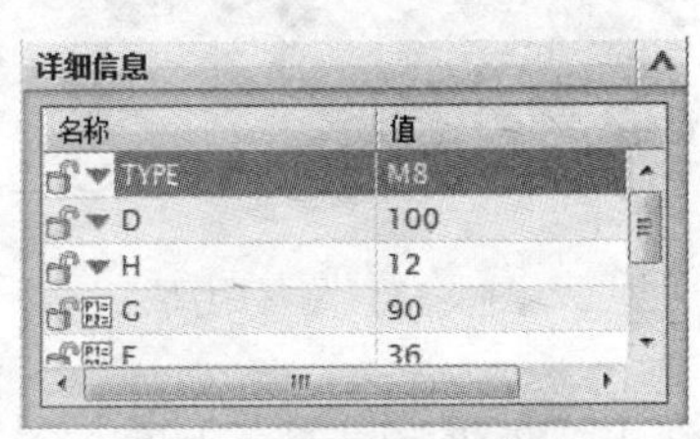

图 8-18　设置详细参数

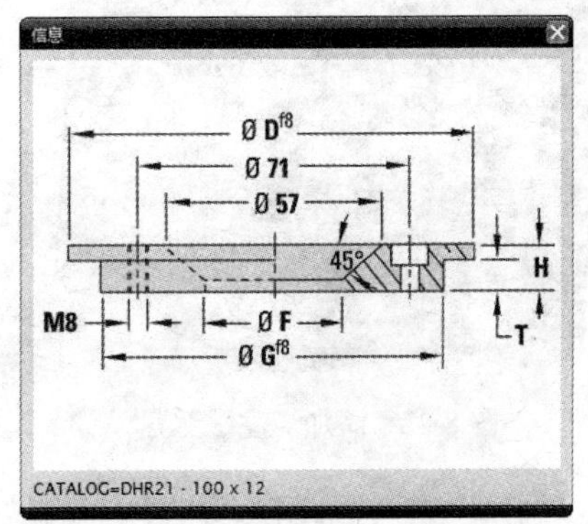

图 8-19　“信息”预览窗口

用户还可以根据模架浇口法兰的预装位置设置“详细信息”白色方框中的参数，使加载的法兰更合乎用户的要求，此处使用默认设置。

单击“标准件管理”对话框中的应用按钮，等待片刻，在模架上添加浇注法兰盘，如图 8-20 所示；完成加载后将除浇口法兰以外的部件隐藏，得到如图 8-21 所示的浇口法兰。

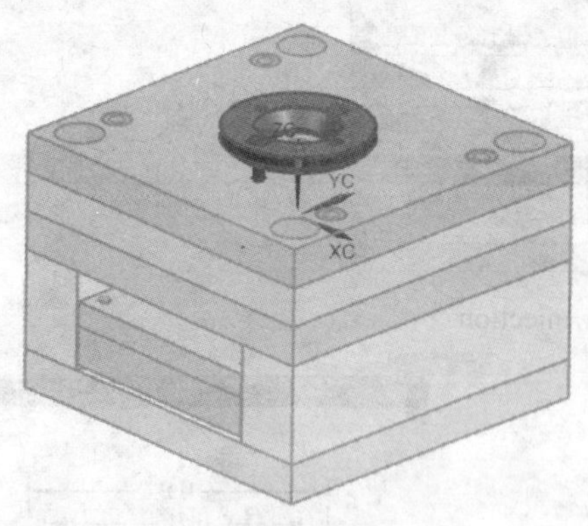

图 8-20　添加浇口法兰盘

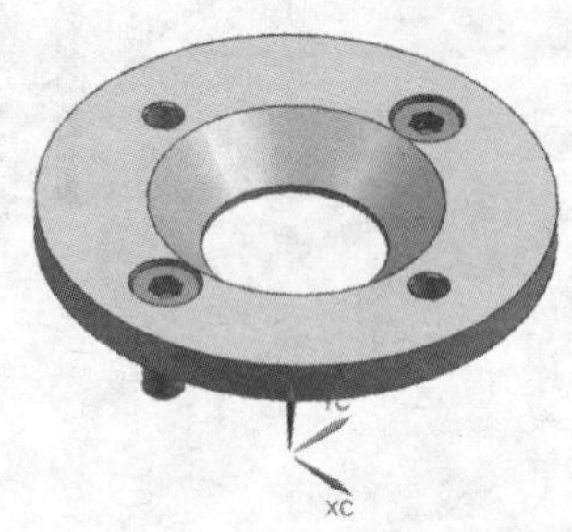

图 8-21　浇口法兰单独视图

用户可以使用“标准件管理”对话框的“部件”项目对浇口法兰进行修改、定位、移除等，使用“放置”项目可对父级目录、放置位置等进行设置，具体请参考第 10 章。

8.2.2　添加浇口衬套

首先需要将模架整个显示，显示结果如图 8-22 所示。单击“分析”选项卡中的(测量距离)按钮，如图 8-23 所示，测量上模座上平面至动模板上平面的距离，确定浇口套的大致长度为 92mm。

图 8-22　添加浇注法兰盘

图 8-23　测量距离

单击“主要”工具框中的(标准部件库)按钮，弹出“标准件管理”对话框。可以通过该对话框完成浇口衬套部件的添加。(也可以继续添加浇口法兰后再继续操作)

如图 8-24 所示，单击“成员视图”下面白色方框内的 Sprue Bushing(DHR 76 DHR78)或 Sprue Bushing(DHR74)，在窗口右侧出现“信息”预览窗口，如图 8-25 所示。

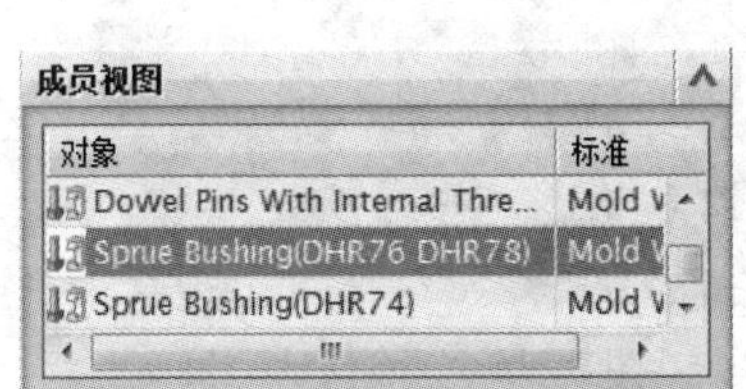

图 8-24　单击 Sprue Bushing(DHR76 DHR78)

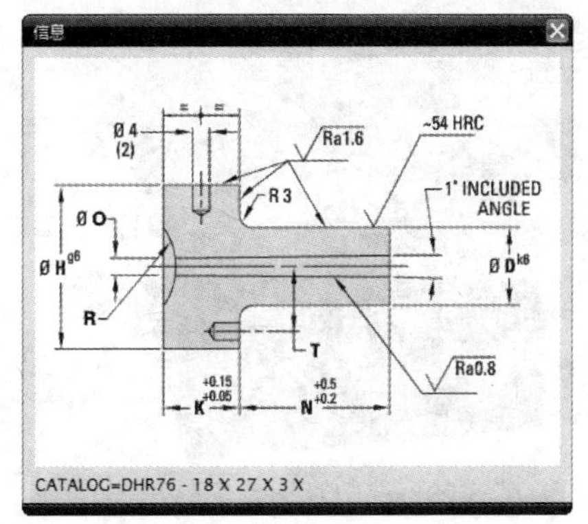

图 8-25　“信息”预览窗口

如图 8-26 所示，设置“详细信息”白色方框内的参数，D 为浇口套外径，设为 18，N 设置为 122-18-3=101。

单击应用按钮，创建浇口套，隐藏除浇口套外其他部件的视图如图 8-27 所示。

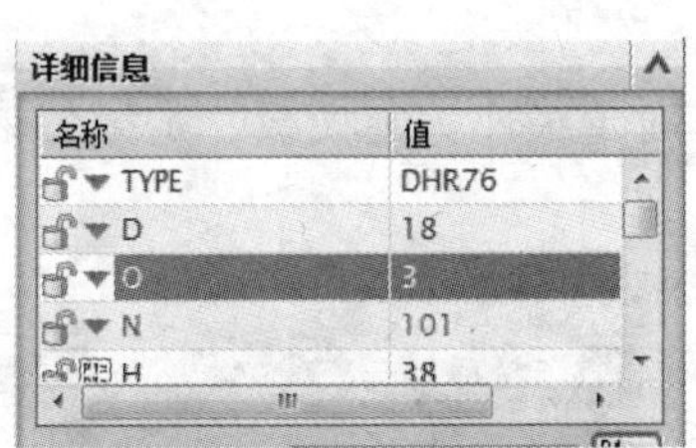

图 8-26　设置“详细信息”参数

图 8-27　浇口套视图

此操作方法是创建一模多腔的浇口套，浇口套末端直接和分型面平齐，若为单件浇注，用户应使用注塑模型对浇口套进行修剪，此处不做详细介绍，具体请参考后面的实例。

8.2.3　修剪主流道避让腔

完成浇口法兰及浇口套创建后，需参考加载零部件对模架进行修剪，以使其同模架进行合理配合。

1. 使用“浇口法兰”作为修剪体对定模座进行修剪

单击(腔体)按钮，弹出“腔体”对话框，“模式”列表框选择“减去材料”，“工具类型”列表框选择“组件”。

如图 8-28 所示，单击动模座作为“目标”，单击浇口法兰组件作为“工具”，完成修剪后动模座视图如图 8-29 所示。

由图中可以看出，定模扳上将紧固浇口法兰的两个螺钉孔修剪出来。

图 8-28　选中目标和工具

图 8-29　完成修剪结果

2. 使用浇口套作为修剪体对定模座、定模板及定模仁进行修剪

双击浇口套，使其成为工作部件，用户可在视图中看到浇口套部件周围有外框，此为其刀槽框，如图 8-30 所示

单击 (腔体)按钮，弹出“腔体”对话框，“模式”列表框选择“减去材料”，“工具类型”列表框选择“实体”。

参考上面的修剪方法，使用浇口套刀槽框对定模座、定模板、定模仁依次进行修剪，得到的结果如图 8-31～图 8-33 所示。

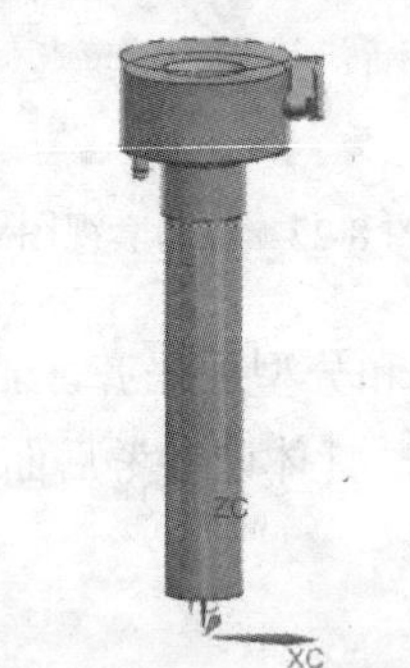

图 8-30　显示刀槽框

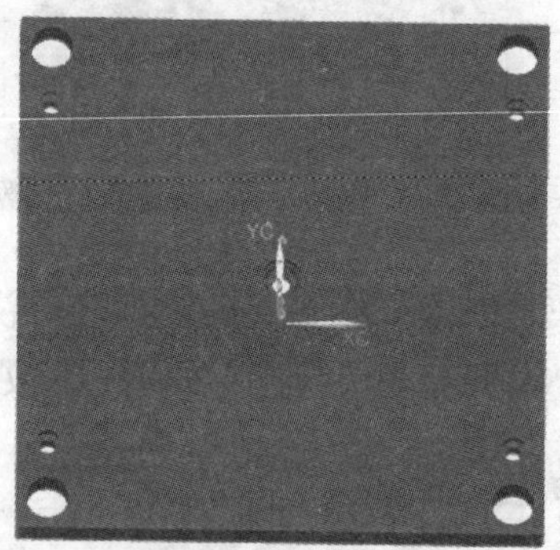

图 8-31　修剪定模座

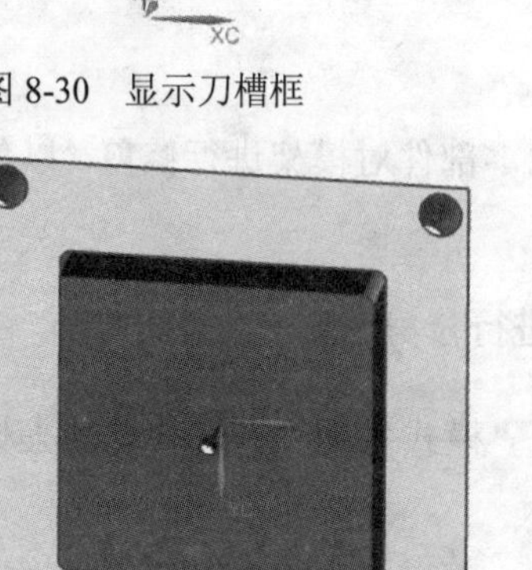

图 8-32　修剪定模板

图 8-33　修剪定模仁

8.3　分流道设计

分流道是主流道末端到浇口的流通通道，分流道的形式和尺寸往往受到塑料成型特征、塑件大小和形状、模具成型的数目和用户要求的因素的影响，因此没有固定形式。

8.3.1　定义引导线串

单击“主要”工具栏中的(流道)按钮，弹出如图 8-34 所示的“流道”对话框。

单击“引导线”下面的(绘制截面)按钮，弹出如图 8-35 所示的“创建草图”对话框，使用此对话框可创建草图。

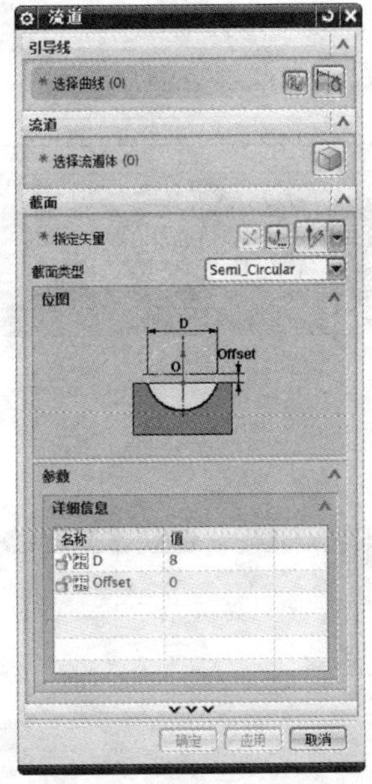

图 8-34　“流道”对话框

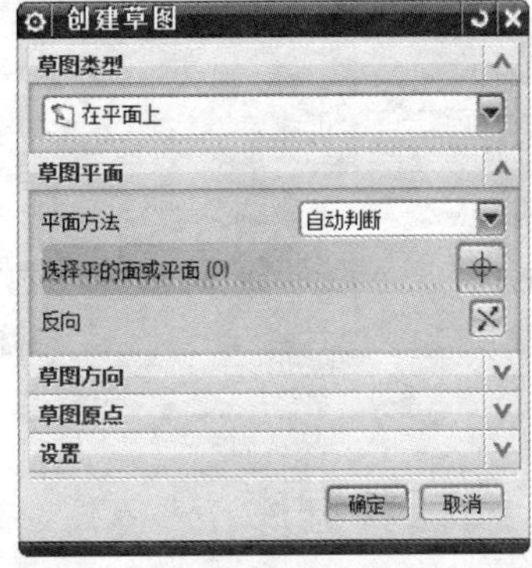

图 8-35　“创建草图”对话框

8.3.2　截面属性

使用“截面”项目定义截面属性，可以进行定义的截面属性有 5 种，包括 Semi_Circular、Circular、Parabolic、Trapezoidal、Hexagonal，如图 8-36 所示。

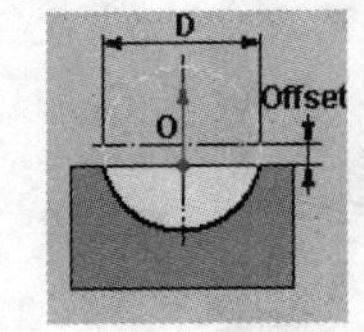

(a) Semi_Circular 样式

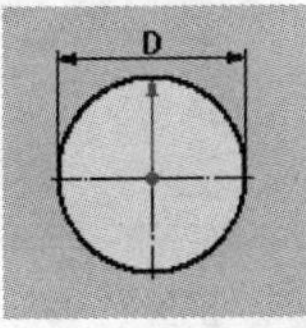

(b) Circular 样式

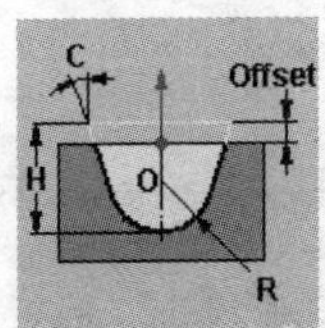

(c) Parabolic 样式

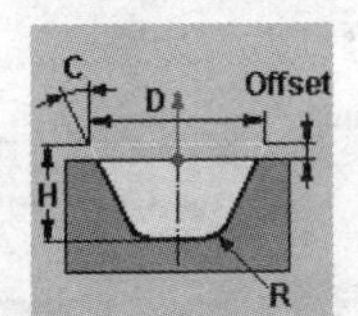

(d) Trapezoidal 样式

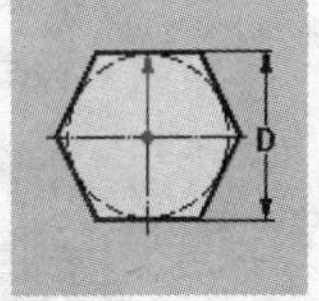

(e) Hexagonal 样式

图 8-36　截面样式

使用“截面”下面的“参数”白色方框对选中的截面形式进行参数设置。

8.3.3 创建避让腔体

用户可以使用“工具”项目对模仁求差，创建避让腔体，也可以使用“腔体”命令创建避让腔体。本书的实例大部分都是使用“腔体”命令创建的避让腔体，请用户在操作的时候自行试验使用“工具”项目对模仁求差的方式创建避让腔体。

8.3.4 编辑注册文件

单击“设置”项目中的(编辑注册文件)按钮，弹出表格文件，如图 8-37 所示。在此表格中可以编辑注册草图样式。

	A	B	C	
1	##RUNNER CROSS SECTIONS			
2				
3				
4	NAME	DATA_PATH	DATA	MOD_PAT
5	Circular	/fill/runner_section/metric/data	runner_cross_circular.xs4::CIRCULAR	/fill/runner_
6	Parabolic		runner_cross_parabolic.xs4::PARABOLIC	
7	Trapezoidal		runner_cross_trapezoidal.xs4::TRAPEZOIDAL	
8	Hexagonal		runner_cross_hexagonal.xs4::HEXAGONAL	
9	Semi_Circular		runner_cross_semi_circular.xs4::SEMI_CIRCULAR	
10				
11				
12				
13				
14				
15				
16				

RUNNER_SECTION_MM

图 8-37　编辑注册文件

8.3.5 编辑数据库

单击“设置”项目中的(编辑数据库)按钮，弹出表格文件，如图 8-38 所示。在此表格中可以编辑数据库。

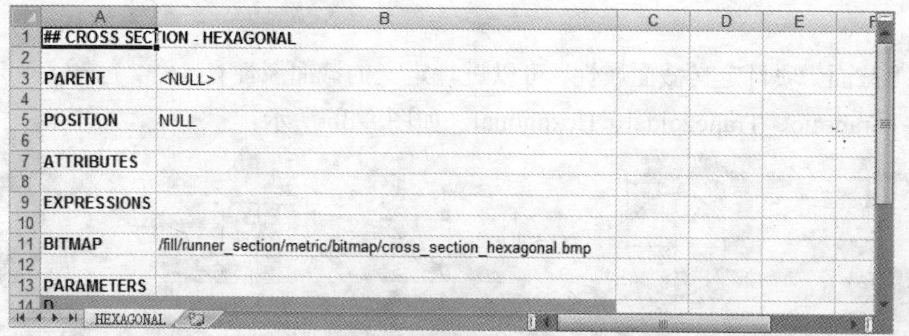

	A	B	C	D	E	F
1	## CROSS SECTION - HEXAGONAL					
2						
3	PARENT	<NULL>				
4						
5	POSITION	NULL				
6						
7	ATTRIBUTES					
8						
9	EXPRESSIONS					
10						
11	BITMAP	/fill/runner_section/metric/bitmap/cross_section_hexagonal.bmp				
12						
13	PARAMETERS					
14	D					

HEXAGONAL

图 8-38　编辑数据库

8.4 浇 口 设 计

浇口、分流道和主流道组成了注塑模的浇注系统。浇口是连接分流道和模具型腔的重要部分。在 MoldWizard 中已经在预定义的库中提供了很多浇口的类型，可以指定一个现有库或用自己设计的浇口。

单击“主要”工具框中的(浇口库)按钮，弹出如图 8-39 所示的“浇口设计”对话框。

8.4.1 添加或修改浇口

使用“浇口设计”对话框可对浇口进行添加或修改操作。具体可进行操作的内容如下：

(1) 在型腔布局类型中，选择“平衡”或“非平衡”。

(2) 在“位置”中，确定浇口的位置，在“型芯”或“型腔”处，若选择“型芯”，系统默认浇口添加到型芯侧。

(3) 一般用点构造器指定浇口位置，使用点构造器可以准确地定位浇口的位置。

(4) 在浇口库中选择浇口的类型。浇口的位置和形状直接影响到产品的外观质量。如果对产品外观质量要求较高，可以采用点浇口或潜伏式浇口。

(5) 在编辑窗口编辑浇口的尺寸。

(6) 使用“建腔”工具从型腔或型芯剪掉浇口的几何特征。

8.4.2 “浇口设计”对话框

“浇口设计”对话框包含以下选项。

1. 平衡

有两种样式：平衡式浇口和非平衡式浇口。

平衡式浇口多用于多型腔模具，浇口位置在每个阵列型腔的相同位置。当平衡式浇口的一个浇口被修改、重定位或删除时，所有对应的浇口都随之变化。

非平衡式浇口可用于普通的一模一腔的模具。

2. 位置(定位)

浇口可以设置在型腔侧、型芯侧和它们的两侧，具体位置取决于浇口的类型。例如，潜伏式浇口和扇形浇口一般只设置在型腔侧或型芯侧；圆形浇口可以设置在分型面上的剪切部分或在型腔和型芯上的剪切部分等。

3. 方法

“方法”选项有两种操作，分别是添加和修改。

当选择一个浇口时，修改模式会被激活。该浇口的相关参数还会显示在编辑窗口中。

如果选择“添加”单选按钮，则会将定义的参数添加为一个新的浇口。

4. 浇口点表示

单击“浇口设计”对话框中的“浇口点表示”按钮，系统自动弹出“浇口点”对话框，如图 8-40 所示。

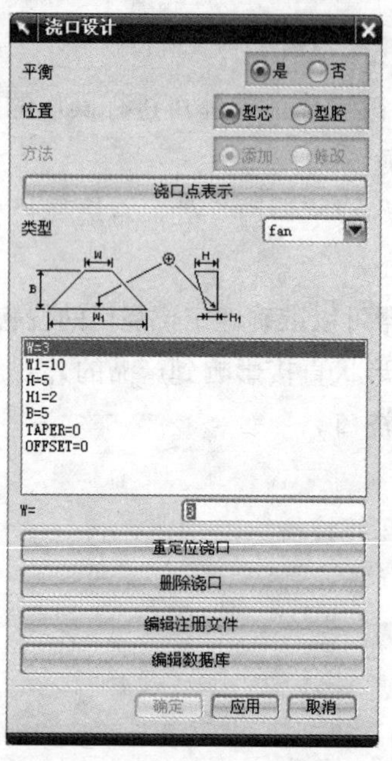

图 8-39 “浇口设计”对话框

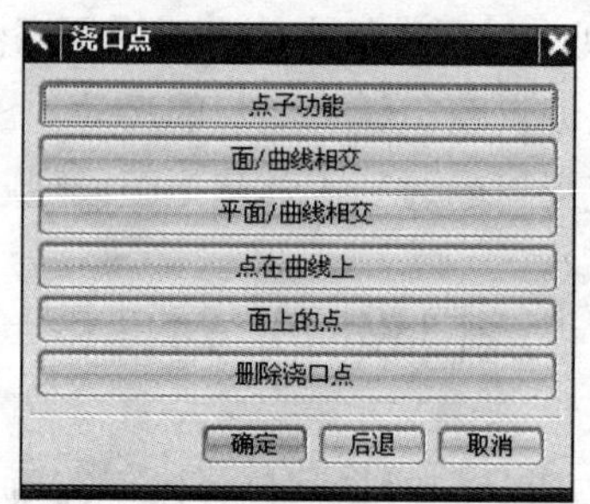

图 8-40 “浇口点”对话框

“浇口点”对话框提供了 5 种创建浇口和一种删除浇口的方法，分别如下。

(1) 点子功能

单击“浇口点”对话框中的“点子功能”按钮，弹出“点”对话框来选择点。

(2) 面\曲线相交

单击“浇口点”对话框中的“面\曲线相交”按钮，弹出如图 8-41 所示的“曲线选择”对话框和如图 8-42 所示的“面选择”对话框。选择一个曲线\边和一个面后，MoldWizard 会创建一个交点。

图 8-41 “曲线选择”对话框

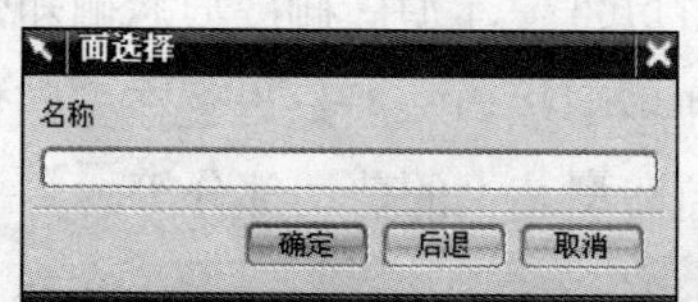

图 8-42 “面选择”对话框

(3) 平面\曲线相交

单击“浇口点”对话框中的“平面\曲线相交”按钮，弹出“曲线选择”和“面选择”对话框。选择一个曲线\边和一个平面后，MoldWizard会创建一个交点。

(4) 点在曲线上

单击“浇口点”对话框中的“点在曲线上”按钮，同样弹出“曲线选择”和“面选择”对话框。完成曲线的选择后，弹出如图 8-43 所示的对话框，通过拖动滑块或输入值来确定点在曲线上的位置并创建一个交点。

(5) 面上的点

单击“浇口点”对话框中的“面上的点”按钮，弹出“面选择”对话框。在一个面上选择一点，MoldWizard会在面的中心创建一个点。

(6) 删除浇口点

选择浇口点后，单击“浇口点”对话框中的“删除浇口点”按钮，删除浇口点。

5. 重定位浇口

单击“浇口设计”对话框中的“重定位浇口”按钮，弹出如图 8-44 所示的“重定位组件”对话框，可以对浇口的位置进行重定位。

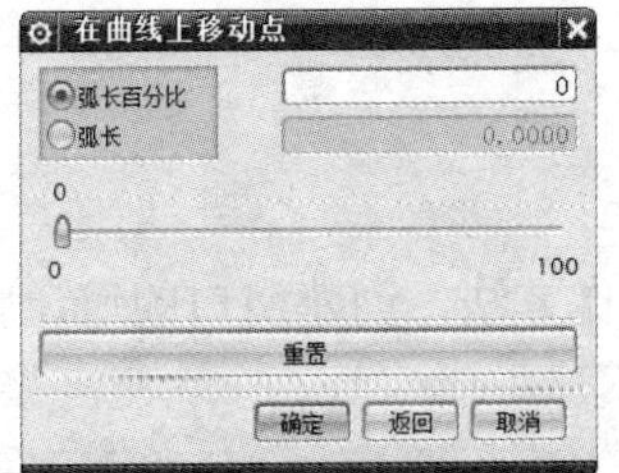

图 8-43　“在曲线上移动点”对话框

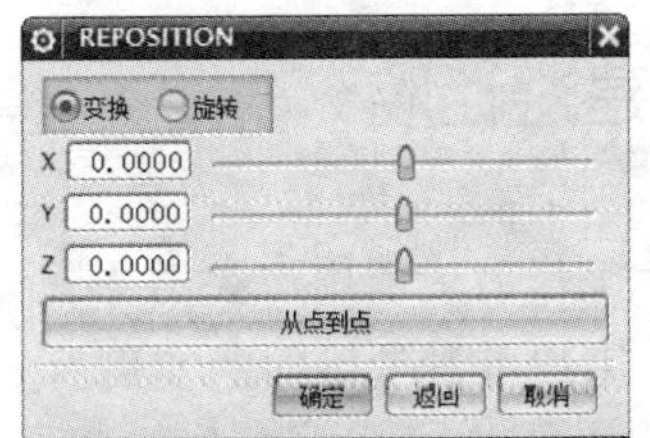

图 8-44　“重定位组件”对话框

6. 删除浇口

“删除浇口”选项可实现浇口的删除功能。

7. 编辑注册文件

单击“浇口设计”对话框中的“编辑注册文件”按钮，弹出如图 8-45 所示的表格文件，对注塑模向导中的浇口模型可进行编辑和修改。

	A	B	C	D	E	F	G
1	##GATE_IN						
2							
3							
4	NAME	DATA_PATH	DATA	MOD_PATH	MODEL		
5	fan	/fill/english/data	gate_fan.xs4	/fill/english/mod	gate_fan.prt		
6	film		gate_film.xs4		gate_film.prt		
7	pin		gate_pin.xs4		gate_pin.prt		
8	pin point		gate_pin_point.xs4		gate_pin_point.prt		
9	rectangle		gate_rect.xs4		gate_rect.prt		
10	step pin		gate_step_pin.xs4		gate_step_pin.prt		
11	tunnel		gate_subm.xs4		gate_subm.prt		
12	curved tunnel		gate_tunnel.xs4		gate_tunnel.prt		
13							

GATE_IN　GATE_MM　RUNNER_IN　RUNNER_MM

图 8-45　编辑注册文件

8. 编辑数据库

单击“浇口设计”对话框中的“编辑数据库”按钮，弹出如图 8-46 所示的表格文件，对注塑模向导中的浇口模型数据库可进行编辑和修改。

	A	B	C	D	E	F	G
1	## gate_fan						
2							
3	BITMAP	/fill/metric/bitmap/gate_fan.xbm					
4							
5	PARAMETERS						
6	W	W1	H	H1	B	TAPER	OFFSET
7	3	10	5	2	5	0	0
8	END						
9							
10							
11							
12							
13							

Sheet1

图 8-46　编辑数据库

提示

编辑注册文件和编辑数据库不常使用，请用户操作时谨慎使用，没有十分必要请不要使用。

8.4.3　创建避让腔

完成以上操作后，请用户参考“腔体”的创建操作方法，创建浇口的避让腔。本小节不做详细叙述，用户可参考后面的实例。

8.5　实 例 示 范

如图 8-47 所示为第 6 章进行分型设计的一个实例进行模架加载后的结果，使用此添加浇注系统。如图 8-48 所示为浇注系统后的视图。

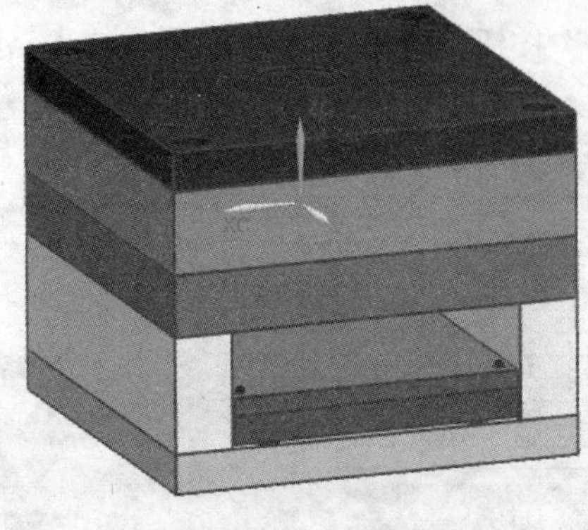

图 8-47　加载模架

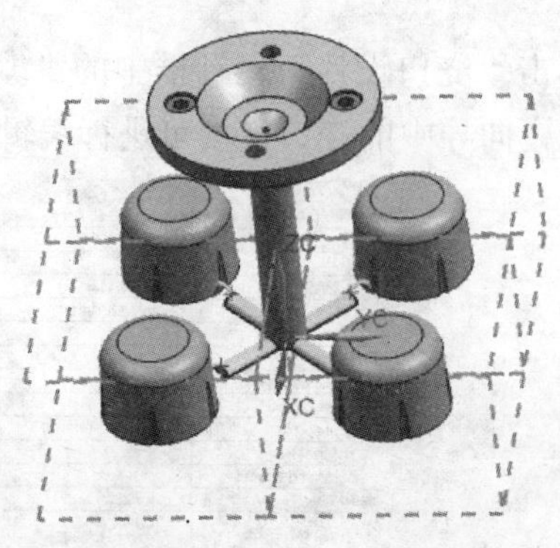

图 8-48　浇注系统与模型组合

初始文件路径	\光盘文件\NX 9\Char08\zhusu-1\
结果文件路径	\光盘文件\NX 9\Char08\zhusu\
视频文件	\光盘文件\视频文件\Char08\第 8 章.Avi

8.5.1　添加浇注系统及修整

完成模架创建后，需添加浇注系统并对其进行修整，并创建避让腔。

具体操作步骤如下：

(1) 在添加浇注法兰盘前，需要对浇注法兰盘的让位凹槽进行测量，单击“分析”选项卡中的(测量距离)按钮，测量凹槽的半径为 45mm，深为 5mm。

(2) 单击(标准件库)按钮，弹出“标准件管理”对话框。

(3) 如图 8-49 所示，单击“标准件管理”对话框的“文件夹视图”下面白色方框内 DME_MM 的子级 Injection。

“成员视图”下面白色方框的内容会发生变化，如图 8-50 所示，单击 Locating_RING_With_Mounting_Holes[DHR21]，会在窗口右侧出现一个名为“信息”的预览窗口，如图 8-51 所示。

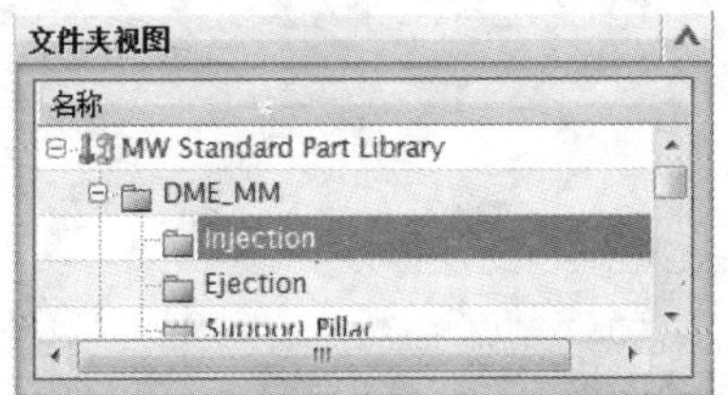

图 8-49　单击 Injection

图 8-50　单击 Locating_RING_With_Mounting_Holes[DHR21]

(4) 如图 8-52 所示，设置“标准件管理”对话框下部的“详细信息”白色方框中的参数，TYPE 设为 M8，其余默认设置，此时“信息”预览窗口，如图 8-53 所示。

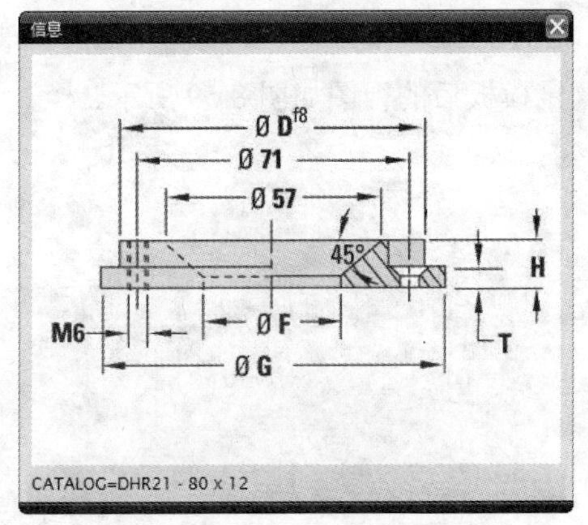

图 8-51　“信息”预览窗口

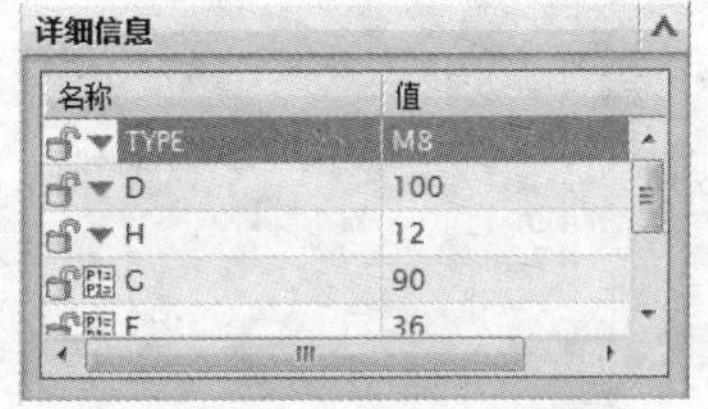

图 8-52　设置“详细信息”参数

(5) 单击“标准件管理”对话框中的 应用 按钮，等待片刻，在模架上添加浇注法兰盘如图 8-54 所示。

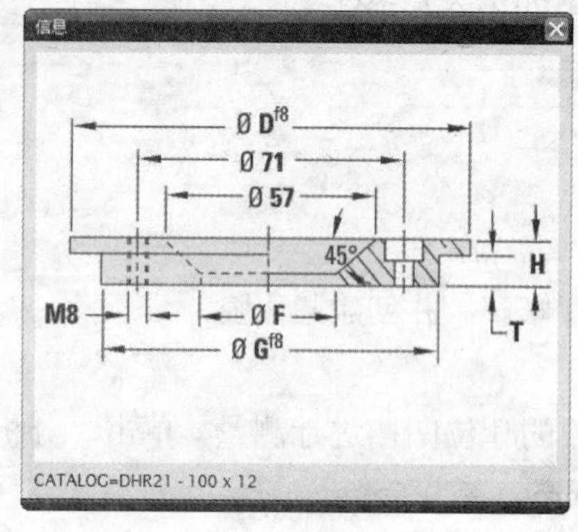

图 8-53 “信息”预览窗口

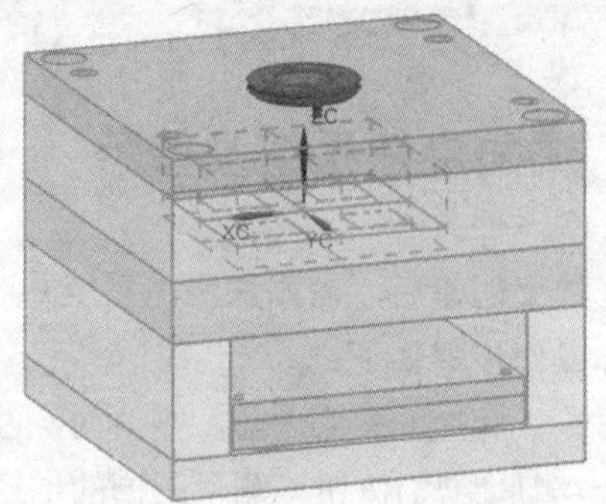

图 8-54 添加浇注法兰盘

(6) 单击 (测量距离)按钮，如图 8-55 所示，测量上模座上平面至动模板上平面的距离，确定浇口套的大致长度为 112-3=109mm。

(7) 如图 8-56 所示，单击“成员视图”下面白色方框内的 Sprue Bushing(DHR 76 DHR78)，在窗口右侧出现“信息”预览窗口，如图 8-57 所示。

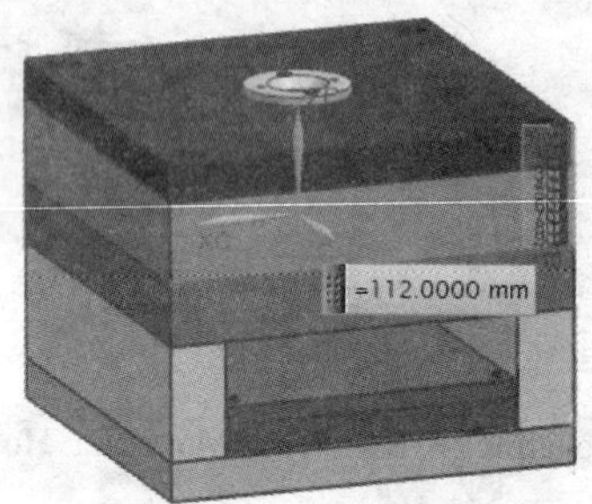

图 8-55 测量距离

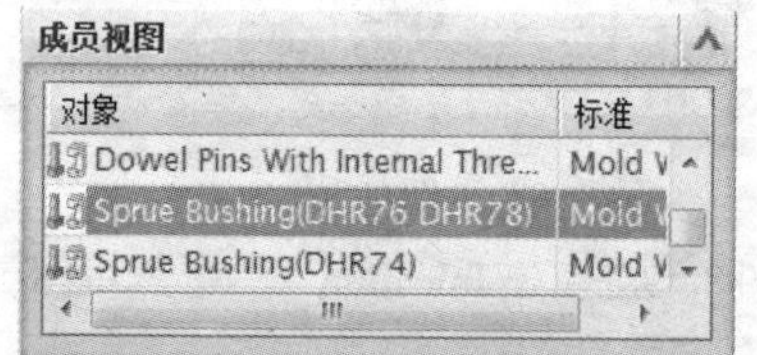

图 8-56 单击 Sprue Bushing(DHR76 DHR78)

(8) 如图 8-58 所示，设置“详细信息”白色方框内的参数，D 为浇口套外径，设为 18，N 设置为 109-18=91。

单击 应用 按钮，创建浇口套，隐藏定模座、定模板后的视图如图 8-59 所示。

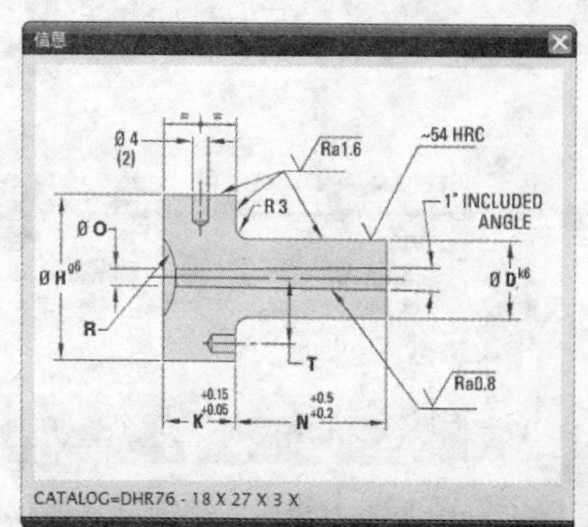

图 8-57 “信息”预览窗口

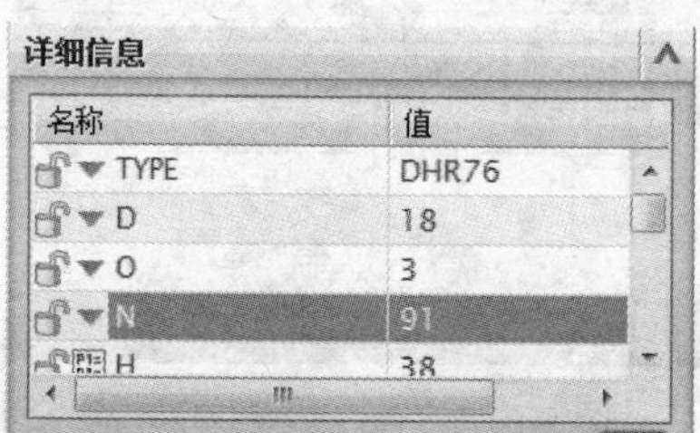

图 8-58 设置“详细信息”参数

(9) 单击 (腔体)按钮，弹出“腔体”对话框，“模式”列表框选择“减去材料”，“工具类型”列表框选择“实体”。

将定模座、定模板、定模仁作为需要修剪的“目标”。

将浇口法兰盘组件、浇口套组件(选中浇口套刀槽实体)作为修剪所用的“刀具”。

完成避开腔体创建，如图 8-60 所示为完成避开腔体创建后的定模仁，如图 8-61 所示为定模板，如图 8-62 所示为定模座。

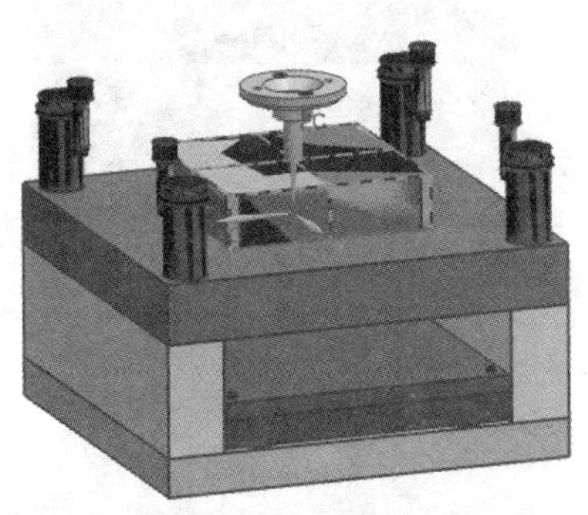

图 8-59　创建浇口套视图

图 8-60　定模仁视图

图 8-61　定模板视图

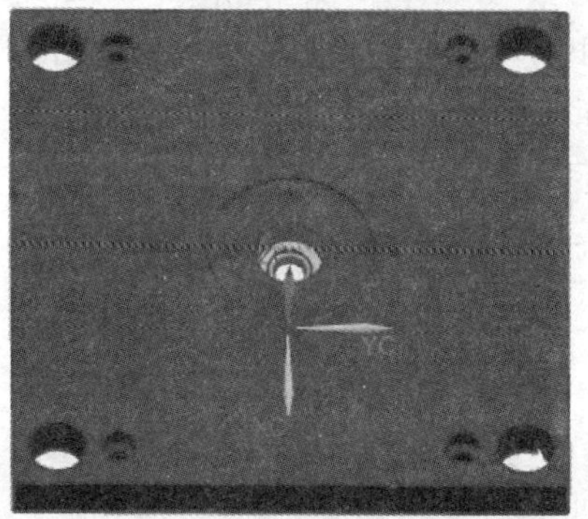

图 8-62　定模座视图

提示

尽量以浇口法兰、浇口套刀槽实体分别对修剪目标进行修剪，勿一次修剪，否则将不能完全修剪，此处需要用户多做几遍，以便掌握修剪规律。

8.5.2　创建流道及避让腔

完成以上操作后，即可在模仁上创建流道，完成后在模板和模仁上创建流道避让腔。

具体操作步骤如下：

(1) 隐藏至视图中只余模仁零件，单击(草图)按钮，弹出“创建草图”对话框。

(2) 使用默认平面，单击<确定>按钮，进入如图 8-63 所示的草图绘制平面。

(3) 单击(直线)按钮，以原点为起点绘制如图 8-64 所示的角为 45deg，长度为 36mm 的直线。

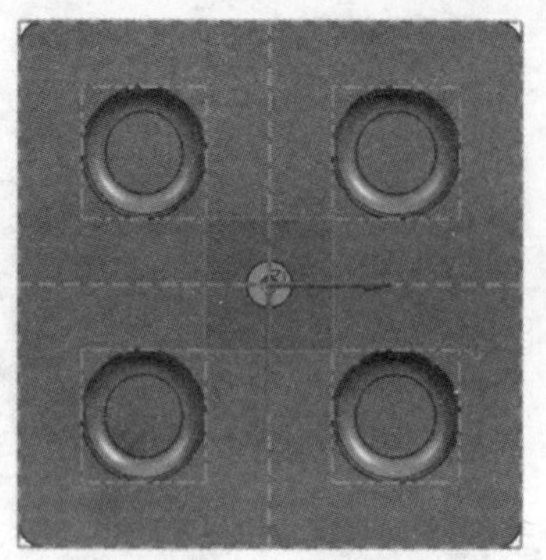

图 8-63　进入草图绘制平面

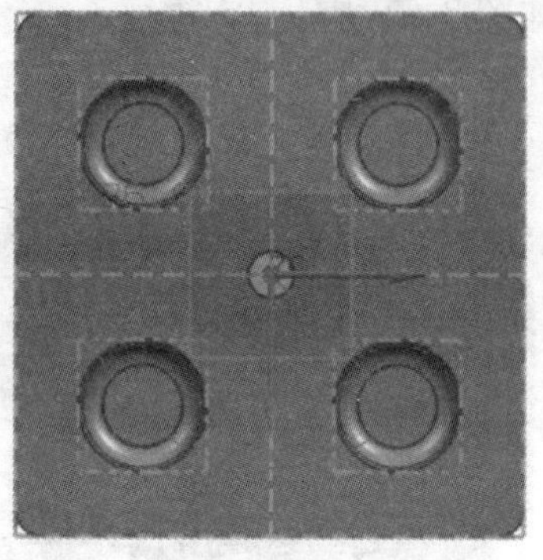

图 8-64　绘制直线

(4) 单击(完成草图)按钮，完成并退出草图。

(5) 单击(流道)按钮，弹出“流道”对话框。

(6) 单击曲线作为“引导线”，如图 8-65 所示，“流道”对话框中“截面类型”列表框选择 Semi_Circular，单击(反向)按钮，使用默认设置，单击<确定>按钮，创建如图 8-66 所示的流道刀路。

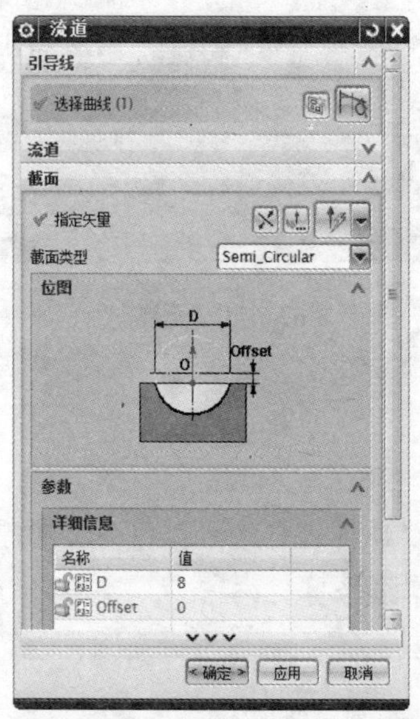

图 8-65　“流道”对话框

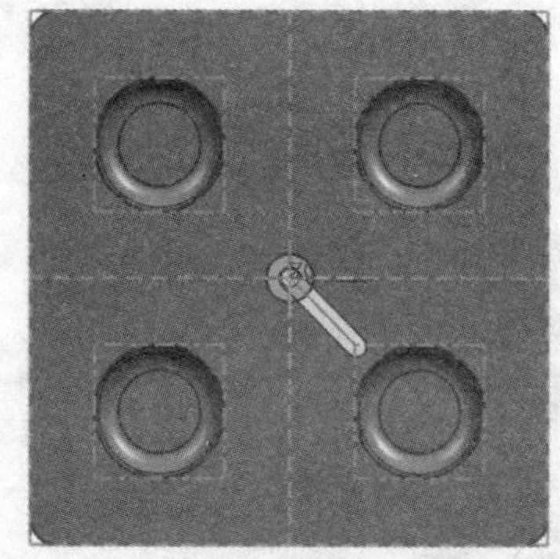

图 8-66　创建流道刀路

(7) 单击(腔体)按钮，弹出“腔体”对话框，“模式”列表框选择“减去材料”，“工具类型”列表框选择“实体”。

(8) 单击任意一个模仁作为修剪的“目标”；单击流道刀路作为修剪所用的“刀具”。

(9) 完成设置后单击< 确定 >按钮，完成避让腔体创建，如图 8-67 所示。

(10) 将模仁隐藏，单击“主页”选项卡中的阵列特征(阵列特征)按钮，弹出“阵列特征”对话框，如图 8-68 所示，单击修剪浇口套的刀槽体作为“要形成阵列的特征”。

图 8-67　创建避让腔体

图 8-68　单击修剪体

(11) “阵列特征”对话框中“阵列定义”下面的“布局”列表框选择“圆形”，“旋转轴”下面的“指定矢量”选择 ZC 轴，选择如图 8-69 所示的中点作为“指定点”。

“角度方向”下面的“间距”设置为“数量和节距”，“数量”设置为 4，“节距角”设置为 90deg，其余默认设置。完成设置后的“阵列特征”对话框如图 8-70 所示。

图 8-69　指定旋转点

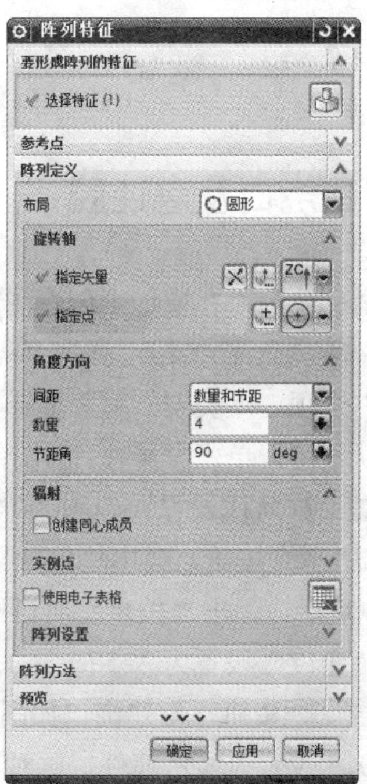

图 8-70　完成设置的“阵列特征”对话框

(12) 单击“阵列特征”对话框中的确定按钮，完成阵列特征如图 8-71 所示。

(13) 单击(腔体)按钮，弹出“腔体”对话框，“模式”列表框选择“减去材料”，“工具类型”列表框选择“实体”。

单击浇口套作为修剪的“目标”，单击阵列特征作为修剪所用的“刀具”。

完成修剪后如图 8-72 所示。

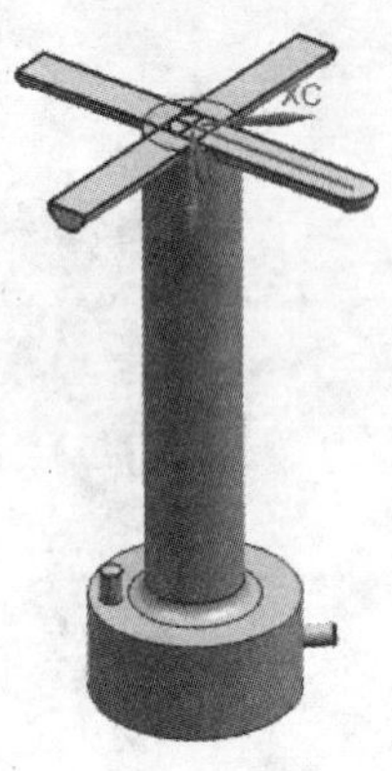

图 8-71　阵列特征

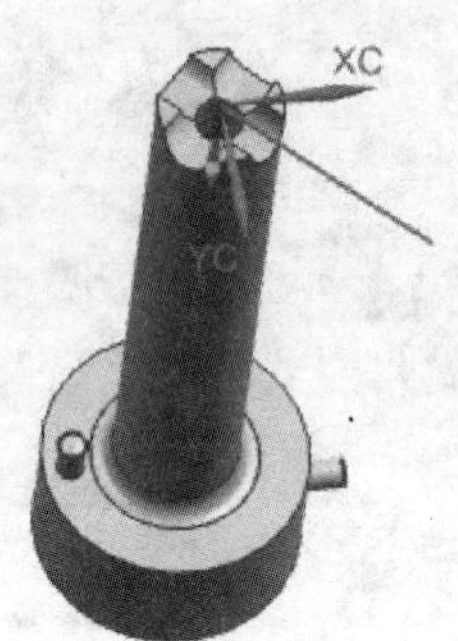

图 8-72　修剪浇口套

提示

此处创建方法是使用“主页”选项卡命令和“注塑模向导”内命令配合操作的，请用户注意。

8.5.3　创建浇口及避让腔

完成流道创建后，在模仁上创建浇口刀槽，完成后创建避让腔。具体操作步骤如下：

(1) 单击(浇口库)按钮，弹出“浇口设计”对话框，如图 8-73 所示，选中“位置”右侧的“型腔”选项，“类型”列表框选择 curved tunnel。

其余默认设置，单击应用按钮，弹出“点”对话框。

“点”对话框默认设置，如图 8-74 所示，单击直线顶点，更改“点”对话框 Z 的坐标为 4mm，单击确定按钮，弹出“矢量”对话框。

(2) 选中点后，弹出“矢量”对话框，如图 8-75 所示，“类型”列表框选择“与 XC 成一角度”，“角度”设置为 225deg。

(3) 单击确定按钮，创建浇口如图 8-76 所示。(若一次创建不对，则在装配导航器中将 model3_fill_013 设置为显示部件，再对其进行重新定位)

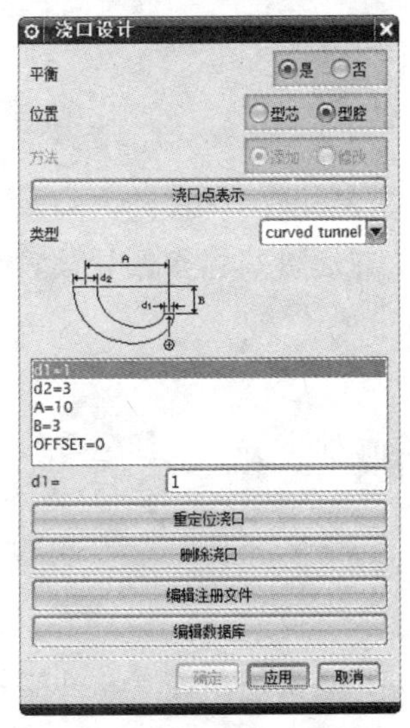

图 8-73　“浇口设计”对话框

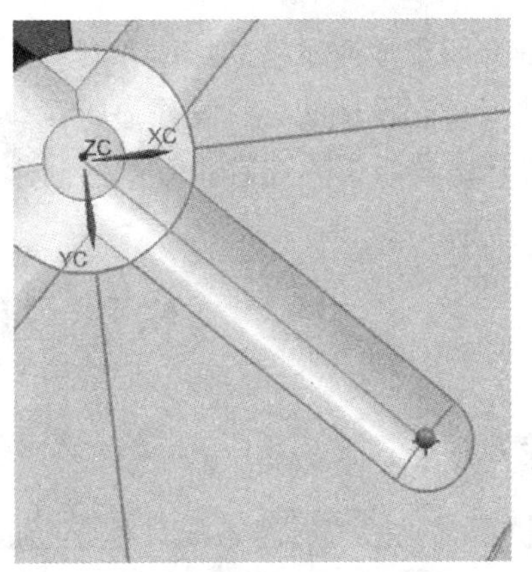

图 8-74　单击浇道刀路一点局部放大

图 8-75　“矢量”对话框

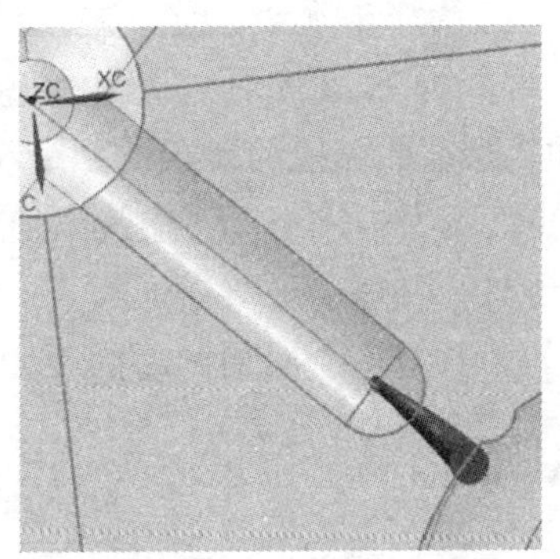

图 8-76　创建浇口局部放大

(4) 单击(腔体)按钮，弹出“腔体”对话框，“模式”列表框选择“减去材料”，“工具类型”列表框选择“组件”。

如图 8-77 所示，依次单击定模仁作为需要修剪的“目标”，依次单击浇口刀路作为修剪所用的“刀具”。

完成设置后单击< 确定 >按钮，完成避让腔体创建，隐藏浇口刀路后如图 8-78 所示。

图 8-77　选中目标和刀具

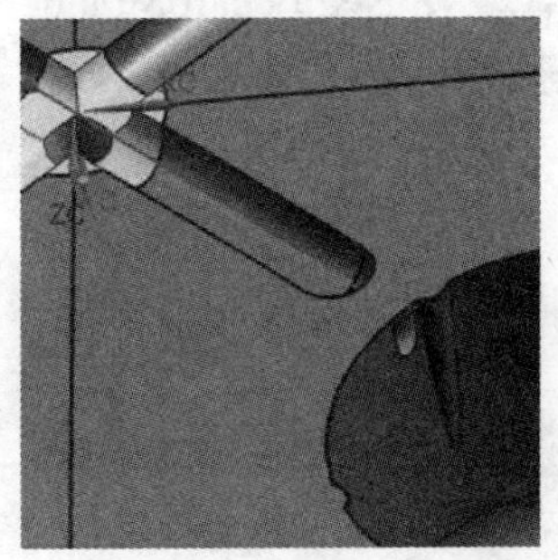

图 8-78　创建避让腔体

8.6 本章小结

本章详细介绍了浇注系统的组成和设计原则，且对 MoldWizard 的浇口设计、流道设计和定位环及浇口衬套设计的各种操作进行了详细介绍，并通过具体实例让读者更深入地了解浇注系统的设计。最后请注意避让腔体的创建方式。

8.7 习题

一、填空题

1. 注塑机将熔化的塑料注入模具型腔形成塑料产品。通常把由模具与注塑机喷嘴接触到模具型腔之间的塑料熔体的流动通道或在此通道内凝结的固体塑料称为浇注系统。浇注系统分为__________浇注系统和__________浇注系统两大类。

2. 分流道截面的形状可以是__________、__________、矩形、__________和 U 形。_________和矩形截面流道的比表面积最小(流道表面积与体积之比称为比表面积)，塑料熔体温度下降较少，阻力也较小，流道效率最高，但是加工较困难。因此，在实际生产中常用梯形、半圆形和 U 形截面的分流道。

3. 在多型腔模具中分流道的布局方式有两种，分别是_________和_________。

二、问答题

1. 简述浇注系统的设计原则。
2. 简述分流道的设计原则。
3. 平衡布局与非平衡布局的区别是什么？

三、上机操作

1. 打开源文件\NX 9\char08\yxk-1.prt，如图 8-79 所示，请继续前一章的习题进行操作，完成浇注系统设计。

2. 打开源文件\NX 9\char08\model5.prt，如图 8-80 所示，请继续前一章的习题进行操作，完成浇注系统设计。

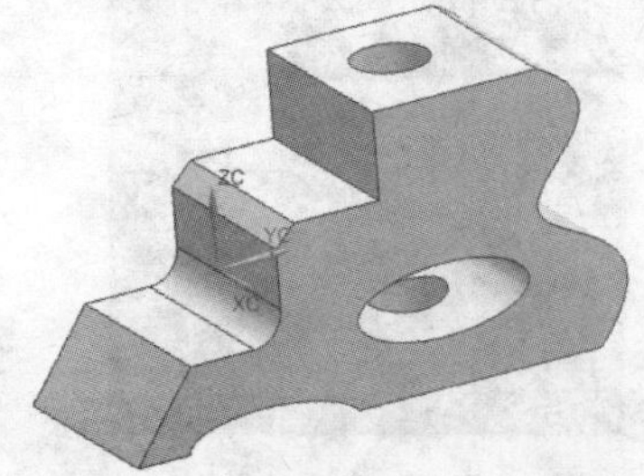

图 8-79　上机操作题 1 零件图

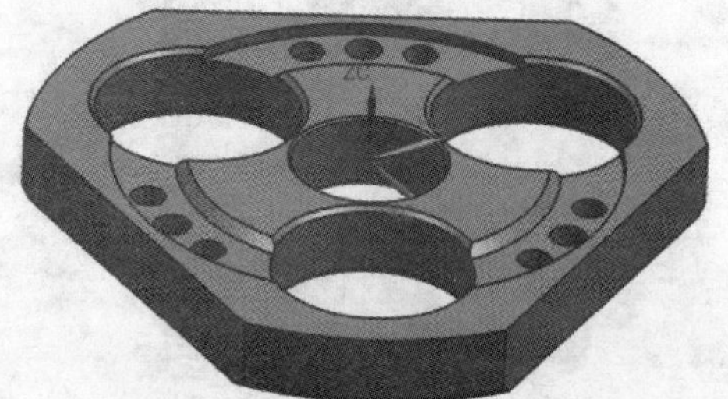

图 8-80　上机操作题 2 零件图

第 9 章

冷却系统设计

在注塑模具设计过程中，模具型腔和型芯的表面温度高低及其均匀性对塑料熔体的充模流动、固化成型、生产效率以及塑件的形状和尺寸精度都有重要影响。应根据塑件形状、壁厚和塑料品种，设计和制造出能够实现均一、高效冷却的冷却回路。

学习目标

- ✧ 掌握冷却系统的设计原则
- ✧ 掌握冷却管路的添加方法
- ✧ 掌握堵头的添加方法

9.1　冷却系统概述

在塑料注塑成型过程中，注塑模不仅是塑料熔体的成型设备，它还有热交换的作用。模具的温度直接影响制品的质量和生产效率。由于各种塑料的性能和成型工艺的不同，对模具温度的要求也不同。

对于熔体黏度较低、流动性较好的塑料，如聚乙烯、聚苯乙烯和聚丙烯等，需要对模具进行人工冷却，以便塑件在型腔内快速冷凝成型，缩短成型周期，提高生产效率。

9.1.1　冷却设计原则

为了提高冷却系统的效率和使型腔表面温度分布均匀，在冷却系统的设计中应该遵循如下原则：

(1) 注意凹模和型芯平衡。某些制品的形状使塑料散发的热量等量地被凹模和型芯所吸收，但是大多数制品的模具都有一定高度的型芯及包围型芯的凹模，对于这类模具，凹模和型芯吸收的热量是不同的。因此，出现这种情况时，在冷却系统的设计中，模具设计人员应该将主要注意力放在型芯的冷却上。

(2) 模具中冷却水温度升高会使热传递减小，精美模具中的出入口水温应该在 2℃以内，普通模具不要超过 5℃。从压力损失观点出发，冷却回路的长度应在 1.2～1.5m 以下，回路的弯头数目不超过 15 个。

(3) 由于凹模与型芯的冷却情况不同，一般采用两条冷却回路分别冷却凹模和型芯。

(4) 采用多而细的冷却通道比采用单独的大直径冷却通道要好，因为多而细的冷却通道扩大了模具调节的范围，但通道不可以太细，以免堵塞。一般通道直径为 8～25mm。

(5) 合理地确定冷却通道的中心距及冷却通道与型腔的距离。合理地布局冷却通道之间的距离，保证型腔表面温度均匀分布。冷却通道与型腔壁的距离太大会使冷却效率下降，而距离太小又会造成冷却不均匀。

(6) 尽可能地使所有冷却通道孔分别到各处型腔表面的距离相等。当制品壁厚均匀时，应尽可能使所有的冷却通道孔分别到各处型腔表面距离相等。当制品壁厚不均匀时，在厚壁处应设置距离较小的冷却通道。

9.1.2　常用冷却回路

1. 凹模冷却回路

(1) 外接直通式

外接直通式是最简单的外部连接的直通通道布局。用水管接头和橡塑管将模内通道连接成单路或多路循环。该形式的通道加工方便，适合于较浅的矩形型腔，其缺点是外接部分容易损坏，如图 9-1 所示。

(2) 平面回路式

如图 9-2 所示是凹模板的内平面上设置的冷却通道回路，通道加工后必须用孔塞和挡板来控制冷却水的流动。该形式适合各种较浅的型腔，特别是圆形的型腔。

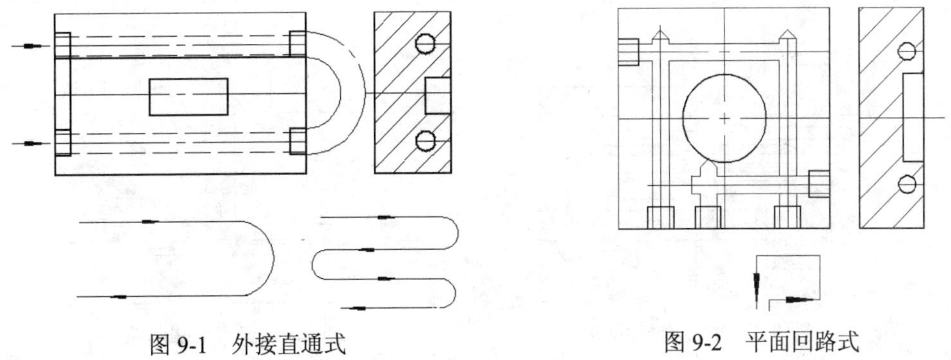

图 9-1　外接直通式　　　　图 9-2　平面回路式

(3) 多层回路式

如图 9-3 所示，对深型腔的凹模，冷却通道采用多层立体布局。布局成曲折回路，是为了对主流道和型腔底部进行冷却。

2. 型芯冷却回路

对于很浅的型芯，可直接将平面冷却回路设置在型芯底部。对于中等高度的型芯，可在型芯的底部端面上开设矩形槽回路。对于较高的型芯，单层冷却回路无法使冷却水迅速地冷却型芯的表面，因此，应该设法使冷却水在型芯内循环流动。常用的有三种循环回路。

(1) 隔板冷却回路

如图 9-4 所示，在型芯的直通道中设置隔板，进水和出水与模内横向通道形成冷却回路。此方式用于圆柱高型芯的冷却。

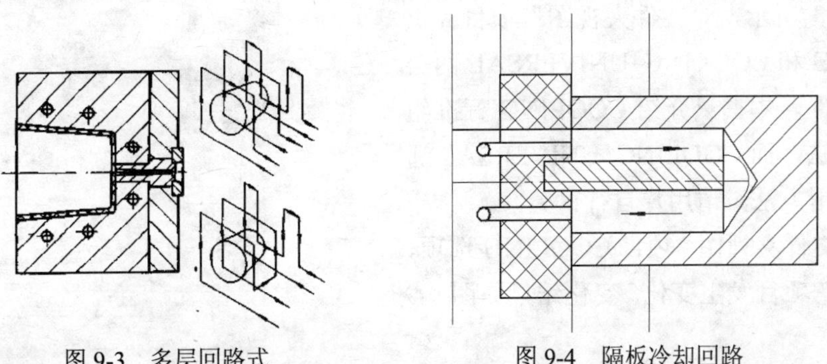

图 9-3　多层回路式　　　　图 9-4　隔板冷却回路

(2) 喷流冷却回路

如图 9-5 所示，在型芯中间装一个喷水管，进水从管中喷出后再向四周冲刷型芯内壁。低温的进水直接作用于型芯的最高部位，对于位于中心的浇口，喷流冷却效果最好。

(3) 铜棒冷却回路

对于细小的型芯，常常无法在型芯内直接设置冷却回路，这时若不采用特殊冷却方式就会使型芯的传热效率降低。如图 9-6 所示，在型芯中心压入热传导性能好的软铜或铍铜芯棒，并将芯棒的一端伸到冷却水孔中冷却。此外，可以使用传热效率更高的热管取代铍铜芯棒，这样可以获得更高的传热效率。

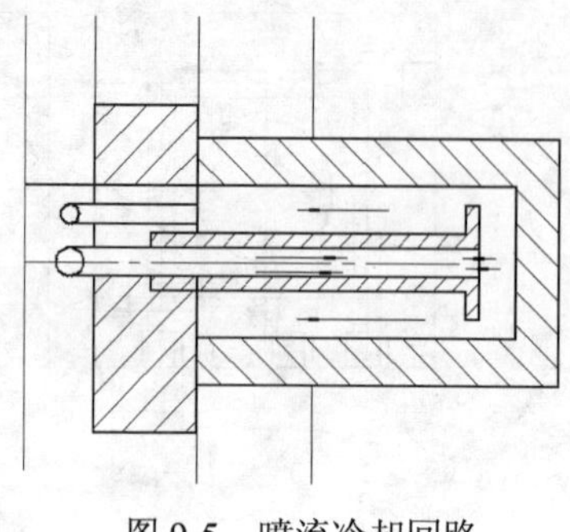

图 9-5　喷流冷却回路

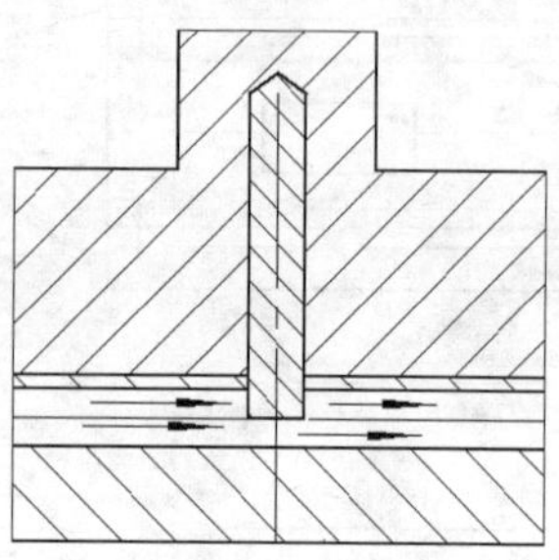

图 9-6　铜棒冷却回路

9.2　冷却标准件设计

单击“冷却工具”工具栏中的(冷却标准件库)按钮，弹出如图 9-7 所示的“冷却组件设计”对话框。使用本对话框进行冷却水道和堵头等标准组件的设计。

图 9-7　“冷却组件设计”对话框

9.2.1　文件夹视图

如图 9-8 所示，“文件夹视图”项目提供了 COOLING 和 COOLING_UNIVERSAL 两类冷却管路组件。本书只介绍 COOLING 标准组件的使用方法，而 COOLING_UNIVERSAL 通用组件的使用方法，请用户自行试验。

单击“文件夹视图”项目 COOLING 选项，“成员视图”项目发生变化。变化结果如图 9-9 所示。

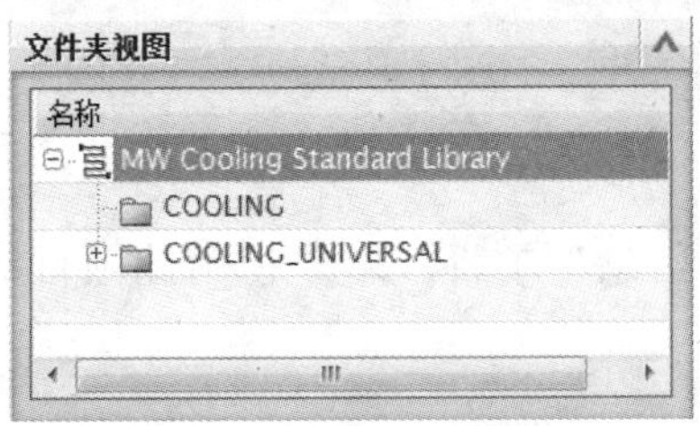

图 9-8　“文件夹视图”项目

9.2.2　成员视图

如图 9-9 所示为“成员视图”项目内的各项冷却组件名称。本书主要介绍的是 COOLING HOLE 和 CONNECTOR PLUG，单击组件名称，弹出如图 9-10 所示的冷却管道信息窗口和如图 9-11 所示的堵头信息窗口。

图 9-9　“成员视图”项目

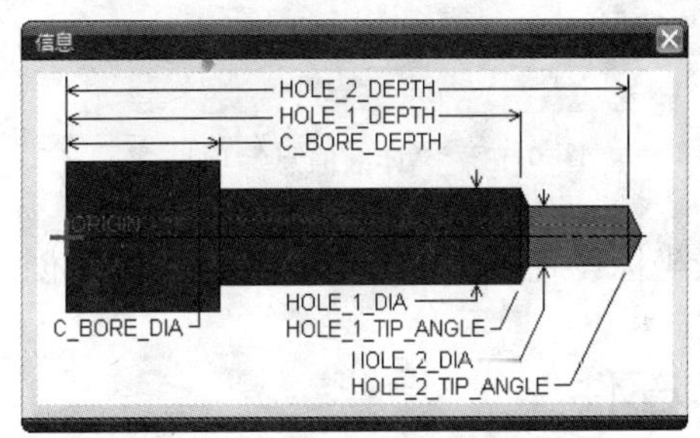

图 9-10　冷却管道信息窗口

9.2.3　放置

如图 9-12 所示为“放置”项目。在加载冷却管道组件以前需有一个平面参考，此时单击模板的侧面来确定平面。

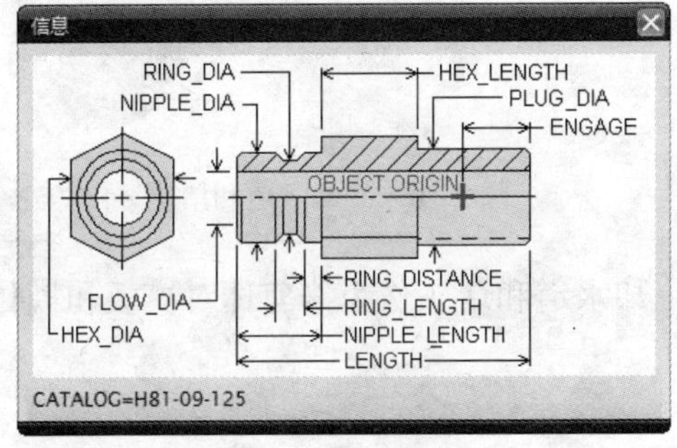

图 9-11　堵头信息窗口

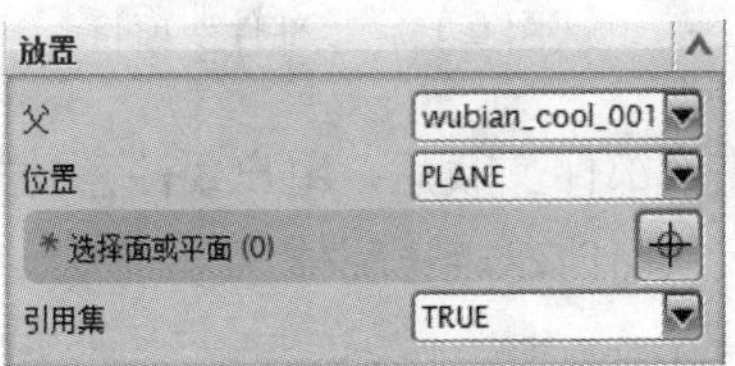

图 9-12　“放置”项目

9.2.4 详细信息

如图 9-13 所示为“详细信息”项目。用户使用此项目对比预览小窗口可设置所需的参数。

9.2.5 设置放置坐标

完成参数设置后，单击“冷却组件设计”对话框中的应用按钮，弹出如图 9-14 所示的“标准件位置”对话框。用户使用此对话框可进行标准件位置坐标设置。

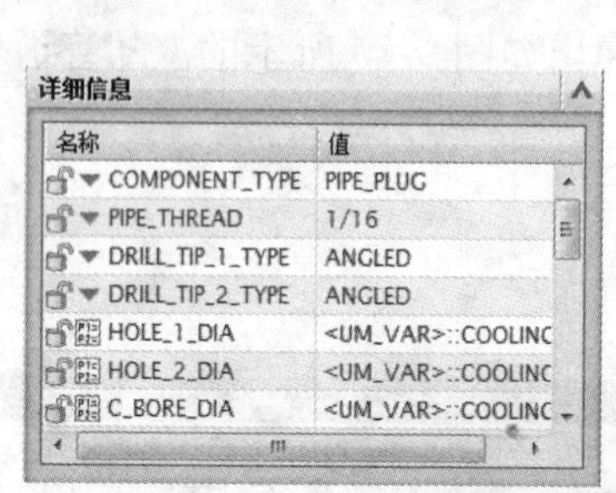

图 9-13 “详细信息”项目

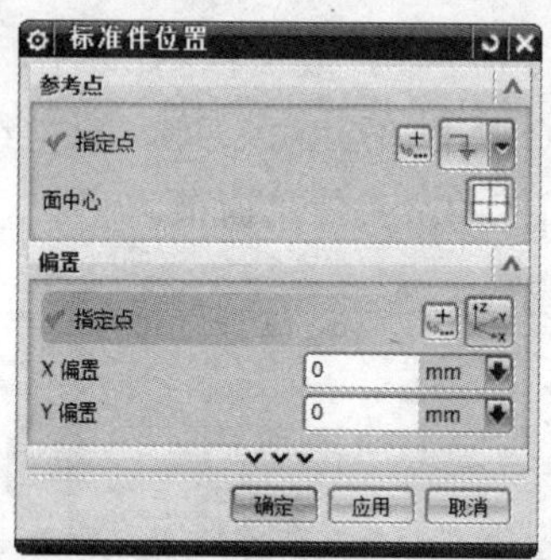

图 9-14 “标准件位置”对话框

完成坐标设置后，单击确定按钮，即可创建冷却水道。

9.2.6 部件

完成冷却水路设计后，若设计不合适，用户可以使用如图 9-15 所示的“部件”项目进行重定位、反转、移除组件操作。加载后的冷却水道和堵头如图 9-16 所示(仅将一部分显示)。

图 9-15 “部件”项目

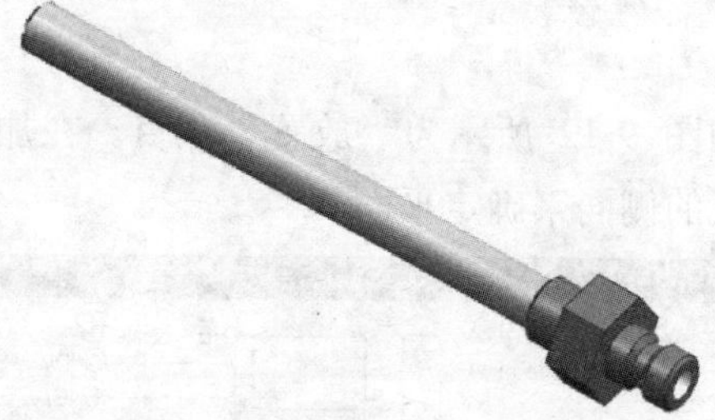

图 9-16 冷却水道和堵头

完成部件加载后，用户要注意：需要使用冷却水道和堵头作为修剪体对模板和模仁进行修剪，从而创建避让腔体。

9.3 实 例 示 范

如图 9-17 所示是前面进行设计的一个实例完成浇注系统设计后的模具，使用此添加冷却系统。如图 9-18 所示为冷却系统组件视图。

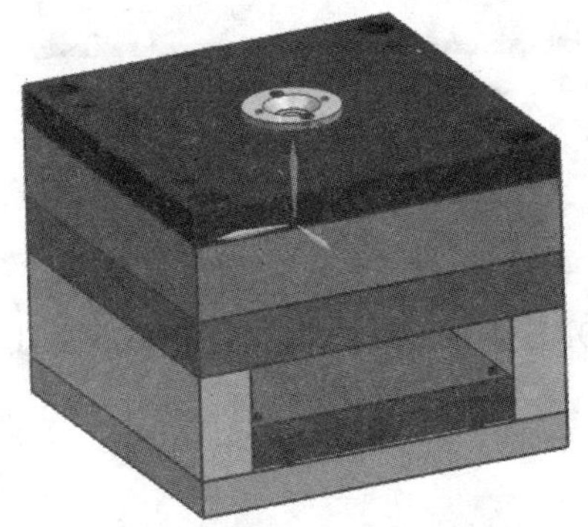

图 9-17　完成浇注系统后的模具

图 9-18　冷却系统组件视图

初始文件路径	\光盘文件\NX 9\Char09\zhusu-1\
结果文件路径	\光盘文件\NX 9\Char09\zhusu\
视频文件	\光盘文件\视频文件\Char09\第 9 章.Avi

9.3.1　创建冷却管道刀槽

本小节介绍的是冷却管道刀槽的创建过程，完成创建后用户不需立刻创建避让腔。

具体操作步骤如下：

(1) 单击如图 9-19 所示的“冷却工具”工具栏中的 (冷却标准件库)按钮，弹出“冷却组件设计”对话框。

(2) 如图 9-20 所示，单击“冷却组件设计”对话框中“文件夹视图”下面白色方框内 MW Cooling Standard Library 的子级 COOLING。

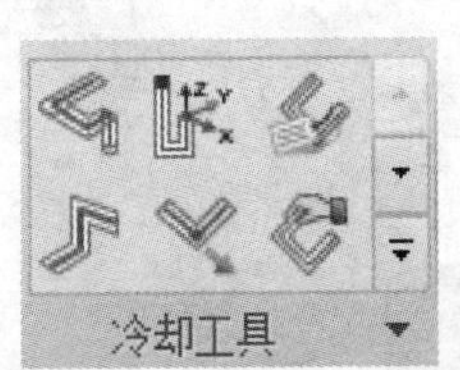

图 9-19　“冷却工具”工具栏

图 9-20　选中 COOLING

(3)“成员视图”下面白色方框的内容会发生变化，如图 9-21 所示，单击 COOLING HOLE，会在窗口右侧出现一个名为“信息”的预览窗口，如图 9-22 所示。

图 9-21 选中 COOLING HOLE

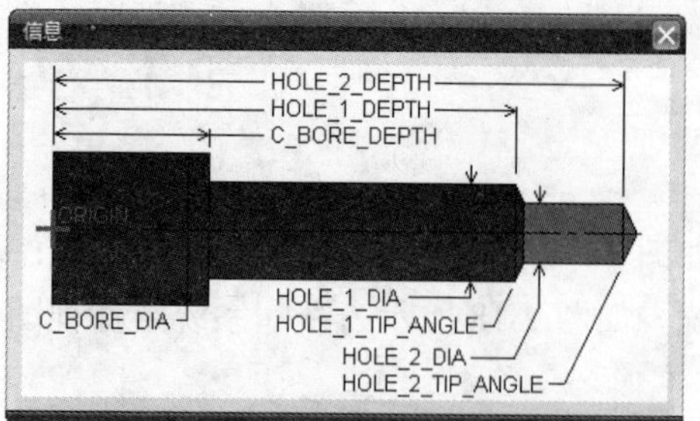

图 9-22 “信息”预览窗口

(4) 如图 9-23 所示单击定模板的一面为“放置”、“位置”。

如图 9-24 所示，设置“冷却组件设计”对话框下部的“详细信息”白色方框中的参数，HOLE_1_DIA 设置为 8，HOLE_2_DIA 设置为 8，HOLE_1_DEPTH 设置为 390，HOLE_2_DEPTH 设置为 390，其余默认设置。

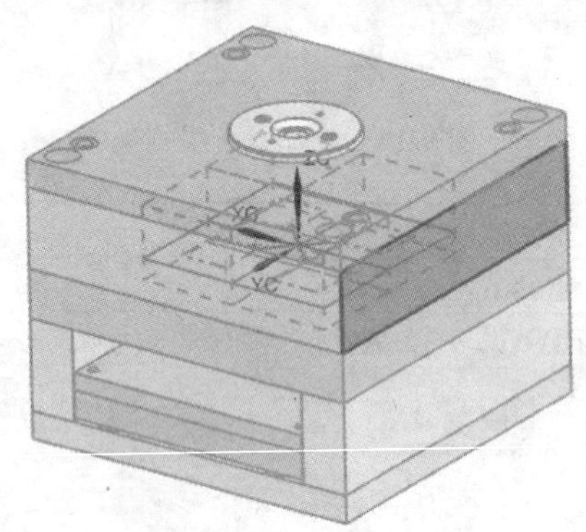

图 9-23 选择放置面

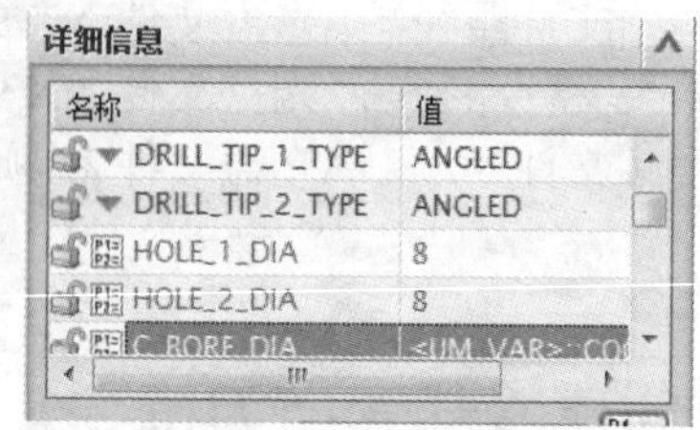

图 9-24 设置参数

(5) 单击应用按钮，弹出“标准件位置”对话框，如图 9-25 所示，设置“偏置”下面的“X 偏置”、“Y 偏置”分别为 90mm、40mm。

单击确定按钮，创建冷却水道刀路实体，如图 9-26 所示。

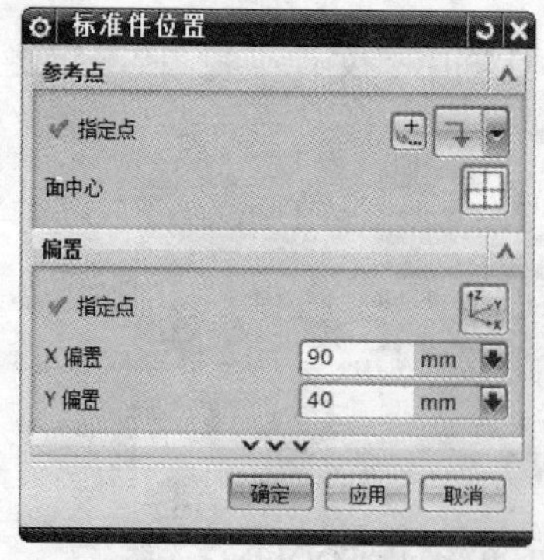

图 9-25 “标准件位置”对话框

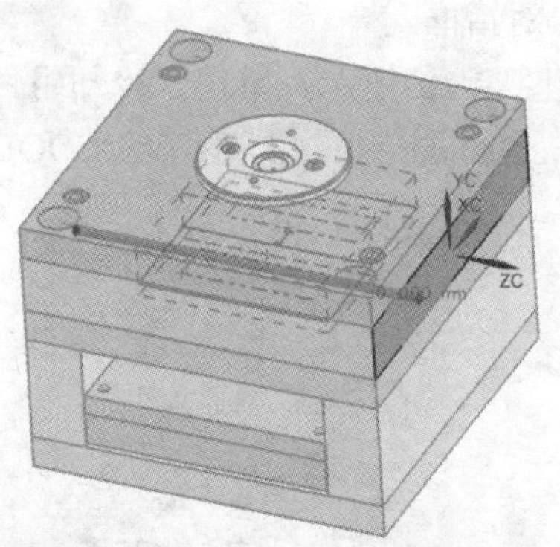

图 9-26 创建冷却水道刀路

同理，在 X 偏置为-90mm，Y 偏置为 40mm 的另一位置创建另一冷却水道刀路，如图 9-27 所示。

同样的方法，在相邻面上以同样的 X 偏置、Y 偏置尺寸创建 2 条长为 390mm 的冷却水道刀路，如图 9-28 所示。

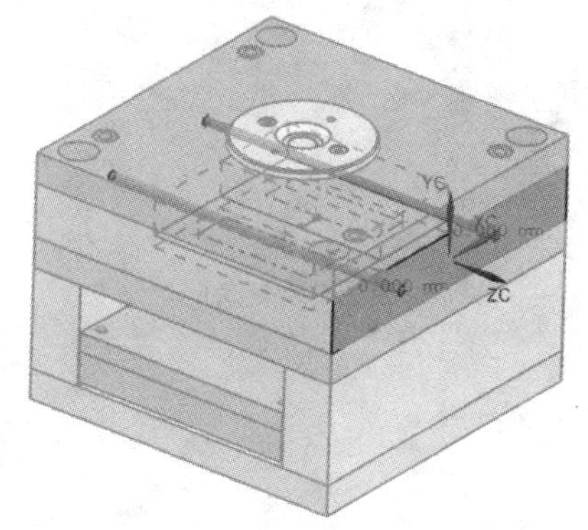

图 9-27　创建两个水道刀路

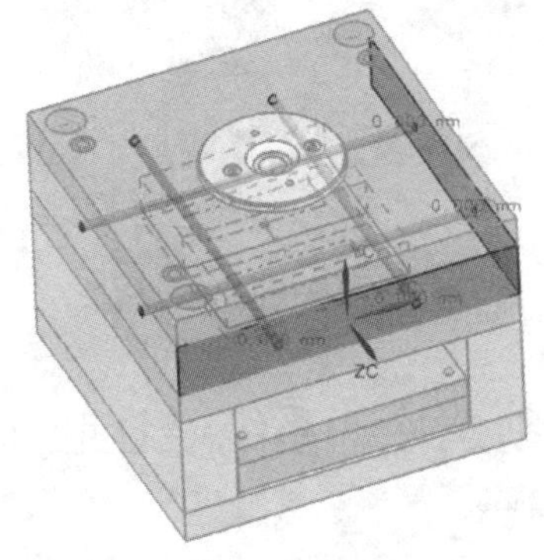

图 9-28　创建相邻面的两条水道刀路

(6) 单击“冷却组件设计”对话框中的 确定 按钮，完成所有水道刀路创建。

9.3.2　添加堵头

完成冷却管道刀槽创建后，即可在入口端创建该刀槽的堵头。

具体操作步骤如下：

(1) 单击 (冷却标准件库)按钮，弹出“冷却组件设计”对话框。

(2) 如图 9-29 所示，单击“成员视图”下面的 CONNECTOR PLUG，会在窗口右侧出现一个名为“信息”的预览窗口，如图 9-30 所示。

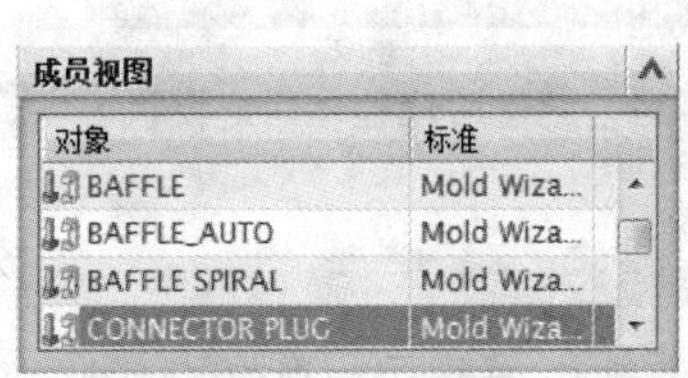

对象	标准
BAFFLE	Mold Wiza...
BAFFLE_AUTO	Mold Wiza...
BAFFLE SPIRAL	Mold Wiza...
CONNECTOR PLUG	Mold Wiza...

图 9-29　单击 CONNECTOR PLUG

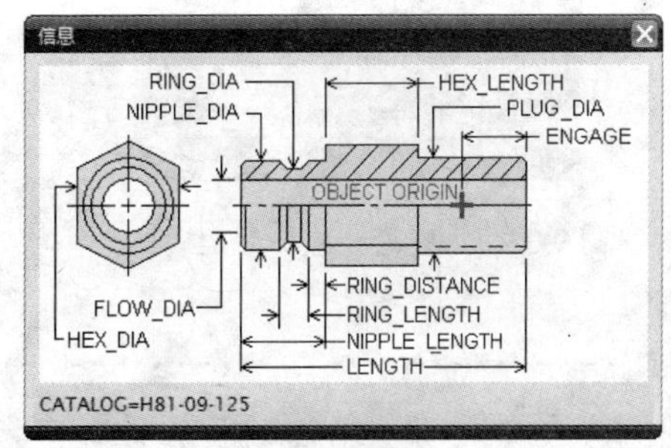

图 9-30　“信息”预览窗口

(3) 使用默认设置，单击 应用 按钮，加载堵头，如图 9-31 所示。

(4) 单击另一侧一水道刀路，并重复步骤(2)(3)，加载堵头，如图 9-32 所示。

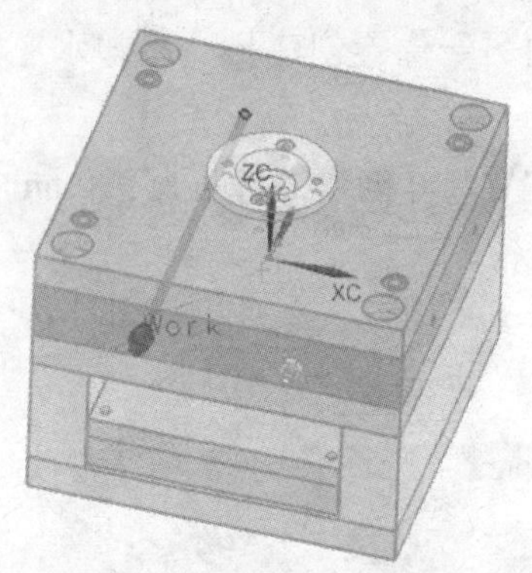

图 9-31　加载前两个堵头

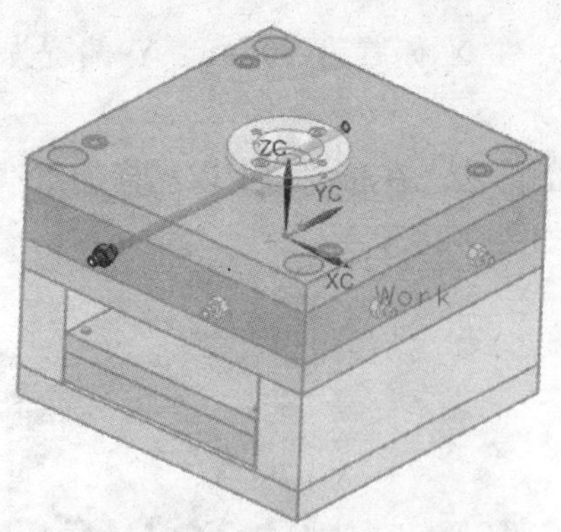

图 9-32　加载剩余两个堵头

9.3.3　创建冷却系统避让腔

完成冷却系统创建后，用户可一步创建其避让腔。

具体操作步骤如下：

单击(腔体)按钮，使用创建避让腔的方法，以堵头和冷却水道刀路作为修剪刀具，以定模板和定模仁作为修剪目标，创建避让腔。

如图 9-33 所示为创建避让腔体之后的定模仁视图。

如图 9-34 所示为创建避让腔体之后的定模板视图。

图 9-33　创建避让腔体后定模仁

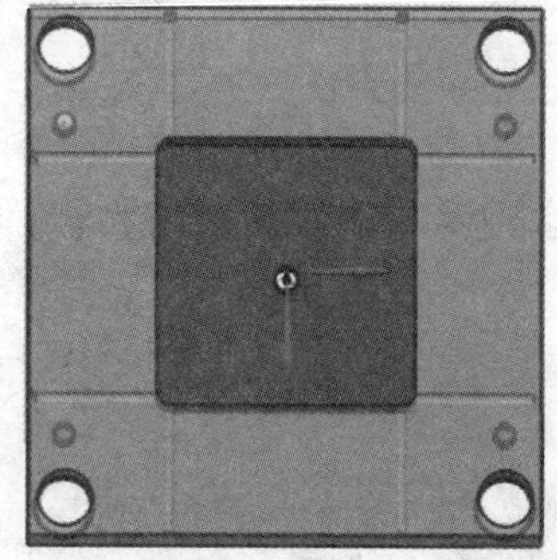
图 9-34　创建避让腔体后定模板

提示

本书对冷却系统操作部分只在操作流程步骤上进行详细解释，用户在实际应用时应通过计算以后再进行设计。

9.4　本 章 小 结

本章首先对冷却系统进行了简要概述，用户应理解并掌握合理布置冷却管道应遵循的原则。然后，对“冷却标准件库”命令的用法进行详细介绍。最后通过对一个实例冷却系统的加载操作进行介绍，对本章内容进行总结讲解。学习本章后，希望用户可以熟练掌握冷却系统设计操作。

9.5 习　题

一、填空题

1. 在注塑模具设计过程中，模具型腔和型芯的表面温度高低及其均匀性对塑料熔体的__________、__________、__________以及塑件的形状和尺寸精度都有重要影响。

2. 在塑料注塑成型过程中，注塑模不仅是塑料熔体的成型设备，它还有__________的作用。模具的温度直接影响制品的__________和__________。由于各种塑料的性能和成型工艺的不同，对模具温度的要求也不同。

3. 外接直通式是最简单的外部连接的直通通道布局。用__________和__________将模内通道连接成单路或多路循环。

4. 采用多而细的冷却通道比采用单独的大直径冷却通道要_________，因为多而细的冷却通道_________模具调节的范围，但通道不可以太细，以免堵塞。

5. 合理地确定冷却通道的_________及冷却通道与型腔的_________。合理地布局冷却通道之间的距离，保证型腔_________均匀分布。冷却通道与型腔壁的距离太大会使冷却效率_________，而距离太小又会造成__________。

二、问答题

1. 简述冷却设计原则。
2. 凹模冷却回路有哪几种？型芯冷却回路有哪几种？

三、上机操作

打开源文件\NX 9\char09\T24-1.prt，如图 9-35 所示，请结合前文及本章内容，完成本模型的模具设计至冷却系统设计。

图 9-35　上机操作题零件图

第 10 章

标准件设计

注塑模架向导模块中的标准件系统是多类组件构成的组件库。标准件是用于管理系统安装和配置的模具组件，通过建立自定义标准件库，可以创建符合设计要求的标准件。

学习目标

- ✧ 掌握推杆添加的操作方法
- ✧ 掌握滑块和抽芯机构的设置和加载方法
- ✧ 掌握镶块添加的操作方法
- ✧ 了解电极添加的操作方法

10.1　标准件基础知识

NX 9 的 MoldWizard 模块中的标准件系统是由多类组件构成的组件库。标准件用于管理系统安装盒配置的模具组件，通过建立自定义标准件库，可以创建符合设计要求的标准件。标准件系统包括推杆、滑块/浮升销、子镶块和电极等。

10.1.1　标准件概述

模具是产品成型的主要工具，其结构形式很多，但总的来说有两大类型：成型零件和结构零件。成型零件主要由型腔、型芯、成型滑块、螺纹型芯、型环、成型顶杆及侧滑块等成型零件组成。结构零件通常是由模架、导柱、导套和螺钉等组成的顶出机构和抽芯机构。

NX 9 中提供了多种标准件库，方便用户快速地对各类标准件进行设计。此外，NX 9 模具设计模块还提供了方便快捷的标准件工具，帮助模具设计人员高效地完成模具标准件的设计工作。

10.1.2　标准件命令简介

注塑模向导中提供了常用标准件的标准件库和安装调用这些组件的功能，可以加载模具的标准组件，也可以自定义标准件库来定义具体采用的标准件，并扩展到库中已包含的所有组件或装配。这些功能按钮主要集中在如图 10-1 所示的“主要”工具栏中。

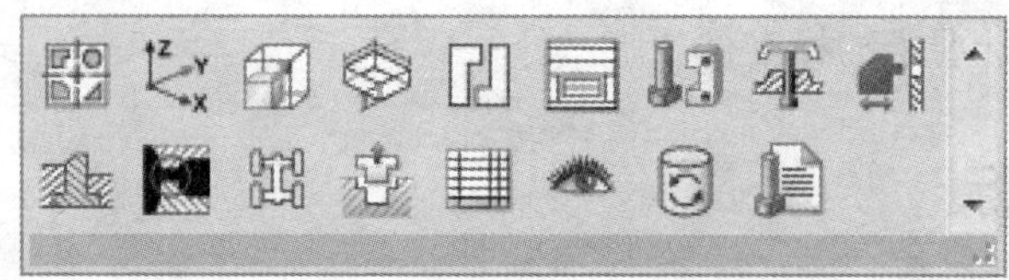

图 10-1　“主要”工具栏

1. 标准件管理

标准件可以从“标准件管理”对话框的“目录”下拉列表框中选择，然后在模具装配体中定位。“标准件管理”对话框中所提供的标准件有一些能在 MoldWizard 自动加载和定位，而另一些标准件需要手工指定它们的位置。

2. 顶杆后处理

使用“标准件管理”对话框可以选择顶杆的类型并进行定位，而“顶杆后处理”对话框提供的是顶杆的成型工具。利用该功能可以精确地调整顶杆的位置，并对顶杆进行修剪以使其顶部形状与轮廓一致。

3. 滑块和浮升销库

在设计一个塑料产品的模具时，有时底切区域需要用滑块和抽芯来成型。滑块和内抽芯功能提供了一个很容易的方法来设计所需要的滑块和抽芯。

4. 修剪模具组件

模具修剪功能可以使用型腔或型芯片体对标准件进行修剪。

5. 子镶块库

子镶块库为镶块设计提供了大量的标准件库，能够方便地设计出满足要求的镶块。

6. 腔体

腔体设计是指在模板上创建标准件的安装空间。该功能同样被用于浇口、流道和冷却系统中。

10.2 标 准 件 库

MoldWizard 提供了“标准件管理”对话框，用于各种常用标准件的管理和操作，在“主要”工具框中单击(标准库)按钮，弹出如图 10-2 所示的“标准件管理”对话框。

“标准件管理”对话框中包括目录、部件列表窗口、分类选择、父装配、定位、编辑按钮、参数图和标准参数等操作。

10.2.1 文件夹视图

如图 10-3 所示，“文件夹视图”项目中列出了可选用的标准件库，公制单位的标准件库在初始化项目时用于公制单位的模具项目；而英制单位的标准件库用于英制单位的模具项目。

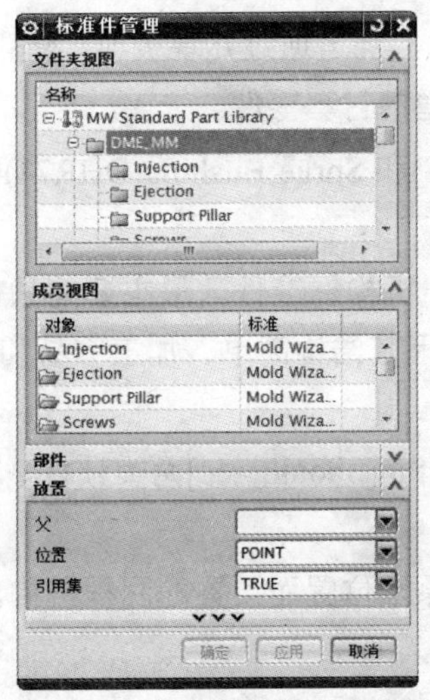

图 10-2　“标准件管理”对话框

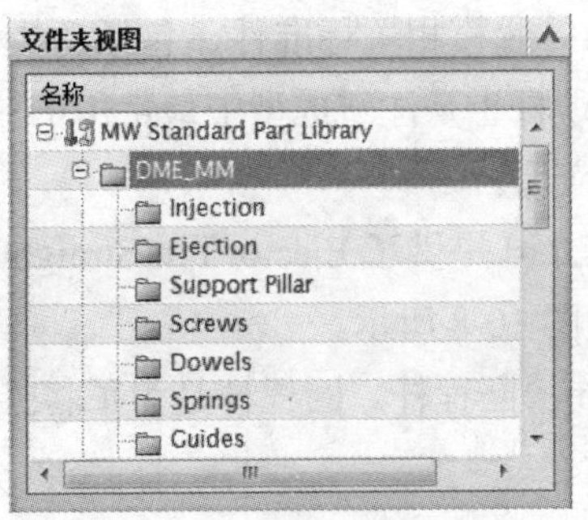

图 10-3　“文件夹视图”项目

使用本选项，用户亦可根据所选用的供应商名称，在“文件夹视图”项目列出该供应商的标准部件列表，列表窗口中可选的部件在标准注册文件中写入。

10.2.2 成员视图

使用“文件夹视图”项目可缩小标准件显示的范围，如浇注法兰、浇口套和顶杆等。

当完成分类选择后，“成员视图”项目中的内容与所选的标准件窗口相关联，当对部件进行选择后，相应的将会在“信息”窗口中列出相应的标准件，可以方便用户快速地查找和使用标准件。下面将对各个选项及相应的标准件做简单介绍。

Injection：注塑相关标准件，主要包括浇注法兰及浇注衬套。

- ✧ 浇注法兰(Locating Ring)：浇注法兰的作用是使注塑机喷嘴与模具浇口套相对，决定模具在注塑机上安装位置的定位零件，同时为了防止型腔内高压熔体溢出模具，可利用浇注法兰来阻止这种趋势。MoldWizard 提供了如图 10-4 所示的不带螺孔和如图 10-5 所示的带螺孔的两类浇注法兰。

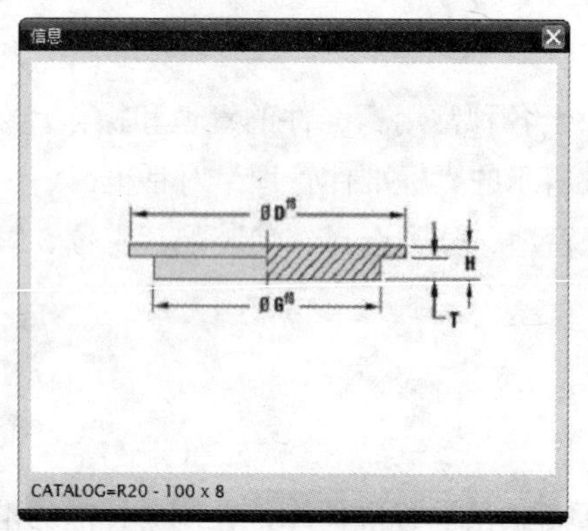

图 10-4　不带螺孔浇注法兰

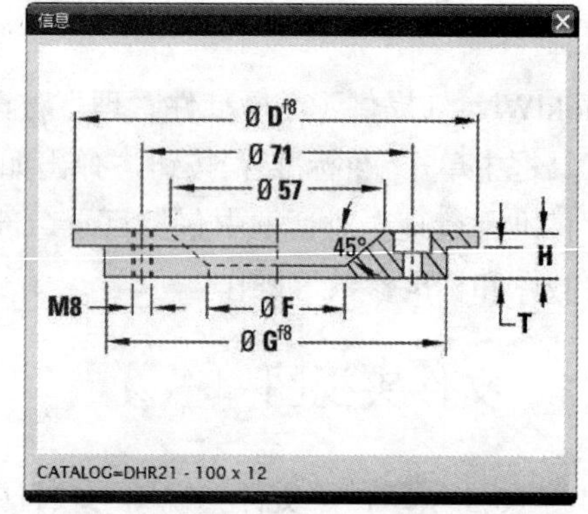

图 10-5　带螺孔浇注法兰

- ✧ 浇注衬套(Sprue Bushing)：浇注衬套主要用于当浇道通过几块板时，防止板间溢料，它直接与注塑机喷嘴接触，相当于主流道通道的衬套零件。

MoldWizard 提供了 Sprue Bushing(DHR76 DHR78)和 Sprue Bushing(DHR74)两类浇注衬套。其结构全部如图 10-6 所示。

Ejection：脱模相关标准件，包括各类顶杆及顶出机构标准件。最主要的顶出机构标准件是顶杆，顶杆也是注塑成型中最常用的脱模方式，因其结构简单、加工容易和更换便捷，而被广泛地应用。

MoldWizard 提供了 Ejector Pin[Straight]和 Ejector Pin[Shouldered]两类顶杆。其结构分别如图 10-7 和图 10-8 所示。

Core Pin：回程杆。回程杆是为了将推板恢复到原来位置而设置的回程机构，如图 10-9 所示。

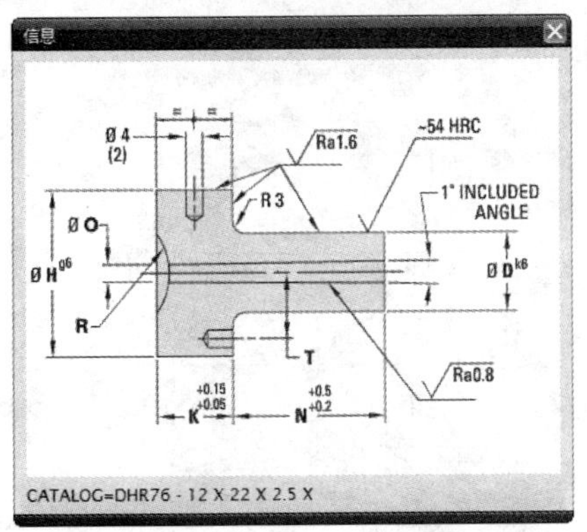

图 10-6　浇注衬套

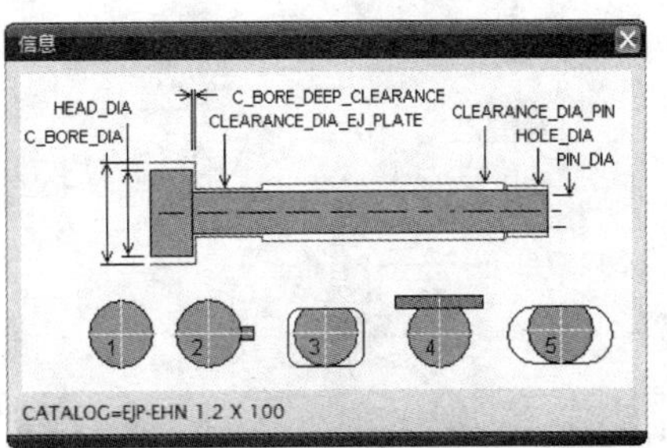

图 10-7　顶杆(一)

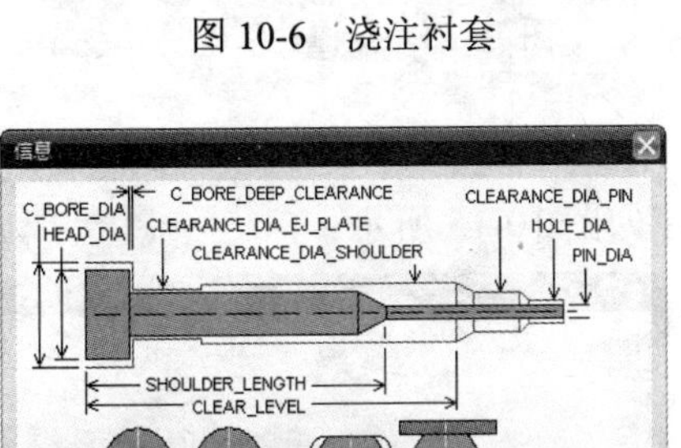

图 10-8　顶杆(二)

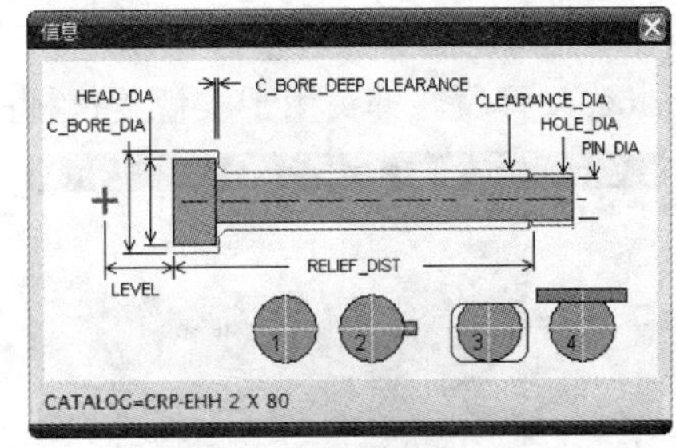

图 10-9　回程杆

Dowels：导柱导套，因原模架自带导柱导套，所以本导柱导套主要被创建为推板导柱导套，起到将推板、推板固定板及下模座进行连接并使其共线运动的作用。

如图 10-10 所示为 Tubular Dowels(R09)导柱的预览窗口，如图 10-11 所示为 Centering Bushing(R05)导套的预览窗口。

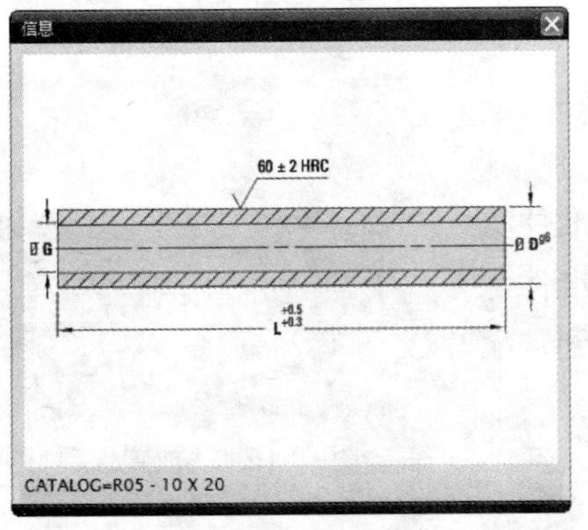

图 10-10　导柱预览

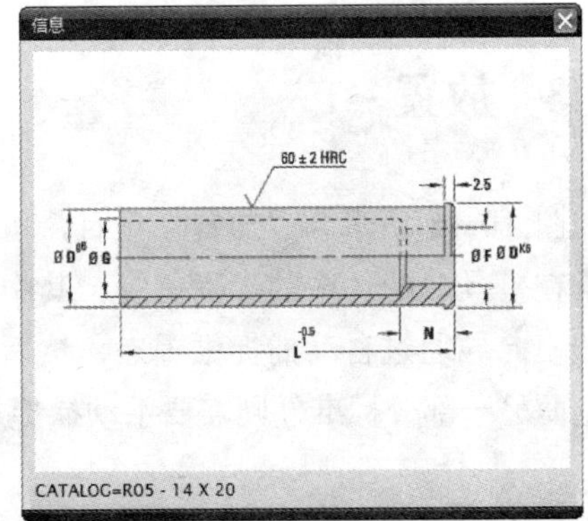

图 10-11　导套预览

Support Pillar：支撑柱。支撑柱是为了增强动模刚度而设置的在动模支撑板和动模底板之间起支撑作用的圆柱形零件。

MoldWizard 提供了 Support Pillar(FW28)和 Support Pillar_T(FW29)两类支撑柱。其结构分别如图 10-12 和图 10-13 所示。

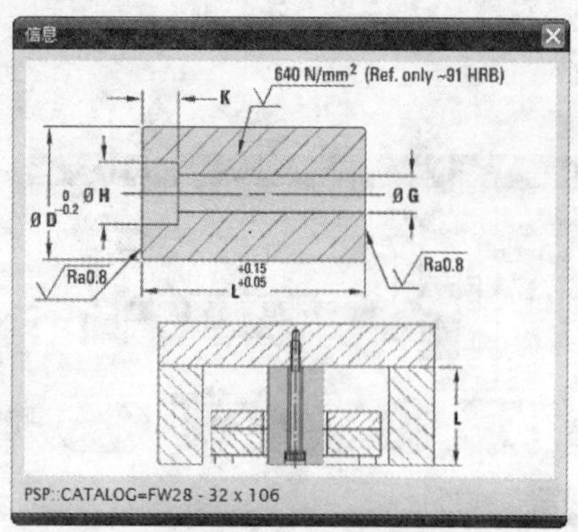

图 10-12　支撑柱(一)

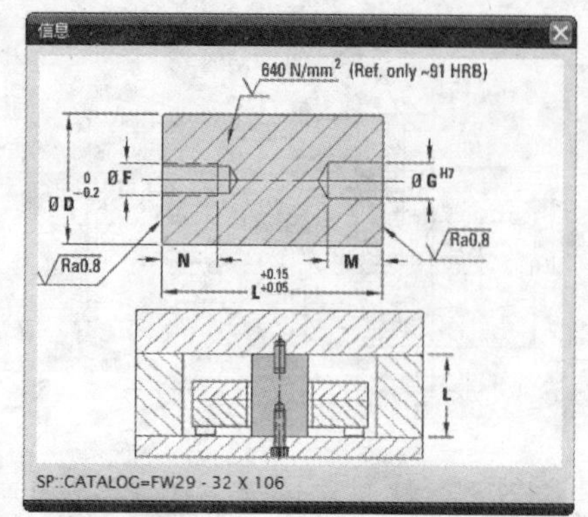

图 10-13　支撑柱(二)

Screws：定距螺钉。螺钉是常用的固定连接其他标准件的零件，如图 10-14 所示。

Springs：弹簧。弹簧用于实现复位杆的回程力，如图 10-15 所示。

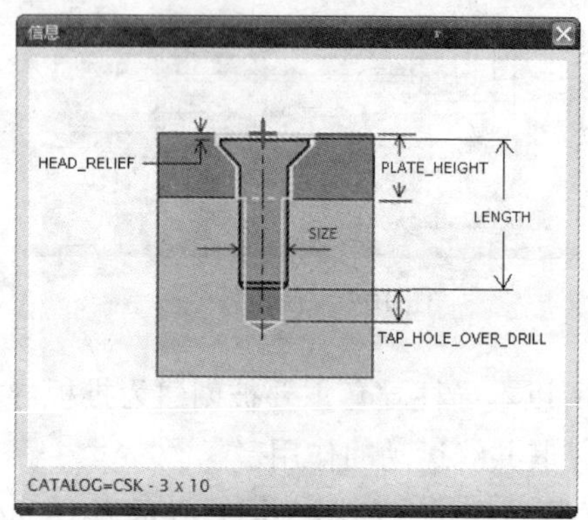

图 10-14　螺钉

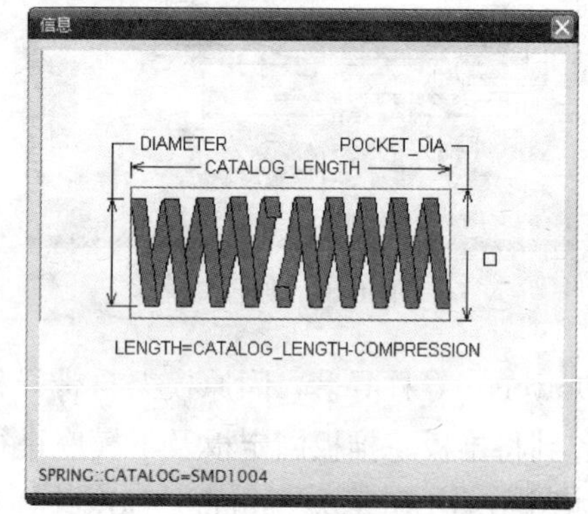

图 10-15　弹簧

10.2.3　放置

如图 10-16 所示为“放置”项目，可以指定标准件实现模具在模具装配体中的准确位置。其中一部分标准件是由注塑模向导通过自动捕捉位置点，然后直接加载到装配体中，而另一部分标准件则需要手动捕捉加载面和点。

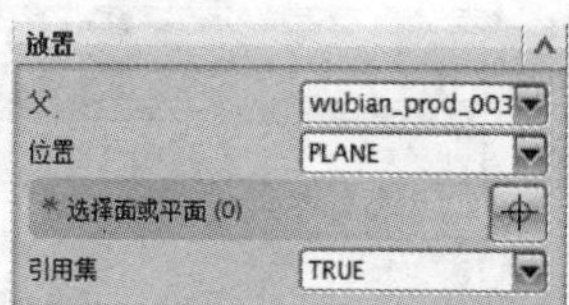

图 10-16　“放置”项目

10.2.4　详细信息

如图 10-17 所示为“详细信息”项目，用户使用此项目对比预览窗口设置用户所需的参数。

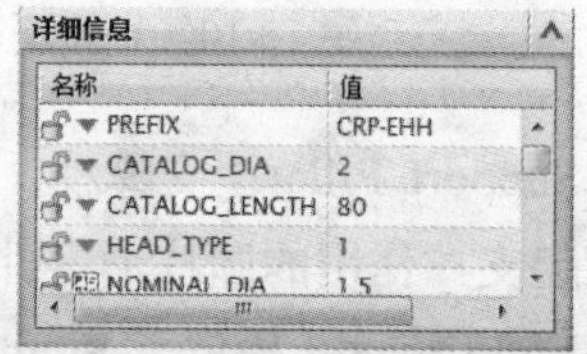

图 10-17　“详细信息”项目

10.2.5　设置放置坐标

完成参数设置后，单击“标准件管理”对话框中的[应用]按钮，加载部分标准件会弹出如图 10-18 所示的“标准件位置”对话框，用户使用此对话框进行标准件位置坐标设置。

10.2.6　部件

完成标准件加载设计后，若设计不合适，用户可以使用如图 10-19 所示的“部件”项目进行重定位、反转、移除组件操作。

图 10-18　“标准件位置”对话框

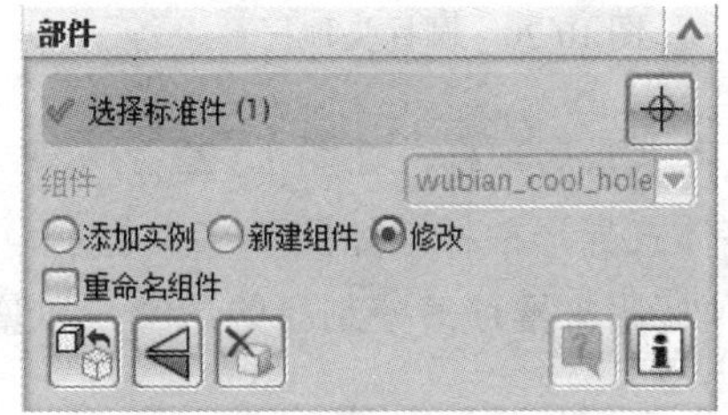

图 10-19　“部件”项目

10.3　顶出机构设计

在注塑成型的过程中，塑件必须由模具的型腔或型芯中脱出，脱出塑件的机构称为顶出机构。许多公司的标准件库中都提供了顶杆和顶管功能用于顶出设计，然后再利用 MoldWizard 的顶杆后处理工具来完成顶出设计。

10.3.1　顶出机构

常用的顶出机构是简单的顶出机构，也叫一次顶出机构。也就是塑件在顶出机构的作用下，通过一次动作就可以脱出模外的形式。常用的包括顶杆脱模机构、推管脱模机构和推件板脱模机构等。

1. 顶杆脱模机构

(1) 顶杆的特点

顶杆的自由度大，而且顶杆截面大部分为圆形，容易达到顶杆与模板或型芯上的顶杆孔的配合精度，顶杆推出塑件时运动阻力小，顶出动作灵活可靠，损坏后也便于更换。但因为

顶杆的顶出面积一般比较小，容易引起较大的局部压力从而顶穿塑件或使得塑件变形，所以很少用于脱模斜度小和脱模阻力大的塑件。

(2) 顶杆的种类

顶杆的种类有多种，下面将对常用的顶杆形式进行介绍。

① 圆柱头顶杆，如图 10-20 所示，尾部采用带肩固定，是最常用的顶杆形式。

② 带肩顶杆，如图 10-21 所示，顶杆部分呈带肩式，具有良好的刚性，适用于顶杆长度比较长时以增减顶杆的刚度。

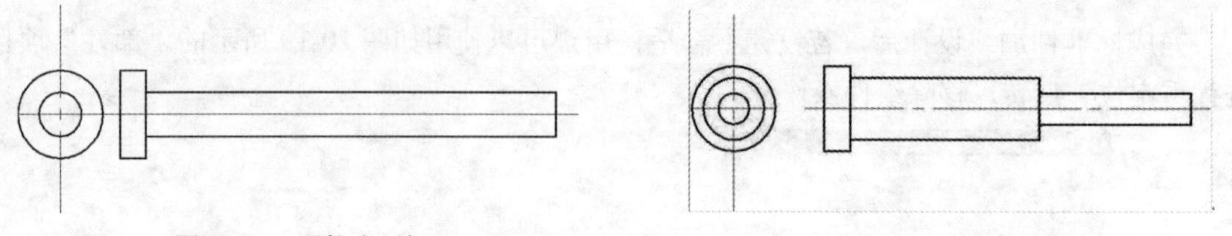

图 10-20　圆柱头顶杆　　　　图 10-21　带肩顶杆

③ 嵌入式带肩顶杆，如图 10-22 所示，主要用于顶杆直径较小的情况。

④ 整体式异形顶杆，如图 10-23 所示，其顶杆形状为半圆形，有时又称 D 形顶杆，这种形式的顶杆用来推顶薄壁制品的边缘，以增大推顶面积。

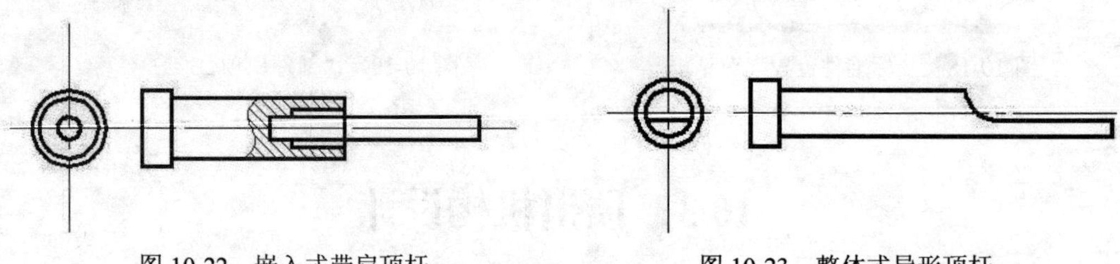

图 10-22　嵌入式带肩顶杆　　　　图 10-23　整体式异形顶杆

⑤ 扁顶杆，如图 10-24 所示，主要用来推顶一般顶杆难以推出的细长部分，如制品的加强肋等。

⑥ 盘形顶杆，如图 10-25 所示，当无法采用边缘顶杆和推件板时，可以采用这种大直径的顶杆，以增加推顶面积使制品变形的可能性减小。

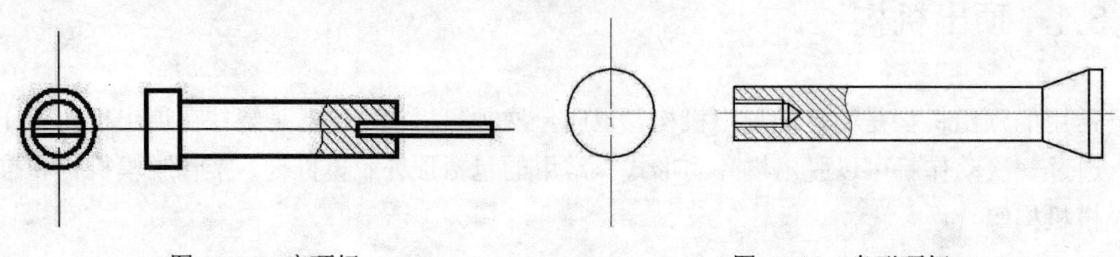

图 10-24　扁顶杆　　　　图 10-25　盘形顶杆

(3) 顶杆的设计要点

顶杆位置应该设置在脱模阻力大的部位。如盖类与箱类制品，侧面阻力大，应该尽量在其端面设置顶杆。顶杆设置在型芯内部时，应该靠近侧壁均匀布置。

若制品的某个部位脱模阻力特别大，应该在该处增加顶杆的数目。在制品的肋、凸台和支承等部位可多设顶杆。

顶杆不宜设置在制品薄壁处。

顶杆端面应该使用尽可能大的面积与制品接触。直径小于 3mm 时，应该采用阶梯式顶杆。

尽量保证均匀布置顶杆，即保证制品各处的脱模力分担均匀，且数量不宜过多，以保证塑件被顶出时受力均匀、平稳和不变形。

2. 推管脱模机构

推管脱模机构常用于圆筒状制品的脱模。推管沿整个周边推出制品，使制品受力均匀，无推出痕迹。常见的推管结构如图 10-26 所示。

3. 推件板脱模机构

推件板脱模机构在分型面处沿制品周边将制品推出，适用于大筒形制品、薄壁容器及各种罩壳类制品的脱模。其特点是推出均匀、力量大、运动平稳、制品不易变形、表面无推出痕迹及不需要设置复位装置。推件板脱模机构常用的结构形式如图 10-27 所示。

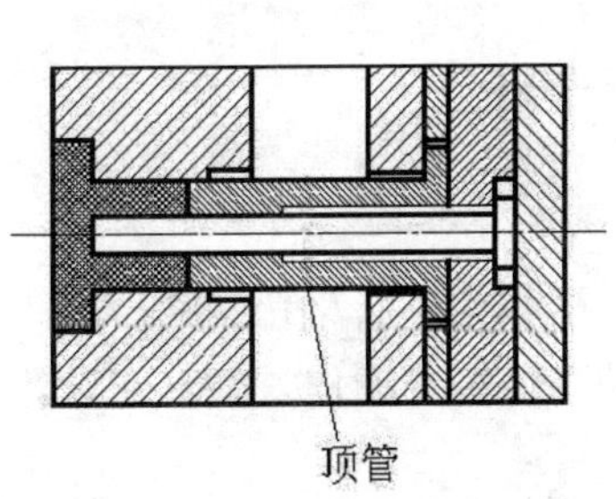

图 10-26　推管脱模机构示意图

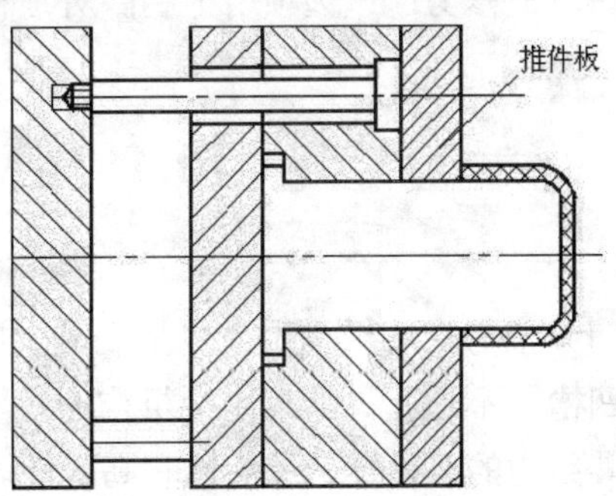

图 10-27　推件板脱模机构示意图

10.3.2　顶杆后处理

顶杆加入的最初状态为标准的长度和形状，而顶杆的长度和形状需要与产品形状相匹配。顶杆后处理提供了修改顶杆功能，使顶杆成为与产品相匹配的特殊尺寸。

完成顶杆加载操作后，单击(顶杆后处理)按钮，弹出如图 10-28 所示的“顶杆后处理”对话框。

单击“类型”列表框右侧的下拉箭头，有“调整长度”、“修剪”和“取消修剪”三种类型的顶杆后处理方式，如图 10-29 所示。

✧ 调整长度：该修剪方法可将顶杆长度调整到型腔表面最高点，使用这种修剪方法，顶杆将陷在产品内，使产品产生凹痕。

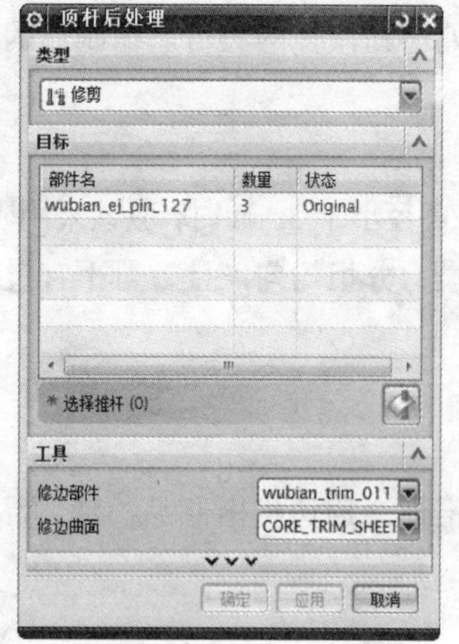

图 10-28 “顶杆后处理”对话框

图 10-29 三种后处理方式

✧ 修剪：该修剪方法可控制顶杆端部的形状与型腔表面相一致，用这种方法修剪，产品不会产生凹痕。

✧ 取消修剪：该选项用于删除对顶杆的修剪。

10.4 滑块和抽芯设计

侧向分型与抽芯机构用来成型制品上的外侧凸起、凹槽和孔，以及壳体制品内侧的局部凸起、凹槽和不通孔。具有侧抽机构的注塑模具，其活动零件多、动作复杂，在设计中特别要注意其结构的可靠性、灵活性和高效性。

10.4.1 侧抽机构的分类

侧抽机构按照动力来源分为三种类型，其中以机动侧向分型与抽芯机构最为常用。

1. 机动侧抽机构

机动侧抽机构系统是借助于注塑机的开模力或顶出力与合模力进行模具的侧向分型、抽芯及复位动作的机构。这类机构经济性好、效率高、动作可靠和实用性强，其主要形式有弹簧分型抽芯、斜导柱分型抽芯、弯销分型抽芯、斜滑块分型抽芯和齿轮齿条抽芯等，其中以斜导柱和斜滑块分型抽芯最为广泛。

2. 液压(气压)侧抽机构

液压(气压)侧抽机构是指以压力油(或压缩空气)作为动力来源，驱动模具进行侧向分型、抽芯及复位的机构。这类机构的主要特点是抽拔距离长、抽拔力大、动作灵活和不受开模过程的限制，常在大型注塑模具中使用。

3. 手动侧抽机构

采用手动侧抽机构的模具结构比较简单，但生产效率低、劳动强度大和抽拔力有限，因此在特殊场合才采用。

10.4.2　斜导柱侧抽机构

斜导柱侧抽机构结构紧凑、制造方便、动作可靠，如图 10-30 所示。斜导柱的轴线与开模方向成一定的倾角，并与滑块成间隙配合，侧型芯用销钉固定在滑块上。开模时通过开模力驱动斜导柱产生侧向分力，迫使滑块带动侧型芯在导滑槽中向外移动，达到侧抽的目的；而在闭模时，由于限位块的定位，斜导柱能准确地进入到滑块的斜孔中，迫使型芯复位。

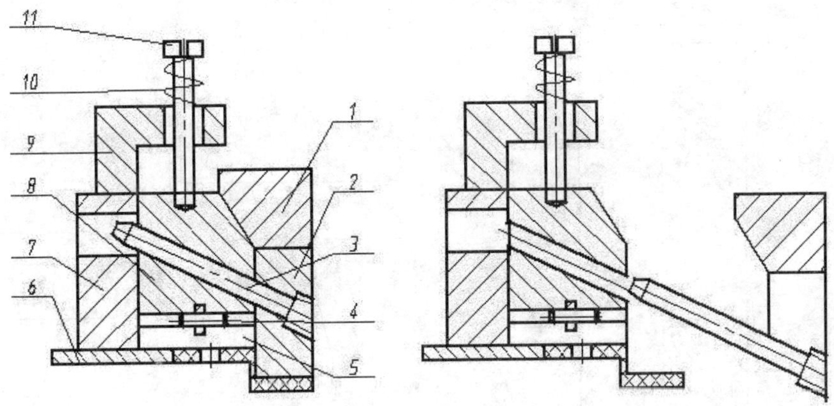

1-楔紧块；2-定模座板；3-斜导柱；4-销钉；5-侧型芯；6-推管；7-动模板；
8-滑块；9-限位挡块；10-弹簧；11-螺钉

图 10-30　斜导柱侧向抽芯结构示意图

1. 侧抽所需的斜导柱长度和开模距

斜导柱的长度应根据抽拔距离、斜导柱直径及斜角的大小来确定，如图 10-31 所示。其长度公式计算为

$$
\begin{aligned}
L &= L_1 + L_2 + L_3 + L_4 + L_5 \\
&= \frac{D}{2}\tan\alpha + \frac{h}{\cos\alpha} + \frac{d}{2}\tan\alpha + (10 \sim 15)\,\text{mm}
\end{aligned}
\tag{10-1}
$$

式中，L 为斜导柱的长度(mm)；D 为斜导柱固定部分大端直径(mm)；h 为斜导柱固定板厚度(mm)；α 为斜导柱的斜角(°)。

完成抽拔距离 S 所需要的最小开模行程 H 由下面的公式计算。

$$H = S\cot\alpha \tag{10-2}$$

当抽拔方向与开模方向不一样的时候，在开模方向上加一个偏角进行计算即可。

2. 斜导柱机构受力分析和斜导柱的强度

当滑块运动垂直于开模方向时，如图 10-32 所示为斜导柱和滑块的受力示意图。由力学平衡的知识可以知道斜导柱与滑块之间的作用力为

$$N = \frac{Q\cos^2\sigma}{\cos(\alpha + 2\sigma)} \tag{10-3}$$

式中，σ 代表摩擦角。可以知道随着安装斜角的增大，所需的开模力也增大，且斜导柱和滑块之间的作用力也增大，其结构将会使模具无法开启，甚至使斜导柱折断。反之，如果安装斜角比较小，就会使机构处于自锁状态，也不能开模，所以在生产中，α 的值一般取 12°～15°。

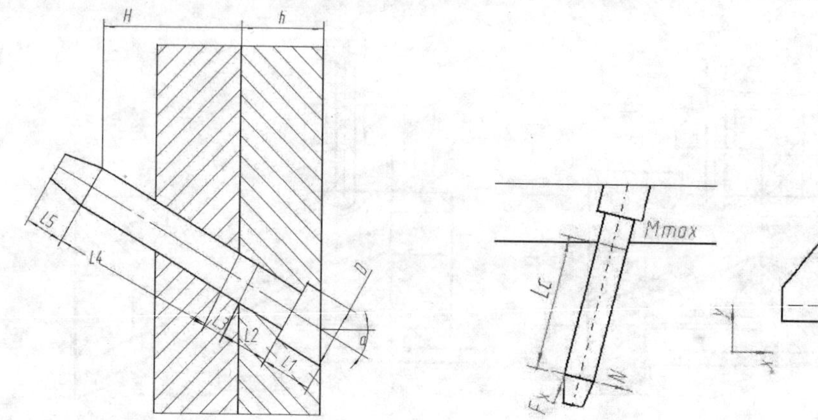

图 10-31　斜导柱长度和开模行程计算示意图

图 10-32　斜导柱受力分析

同样，由斜导柱的受力分析示意图可以看到，斜导柱驱动滑块从制品中抽拔时，法向力 N 使斜导柱受到力臂为 Lc 的弯曲力，因此为了满足斜导柱材料的弯曲强度，斜导柱的直径应该满足下面的计算公式。

$$d \geqslant \left(\frac{10NL_4}{\sigma_w}\right)^{1/3} \tag{10-4}$$

式中，σ_w 为使用完全压力。

3. 机械零件设计

(1) 锁紧楔，又称压紧楔。它在注塑过程中使滑块紧密闭合，所以要求有足够的刚性。锁紧楔主要有整体式、镶嵌式和装配式等形式。

(2) 滑块和导滑槽。滑块上的成型表面是型腔的组成部分，一般采用优质塑料模具钢并进行抛光。小型滑块可以采用整体式，但较大的滑块多采用组合式结构。滑块的滑动常采用

T形槽导向，加工方便且刚性好，如图10-33所示。

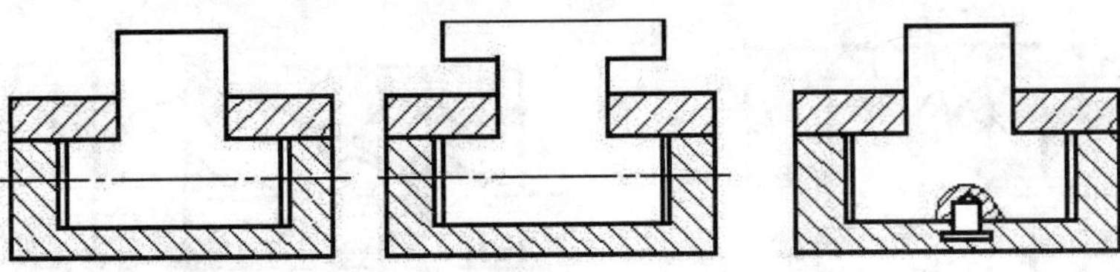

图10-33　导滑槽机构示意图

(3) 定位装置。为了保证滑块在抽拔后停留在准确的位置上，机构必须要有定位装置，一般常采用的有挡块、钢珠或球头柱销定位，定位后还需要用弹簧或自重来固定滑块。

4. 结构形式

斜导柱分型与抽芯机构，按照导柱和滑块的安装位置大致可分为4种结构类型。

(1) 斜导柱在定模、滑块在动模

这种滑块在领先复位过程中，顶杆或顶管还尚未退到闭模位置，致使滑块与它们相撞产生干涉现象，因此，这种机构要注意判断是否产生干涉，产生干涉时要采用复位机构。

(2) 斜导柱和滑块都在定模

斜导柱固装在定模板上；滑块设置在定模边的型腔板上，型腔板上有导滑槽。在分型时，定模板必须与型腔板首先分型，由型腔板的开模力驱使滑块在斜导柱的作用下，在型腔板上做侧抽运动，在侧抽完成以后型腔板才与动模分型。

(3) 斜导柱在动模、滑块在定模

应用这种结构是有条件的，塑件对型芯有足够的包紧力，型芯在初始开模时，能沿开模轴线方向运动。这种侧抽的抽拔距离较小，必须保证推板与动模板在开模时首先分型。

(4) 斜导柱和滑块都在动模

这种机构常用于侧向分型，也称瓣合凹模。由两个或多个侧滑组成凹模，被定模楔压锁紧。动模与定模先分型，待动模带着闭合型腔退至脱模位置时，推件板将塑件脱离主型芯。与此同时，在斜导柱作用下进行侧向分型。由于滑块始终不脱离导柱，不需要对其设置定位装置。

10.4.3　斜滑块侧抽机构

斜滑块驱动侧向分型与抽芯机构，通常是因为滑块是由锥形模套锁紧的，能承受较大的侧向力。但抽拔距离不大，制品脱出后不易自动脱落。如图10-34所示为凹模斜滑块外侧分型机构。凹模由两块斜滑块组成，斜滑块在顶杆的作用下，沿斜滑槽移动的同时向两侧分型，并实现制品脱离主型芯。滑块推出高度一般不超过导滑槽的2/3，否则会影响复位。

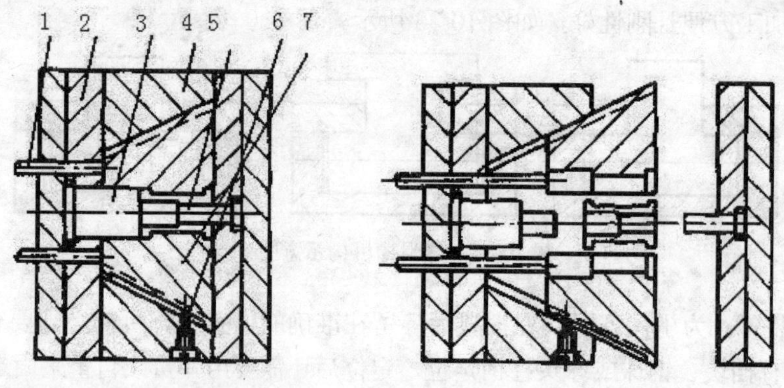

1-顶杆；2-型芯固定板；3-型芯；4-模套；5-定模型芯；6-限位钉；7-滑块

图 10-34 滑块机构

1. 导滑槽的设计

模套上的导滑槽常用的也是 T 形，主要有整体式和镶拼式两种。整体式是将型芯安装在滑块上，这样可以节省钢材，且加工方便，因而应用广泛。对于大型的模具则采用镶拼式的滑块，以便于加工。

2. 斜滑块的推出

在斜滑块侧向抽拔距离较大时，应该避免滑块移出顶杆的位置。可以采用增加一块小推板或用矩形推块替代顶杆，这样可以避免滑块受顶杆推力不均匀的现象。

3. 主型芯导向

若主型芯设置在定模或主型芯高度不足时，将会使塑件黏附于某个斜滑块上，因此，要注意调整定模与滑块之间的高度。

4. 斜滑块止动

倘若塑件对定模型芯的包紧力大于动模型芯的包紧力，在开模瞬间会导致制品和斜滑块一起被顶杆推出定模，将会引起塑件的损坏或滞留在定模而无法脱模。为此，可以设置弹簧制动定模从而对斜滑块进行约束。

10.4.4 MoldWizard 滑块和浮升销设计

MoldWizard使用标准件管理界面提供了一个设计滑块和抽芯的简易方法。在“主要”工具框中单击(滑块和浮升销库)按钮，弹出如图 10-35 所示的“滑块和浮升销设计”对话框及如图 10-36 所示的“信息”窗口，该对话框类似于“标准件管理”对话框。

图 10-35　“滑块和浮升销设计”对话框

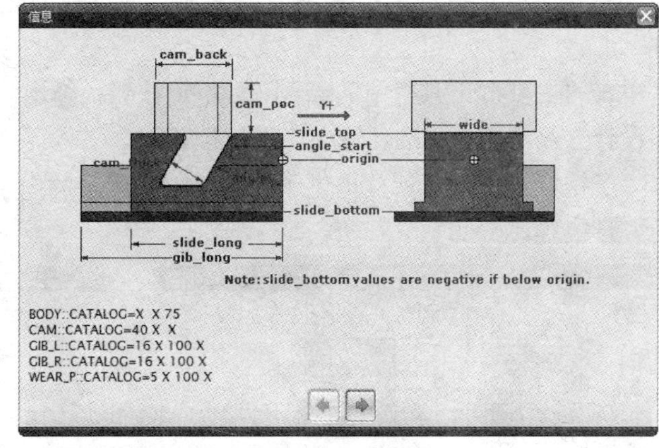

图 10-36　“信息”窗口

滑块和抽芯由两个主要部件组成，即滑块和抽芯头、滑块和抽芯体。滑块和抽芯头与产品形状有关。滑块和抽芯体由系统定制的标准件组成，如图 10-37 所示为推拉式滑块的结构。

如图 10-38 所示为浮升销设计的预览窗口。

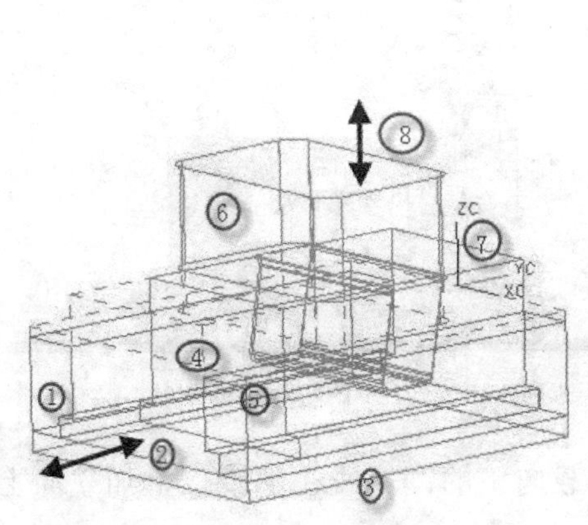

图 10-37　推拉式滑块结构

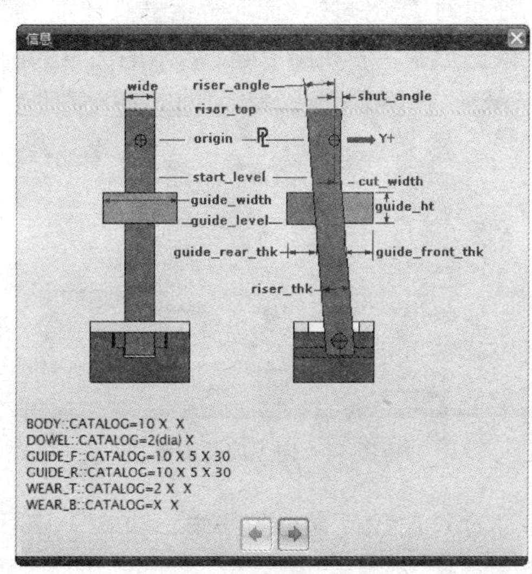

图 10-38　浮升销预览

图 10-37 中各项意义如下：①固定的导轨；②滑块移动方向；③底板；④滑块体；⑤固定的导轨；⑥驱动单元；⑦附件成形形状单元的界面(滑块头)；⑧模板移动的方向。

10.5　镶块设计

镶块用于型腔或型芯容易发生消耗的区域，也可用于简化型腔和型芯的加工工艺。一个完整的镶块装配由镶块头和镶块足/体组成。应该在创建镶块装配之前就完成型腔和型芯的创建。

单击“主要”工具栏中的(子镶块库)按钮，弹出“子镶块设计”对话框。对话框的样式和设计方式都和“标准件管理”对话框相似。

“子镶块设计”对话框提供了如图 10-39 所示的向上的方形镶块和如图 10-40 所示的向下的方形镶块。

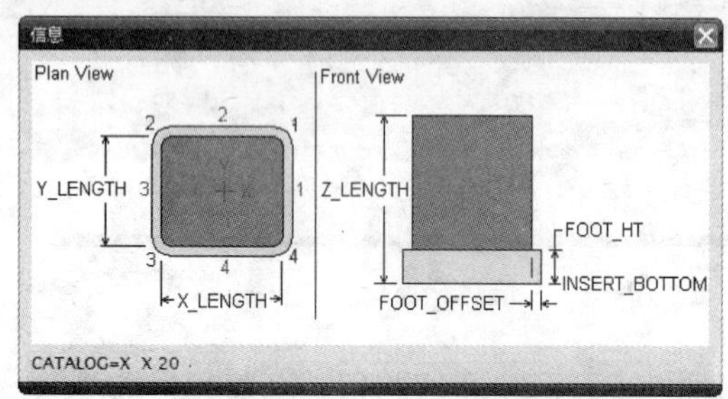

图 10-39　向上的方形镶块

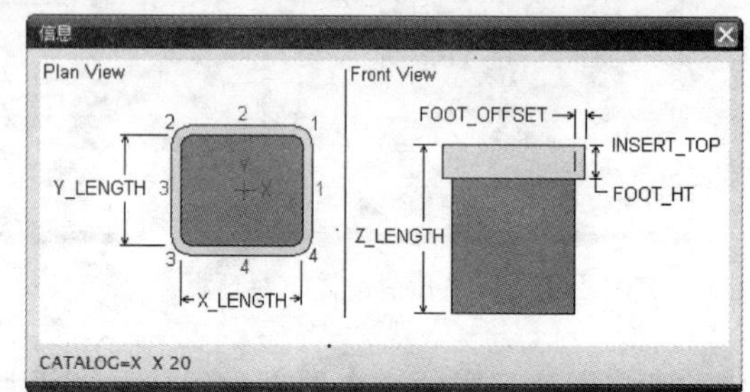

图 10-40　向下的方形镶块

通过对“子镶块设计”对话框“详细信息”项目进行设置后，可得到如图 10-41 所示的向上的圆形镶块和如图 10-42 所示的向下的圆形镶块。

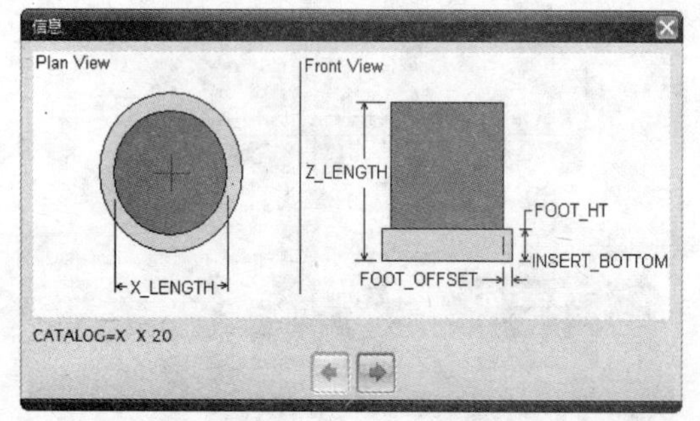

图 10-41　向上的圆形镶块

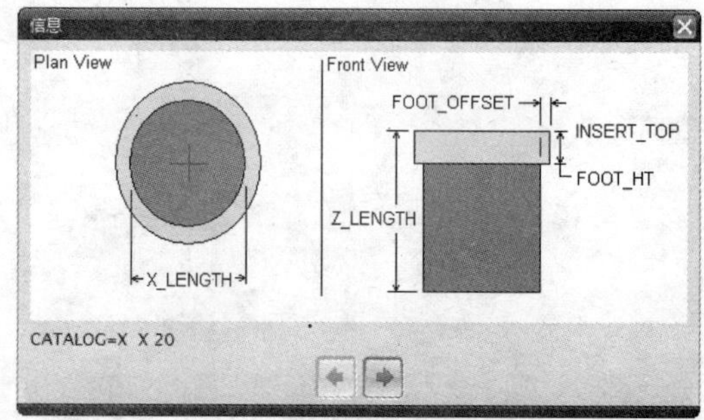

图 10-42　向下的圆形镶块

通过对加载位置点的指定，可在上模仁上加载向下的镶块或在下模仁上加载向上的镶块。

10.6　电极设计

注塑模具通常有很复杂的型腔和型芯外形，因此，常采用数控车、数控对铣线切割和电火花加工等特征加工方法。虽然有的特征可以通过改变设计方法加工，但是出于对模具精度和结构的要求考虑，只能采用特征加工方法。

注塑模向导中的电极工具正是为电火花加工设计电极而用的。电极设计可以用于型腔和型芯的某个区域，也可以设计整个型腔和型芯。

单击“注塑模向导”工具栏中的“电极”按钮，弹出如图 10-43 所示的“电极设计”对话框。

“电极设计”对话框分为两个选项卡，一个是如图 10-43 所示的用于标准电极设计的“目录”选项卡，另一个是如图 10-44 所示的用于非标准电极设计的“尺寸”选项卡。

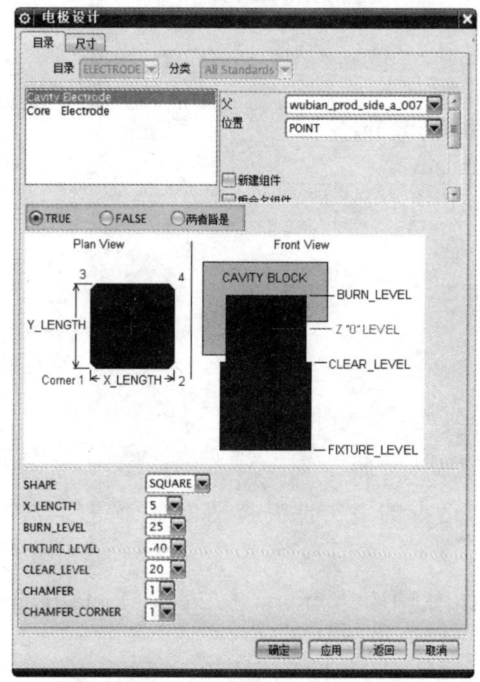

图 10-43　“电极设计”对话框

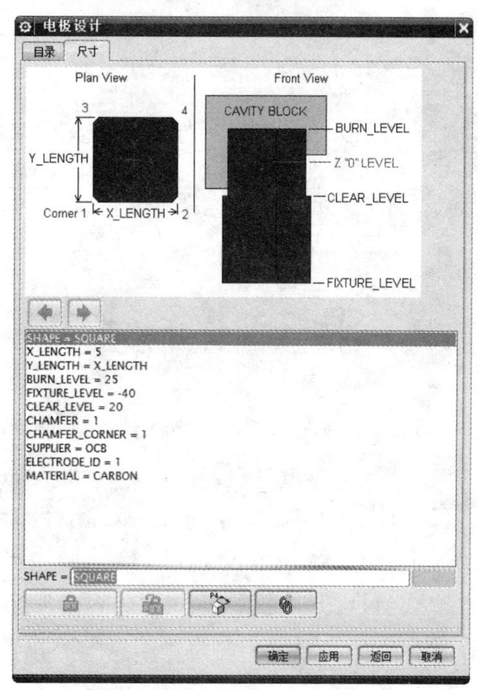

图 10-44　“尺寸”选项卡

综合使用两种不同的选项卡，可以加载不同型号的电极，并且可指定电极设计的位置在型腔或型芯，加载电极的文件的父级等。

10.7　实例示范

本节介绍了使用 NX 9 对一典型模型进行注塑模具标准件、滑块及镶块设计的操作过程。

如图 10-45 所示为根据前面内容模型完成模架加载及浇注冷却系统加载后的视图。如图 10-46 所示为完成设计后的注塑模具。

图 10-45　完成模架加载后的视图

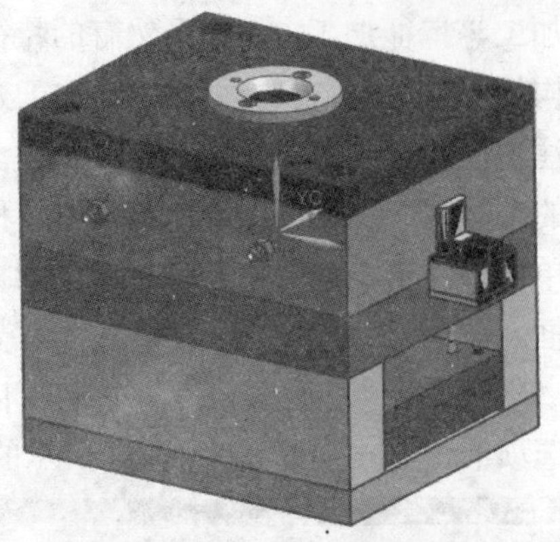

图 10-46　完成标准件加载后模架

初始文件路径	\光盘文件\NX 9\Char10\dianxing.prt
结果文件路径	\光盘文件\NX 9\Char10\zhusu\
视频文件	\光盘文件\视频文件\Char10\第 10 章.Avi

10.7.1　创建推料杆并修整

推料杆是将注塑完模型推出模具的机构。具体操作步骤如下：

(1) 单击(标准件库)按钮，弹出“标准件管理”对话框。

(2) 如图10-47所示，单击“标准件管理”对话框的“文件夹视图”下面白色方框内DME_MM的子级Ejection。

“成员视图”下面白色方框内容会发生变化，如图 10-48 所示，单击 Ejector Pin[Straight]，会在窗口右侧出现一个名为“信息”的预览窗口，如图 10-49 所示。

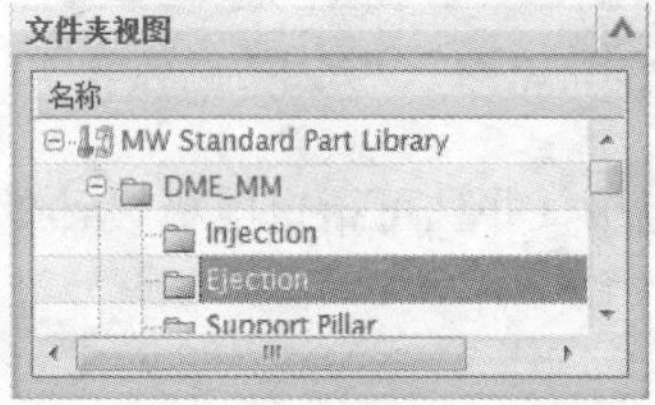

图 10-47　单击 Ejection

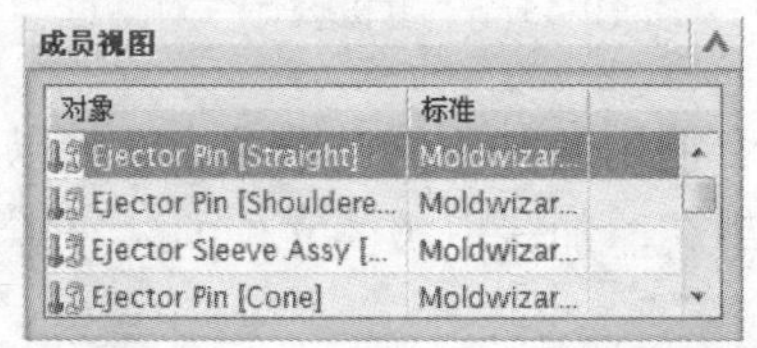

图 10-48　单击 Ejector Pin[Straight]

(3) 如图 10-50 所示，设置“标准件管理”对话框下部的“详细信息”白色方框中的参数，CATALOG_DIA(直径)设置为 3，CATALOG_LENGTH(长度)设置为 160，其余默认设置。

(4) 完成设置，单击“标准件管理”对话框中的 应用 按钮，弹出“点”对话框，如图 10-51 所示，“输出坐标”下面的“参考”列表框选择 WCS，XC 设置为-50mm，YC 设置为 15mm，ZC 设置为 0mm，其余默认设置。

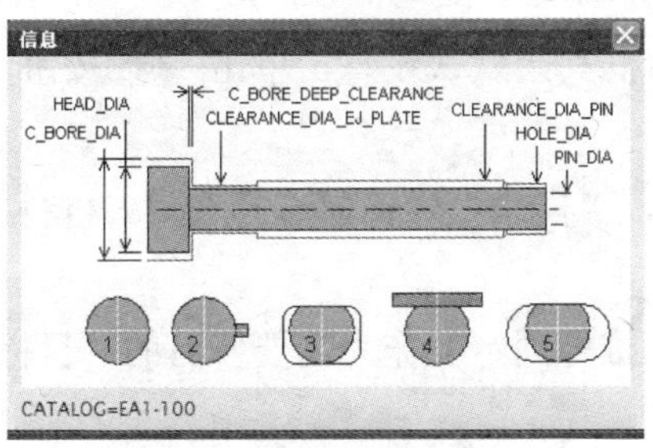

图 10-49　“信息”预览窗口

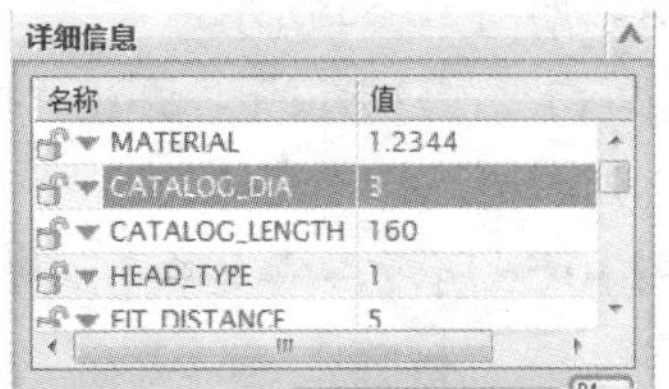

图 10-50　设置直径和长度

完成设置后单击确定按钮，在模具中创建首个推料杆，如图 10-52 所示。

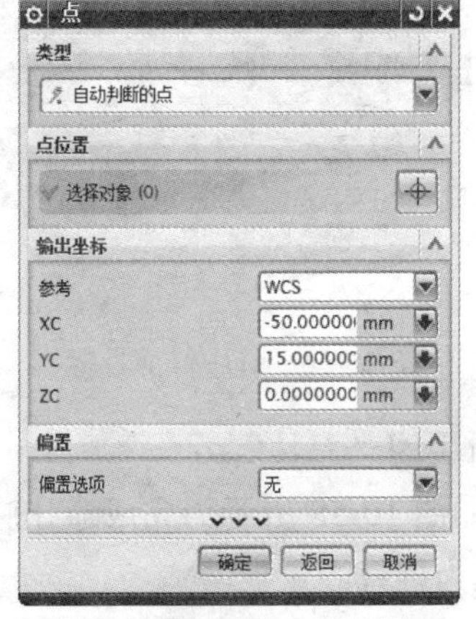

图 10-51　“点”对话框

图 10-52　创建首个推料杆

(5) 重复设置“点”对话框，分别设置(XC，YC)的坐标组合为(-40mm，0mm)、(-50mm，-15mm)，创建其余两个推料杆，如图 10-53 所示。

(6) 单击“点”对话框中的取消按钮，退出“点”对话框，回到“标准件管理”对话框，单击确定按钮，完成推料杆创建操作。

(7) 单击(顶杆后处理)按钮，弹出如图 10-54 所示的“顶杆后处理”对话框。

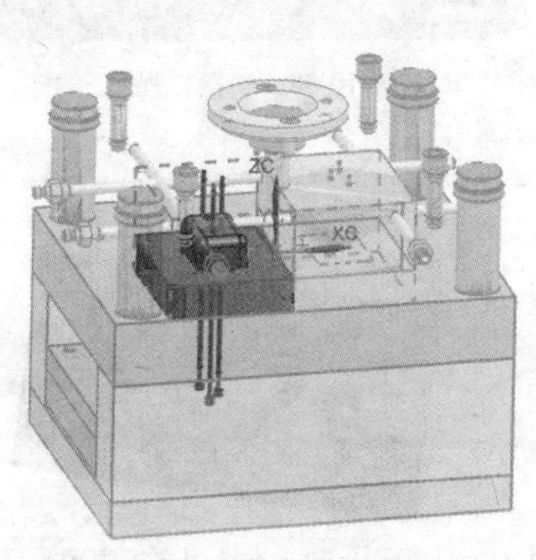

图 10-53　创建其余两个推料杆

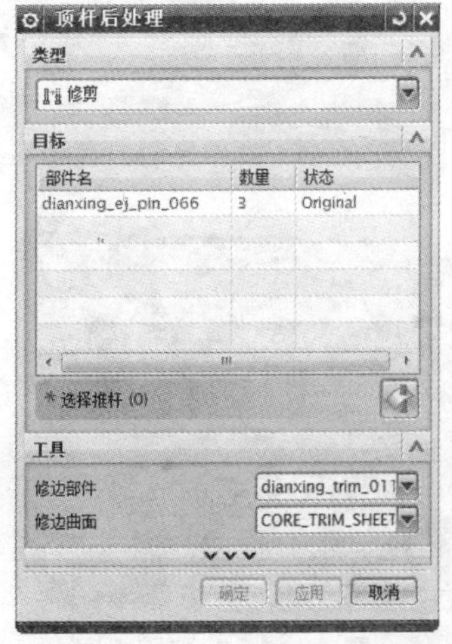

图 10-54　“顶杆后处理”对话框

(8) 选中图中三个顶杆，“顶杆后处理”对话框其余默认设置，单击[确定]按钮，完成顶料杆修剪，如图 10-55 所示。

(9) 单击(腔体)按钮，弹出“腔体”对话框，“模式”列表框选择“减去材料”，“工具类型”列表框选择“实体”。

如图 10-56 所示，依次单击动模仁、动模板、推杆固定板作为需要修剪的“目标”。

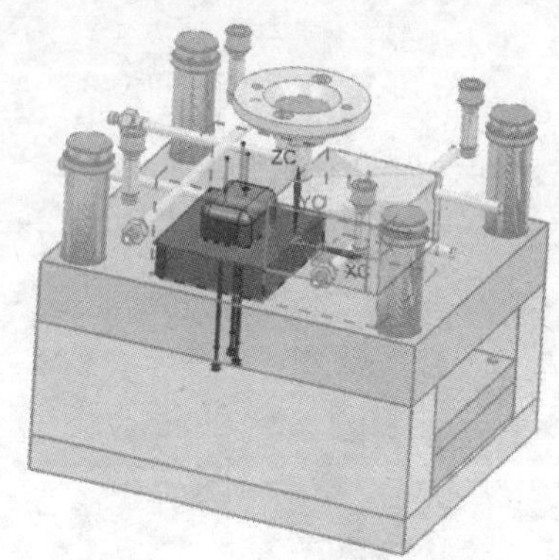

图 10-55　完成顶料杆修剪操作

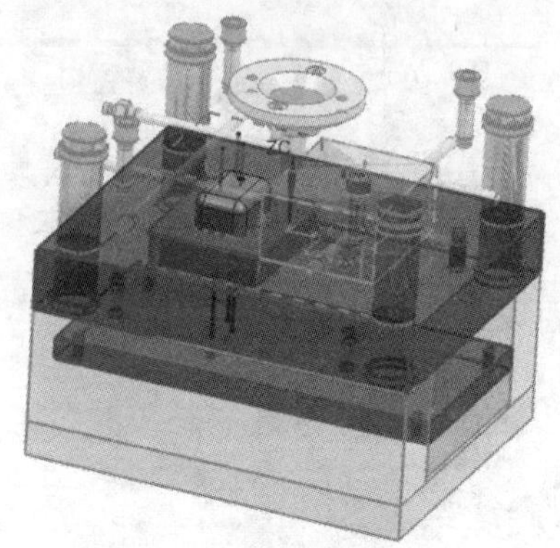

图 10-56　选中修剪目标

如图 10-57 所示，依次单击所有顶料杆作为修剪所用的“刀具”。

完成设置后单击[确定]按钮，完成避让腔体创建。如图 10-58 所示为完成避让腔体创建后的动模仁，如图 10-59 所示为动模板，如图 10-60 所示为推杆固定板。

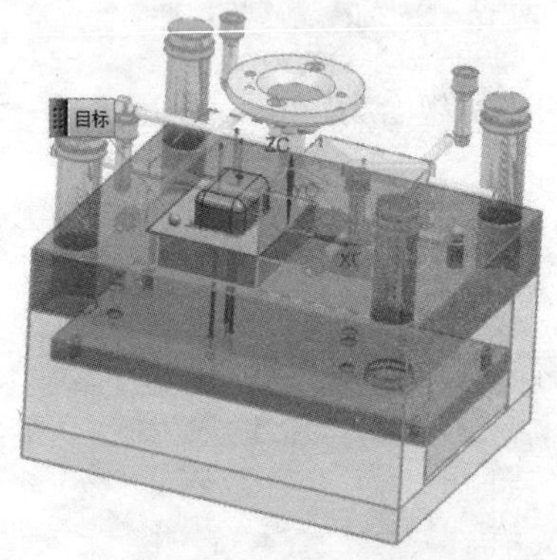

图 10-57　选中修剪刀具

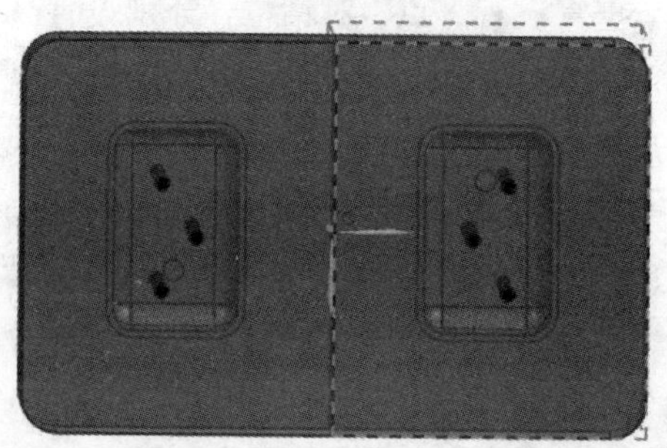

图 10-58　动模仁视图

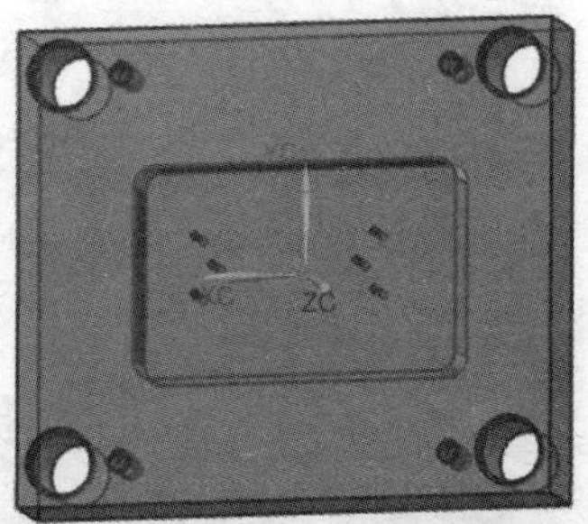

图 10-59　动模板视图

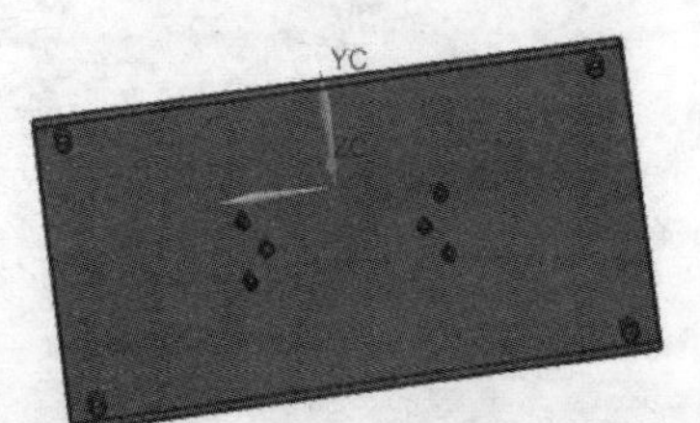

图 10-60　推杆固定板视图

10.7.2　创建滑块头及滑块

滑块又叫侧抽芯机构，侧面有闭合孔洞的模型进行注塑需创建滑块。

具体操作步骤如下：

(1) 隐藏其余部件至只余零件模型，如图 10-61 所示，并将其设置为工作部件。

(2) 单击“注塑模工具”工具栏中(创建方块)按钮，弹出“创建方块”对话框。

(3) 如图 10-62 所示，“创建方块”对话框中“类型”列表框选择“包容块”。

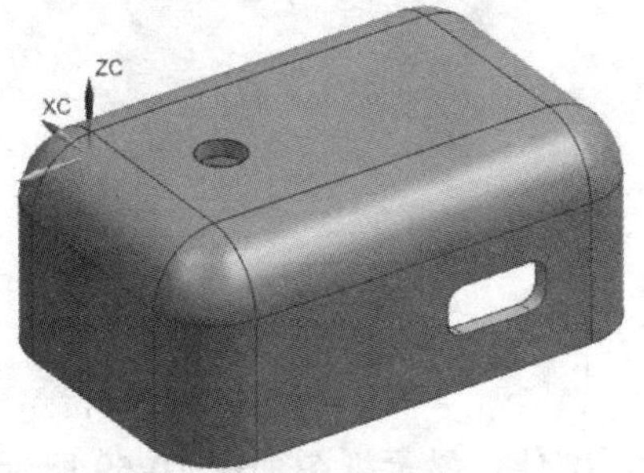

图 10-61　零件模型

图 10-62　“创建方块”对话框

(4) 单击侧孔边线，并如图 10-63 所示拖曳坐标箭头至超过中间孔。

(5) 单击“创建方块”对话框中的<确定>按钮，创建方块如图 10-64 所示。

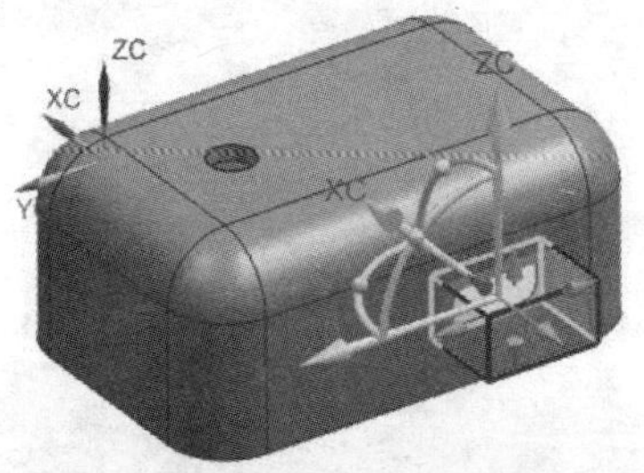

图 10-63　拖曳箭头

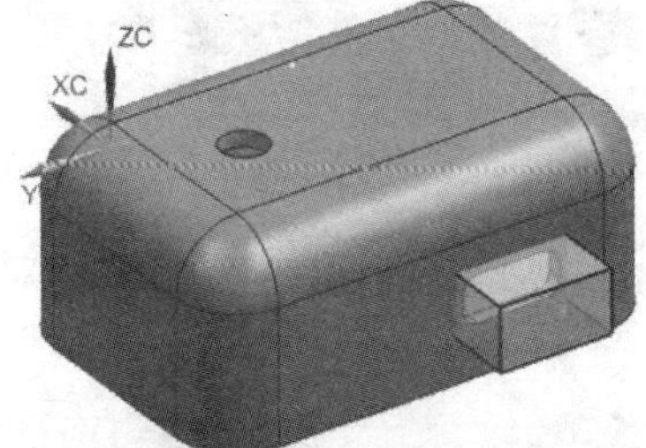

图 10-64　创建方块

(6) 单击(修剪实体)按钮，弹出“修剪实体”对话框。

(7) 如图 10-65 所示，单击方块作为修剪“目标”，如图 10-66 所示，单击孔内面作为“修剪面”。

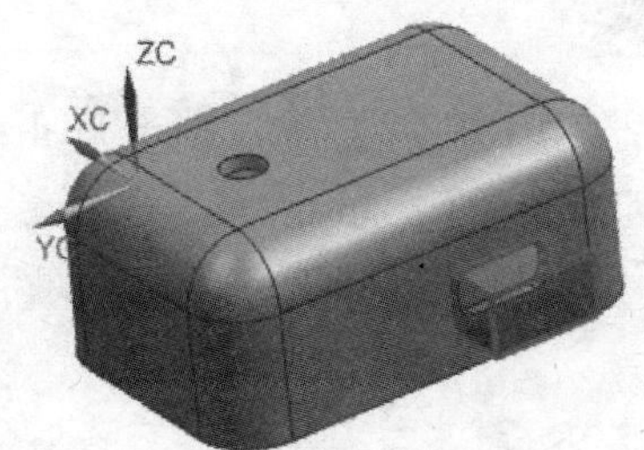

图 10-65　选中修剪目标

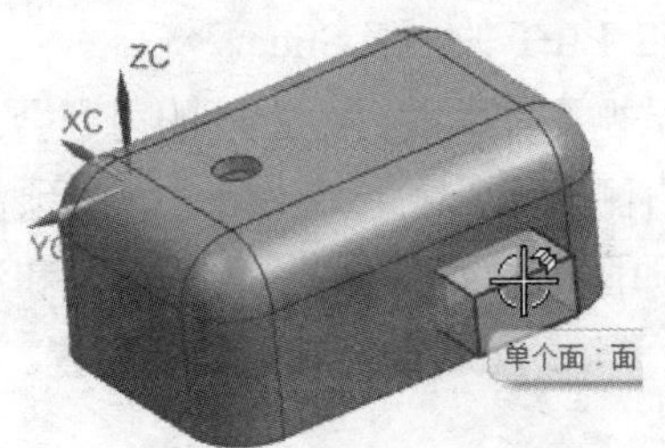

图 10-66　选中修剪面

(8) 单击按钮两次，改变箭头方向，单击“修剪实体”对话框中的按钮，完成块修剪，如图 10-67 所示。

(9) 单击块为修剪目标，单击内侧作为修剪面，修剪得到块，如图 10-68 所示，修剪得到的块即为滑块头。

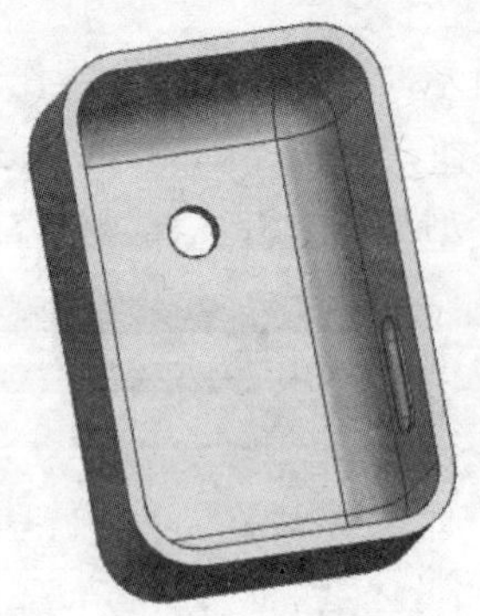
图 10-67　初次修剪块

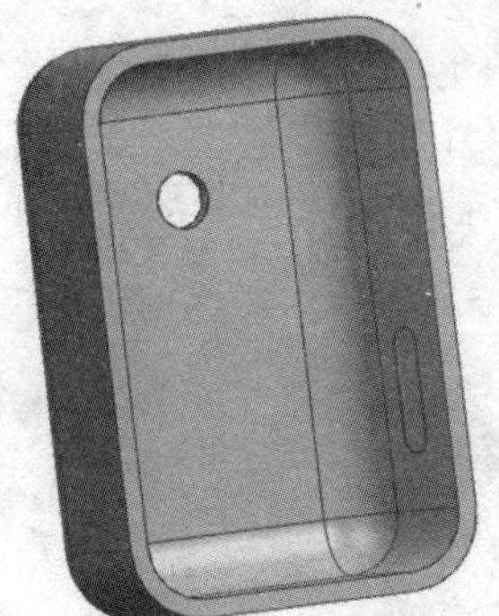
图 10-68　二次修剪块

(10) 将动模仁显示出来，保持零件模型为工作部件，显示视图如图 10-69 所示。

(11) 单击“注塑模工具”工具栏中的(创建方块)按钮，以孔边为参照对象，创建包容块如图 10-70 所示。(包容块的一端紧连孔所在面，另一端要超出模仁边端，面间隙设置为 26)

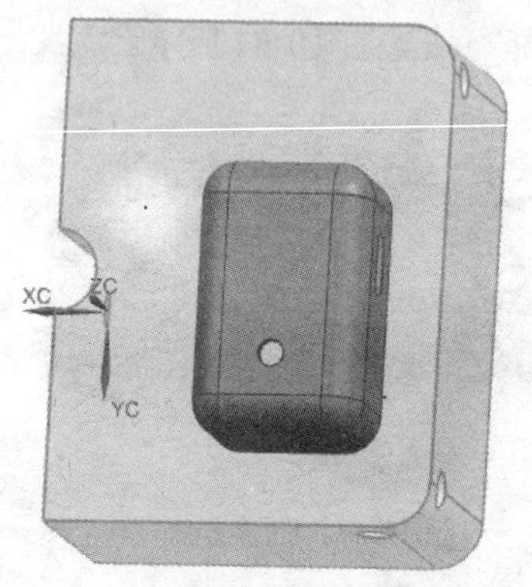

图 10-69　显示动模仁

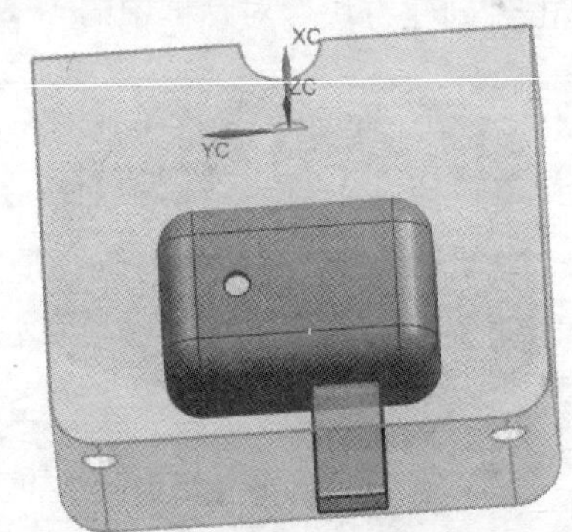

图 10-70　创建包容块

(12) 单击(滑块和浮升销库)按钮，弹出“滑块和浮升销设计”对话框。

(13) 如图 10-71 所示，单击“滑块和浮升销设计”对话框的“文件夹视图”下面白色方框内 SLIDE_LIFT 的子级 Slide。

“成员视图”下面白色方框的内容会发生变化，如图 10-72 所示，单击 Push-Pull Slide，会在窗口右侧出现一个名为“信息”的预览窗口，如图 10-73 所示。

(14) 如图 10-74 所示，设置“滑块和浮升销设计”对话框下部的“详细信息”白色方框中的参数，wide 设为 20，其余默认设置。

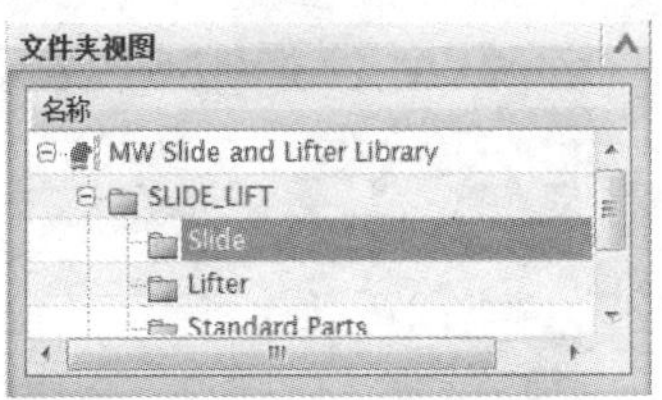

图 10-71　单击 Slide

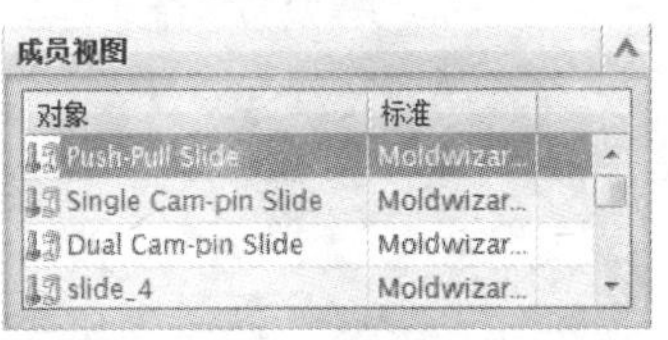

图 10-72　单击 Push-Pull Slide

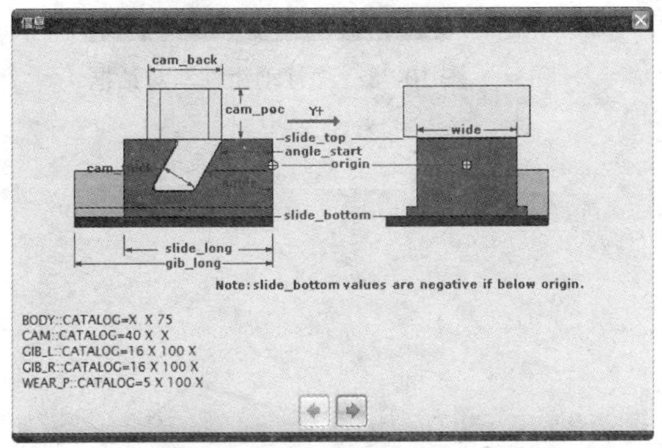

图 10-73　“信息”预览窗口

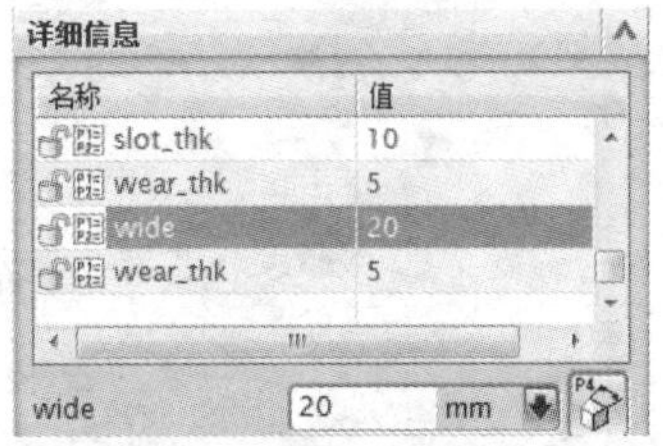

图 10-74　设置“详细信息”参数

(15) 单击应用按钮，创建滑块如图 10-75 所示，用户可发现创建的滑块的位置是不正确的。

(16) 单击“滑块和浮升销设计”对话框中的(重定位)按钮，弹出“移动组件”对话框，使用鼠标拖曳 XC-YC 之间的弧线绕 ZC 方向旋转 90°，得到如图 10-76 所示的结果。

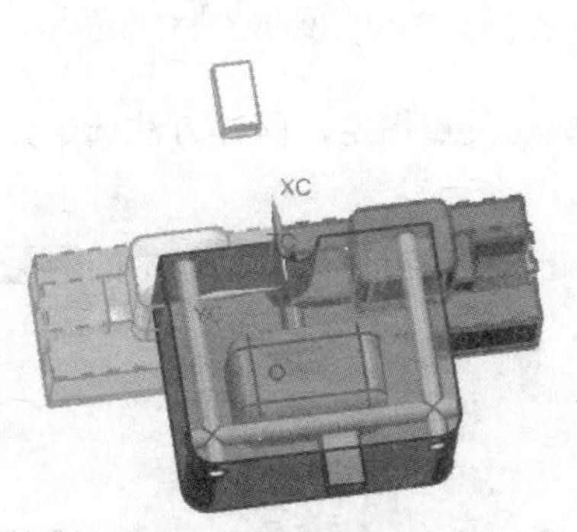

图 10-75　创建滑块

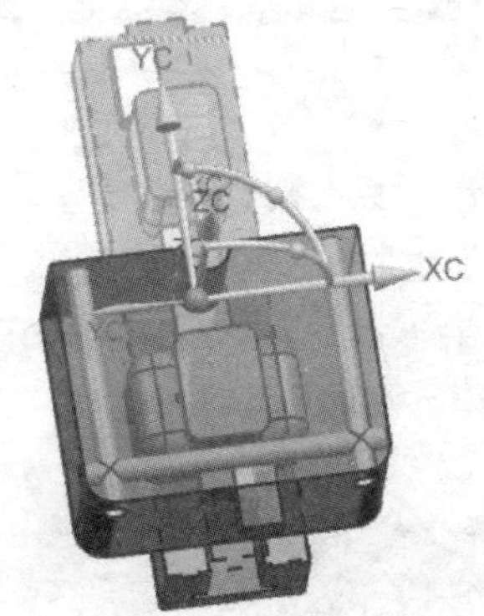

图 10-76　移动滑块方向

(17) 按 YC 的负方向移动滑块至包容块边缘露出，如图 10-77 所示。如图 10-78 所示，“移动组件”对话框中“变换”下面的“运动”列表框选择“点到点”。

(18) 单击“移动组件”对话框中“变换”下面“指定出发点”右侧的(点)按钮，弹出“点”对话框。

(19) 如图 10-79 所示，“点”对话框中“类型”列表框选择“两点之间”，如图 10-80 所示，单击滑块对角两点作为指定点。

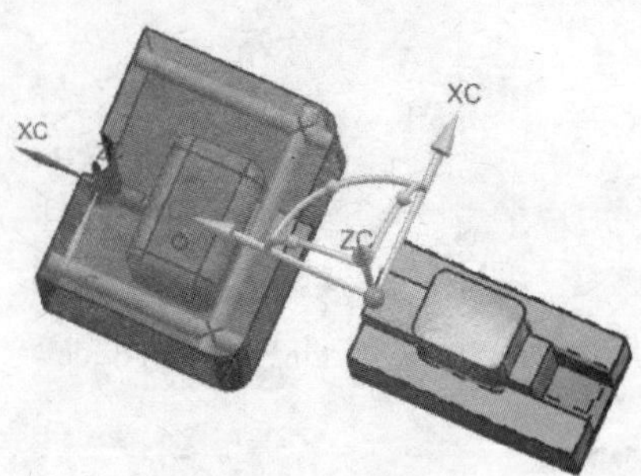

图 10-77　移动滑块

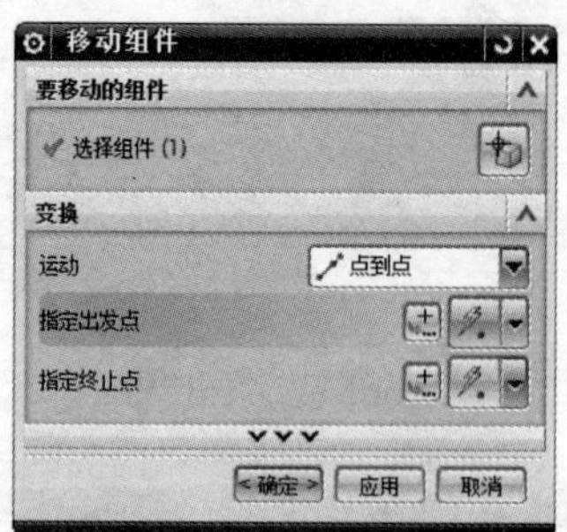

图 10-78　“移动组件”对话框

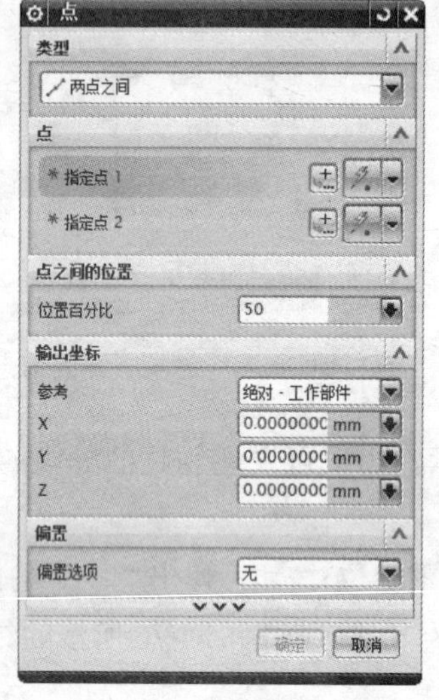

图 10-79　“点”对话框

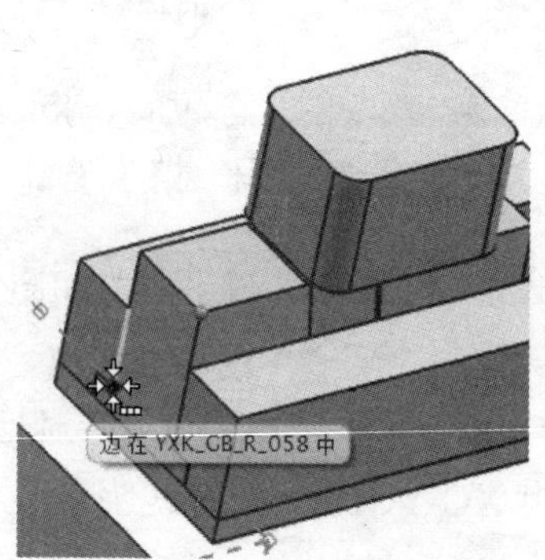

图 10-80　单击滑块对角两点

(20) 单击“点”对话框中的 确定 按钮，完成出发点指定，同样方法选定如图10-81所示的滑块头对角线顶点，指定终止点。

(21) 单击“点”对话框中的 确定 按钮后单击“移动组件”对话框中的 确定 按钮，完成滑块移动操作，如图 10-82 所示。

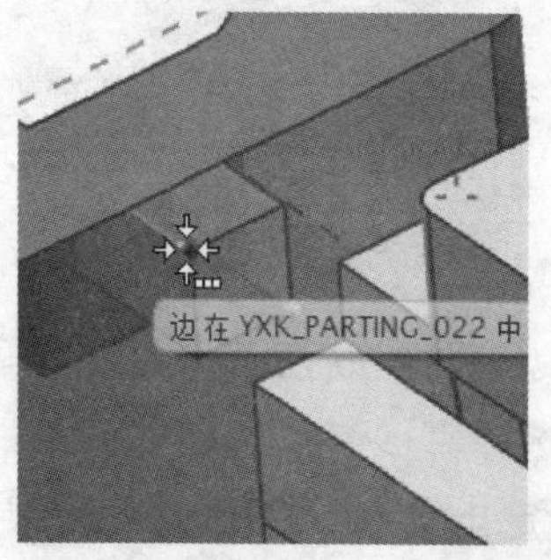

图 10-81　单击滑块头对角两点

图 10-82　完成滑块移动操作

(22) 单击“滑块和浮升销设计”对话框中的 确定 按钮，完成滑块创建。

(23) 将模板显示出来，如图 10-83 所示。单击 (腔体)按钮，弹出“腔体”对话框，“模式”列表框选择“减去材料”，“工具类型”列表框选择“实体”。

如图 10-84 所示，依次单击定模仁、定模板作为需要修剪的“目标”。

如图 10-85 所示，依次单击滑块组件、连接包容块作为修剪所用的“刀具”。

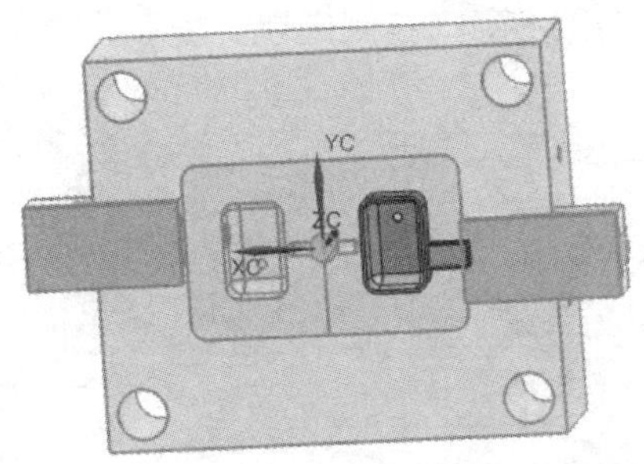

图 10-83　显示定模仁、定模板

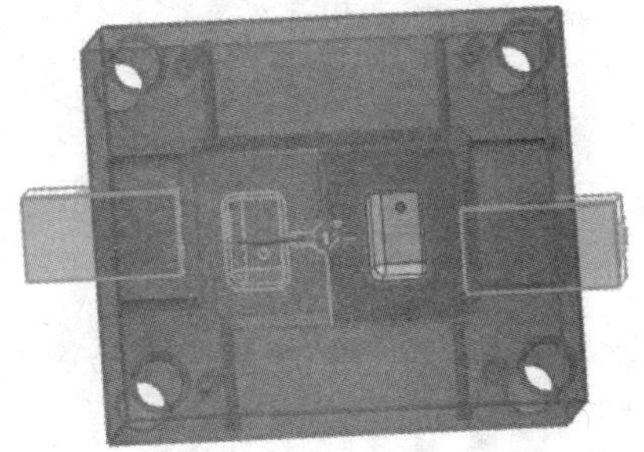
图 10-84　选中修剪目标

完成设置后单击< 确定 >按钮，完成避让腔体创建。隐藏滑块后得到如图 10-86 所示的动模仁视图和如图 10-87 所示的动模板视图。

图 10-85　选中修剪刀具

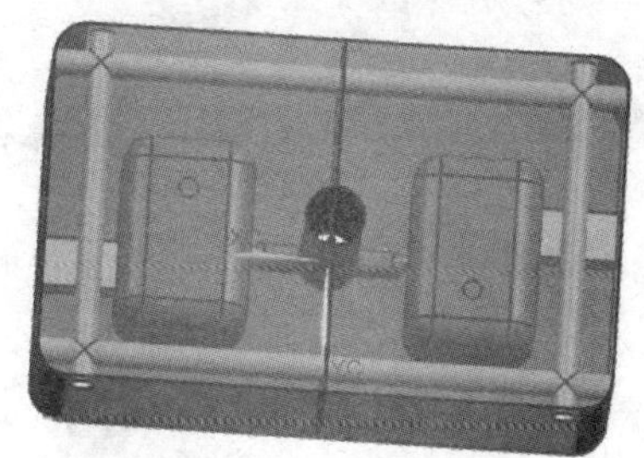
图 10-86　动模仁视图

(24) 重复步骤(23)，以滑块为修剪刀具修剪得到定模板的视图如图 10-88 所示。

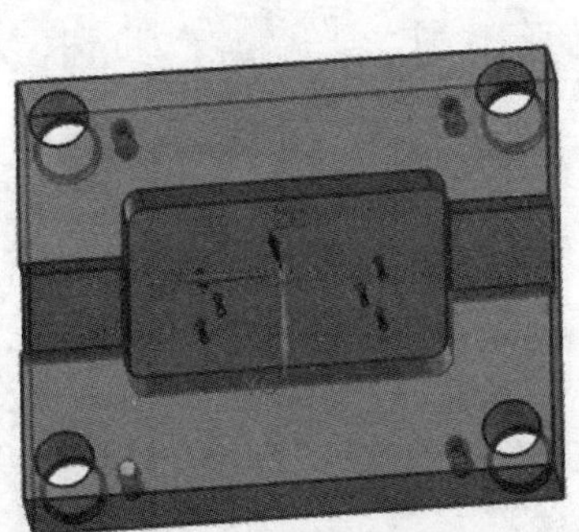
图 10-87　动模板视图

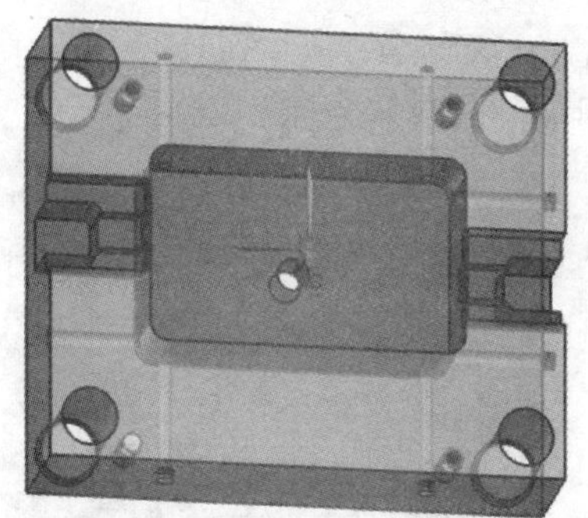
图 10-88　定模板视图

10.7.3　创建镶块

镶块用于型腔或型芯容易发生消耗的区域，也可用于简化型腔和型芯的加工工艺。

具体操作步骤如下：

(1) 将模具隐藏只余动模仁，单击(子镶块库)按钮，弹出“子镶块设计”对话框。

(2) 如图 10-89 所示，单击“子镶块设计”对话框的“文件夹视图”下面白色方框内 MW Insert Library 的子级 INSERT。

如图 10-90 所示，单击 CAVITY SUB INSERT，会在窗口右侧出现一个名为“信息”的预览窗口，如图 10-91 所示。

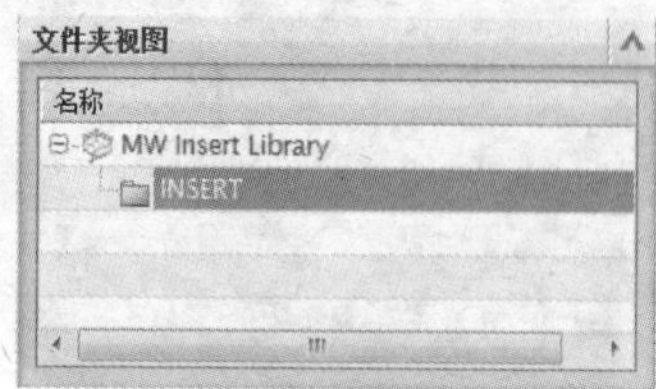

图 10-89　单击 INSERT

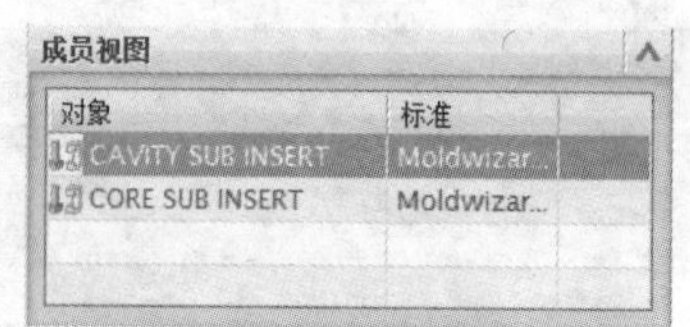

图 10-90　单击 CAVITY SUB INSERT

(3) 如图 10-92 所示，设置“子镶块设计”对话框下部的“详细信息”白色方框中的参数，SHAPE 设置为 ROUND，FOOT 设置为 ON，X_LENGTH 设置为 6mm，Z_LENGTH 设置为 25mm，其余默认设置。

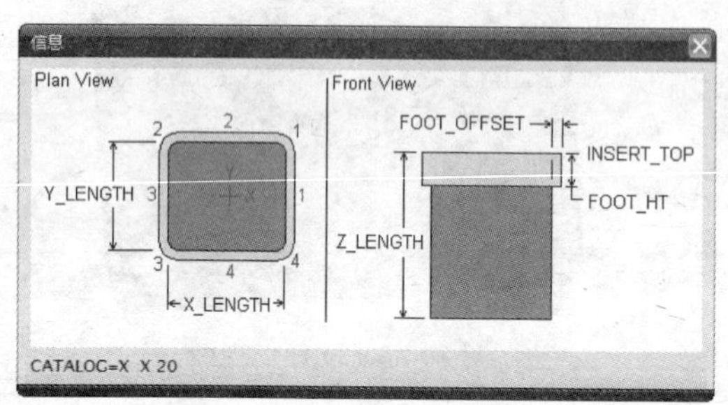

图 10-91　“信息”预览窗口

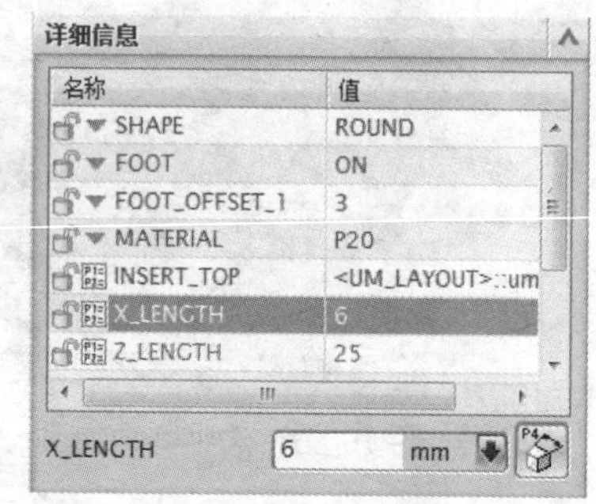

图 10-92　设置直径和长度

(4) 完成设置，单击“子镶块设计”对话框中的应用按钮，弹出“点”对话框，如图 10-93 所示，单击孔的中心，创建子镶块如图 10-94 所示。

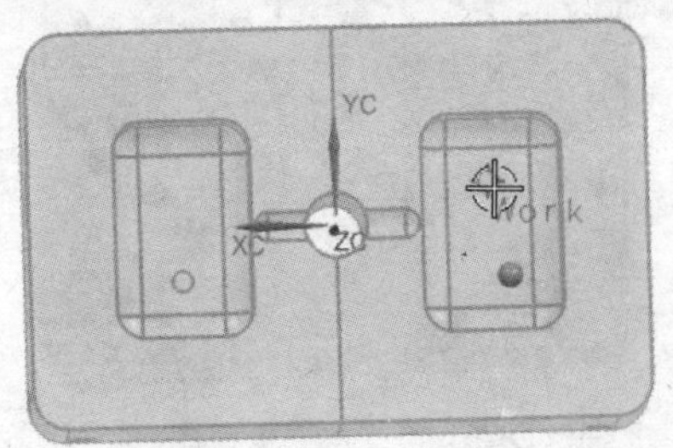

图 10-93　单击孔中心

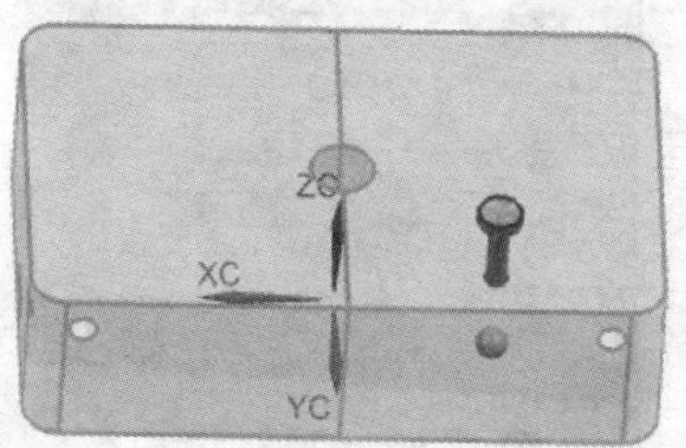

图 10-94　创建子镶块

(5) 重复单击另一孔中心，创建另一个子镶块，如图 10-95 所示。

(6) 单击“点”对话框中的取消按钮，退出“点”对话框，回到“子镶块设计”对话框，单击[确定]按钮，完成子镶块创建操作。

(7) 单击(腔体)按钮，弹出“腔体”对话框，“模式”列表框选择“减去材料”，“工具类型”列表框选择“组件”。

如图 10-96 所示，分别单击动定模仁作为需要修剪的“目标”。

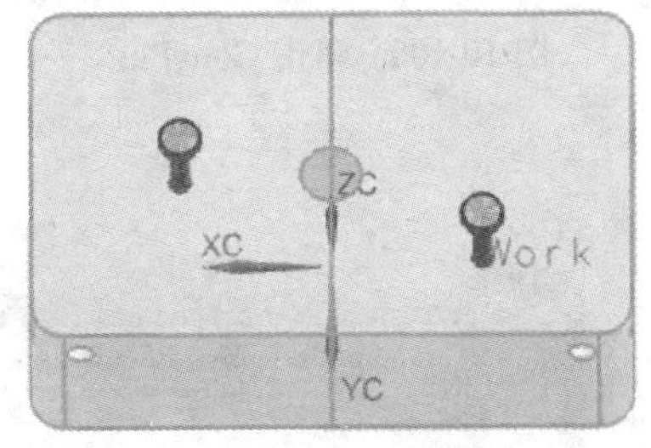

图 10-95　创建其余子镶块

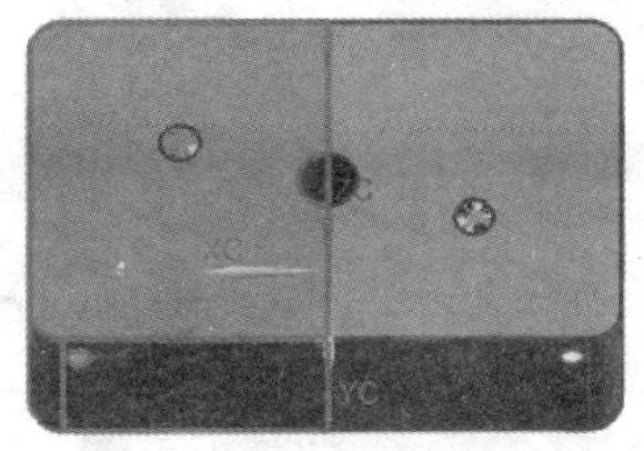

图 10-96　选择修剪目标

如图 10-97 所示，依次单击所有子镶块作为修剪所用的“刀具”。

完成设置后单击[< 确定 >]按钮，完成避让腔体创建。如图 10-98 所示为完成避让腔体创建后的动定模仁。

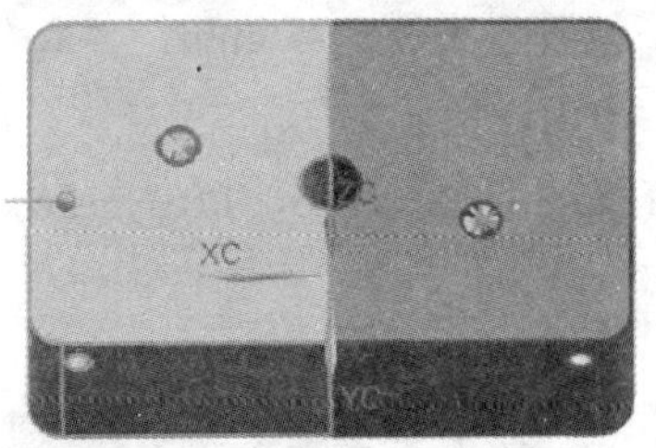

图 10-97　选择刀具

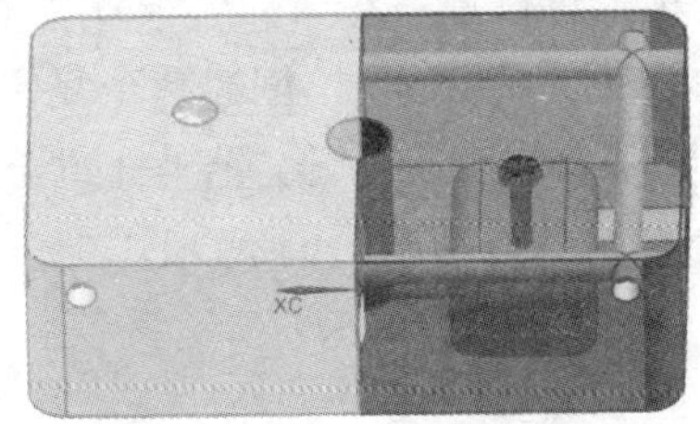

图 10-98　创建避让腔体的动定模仁

10.7.4　创建复位杆并修整

复位杆有将动定模仁进行复位的作用。

具体操作步骤如下：

(1) 单击(标准件库)按钮，弹出“标准件管理”对话框。

(2) 如图 10-99 所示，单击“标准件管理”对话框的“文件夹视图”下面白色方框内 DME_MM 的子级 Ejection。

“成员视图”下面白色方框的内容会发生变化，如图 10-100 所示，单击 Core Pin，会在窗口右侧出现一个名为“信息”的预览窗口，如图 10-101 所示。

(3) 如图 10-102 所示，设置“标准件管理”对话框下部的“详细信息”白色方框中的参数，CATALOG_DIA 设置为 6，CATALOG_LENGTH 设置为 102，其余默认设置；单击推杆固定座上平面作为“放置”、“位置”。

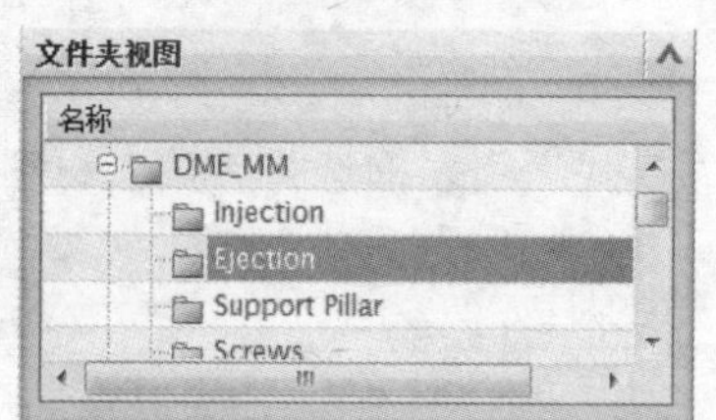

图 10-99　单击 Ejection

图 10-100　单击 Core Pin

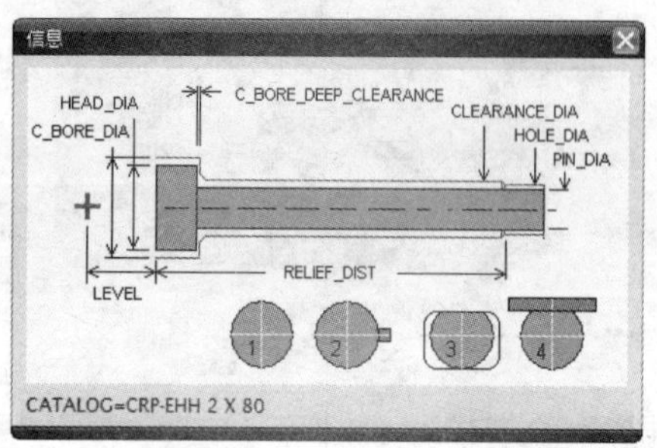

图 10-101　“信息”预览窗口

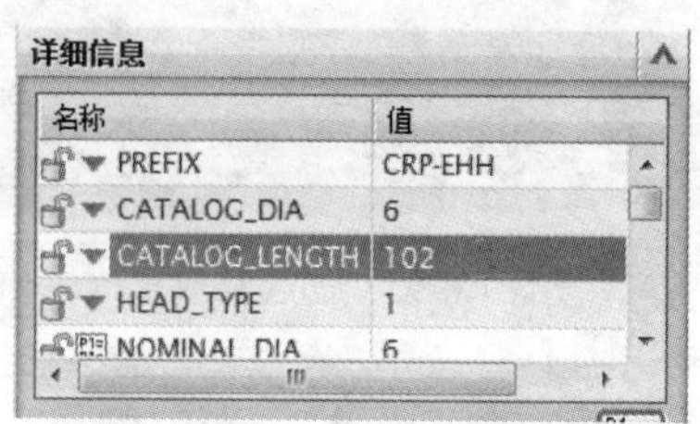

图 10-102　设置详细参数

(4) 单击“标准件管理”对话框中的应用按钮，弹出“标准件位置”对话框。

(5) “标准件位置”对话框“偏置”下面的“X 偏置”设置为-56mm，“Y 偏置”设置为 116mm，单击确定按钮，创建首个复位杆，如图 10-103 所示。

(6) 同样，(X 偏置，Y 偏置)坐标组合分别设置(-56，-116)、(56，116)、(56，-116)，创建另三个复位杆，如图 10-104 所示。

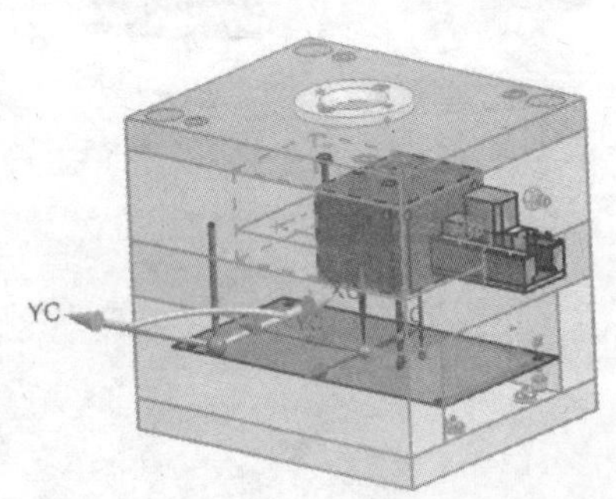

图 10-103　创建首个复位杆

图 10-104　创建其余三个复位杆

(7) 单击(腔体)按钮，使用创建避让腔的方法，以 4 个复位杆做修剪刀具，以推杆固定板和动模板作为修剪目标，创建避让腔。

如图 10-105 所示为创建避让腔体之后的推杆固定板视图。

如图 10-106 所示为创建避让腔体之后的动模板视图。

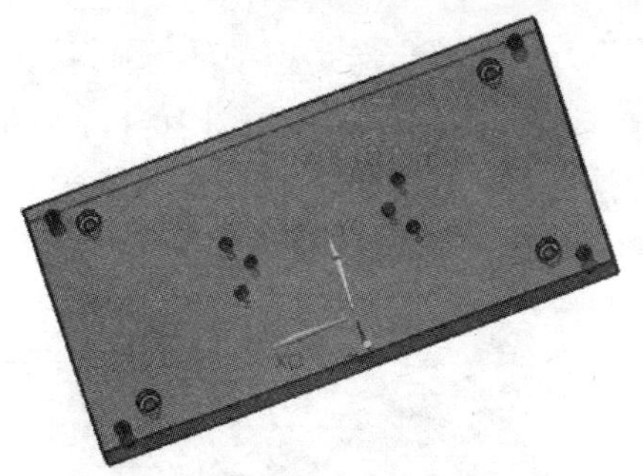

图 10-105　推杆固定板视图

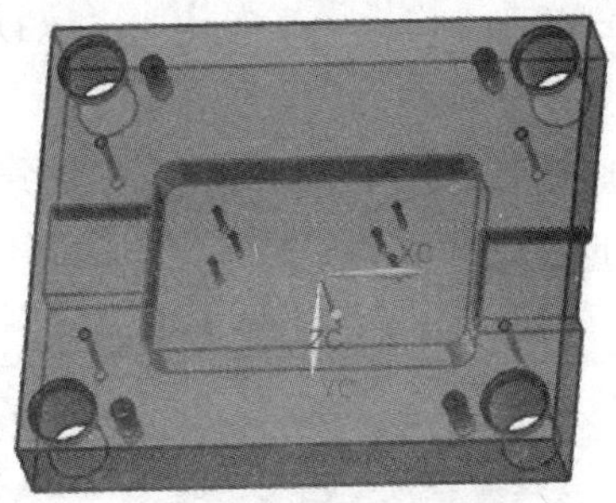

图 10-106　动模板视图

10.7.5　创建拉料杆并修整

模具开模时主流道凝料在拉料杆的作用下从定模浇口套中被拉出，随后推出机构将塑件和凝料一起推出模外。

具体操作步骤如下：

(1) 单击(标准件库)按钮，弹出“标准件管理”对话框。

(2) 如图 10-107 所示，单击“标准件管理”对话框中“文件夹视图”下面白色方框内 FUTABA_MM 的子级 Sprue Puller。

“成员视图”下面白色方框的内容会发生变化，如图 10-108 所示，单击 Sprue Puller [M-RLA]，会在窗口右侧出现一个名为“信息”的预览窗口，如图 10-109 所示。

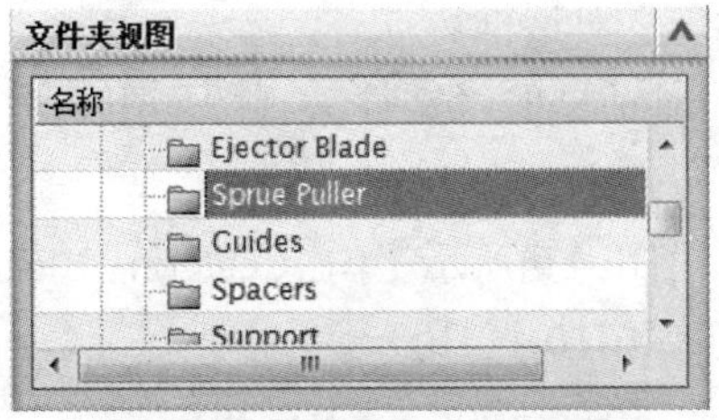

图 10-107　单击 Sprue Puller

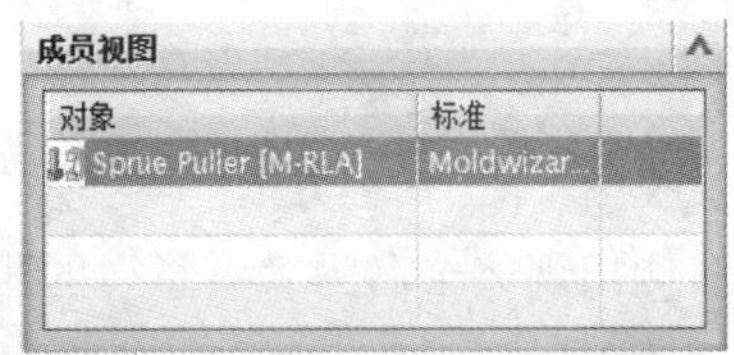

图 10-108　单击 Sprue Puller [M-RLA]

(3) 如图 10-110 所示，设置“标准件管理”对话框下部的“详细信息”白色方框中的参数，CATALOG_LENGTH 设置为 90，其余默认设置。

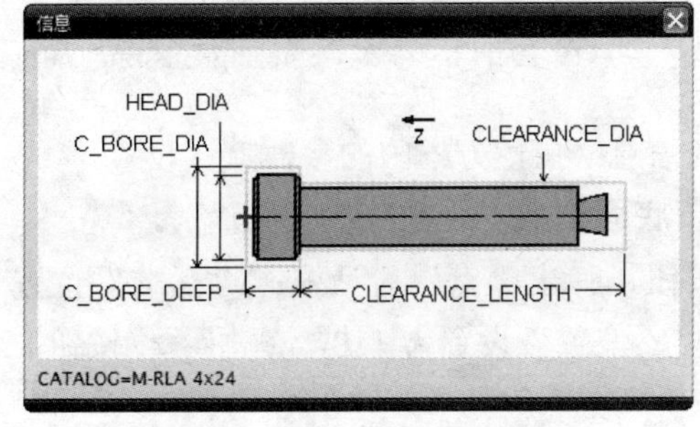

图 10-109　“信息”预览窗口

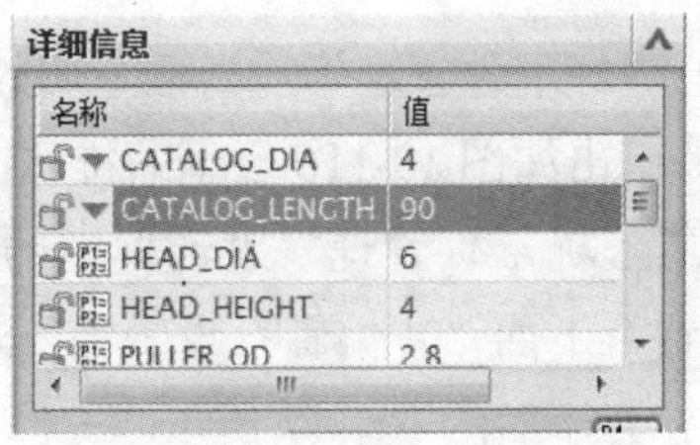

图 10-110　设置详细参数

(4) 单击动模板上平面作为“放置”、“位置”，然后单击对话框中的[应用]按钮，弹出“标准件位置”对话框，使用默认设置，单击[确定]按钮，创建推料杆如图 10-111 所示。

(5) 单击(腔体)按钮，使用创建避让腔的方法，以拉料杆修剪框作为修剪刀具，以推杆固定板、动模板和动模仁作为修剪目标，创建避让腔如图 10-112 所示。

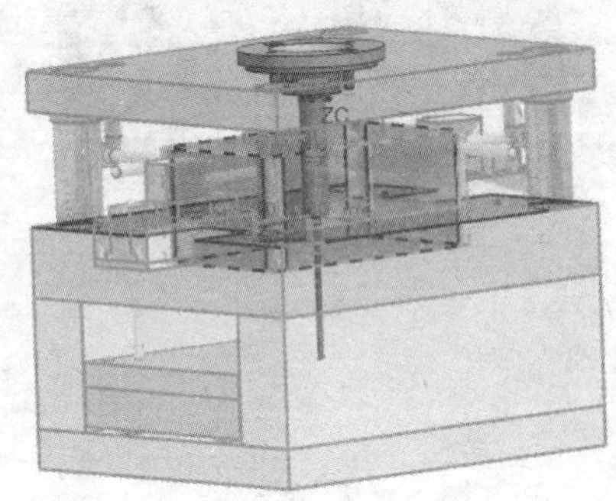

图 10-111　创建推料杆

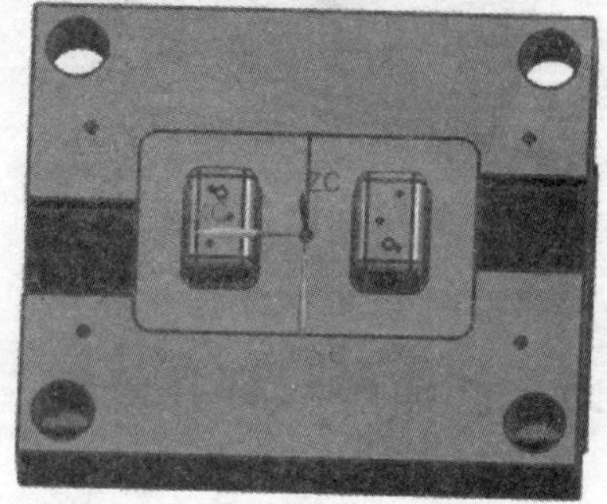

图 10-112　创建避让腔

10.7.6　创建推板导柱导套并修整

推板导柱、导套的作用是保证推板能够平衡地推进和回程以保证顶出杆不能产生较大弯曲、折断或与模腔发生拉研的现象。

具体操作步骤如下：

(1) 单击(标准件库)按钮，弹出“标准件管理”对话框。

(2) 如图 10-113 所示，单击“标准件管理”对话框的“文件夹视图”下面白色方框内 DME_MM 的子级 Dowels。

“成员视图”下面白色方框的容会发生变化，如图10-114所示，单击Centering Bushing(R05)，会在窗口右侧出现一个名为“信息”的预览窗口，如图10-115所示。

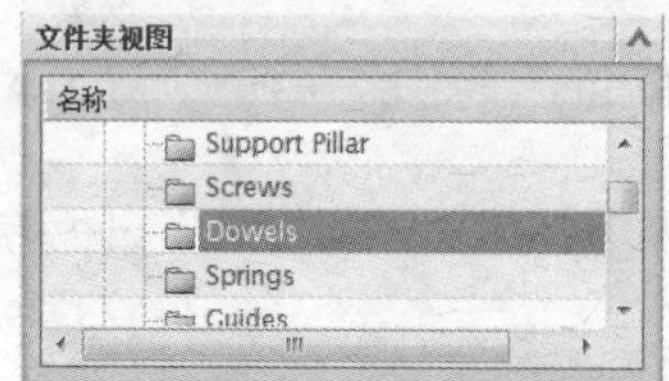

图 10-113　单击 Dowels

图 10-114　单击 Centering Bushing(R05)

(3) “标准件管理”对话框下部的“详细信息”白色方框中的参数默认设置。

(4) 单击如图 10-116 所示的推杆固定板下底面作为“放置”、“位置”。

单击“标准件管理”对话框中的[应用]按钮，弹出“点”对话框；“标准件位置”对话框“偏置”下面“X 偏置”设置为-35mm，“Y 偏置”设置为 110，单击[确定]按钮，创建首个推板导套，如图 10-117 所示。

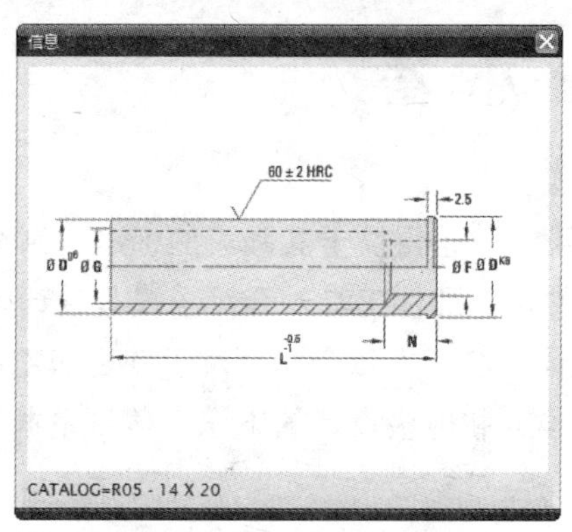

图 10-115　“信息”预览窗口

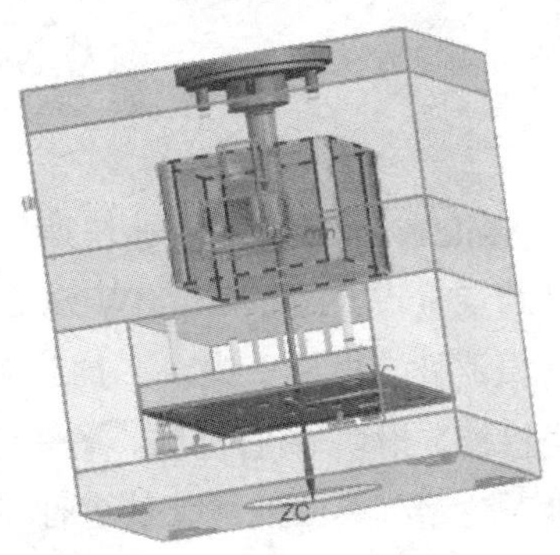

图 10-116　选中参考位置

(5) (X 偏置，Y 偏置)坐标设置为(35，-110)创建另一个推板导套，如图 10-118 所示。

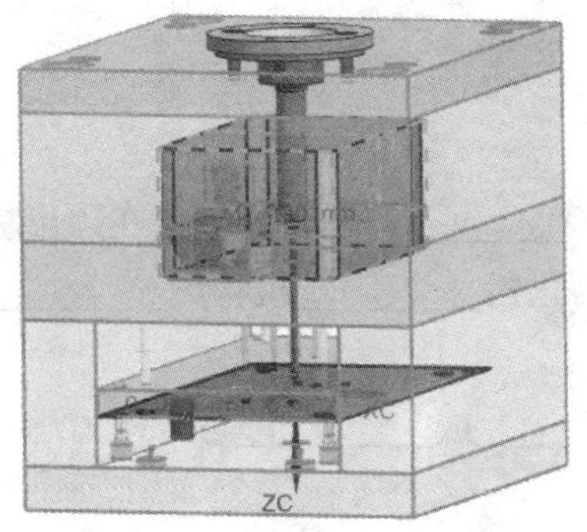

图 10-117　创建首个推板导套

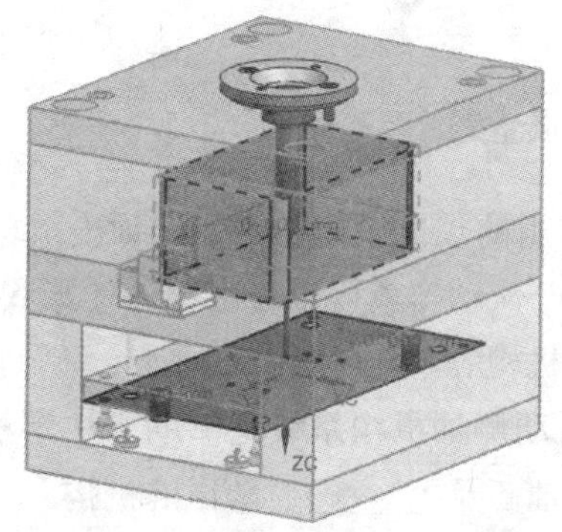

图 10-118　创建第 2 个推板导套

(6) 同样，单击“成员视图”下面白色方框内的 Tubular Dowels(R09)，在推板导套位置创建推板导柱，如图 10-119 所示。

(7) 单击(腔体)按钮，使用创建避让腔的方法，以推板导柱导套作为修剪刀具，以推杆固定板和动模座作为修剪目标，创建避让腔。

完成修整后，即完成简单抽壳零件的注塑模具设计，如图 10-120 所示。

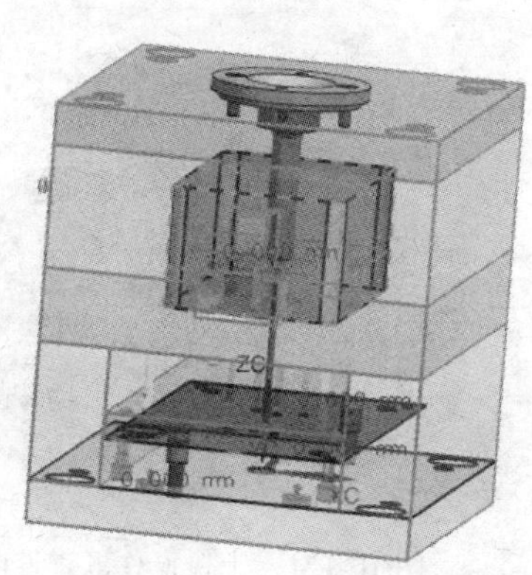

图 10-119　创建两个推板导柱

图 10-120　完成注塑模具设计

10.8 本 章 小 结

使用 MoldWizard 模块能够快速地进行模具设计，这得益于其强大的标准件系统及标准件工具。本章重点介绍了 MoldWizard 中的标准件及标准件工具，介绍了模具设计中常用的标准件，如顶杆、电极、镶块、抽芯的概念及设计方法。本章全面介绍了使用 NX 9 设计模具的顶出机构、滑块/抽芯机构、镶块结构、冷却设计和电极设计的方法。学习完本章后，能够熟练地对注塑模具中的标准件进行调用及设计。

10.9 习 题

一、填空题

1. 常用的顶出机构是简单的顶出机构，也叫_________。也就是塑件在顶出机构的作用下，通过一次动作就可以脱出模外的形式。常用的包括_________机构、_________机构和推件板脱模机构等。

2. 机动侧抽机构系统是借助于注塑机的_________或_________与合模力进行模具的侧向分型、抽芯及_________动作的机构。

3. 一个完整的镶块装配由_________和_________组成。应该在创建镶块装配之前就完成型腔和型芯的创建。

4. 注塑模向导中的电极工具正是为_________加工设计电极而用的。电极设计可以用于型腔和型芯的某个区域，也可以设计整个型腔和型芯。

二、问答题

1. 概述需要使用注塑模向导创建的标准件名称。
2. 顶杆的特点是什么？顶杆的种类有哪些？
3. 什么情况下需要进行顶杆后处理操作？

三、上机操作

打开源文件\NX 9\char10/T24-1.prt，如图 10-121 所示，请结合前文及本章内容，完成此零件模型的各项标准件加载操作。

图 10-121 上机操作题零件图

第 11 章

模具后处理

“后处理”主要是在模具主要部件创建完成后，为模具设计提供方便的完善设计过程的工具，包括物料清单、模具图纸、视图管理等。

学习目标

- ✧ 掌握物料清单的创建方法
- ✧ 掌握模具图纸的创建方法
- ✧ 掌握视图管理的创建方法

11.1 物料清单

注塑模具零件部件最终成型后，注塑模具向导模块能够将组成模具的所有零部件通过物料清单表格反映出来，作为材料组织采购和入库存档的依据。

单击“主要”工具栏中的▦(物料清单)按钮，弹出如图 11-1 所示的“物料清单”对话框。

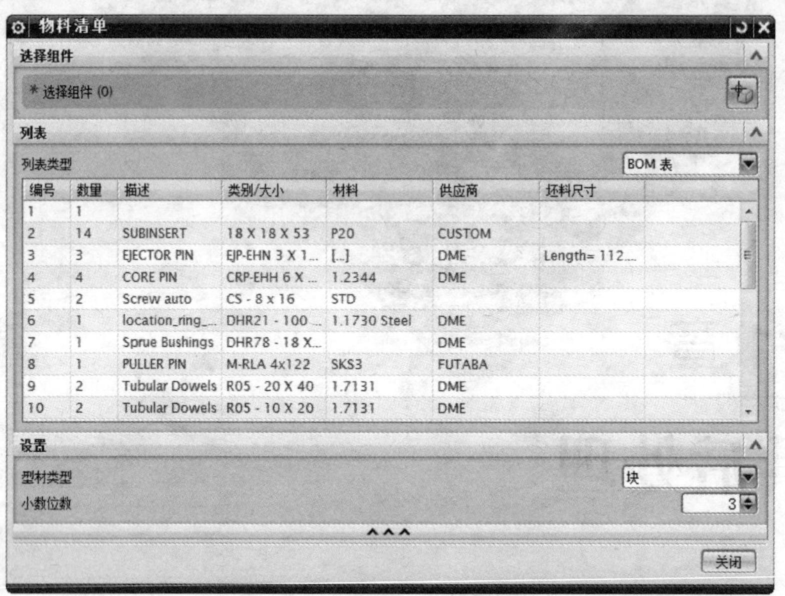

图 11-1　“物料清单”对话框

1. 物料清单记录编辑

“物料清单”模块可以在部件列表中增加建模创建的实体或输入的组件。选择在绘图区中的组件，如果组件已经添加到 BOM 列表中，该项目的描述将会高亮显示，并且可以供用户编辑。如果被选中组件没有添加到列表中，系统将提示用户将它添加到 BOM 列表。

2. 列表窗口

部件列表窗口中，包含了整个模具的组件信息。第一行和最后一行记录区域名称代表了每一列的意义。

当在列表窗口选择一个记录时，相应的部件将会在绘图区域高亮显示。当在绘图区域选择一个部件时，该部件的信息也会在列表窗口高亮显示。

每一个部件记录都包含以下信息。

✧　编号：序号信息，不能编辑和删除。

✧　数量：部件数目，不能进行编辑和删除。

- ✧ 描述：对部件的说明，可以进行编辑和修改。
- ✧ 类别/大小：型号与尺寸，也是可以编辑的。
- ✧ 材料：描述部件使用的材料，用户可以根据实际情况进行修改。
- ✧ 供应商：该信息可以进行编辑。
- ✧ 坯料尺寸：描述部件的毛坯尺寸，可以修改。

3. BOM 表记录编辑

在列表窗口中选择一个或多个记录，单击鼠标右键，在快捷菜单中显示出可对 BOM 表的操作，包括“编辑坯料尺寸”、“隐藏组件”、“组件信息”和“导出至 Excel”，如图 11-2 所示。

(1) 编辑坯料尺寸

选择 BOM 表中的某一个对象右击，从弹出的快捷菜单中选择“编辑坯料尺寸”命令，系统自动切换界面，弹出如图11-3所示的“型材尺寸”对话框。用户可以通过该对话框对选择的组件进行编辑，如图11-4所示为选择的坯料实体示意图。

编辑坯料尺寸
隐藏组件
组件信息
导出至 Excel

图 11-2　BOM 表记录编辑

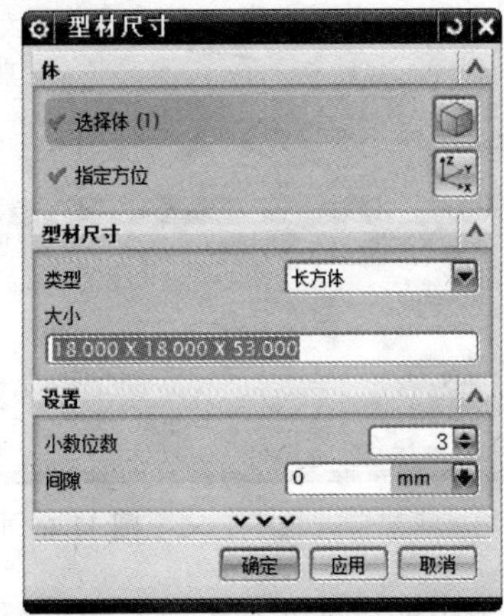

图 11-3　“型材尺寸”对话框

(2) 隐藏组件

通过该选项可以隐藏选择的组件，模具装配中也会隐藏相应的零件。被隐藏的组件信息被记录在隐藏列表中。

(3) 组件信息

可以查看所选组件的信息。

(4) 导出至 Excel

可将 BOM 列表中的信息导出到 Excel 表格中，方便用户打印及查询。如图 11-5 所示为连接水嘴导出到 Excel 电子表格的信息。

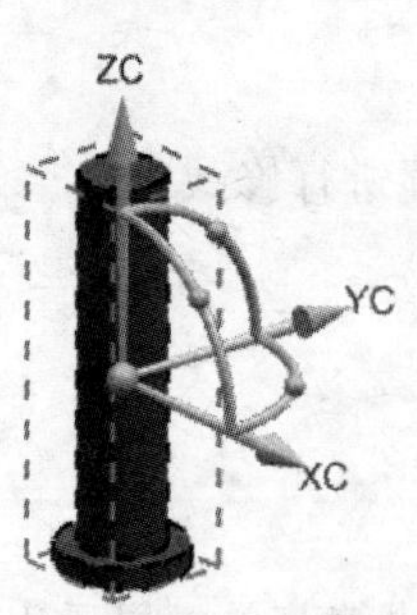

图 11-4　坯料实体示意图

	A	B	C	D	E
1	*Title Format*				
2	Title Show	N		##Y or N	
3	Column Fit	Y		##Y or N	
4	*Title Define*				
5	[Bom Header]				
6	[Company Logo]				
7	[Bom Title]				
8	[production number]				
9	[Moldbase customer]				
10	[User define line 1]				
11	[User define line 2]				
12	[User define line 3]				
13					
14	*END*				

图 11-5　连接水嘴电子表格信息

4. 隐藏列表

如图 11-6 所示，在“列表类型”列表框中选择“隐藏列表”选项，系统将进入隐藏列表页面，并在列表窗口中显示出被隐藏组件的信息。

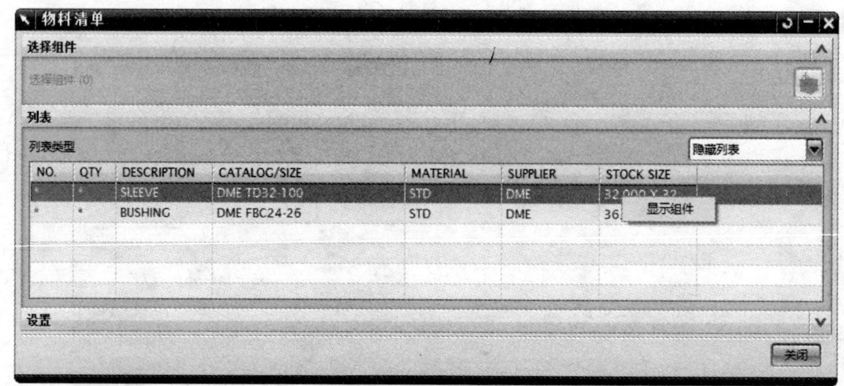

图 11-6　隐藏列表

选择隐藏列表中的组件并右击，系统出现“显示组件”选项。该选项可以显示被隐藏的组件。

11.2　模 具 图 纸

MoldWizard可以根据用户需求自动创建模具工程图，其中包括装配图纸、组件图纸和孔表三种。

11.2.1　装配图纸

单击“模具图纸”工具栏中的(装配图纸)按钮，“类型”列表框有“可见性”、“图纸”和“视图”三种方式，分别如图 11-7～图 11-9 所示。

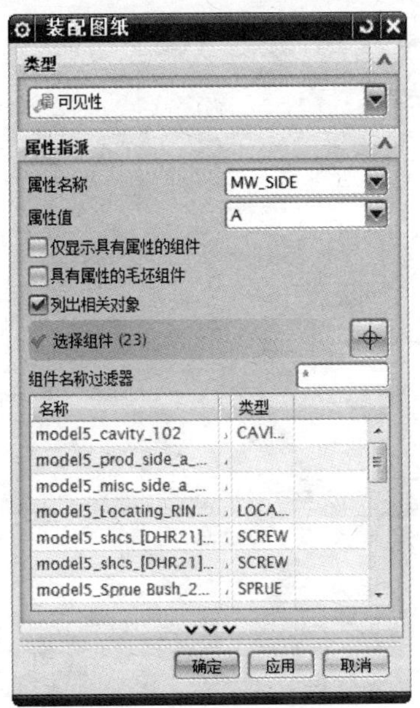

图 11-7　“可见性”选项

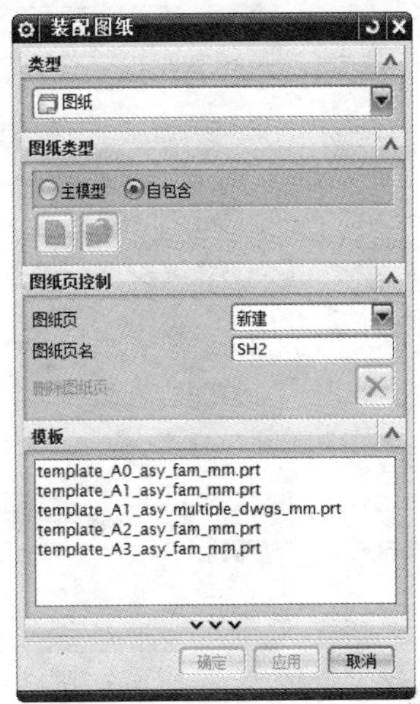

图 11-8　“图纸”选项

1. “图纸”选项

(1) 图纸类型

MoldWizard 支持创建两种类型的图纸，分别是自包含和主模型。

自包含：该类图纸在装配顶层部件中创建。创建模具装配自包含图纸，系统将会从列表中选择一个图纸模板，一般用户使用系统默认提供的模板即可。单击“应用”按钮后，会创建一个图纸并输入选定的模板。

主模型：图纸在单独的部件中创建。

(2) 创建装配图纸

在“装配图纸”对话框中单击“主模型”按钮，可以选择“主模型”选项作为图纸类型，可以创建主模型图纸。

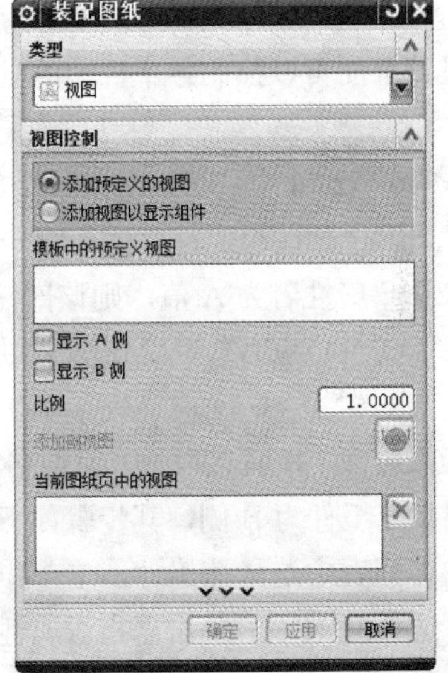

图 11-9　“视图”选项

创建主模型图纸的方法有两种，分别是新建主模型文件和打开主模型文件。

单击□(新建主模型部件文件)按钮，弹出如图 11-10 所示的“新建部件文件”对话框。可通过该对话框定义文件的位置、名称和单位。

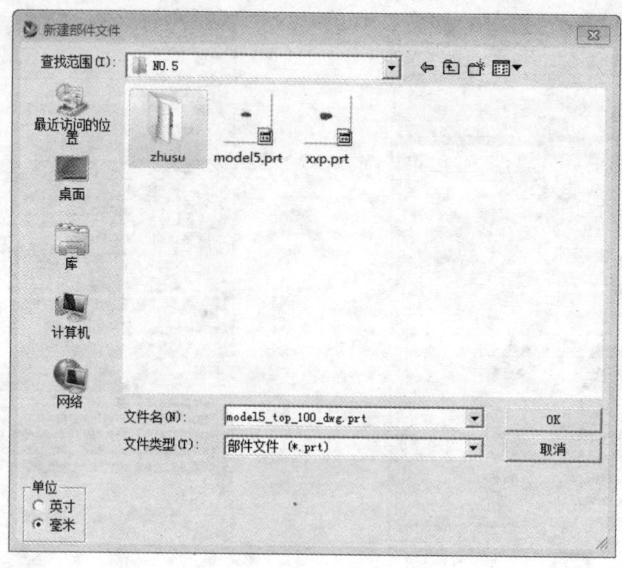

图 11-10 “新建部件文件”对话框

也可以打开一个主模型文件，并在该文件中创建一个新的图纸。

2. “可见性”选项

通过该页面可以控制各个视图的组件的可见性。

(1) 属性

在 MoldWizard 中，可以对某一个部件指定两种属性。

MW_SIDE 属性决定部件属于哪一侧。该属性值有三个，分别是 A、B 和隐藏。某部件的 MW_SIDE 属性若为 A 值，则该部件属于 A 侧。

MW_COMPONENT_NAME 属性决定了组件的类型。

(2) 指派属性

“指派属性”按钮可以把“属性名称”和“属性值”列表框中的属性指定给选择的组件。例如，要指定组件为 B 侧，其步骤如下：

在组件列表中选择该组件，在“属性名称”列表框中选择 MW_SIDE 选项，在“属性值”列表框中选择 B 选项，单击“指派属性”按钮，确认给该组件指定属性。

3. “视图”选项

在定义图纸之后，“创建\编辑模具图纸”对话框中的“视图”选项卡才能起作用。图纸模板中的所有视图都显示在列表中，可以从列表中选择所要创建的视图。如果选择创建剖视图，系统会弹出对话框要求用户定义剖切位置。

“可见性控制”的默认值如下。

✧ CORE：型芯侧视图，仅打开显示 B 侧选项。

✧ CAVITY：型腔侧视图，仅打开显示 A 侧选项。

✧ FRONTSECTION：前剖视，同时打开显示 A 侧选项和 B 侧选项。

✧ RIGHTSECTION：右剖视，同时打开显示 A 侧选项和 B 侧选项。

11.2.2　组件图纸

MoldWizard 提供的组件工程图功能可以用于创建模具中的零件工程图。

单击“模具图纸”工具栏中的(组件图纸)按钮，弹出如图 11-11 所示的“组件图纸”对话框。单击白色方框中的部件，选择“设置”下面的“第一角度投影”或“第三角度投影”，单击(创建图纸)按钮，创建如图 11-12 所示的工程图。

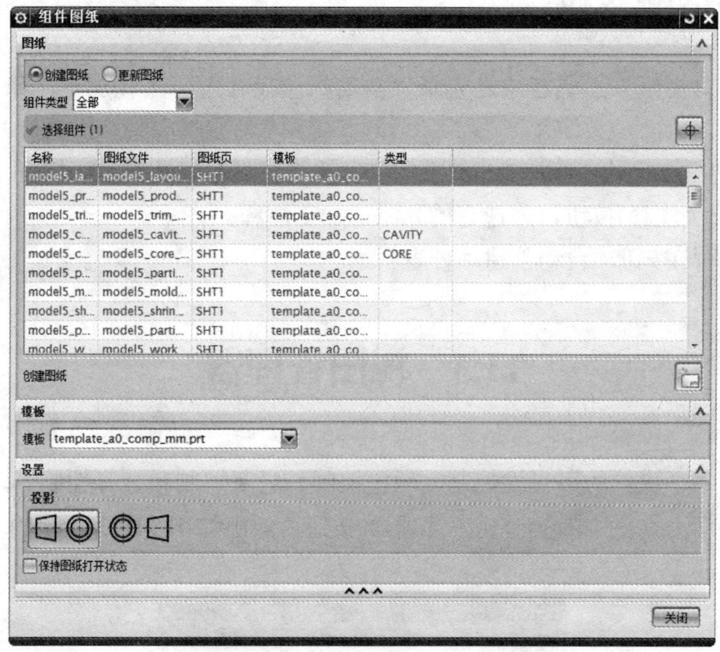

图 11-11　“组件图纸”对话框

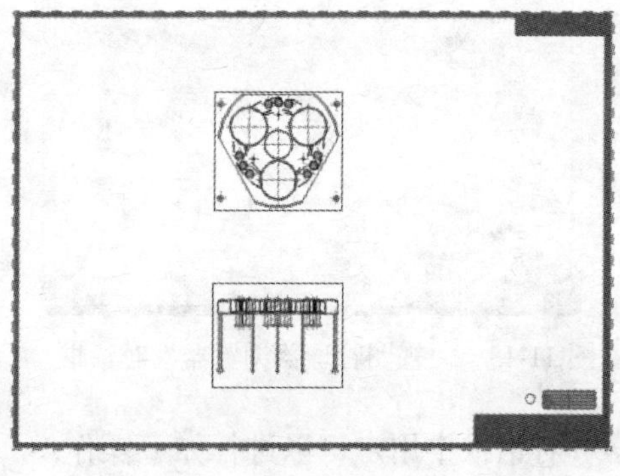

图 11-12　创建工程图

11.2.3 孔表

孔表可以自动为组件的所有孔创建一个包含孔所有信息的表。该功能能够自动捕捉到零件中的所有孔，并对它们进行分类和编号，然后按照所定义的坐标原点将所有的孔编制成一个孔表。在孔表中有每个孔的相关信息，包括直径、孔类型和孔的坐标等参数，方便零件孔的加工。

此功能使用“模具图纸”工具栏中(孔表)按钮激活本命令。

11.2.4 其余功能按钮

另外，“模具图纸”工具栏中还包括“自动标注尺寸”、“孔加工注释”和“顶杆表”按钮。

✧ (自动标注尺寸)按钮，自动创建孔(包括线切割起始孔)的坐标尺寸。

✧ (孔加工注释)按钮，为选定的孔添加加工注释。

✧ (顶杆表)按钮，自动创建顶杆表图纸。

11.3 视图管理器

视图管理提供了模具的可见性控制、颜色控制、更新控制和打开控制等。

单击“主要”工具栏中的(视图管理器)按钮，弹出如图 11-13 所示的“视图管理器浏览器”对话框。

视图管理器浏览器

定制名称	隔离	冻结状态	打开状态	属性数量
Top				1
mold fixed...				0
mold mov...				0
Core / Cav...				0
Cooling				1
Fastener				0
Guide				0
Insert				0
Electrode				0
Injection				0
Ejection				0
Moldbase				0
Slider/Lifter				0
Other				0
Work Piece...				0
Freeze				0

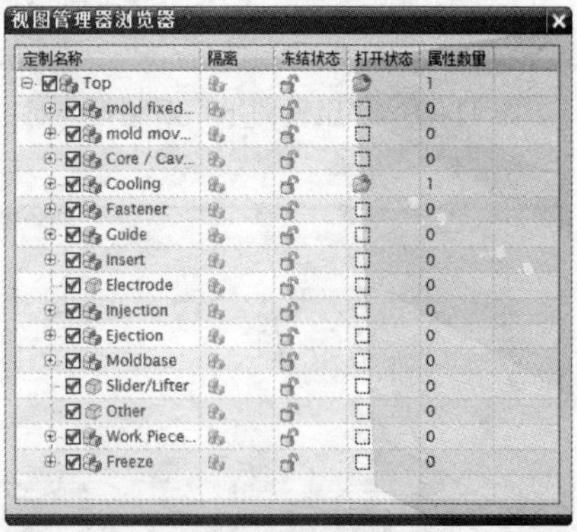

图 11-13 “视图管理器浏览器”对话框

在“视图管理器浏览器”对话框中用户可以进行如下操作：

✧ 隔离：可以只显示选择的组件。

✧ 冻结状态\打开状态：可以冻结或解冻某个部件或组件系列。

✧　属性数量：显示当前部件的数量。

11.4　未用部件管理

设计过程中，如果重复创建了多个部件，或者有部件名称没有被使用，这些重复创建的部件或没有使用的部件将会被记录下来，注塑模向导模块提供了专门的删除工具，将这些冗余的部件一并删除。

单击“主要”工具栏中的(未用部件管理)按钮，弹出“未用部件管理”对话框。

如图 11-14 所示，选中“未用部件管理”对话框中的“项目目录”选项，对话框会自动选择重复创建的部件或没有使用的部件。

选中白色方框中的文件名称后，用户可使用(从项目目录中删除文件)按钮将文件直接删除。或单击(将文件放入回收站)按钮，将文件暂时存放在软件回收站中。

如图 11-15 所示，选中“未用部件管理”对话框中的“回收站”选项，使用(恢复文件)按钮和(清空回收站)按钮对回收站内文件进行操作。

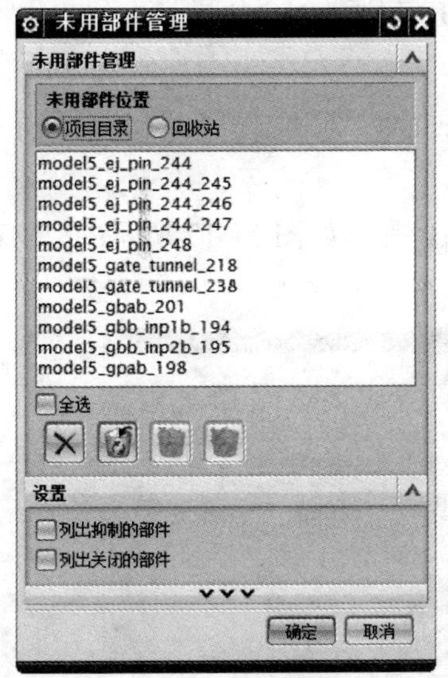

图 11-14　选中“项目目录”选项

图 11-15　选中“回收站”选项

11.5　实 例 示 范

本节介绍了使用 NX 9 对一完成设计的模具进行后处理的操作过程。如图 11-16 所示为完成设计后的注塑模具。

图 11-16　完成模架加载视图

初始文件路径	\光盘文件\NX 9\Char11\zhusu\
视频文件	\光盘文件\视频文件\Char11\第 11 章.Avi

11.5.1　打开初始文件并生成物料清单

模具的创建等操作请参考前面的操作，首先打开已完成创建的模具，创建物料清单。

具体操作步骤如下：

(1) 根据初始文件路径打开 model3_top_081.prt 文件，即可打开如图 11-16 所示的完成设计后的注塑模具。

(2) 单击“主要”工具栏中的▤(物料清单)按钮，弹出如图 11-17 所示的“物料清单”对话框。

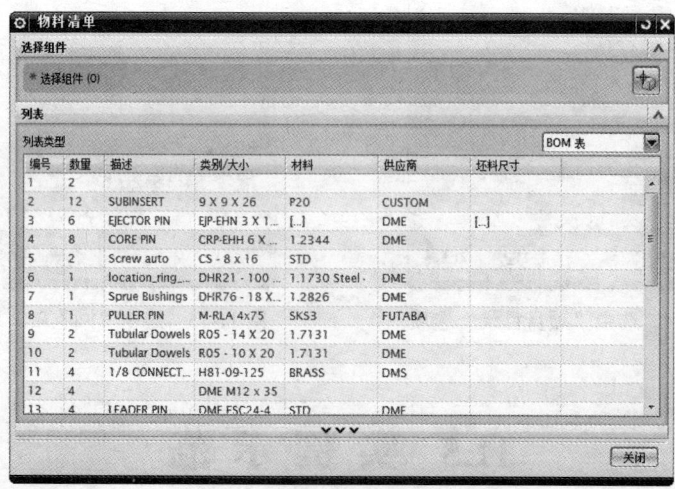

编号	数量	描述	类别/大小	材料	供应商	坯料尺寸
1	2					
2	12	SUBINSERT	9 X 9 X 26	P20	CUSTOM	
3	6	EJECTOR PIN	EJP-EHN 3 X 1...	[...]	DME	[...]
4	8	CORE PIN	CRP-EHH 6 X ...	1.2344	DME	
5	2	Screw auto	CS - 8 x 16	STD		
6	1	location_ring_...	DHR21 - 100 ...	1.1730 Steel ·	DME	
7	1	Sprue Bushings	DHR76 - 18 X...	1.2826	DME	
8	1	PULLER PIN	M-RLA 4x75	SKS3	FUTABA	
9	2	Tubular Dowels	R05 - 14 X 20	1.7131	DME	
10	2	Tubular Dowels	R05 - 10 X 20	1.7131	DME	
11	4	1/8 CONNECT...	H81-09-125	BRASS	DMS	
12	4		DME M12 x 35			
13	4	LEADER PIN	DME ESC24-4	STD	DME	

图 11-17　“物料清单”对话框

提示

开始操作前，记得要切入“注塑模向导”模块，详细操作请参考前面的内容。

(3) 将鼠标置于“列表”下面白色方框中的任意地方，单击鼠标右键，从弹出的快捷菜单中选择“导出至 Excel”命令，即可弹出如图 11-18 所示的“选择对话框”对话框，选择合适的文件路径后，单击 OK 按钮，弹出如图 11-19 所示的 Excel 数据。

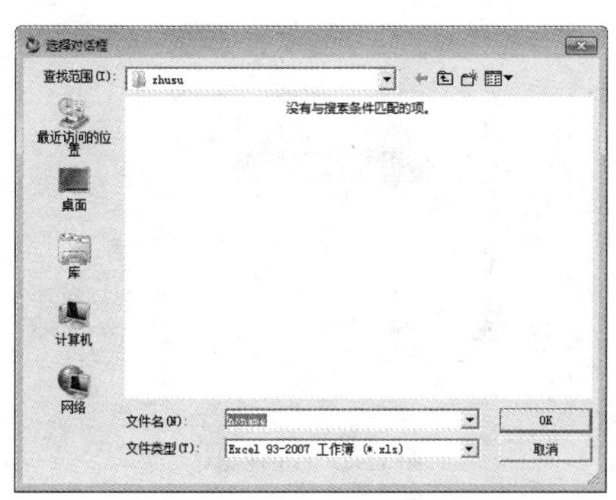

图 11-18　“选择对话框”对话框

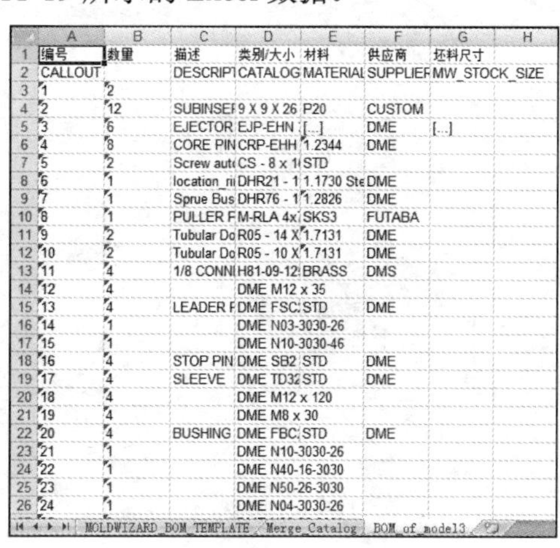

	A	B	C	D	E	F	G	H
1	编号	数量	描述	类别/大小	材料	供应商	坯料尺寸	
2	CALLOUT		DESCRIPT	CATALOG	MATERIAL	SUPPLIER	MW_STOCK_SIZE	
3	1	2						
4	2	12	SUBINSEF	9 X 9 X 26	P20	CUSTOM		
5	3	6	EJECTOR	EJP-EHN	[...]	DME	[...]	
6	4	8	CORE PIN	CRP-EHH	1.2344	DME		
7	5	2	Screw aut	CS - 8 x 1	STD			
8	6	1	location_ri	DHR21 - 1	1.1730 Ste	DME		
9	7	1	Sprue Bus	DHR76 - 1	1.2826	DME		
10	8	1	PULLER F	M-RLA 4x	SKS3	FUTABA		
11	9	2	Tubular Do	R05 - 14 X	1.7131	DME		
12	10	2	Tubular Do	R05 - 10 X	1.7131	DME		
13	11	4	1/8 CONN	H81-09-12	BRASS	DMS		
14	12	4		DME M12 x 35				
15	13	4	LEADER F	DME FSC	STD	DME		
16	14	1		DME N03-3030-26				
17	15	1		DME N10-3030-46				
18	16	4	STOP PIN	DME SB2	STD	DME		
19	17	4	SLEEVE	DME TD32	STD	DME		
20	18	4		DME M12 x 120				
21	19	4		DME M8 x 30				
22	20	4	BUSHING	DME FBC	STD	DME		
23	21	1		DME N10-3030-26				
24	22	1		DME N40-16-3030				
25	23	1		DME N50-26-3030				
26	24	1		DME N04-3030-26				

MOLDWIZARD_BOM_TEMPLATE　Merge_Catalog　BOM_of_model3

图 11-19　导出的 Excel 数据

11.5.2　生成组件图纸

使用后处理生成组件图纸的功能，可将模具的各部分零件图纸创建出来。

具体操作步骤如下：

(1) 单击“模具图纸”工具栏中的 (组件图纸)按钮，弹出如图 11-20 所示的“组件图纸”对话框。

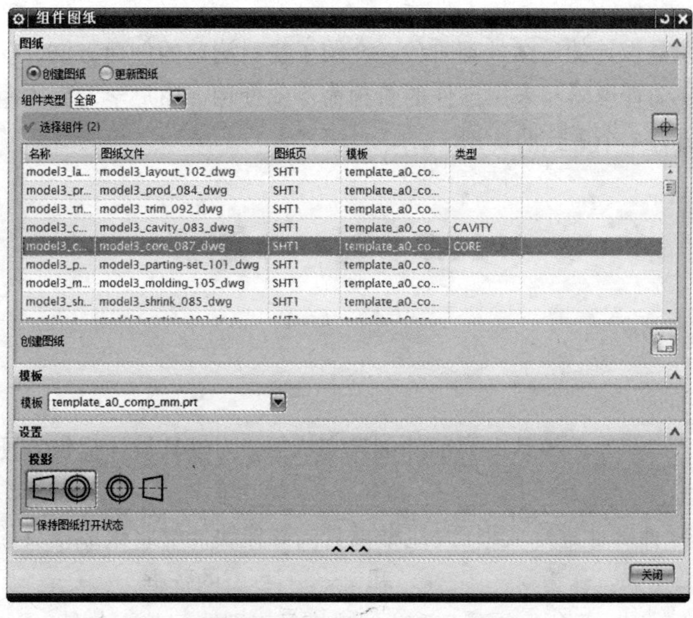

图 11-20　“组件图纸”对话框

(2) 单击白色方框中的部件，选择“设置”下面的“第一角度投影”或“第三角度投影”，单击(创建图纸)按钮，创建如图 11-21 所示的俯视图和如图 11-22 所示的左视图。

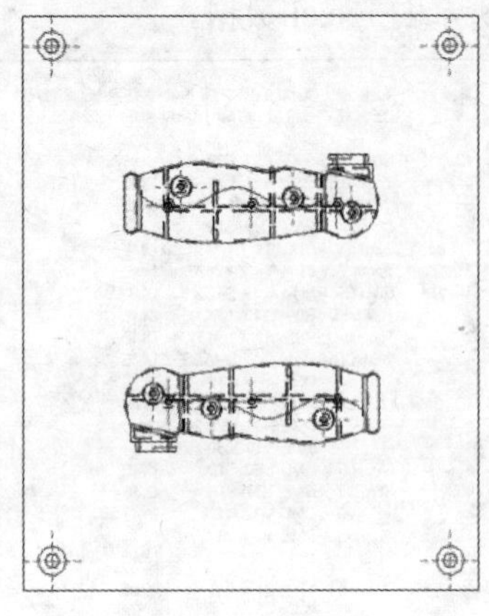

图 11-21　俯视图

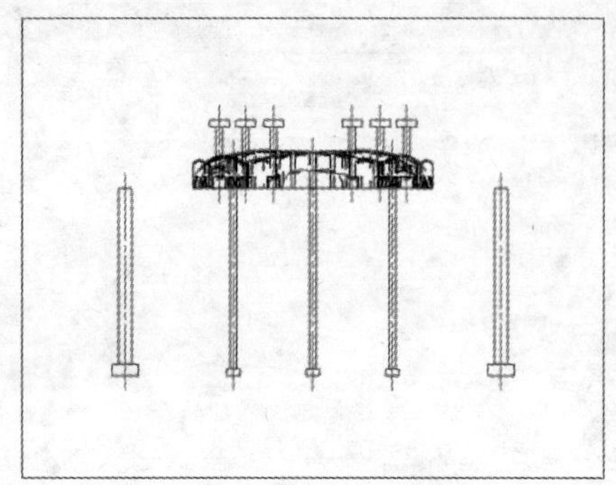

图 11-22　左视图

提示

用户可根据需要创建其余组件图纸。

11.6 本 章 小 结

本章内容是模具设计的后续处理阶段，介绍了物料清单的创建方法、模具图纸的创建方法，最后介绍了视图管理器和未用部件的管理命令的使用。用户学习完本章内容后，对模具设计的全过程应该有一个大致的认识了。

11.7 习　　题

一、填空题

1. “后处理”主要是在模具主要部件创建完成后，为模具设计提供方便的完善设计过程的工具，包括__________、__________、__________等。

2. 注塑模具零件部件最终成型后，注塑模具向导模块能够将组成模具的所有零部件通过物料清单表格反映出来，作为__________和__________的依据。

3. MoldWizard 可以根据用户需求自动创建模具工程图，其中包括__________、组件图纸和__________三种。

4. MoldWizard 提供的组件工程图功能可以用于创建模具中的__________。

二、问答题

1. 孔表功能的作用是什么？
2. 简述模具图纸功能能创建的三种类型的工程图的名称。

三、上机操作

按照\NX 9\char11\zhusu-1\的路径打开模具装配文件，完成本模具的后处理操作。

第 12 章

外螺纹模型注塑模具设计

本章介绍了使用 NX 9 对一外螺纹模型进行注塑模具设计的操作过程。此过程包括动定模仁创建、型腔布局、模架加载、浇注系统设计、标准件和冷却系统创建等。

 学习目标

通过学习本章，掌握对外螺纹零件进行模具设计的全过程，特别需要掌握对此模型进行分型面操作的过程，请用户一定对此过程进行仔细学习。

如图 12-1 所示为一外螺纹模型的三维视图，如图 12-2 所示为完成设计后的注塑模具。

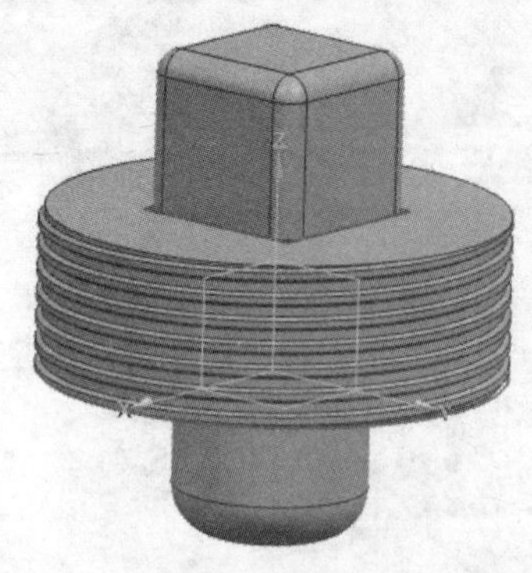

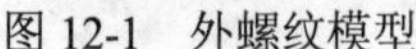

图 12-1 外螺纹模型

图 12-2 完成设计的注塑模具

初始文件	\光盘文件\NX 9\Char12\wailuowen-1.prt
结果文件路径	\光盘文件\NX 9\Char12\zhusu\
视频文件	\光盘文件\视频文件\Char12\第 12 章.Avi

12.1 模具设计初始化

从步骤 1 至步骤 4 介绍了模具设计初始化过程，本过程包括初始化项目、模型重新定位、收缩率检查及工件加载操作。

步骤 1：初始化项目

(1) 根据起始文件路径打开 wailuowen.prt 文件。(用户使用 wailuowen-1.prt 文件进行操作)

(2) 单击(初始化项目)按钮，弹出“初始化项目”对话框。

(3) 单击“路径”下面的文本框右面的(浏览)按钮，弹出“打开”对话框，用户可在此对话框设置初始化项目后创建的文件存储路径。

(4) Name 文本框可重新设置模型的名称，单击“材料”列表框并选择注塑的材料为 ABS，“收缩”文本框会根据材料的选择自动变化。

其余默认设置，完成设置后的“初始化项目”对话框如图 12-3 所示。

(5) 单击<确定>按钮，进行项目初始化操作，此时软件会自动进行计算并加载注塑模装配结构零件，根据计算机的配置不同完成加载的时间会有所不同。

完成项目初始化后，窗口模型会自动切换成名称为 wailuowen_top_***.prt 的模型零件，此模型和原模型的外形一样。

(6) 单击取消按钮关闭“更改窗口”对话框，选择“文件”→“全部保存”命令，将项目初始化的文件进行保存。(若继续操作，可不进行保存)

步骤 2：模型重新定位

(1) 单击(模具 CSYS)按钮，弹出“模具 CSYS”对话框，可以看到系统提供了“当前 WCS”、“产品实体中心”、“选定面的中心”三种对坐标轴重新定位的方式。

提供了“锁定 X 位置”、“锁定 Y 位置”、“锁定 Z 位置”三种不同方向上的位置锁定方式。

(2) 如图 12-4 所示，选中“选定面的中心”并取消选中“锁定 Z 位置”选项，单击如图 12-5 所示模型的底面作为“选择对象”。

图 12-3　“初始化项目”对话框

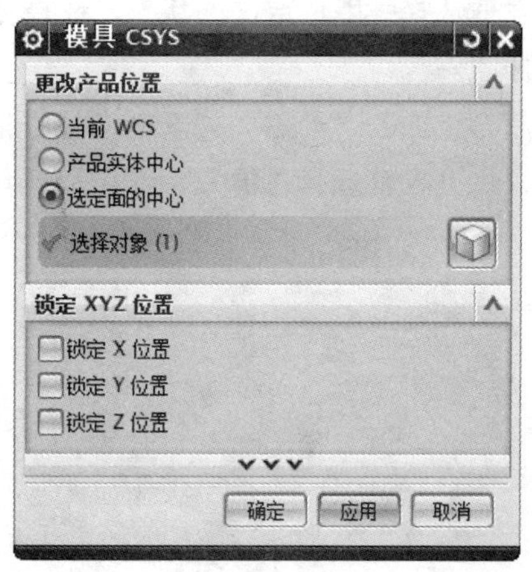

图 12-4　“模具 CSYS”对话框

(3) 单击“模具 CSYS”对话框中的按钮，即可完成模型重新定位操作。

(4) 选择“全部保存”命令，保存所有操作。

提示

本模型的坐标轴原就在底面的中心位置，所以本模型也可选中“当前 WCS”定位坐标轴。

步骤 3：收缩率检查

(1) 单击(收缩率)按钮，弹出如图 12-6 所示的“缩放体”对话框。

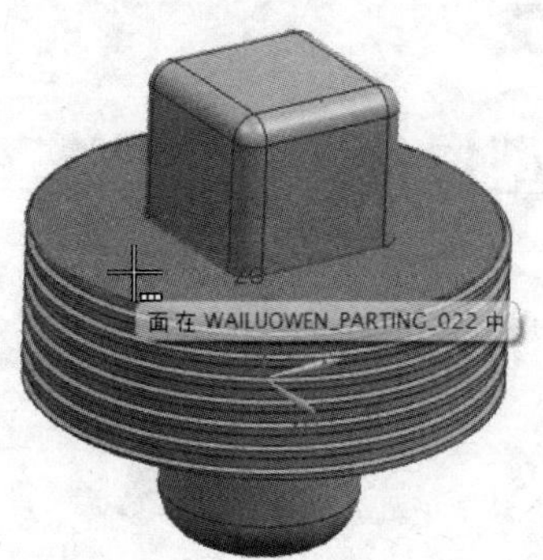

图 12-5　单击模型底面

图 12-6　“缩放体”对话框

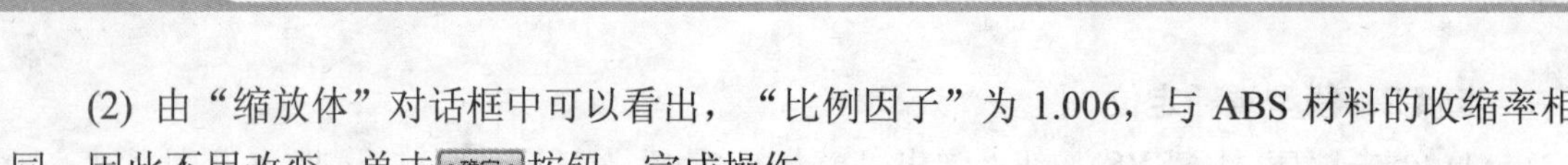

(2) 由“缩放体”对话框中可以看出，“比例因子”为 1.006，与 ABS 材料的收缩率相同，因此不用改变，单击确定按钮，完成操作。

步骤 4：工件加载

(1) 单击(工件)按钮后，会出现一段短暂的工件加载时间，过后会加载预览工件，如图 12-7 所示，并弹出“工件”对话框。

(2) 如图 12-8 所示，在“工件”对话框中，“类型”列表框选择“产品工件”，“工件方法”列表框选择“用户定义的块”，选择自动创建的长为 110mm 宽为 110mm 的矩形四边作为截面曲线。

“限制”下面的“开始”列表框选择“值”，“距离”设置为-65mm。

“结束”列表框选择“值”，“距离”设置为 45mm。

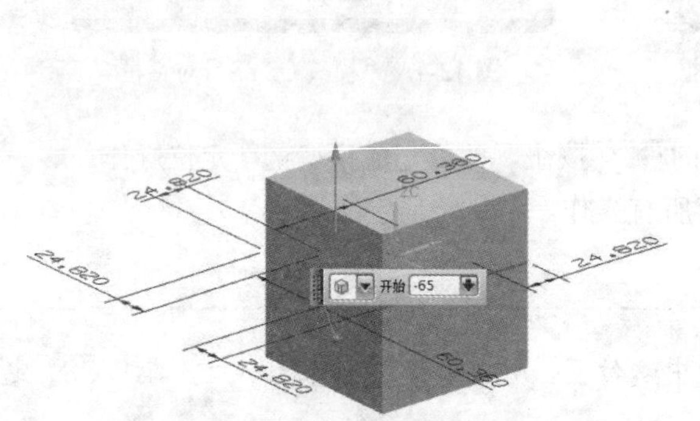

图 12-7　预加载工件

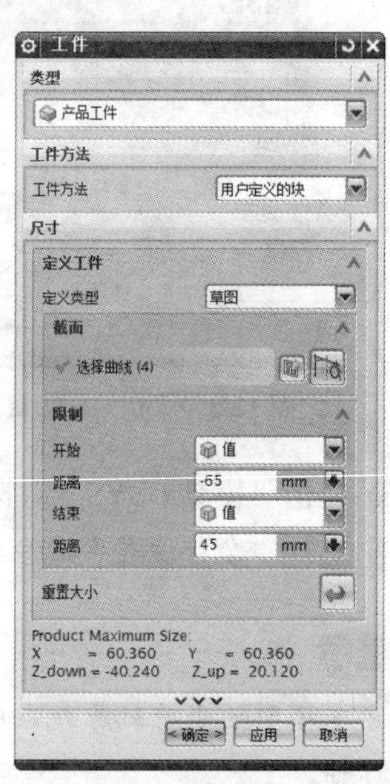

图 12-8　“工件”对话框

(3) 一般默认设置即为步骤(2)所示数据，否则，请更改数据。

单击确定按钮，完成工件加载，如图 12-9 所示。

12.2　模具分型操作

从步骤 5 至步骤 11 介绍了模具分型设计过程，本过程包括型芯\型腔区域检查、定义区域、分型面设计及型芯\型腔创建等操作过程。

步骤 5：进入模具分型窗口

(1) 在“注塑模向导”选项卡中，单击如图 12-10 所示的“分型刀具”工具栏中的(分型导航器)按钮，即可切入 wailuowen_parting_***.prt 文件窗口。如图 12-11 所示为切入本文件窗口后的模型零件图，外边框代替工件模型轮廓。

图 12-9　完成工件加载

图 12-10　“分型刀具”工具栏

(2) 切入文件窗口的同时，弹出如图 12-12 所示的“分型导航器”窗口。

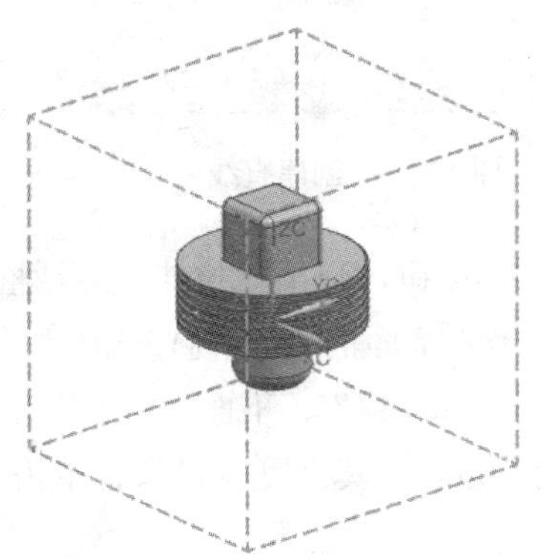

图 12-11　模型零件图

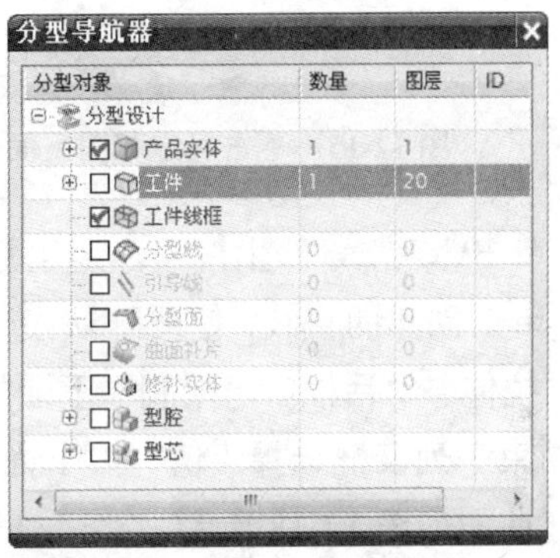

图 12-12　“分型导航器”窗口

(3) 用户可使用“分型导航器”将产品实体、工件、工件线框、分型线、型芯、型腔等进行隐藏\显示操作。例如，如图 12-13 所示，选中“工件”左侧的白色方框，可以如图 12-14 所示将工件显示出来。(此处用户应尽量进行操作，可检查加载工件及软件是否正常)

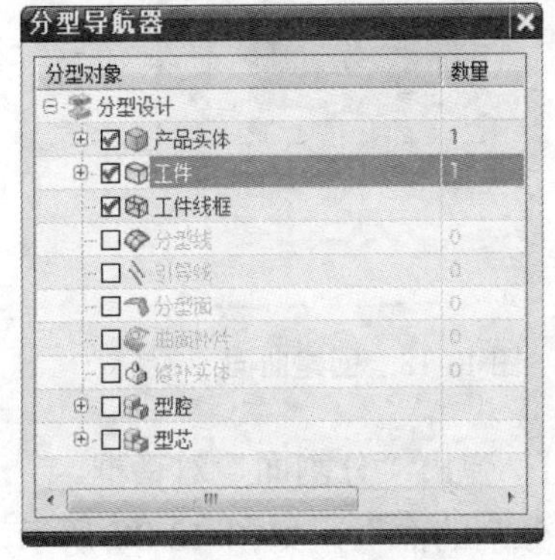

图 12-13　选中“分型导航器”内工件

图 12-14　显示工件

用户可以单击(分型导航器)按钮，打开\关闭“分型导航器”窗口。

步骤 6：拆分曲面

(1) 单击“主页”选项卡中的(草图)按钮，弹出“创建草图”对话框，单击如图 12-15 所示的平面作为“草图平面”。

(2) 单击“创建草图”对话框中的<确定>按钮，确定草图绘制平面，并绘制如图 12-16 所示的直线，要求直线必须水平通过圆面的中心且与 YC 轴平行。

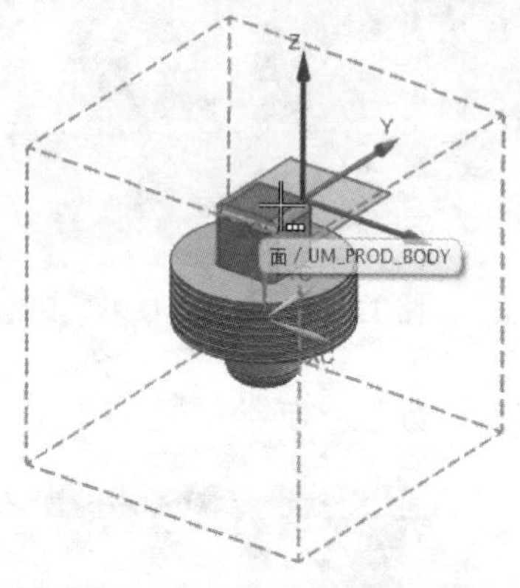

图 12-15　单击确定草图平面

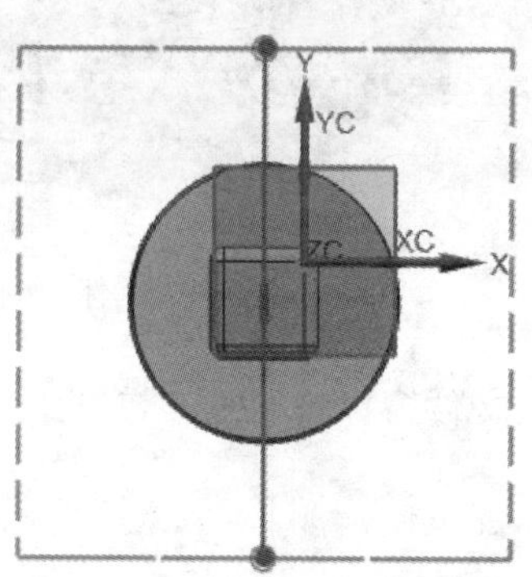

图 12-16　创建直线

(3) 单击(完成草图)按钮，退出草图，单击(拉伸)按钮，弹出“拉伸”对话框。

(4) 单击创建的直线，使用默认拉伸方向并单击“方向”下面的(反向)按钮，如图 12-17 所示，“拉伸”对话框中“限制”下面的“开始”列表框选择“值”，下面“距离”设置为 0。“结束”列表框选择“值”，下面“距离”设置为 60mm，其余默认设置，单击<确定>按钮，创建曲面如图 12-18 所示。

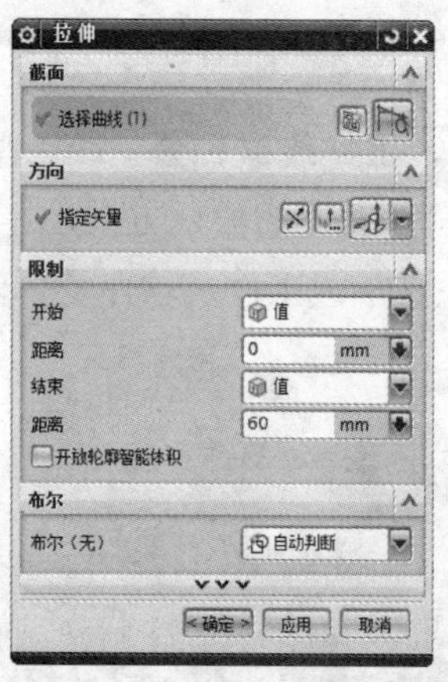

图 12-17　“拉伸”对话框

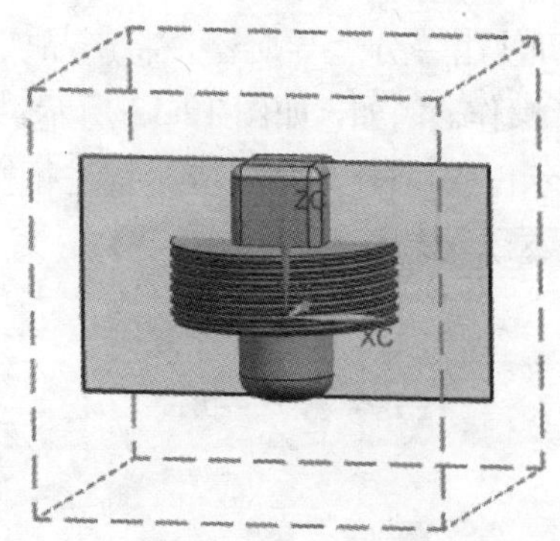

图 12-18　创建曲面

(5) 单击“曲面”选项卡中的分割面(分割面)按钮，弹出“分割面”对话框。

(6) 如图 12-19 所示，依次选中螺纹面作为“要分割的面”，如图 12-20 所示，单击创建的曲面作为“分割对象”。

其余默认设置，并单击“分割面”对话框中的确定按钮，即可将螺纹面分割，用户可在图中清晰看到分割线痕迹。

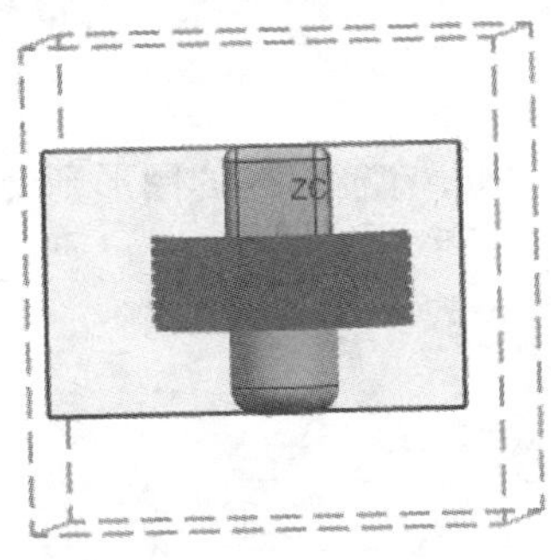

图 12-19　选中要分割面

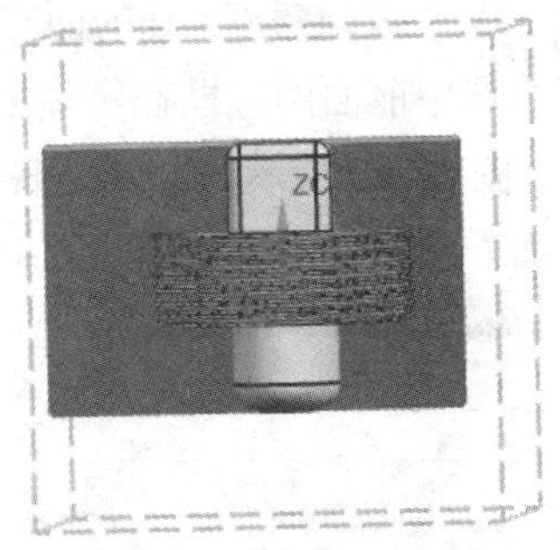

图 12-20　选择分割对象

窍门

此处综合使用“主页”和“曲面”选项卡的命令完成操作，用户亦可使用“注塑模工具”内的“拆分面”命令进行操作。

步骤 7：检查区域

(1) 单击(检查区域)按钮，弹出“检查区域”对话框。

(2) 单击模型作为“选择产品实体”，单击“指定脱模方向”右侧的按钮的下拉箭头选择 ZC 方向，选中“选项”下面“保持现有的”选项，完成设置后的“计算”选项卡如图 12-21 所示。

(3) 单击(计算)按钮，进行计算。

(4) 完成计算后单击选项卡区域中的“面”，切入“面”选项卡，如图 12-22 所示。

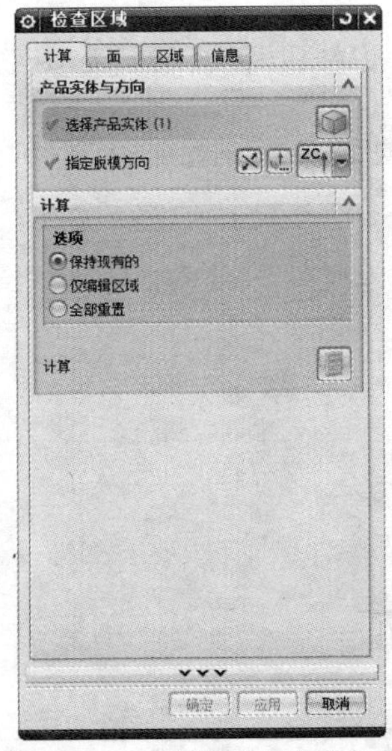

图 12-21　“计算”选项卡

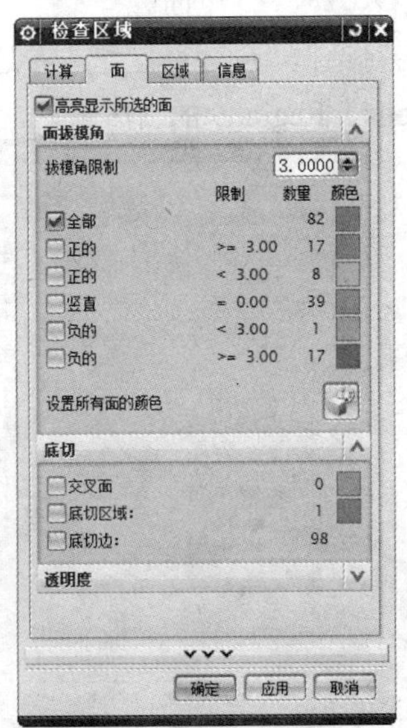

图 12-22　“面”选项卡

(5) 用户可以在“面”选项卡下看到，通过计算得到 82 个面，其中拔模角度≥3.00 的面有 17 个，拔模角度＜3.00 的面有 8 个，拔模角度＝0.00 的面有 39 个，拔模角度＜-3.00 的面有 1 个，-3.00＜拔模角度＜0 的面有 17 个。

用户可以选中前面的方框在实体上预览这些面。

例如，如图 12-23 所示，选中“竖直＝0.00”左侧的方框，在窗口内的图形则会如图 12-24 所示对应“面”选项卡中选中的项目并红色高亮显示。

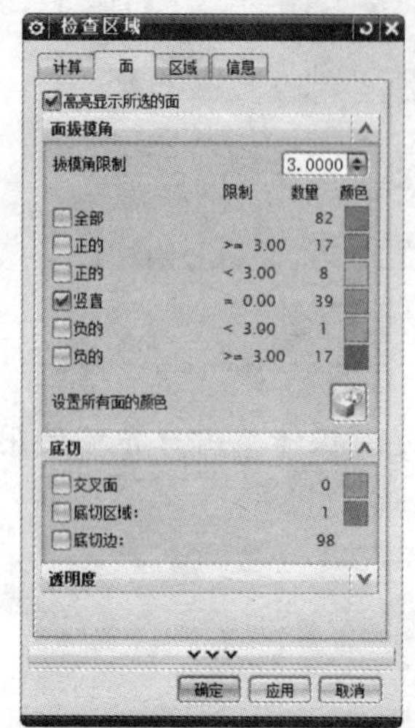

图 12-23 “面”选项卡设置

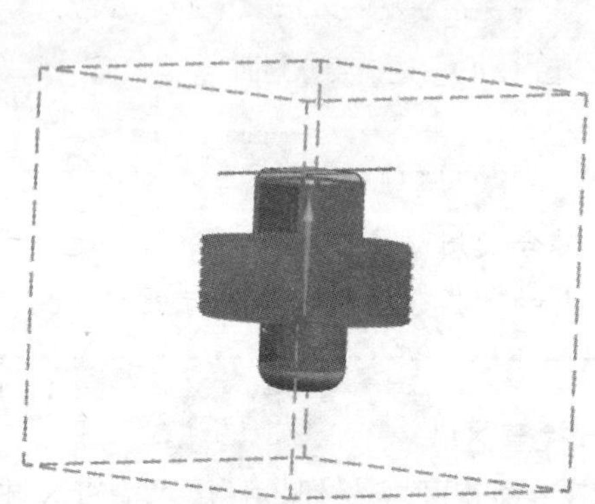

图 12-24 窗口图形显示

步骤 8：定义区域

(1) 单击 (定义区域)按钮，弹出如图 12-25 所示的“定义区域”对话框。

用户可在此对话框中看到，模型共 82 个面，“未定义的面”、“型腔区域”、“型芯区域”各占 49、23、10 个面。

(2) 单击对话框“创建新区域”右边的 (创建新区域)按钮两次，创建如图 12-26 所示的名称为 Region4、Region5 的新区域。

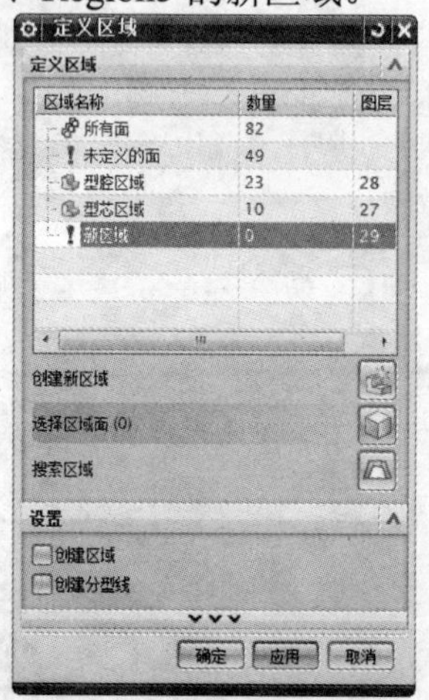

图 12-25 “定义区域”对话框

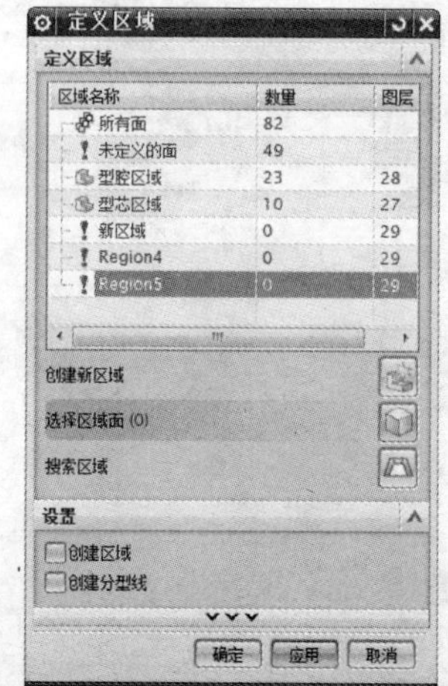

图 12-26 创建两个新区域

(3) 选中“定义区域”对话框“定义区域”白色方框中的 Region4，并如图 12-27 所示选中分割面一侧的螺纹面。

单击“定义区域”对话框中的应用按钮，将选中面定义进 Region4 区域，如图 12-28 所示。

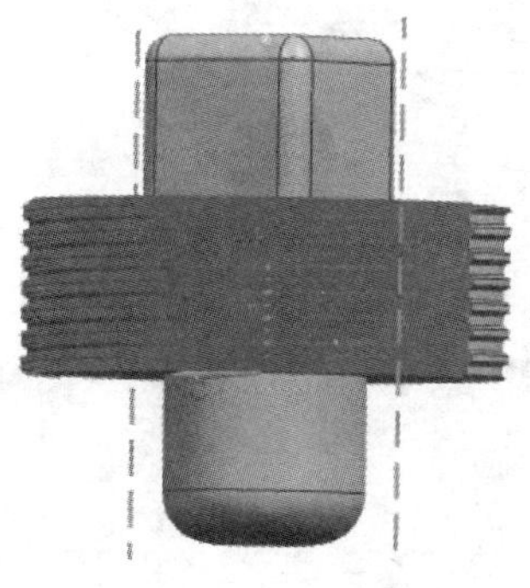

图 12-27　选中一侧螺纹面

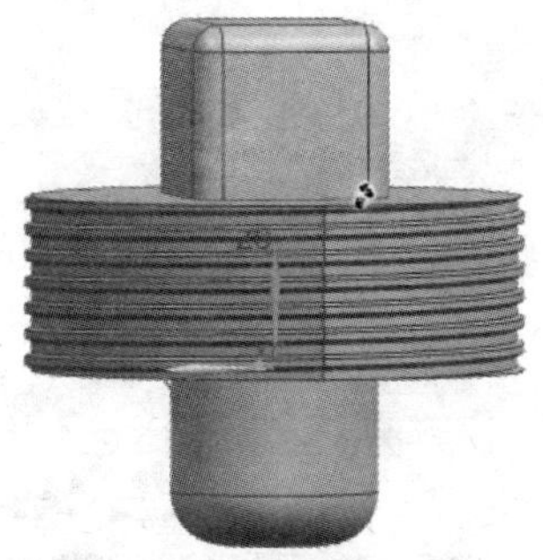

图 12-28　定义 Region4 区域

(4) 重复步骤(3)，将另一侧螺纹面定义进 Region5 区域，如图 12-29 所示。

(5) 完成定义后的“定义区域”对话框如图 12-30 所示。

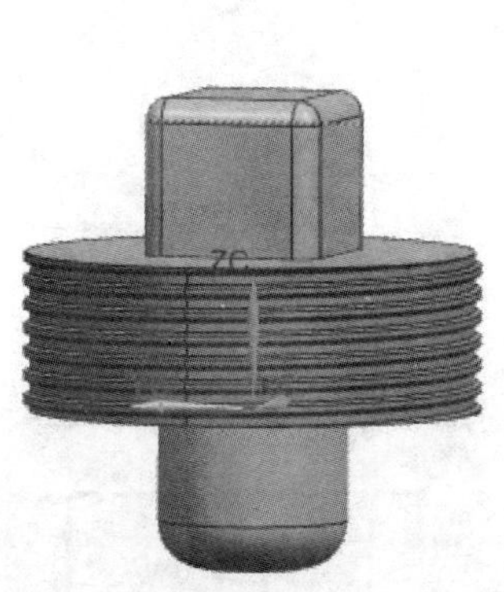

图 12-29　定义 Region5 区域

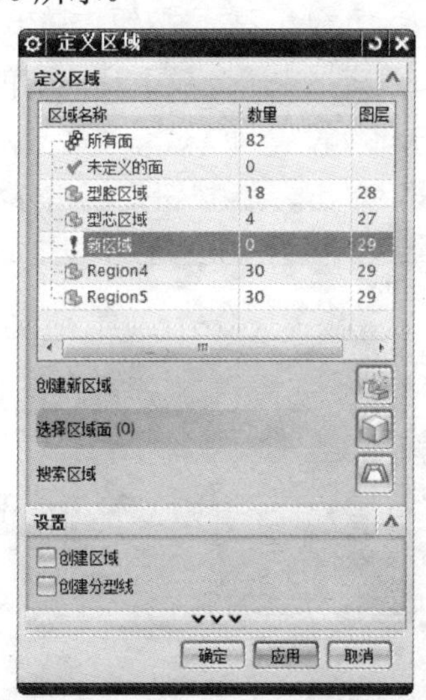

图 12-30　完成定义后的“定义区域”对话框

(6) 完成以上操作后依次选中“设置”下面的“创建区域”、“创建分型线”选项，单击应用按钮，如图 12-31 所示，“定义区域”下面白色方框内名称前的符号发生变化。

(7) 单击确定按钮，并旋转窗口内模型，完成所有区域面定义及分型线创建后的视图如图 12-32 所示。

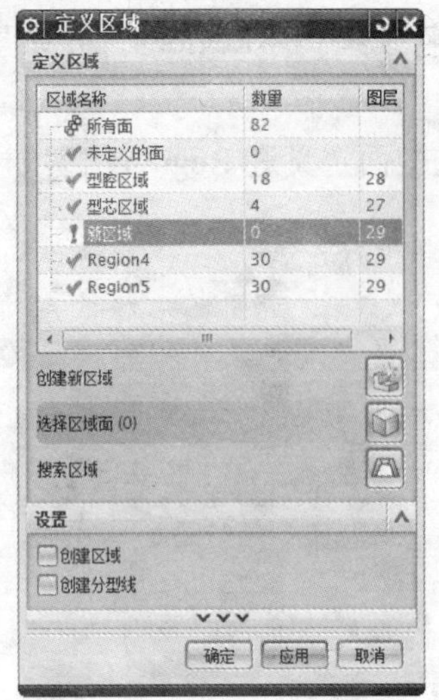

图 12-31 “定义区域”对话框

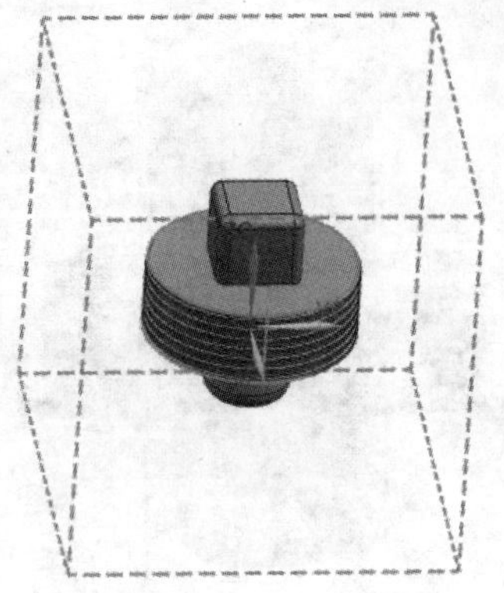

图 12-32 区域面变化

步骤 9：设计分型面

(1) 单击(设计分型面)按钮，弹出“设计分型面”对话框，如图 12-33 所示，单击“分型段”下面白色方框中“分段 1”，并单击“创建分型面”下面的(有界平面)按钮。

“第一方向”设置为-YC，“第二方向”设置为 YC，取消选中“使用默认保留边”并设置合理界线，单击应用按钮，创建分型面，如图 12-34 所示。

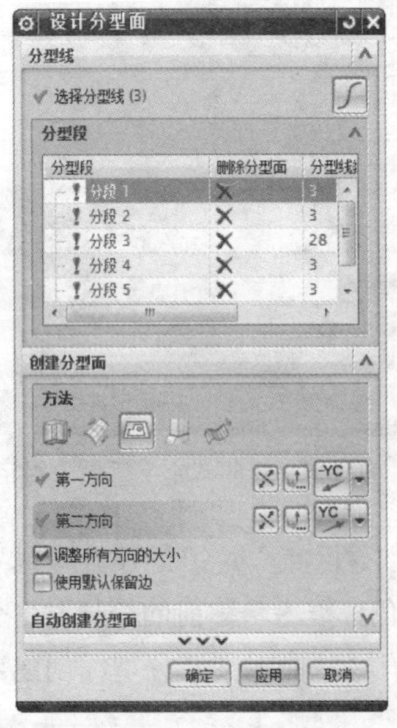

图 12-33 选中“分段 1”

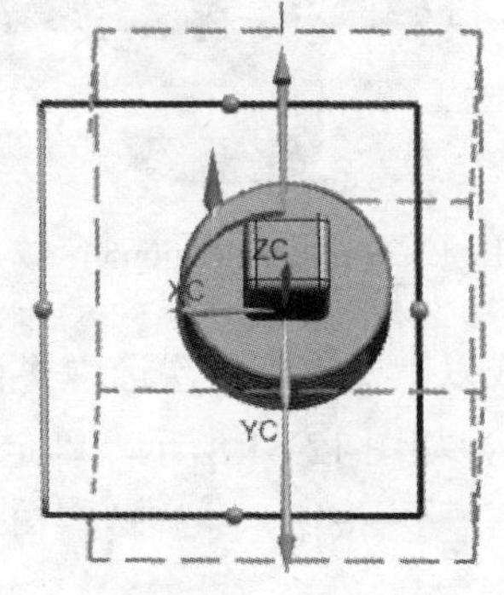

图 12-34 创建分型面

(2) 如图 12-35 所示，单击“分型段”下面白色方框中“分段 2”，并单击“创建分型面”下面的(有界平面)按钮。

“第一方向”设置为-YC，“第二方向”设置为 YC，取消选中“使用默认保留边”并设置合理界线，单击应用按钮，创建分型面如图 12-36 所示。

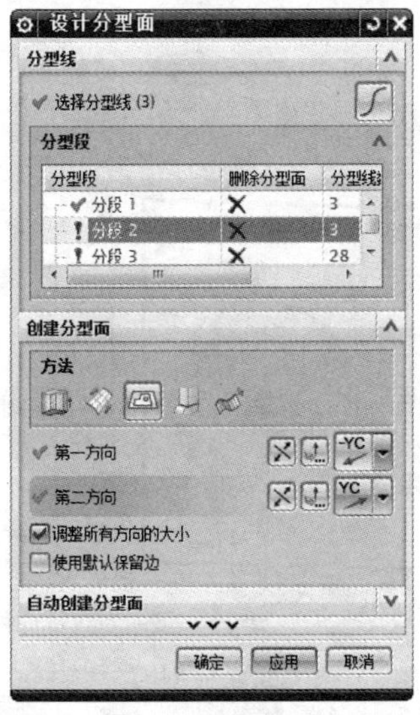

图 12-35　选中“分段 2”

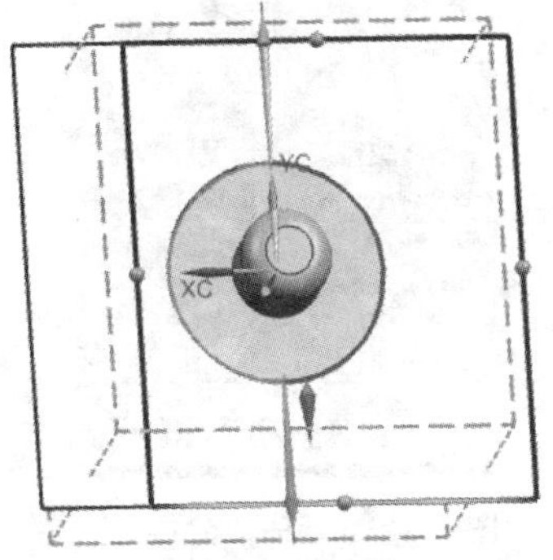

图 12-36　创建分型面

(3) 如图 12-37 所示，单击“分型段”下面白色方框中“分段 3”，并单击“创建分型面”下面的(有界平面)按钮。

“第一方向”设置为-YC，“第二方向”设置为-YC，设置合理界线，并选中“使用默认保留边”，单击应用按钮，创建分型面如图 12-38 所示。

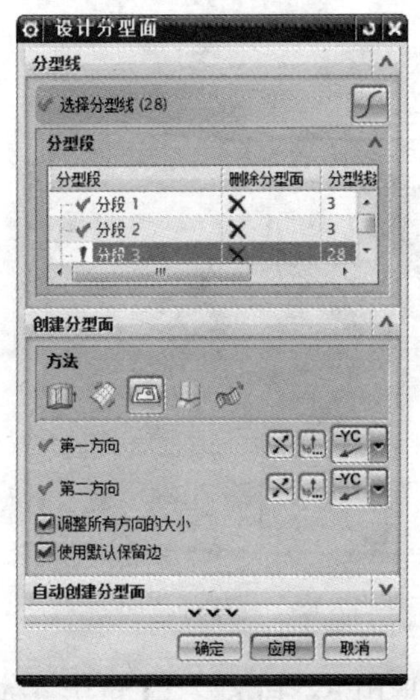

图 12-37　选中“分段 3”

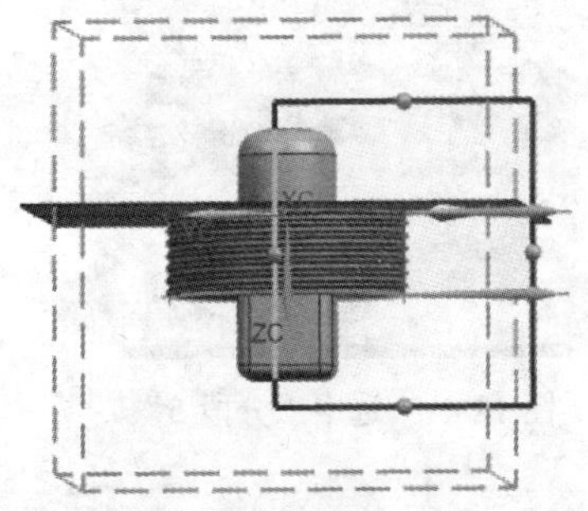

图 12-38　创建分型面

(4) 如图 12-39 所示，单击“分型段”下面白色方框中“分段 4”，并单击“创建分型面”下面的(有界平面)按钮。

“第一方向”设置为-YC，“第二方向”设置为 YC，设置合理界线，并选中“使用默认保留边”，单击应用按钮，创建分型面如图 12-40 所示。

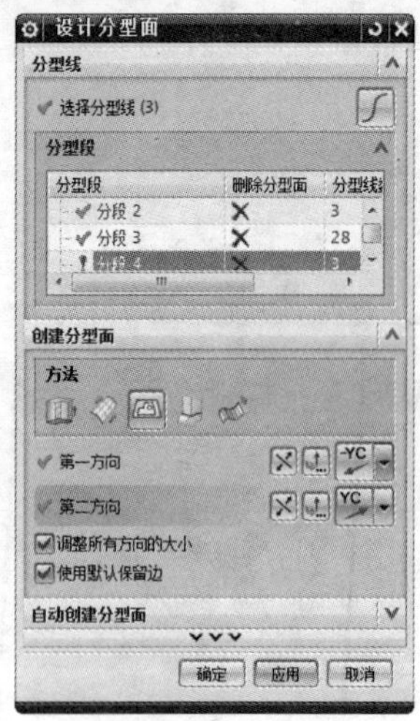

图 12-39　选中“分段 4”

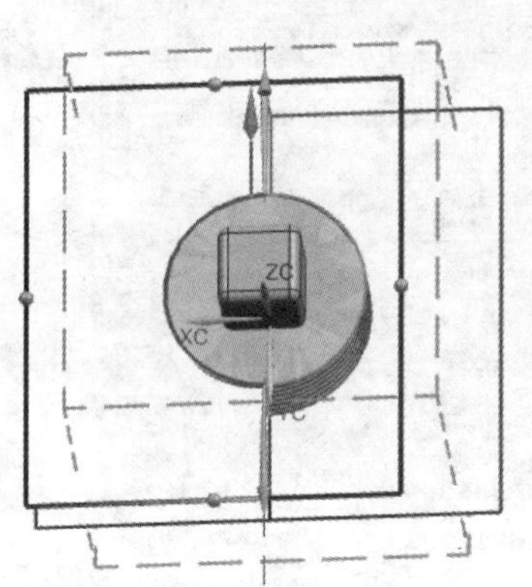

图 12-40　创建分型面

(5) 如图 12-41 所示，单击“分型段”下面白色方框中“分段 5”，并单击“创建分型面”下面的(有界平面)按钮。

“第一方向”设置为 YC，“第二方向”设置为-YC，设置合理界线，并选中“使用默认保留边”，单击应用按钮，创建分型面如图 12-42 所示。

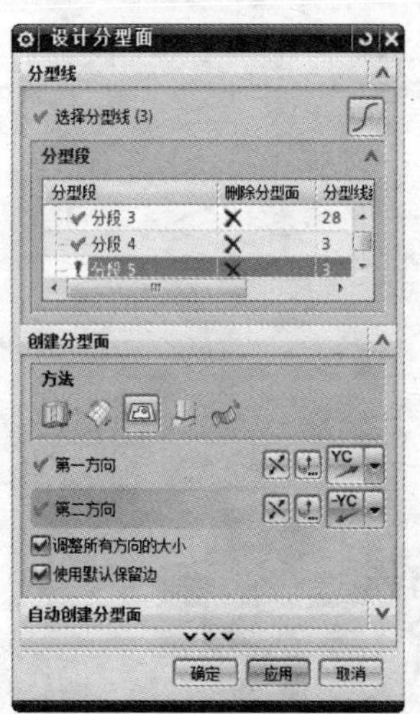

图 12-41　选中“分段 5”

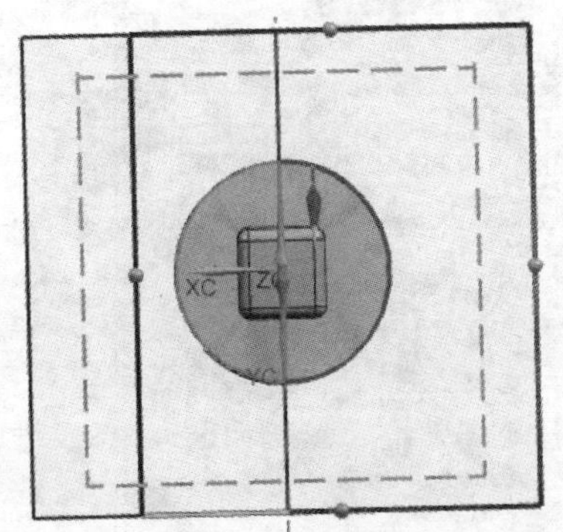

图 12-42　创建分型面

(6) 如图 12-43 所示，单击“分型段”下面白色方框中“分段 6”，并单击“创建分型面”下面的(有界平面)按钮。

“第一方向”设置为 YC，“第二方向”设置为 YC，设置合理界线，并选中“使用默认保留边”，单击应用按钮，创建分型面如图 12-44 所示。

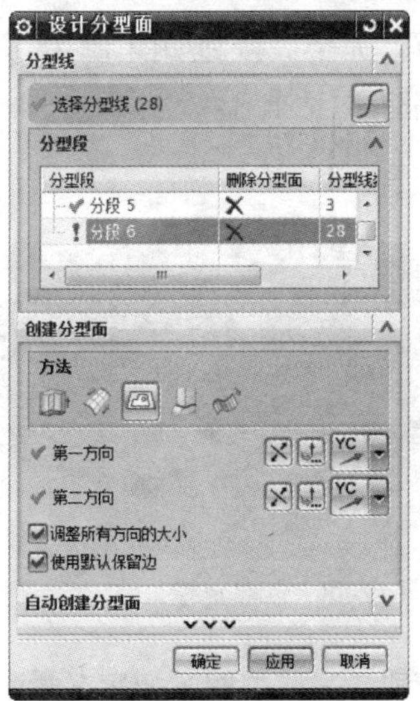

图 12-43　选中“分段 6”

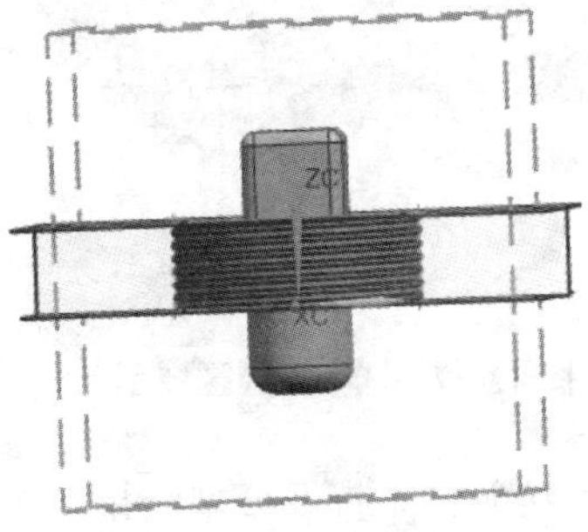

图 12-44　创建分型面

(7) 单击 取消 按钮，完成分型面设计。

步骤 10：编辑分型面和曲面补片

用户使用“编辑分型面和曲面补片”命令，可选择现有片体以在分型部件中对开放区域进行补片，或取消选择片体以删除分型或补片的片体。

单击(编辑分型面和曲面补片)按钮，弹出如图 12-45 所示的“编辑分型面和曲面补片”对话框，默认自动选择分型面，单击 确定 按钮，完成操作。

步骤 11：定义型腔和型芯

(1) 单击(定义型腔和型芯)按钮，弹出“定义型腔和型芯”对话框。

(2) 如图 12-46 所示，选中“选择片体”下面白色方框中的“型腔区域”，如图 12-47 所示会自动选中模型的型腔面片体和分型面片体。

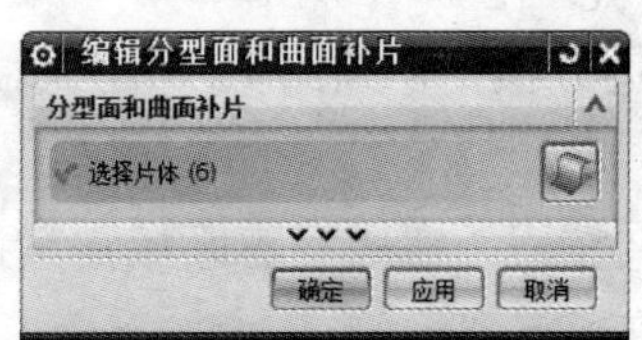

图 12-45　“编辑分型面和曲面补片”对话框

图 12-46　单击“型腔区域”

(3) 其余默认设置，单击应用按钮，软件进行计算，完毕后得到如图 12-48 所示的型腔模仁(定模仁)，并弹出如图 12-49 所示的“查看分型结果”对话框。

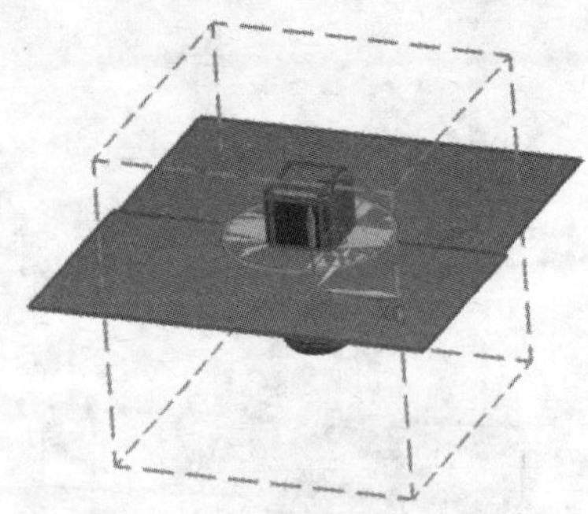

图 12-47 选中型腔区域示意

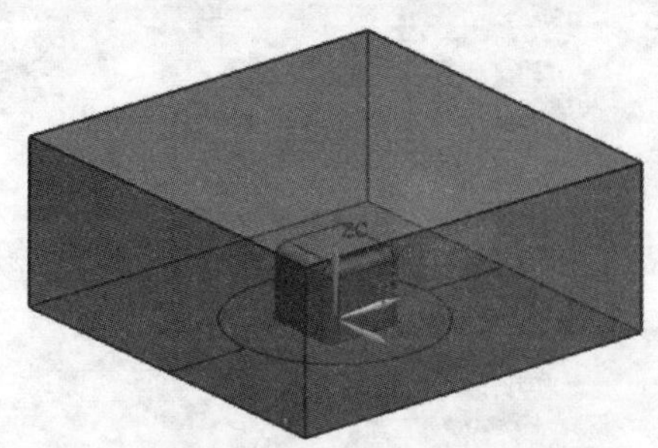

图 12-48 创建定模仁

(4) 直接单击“查看分型结果”对话框中的确定按钮，完成型腔区域定义操作，并返回至“定义型腔和型芯”对话框。

此时可以发现白色方框内“型腔区域”前面的符号变为✔，选择片体的数量由操作前的 3 变为现在的 1，说明型腔面片体同分型面片体缝合为一个片体。

(5) 重复操作，选中“选择片体”下面白色方框中的“型芯区域”，选中型芯面片体和分型面片体，其余默认设置，单击应用按钮，计算得到型芯模仁(动模仁)，如图 12-50 所示，并弹出“查看分型结果”对话框。

图 12-49 “查看分型结果”对话框

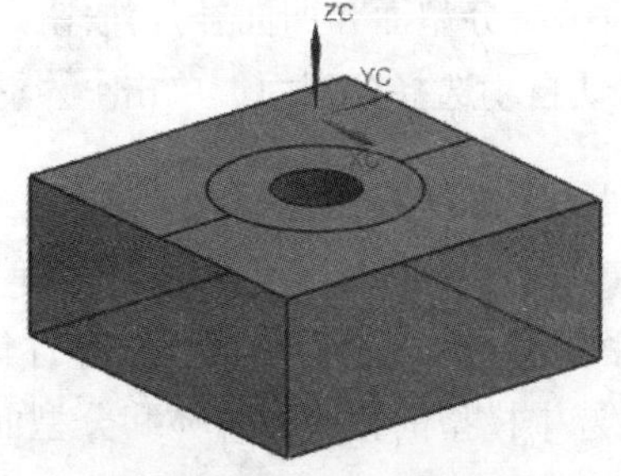

图 12-50 创建动模仁

(6) 直接单击“查看分型结果”对话框中的确定按钮，完成型芯区域定义操作，并返回至“定义型腔和型芯”对话框。

此时可以发现白色方框内“型芯区域”前面的符号变为✔，选择片体的数量由操作前的 3 变为现在的 1，说明型芯面片体同分型面片体缝合为一个片体。

(7) 重复操作，选中“选择片体”下面白色方框的 Region4，如图 12-51 所示，选中螺纹面片体，其余默认设置，单击应用按钮，计算得到拆分模仁，如图 12-52 所示，并弹出“查看分型结果”对话框。

(8) 直接单击“查看分型结果”对话框中的确定按钮，完成型芯区域定义操作，并返回至“定义型腔和型芯”对话框。

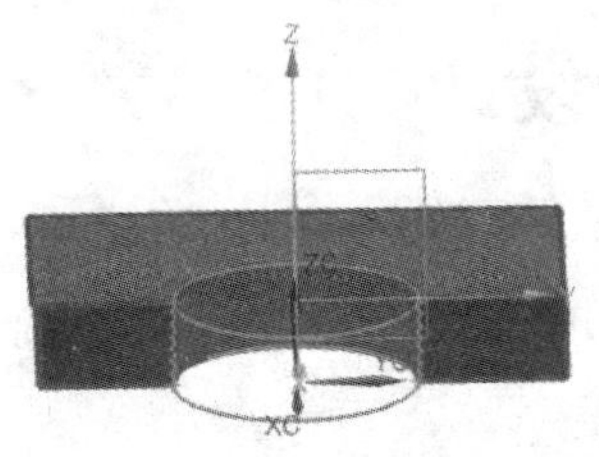

图 12-51　选中螺纹面片体和分型面

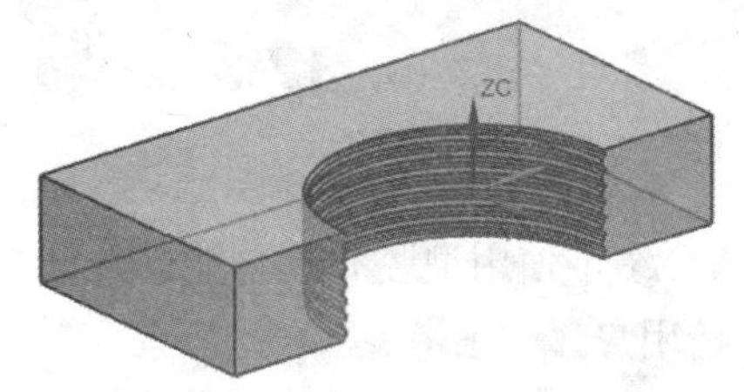

图 12-52　创建拆分模仁

此时可以发现白色方框内“型芯区域”前面的符号变为✔，选择片体的数量由操作前的 5 变为现在的 1，说明螺纹片体同分型面片体缝合为一个片体。

(9) 重复操作，选中“选择片体”下面白色方框的 Region5，如图 12-53 所示，选中螺纹面片体，其余默认设置，单击应用按钮，计算得到拆分模仁，如图 12-54 所示，并弹出“查看分型结果”对话框。

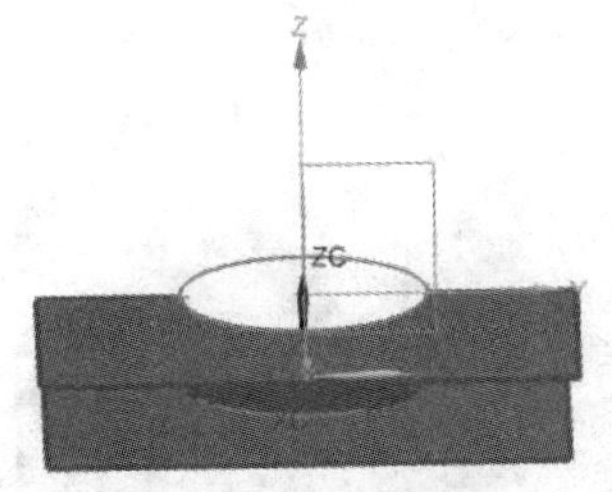

图 12-53　选中螺纹面片体和分型面

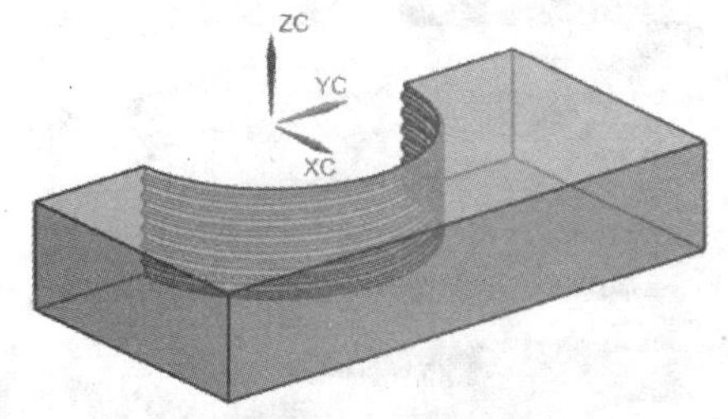

图 12-54　创建拆分模仁

(10) 直接单击“查看分型结果”对话框中的确定按钮，完成型芯区域定义操作，并返回至“定义型腔和型芯”对话框。

此时可以发现白色方框内“型芯区域”前面的符号变为✔，选择片体的数量由操作前的 5 变为现在的 1，说明螺纹片体同分型面片体缝合为一个片体。

此时已完成型腔和型芯区域定义，完成后的“定义型腔和型芯”对话框如图 12-55 所示。

(11) 单击“定义型腔和型芯”对话框中的取消按钮，完成型腔和型芯创建。

用户可打开 wailuowen_top_***.prt 装配文件查看动定模仁装配图，如图 12-56 所示。

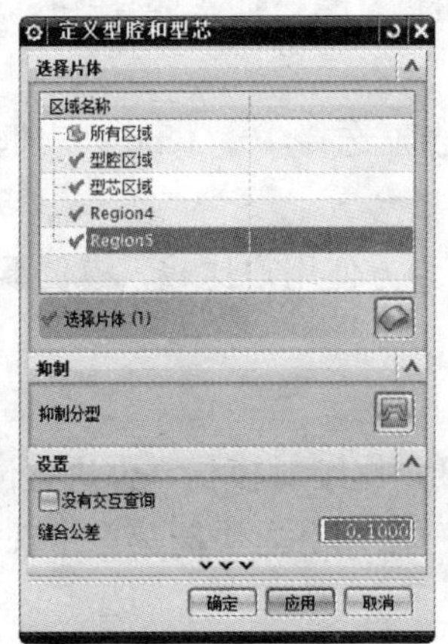

图 12-55　完成操作后的“定义型腔和型芯”对话框

图 12-56　动定模仁装配图

12.3 型腔布局设计

步骤 12 介绍了使用型腔布局功能创建型芯\型腔刀槽框、一模 2 腔设计及模仁倒角等的操作过程，请用户仔细参考。

步骤 12：创建 2 型腔，创建刀槽框，模仁倒角

(1) 单击(型腔布局)按钮，弹出“型腔布局”对话框。

(2) 如图 12-57 所示，“型腔布局”对话框中“布局类型”列表框选择“矩形”，选择 YC 方向作为“指定矢量”，设置“平衡布局设置”下面的“型腔数”为 2，“缝隙距离”为 0mm。完成设置后单击“生成布局”下面的(生成布局)按钮，创建第二个型腔，如图 12-58 所示。

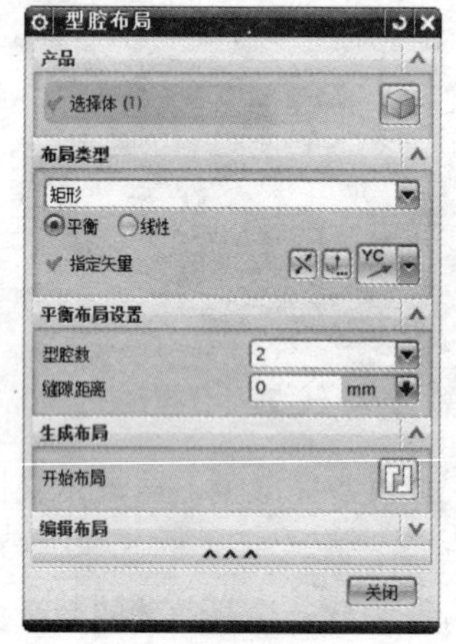

图 12-57 “型腔布局”对话框

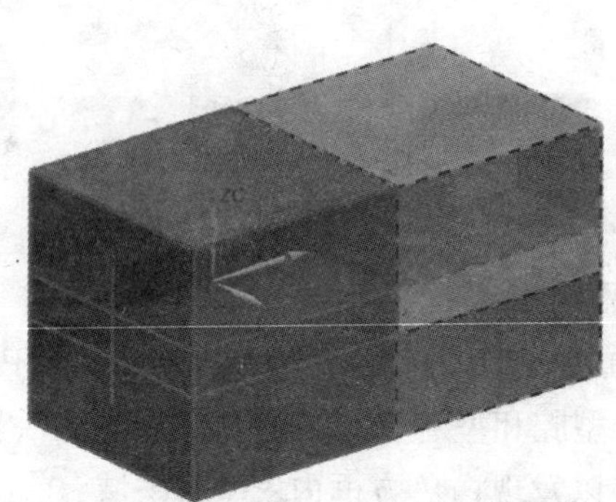

图 12-58 创建第二个型腔

(3) 单击“型腔布局”对话框“编辑布局”下面的(自动对准中心)按钮，即可将 WCS 轴自动对称到模仁组合的中心处，完成操作后如图 12-59 所示。

(4) 单击“型腔布局”对话框“编辑布局”下面的(编辑插入腔)按钮，弹出“插入腔体”对话框。

(5) 如图 12-60 所示，“目录”选项卡底部 R 列表框选择 10，type 列表框选择 0，其余默认设置。

(6) 单击确定按钮，创建刀槽框如图 12-61 所示(为方便用户比较，模仁零件被隐藏了)，并返回到“型腔布局”对话框中。

(7) 单击关闭按钮，关闭“型腔布局”对话框。

(8) 选中刀槽框模型零件，使用鼠标右键将其隐藏，继续对模仁零件进行倒角操作。

(9) 使用鼠标指定任一型腔模仁零件并单击右键，在弹出的快捷菜单中选择“设为工作部件”命令，完成后如图 12-62 所示。

图 12-59　自动对准中心

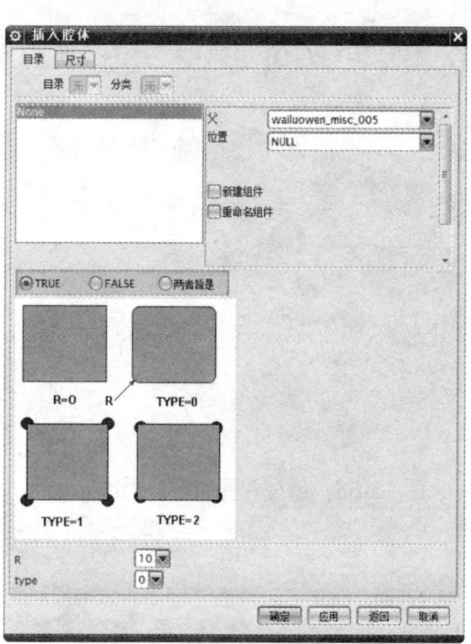

图 12-60　“目录”选项卡设置

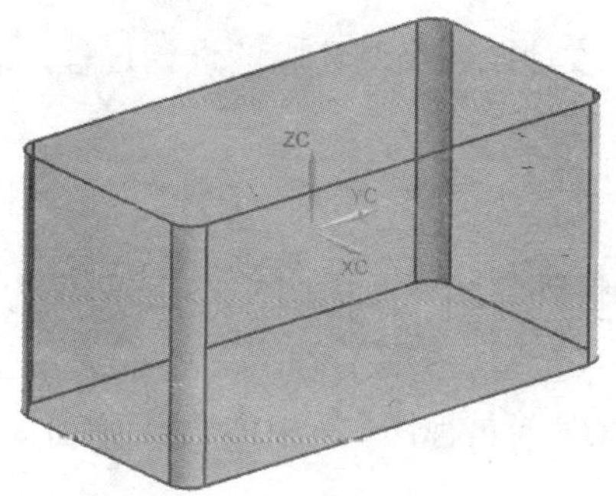
图 12-61　创建刀槽框

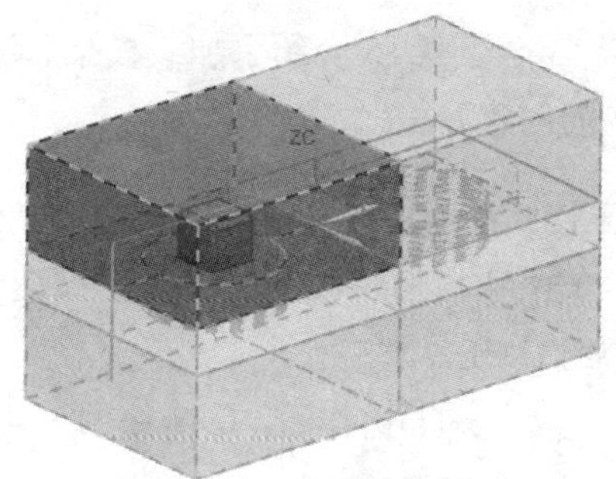
图 12-62　设置型腔模仁为工作部件

(10) 单击“主页”选项卡中的(边倒圆)按钮，弹出“边倒圆”对话框，如图 12-63 所示，选中型腔模仁零件的两外棱边作为“要倒圆的边”。

用户可以发现，其余两个型腔模仁的外棱边被自动选中。

如图 12-64 所示，“边倒圆”对话框中“半径 1”设置为 10mm，其余默认设置，完成设置后单击<确定>按钮，创建型腔模仁边倒圆如图 12-65 所示。

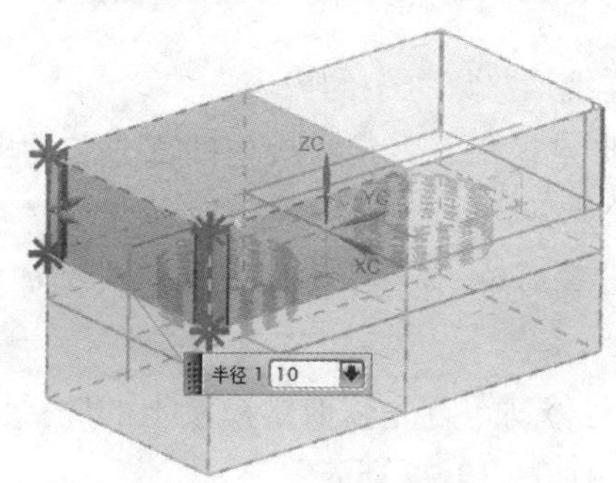

图 12-63　选中模仁外棱边

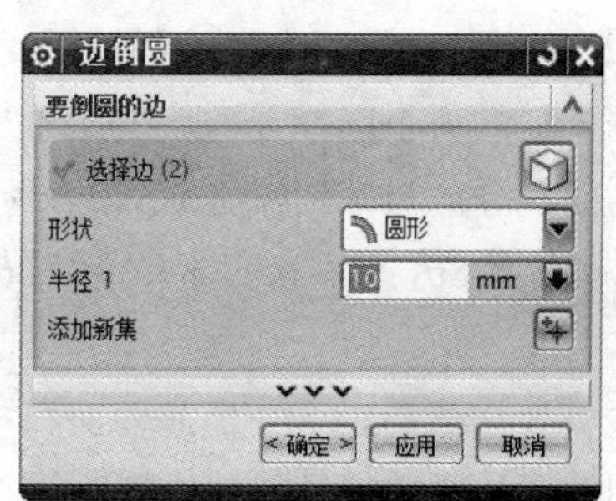

图 12-64　“边倒圆”对话框

(11) 重复步骤(10)创建型芯模仁半径为 10mm 的边倒圆，如图 12-66 所示。

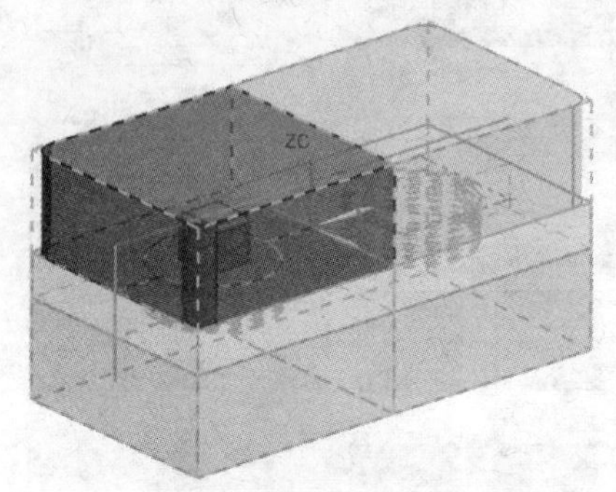

图 12-65　创建型腔模仁边倒圆

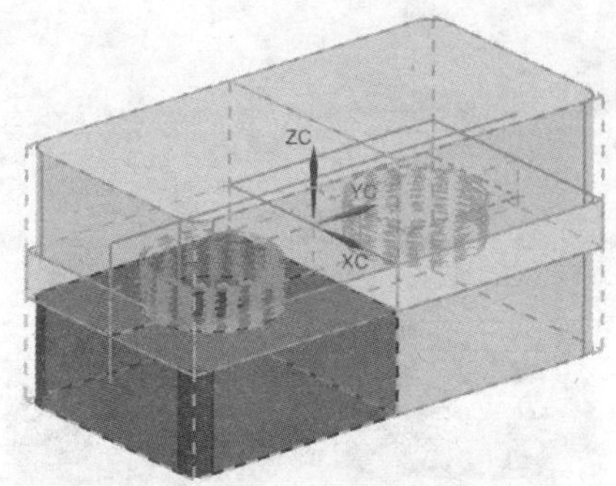

图 12-66　创建型芯模仁边倒圆

12.4　加载模架及添加浇注系统

步骤 13 至步骤 15 介绍了加载模架、浇注系统设计及各类避让腔的设计过程，请用户留意避让腔的创建方法。

步骤 13：加载模架，模板避让腔体创建

(1) 单击(模架库)按钮，弹出“模架设计”对话框，单击如图 12-67 所示的“文件夹视图”框中的 DME。

(2) 完成步骤(1)操作后，单击如图 12-68 所示的“成员视图”框中的 2A，弹出如图 12-69 所示的“信息”窗口。

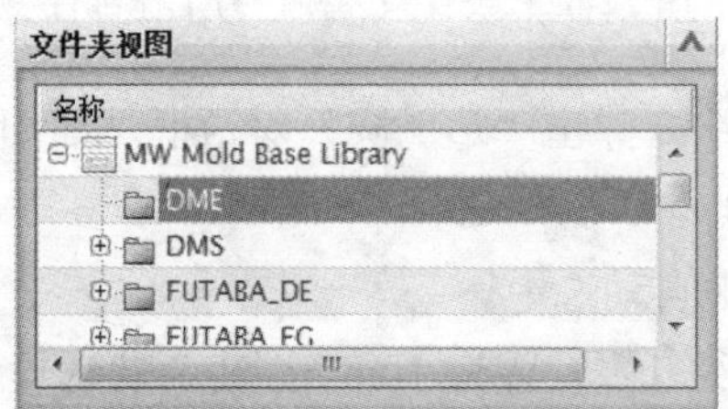

图 12-67　“文件夹视图”框

图 12-68　“成员视图”框

(3) 根据“信息”窗口中的预览图，设置“详细信息”框中的内容。

根据模仁的大小选择 index=2535 的模架，根据定模仁嵌入定模板内的部分和动模仁嵌入动模仁内的部分的尺寸，如图 12-70 所示，设置“模架设计”对话框下部 AP_h 文本框为 66，BP_h 文本框为 86，CP_h 文本框为 106，完成设置后单击<确定>按钮，加载模架如图 12-71 所示。

完成模架加载后，下一步需要对模板腔体进行修剪，首先修剪定模板上的腔，将除了定模板和刀槽框其余的模具零部件隐藏，得到的视图如图 12-72 所示。

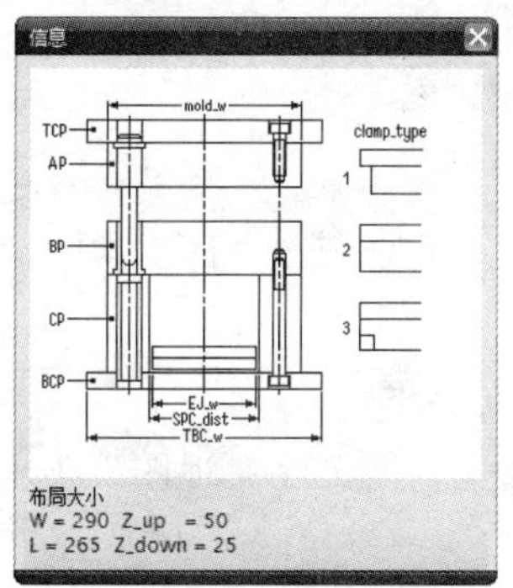

图 12-69　“信息”窗口

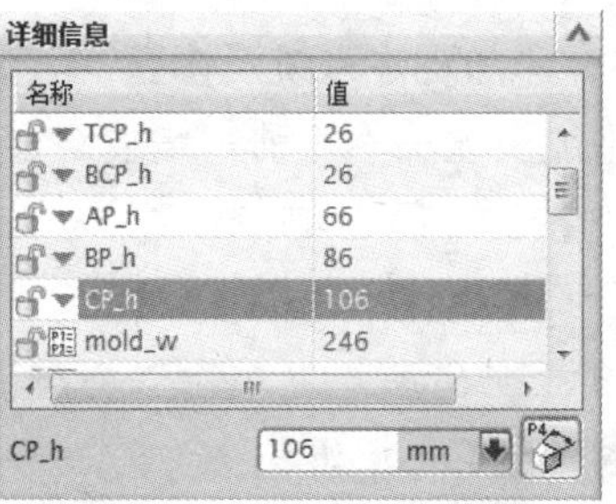

图 12-70　“详细信息”框

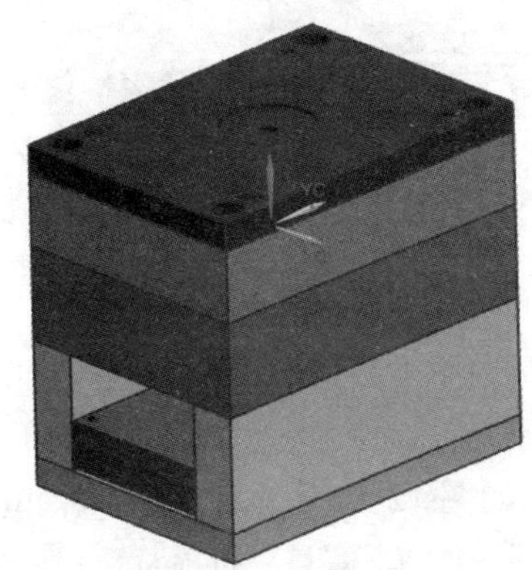

图 12-71　加载模架

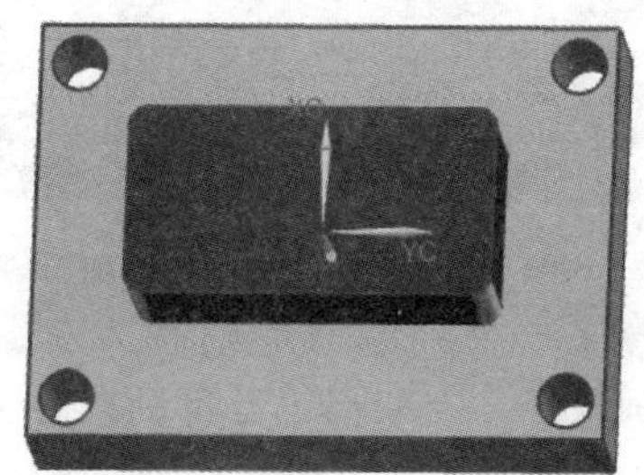

图 12-72　隐藏零部件后结果

(4) 单击 (腔体)按钮，弹出“腔体”对话框，单击视图中定模板作为需要修剪的“目标”，单击刀槽框作为修剪所用的“刀具”。

“模式”列表框选择“减去材料”，“刀具”下面的“工具类型”列表框选择“实体”，完成设置后的“腔体”对话框如图 12-73 所示。

单击“工具”下面的 应用 按钮，即可完成定模板创建腔体操作，将刀槽框隐藏后得到带腔体的定模板如图 12-74 所示。

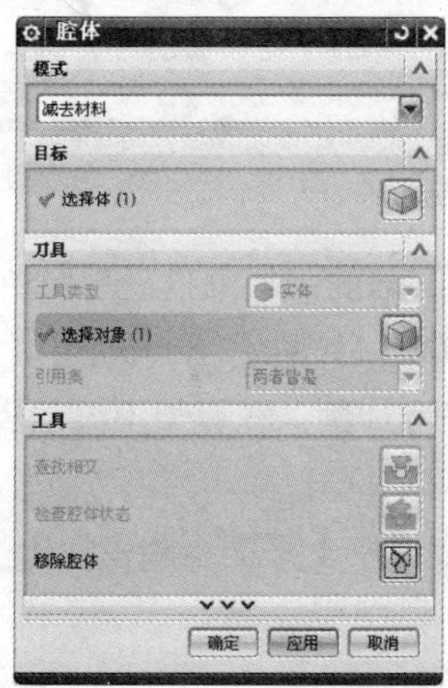

图 12-73　“腔体”对话框

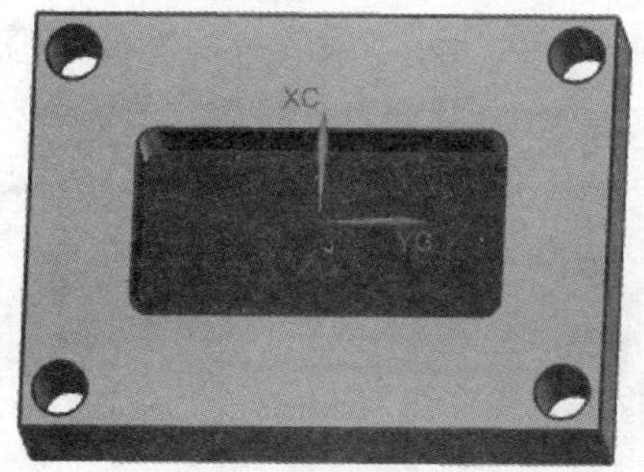

图 12-74　创建定模板腔体

(5) 重复步骤(4)创建动模板腔体，如图 12-75 所示。

步骤 14：添加浇注系统及修整

(1) 在添加浇注法兰盘前，需要对浇注法兰盘的让位凹槽进行测量，单击(测量距离)按钮，测量凹槽的半径为 45mm，深为 5mm。

(2) 单击(标准件库)按钮，弹出“标准件管理”对话框。

(3) 如图 12-76 所示，单击“标准件管理”对话框中“文件夹视图”下面白色方框内 DME_MM 的子级 Injection。

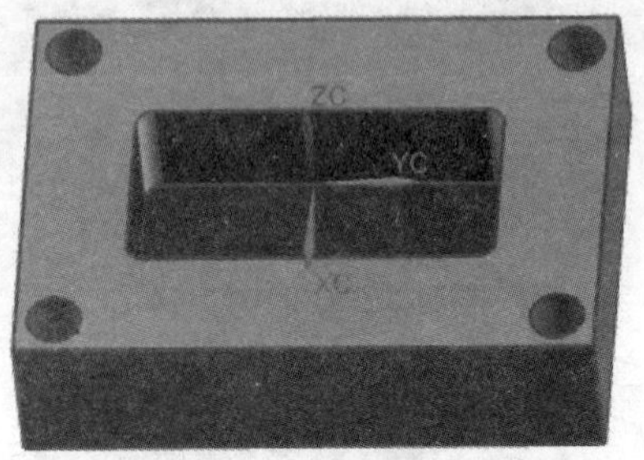

图 12-75　创建动模板腔体

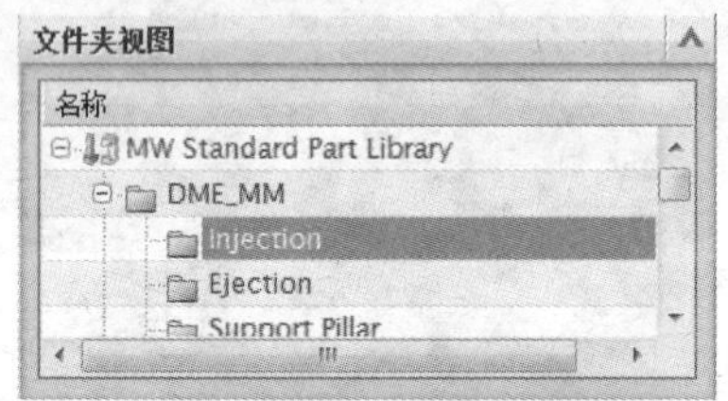

图 12-76　单击 Injection

“成员视图”下面白色方框的内容会发生变化，如图 12-77 所示，单击 Locating_RING_With_Mounting_Holes[DHR21]，会在窗口右侧出现一个名为“信息”的预览窗口，如图 12-78 所示。

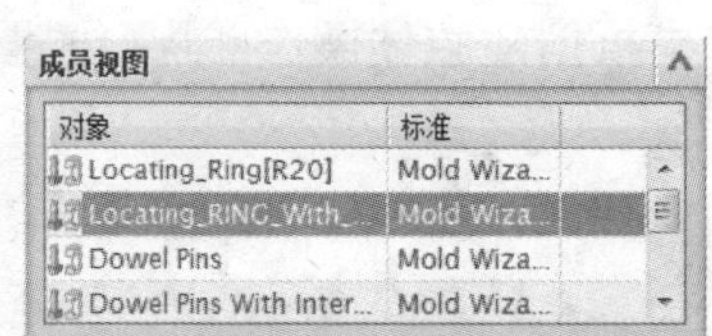

图 12-77　单击 Locating_RING_With_Mounting_Holes[DHR21]

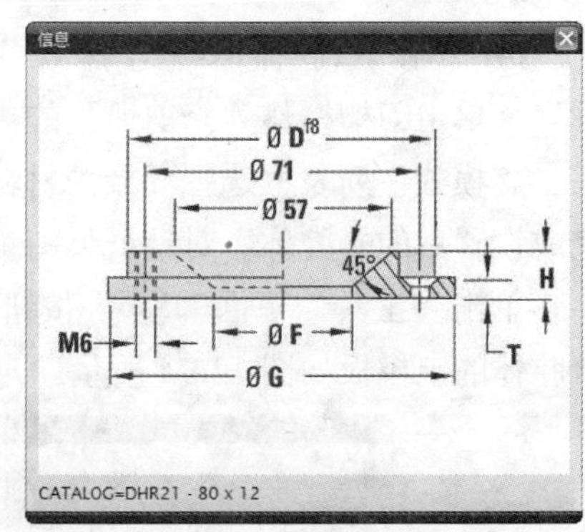

图 12-78　“信息”预览窗口

(4) 如图 12-79 所示，设置“标准件管理”对话框下部的“详细信息”白色方框中的参数，TYPE 设为 M8，其余默认设置，此时“信息”预览窗口如图 12-80 所示。

(5) 单击“标准件管理”对话框中的 应用 按钮，等待片刻，在模架上添加浇注法兰盘，如图 12-81 所示。

(6) 单击(测量距离)按钮，如图 12-82 所示，测量上模座上平面至动模板上平面的距离，确定浇口套的大致长度为 92mm。

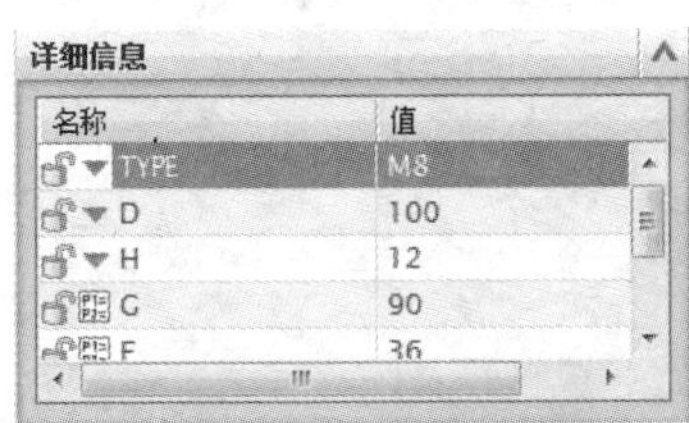

图 12-79　设置详细参数

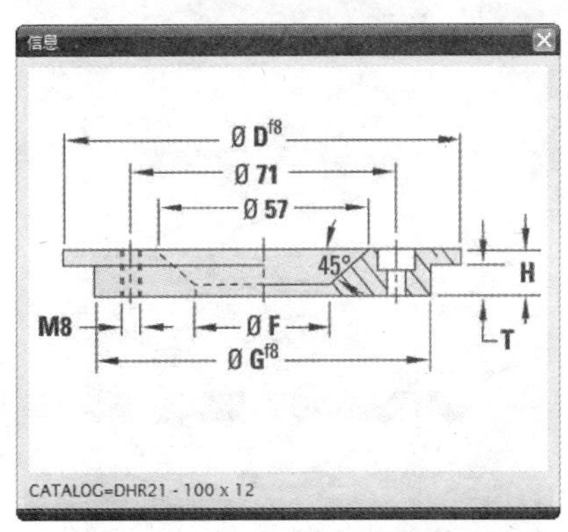

图 12-80　“信息”预览窗口

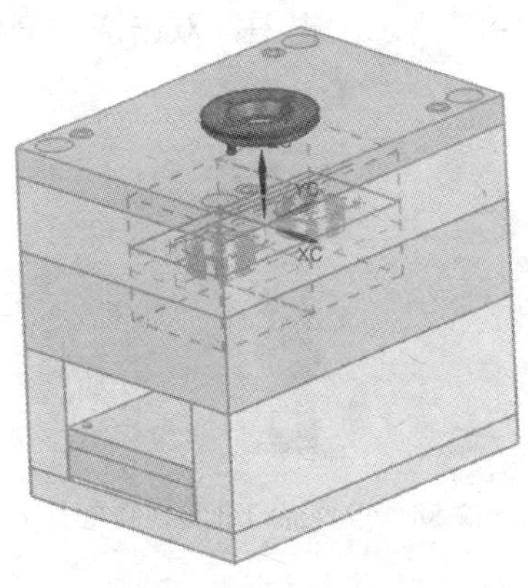

图 12-81　添加浇注法兰盘

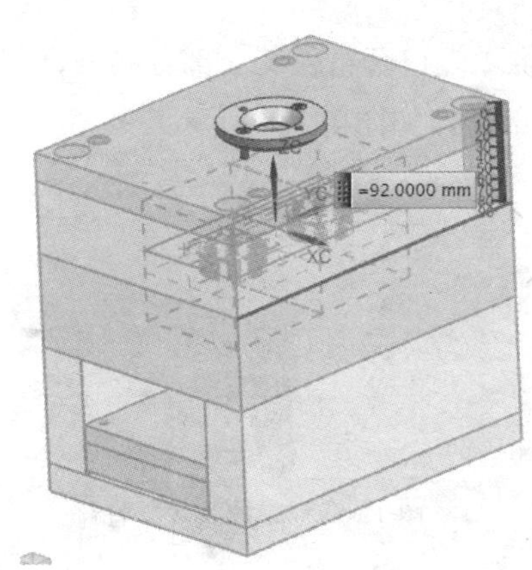

图 12-82　测量距离

(7) 如图 12-83 所示，单击“成员视图”下面白色方框内的 Sprue Bushing(DHR 76 DHR78)，在窗口右侧出现“信息”预览窗口，如图 12-84 所示。

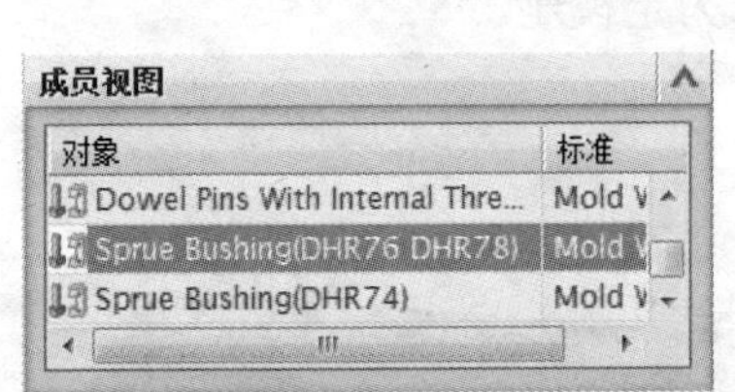

图 12-83　单击 Sprue Bushing(DHR76DHR78)

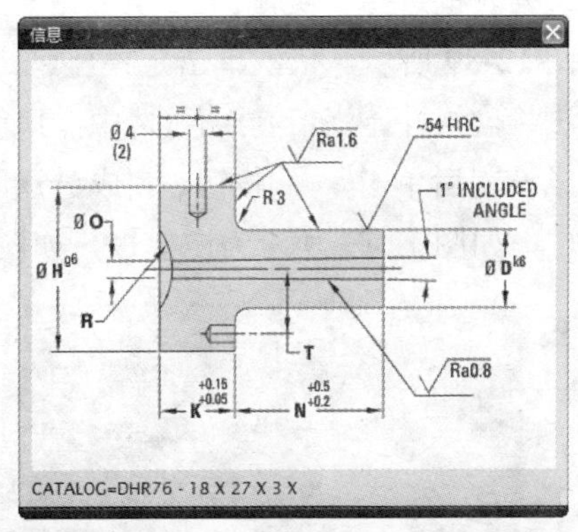

图 12-84　“信息”预览窗口

(8) 如图 12-85 所示，设置“详细信息”白色方框内的参数，D 为浇口套外径，设为 18，N 设置为 92−18−3=71。

单击 应用 按钮，创建浇口套，隐藏定模座、定模板后的视图如图 12-86 所示。

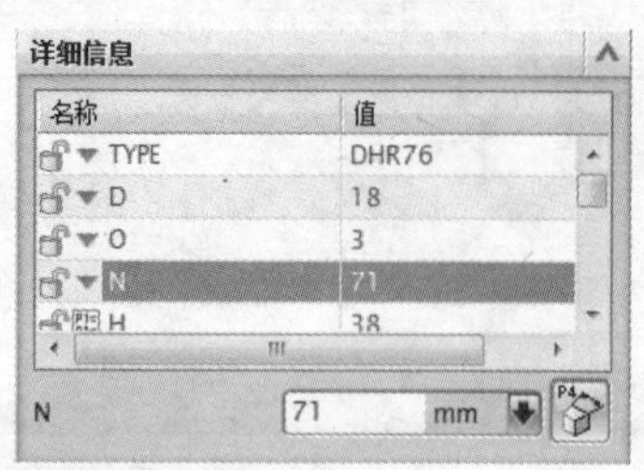

图 12-85 设置“详细信息”参数

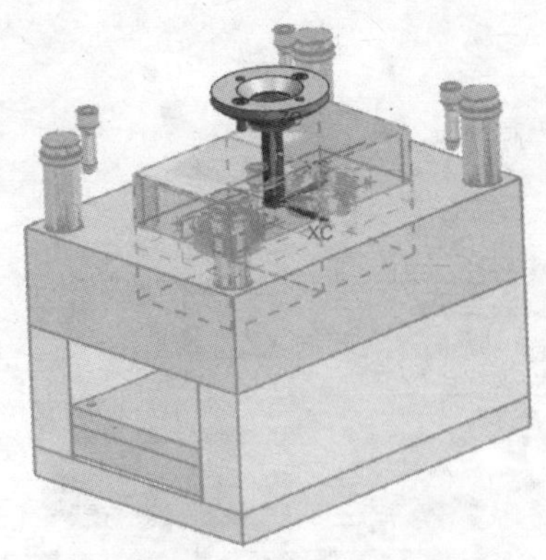

图 12-86 添加浇口套视图

(9) 将除浇口套组件其余部件隐藏，得到如图 12-87 所示的视图，双击浇口套组件使其成为工作部件，如图 12-88 所示。

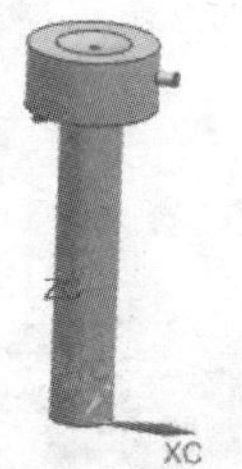

图 12-87 隐藏其余部件

图 12-88 设置浇口套为工作部件

由图中可以看到，浇口套部件外层有一透明实体，此为浇口套部件刀槽框，需使用此刀槽框对相应部件进行修剪。

(10) 单击(腔体)按钮，弹出“腔体”对话框，“模式”列表框选择“减去材料”，“工具类型”列表框选择“实体”。

如图 12-89 所示，依次单击定模座、定模板、定模仁作为需要修剪的“目标”，依次单击浇口法兰盘组件、浇口套组件(选中浇口套刀槽实体)作为修剪所用的“刀具”。

完成设置后单击<确定>按钮，完成避让腔体创建。如图 12-90 所示为完成避让腔体创建后的定模仁，如图 12-91 所示为定模板，如图 12-92 所示为定模座。

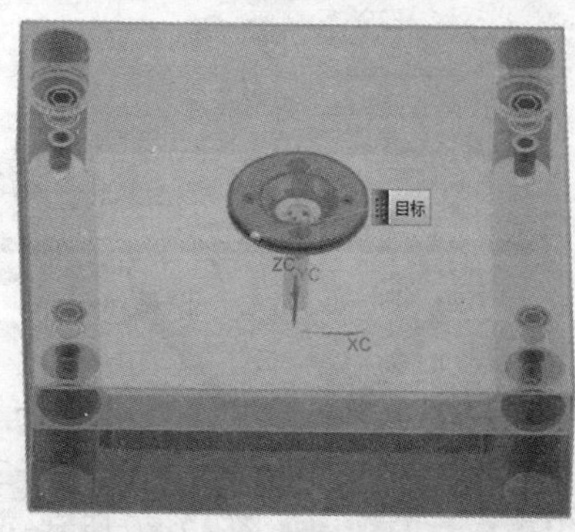

图 12-89 选中修剪目标及刀具

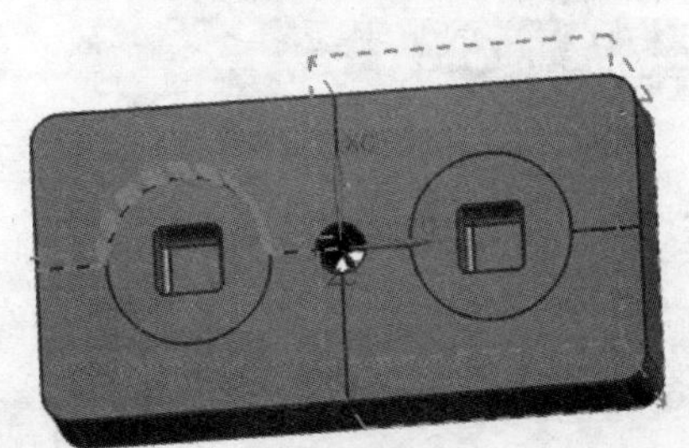

图 12-90 修剪得到的定模仁

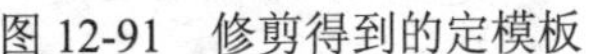

图 12-91　修剪得到的定模板

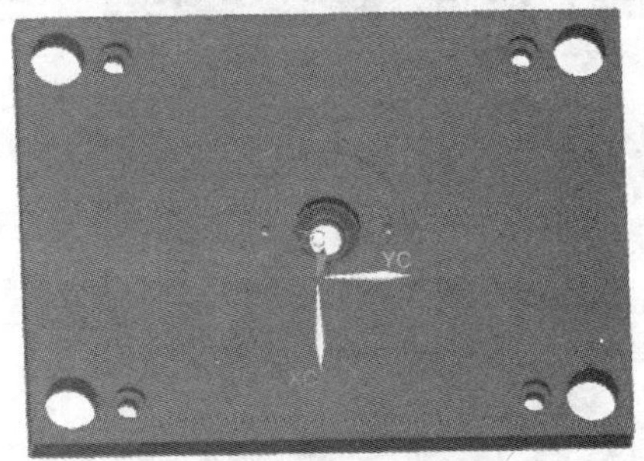

图 12-92　修剪得到的定模座

步骤 15：创建流道及浇口

(1) 隐藏至视图中只余定模仁零件，单击“主页”选项卡中的(草图)按钮，弹出“创建草图”对话框。

(2) 使用默认平面，单击按钮，进入如图 12-93 所示的草图绘制平面。

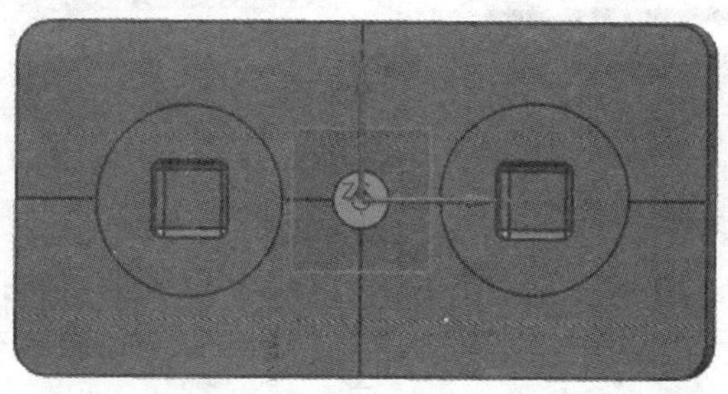

图 12-93　进入草图绘制平面

(3) 单击(直线)按钮，以原点为起点绘制如图 12-94 所示与 YC 轴平行，长度为 20mm 的直线。

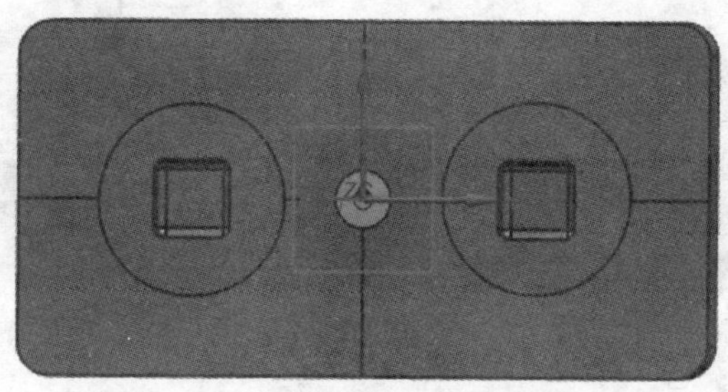

图 12-94　绘制直线

(4) 单击(完成草图)按钮，完成并退出草图。

(5) 单击(流道)按钮，弹出“流道”对话框。

(6) 单击曲线作为“引导线”，如图 12-95 所示，“流道”对话框“截面类型”列表框选择 Semi_Circular，单击(反向)按钮，使用默认设置，单击按钮，创建如图 12-96 所示的流道刀路。

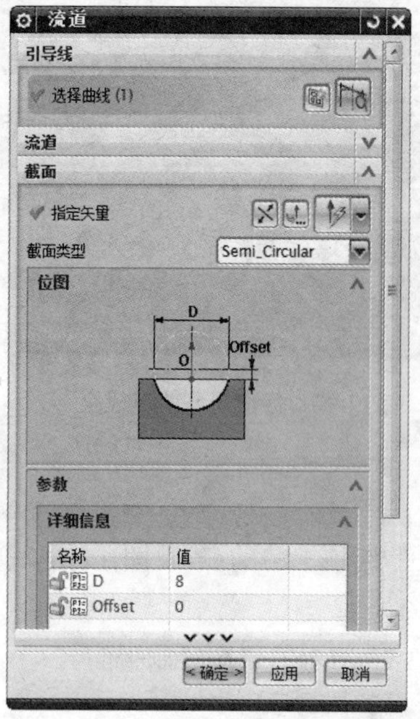

图 12-95　“流道”对话框

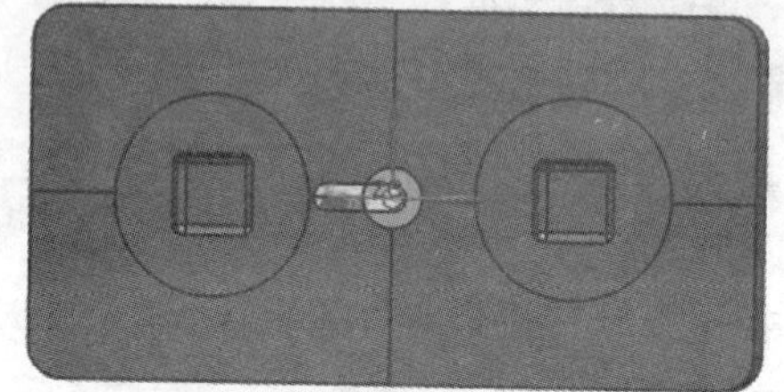

图 12-96　创建流道刀路

(7) 单击(腔体)按钮，弹出“腔体”对话框，“模式”列表框选择“减去材料”，“工具类型”列表框选择“实体”。

如图 12-97 所示，单击任意一个模仁及浇口套作为修剪的“目标”，单击流道刀路作为修剪所用的“刀具”。

(8) 完成设置后单击< 确定 >按钮，完成避让腔体创建，如图 12-98 所示。

图 12-97　选中“目标”和“刀具”

图 12-98　创建避让腔体

(9) 将模仁隐藏得到如图 12-99 所示的视图，单击“主页”选项卡中的阵列特征(阵列特征)按钮，弹出“阵列特征”对话框，如图 12-100 所示，单击修剪浇口套的刀槽体作为“要形成阵列的特征”。

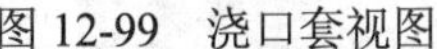
图 12-99　浇口套视图

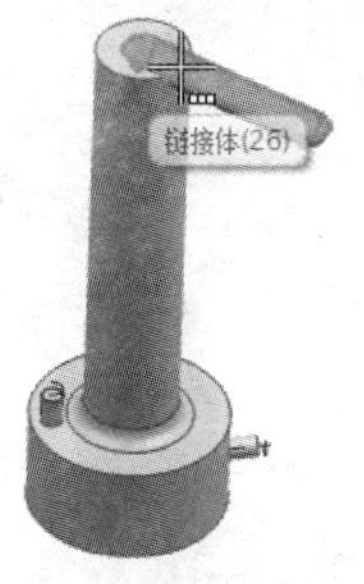

图 12-100　单击修剪浇口套的刀槽体

(10) “阵列特征”对话框中“阵列定义”下面的“布局”列表框选择“圆形”，“旋转轴”下面的“指定矢量”选择 ZC 轴，选择如图 12-101 所示中点作为“指定点”。

“角度方向”下面的“间距”设置为“数量和节距”，“数量”设置为 2，“节距角”设置为 180deg，其余默认设置。完成设置后的“阵列特征”对话框如图 12-102 所示。

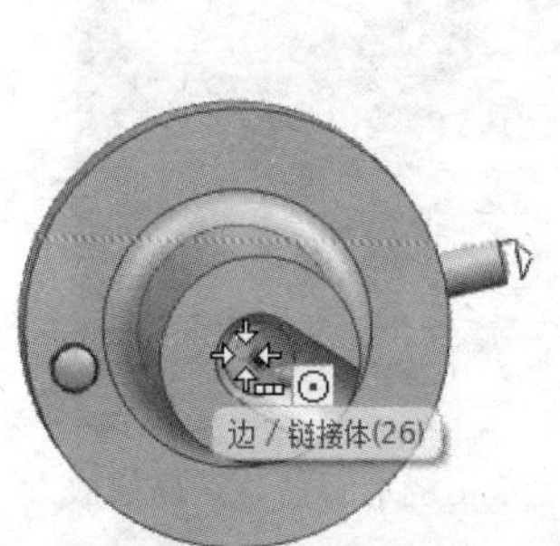

图 12-101　指定旋转点

图 12-102　完成设置后的“阵列特征”对话框

(11) 单击“阵列特征”对话框中的确定按钮，并右击“部件导航器”，从弹出的快捷菜单中选择“阵列特征(圆形)”命令将其显示，完成的阵列特征如图 12-103 所示。

(12) 单击“主页”选项卡中的修剪体按钮，弹出“修剪体”对话框，使用阵列特征面修剪浇口套，如图 12-104 所示。(隐藏阵列特征)

(13) 将定模仁显示，单击(浇口库)按钮，弹出“浇口设计”对话框，如图 12-105 所示，选中“位置”右侧的“型腔”选项，“类型”列表框选择 curved tunnel。

其余默认设置，单击应用按钮，弹出“点”对话框。

“点”对话框默认设置，如图 12-106 所示，单击直线顶点，单击确定按钮，弹出“矢量”对话框。

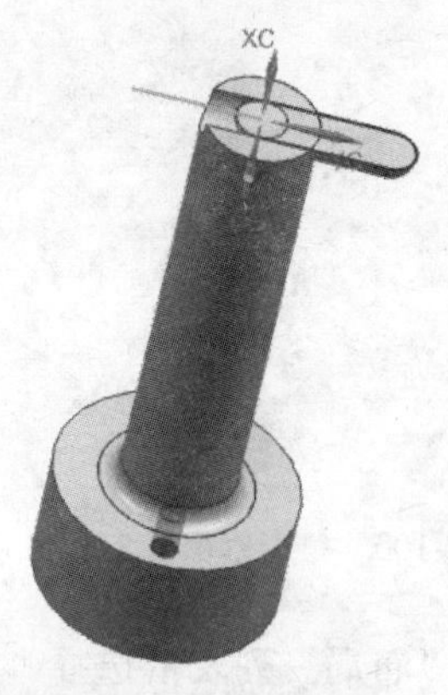

图 12-103　阵列特征

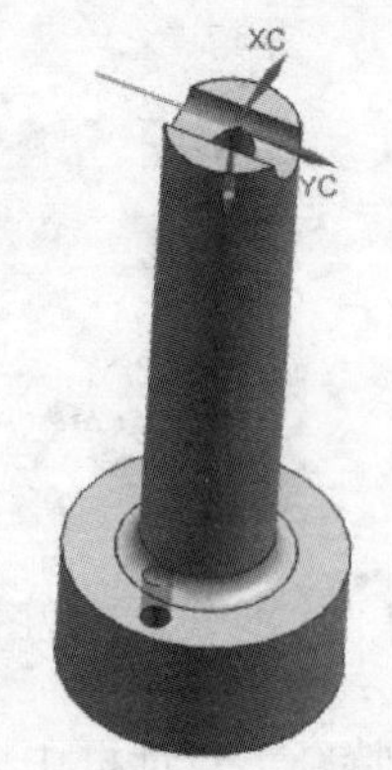

图 12-104　修剪浇口套

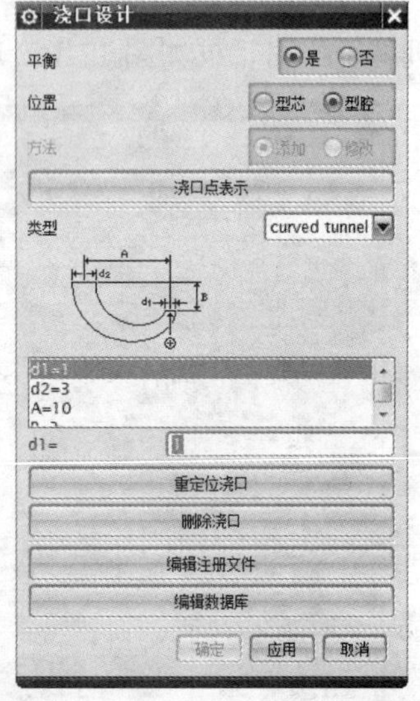

图 12-105　“浇口设计”对话框

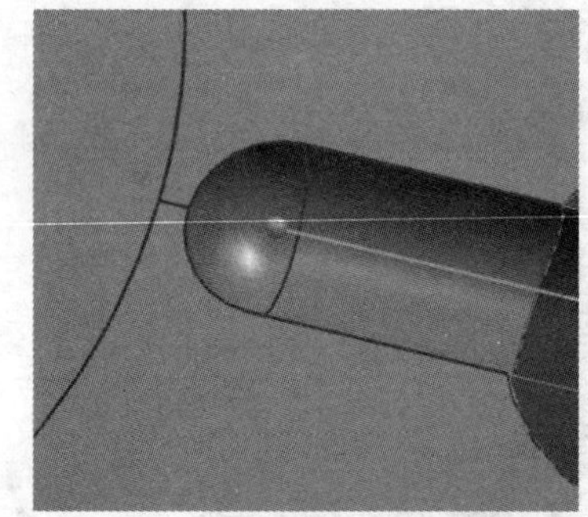

图 12-106　单击浇道刀路一点局部放大

(14) 选中点后，弹出“矢量”对话框，如图 12-107 所示，“类型”列表框选择“与 XC 成一角度”，“角度”设置为 225deg。

(15) 单击确定按钮，创建浇口，如图 12-108 所示。(若此处创建的浇口方向不正确，则可使用“浇口设计”对话框中的“重定位浇口”按钮来对浇口进行重新定位)

图 12-107　“矢量”对话框

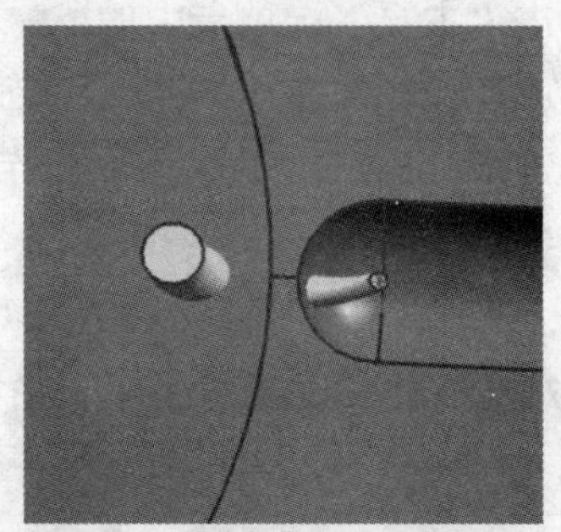

图 12-108　创建浇口局部放大

(16) 单击(腔体)按钮，弹出“腔体”对话框，“模式”列表框选择“减去材料”，“工具类型”列表框选择“组件”。

如图 12-109 所示，依次单击定模仁作为需要修剪的“目标”，依次单击浇口刀路作为修剪所用的“刀具”。

完成设置后单击按钮，完成避让腔体创建，隐藏浇口刀路后如图 12-110 所示。

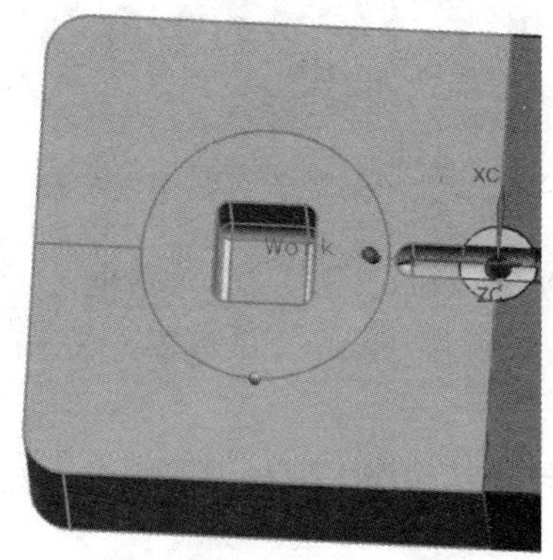

图 12-109　选中目标和刀具

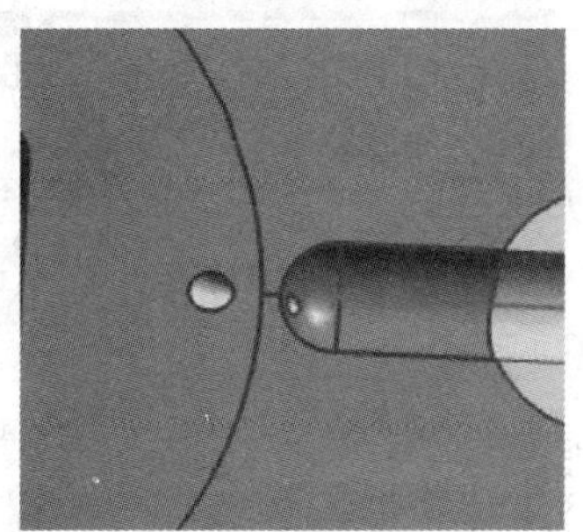

图 12-110　创建避让腔体

12.5　冷却系统设计及各项标准件设计

步骤 16 至步骤 22 介绍了冷却系统设计及各项标准件设计的操作过程，其中标准件包括推料杆、滑块及滑块头、复位杆、拉料杆、推板导柱导套等。并在最后介绍了简单的后处理过程，请用户参考前面的内容进行详细后处理操作。

步骤 16：创建推料杆并修整

(1) 单击(标准件库)按钮，弹出“标准件管理”对话框。

(2) 如图 12-111 所示，单击“标准件管理”对话框中“文件夹视图”下面白色方框内 DME_MM 的子级 Ejection。

“成员视图”下面白色方框内的内容会发生变化，如图 12-112 所示，单击 Ejector Pin[Straight]，会在窗口右侧出现一个名为“信息”的预览窗口，如图 12-113 所示。

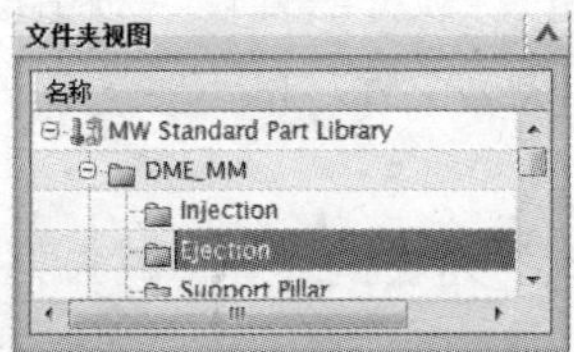

图 12-111　单击 Ejection

图 12-112　单击 Ejector Pin[Straight]

(3) 如图 12-114 所示，设置“标准件管理”对话框下部的“详细信息”白色方框中的参

数，CATALOG_DIA(直径)设置为 3，CATALOG_LENGTH(长度)设置为 160，其余默认设置。

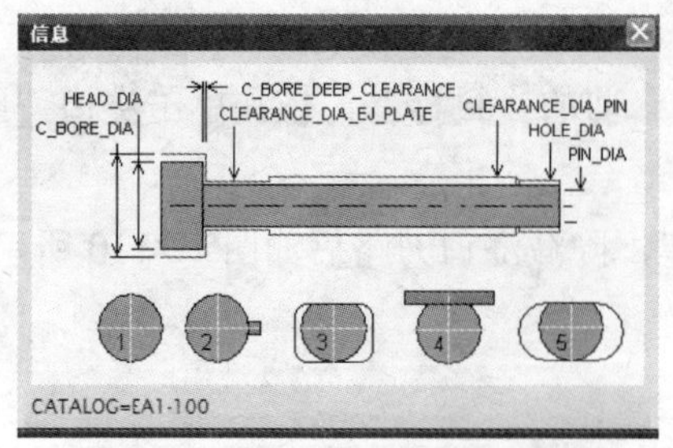

图 12-113　“信息”预览窗口

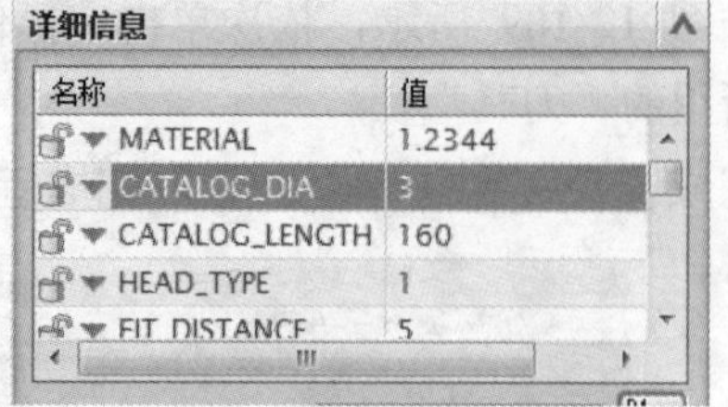

图 12-114　设置直径和长度

(4) 完成设置，单击“标准件管理”对话框中的应用按钮，弹出“点”对话框，如图 12-115 所示，“坐标”下面“参考”列表框选择 WCS，XC 设置为 0mm，YC 设置为-35mm，ZC 设置为 0mm，其余默认设置。

完成设置单击确定按钮，在模具中创建首个推料杆，如图 12-116 所示。

图 12-115　“点”对话框

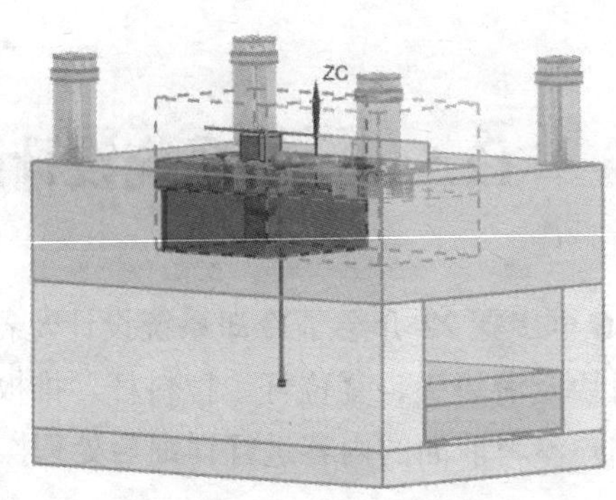

图 12-116　创建首个推料杆

(5) 重复设置“点”对话框，分别设置(XC，YC)的坐标组合为(-20mm，-60mm)、(20mm，-60mm)，创建其余两个推料杆，如图 12-117 所示。

(6) 单击“点”对话框中的取消按钮，退出“点”对话框，回到“标准件管理”对话框，单击确定按钮，完成推料杆创建操作。

(7) 单击(顶杆后处理)按钮，弹出如图 12-118 所示的“顶杆后处理”对话框。

(8) 选中图中三个顶杆，“顶杆后处理”对话框其余默认设置，单击确定按钮，完成顶料杆修剪，如图 12-119 所示。

(9) 单击(腔体)按钮，弹出“腔体”对话框，“模式”列表框选择“减去材料”，“工具类型”列表框选择“实体”。

如图 12-120 所示，依次单击动模仁、动模板、推杆固定板作为需要修剪的“目标”。

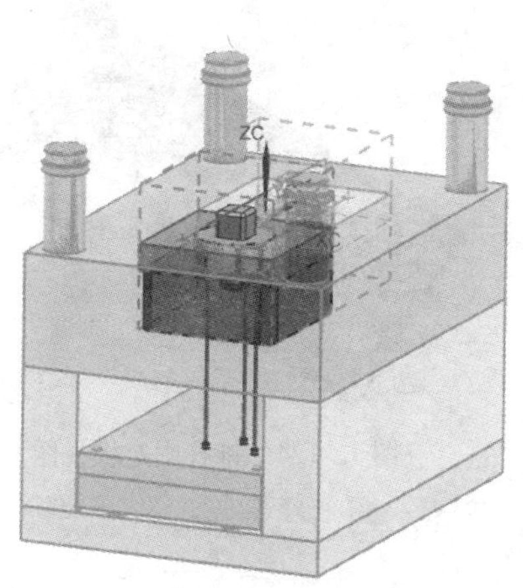

图 12-117　创建其余两个推料杆

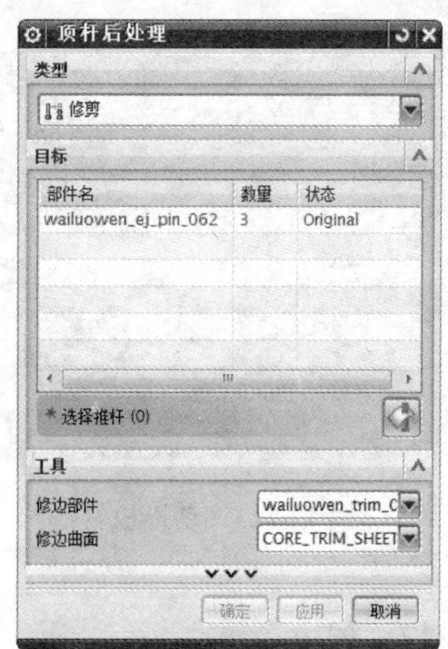

图 12-118　“顶杆后处理”对话框

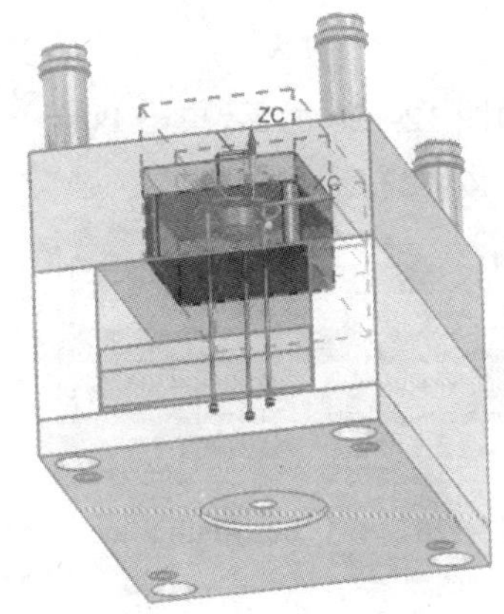

图 12-119　完成顶料杆修剪操作

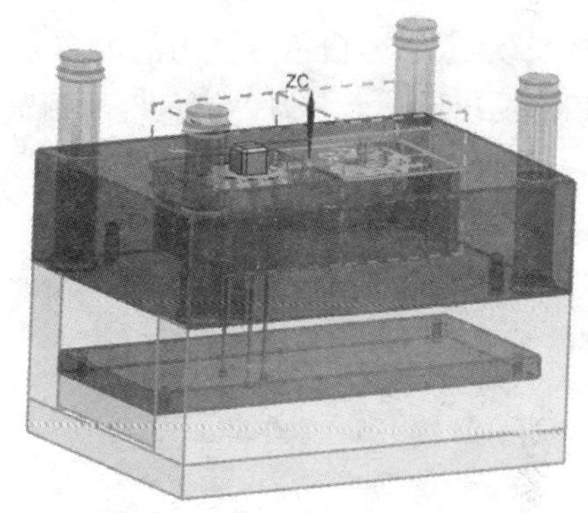

图 12-120　选中修剪目标

如图 12-121 所示，依次单击所有顶料杆作为修剪所用的“刀具”。

完成设置后单击<确定>按钮，完成避让腔体创建。如图 12-122 所示为完成避让腔体创建后的动模仁，如图 12-123 所示为动模板，如图 12-124 所示为推杆固定板。

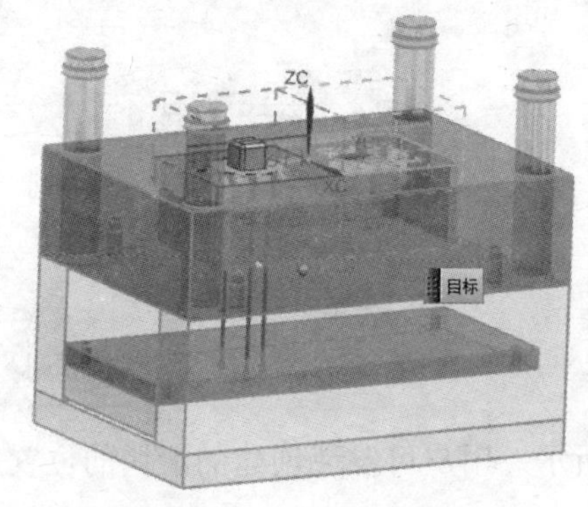

图 12-121　选中修剪刀具

图 12-122　动模仁视图

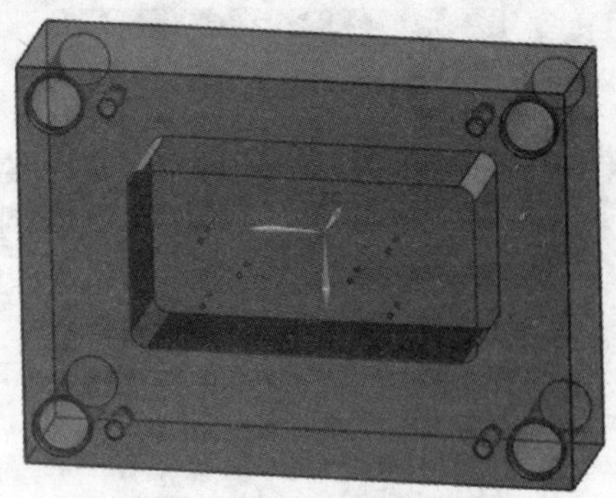

图 12-123　动模板视图

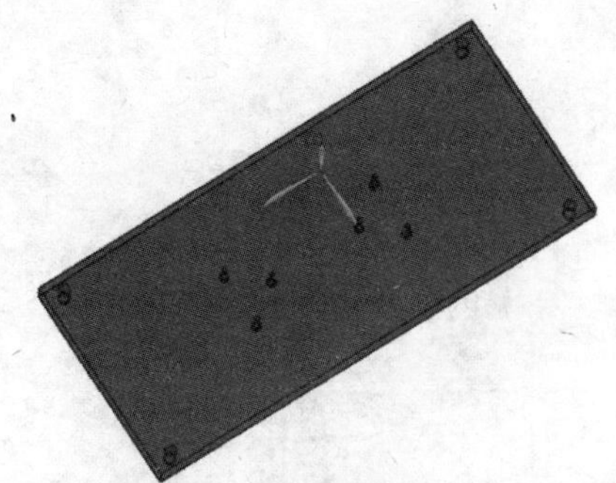

图 12-124　推杆固定板视图

步骤 17：创建滑块

(1) 单击(滑块和浮升销库)按钮，弹出“滑块和浮升销设计”对话框。

(2) 如图 12-125 所示，单击“滑块和浮升销设计”对话框的“文件夹视图”下面白色方框内 SLIDE_LIFT 的子级 Slide。

“成员视图”下面白色方框内的内容会发生变化，如图 12-126 所示，单击 Push-Pull Slide，会在窗口右侧出现一个名为“信息”的预览窗口，如图 12-127 所示。

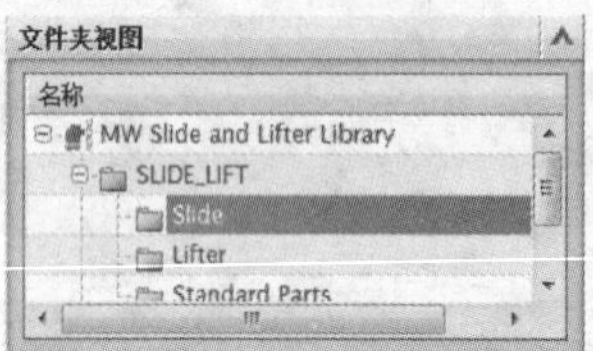

图 12-125　单击 Slide

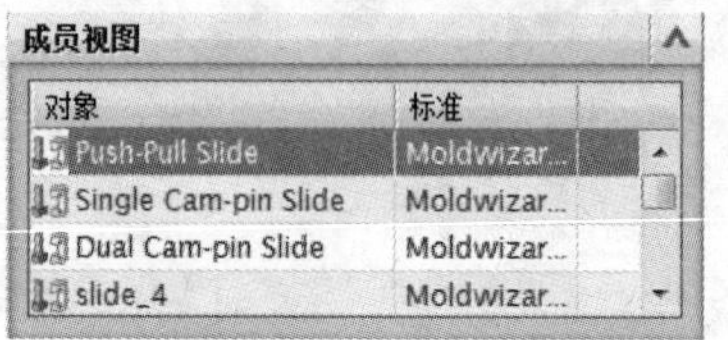

图 12-126　单击 Push-Pull Slide

(3) 如图 12-128 所示，设置“滑块和浮升销设计”对话框下部的“详细信息”白色方框中的参数，cam_back 设为 60，slide_long 设为 90，wide 设为 220，其余默认设置。

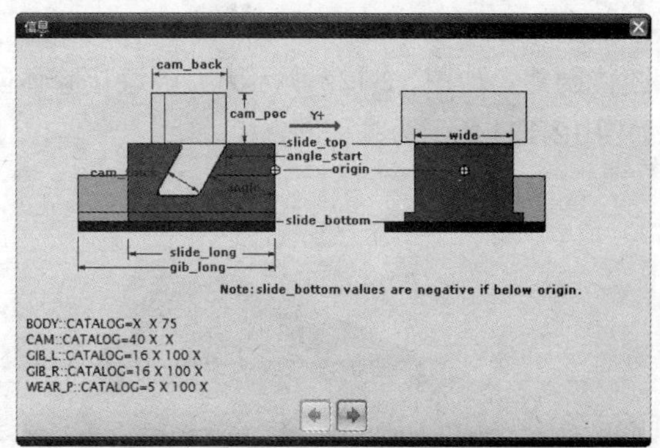

图 12-127　“信息”预览窗口

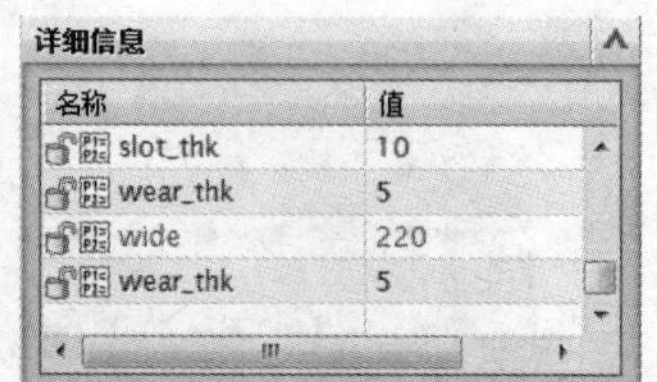

图 12-128　设置“详细信息”参数

(4) 单击 应用 按钮，创建滑块如图 12-129 所示，用户可发现创建的滑块的位置是不正确的。

(5) 单击“滑块和浮升销设计”对话框中的(重定位)按钮，弹出“移动组件”对话框，使用鼠标拖曳 XC-YC 之间的弧线绕 ZC 方向旋转 90°，得到如图 12-130 所示的结果。

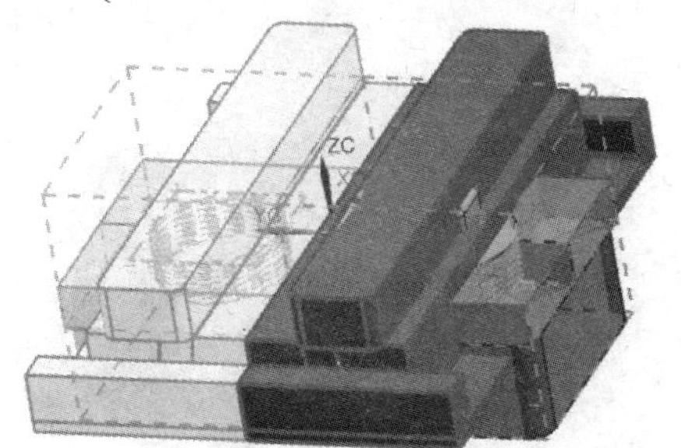

图 12-129　创建滑块

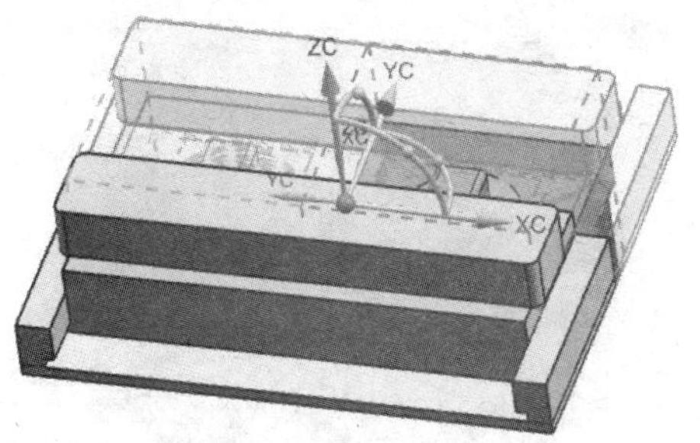

图 12-130　移动滑块方向

(6) 设置图中 X 坐标为-55，完成设置后的视图如图 12-131 所示。

(7) 单击“移动组件”对话框中的<确定>按钮，并单击“滑块和浮升销设计”对话框中的<确定>按钮，完成滑块创建，如图 12-132 所示。

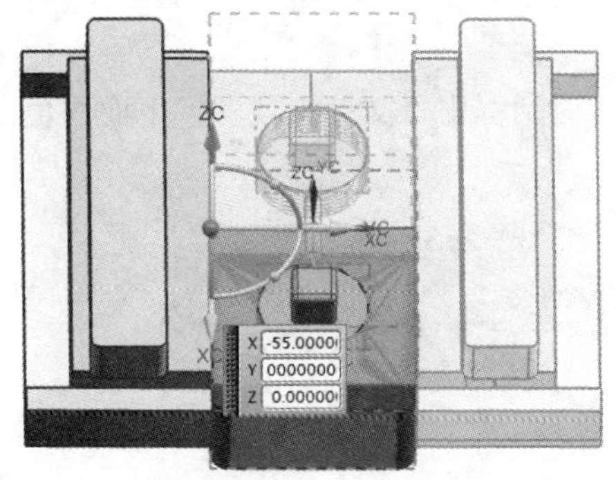

图 12-131　设置 X 坐标值

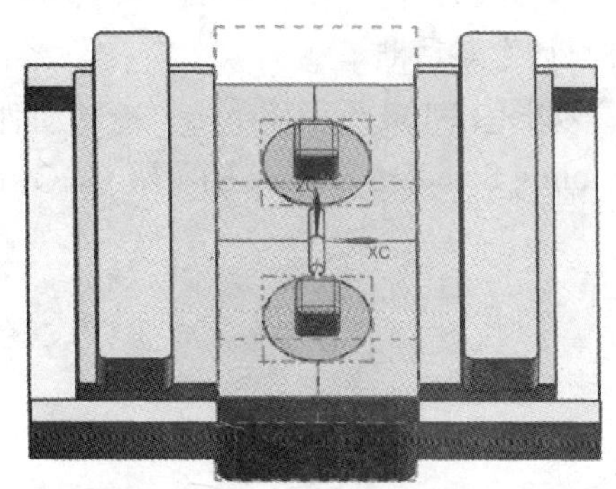

图 12-132　创建滑块

(8) 将模板显示出来，如图 12-133 所示，单击(腔体)按钮，弹出“腔体”对话框，“模式”列表框选择“减去材料”，“工具类型”列表框选择“实体”。

如图 12-134 所示，依次单击定模板和动模板作为需要修剪的“目标”。

如图 12-135 所示，单击滑块组件作为修剪所用的“刀具”。

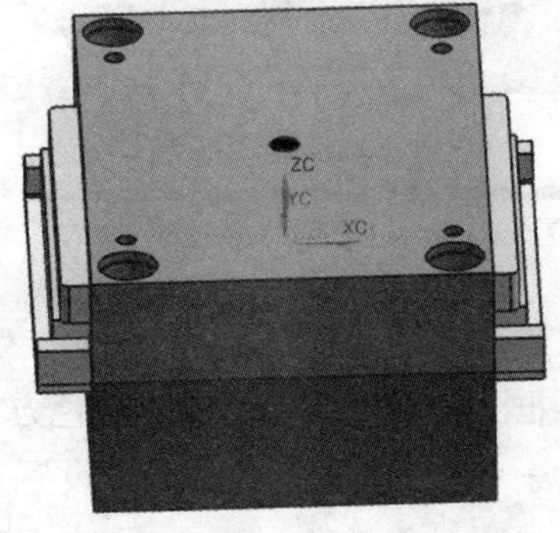

图 12-133　显示动模仁和动模板

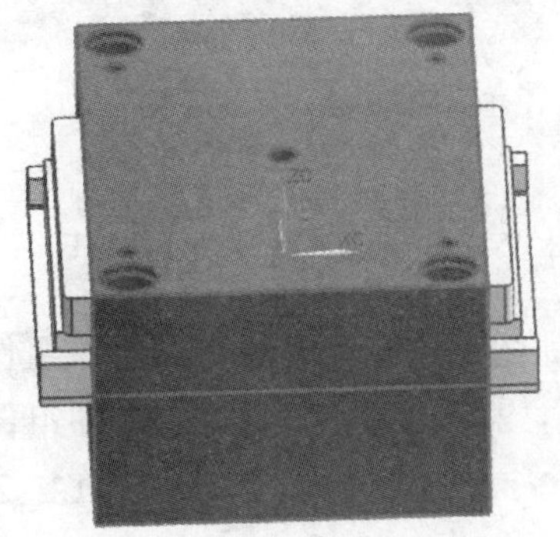

图 12-134　选中修剪目标

完成设置后单击<确定>按钮，完成避让腔体创建。隐藏滑块后得到如图 12-136 所示的动定模板视图。

图 12-135 选中修剪刀具

图 12-136 修剪结果

步骤 18：创建冷却系统及休整

(1) 单击如图 12-137 所示的“冷却工具”工具栏中的(冷却标准件库)按钮，弹出“冷却组件设计”对话框。

(2) 如图 12-138 所示，单击“冷却组件设计”对话框中“文件夹视图”下面白色方框内 MW Cooling Standard Library 的子级 COOLING。

图 12-137 “冷却工具”工具框

图 12-138 选中 COOLING

(3) “成员视图”下面白色方框内的内容会发生变化，如图 12-139 所示，单击 COOLING HOLE，会在窗口右侧出现一个名为“信息”的预览窗口，如图 12-140 所示。

图 12-139 选中 COOLING HOLE

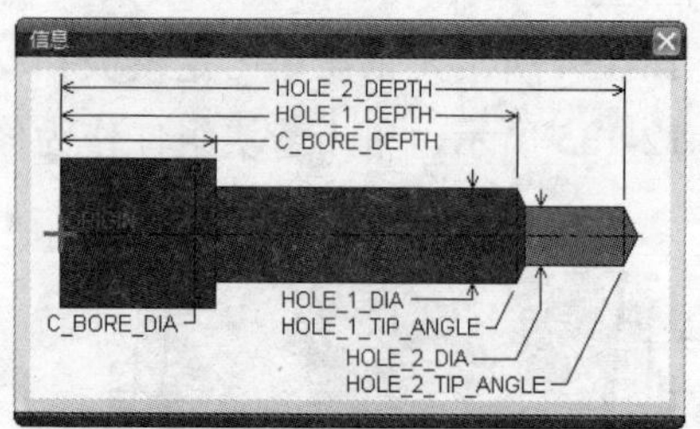

图 12-140 “信息”预览窗口

(4) 如图 12-141 所示，单击滑块组件的面为“放置”、“位置”。

如图 12-142 所示，设置“冷却组件设计”对话框下部的“详细信息”白色方框中的参数，HOLE_1_DIA 设置为 8，HOLE_2_DIA 设置为 8，HOLE_1_DEPTH 设置为 280，HOLE_2_DEPTH 设置为 280，其余默认设置。

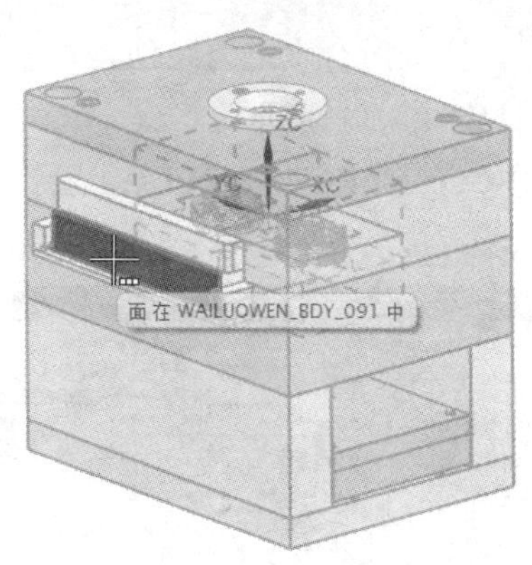

图 12-141　选择放置面

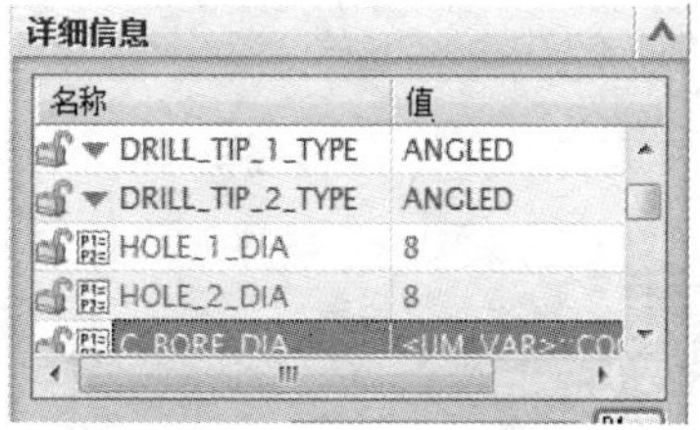

图 12-142　设置参数

(5) 单击应用按钮，弹出“标准件位置”对话框，如图 12-143 所示，设置“偏置”下面的“X 偏置”、“Y 偏置”分别为 98mm、-5mm。

单击确定按钮，创建冷却水道刀路实体，如图 12-144 所示。

图 12-143　“标准件位置”对话框

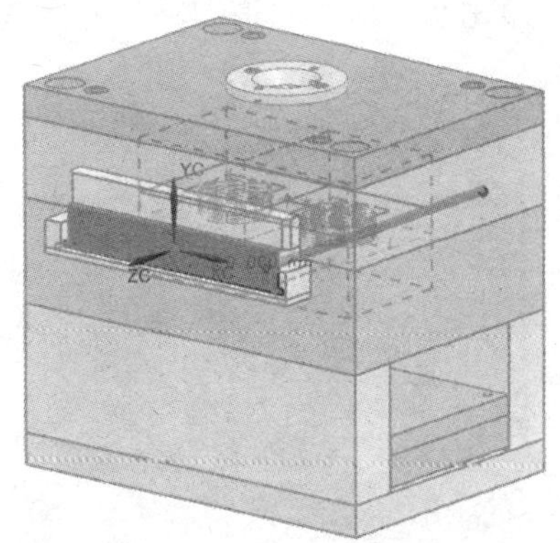

图 12-144　创建冷却水道刀路

同理，在相同面以(-98，-5)创建其余几条冷却水道刀路，如图 12-145 所示。

同样的方法，在相邻面上以(43，-5)、(-43，-5)坐标创建两条长为 340mm 的冷却水道刀路，如图 12-146 所示。

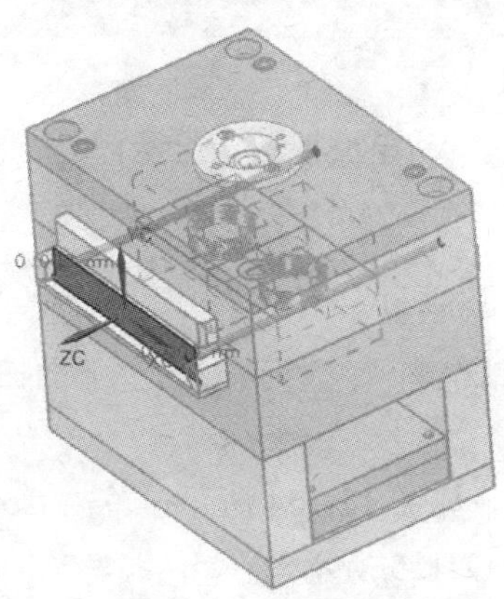

图 12-145　创建其余水道刀路

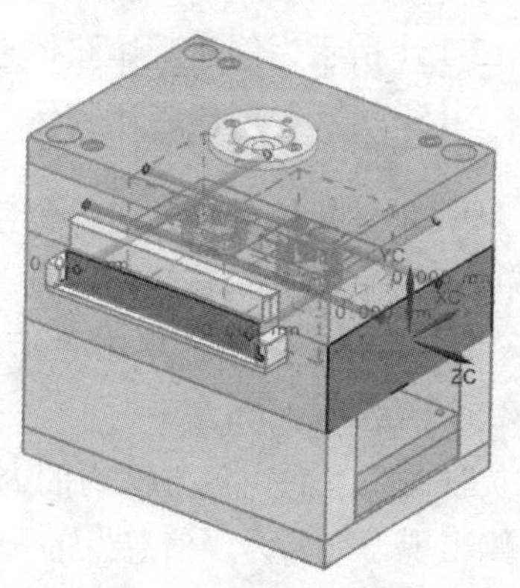

图 12-146　创建相邻面的两水道刀路

(6) 单击“冷却组件设计”对话框中的确定按钮，完成所有水道刀路创建。

(7) 单击(冷却标准件库)按钮，弹出“冷却组件设计”对话框。

(8) 如图 12-147 所示，单击“成员视图”下面的 CONNERCTOR PLUG，会在窗口右侧出现一个名为“信息”的预览窗口，如图 12-148 所示。

图 12-147　单击 CONNERCTOR PLUG

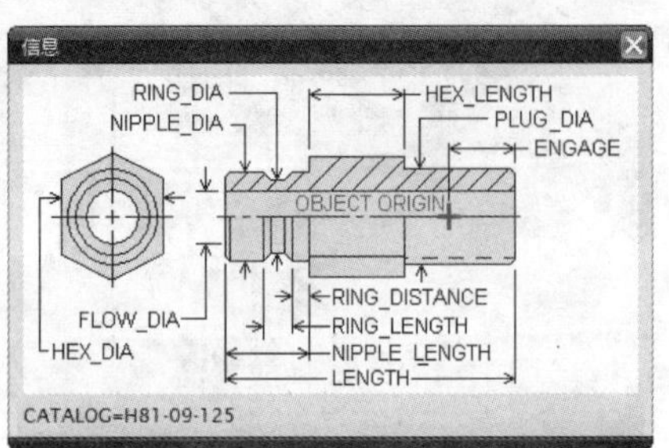

图 12-148　“信息”预览窗

(9) 使用默认设置，单击应用按钮，加载堵头如图 12-149 所示。

(10) 单击另一侧一水道刀路，并重复步骤(8)，加载堵头如图 12-150 所示。

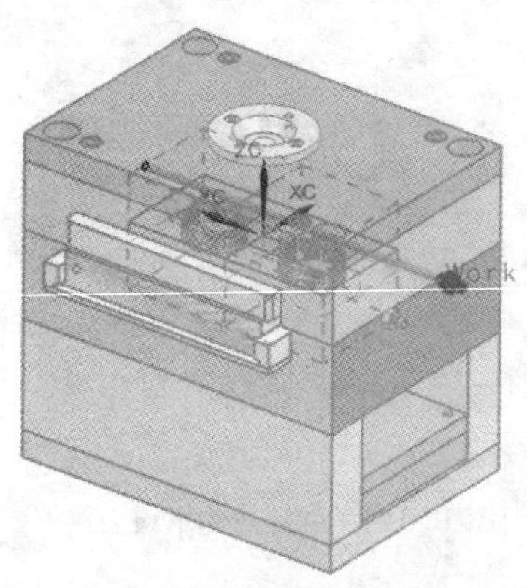

图 12-149　加载前两个堵头

图 12-150　加载剩余两个堵头

(11) 单击(腔体)按钮，使用创建避让腔的方法，以堵头和冷却水道刀路作为修剪刀具，以动模板、模仁、滑块组件作为修剪目标，创建避让腔。

如图 12-151 所示为创建避让腔体之后的模仁视图。

如图 12-152 所示为创建避让腔体之后的滑块视图。(动模板视图未显示)

步骤 19：创建复位杆，并进行修整

(1) 单击(标准件库)按钮，弹出“标准件管理”对话框。

(2) 如图 12-153 所示，单击“标准件管理”对话框中“文件夹视图”下面白色方框内 DME_MM 的子级 Ejection。

“成员视图”下面白色方框内的内容会发生变化，如图 12-154 所示，单击 Core Pin，会在窗口右侧出现一个名为“信息”的预览窗口，如图 12-155 所示。

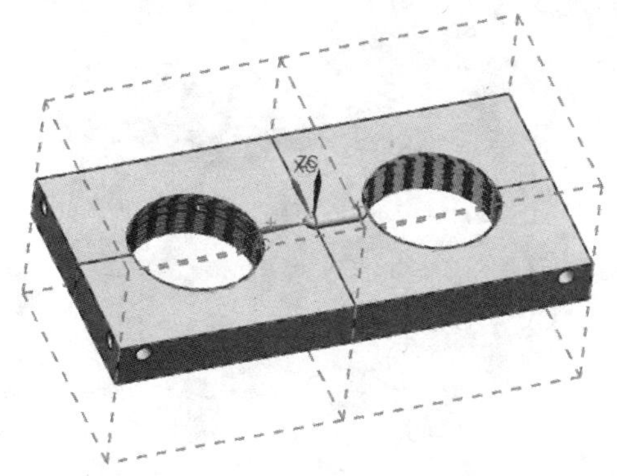

图 12-151　创建避让腔体后定模仁

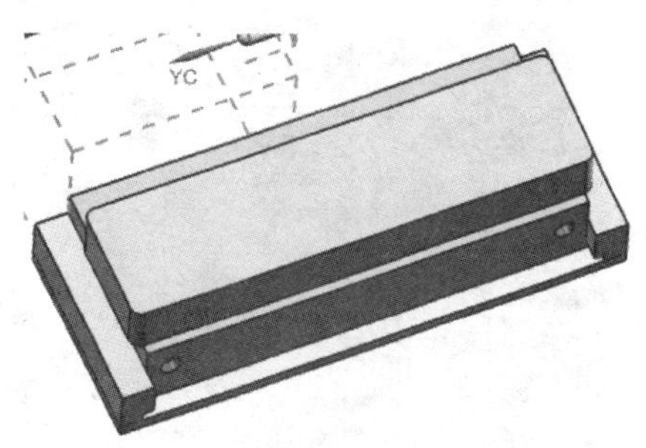

图 12-152　创建避让腔体后定模板

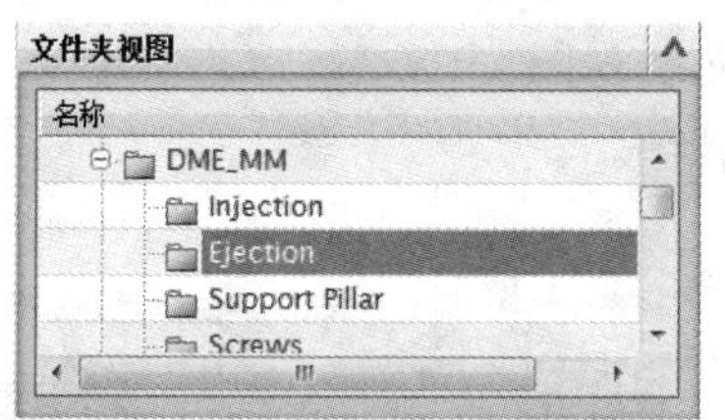

图 12-153　单击 Ejection

图 12-154　单击 Core Pin

(3) 如图 12-156 所示，设置“标准件管理”对话框下部的“详细信息”白色方框中的参数，CATALOG_DIA 设置为 6，CATALOG_LENGTH 设置为 162，其余默认设置；单击推杆固定板底面作为“放置”、“位置”。

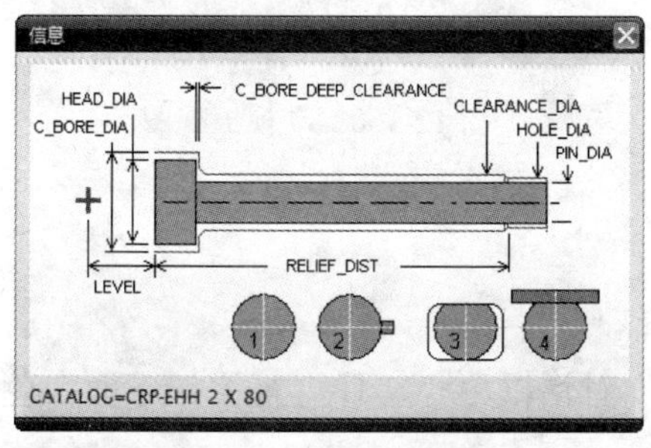

图 12-155　“信息”预览窗口

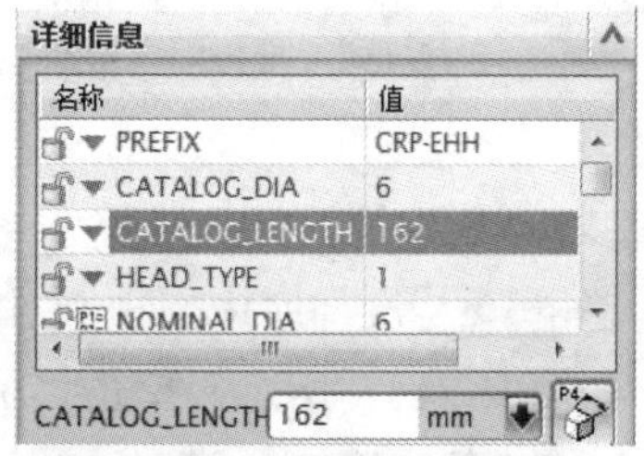

图 12-156　设置详细参数

(4) 单击“标准件管理”对话框中的应用按钮，弹出“标准件位置”对话框。

(5) “标准件位置”对话框“偏置”下面“X 偏置”设置为 67mm，“Y 偏置”设置为 133mm，单击确定按钮，创建首个复位杆，如图 12-157 所示。

(6) 同样，(X 偏置，Y 偏置)坐标组合分别设置为(-67，133)、(67，-133)、(-67，-133)，创建另三个复位杆，如图 12-158 所示。

(7) 单击(腔体)按钮，使用创建避让腔的方法，以 4 个复位杆作为修剪刀具，以推杆固定板和动模板作为修剪目标，创建避让腔。

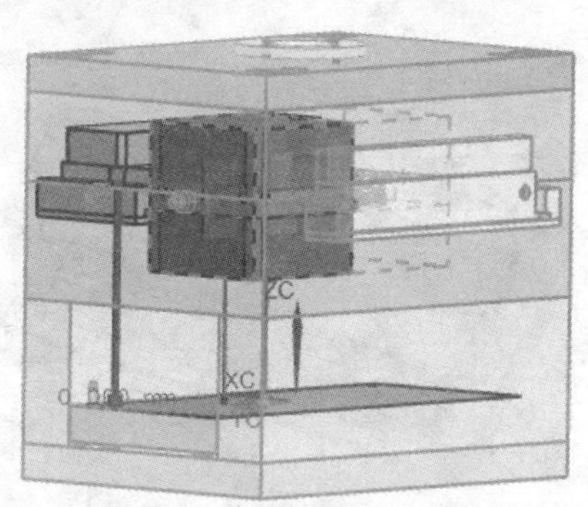
图 12-157　创建首个复位杆

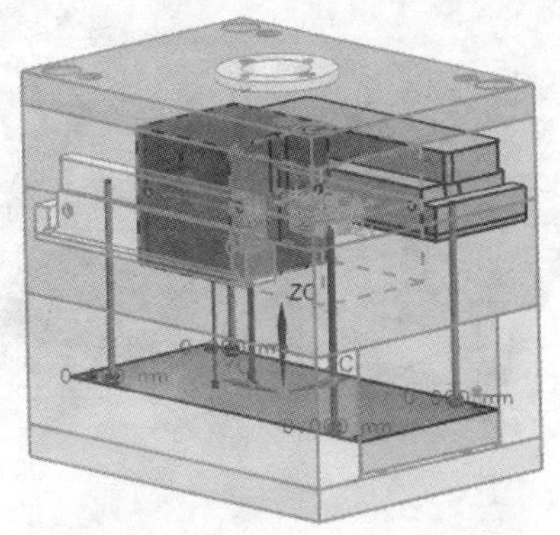
图 12-158　创建其余三个复位杆

如图 12-159 所示为创建避让腔体之后的推杆固定板视图。

如图 12-160 所示为创建避让腔体之后的动模板视图。

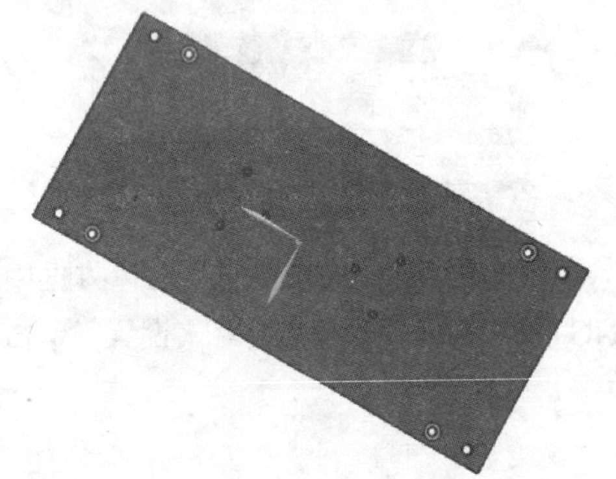
图 12-159　推杆固定板视图

图 12-160　动模板视图

步骤 20：创建拉料杆并修整

(1) 单击(标准件库)按钮，弹出“标准件管理”对话框。

(2) 如图 12-161 所示，单击“标准件管理”对话框中“文件夹视图”下面白色方框内 FUTABA_MM 的子级 Sprue Puller。

“成员视图”下面白色方框内的内容会发生变化，如图 12-162 所示，单击 Sprue Puller [M-RLA]，会在窗口右侧出现一个名为“信息”的预览窗口，如图 12-163 所示。

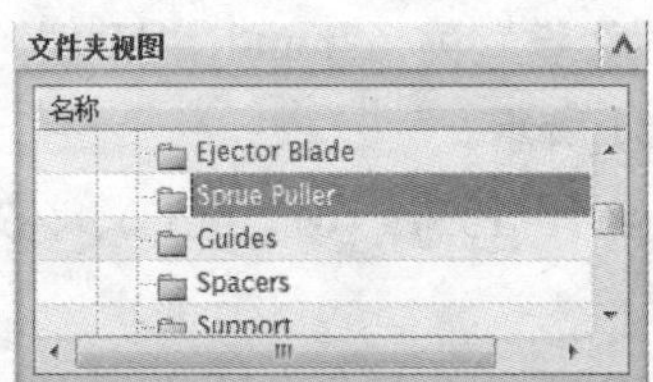

图 12-161　单击 Sprue Puller

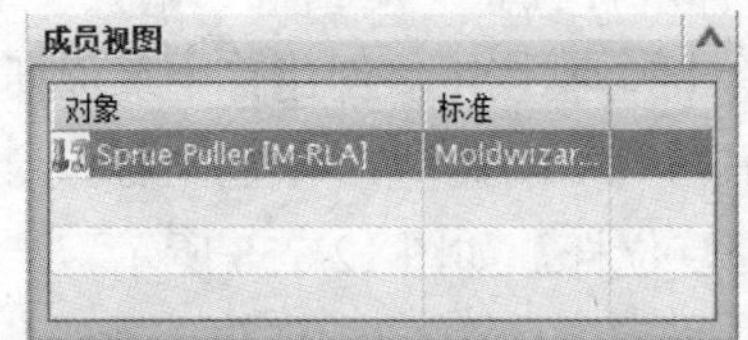

图 12-162　单击 Sprue Puller [M-RLA]

(3) 如图 12-164 所示，设置“标准件管理”对话框下部的“详细信息”白色方框中的参数，CATALOG_LENGTH 设置为 152，其余默认设置。

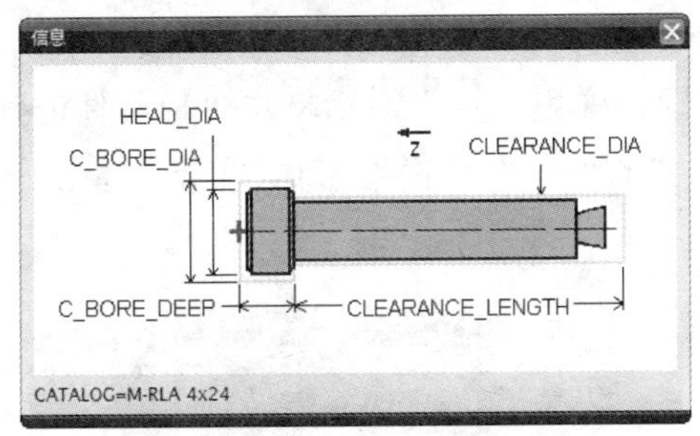

图 12-163　“信息”预览窗口

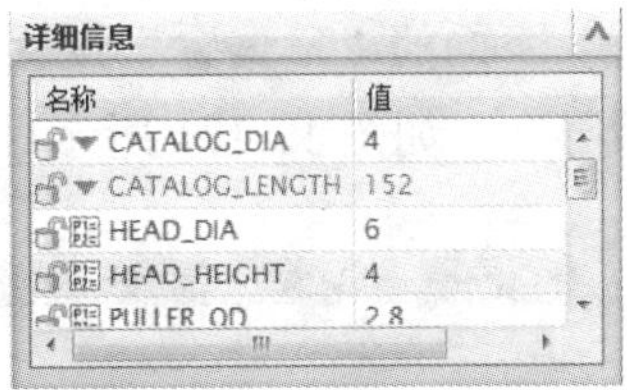

图 12-164　设置详细参数

(4) 单击拆分模仁最上平面作为“放置”、“位置”，然后单击对话框中的应用按钮，弹出“标准件位置”对话框，使用默认设置，单击确定按钮，创建推料杆，如图 12-165 所示。

(5) 单击(腔体)按钮，使用创建避让腔的方法，以拉料杆修剪框作为修剪刀具，以推杆固定板、动模板和模仁作为修剪目标，创建避让腔体，如图 12-166 所示。

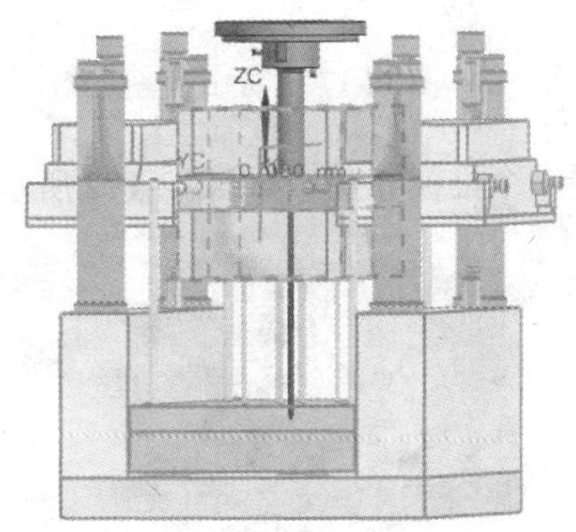

图 12-165　创建推料杆

图 12-166　创建避让腔体

步骤 21：创建推板导柱导套，并修整

(1) 单击(标准件库)按钮，弹出“标准件管理”对话框。

(2) 如图 12-167 所示，单击“标准件管理”对话框中“文件夹视图”下面白色方框内 DME_MM 的子级 Dowels。

“成员视图”下面白色方框内的内容会发生变化，如图 12-168 所示，单击 Centering Bushing(R05)，会在窗口右侧出现一个名为“信息”的预览窗口，如图 12-169 所示。

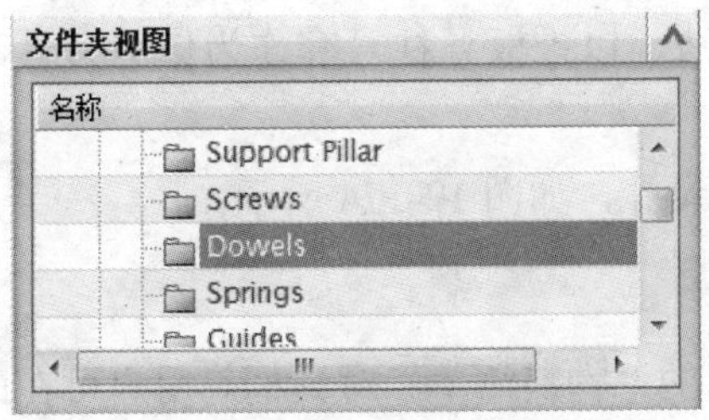

图 12-167　单击 Dowels

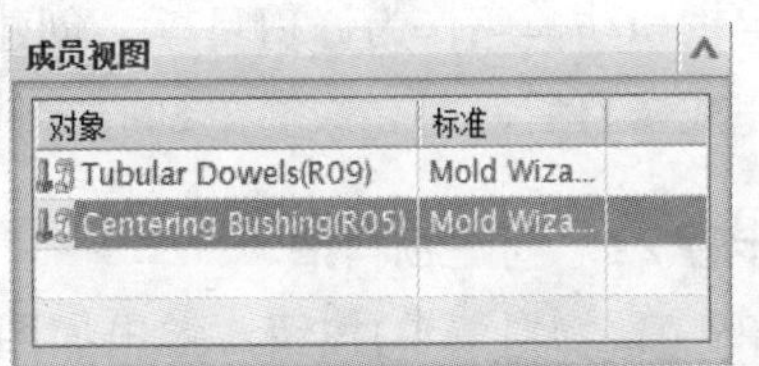

图 12-168　单击 Centering Bushing(R05)

(3) “标准件管理”对话框下部的“详细信息”白色方框中的参数默认设置。

(4) 单击如图 12-170 所示的推杆固定板下底面作为“放置”、“位置”。

单击“标准件管理”对话框中的应用按钮，弹出“点”对话框；“标准件位置”对话框“偏置”下面的“X 偏置”设置为 55mm，“Y 偏置”设置为 120，单击确定按钮，创建首个推板导套，如图 12-171 所示。

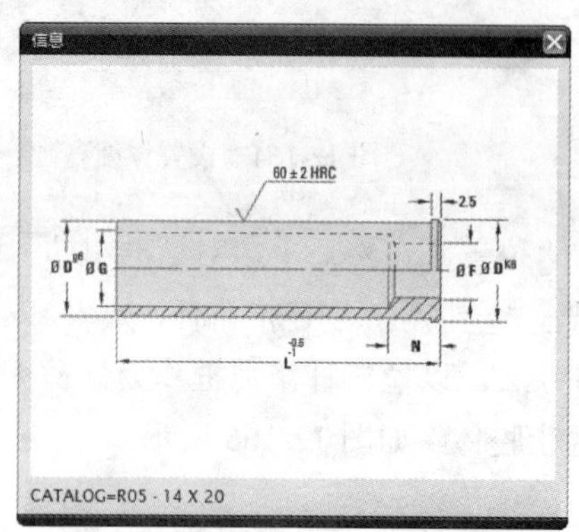

图 12-169 “信息”预览窗口

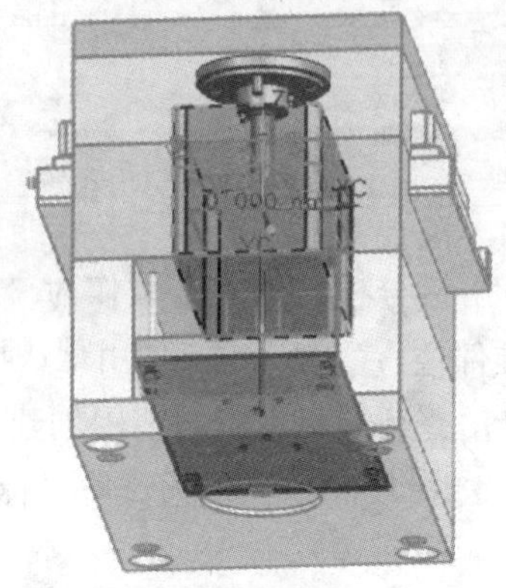

图 12-170 选中参考位置

(5) (X 偏置，Y 偏置)坐标为(-55，-120)创建另一个推板导套，如图 12-172 所示。

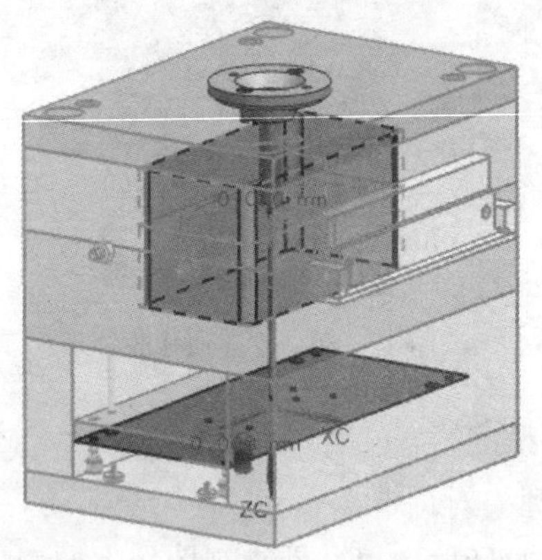

图 12-171 创建首个推板导套

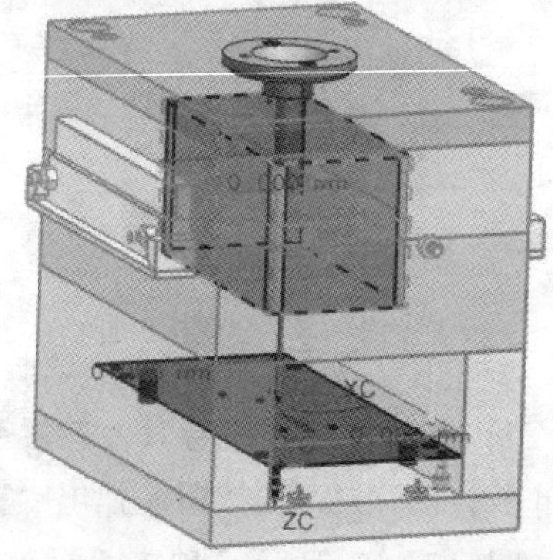

图 12-172 创建第 2 个推板导套

(6) 同样，单击“成员视图”下面白色方框 Tubular Dowels(R09)，在推板导套位置创建推板导柱，如图 12-173 所示。(以下模座上平面作为参考平面)

(7) 单击(腔体)按钮，使用创建避让腔的方法，以推板导柱导套作为修剪刀具，以推杆固定板和动模座作为修剪目标，创建避让腔。

完成修整后，即完成简单抽壳零件的注塑模具设计，如图 12-174 所示。

步骤 22：创建物料清单

单击(物料清单)按钮，弹出如图 12-175 所示的“物料清单”对话框。用户可在此对话框中查看物料“描述”、“类别/大小”、“材料”、“供应商”及“坯料尺寸”等内容。亦可通过单击视图中的零件，来确定物料类型。

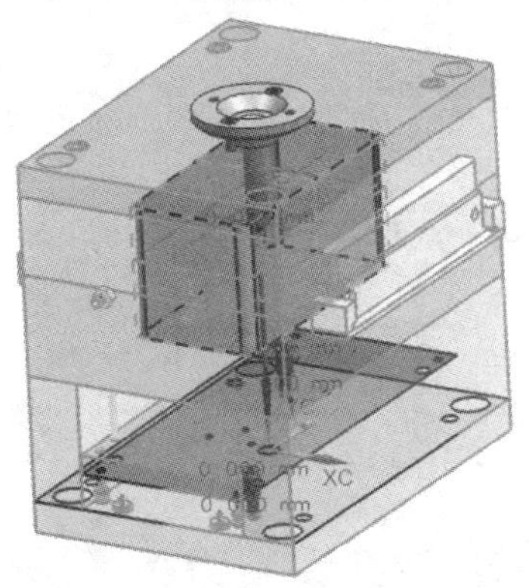

图 12-173　创建两个推板导柱

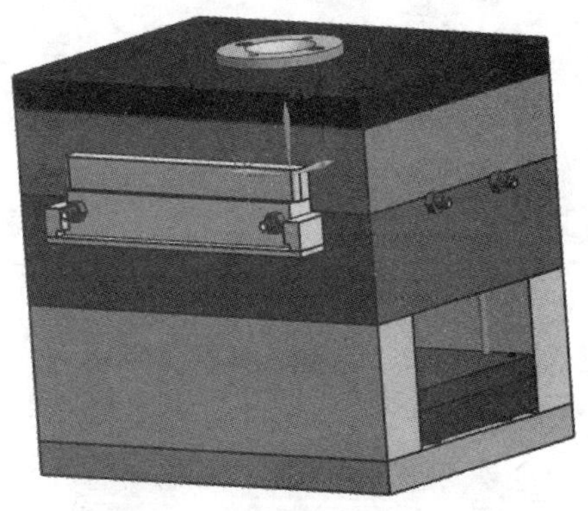

图 12-174　完成注塑模具设计

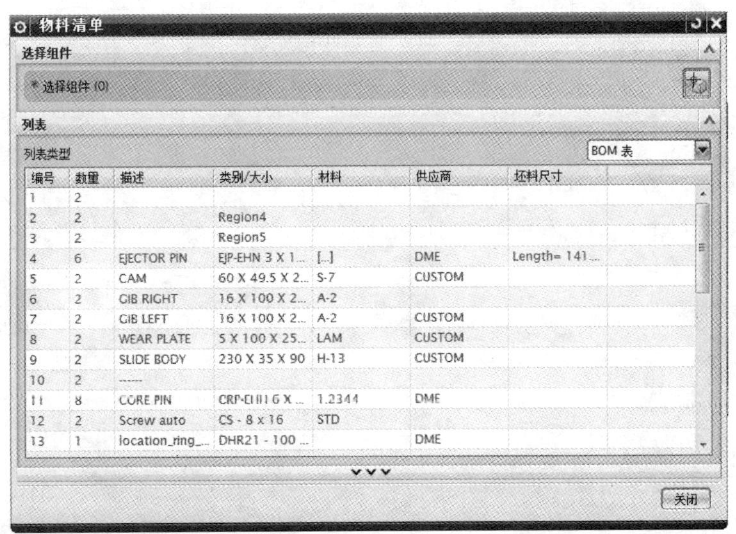

编号	数量	描述	类别/大小	材料	供应商	坯料尺寸
1	2					
2	2		Region4			
3	2		Region5			
4	6	EJECTOR PIN	EJP-EHN 3 X 1...	[...]	DME	Length= 141...
5	2	CAM	60 X 49.5 X 2...	S-7	CUSTOM	
6	2	GIB RIGHT	16 X 100 X 2...	A-2		
7	2	GIB LEFT	16 X 100 X 2...	A-2	CUSTOM	
8	2	WEAR PLATE	5 X 100 X 25...	LAM	CUSTOM	
9	2	SLIDE BODY	230 X 35 X 90	H-13	CUSTOM	
10	2	------				
11	8	CORE PIN	CRP-EH11.6 X ...	1.2344	DME	
12	2	Screw auto	CS - 8 x 16	STD		
13	1	location_ring_...	DHR21 - 100 ...		DME	

图 12-175　“物料清单”对话框

帮助

为避免出现标准件、浇注系统及冷却系统干涉，本章模型的注塑模设计并未按照前面章节顺序依次进行，后面的皆同。

12.6　本章小结

通过对外螺纹件的模具设计，希望用户掌握使用注塑模向导模块进行外螺纹件的注塑模具设计，特别是对外螺纹件、内螺纹件的注塑方法区别。请用户自行查找注塑资料，参考本书的操作方法完成内螺纹件的设计。

第 13 章

异形块模型注塑模具设计

本章介绍了使用 NX 9 对某一异形块模型进行注塑模具设计的操作过程。此过程包括动定模仁创建、孔补片、模架加载、滑块及滑块头设计、标准件和冷却系统创建等。

学习目标

通过学习本章，掌握对异形块零件进行模具设计的全过程，特别需要注意对开模方向重新定位的操作过程，同时注意浇注系统创建及滑块修改创建的过程。

如图 13-1 所示为一异形块模型的三维视图，如图 13-2 所示为完成设计后的注塑模具。

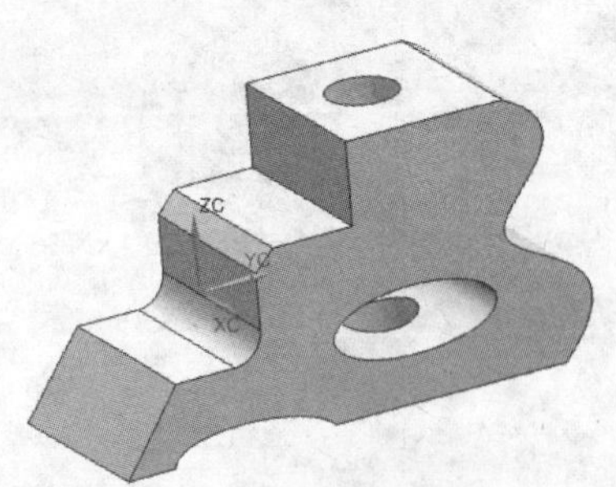
图 13-1　异形块模型

图 13-2　完成设计的注塑模具

初始文件	\光盘文件\NX 9\Char13\yxk-1.prt
结果文件路径	\光盘文件\NX 9\Char13\zhusu\
视频文件	\光盘文件\视频文件\Char13\第 13 章.Avi

13.1　开模方向更改及初始化项目

步骤 1 至步骤 4 介绍了模具设计初始化过程，本过程包括重定位开模方向、初始化项目、模型重新定位、收缩率检查及工件加载等操作过程。

步骤 1：重定位开模方向，初始化项目

(1) 根据起始文件路径打开 yxk.prt 文件。(用户使用 yxk-1.prt 进行练习)

(2) 经过审视零件模型可知，简易设计本模型的注塑模需改变其开模方向。

打开“建模”模块，选择“菜单”→“编辑”→“移动对象”命令弹出“移动对象”对话框，单击零件模型作为“对象”，旋转坐标系后得到模型的方向如图 13-3 所示。

单击<确定>按钮，完成旋转操作，此时开模方向得到重新定位。

(3) 单击(初始化项目)按钮，弹出“初始化项目”对话框。根据前面进行初始化设置的方法加载 yxk.prt 文件，在“F 盘”创建英文路径文件夹并设置为其路径，设置模型材料为 ABS。单击<确定>按钮，进行项目初始化操作。

步骤 2：模型重新定位

(1) 单击(模具 CSYS)按钮，弹出“模具 CSYS”对话框，可以看到系统提供了“当前 WCS”、“产品实体中心”、“选定面的中心”三种对坐标轴重新定位的方式。

提供了“锁定 X 位置”、“锁定 Y 位置”、“锁定 Z 位置”三种不同方向上的位置锁定方式。

(2) 如图 13-4 所示，选中“选定面的中心”并取消选中“锁定 Z 位置”选项，单击如图 13-5 所示模型的顶面作为“选择对象”。

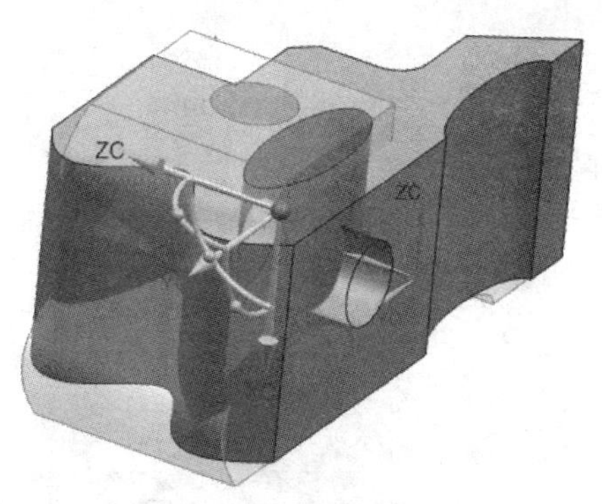

图 13-3　改变坐标系方向

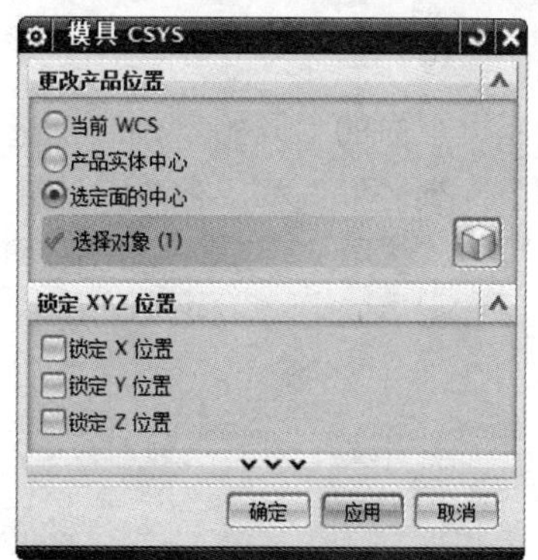

图 13-4　“模具 CSYS”对话框

(3) 单击“模具 CSYS”对话框中的确定按钮，即可完成模型重新定位操作。

(4) 选择“全部保存”命令，保存所有操作。

提示

本模型的坐标轴原就在底面的中心位置，所以本模型也可选中“当前 WCS”定位坐标轴。

步骤 3：收缩率检查

(1) 单击(收缩率)按钮，弹出如图 13-6 所示的“缩放体”对话框。

图 13-5　单击模型顶面

图 13-6　“缩放体”对话框

(2) 由“缩放体”对话框中可以看出，“比例因子”为 1.006，与 ABS 材料的收缩率相同，因此不用改变，单击确定按钮，完成操作。

步骤 4：工件加载

(1) 单击(工件)按钮后，会出现一段短暂的工件加载时间，过后会加载预览工件，如图 13-7 所示，并弹出“工件”对话框。

(2) 如图 13-8 所示，在“工件”对话框中，“类型”列表框选择“产品工件”，“工件方法”列表框选择“用户定义的块”，选择自动创建的长为 150mm、宽为 105mm 的矩形四

边作为截面曲线。

“限制”下面的“开始”列表框选择“值”，“距离”设置为-65mm。

“结束”列表框选择“值”，“距离”设置为 25mm。

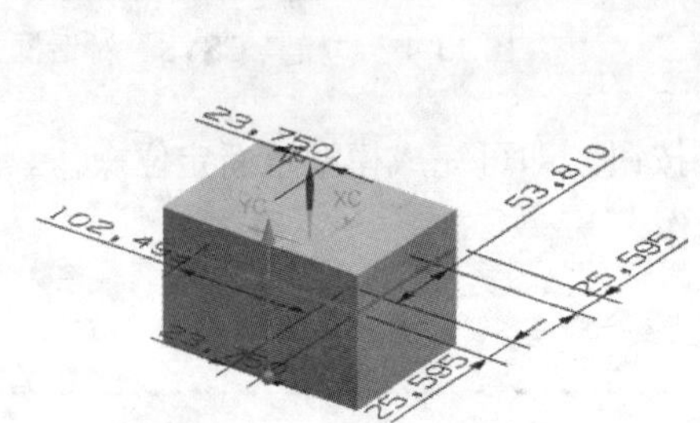

图 13-7　预加载工件

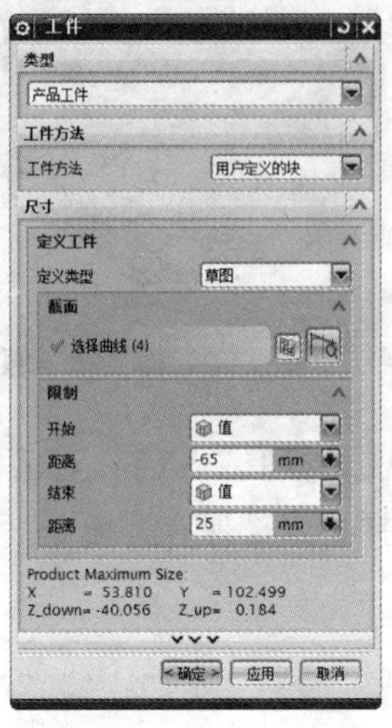

图 13-8　“工件”对话框

(3) 一般默认设置即为步骤(2)所示数据，否则，请更改数据。

单击< 确定 >按钮，完成工件加载，如图 13-9 所示。

13.2　模具分型操作

步骤 5 至步骤 10 介绍了模具分型设计过程，本过程包括型芯\型腔区域检查、定义区域、分型面设计及型芯\型腔创建等操作过程。

步骤 5：进入模具分型窗口

(1) 在“注塑模向导”选项卡中，单击如图 13-10 所示的“分型刀具”工具栏中的(分型导航器)按钮，即可切入 yxk_parting_***.prt 文件窗口。如图 13-11 所示为切入本文件窗口后的模型零件图，外边框代替工件模型轮廓。

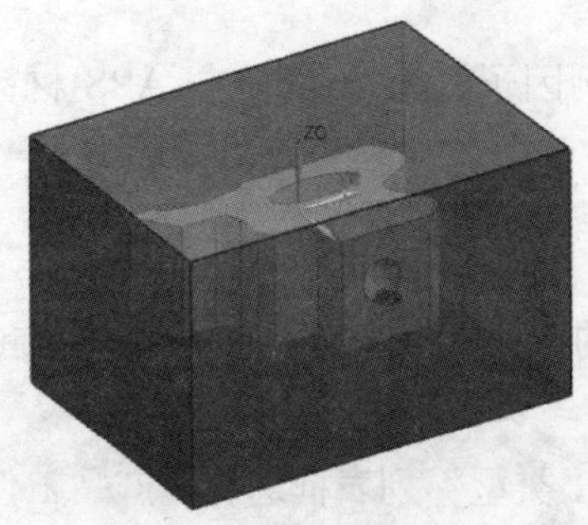

图 13-9　完成工件加载

图 13-10　“分型刀具”工具栏

(2) 切入文件窗口的同时，弹出如图 13-12 所示的“分型导航器”窗口。

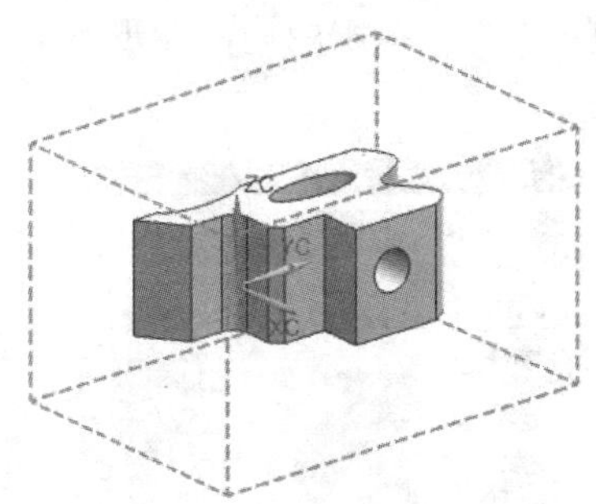

图 13-11　模型零件图

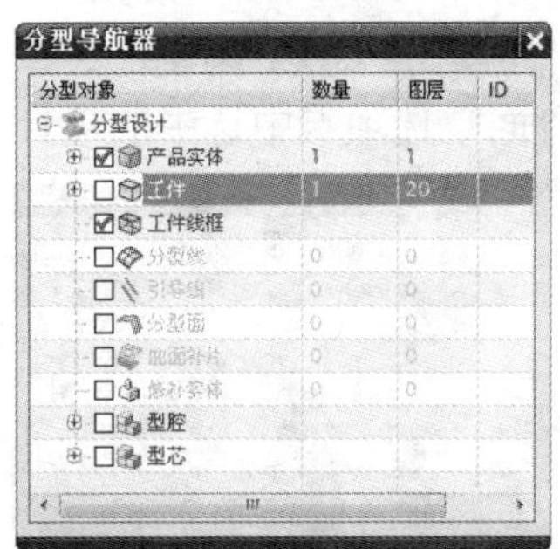

图 13-12　“分型导航器”窗口

(3) 用户可使用“分型导航器”将产品实体、工件、工件线框、分型线、型芯、型腔等进行隐藏\显示操作。例如，如图 13-13 所示选中“工件”左侧的白色方框，可以如图 13-14 所示将工件显示出来。

图 13-13　选中“分型导航器”内工件

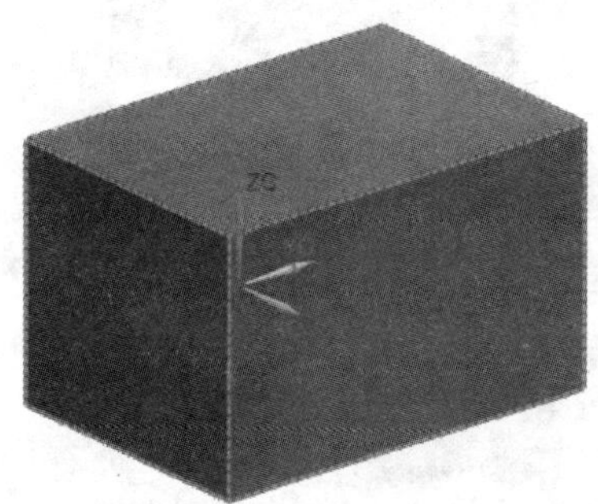

图 13-14　显示工件

用户可以单击(分型导航器)按钮，打开\关闭“分型导航器”窗口。

步骤 6：检查区域

(1) 单击(检查区域)按钮，弹出“检查区域”对话框。

(2) 单击模型作为“选择产品实体”，单击“指定脱模方向”右侧的按钮的下拉箭头选择 ZC 方向，选中“选项”下面“保持现有的”选项，完成设置后的“计算”选项卡如图 13-15 所示。

(3) 单击(计算)按钮，进行计算。

(4) 完成计算后单击选项卡区域中的“面”，切入“面”选项卡，如图 13-16 所示。

(5) 用户可以在“面”选项卡下看到，通过计算得到 17 个面，其中拔模角度≥3.00 的面有 1 个，拔模角度＝0.00 的面有 13 个，-3.00＜拔模角度＜0 的面有 1 个。

提示

此处通过计算显示出的 17 个面中，还包括了两个交叉面或底切区域(在本例中交叉面同底切区域为相同的面)。

用户可以选中前面的方框在实体上预览这些面。

例如，如图 13-17 所示，选中“竖直＝0.00”左侧的方框，在窗口内的图形则会如图 13-18 所示对应“面”选项卡中选中的项目并红色高亮显示。

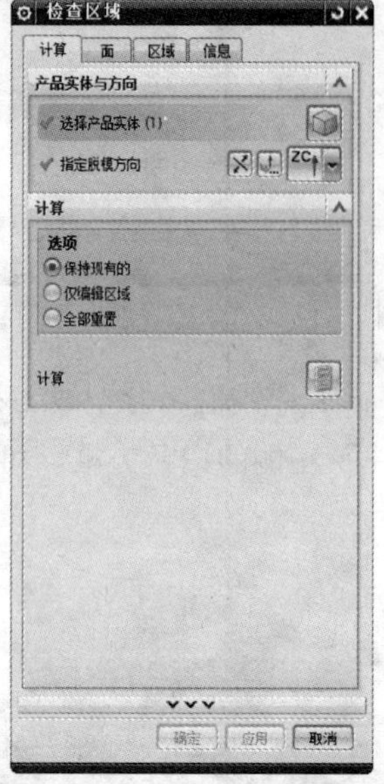

图 13-15　“计算”选项卡

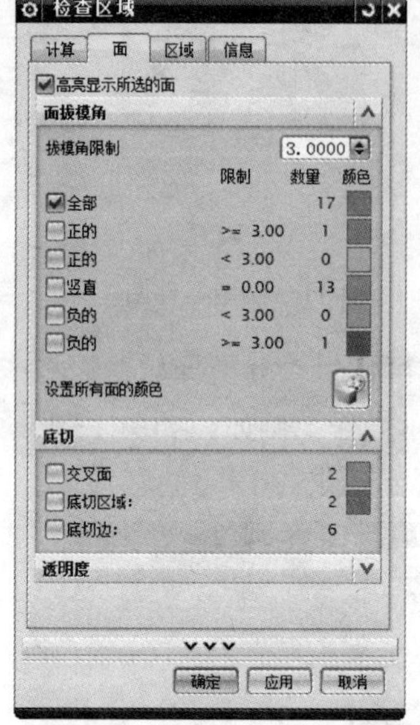

图 13-16　“面”选项卡

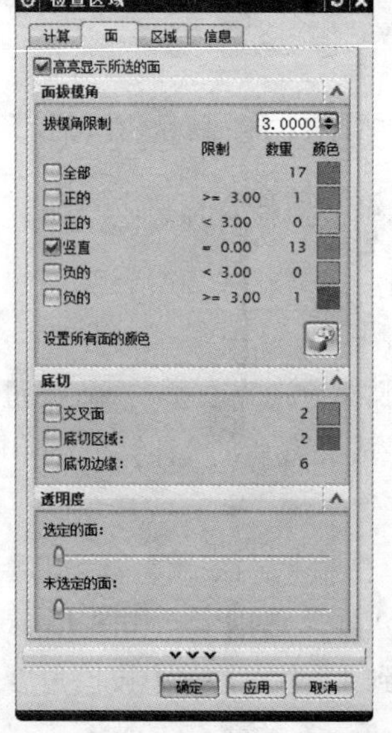

图 13-17　“面”选项卡设置

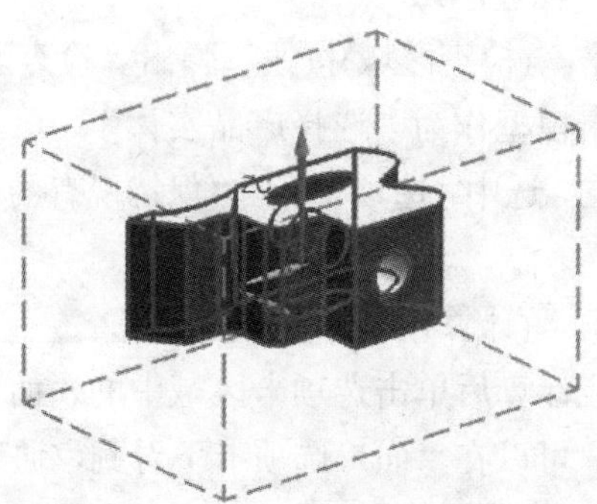

图 13-18　窗口图形显示

(6) 完成检查后，单击选项卡区域中的“区域”，切入“区域”选项卡。

(7) 在此选项卡中可以看到，“型腔区域”被定义了 1 个面，“型芯区域”被定义了 1 个面，还有 15 个面属于“未定义的区域”。

如图 13-19 所示，选中“交叉竖直面”选项，即可将如图 13-20 所示未定义的 13 个面在窗口模型中选中。

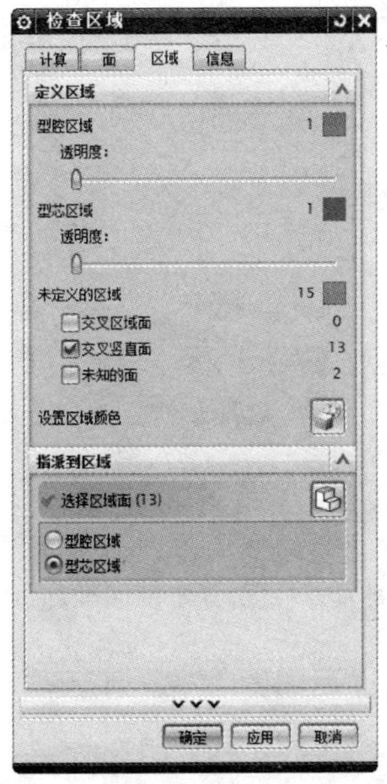

图 13-19　“区域”选项卡

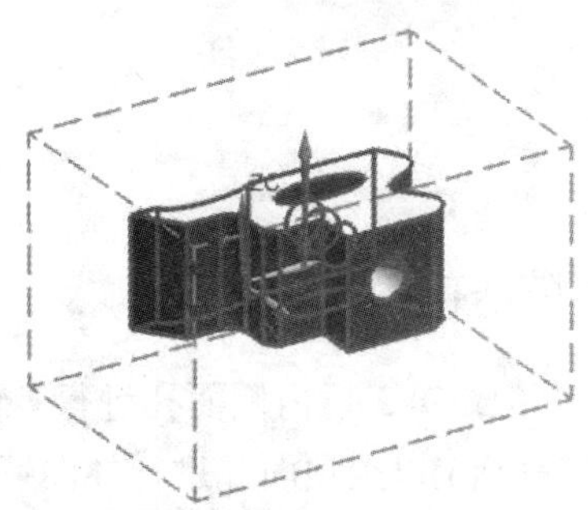

图 13-20　选中“交叉竖直面”

(8) 设置完成后，单击应用按钮，即可将选定面重新定义进型芯区域。

(9) 单击< 确定 >按钮，完成“检查区域”操作。

步骤 7：曲面补片及定义区域

(1) 单击(曲面补片)按钮，弹出“边缘修补”对话框。

(2) “边缘修补”对话框中“环选择”下面的“类型”列表框选择“面”，完成设置后如图 13-21 所示单击曲面，如图 13-22 所示为完成曲面选择后的“边缘修补”对话框。

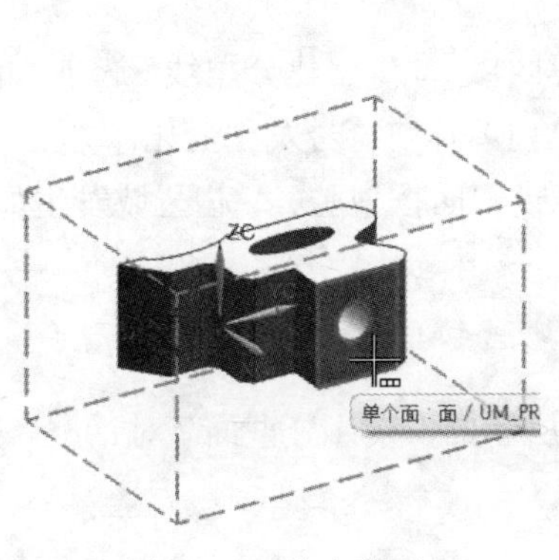

图 13-21　选中曲面

图 13-22　“边缘修补”对话框

(3) 单击“应用”按钮完成选中曲面的补片操作，如图 13-23 所示。

(4) 重复步骤(2)(3)，完成另一个孔的补片，如图 13-24 所示。(为好辨别，指派补片为较深的颜色)

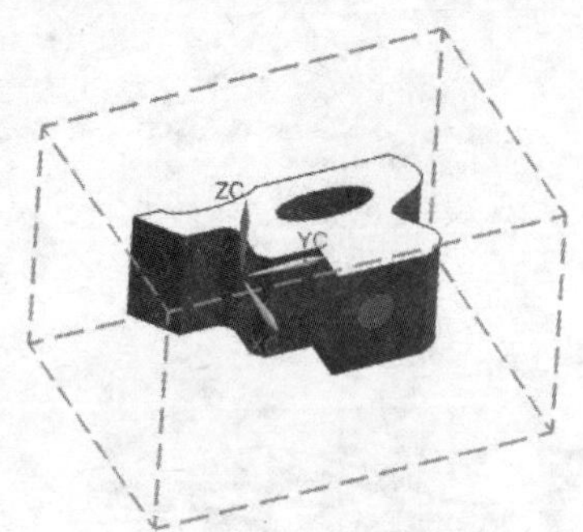

图 13-23　首个曲面补片

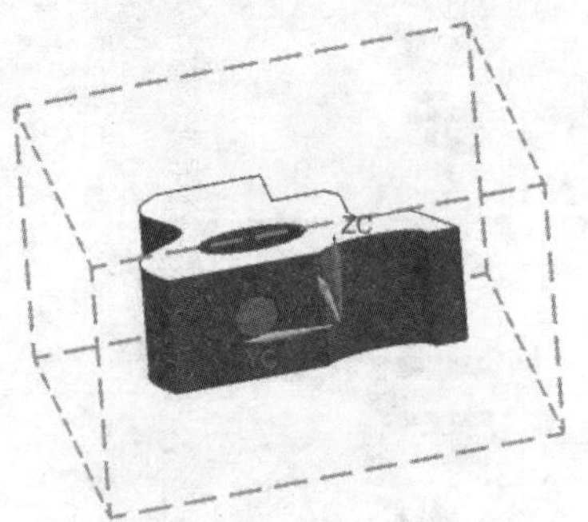

图 13-24　第二个曲面补片

(5) 参考步骤(2)(3)以内侧面孔进行补面操作，进行补面后如图 13-25 所示。

参考步骤(2)(3)以上顶面孔进行补面操作，进行补面后如图 13-26 所示。

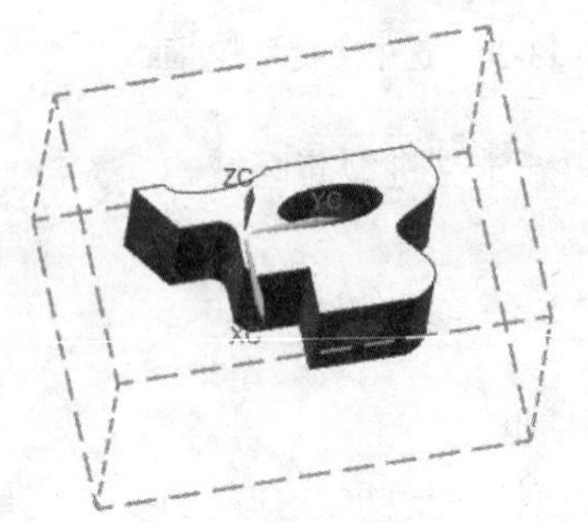

图 13-25　选择孔所在面

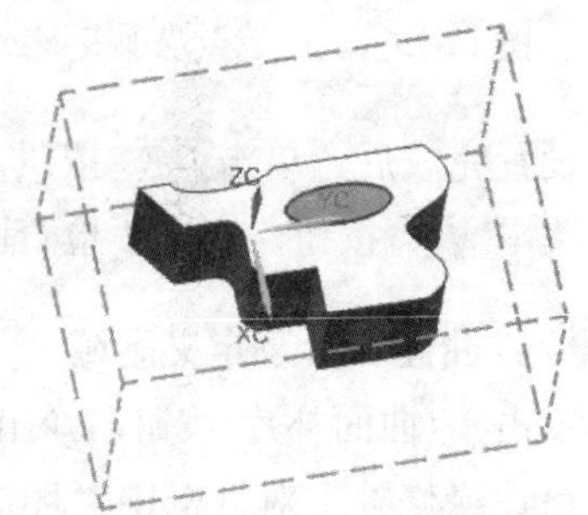

图 13-26　完成补面操作

(6) 单击(定义区域)按钮，弹出“定义区域”对话框。

用户可在此对话框中看到。模型共 17 个面，“未定义的面”、“型腔区域”、“型芯区域”各占 2、1、14 个面。用户可单击“定义区域”下面的方框内的名称进行检查，检查是否按照用户的意愿进行分区，并可对其进行修改。

(7) 完成检查后，依次选中“设置”下面的“创建区域”、“创建分型线”选项，单击应用按钮，如图 13-27 所示，“定义区域”下面白色方框内名称前符号发生变化。

(8) 单击< 确定 >按钮，并旋转窗口内模型，可发现模型面按型腔、型芯区域发生如图 13-28 所示颜色变化。

步骤 8：设计分型面

(1) 单击(设计分型面)按钮，弹出如图 13-29 所示的“设计分型面”对话框，并参考分型线自动创建分型面，如图 13-30 所示。

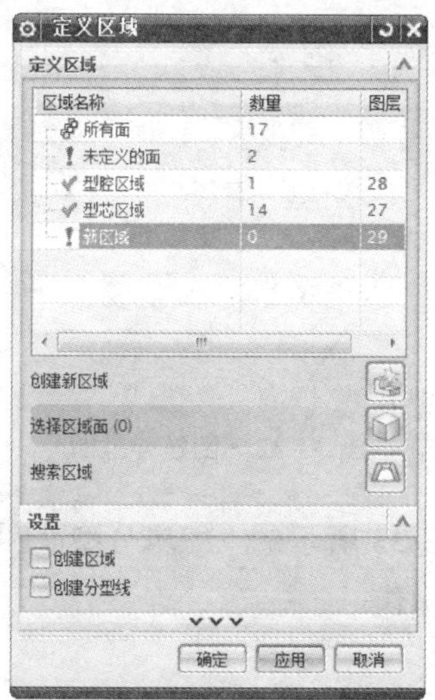

图 13-27　“定义区域”对话框

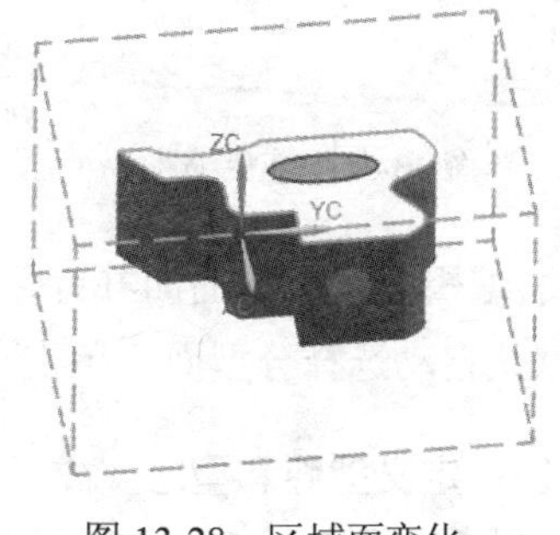

图 13-28　区域面变化

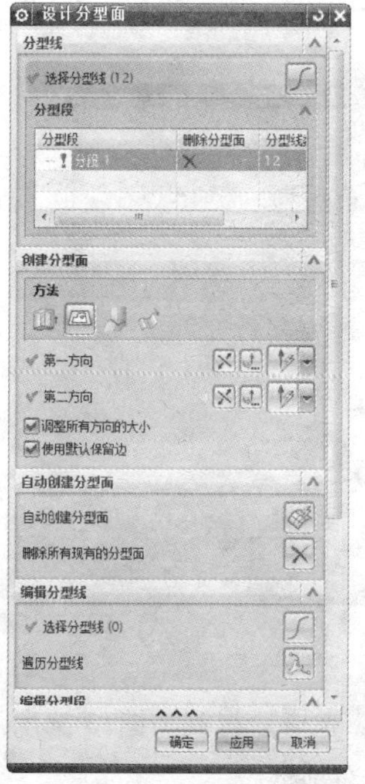

图 13-29　“设计分型面”对话框

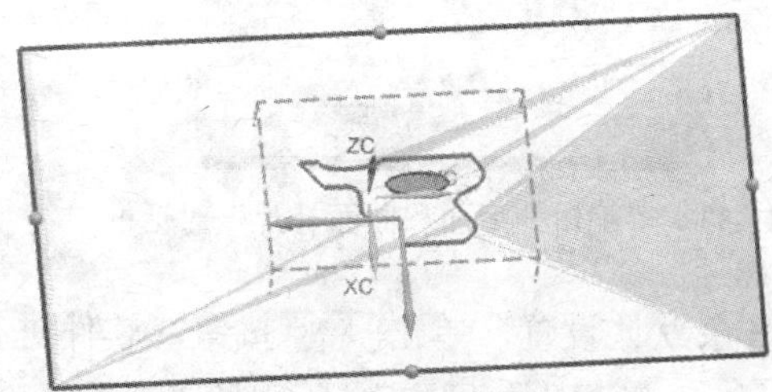

图 13-30　自动创建分型面

(2) 用户可发现，分型面的面积过大，需要将分型面缩小。

如图 13-31 所示，使用鼠标单击分型面边界上的 4 点的任意一点，向内拖曳，使分型面缩小，单击“确定”按钮，完成分型面创建，如图 13-32 所示。

步骤 9：编辑分型面和曲面补片

用户使用“编辑分型面和曲面补片”命令，可选择现有片体以在分型部件中对开放区域进行补片，或取消选择片体以删除分型或补片的片体。

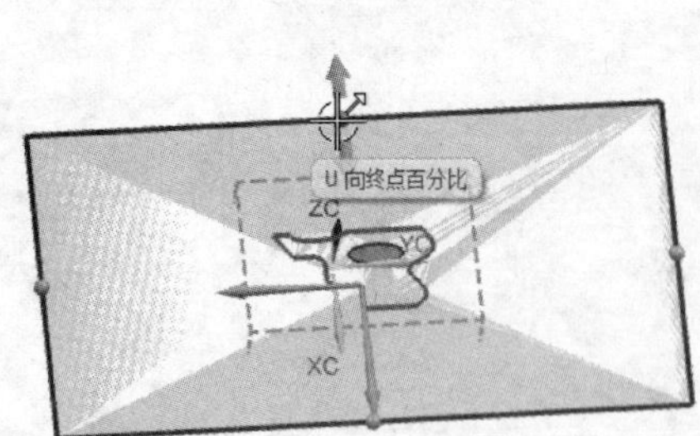

图 13-31　拖曳缩小分型面

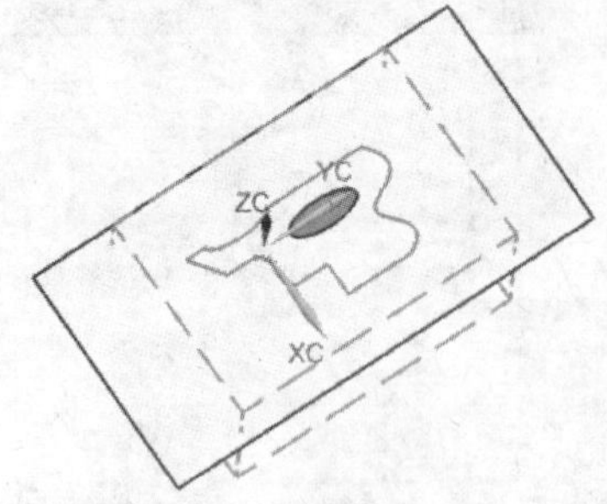

图 13-32　创建分型面

单击(编辑分型面和曲面补片)按钮，弹出如图 13-33 所示的“编辑分型面和曲面补片”对话框，默认自动选择分型面，单击<确定>按钮，完成操作。

步骤 10：定义型腔和型芯

(1) 单击(定义型腔和型芯)按钮，弹出“定义型腔和型芯”对话框。

(2) 如图13-34所示，选中“选择片体”下面白色方框中的“型腔区域”，如图13-35所示会自动选中模型的型腔面片体和分型面片体。

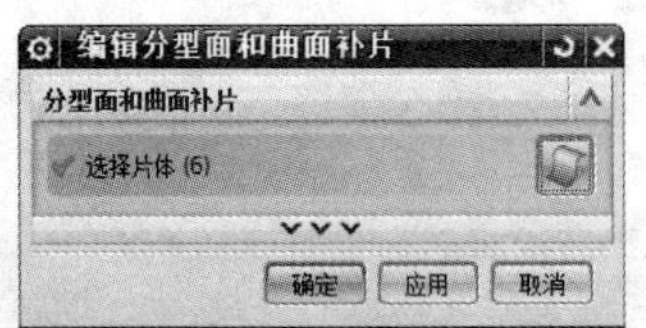

图 13-33　“编辑分型面和曲面补片”对话框

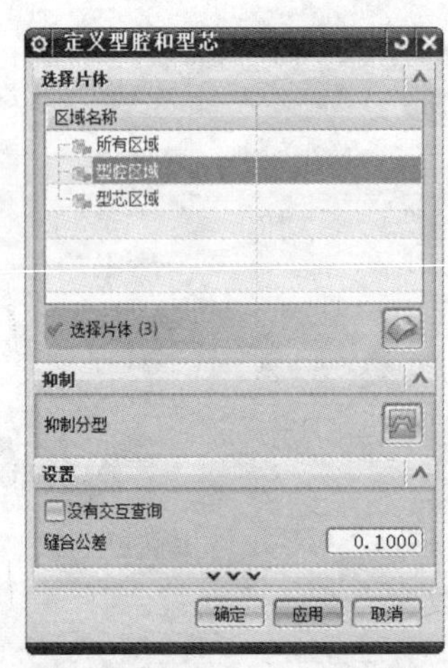

图 13-34　单击“型腔区域”

(3) 其余默认设置，单击应用按钮，软件进行计算，完毕后得到如图13-36所示的型腔模仁(定模仁)，并弹出如图13-37所示的“查看分型结果”对话框。

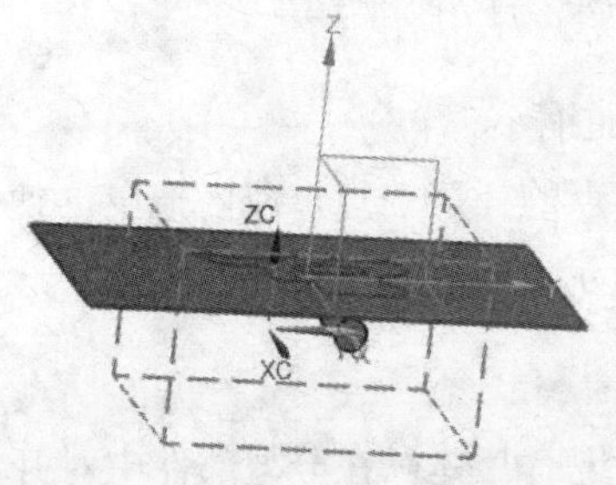

图 13-35　选中型腔区域示意

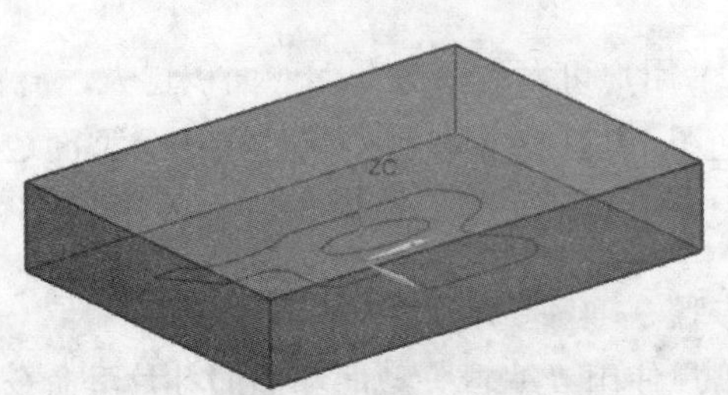

图 13-36　创建定模仁

(4) 直接单击“查看分型结果”对话框中的确定按钮，完成型腔区域定义操作，并返回至“定义型腔和型芯”对话框。

此时可以发现白色方框内“型腔区域”前面的符号变为✔，选择片体的数量由操作前的 3 变为现在的 1，说明型腔面片体同分型面片体缝合为一个片体。

(5) 重复操作，选中“选择片体”下面白色方框中的“型芯区域”，选中型芯面片体和分型面片体，其余默认设置，单击应用按钮，计算得到型芯模仁(动模仁)，如图 13-38 所示，并弹出“查看分型结果”对话框。

图 13-37　“查看分型结果”对话框

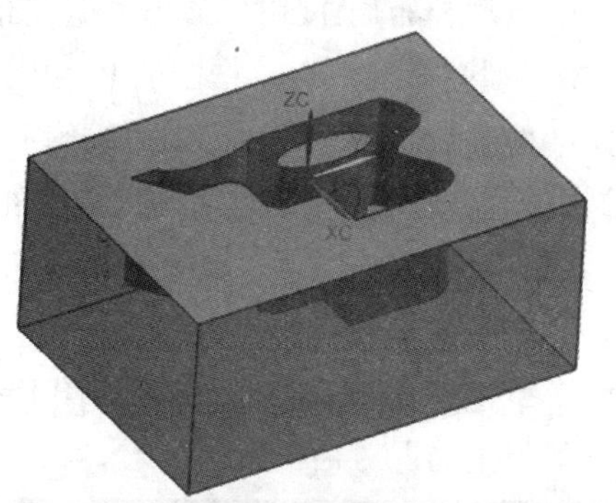

图 13-38　创建动模仁

(6) 直接单击“查看分型结果”对话框中的确定按钮，完成型芯区域定义操作，并返回至“定义型腔和型芯”对话框。

此时可以发现白色方框内“型芯区域”前面的符号变为✔，选择片体的数量由操作前的 7 变为现在的 1，说明型芯面片体同分型面片体缝合为一个片体。

此时已完成型腔和型芯区域定义，完成后的“定义型腔和型芯”对话框如图 13-39 所示。

(7) 单击取消按钮，关闭“定义型腔和型芯”对话框，完成操作。

用户可打开 yxk_top_***.prt 装配文件查看动定模仁装配图，如图 13-40 所示。

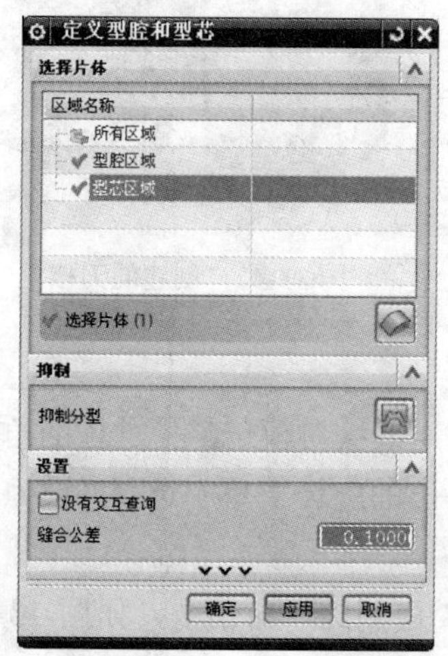

图 13-39　完成操作后的“定义型腔和型芯”对话框

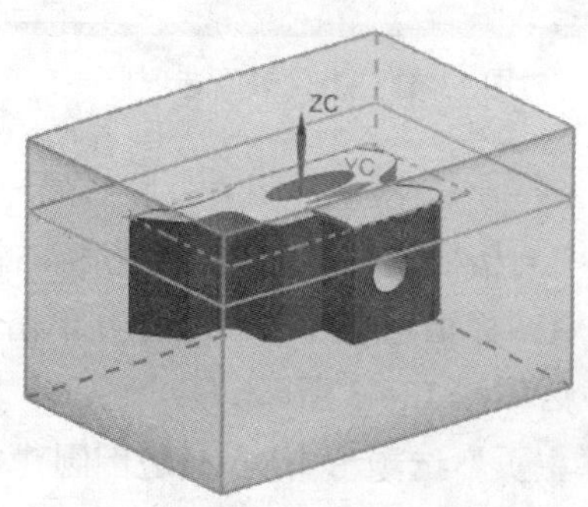

图 13-40　动定模仁装配图

13.3　型腔布局设计

步骤11介绍了使用型腔布局功能创建型芯\型腔刀槽框并对模仁进行倒角等的操作过程，注意一定不要忘记模仁倒角操作。

步骤 11：创建刀槽框，模仁倒角

(1) 单击(型腔布局)按钮，弹出“型腔布局”对话框。

(2) 单击“型腔布局”对话框中的按钮，弹出更多操作命令按钮。

(3) 单击“型腔布局”对话框中“编辑布局”下面的(编辑插入腔)按钮，弹出“插入腔体”对话框。“插入腔体”对话框提供了 4 种插入刀槽框的方式，这里选择第 2 种方式。

如图 13-41 所示，“目录”选项卡底部 R 列表框选择 10，type 列表框选择 0，其余默认设置。

(4) 单击按钮，创建的刀槽框如图 13-42 所示(为方便用户比较，模仁零件被隐藏了)，并返回到“型腔布局”对话框中。

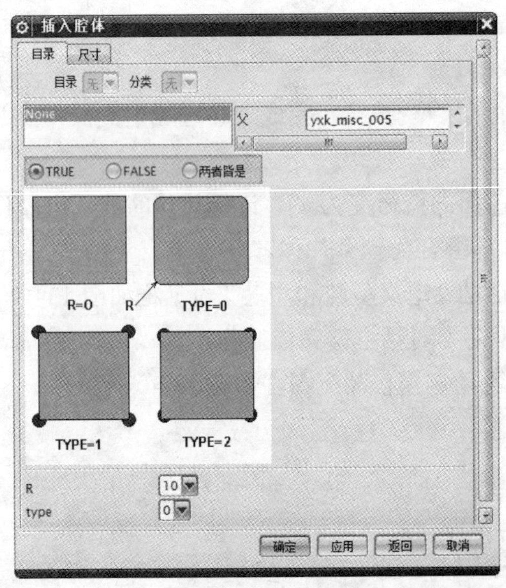

图 13-41　“目录”选项卡

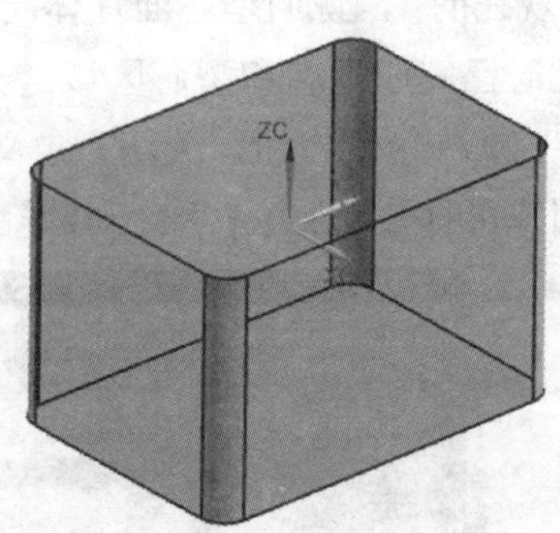

图 13-42　创建的刀槽框

(5) 单击按钮，关闭“型腔布局”对话框。

(6) 选中刀槽框模型零件，使用鼠标右键将其隐藏，继续对模仁零件进行倒角操作。

(7) 使用鼠标指定型腔模仁零件并单击右键，在弹出的快捷菜单中选择“设为工作部件”命令，完成后如图 13-43 所示。

单击“主页”选项卡中的(边倒圆)按钮，弹出“边倒圆”对话框，如图 13-44 所示，选中型腔模仁零件的 4 条棱边作为“要倒圆的边”。

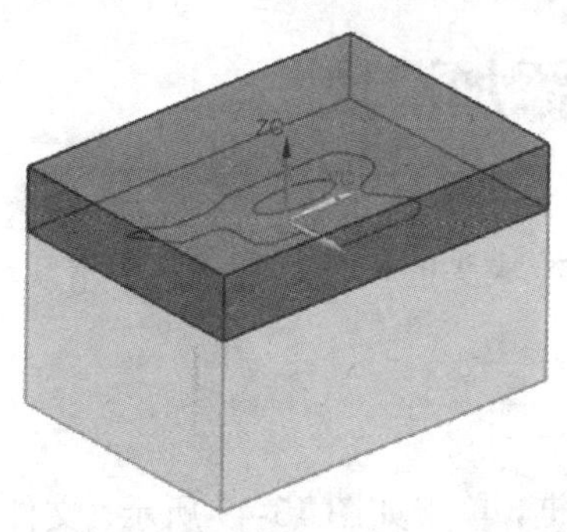

图 13-43　设置型腔模仁为工作部件

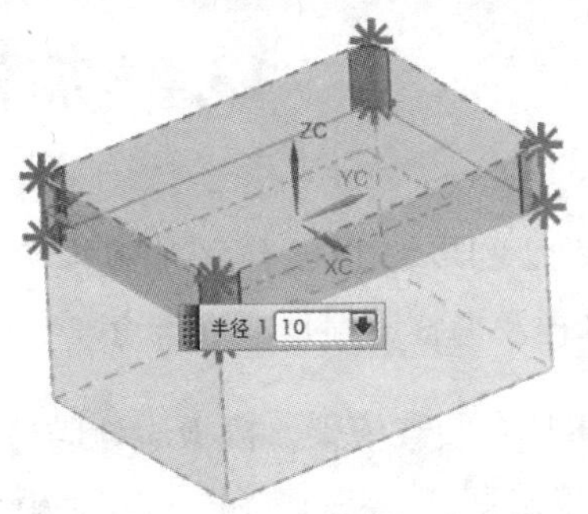

图 13-44　选中棱边进行

如图13-45所示，“边倒圆”对话框中“半径1”设置为10mm，其余默认设置，完成设置后单击“确定”按钮，创建型腔模仁边倒圆，如图13-46所示。

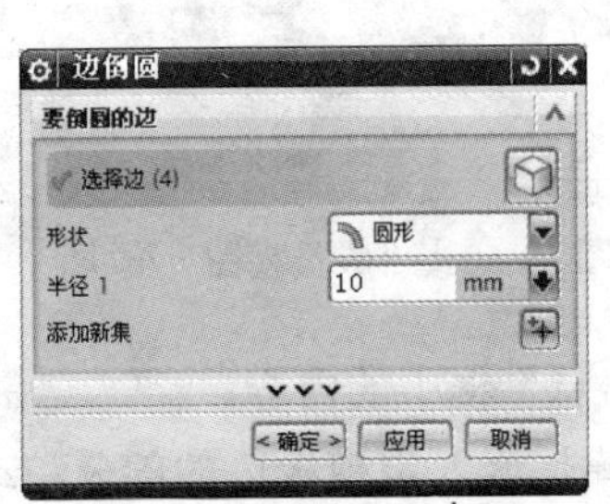

图 13-45　“边倒圆”对话框

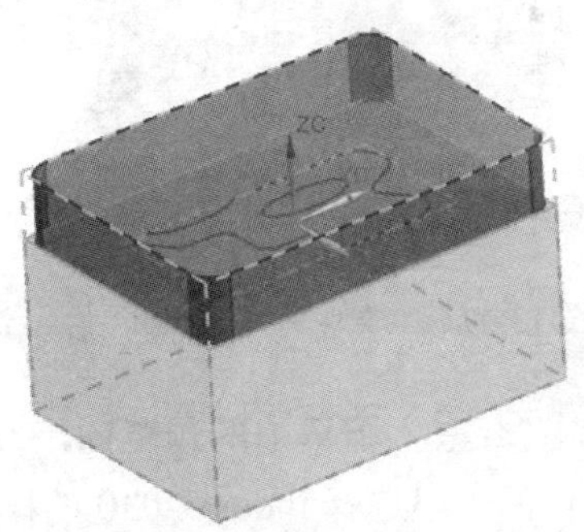

图 13-46　创建型腔模仁边倒圆

(8) 重复步骤(7)，创建型芯模仁半径为10mm 的边倒圆，如图13-47所示。

(9) 重新将刀槽框显示出来后的视图如图13-48所示。至此，完成一模单腔类型的型腔布局操作。

图 13-47　创建型芯模仁边倒圆

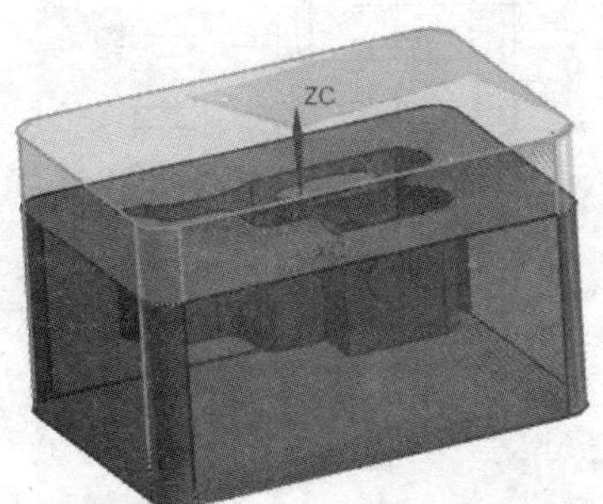

图 13-48　显示刀槽框后视图

提示

模仁倒角非常重要，用户一定注意此步骤是否遗漏。

13.4　加载模架及添加滑块

步骤 12 和步骤 13 介绍了加载模架、添加滑块及滑块头的设计过程，其中滑块和滑块头的创建过程及调整过程是本章难点。

步骤 12：加载模架，模板避让腔体创建

(1) 单击(模架库)按钮，弹出“模架设计”对话框，单击如图 13-49 所示“文件夹视图”框中的 DME。

(2) 完成步骤(1)操作后，单击如图 13-50 所示“成员视图”框中的 2A，弹出如图 13-51 所示的“信息”窗口。

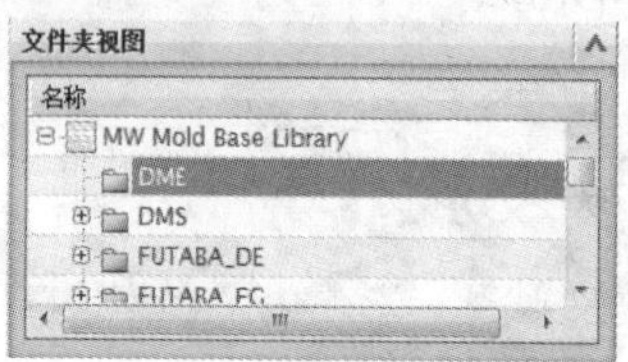

图 13-49　“文件夹视图”框

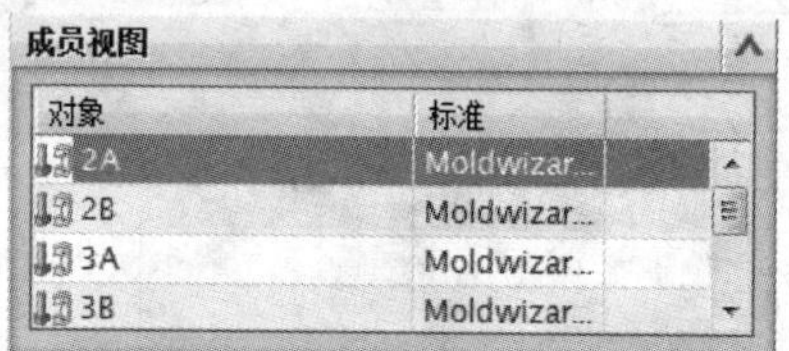

图 13-50　“成员视图”框

(3) 根据“信息”窗口中的预览图，设置“详细信息”框中的内容。

根据模仁的大小选择 index=2030 的模架，根据定模仁嵌入定模板内的部分和动模仁嵌入动模仁内的部分的尺寸，如图 13-52 所示，设置“模架设计”对话框下部 AP_h 文本框为 36，BP_h 文本框为 76，CP_h 文本框为 86，完成设置后单击<确定>按钮，加载模架如图 13-53 所示。

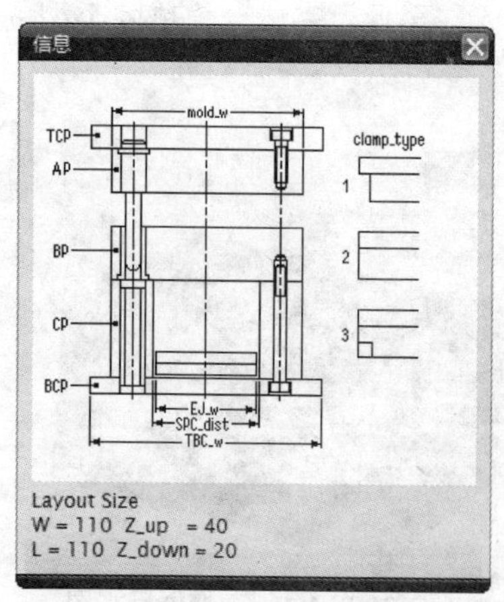

图 13-51　“信息”小窗口

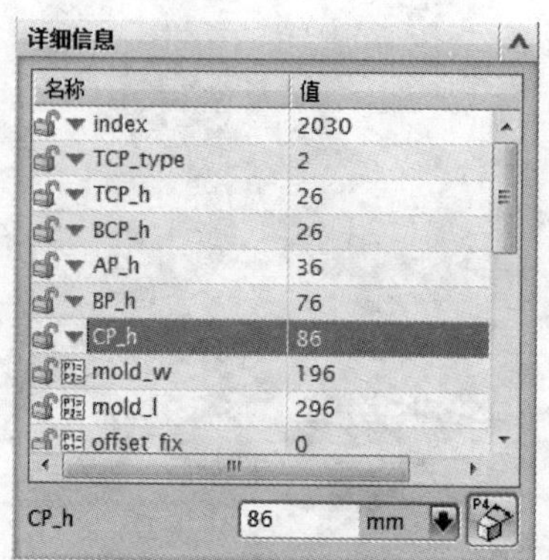

图 13-52　“详细信息”框

完成模架加载后，下一步需要对模板腔体进行修剪。首先修剪定模板上的腔，将除了定模板和刀槽框其余的模具零部件隐藏，得到视图如图 13-54 所示。

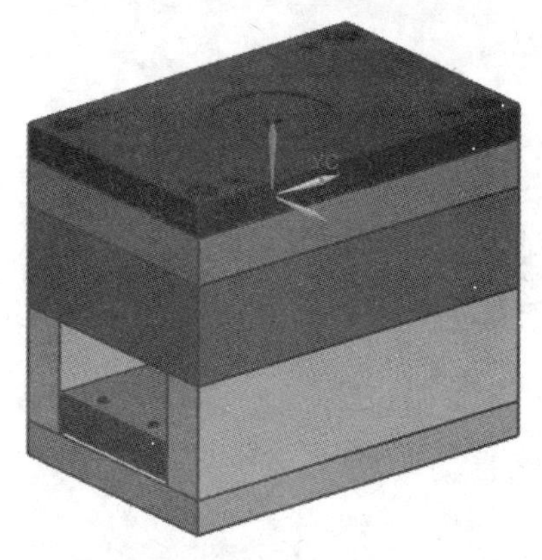

图 13-53　加载模架

图 13-54　隐藏零部件后结果

(4) 单击(腔体)按钮，弹出“腔体”对话框，单击视图中定模板作为需要修剪的“目标”，单击刀槽框作为修剪所用的“刀具”。

“模式”列表框选择“减去材料”，“刀具”下面的“工具类型”列表框选择“实体”，完成设置后的“腔体”对话框如图 13-55 所示。

单击“工具”下面的应用按钮，即可完成定模板创建腔体操作，将刀槽框隐藏后得到带腔体的定模板如图 13-56 所示。

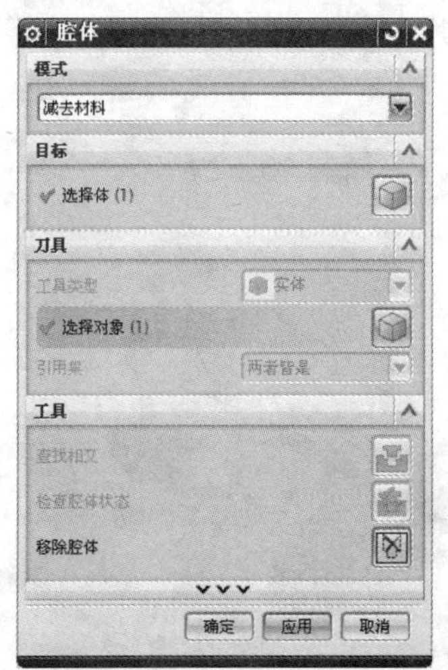

图 13-55　“腔体”对话框

图 13-56　创建定模板腔体

(5) 重复步骤(4)创建动模板腔体，如图 13-57 所示。

步骤 13：创建滑块头及滑块

(1) 隐藏其余部件至只余零件模型，如图 13-58 所示，并将其设置为工作部件。

(2) 单击“注塑模工具”框内的(创建方块)按钮，弹出“创建方块”对话框，如图 13-59 所示，“创建方块”对话框中的“类型”列表框选择“包容块”。

(3) 单击如图 13-60 所示孔的边线。

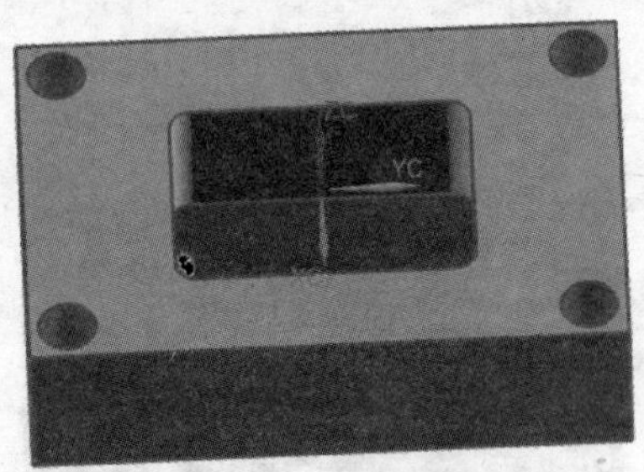

图 13-57　创建动模板腔体

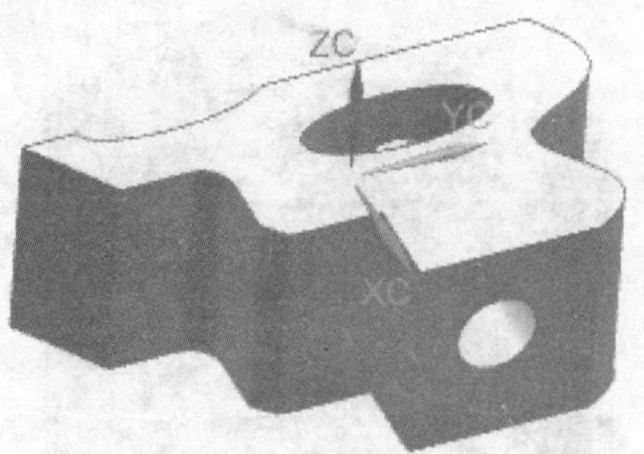

图 13-58　零件模型

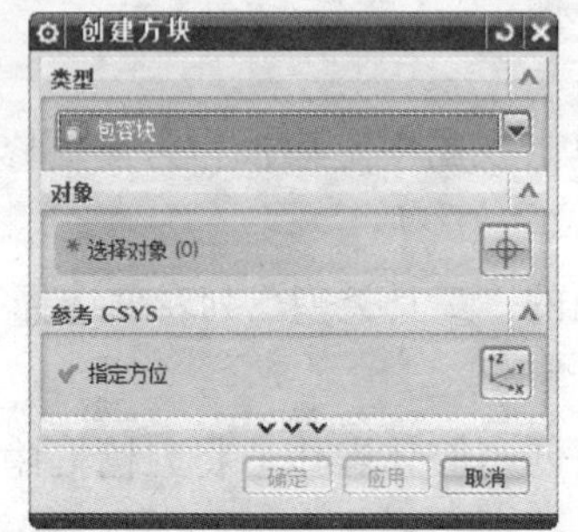

图 13-59　“创建方块”对话框

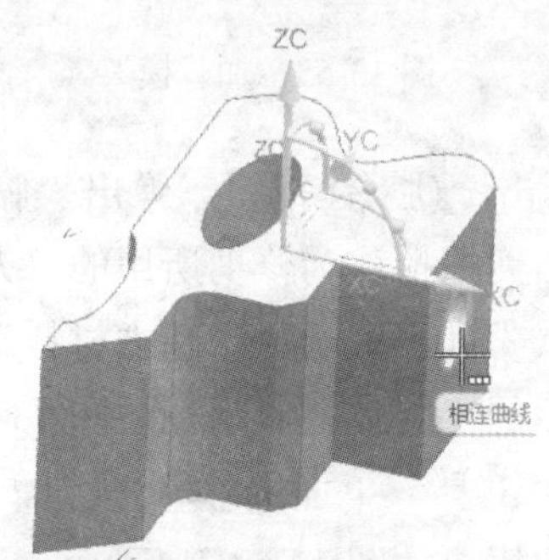

图 13-60　单击孔边线

(4) 如图 13-61 所示，拖曳坐标箭头至超过中间孔。

(5) 单击“创建方块”对话框中的<确定>按钮，创建方块如图 13-62 所示。

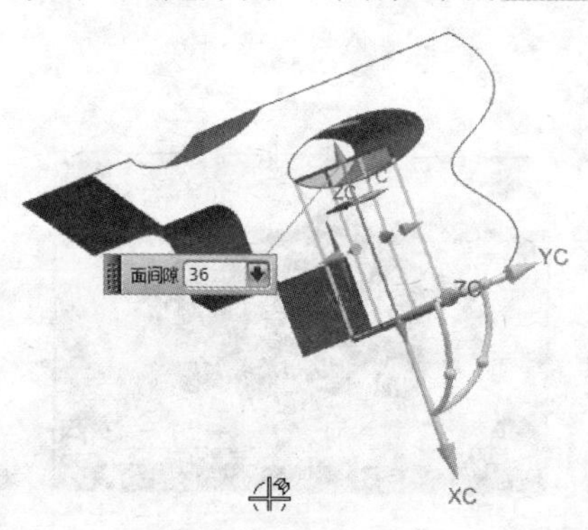

图 13-61　拖曳箭头

图 13-62　创建方块

(6) 单击(修剪实体)按钮，弹出“修剪实体”对话框。

(7) 如图 13-63 所示，单击方块作为修剪“目标”，如图 13-64 所示，单击孔内面作为“修剪面”。

(8) 单击按钮两次，使箭头向上，单击“修剪实体”对话框中的<确定>按钮，完成块修剪，如图 13-65 所示。

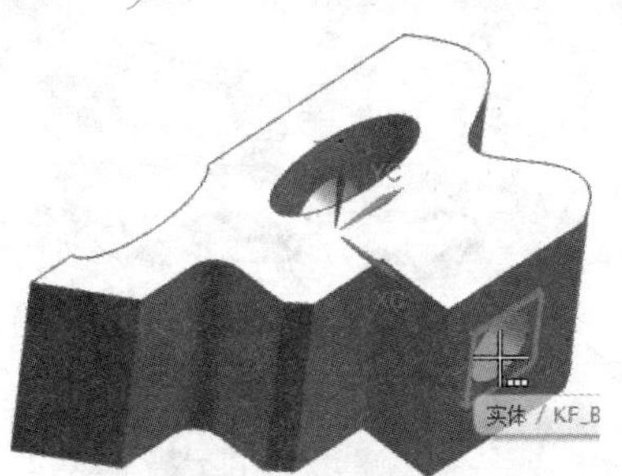

图 13-63　选中修剪目标

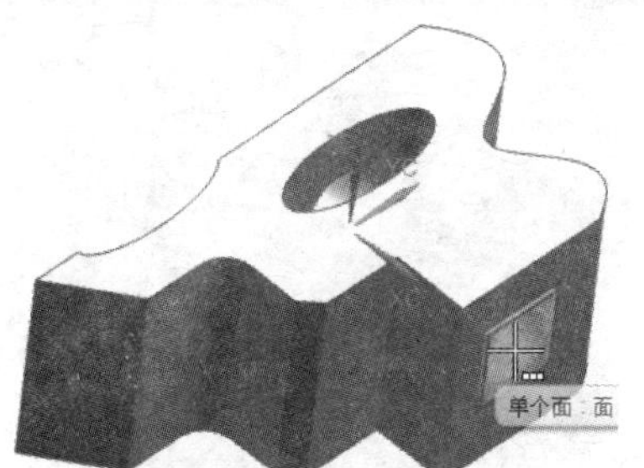

图 13-64　选中修剪面

提示

若用户创建不出合适的滑块头，请撤销操作后改变单击⊠按钮的次数，多操作两次。不同版本的软件在显示箭头时是有差别的。

(9) 单击块为修剪目标，单击中间椭圆孔内侧作为修剪面，修剪得到如图 13-66 所示的块。

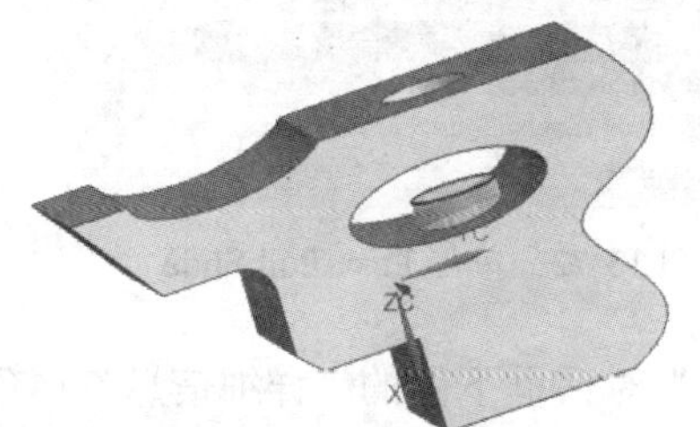

图 13-65　初次修剪块

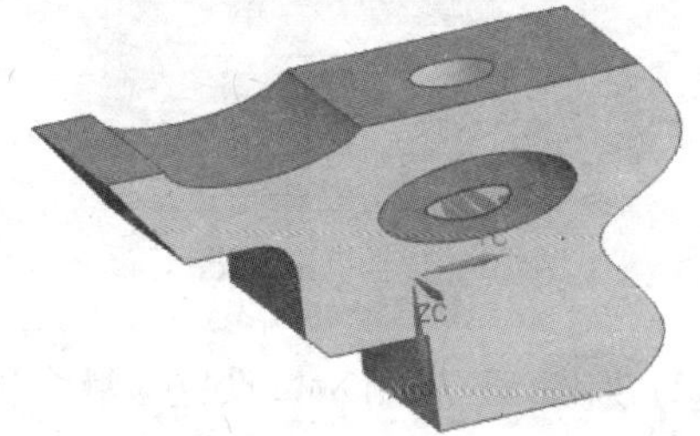

图 13-66　二次修剪块

(10) 重复步骤，创建如图 13-67 所示方块，进行修剪后如图 13-68 所示。

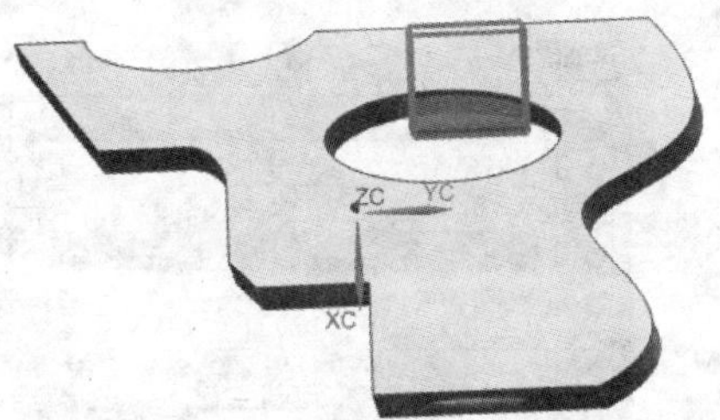

图 13-67　创建第二个方块

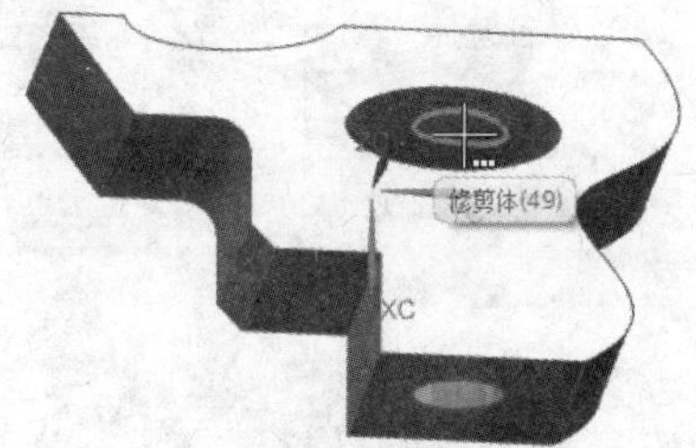

图 13-68　进行修剪后方块

(11) 将动模仁显示出来，保持零件模型为工作部件，显示视图如图 13-69 所示。

(12) 单击“注塑模工具”框内的▣(创建方块)按钮，以孔边为参照对象，创建包容块如图 13-70 所示。(包容块的一端紧连孔所在面，另一端要超出模仁边端，面间隙设置为 28)

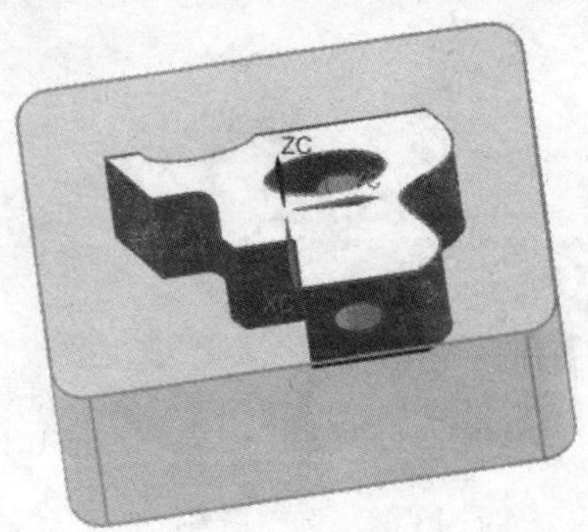

图 13-69　显示动模仁

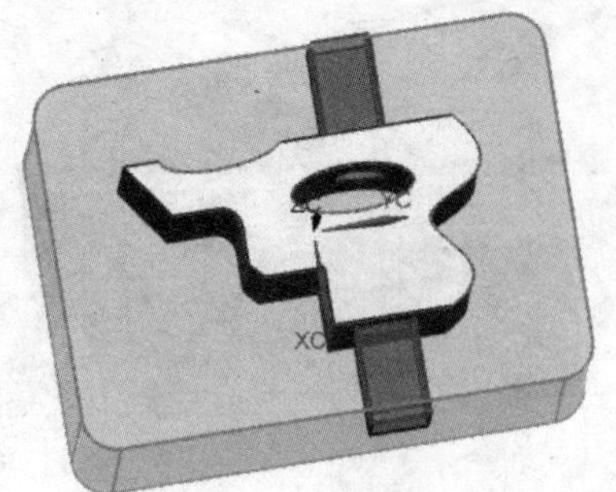

图 13-70　创建包容块

(13) 单击(滑块和浮升销库)按钮，弹出“滑块和浮升销设计”对话框。

(14) 如图 13-71 所示，单击“滑块和浮升销设计”对话框中“文件夹视图”下面白色方框内 SLIDE_LIFT 的子级 Slide。

“成员视图”下面白色方框内的内容会发生变化，如图 13-72 所示，单击 Push-Pull Slide，会在窗口右侧出现一个名为“信息”的预览窗口，如图 13-73 所示。

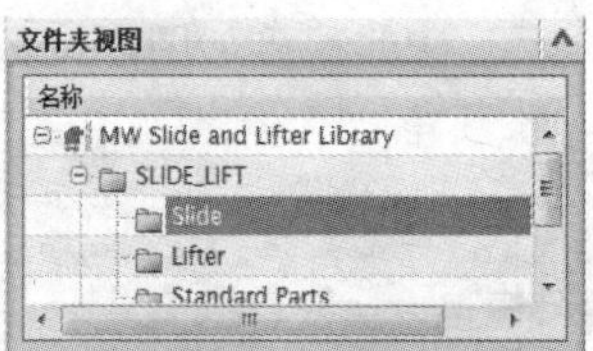

图 13-71　单击 Slide

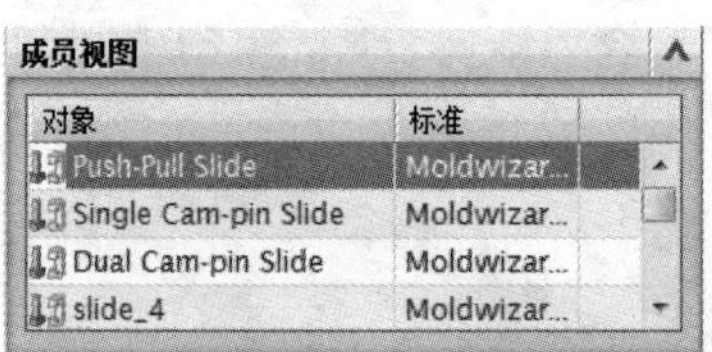

图 13-72　单击 Push-Pull Slide

(15) 如图 13-74 所示，设置“滑块和浮升销设计”对话框下部的“详细信息”白色方框中的参数，wide 设为 20，其余默认设置。

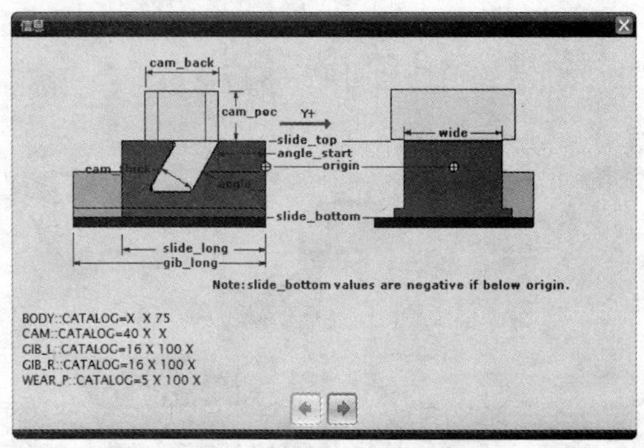

图 13-73　“信息”预览窗口

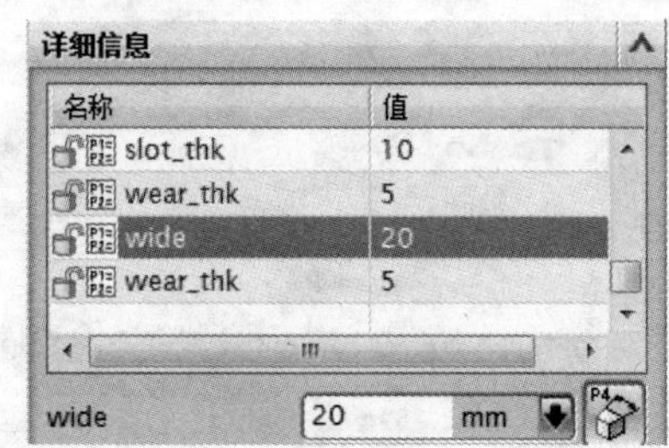

图 13-74　设置“详细信息”参数

(16) 单击应用按钮，创建滑块如图 13-75 所示，用户可发现创建的滑块的位置是不正确的。

(17) 单击“滑块和浮升销设计”对话框中的(重定位)按钮，弹出“移动组件”对话框，使用鼠标拖曳 XC-YC 之间的弧线绕 ZC 方向旋转 90°，得到如图 13-76 所示的结果。

图 13-75　创建滑块

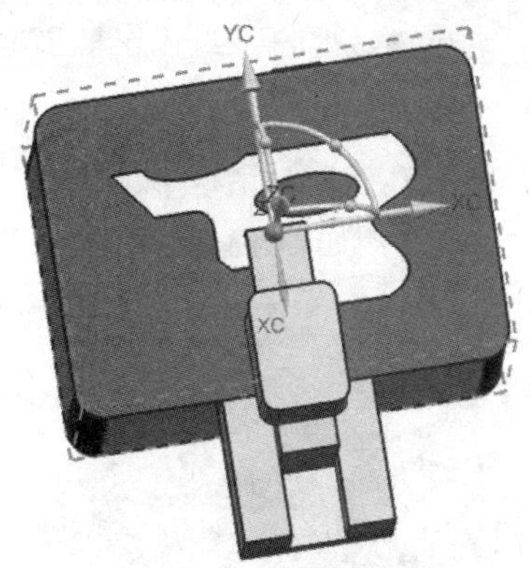

图 13-76　移动滑块方向

(18) 按 YC 的负方向移动滑块至包容块边缘露出，如图 13-77 所示。如图 13-78 所示，“移动组件”对话框“变换”下面的“运动”列表框选择“点到点”。

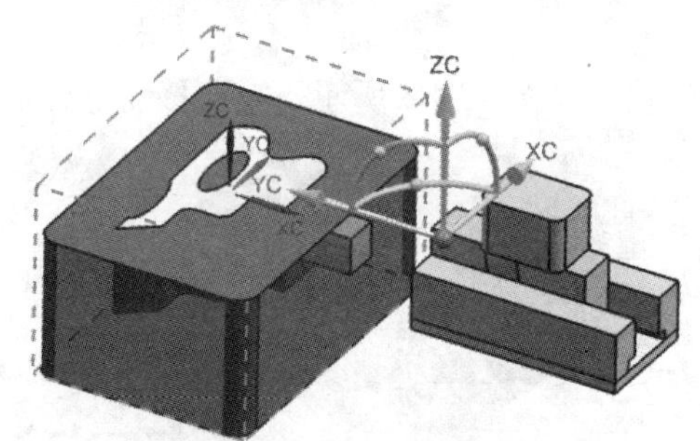

图 13-77　移动滑块

图 13-78　“移动组件”对话框

(19) 单击“移动组件”对话框“变换”下面“指定出发点”右侧的(点)按钮，弹出“点”对话框。

(20) 如图 13-79 所示，“点”对话框中“类型”列表框选择“两点之间”，如图 13-80 所示，单击滑块对角两点作为指定点。

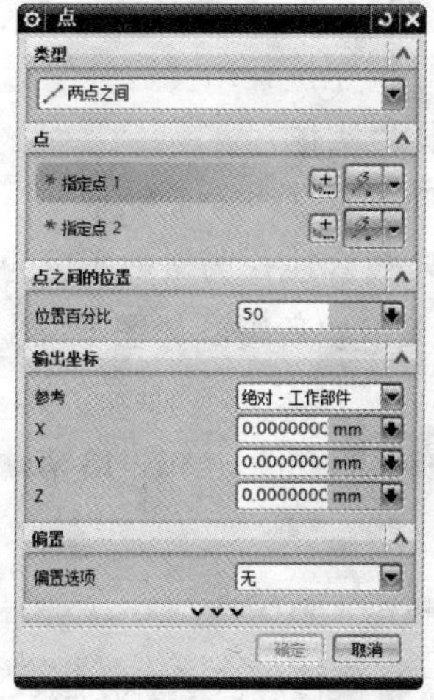

图 13-79　“点”对话框

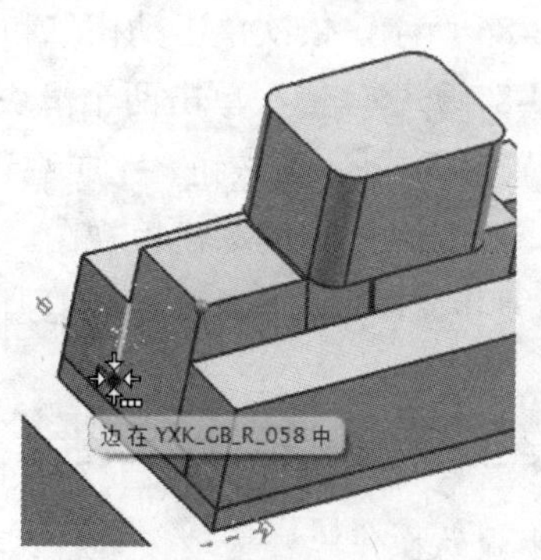

图 13-80　单击滑块对角两点

(21) 单击“点”对话框中的[确定]按钮，完成出发点指定，同样方法选定如图 13-81 所示滑块头对角线顶点，指定终止点。

(22) 单击“点”对话框中的[确定]按钮后，单击“移动组件”对话框中的[确定]按钮，完成滑块移动操作，如图 13-82 所示。

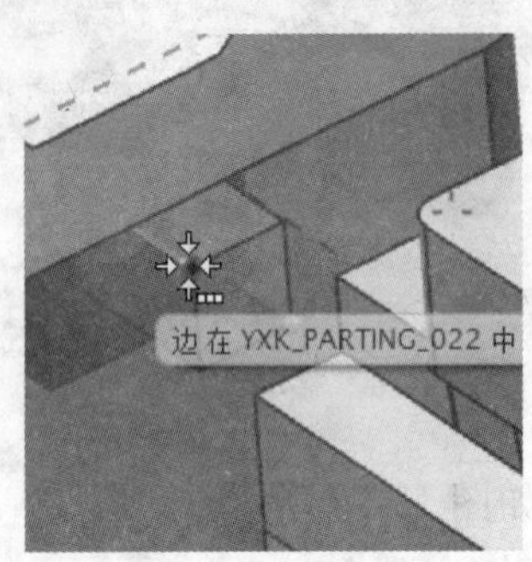

图 13-81　单击滑块头对角两点

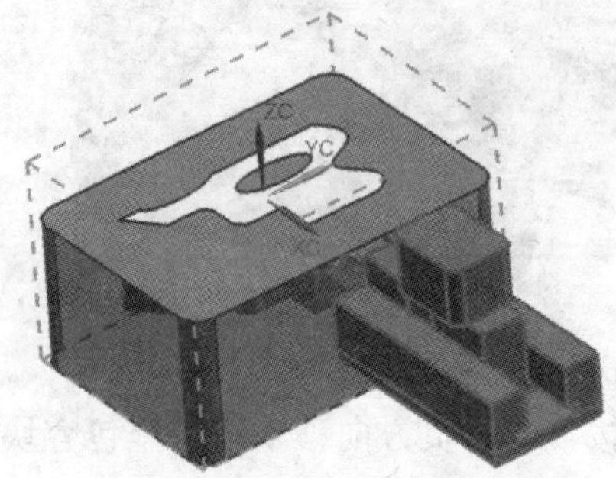

图 13-82　完成滑块移动操作

(23) 使用同样的方法创建另一包容块的滑块，如图 13-83 所示，完成移动操作后的视图如图 13-84 所示。

图 13-83　创建另一滑块

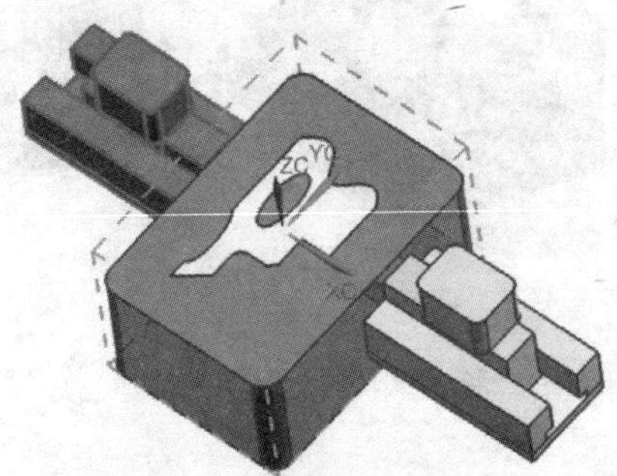

图 13-84　移动新创建滑块

(24) 单击“滑块和浮升销设计”对话框中的[确定]按钮，完成滑块创建。

(25) 将模板显示出来如图 13-85 所示，单击(腔体)按钮，弹出“腔体”对话框，“模式”列表框选择“减去材料”，“工具类型”列表框选择“实体”。

如图 13-86 所示，依次单击动模仁和动模板作为需要修剪的“目标”。

如图 13-87 所示，依次单击两个滑块组件、两个连接包容块作为修剪所用的“刀具”。

完成设置后单击[< 确定 >]按钮，完成避让腔体创建。隐藏滑块后得到如图 13-88 所示的动模仁视图和如图 13-89 所示的动模板视图。

(26) 重复步骤(25)，以滑块为修剪刀具修剪得到定模板的视图，如图 13-90 所示。

提示

此步骤的操作比较繁琐，若一次操作不出，请撤销操作后，重新按照本文操作。

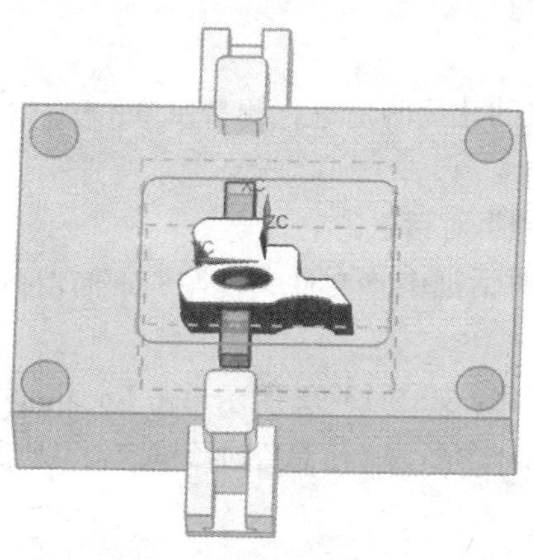

图 13-85　显示动模仁和动模板

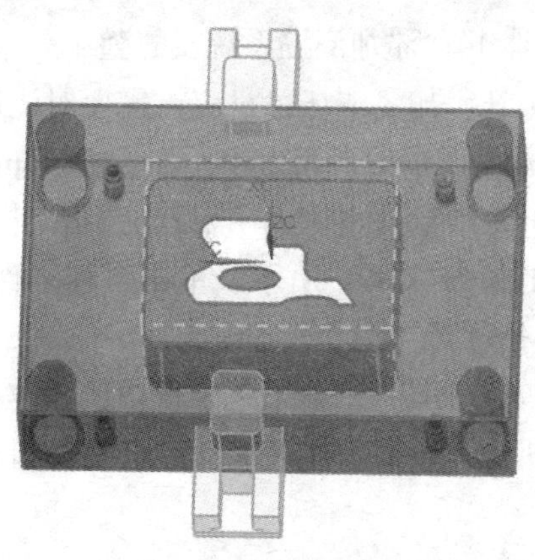

图 13-86　选中修剪目标

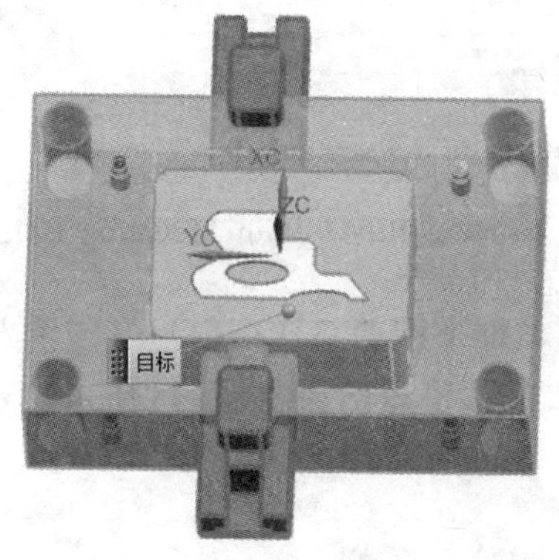

图 13-87　选中修剪刀具

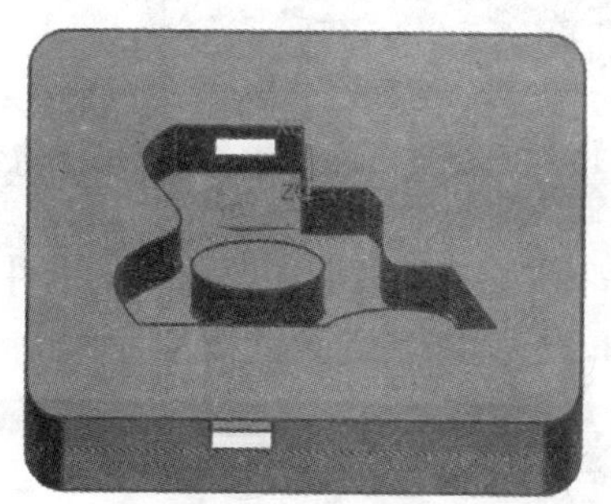

图 13-88　动模仁视图

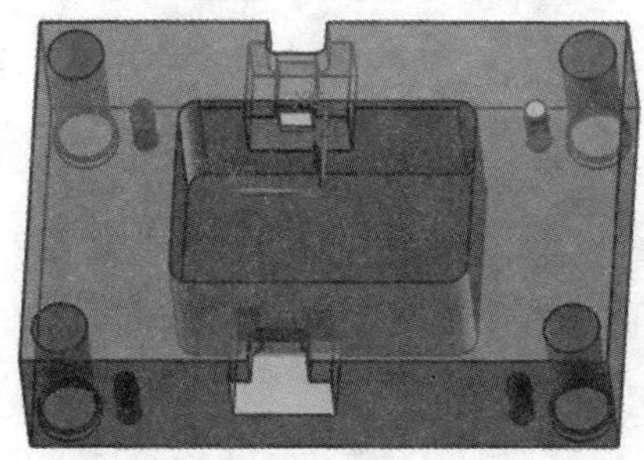

图 13-89　动模板视图

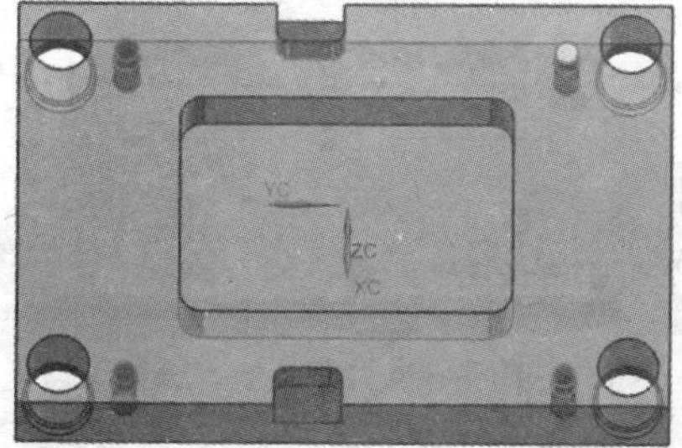

图 13-90　定模板视图

13.5　浇注系统和标准件设计

步骤 14 和步骤 15 为添加浇注系统及修整和部分标准件设计的操作过程，其中包括浇注系统的加载和避让腔的创建、标准推料杆的加载和修整过程。

步骤 14：添加浇注系统及修整

(1) 在添加浇注法兰盘前，需要对浇注法兰盘的让位凹槽进行测量，单击(测量距离)按钮，测量凹槽的半径为 45mm，深为 5mm。

(2) 单击(标准件库)按钮，弹出“标准件管理”对话框。

(3) 如图 13-91 所示，单击“标准件管理”对话框中“文件夹视图”下面白色方框内 DME_MM 的子级 Injection。

“成员视图”下面白色方框内的内容会发生变化，如图 13-92 所示单击 Locating_RING_With_Mounting_Holes[DHR21]，会在窗口右侧出现一个名为“信息”的预览窗口，如图 13-93 所示。

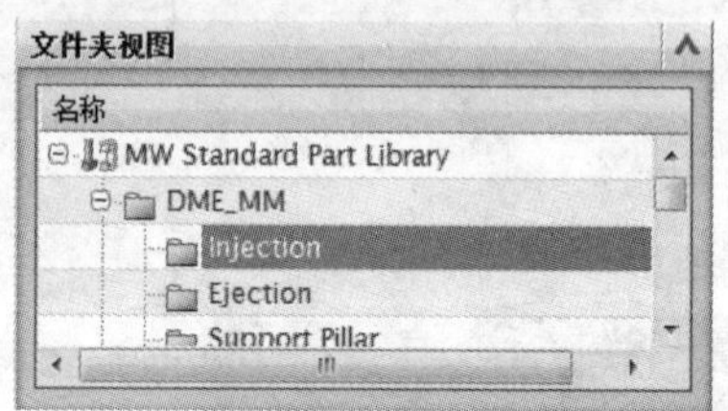

图 13-91　单击 Injection

图 13-92　单击 Locating_RING_With_Mounting_Holes[DHR21]

(4) 如图 13-94 所示，设置“标准件管理”对话框下部的“详细信息”白色方框中的参数，TYPE 设为 M8，其余默认设置，此时“信息”的预览窗口如图 13-95 所示。

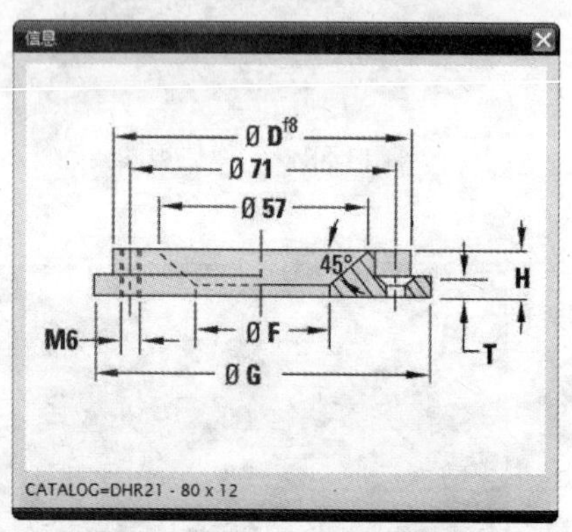

图 13-93　“信息”预览窗口

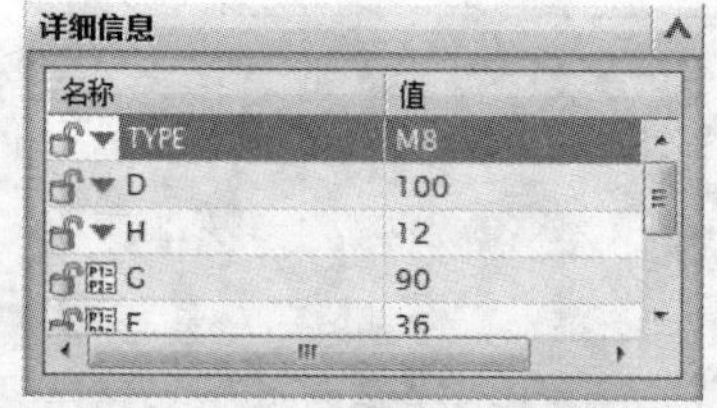

图 13-94　设置详细参数

(5) 单击“标准件管理”对话框中的应用按钮，等待片刻，在模架上添加浇注法兰盘，如图 13-96 所示。

(6) 单击(测量距离)按钮，如图 13-97 所示，测量上模座上平面至动模板上平面的距离，确定浇口套的大致长度为 62mm。

(7) 如图 13-98 所示，单击“成员视图”下面白色方框内的 Sprue Bushing(DHR76 DHR78)，在窗口右侧出现“信息”预览窗口，如图 13-99 所示。

(8) 如图 13-100 所示，设置“详细信息”白色方框内的参数，D 为浇口套外径，设为 18，N 设置为 62−18−3=41。

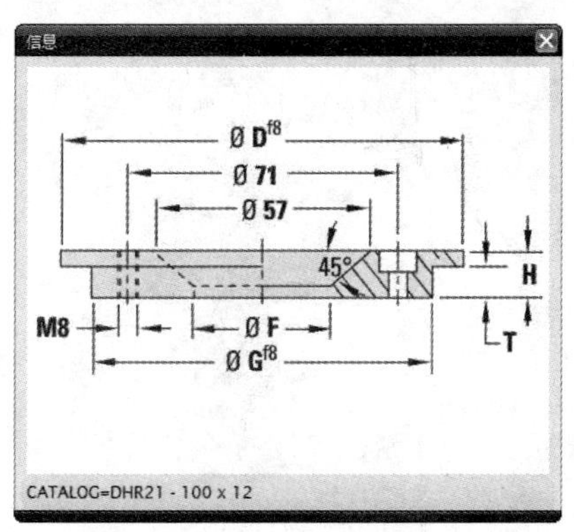

图 13-95　“信息”预览窗口

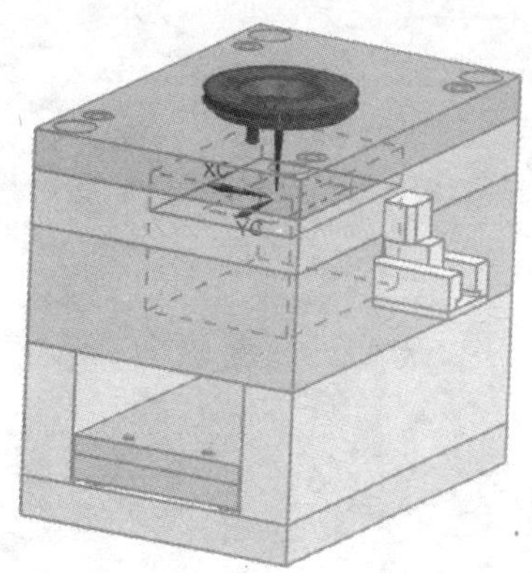

图 13-96　添加浇注法兰盘

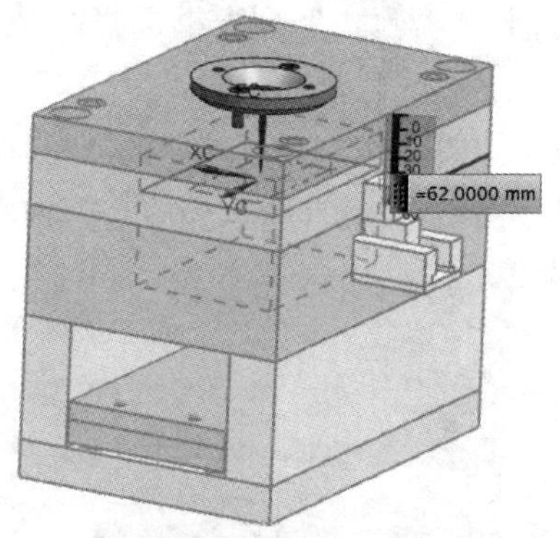

图 13-97　测量距离

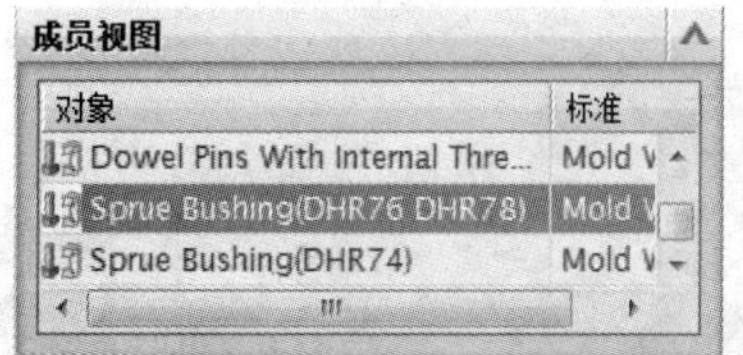

图 13-98　单击 Sprue Bushing(DHR76 DHR78)

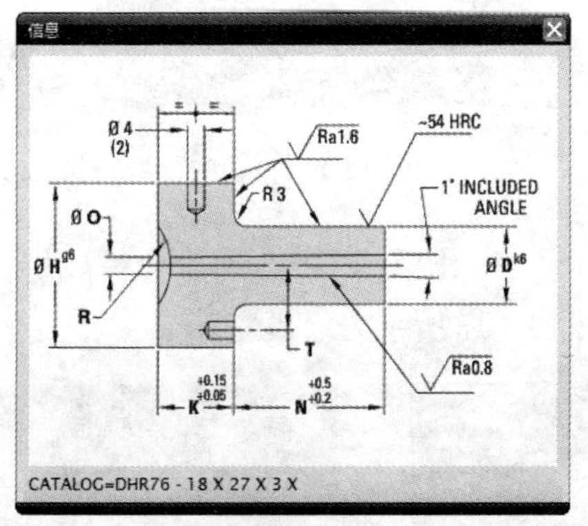

图 13-99　“信息”预览窗口

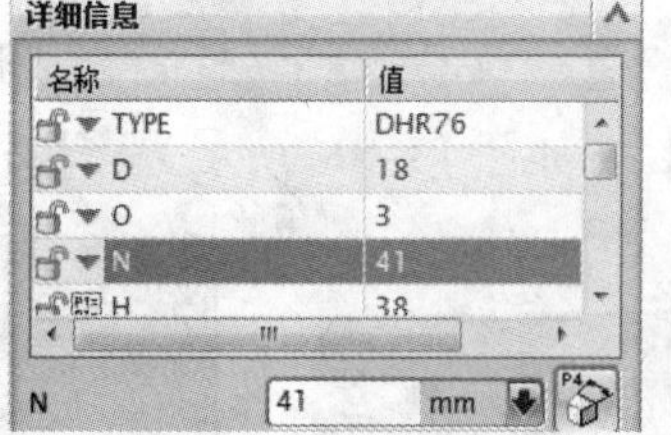

图 13-100　设置“详细信息”参数

单击应用按钮，创建浇口套后的视图，如图 13-101 所示。

(9) 将除浇口套组件其余部件隐藏，双击浇口套组件使其成为工作部件，如图 13-102 所示。

由图中可以看到，浇口套部件外层有一透明实体，此为浇口套部件刀槽框，需使用此刀槽框对相应部件进行修剪。

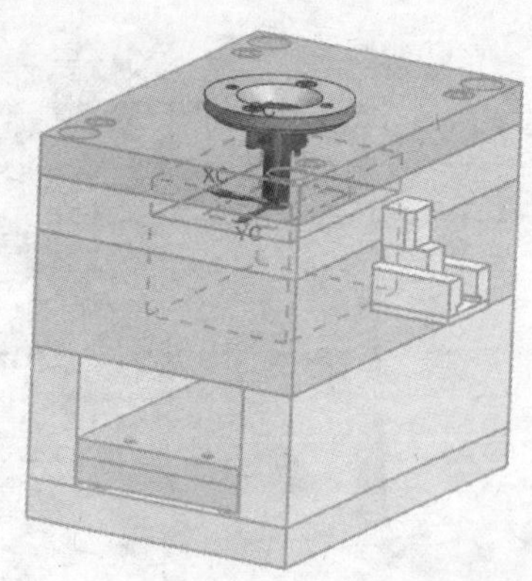

图 13-101　添加浇口套视图

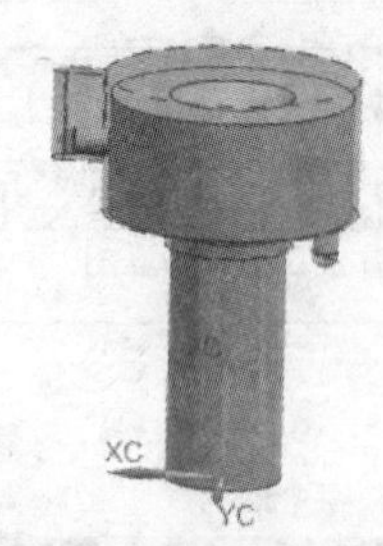

图 13-102　设置浇口套为工作部件

(10) 单击(腔体)按钮，弹出“腔体”对话框，“模式”列表框选择“减去材料”，“工具类型”列表框选择“实体”。

如图 13-103 所示，依次单击定模座、定模板、定模仁作为需要修剪的“目标”。

如图 13-104 所示，依次单击浇口法兰盘组件、浇口套组件(选中浇口套刀槽实体)作为修剪所用的“刀具”。

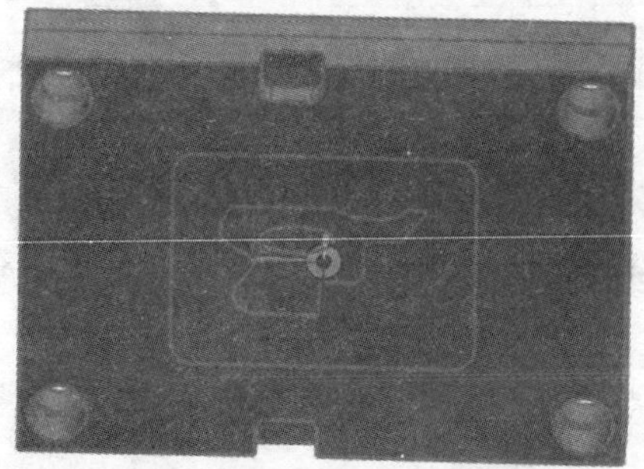

图 13-103　选中修剪目标

图 13-104　选中修剪刀具

完成设置后单击<确定>按钮，完成避让腔体创建。如图 13-105 所示为完成避让腔体创建后的定模仁，如图 13-106 所示为定模板，如图 13-107 所示为定模座。

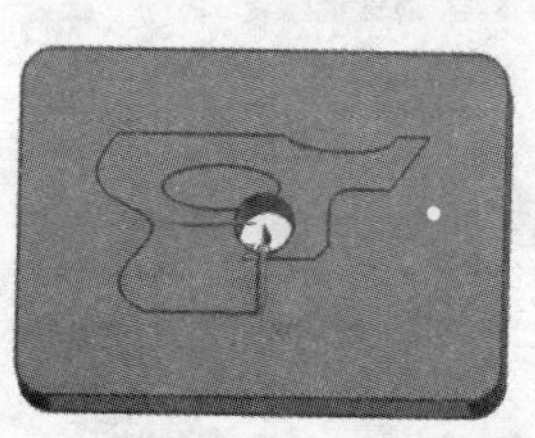

图 13-105　定模仁视图

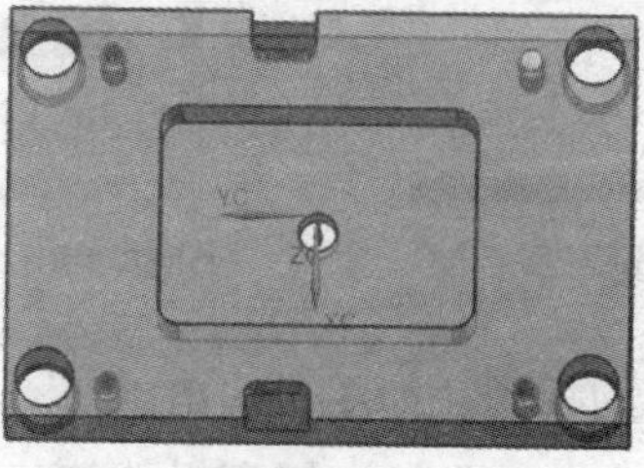

图 13-106　定模板视图

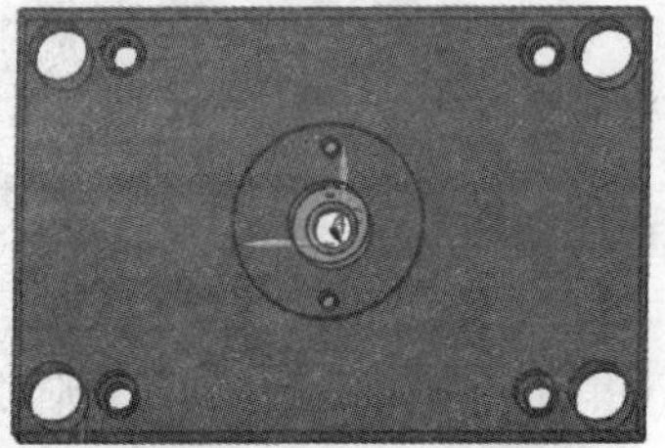

图 13-107　定模座视图

步骤 15：创建推料杆并修整

(1) 单击(标准件库)按钮，弹出“标准件管理”对话框。

(2) 如图 13-108 所示，单击“标准件管理”对话框中“文件夹视图”下面白色方框内 DME_MM 的子级 Ejection。

“成员视图”下面白色方框内的内容会发生变化，如图 13-109 所示，单击 Ejector Pin[Straight]，会在窗口右侧出现一个名为“信息”的预览窗口，如图 13-110 所示。

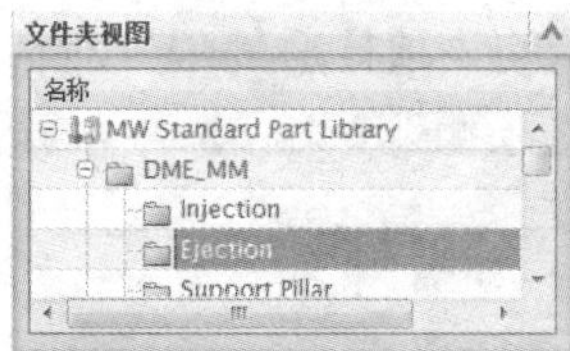

图 13-108　单击 Ejection

图 13-109　单击 Ejector Pin[Straight]

(3) 如图 13-111 所示，设置“标准件管理”对话框下部的“详细信息”白色方框中的参数，CATALOG_DIA(直径)设置为 3，CATALOG_LENGTH(长度)设置为 160，其余默认设置。

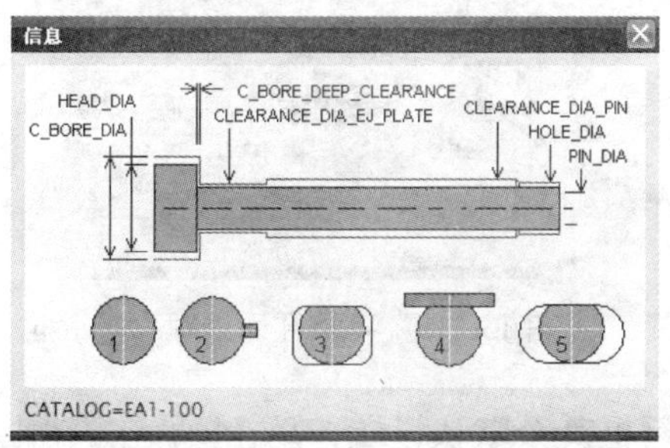

图 13-110　“信息”预览窗口

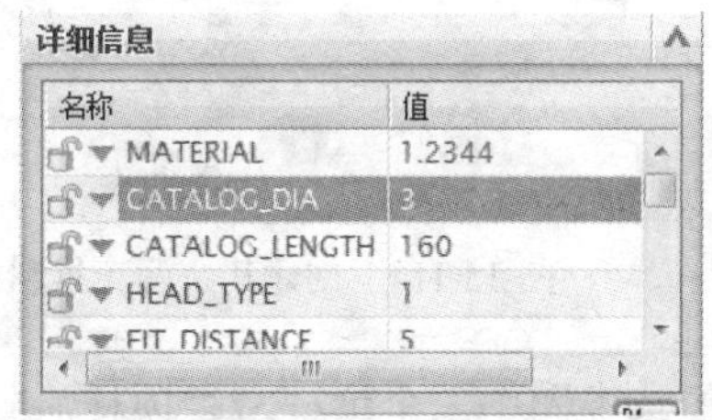

图 13-111　设置直径和长度

(4) 完成设置，单击“标准件管理”对话框中的应用按钮，弹出“点”对话框。如图 13-112 所示，“坐标”下面的“参考”列表框选择 WCS，XC 设置为 18mm，YC 设置为 30mm，ZC 设置为 0mm，其余默认设置。

完成设置后单击确定按钮，在模具中创建首个推料杆，如图 13-113 所示。

图 13-112　“点”对话框

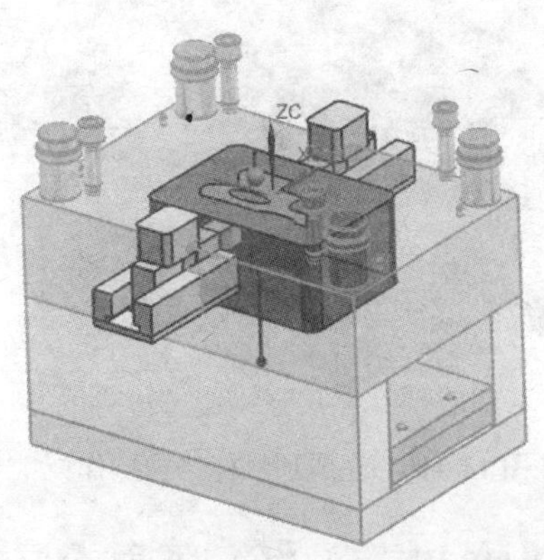

图 13-113　创建首个推料杆

(5) 重复设置“点”对话框，分别设置(XC，YC)的坐标组合为(-16mm，-40mm)、(-17mm，-29mm)，创建其余两个推料杆，如图 13-114 所示。

(6) 单击“点”对话框中的取消按钮，退出“点”对话框，回到“标准件管理”对话框，单击确定按钮，完成推料杆创建操作。

(7) 单击(顶杆后处理)按钮，弹出如图 13-115 所示的“顶杆后处理”对话框。

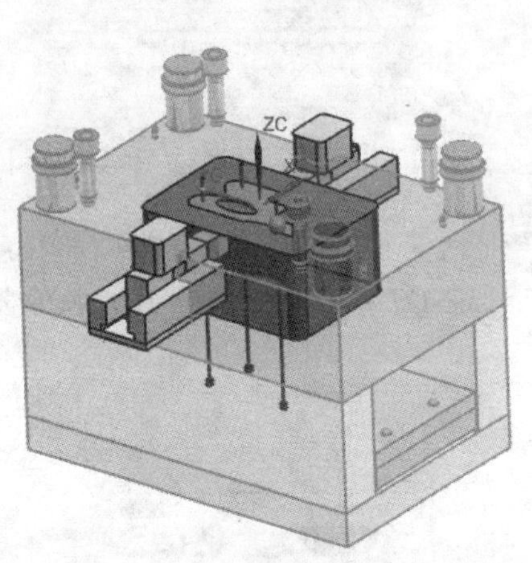

图 13-114　创建其余两个推料杆

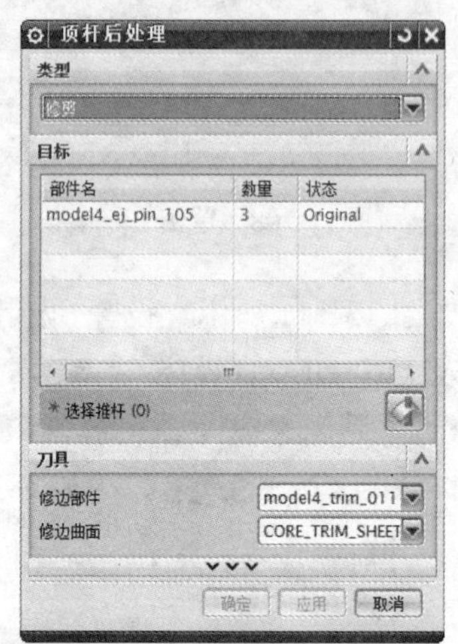

图 13-115　“顶杆后处理”对话框

(8) 选中图中三个顶杆，“顶杆后处理”对话框其余默认设置，单击确定按钮，完成顶料杆修剪，如图 13-116 所示。

(9) 单击(腔体)按钮，弹出“腔体”对话框，“模式”列表框选择“减去材料”，“工具类型”列表框选择“组件”。

如图 13-117 所示，依次单击动模仁、动模板、推杆固定板作为需要修剪的“目标”。

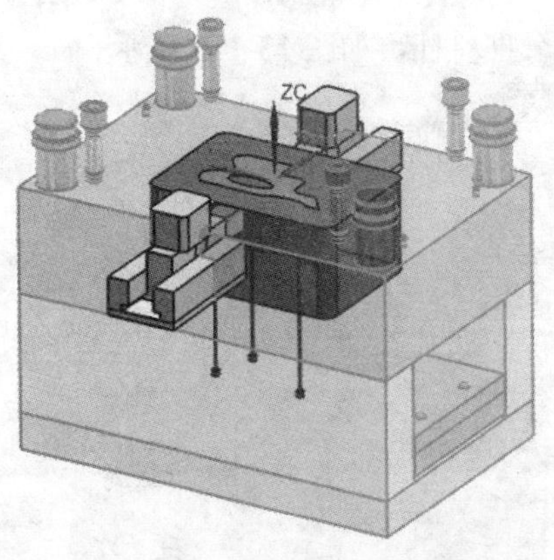

图 13-116　完成顶料杆修剪操作

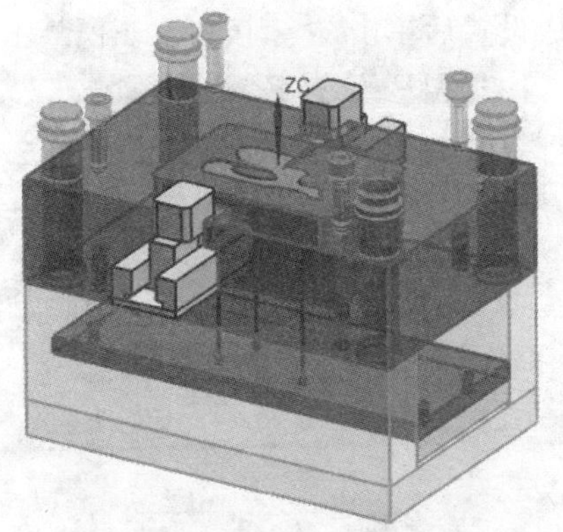

图 13-117　选中修剪目标

如图 13-118 所示，依次单击所有顶料杆作为修剪所用的“刀具”。

完成设置后单击<确定>按钮，完成避让腔体创建。如图 13-119 所示为完成避让腔体创建后的动模仁，如图 13-120 所示为动模板，如图 13-121 所示为推杆固定板。

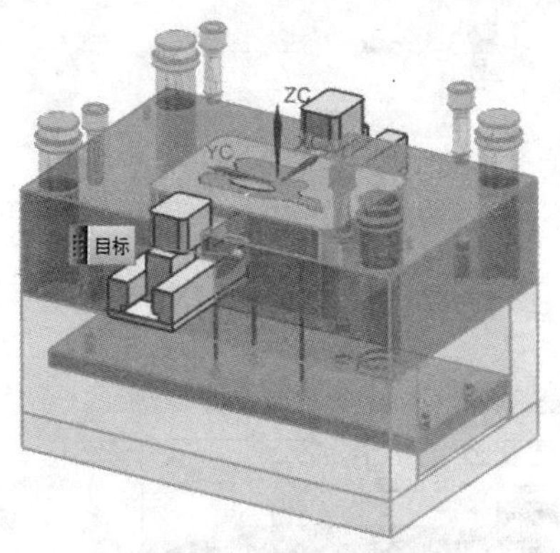

图 13-118　选中修剪刀具

图 13-119　动模仁视图

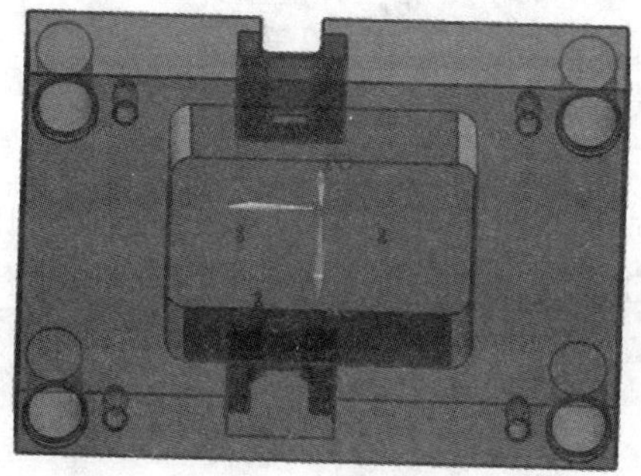
图 13-120　动模板视图

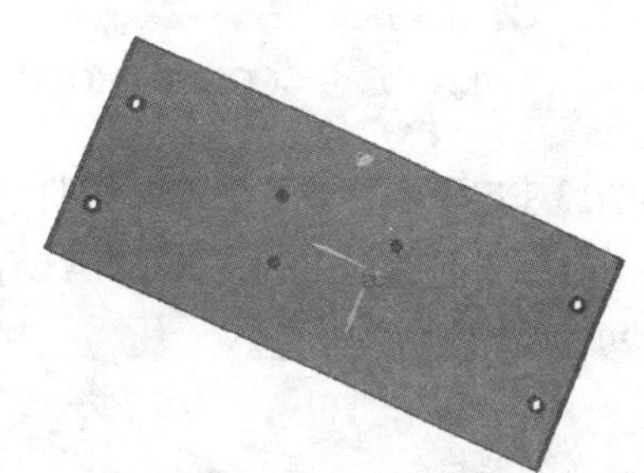
图 13-121　推杆固定板视图

13.6　冷却系统及其余标准件设计

步骤 16 至步骤 19 介绍了冷却系统设计及其余标准件设计的操作过程，其中标准件包括复位杆、推板导柱导套等。并在最后介绍了简单的后处理过程，请用户参考前面的内容进行详细后处理操作。

步骤 16：创建冷却系统及修整

(1) 单击如图 13-122 所示“冷却工具”工具栏中的 (冷却标准件库)按钮，弹出“冷却组件设计”对话框。

(2) 如图 13-123 所示，单击“冷却组件设计”对话框中的“文件夹视图”下面白色方框内 MW Cooling Standard Library 的子级 COOLING。

(3) “成员视图”下面白色方框内的内容会发生变化，如图 13-124 所示，单击 COOLING HOLE，会在窗口右侧出现一个名为“信息”的预览窗口，如图 13-125 所示。

(4) 因浇注腔全部在下模，此模具需在下模上创建冷却管道。

如图 13-126 所示，单击定模板的较短面为“放置”、“位置”。

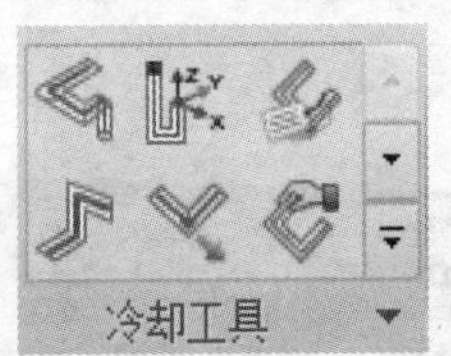

图 13-122　“冷却工具”工具栏

图 13-123　选中 COOLING

图 13-124　选中 COOLING HOLE

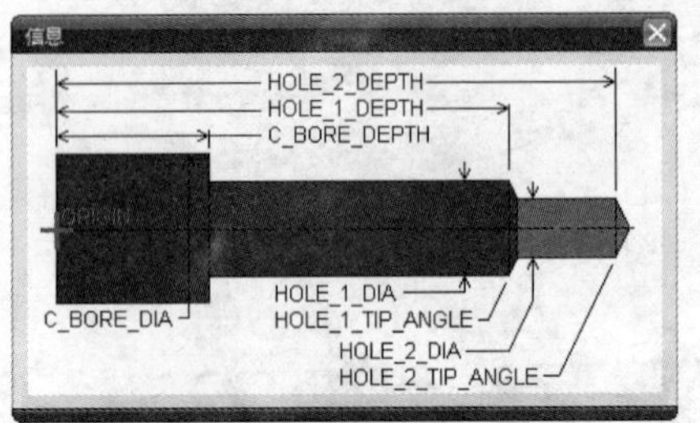

图 13-125　“信息”预览窗口

如图13-127所示，设置“冷却组件设计”对话框下部的“详细信息”白色方框中的参数，HOLE_1_DIA设置为8，HOLE_2_DIA设置为8，HOLE_1_DEPTH设置为290，HOLE_2_DEPTH设置为290，其余默认设置。

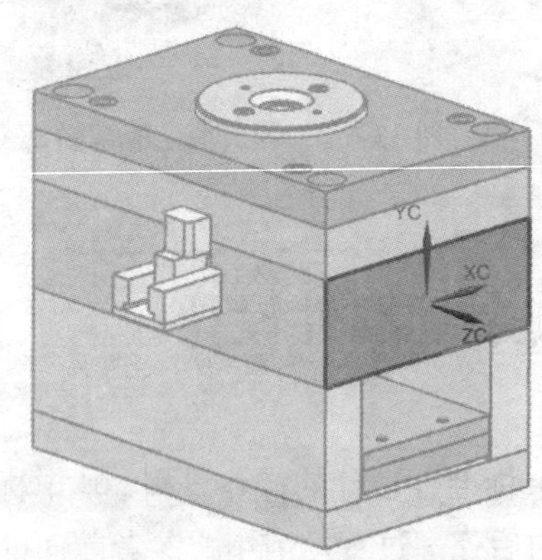

图 13-126　选择放置面

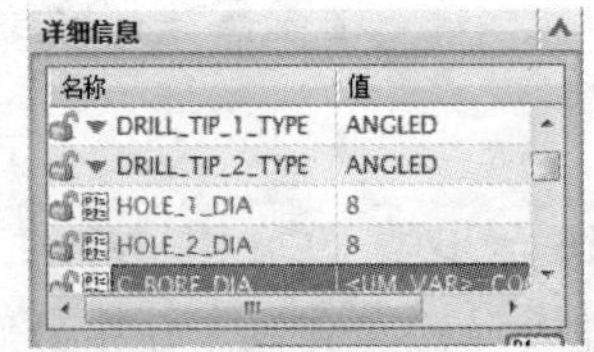

图 13-127　设置参数

(5) 单击[应用]按钮，弹出“标准件位置”对话框，如图13-128所示，设置“偏置”下面“X偏置”、“Y偏置”分别为-40mm、-60mm。

单击[确定]按钮，创建冷却水道刀路实体，如图 13-129 所示。

同理，在相同面以(40，-60)创建另一个冷却水道刀路，如图 13-130 所示。

同样的方法，在相邻面上以(-55，-60)、(45，-60)坐标创建两条长为 190mm 的冷却水道刀路，如图 13-131 所示。

(6) 单击“冷却组件设计”对话框中的[确定]按钮，完成所有水道刀路创建。

(7) 单击(冷却标准件库)按钮，弹出“冷却组件设计”对话框。

以定模板和定模仁作为修剪目标，创建避让腔。

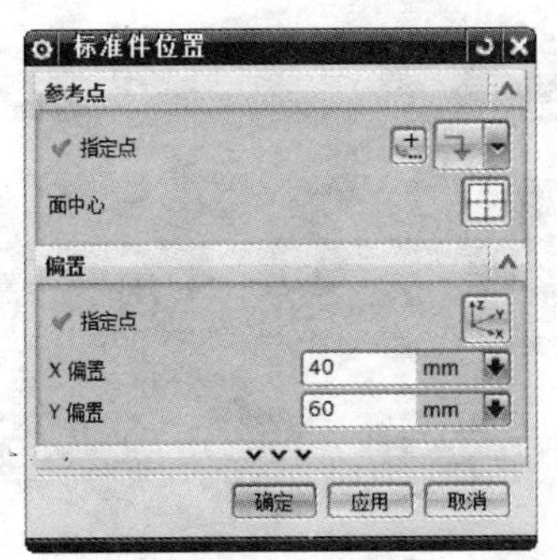

图 13-128　“标准件位置”对话框

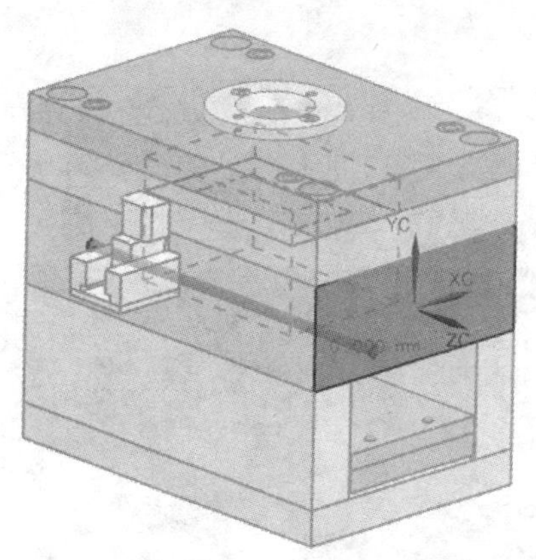

图 13-129　创建冷却水道刀路

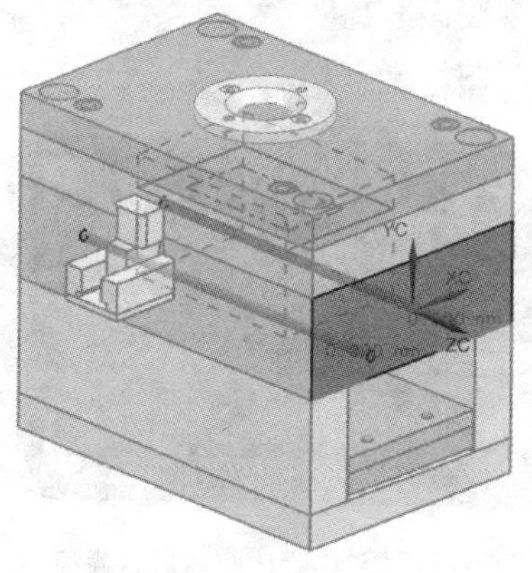

图 13-130　创建另一个水道刀路

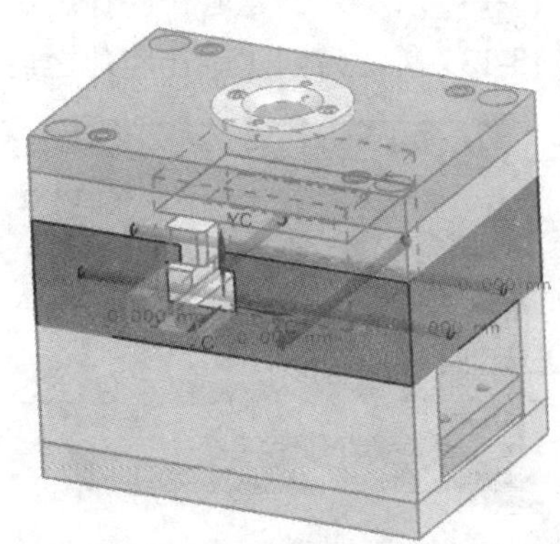

图 13-131　创建相邻面的两水道刀路

(8) 如图 13-132 所示，单击“成员视图”下面的 CONNECTOR PLUG，会在窗口右侧出现一个名为“信息”的预览窗口，如图 13-133 所示。

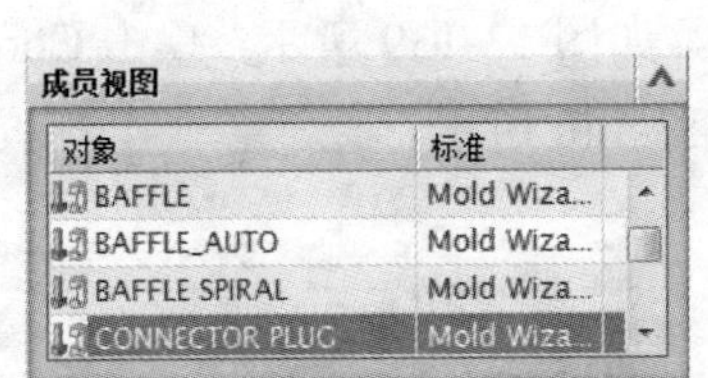

图 13-132　单击 CONNECTOR PLUG

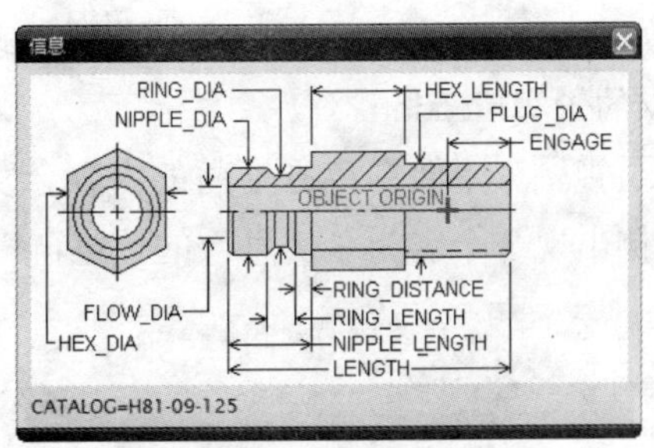

图 13-133　“信息”预览窗口

(9) 使用默认设置，单击应用按钮，加载堵头如图 13-134 所示。

(10) 单击另一侧一水道刀路，并重复步骤(8)，加载堵头如图 13-135 所示。

(11) 单击(腔体)按钮，使用创建避让腔的方法，以堵头和冷却水道刀路作为修剪刀具，以定模板和定模仁作为修剪目标，创建避让腔。

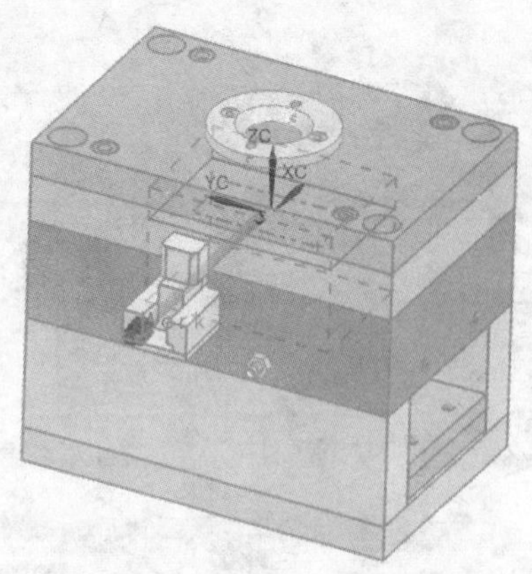
图 13-134 加载前两个堵头

图 13-135 加载剩余两个堵头

如图 13-136 所示为创建避让腔体之后的定模仁视图。

如图 13-137 所示为创建避让腔体之后的定模板视图。

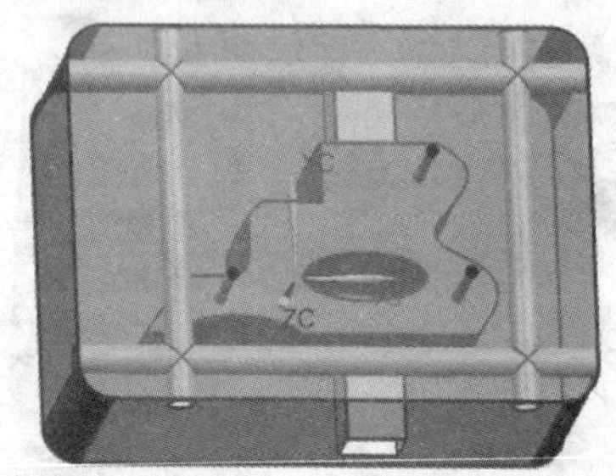
图 13-136 创建避让腔体后定模仁

图 13-137 创建避让腔体后定模板

步骤 17：创建复位杆，并进行修整

(1) 单击 (标准件库)按钮，弹出“标准件管理”对话框。

(2) 如图13-138所示，单击“标准件管理”对话框中“文件夹视图”下面白色方框内DME_MM的子级Ejection。

“成员视图”下面白色方框内的内容会发生变化，如图 13-139 所示，单击 Core Pin，会在窗口右侧出现一个名为“信息”的预览窗口，如图 13-140 所示。

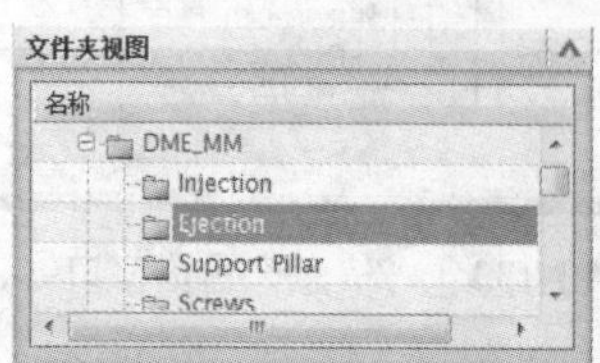

图 13-138 单击 Ejection

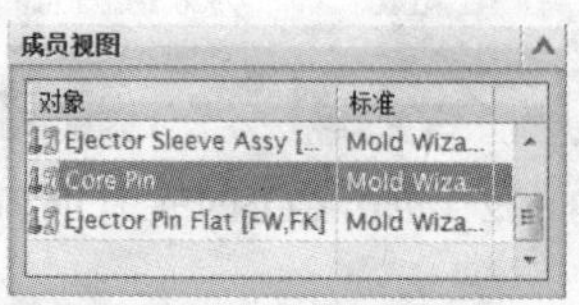

图 13-139 单击 Core Pin

(3) 如图 13-141 所示，设置“标准件管理”对话框下部的“详细信息”白色方框中的参数，CATALOG_DIA 设置为 6，CATALOG_LENGTH 设置为 142，其余默认设置；单击推杆固定板底面作为“放置”、“位置”。

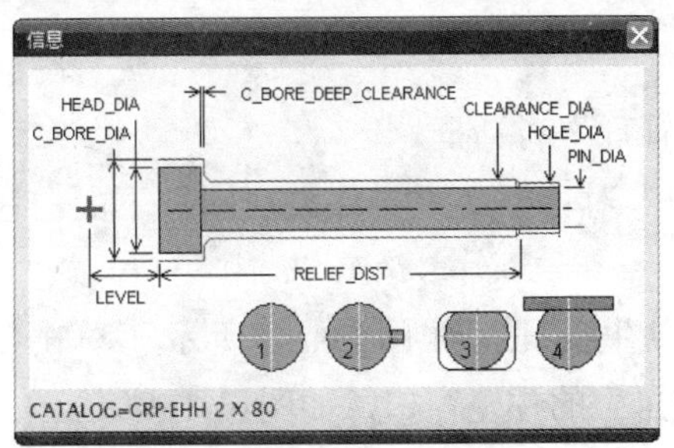

图 13-140　“信息”预览窗口

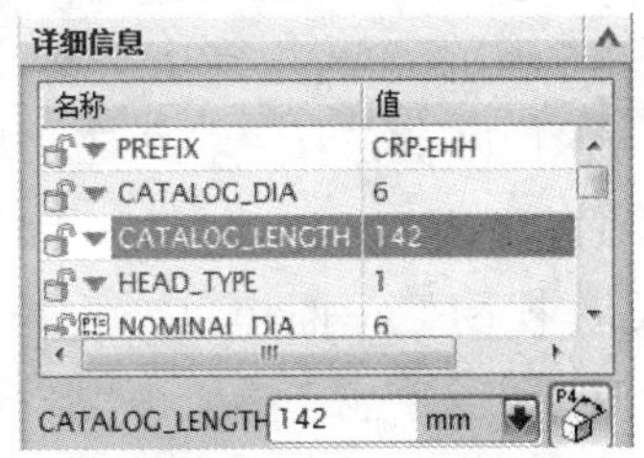

图 13-141　设置详细参数

(4) 单击“标准件管理”对话框中的应用按钮，弹出“标准件位置”对话框。

(5) “标准件位置”对话框“偏置”下面的“X 偏置”设置为 52mm，“Y 偏置”设置为 110mm，单击确定按钮，创建首个复位杆，如图 13-142 所示。

(6) 同样，(X 偏置，Y 偏置)坐标组合分别设置(52，-110)、(-52，110)、(-52，-110)，创建另三个复位杆，如图 13-143 所示。

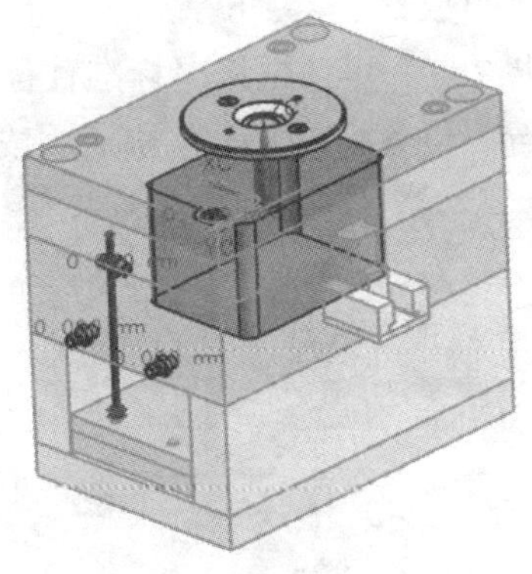

图 13-142　创建首个复位杆

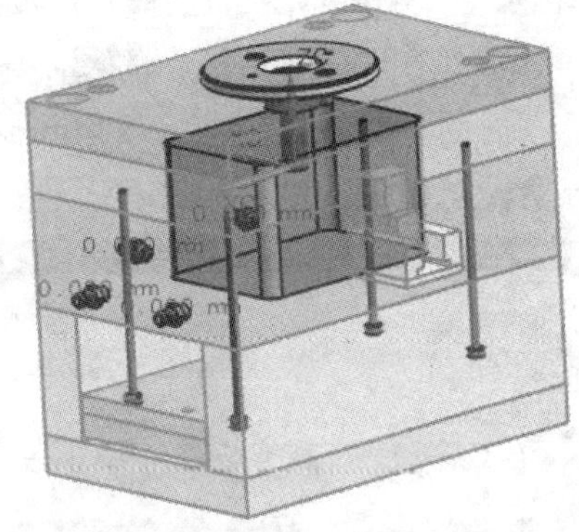

图 13-143　创建其余三个复位杆

(7) 单击(腔体)按钮，使用创建避让腔的方法，以4个复位杆作为修剪刀具，以推杆固定板和动模板作为修剪目标，创建避让腔。

如图 13-144 所示为创建避让腔体之后的推杆固定板视图。

如图 13-145 所示为创建避让腔体之后的动模板视图。

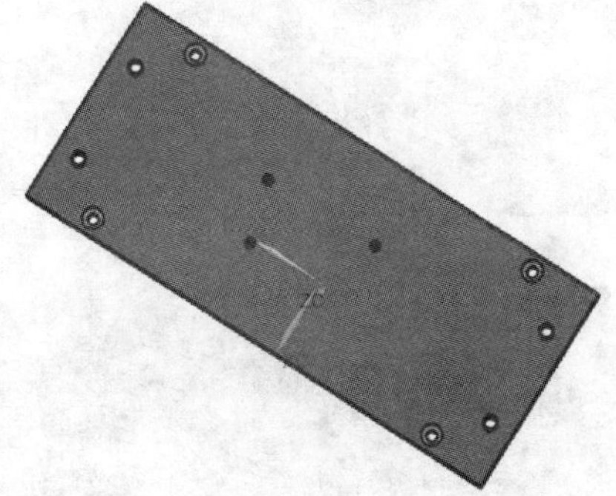

图 13-144　推杆固定板视图

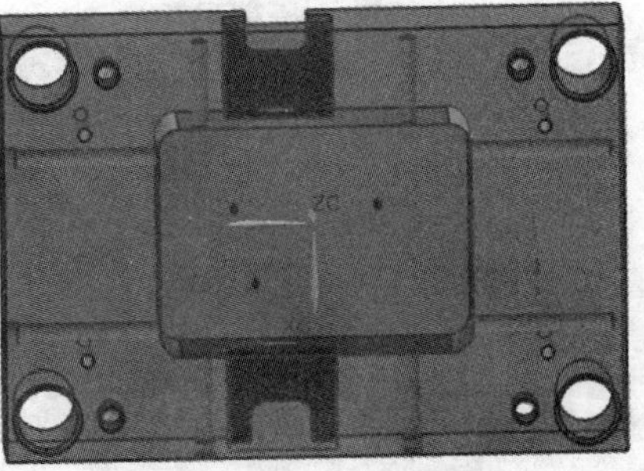

图 13-145　动模板视图

步骤 18：创建推板导柱导套，并修整

(1) 单击 (标准件库)按钮，弹出“标准件管理”对话框。

(2) 如图 13-146 所示，单击“标准件管理”对话框中“文件夹视图”下面白色方框内 DME_MM 的子级 Dowels。

“成员视图”下面白色方框内的内容会发生变化，如图13-147所示，单击Centering Bushing(R05)，会在窗口右侧出现一个名为“信息”的预览窗口，如图13-148所示。

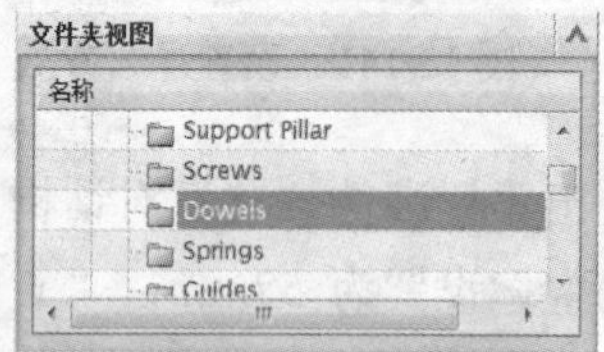

图 13-146　单击 Dowels

图 13-147　单击 Centering Bushing(R05)

(3) “标准件管理”对话框下部的“详细信息”白色方框中的参数默认设置。

(4) 单击如图 13-149 所示的推杆固定板下底面作为“放置”、“位置”。

单击“标准件管理”对话框中的 应用 按钮，弹出“点”对话框；“标准件位置”对话框“偏置”下面的“X 偏置”设置为 14mm，“Y 偏置”设置为 118，单击 确定 按钮，创建首个推板导套，如图 13-150 所示。

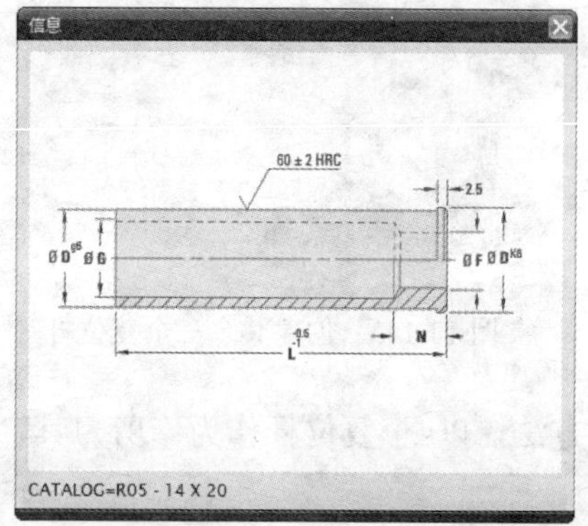

图 13-148　“信息”预览窗口

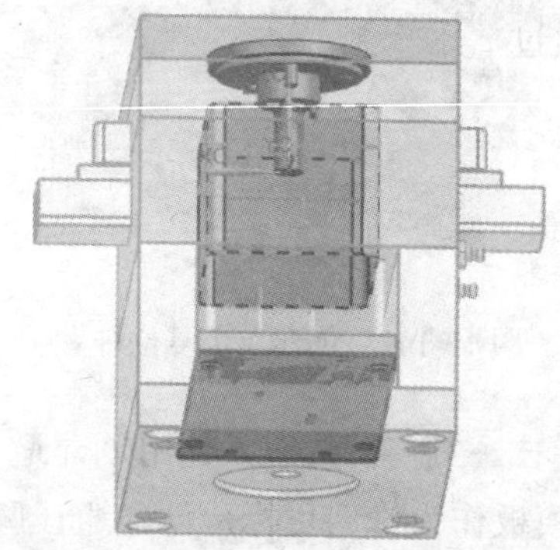

图 13-149　选中参考位置

(5) (X 偏置，Y 偏置)坐标为(-14，-118)，创建另一个推板导套，如图 13-151 所示。

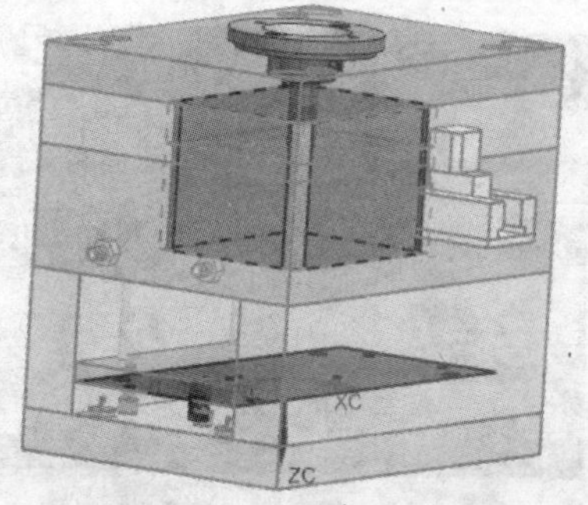

图 13-150　创建首个推板导套

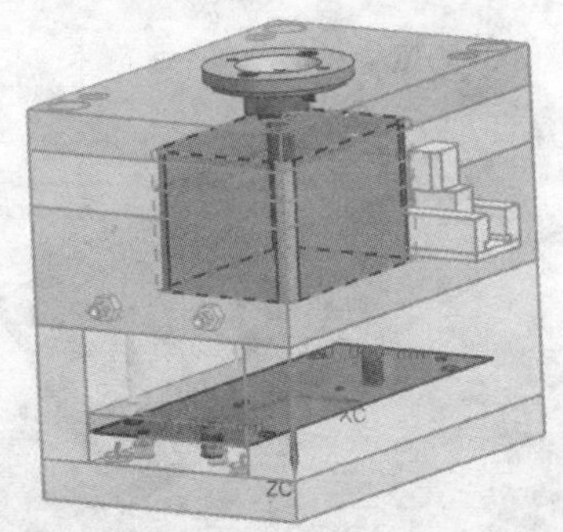

图 13-151　创建第 2 个推板导套

(6) 同样，单击“成员视图”下面白色方框中的 Tubular Dowels(R09)，在推板导套位置创建推板导柱，如图 13-152 所示。(以下模座上平面作为参考平面)

(7) 单击 (腔体)按钮，使用创建避让腔的方法，以推板导柱导套作为修剪刀具，以推杆固定板和动模座作为修剪目标，创建避让腔。

完成修整后，即完成简单抽壳零件的注塑模具设计，如图 13-153 所示。

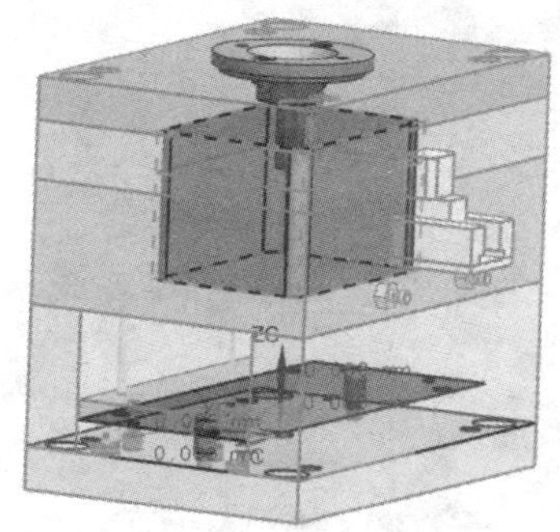

图 13-152　创建两个推板导柱

图 13-153　完成注塑模具设计

步骤 19：创建物料清单

单击 (物料清单)按钮，弹出如图 13-154 所示的“物料清单”对话框。用户可在此对话框中查看物料“描述”、“类别/大小”、“材料”、“供应商”及“坯料尺寸”等内容。

亦可通过单击视图中的零件，来确定物料类型。

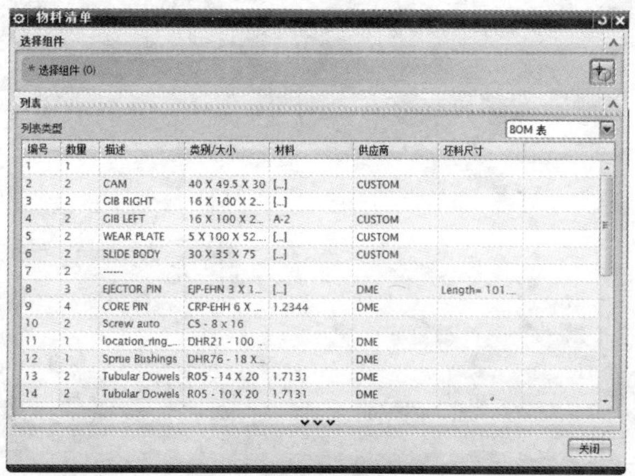

编号	数量	描述	类别/大小	材料	供应商	坯料尺寸
1	1					
2	2	CAM	40 X 49.5 X 30	[...]	CUSTOM	
3	2	GIB RIGHT	16 X 100 X 2...	[...]		
4	2	GIB LEFT	16 X 100 X 2...	A-2	CUSTOM	
5	2	WEAR PLATE	5 X 100 X 52....	[...]	CUSTOM	
6	2	SLIDE BODY	30 X 35 X 75	[...]	CUSTOM	
7	2	------				
8	3	EJECTOR PIN	EJP-EHN 3 X 1...	[...]	DME	Length= 101...
9	4	CORE PIN	CRP-EHH 6 X ...	1.2344	DME	
10	2	Screw auto	CS - 8 x 16			
11	1	location_ring_...	DHR21 - 100 ..		DME	
12	1	Sprue Bushings	DHR76 - 18 X...		DME	
13	2	Tubular Dowels	R05 - 14 X 20	1.7131	DME	
14	2	Tubular Dowels	R05 - 10 X 20	1.7131	DME	

图 13-154　“物料清单”对话框

13.7　本 章 小 结

通过对异形块模型的模具设计，希望用户掌握使用注塑模向导模块进行特殊模型的注塑模具设计。本模型进行注塑模具设计的特点是：前期需要调整开模方向，后期需创建滑块和滑块头。这两部分内容需要用户认真参考。

第 14 章

手柄模型注塑模具设计

本章介绍了使用 NX 9 对一款手柄模型进行注塑模具设计的操作过程。此过程包括动定模仁创建、多腔设计、模架加载、镶件创建、标准件及冷却系统创建等。

学习目标

通过学习本章，掌握对塑料手柄零件进行模具设计的全过程，特别需要注意模型分型面创建的操作过程，同时注意使用“型腔布局”命令创建一模两腔的过程。

如图 14-1 所示为一手柄模型的三维视图，如图 14-2 所示为完成设计后的注塑模具。

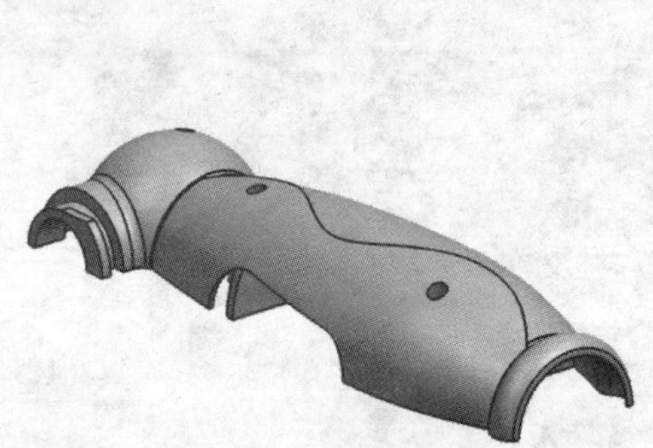

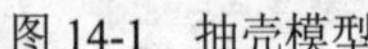

图 14-1 抽壳模型

图 14-2 完成设计的注塑模具

初始文件	\光盘文件\NX 9\Char14\model3.prt
结果文件路径	\光盘文件\NX 9\Char14\zhusu\
视频文件	\光盘文件\视频文件\Char14\第 14 章.Avi

14.1 模具设计初始化

从步骤 1 至步骤 4 介绍了模具设计初始化过程，本过程包括初始化项目、模型重新定位、收缩率检查及工件加载操作。

步骤 1：初始化项目

根据前面进行初始化设置的方法加载 model3.prt 文件，在“F 盘”创建英文路径文件夹并设置为其路径，设置模型材料为 ABS，完成设置后的“初始化项目”对话框如图 14-3 所示。单击确定按钮，进行项目初始化操作。

步骤 2：模型重新定位

(1) 单击(模具 CSYS)按钮，弹出“模具 CSYS”对话框，可以看到系统提供了“当前 WCS”、“产品实体中心”、“选定面的中心”三种对坐标轴重新定位的方式。

提供了“锁定 X 位置”、“锁定 Y 位置”、“锁定 Z 位置”三种不同方向上的位置锁定方式。

(2) 如图 14-4 所示，分别选中“选定面的中心”和“锁定 Z 位置”选项，并单击如图 14-5 所示模型的底面作为“选择对象”。

(3) 单击“模具 CSYS”对话框中的确定按钮，即可完成模型重新定位操作。

(4) 选择“全部保存”命令，保存所有操作。

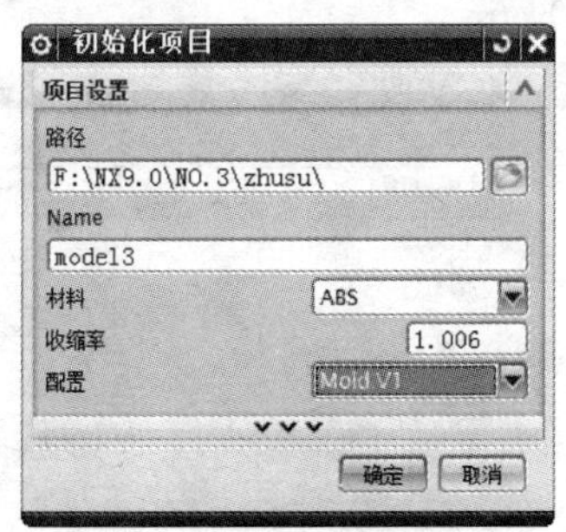

图 14-3　“初始化项目”对话框

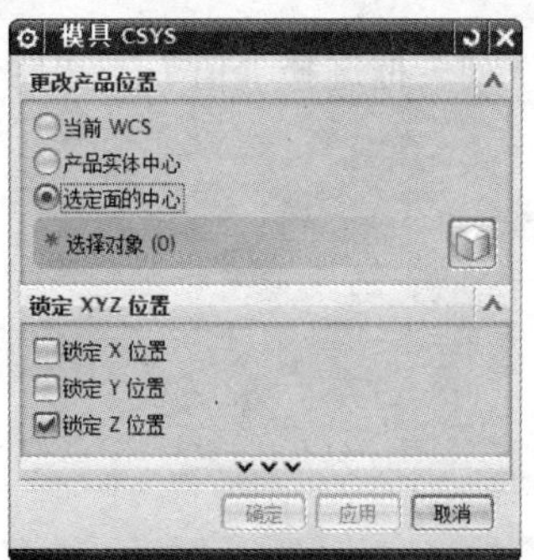

图 14-4　“模具 CSYS”对话框

提示

本模型的坐标轴原就在底面的中心位置，所以本模型也可选中“当前 WCS”定位坐标轴。

步骤 3：收缩率检查

(1) 单击(收缩率)按钮，弹出如图 14-6 所示的“缩放体”对话框。

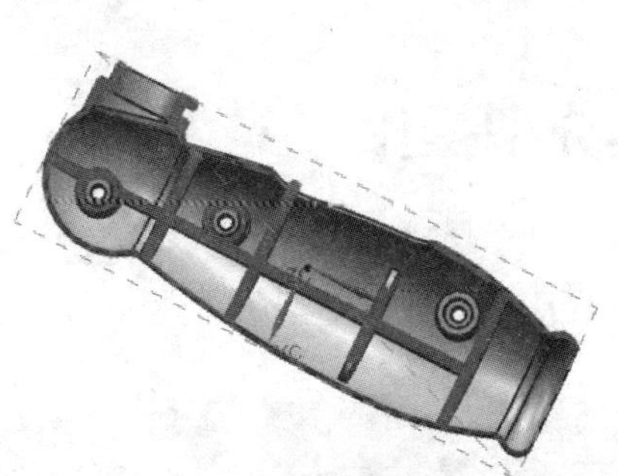

图 14-5　单击模型底面

图 14-6　“缩放体”对话框

(2) 由“缩放体”对话框中可以看出，“比例因子”为 1.006，与 ABS 材料的收缩率相同，因此不用改变，单击确定按钮，完成操作。

步骤 4：工件加载

(1) 单击(工件)按钮后，会出现一段短暂的工件加载时间，过后会加载预览工件，如图 14-7 所示，并弹出“工件”对话框。

(2) 如图 14-8 所示，在“工件”对话框中，“类型”列表框选择“产品工件”，“工件方法”列表框选择“用户定义的块”，选择自动创建的长为 160mm、宽为 85mm 的矩形四边作为截面曲线。

“限制”下面的“开始”列表框选择“值”，“距离”设置为-10mm。

“结束”列表框选择“值”，“距离”设置为 30mm。

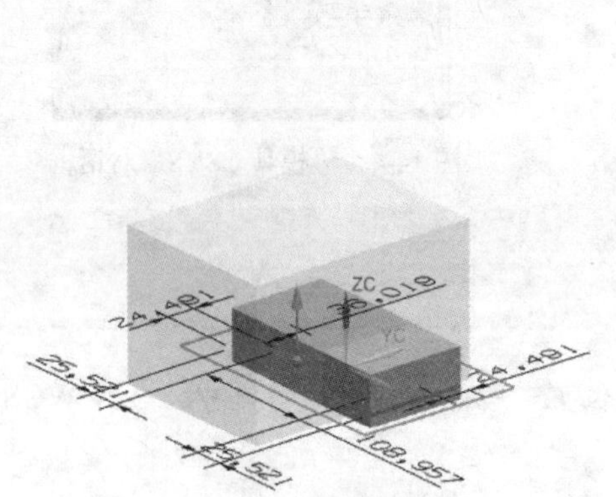

图 14-7　预加载工件

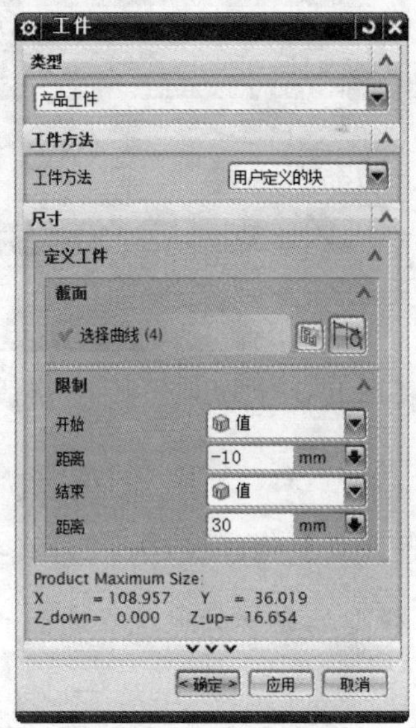

图 14-8　“工件”对话框

(3) 一般默认设置即为步骤(2)所示数据，否则，请更改数据。

单击<确定>按钮，完成工件加载，如图 14-9 所示。

14.2　模具分型操作

从步骤 5 至步骤 10 介绍了模具分型设计过程，本过程包括型芯\型腔区域检查、定义区域、分型面设计及型芯\型腔创建等操作过程。

步骤 5：进入模具分型窗口

(1) 在“注塑模向导”选项卡中，单击如图 14-10 所示“分型刀具”工具栏中的(分型导航器)按钮，即可切入 model3_parting_***.prt 文件窗口。如图 14-11 所示为切入本文件窗口后的模型零件图，外边框代替工件模型轮廓。

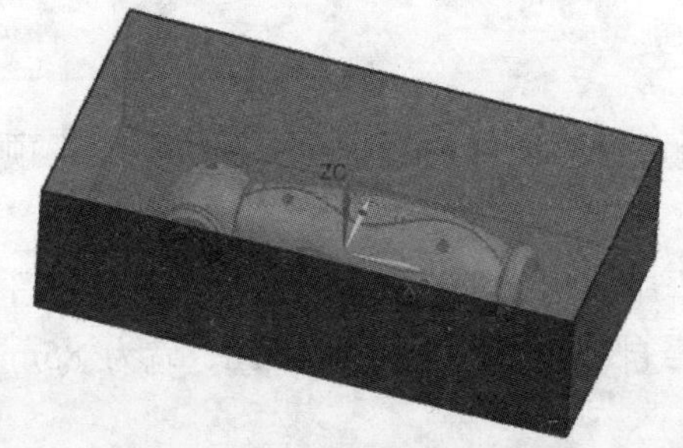

图 14-9　完成工件加载

图 14-10　“分型刀具”工具栏

(2) 切入文件窗口的同时，弹出如图 14-12 所示的“分型导航器”窗口。

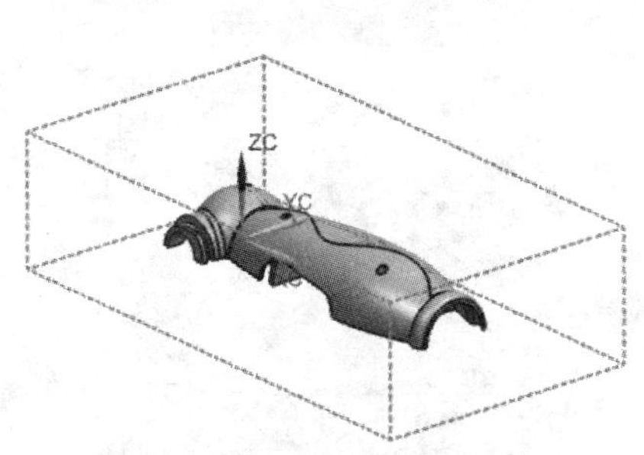

图 14-11　模型零件图

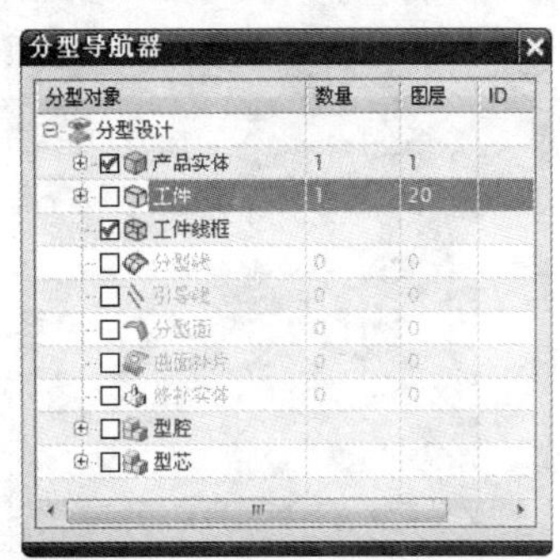

图 14-12　“分型导航器”窗口

(3) 用户可使用“分型导航器”将产品实体、工件、工件线框、分型线、型芯、型腔等进行隐藏\显示操作。例如，如图 14-13 所示，选中“工件”左侧的白色方框，可以如图 14-14 所示将工件显示出来。

图 14-13　选中“分型导航器”内工件

图 14-14　显示工件

用户可以单击(分型导航器)按钮，打开\关闭“分型导航器”窗口。

步骤 6：检查区域

(1) 单击(检查区域)按钮，弹出“检查区域”对话框。

(2) 单击模型作为“选择产品实体”，单击“指定脱模方向”右侧的按钮的下拉箭头选择 ZC 方向，选中“选项”下面“保持现有的”选项，完成设置后的“计算”选项卡如图 14-15 所示。

(3) 单击(计算)按钮，进行计算。

(4) 完成计算后单击选项卡区域中的“面”，切入“面”选项卡，如图 14-16 所示。

(5) 用户可以在“面”选项卡下看到，通过计算得到 82 个面，其中拔模角度≥3.00 的面有 1 个，拔模角度＜3.00 的面有 11 个，拔模角度＝0.00 的面有 10 个，拔模角度＜-3.00 的面有 52 个，-3.00＜拔模角度＜0 的面有 6 个。

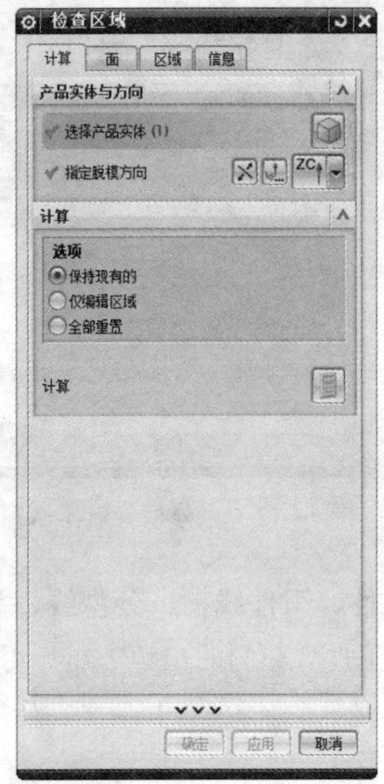

图 14-15 “计算”选项卡

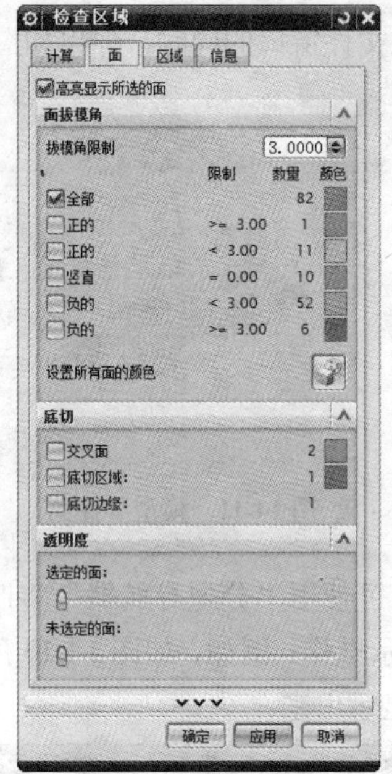

图 14-16 “面”选项卡

用户可以选中前面的方框在实体上预览这些面。

例如，如图 14-17 所示，选中“正的 <3.00”左侧的方框，在窗口内的图形则会如图 14-18 所示对应“面”选项卡中选中的项目并红色高亮显示。

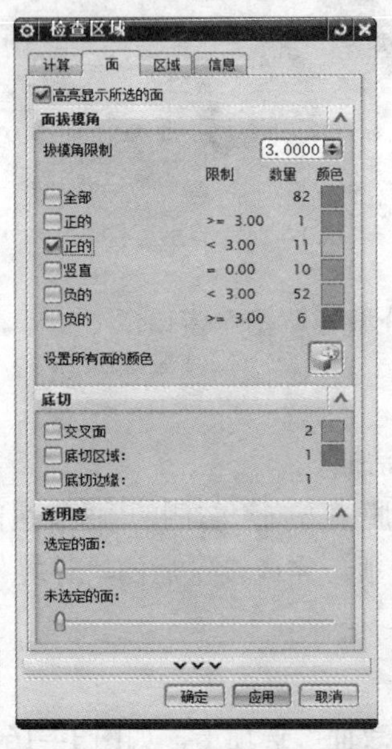

图 14-17 “面”选项卡设置

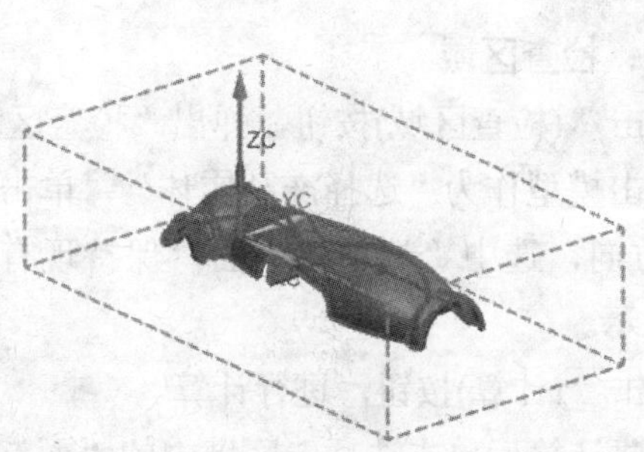

图 14-18 窗口图形显示

通过检查可以看到如图 14-19 所示的面应该作为型芯区域进行定义，但软件通过计算定义给型腔区域，用户需使用手动的方法将其重新定义。

(6) 完成检查后，单击选项卡区域中的“区域”，切入“区域”选项卡。

(7) 在此选项卡中可以看到，“型腔区域”被定义了15个面，“型芯区域”被定义了62个面，还有5个面属于“未定义的区域”。

如图14-20所示，选中“交叉区域面”选项，即可将如图14-21所示未定义的1个面在窗口模型中选中，并如图14-22所示单击头部竖直面将其选中。

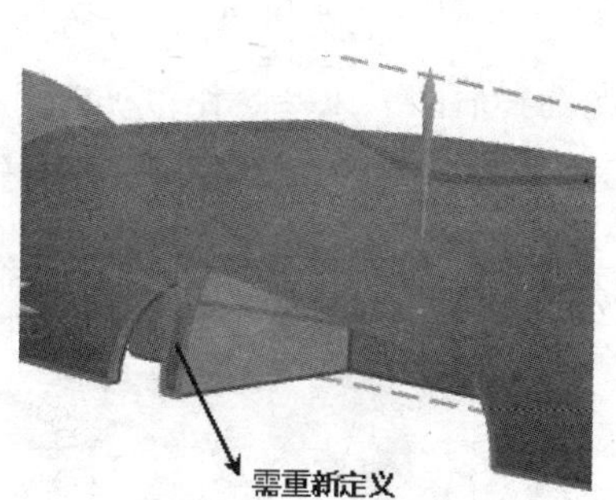

图 14-19　需重新定义面

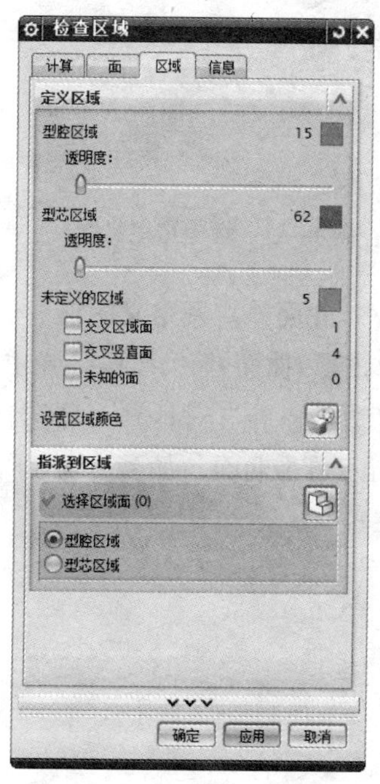

图 14-20　“区域”选项卡

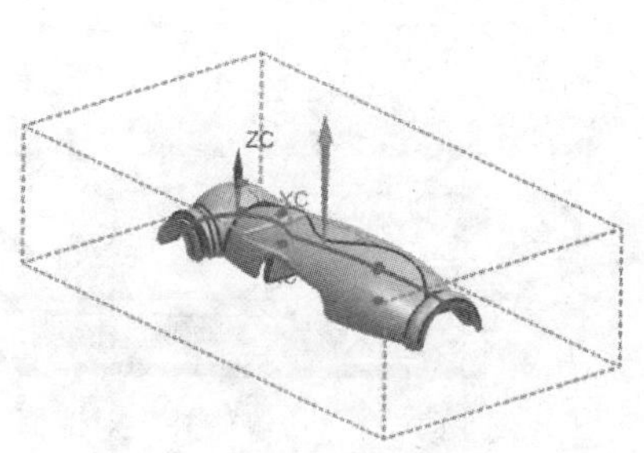

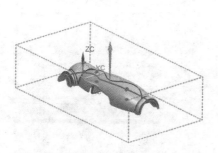

图 14-21　选中“交叉竖直面”

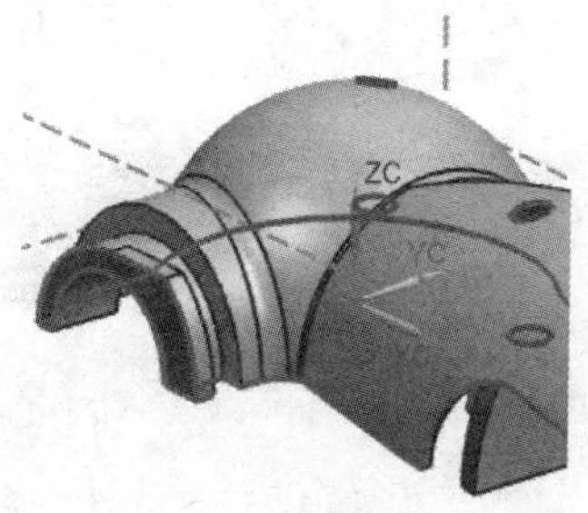

图 14-22　模型局部放大图

(8) 设置完成后，单击应用按钮，即可将选定面重新定义进型腔区域。

同理，定义如图 14-23 所示面进入型芯区域。

如图 14-24 所示为重定义后的“定义区域”。从中可以看出，还余 3 个面未进行定义，单击确定按钮，完成“检查区域”操作。

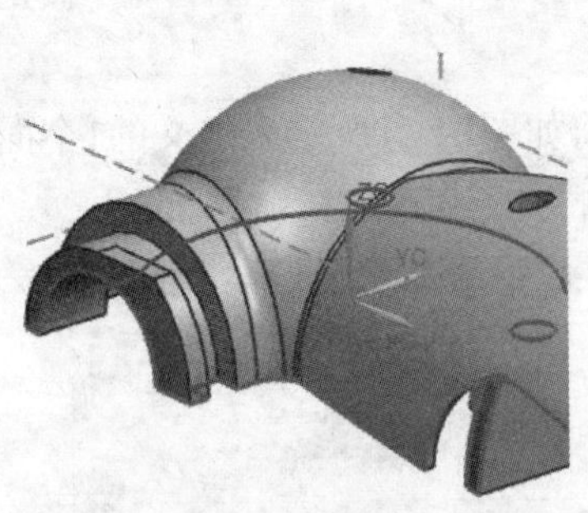

图 14-23　选中重定义面

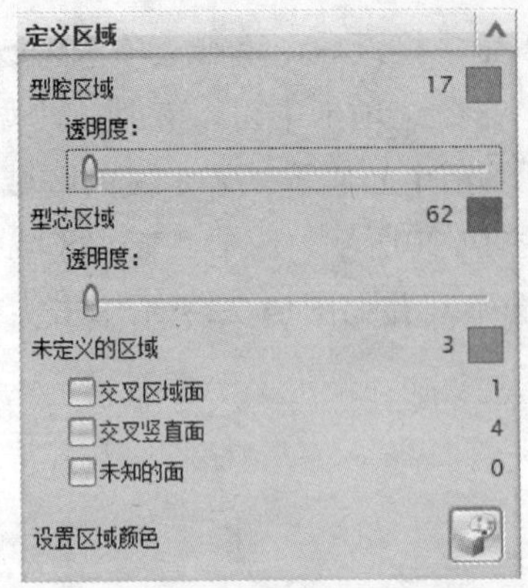

图 14-24　重定义后的“定义区域”

步骤 7：曲面补片及定义区域

(1) 单击(曲面补片)按钮，弹出“边缘修补”对话框。

(2) “边缘修补”对话框“环选择”下面的“类型”列表框选择“面”，完成设置后如图 14-25 所示单击曲面，如图 14-26 所示为完成曲面选择后的“边缘修补”对话框。

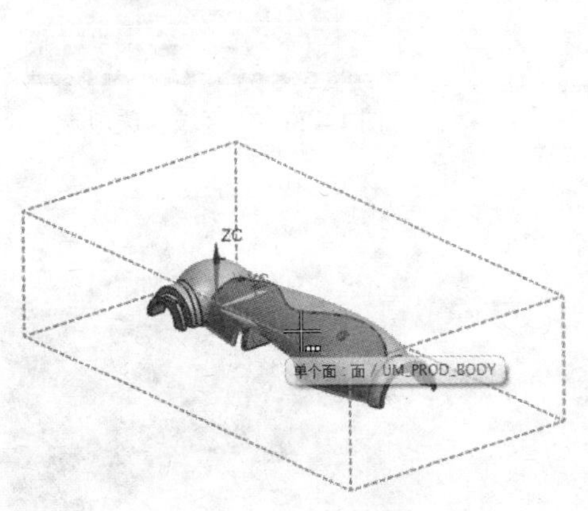

图 14-25　单击选中曲面

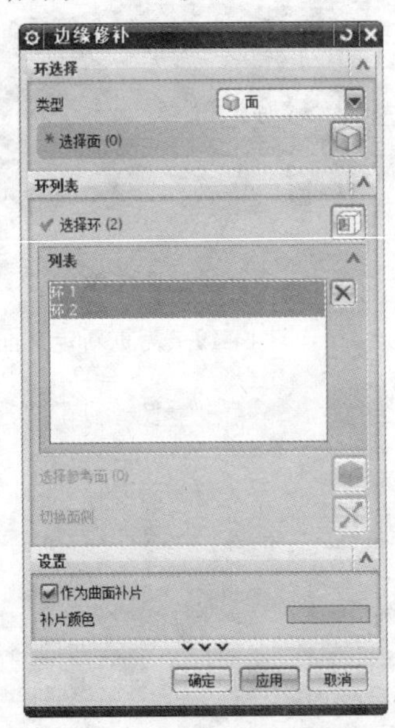

图 14-26　“边缘修补”对话框

(3) 单击“应用”按钮，完成选中曲面的补片操作，如图 14-27 所示。

(4) 重复步骤(2)(3)，完成另一个孔的补片，如图 14-28 所示。(为好辨别，指派补片为较深的颜色)

(5) 参考步骤(2)(3)以如图 14-29 所示孔所在面进行补面操作，进行补面后如图 14-30 所示。重复操作，完成其余两个孔的补面操作。

(6) 单击(定义区域)按钮，弹出“定义区域”对话框。

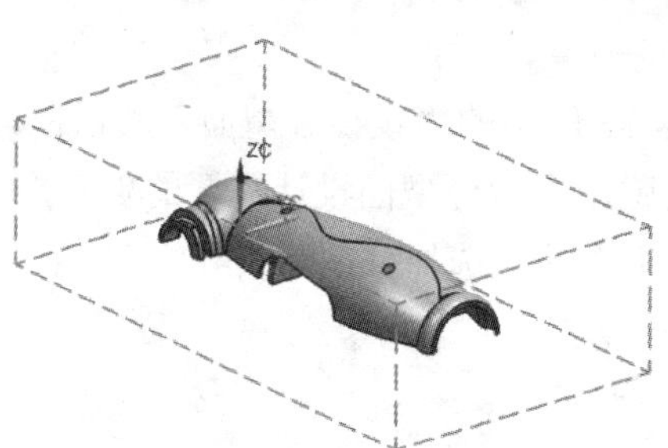

图 14-27　首个曲面补片

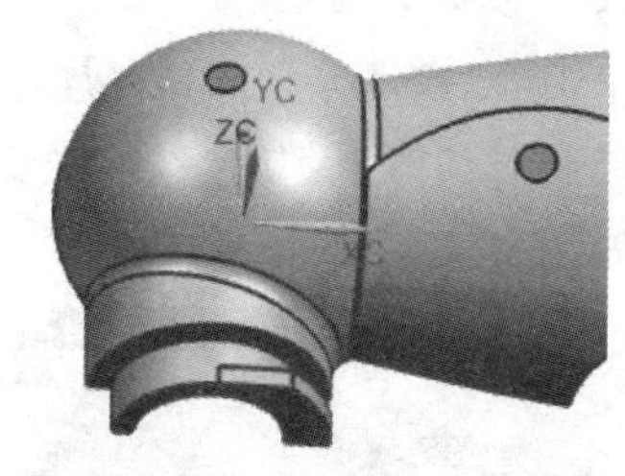

图 14-28　第二个曲面补片

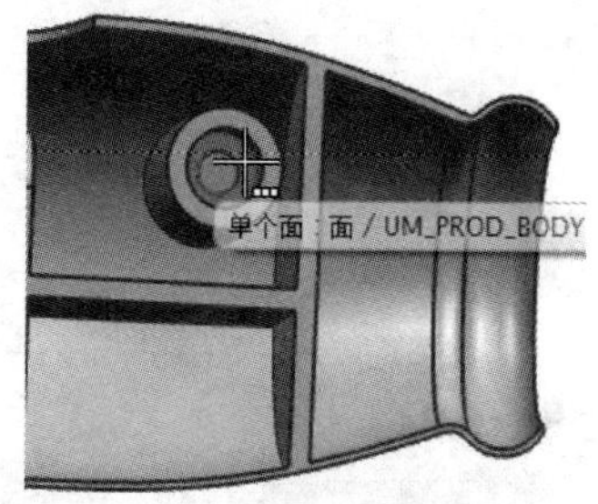

图 14-29　选择孔所在面

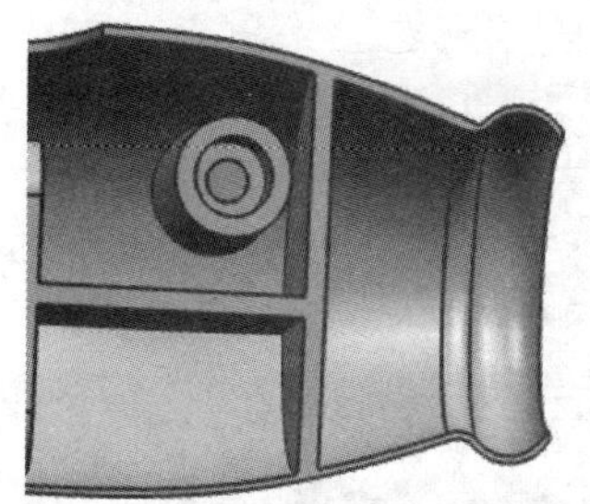

图 14-30　完成补面操作

用户可在此对话框中看到，模型共82个面，“未定义的面”、“型腔区域”、“型芯区域”各占3、16、63个面；用户可单击“定义区域”下面的方框内的名称进行检查，检查是否按照用户的意愿进行分区，并可对其进行修改。

(7) 完成检查后，依次选中“设置”下面的“创建区域”、“创建分型线”选项，单击应用按钮，如图 14-31 所示，“定义区域”下面白色方框内名称前符号发生变化。

(8) 单击< 确定 >按钮，并旋转窗口内模型，可发现模型面按型腔、型芯区域发生如图 14-32 所示的颜色变化。

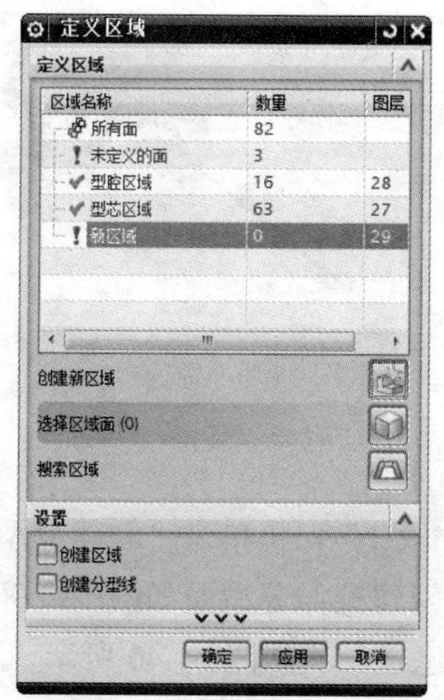

图 14-31　“定义区域”对话框

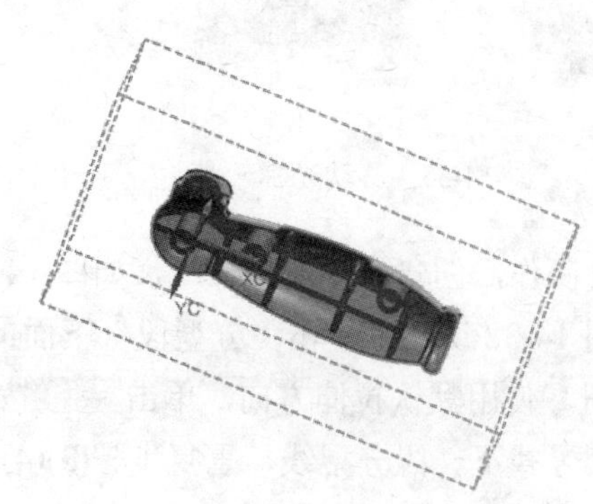

图 14-32　区域面变化

步骤 8：设计分型面

(1) 单击(设计分型面)按钮，弹出如图 14-33 所示的“设计分型面”对话框。

(2) 单击对话框下部的(更多)按钮，弹出进行分型面设计需要的更多操作命令。

(3) 如图 14-34 所示，单击“编辑分型段”下面的“选择分型或引导线”。

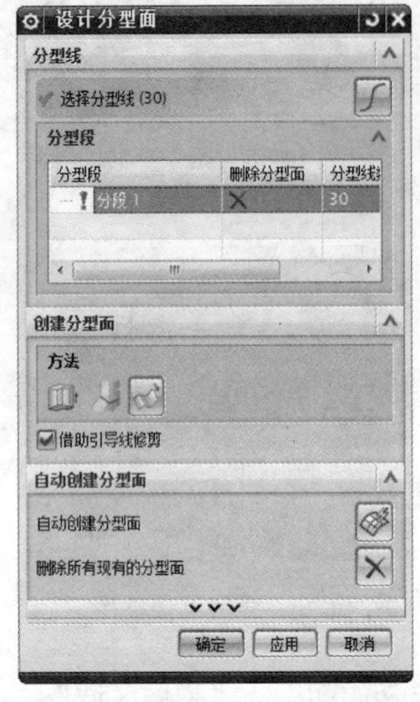

图 14-33 “设计分型面”对话框

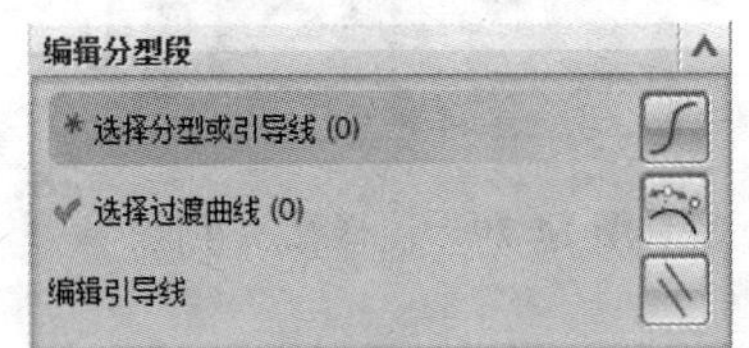

图 14-34 单击“选择分型或引导线”

(4) 如图 14-35 所示，将光标置于需处理的分型线一端，此时分型线一端出现三个箭头，移动光标使最靠近分型线一端的箭头呈红色，此时单击鼠标会出现如图 14-36 所示的一段延长线。

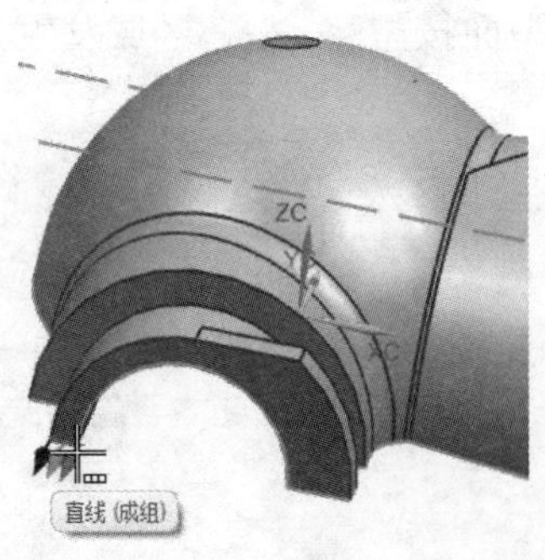

图 14-35 移动光标

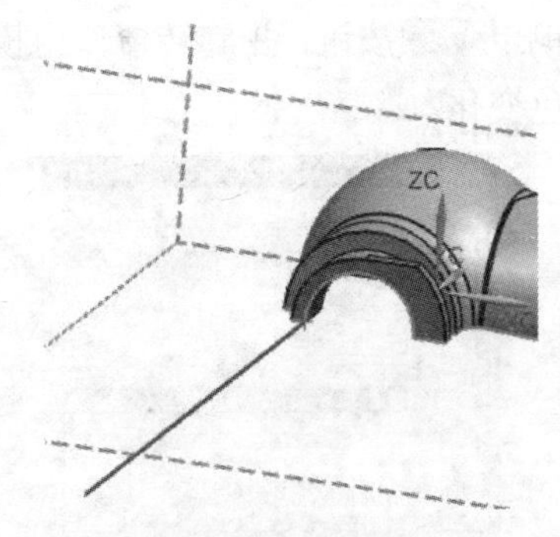

图 14-36 延长线

(5) 重复操作，创建另一端延长线，如图 14-37 所示。

(6) 如图 14-38 所示，单击“分型段”下面的“分段 1”，再单击“创建分型面”下面的(拉伸)按钮，使用默认拉伸方向，单击应用按钮，创建拉伸分型面如图 14-39 所示。

(7) 继续寻找下一段分型线，重复步骤(3)(4)，创建延长线如图 14-40 所示。

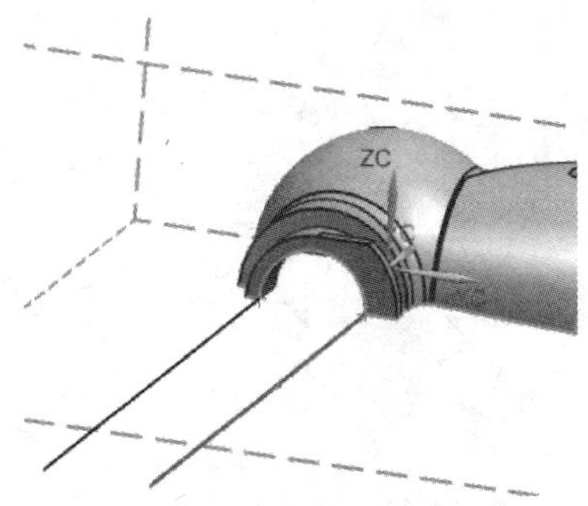

图 14-37　创建第 2 条延长线

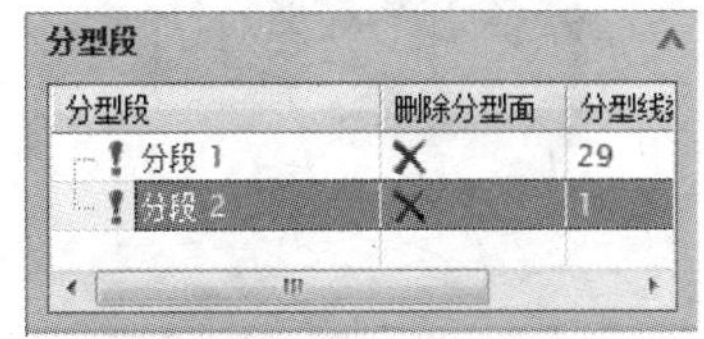

分型段	删除分型面	分型线数
分段 1	✕	29
分段 2	✕	1

图 14-38　单击“分段 2”

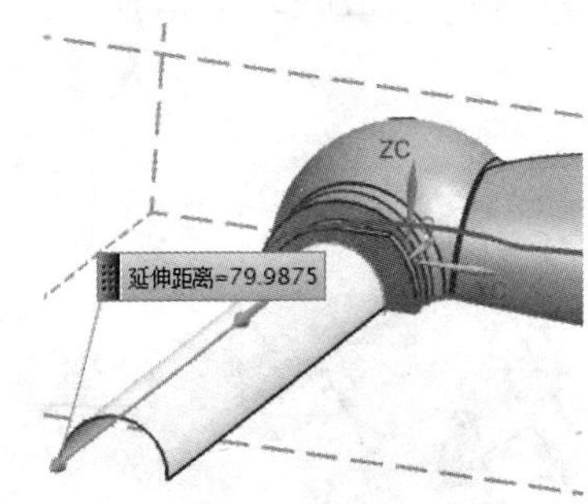

图 14-39　创建拉伸分型面

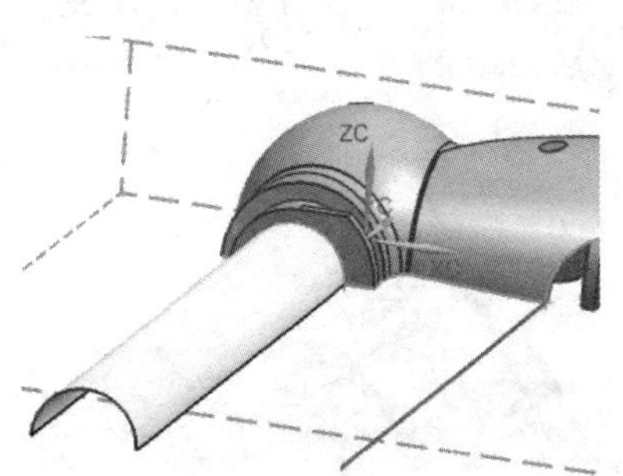

图 14-40　创建延长线

(8) 单击“分型段”下面的“分段 2”，软件自动创建分型面，拖动改变边界位置后单击应用按钮得到分型面，如图 14-41 所示。

(9) 继续寻找下一段分型线，重复步骤(3)(4)，创建延长线如图 14-42 所示。

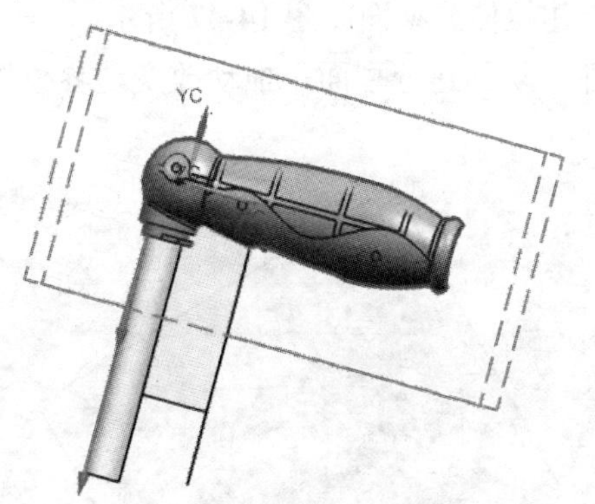

图 14-41　创建分型面

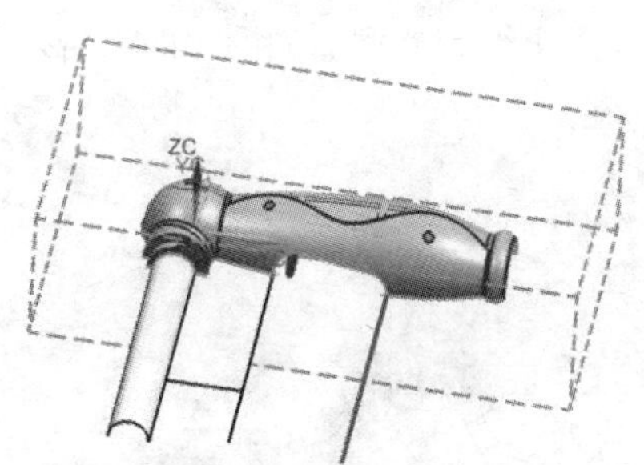

图 14-42　创建延长线

(10) 单击“分型段”下面的“分段 3”，再单击“创建分型面”下面的(扫掠)按钮，使用默认方向，单击应用按钮，创建扫掠分型面，如图 14-43 所示。

(11) 继续寻找下一段分型线，重复步骤(3)(4)，创建延长线如图 14-44 所示。

(12) 单击“分型段”下面的“分段 4”，软件自动创建分型面，拖动改变边界位置后单击应用按钮得到分型面如图 14-45 所示。

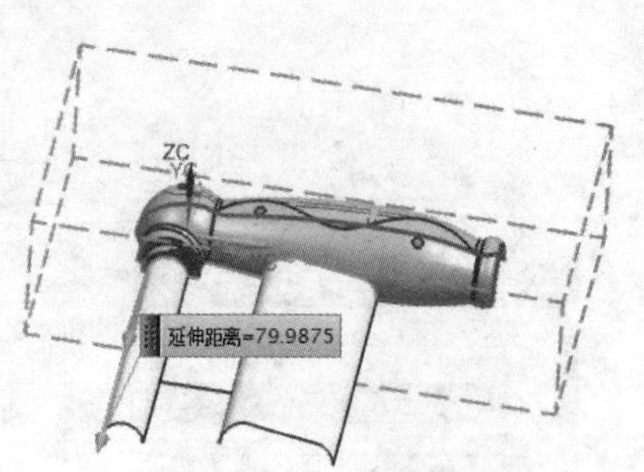

图 14-43　创建扫掠分型面

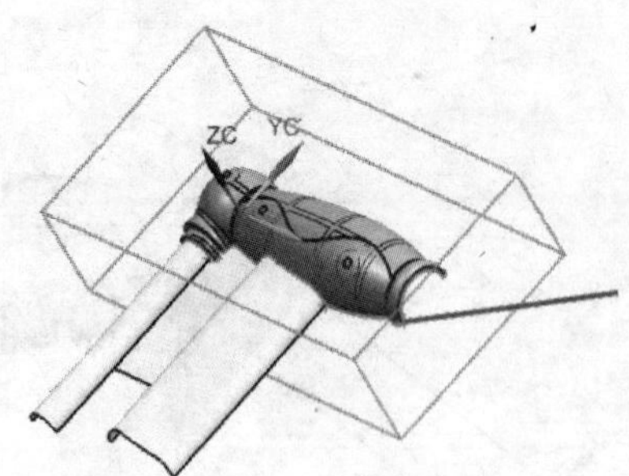

图 14-44　创建延长线

(13) 继续寻找下一段分型线，重复步骤(3)(4)，创建延长线如图 14-46 所示。

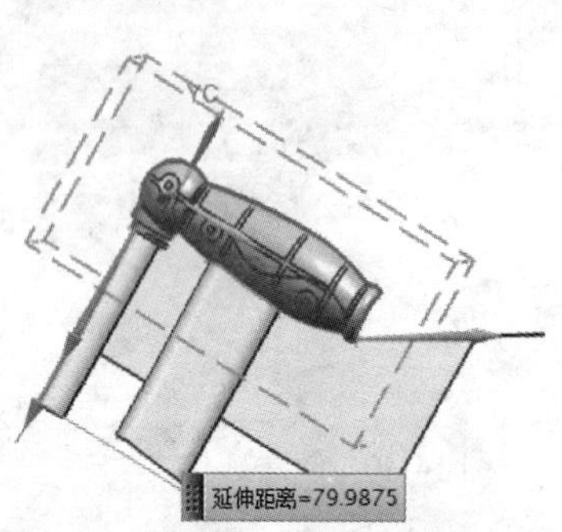

图 14-45　创建分型面

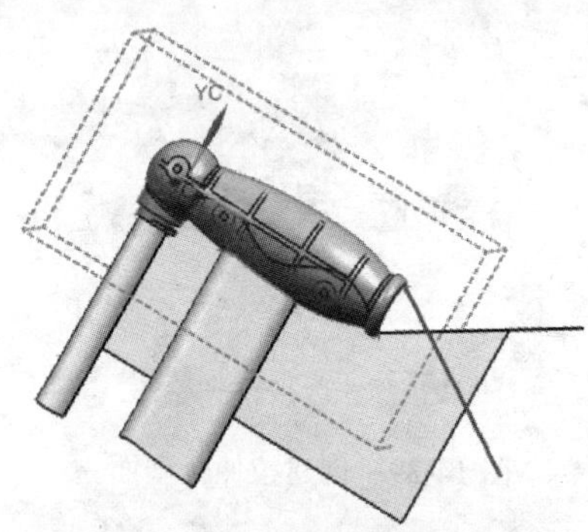

图 14-46　创建延长线

(14) 单击“分型段”下面的“分段 5”，再单击“创建分型面”下面的(拉伸)按钮，选择“XC 方向”为拉伸方向，单击应用按钮，创建拉伸分型面如图 14-47 所示。

(15) 单击“分型段”下面的“分段 6”，软件自动创建分型面，拖动改变边界位置后单击应用按钮得到分型面如图 14-48 所示。

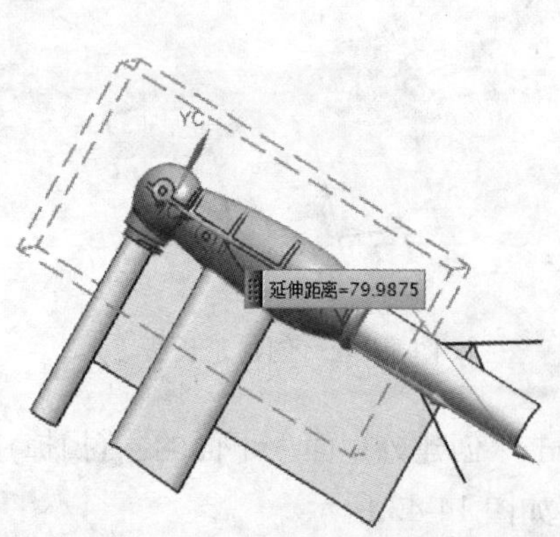

图 14-47　创建拉伸分型面

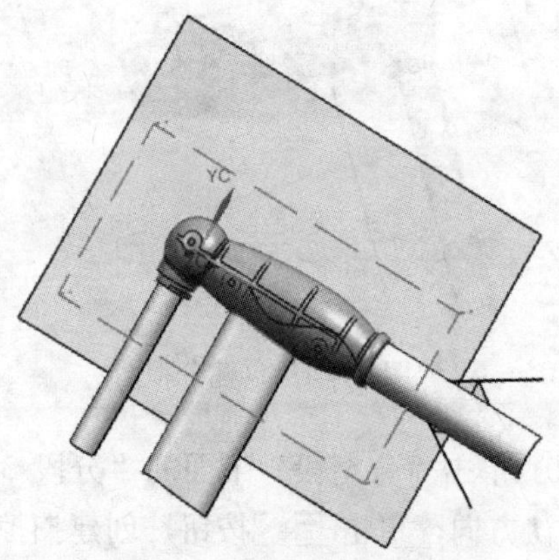

图 14-48　创建分型面

(16) 选择视图，使其底面朝上，选中如图 14-49 所示面，右键将其删除得到视图如图 14-50 所示。(弹出对话框，单击确定按钮)

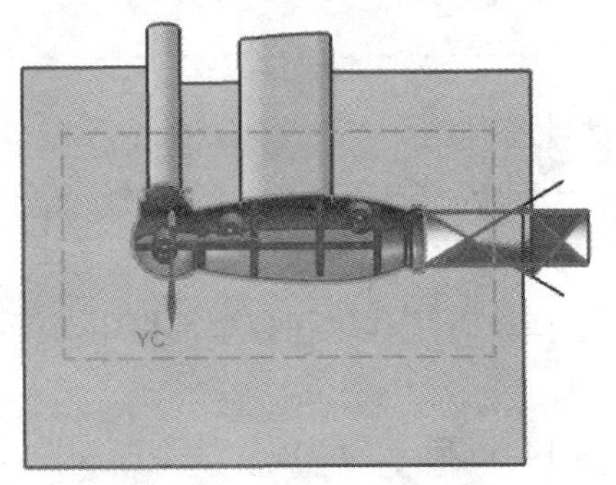

图 14-49　选中面

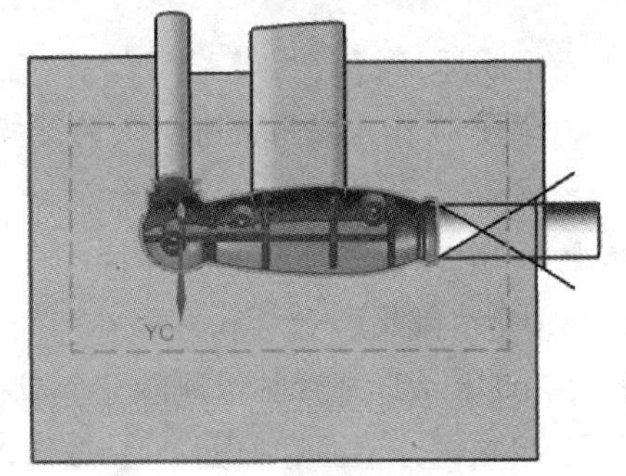

图 14-50　完成删除后面

(17) 单击“曲面”选项卡中的(修剪片体)按钮，弹出“修剪片体”对话框。

(18) 如图 14-51 所示，选中图中两曲面作为修剪“目标”，如图 14-52 所示，单击拉伸曲面作为修剪“边界对象”。

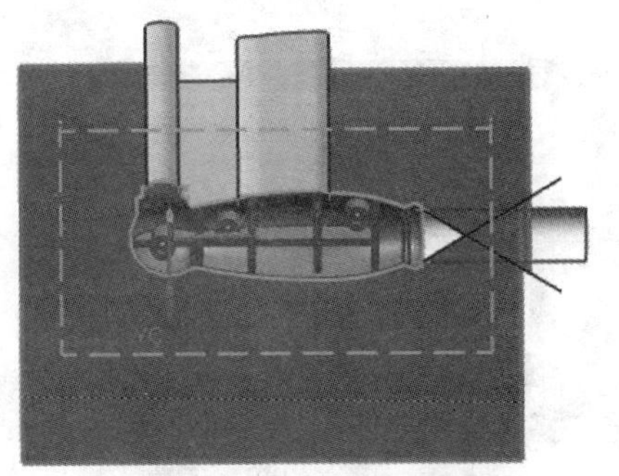
图 14-51　选中修剪“目标”

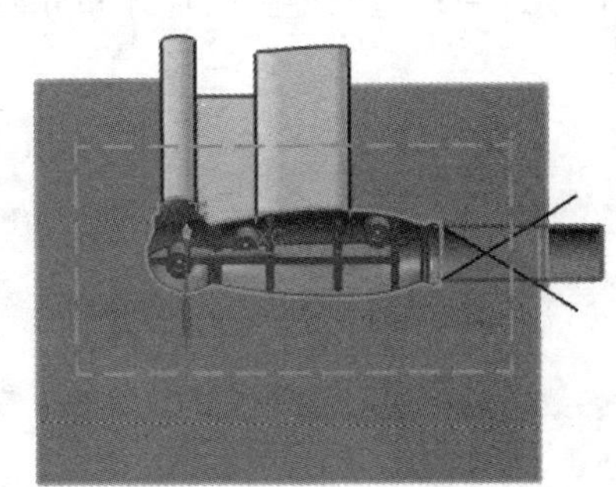
图 14-52　选中“边界对象”

(19) 如图 14-53 所示，“修剪片体”对话框中“投影方向”列表框选择“垂直于面”，“区域”下面选中“保留”选项，单击确定按钮，完成曲面修剪，如图 14-54 所示，即完成分型面创建。

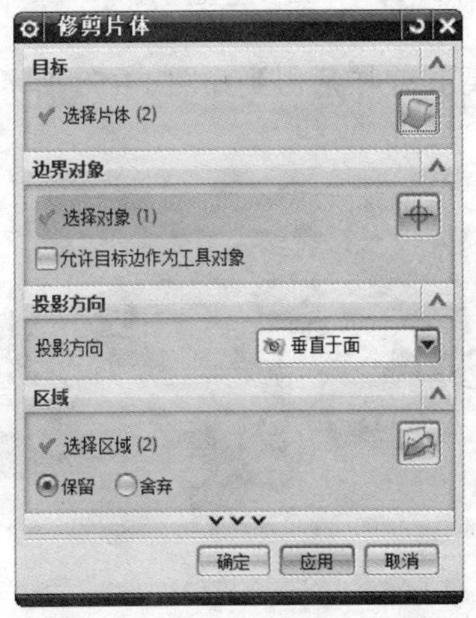

图 14-53　“修剪片体”对话框

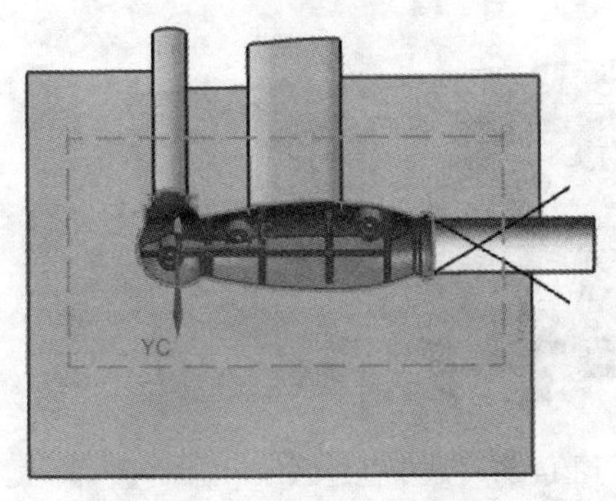

图 14-54　完成分型面创建

帮助

此步骤操作需要用户有一定的建模及曲面设计基础。

步骤 9：编辑分型面和曲面补片

用户使用“编辑分型面和曲面补片”命令，可选择现有片体以在分型部件中对开放区域进行补片，或取消选择片体以删除分型或补片的片体。

单击(编辑分型面和曲面补片)按钮，弹出如图 14-55 所示的“编辑分型面和曲面补片”对话框，默认自动选择分型面，单击<确定>按钮，完成操作。

步骤 10：定义型腔和型芯

(1) 单击(定义型腔和型芯)按钮，弹出“定义型腔和型芯”对话框。

(2) 如图 14-56 所示，选中“选择片体”下面白色方框中的“型腔区域”，如图 14-57 所示会自动选中模型的型腔面片体和分型面片体。

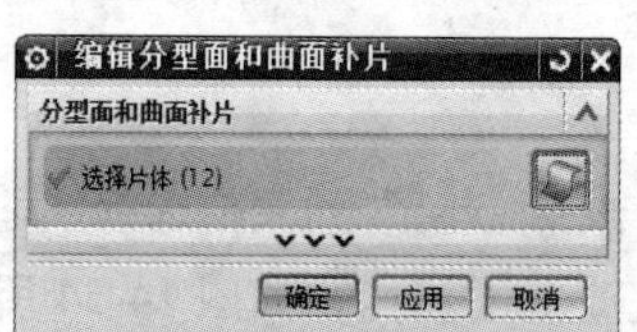

图 14-55 “编辑分型面和曲面补片”对话框

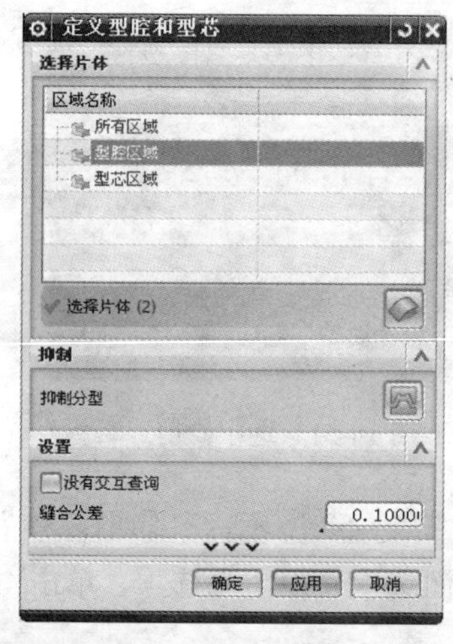

图 14-56 单击“型腔区域”

(3) 其余默认设置，单击应用按钮，软件进行计算，完毕后得到如图 14-58 所示型腔模仁(定模仁)，并弹出如图 14-59 所示的“查看分型结果”对话框。

图 14-57 选中型腔区域示意

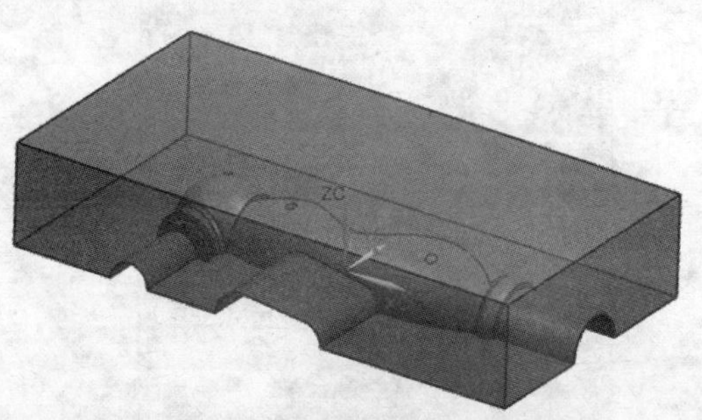

图 14-58 创建定模仁

(4) 直接单击“查看分型结果”对话框中的<确定>按钮，完成型腔区域定义操作，并返回至“定义型腔和型芯”对话框。

此时可以发现白色方框内“型腔区域”前面的符号变为✔，选择片体的数量由操作前的 2 变为现在的 1，说明型腔面片体同分型面片体缝合为一个片体。

(5) 重复操作，选中“选择片体”下面白色方框中的“型芯区域”，选中型芯面片体和分型面片体，其余默认设置，单击应用按钮，计算得到型芯模仁(动模仁)，如图 14-60 所示，并弹出“查看分型结果”对话框。

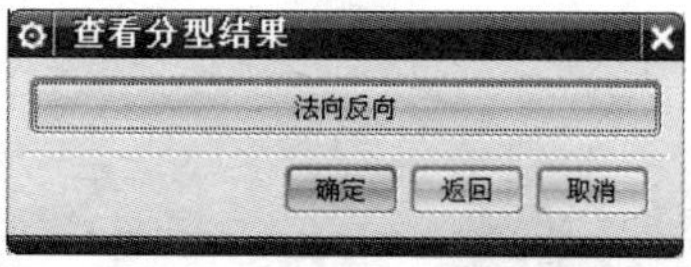

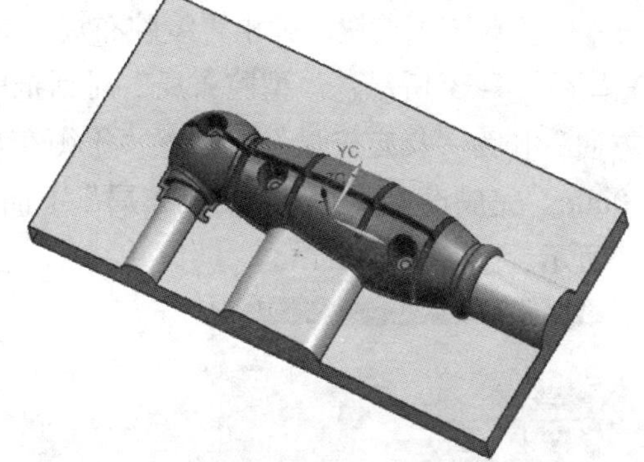

图 14-59　“查看分型结果”对话框

图 14-60　创建动模仁

(6) 直接单击“查看分型结果”对话框中的<确定>按钮，完成型芯区域定义操作，并返回至“定义型腔和型芯”对话框。

此时可以发现白色方框内“型芯区域”前面的符号变为✔，选择片体的数量由操作前的 2 变为现在的 1，说明型芯面片体同分型面片体缝合为一个片体。

此时已完成型腔和型芯区域定义，完成后的“定义型腔和型芯”对话框如图 14-61 所示。

(7) 单击取消按钮，关闭“定义型腔和型芯”对话框，完成操作。

用户可打开 model3_top_***.prt 装配文件查看动定模仁装配图，如图 14-62 所示。

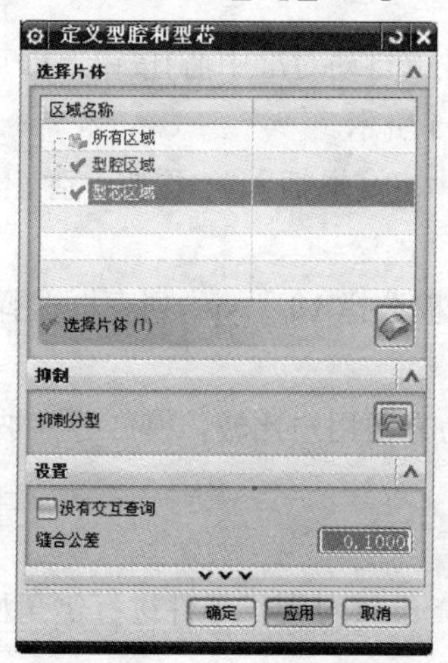

图 14-61　完成操作后“定义型腔和型芯”对话框

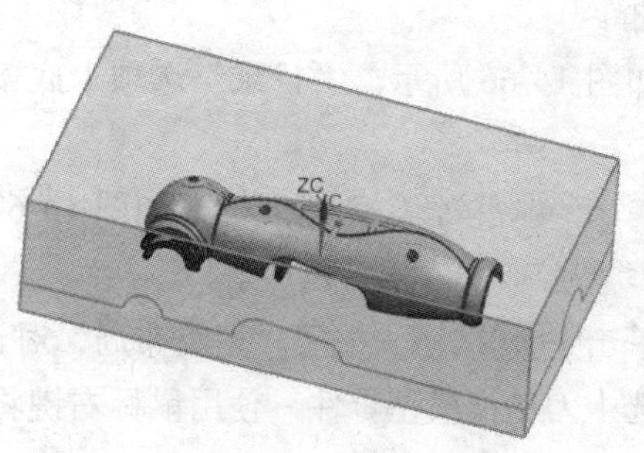

图 14-62　动定模仁装配图

14.3　一模多腔型芯布局

步骤 11 介绍了使用型腔布局功能创建型芯\型腔刀槽框、一模 2 腔设计及模仁倒角等的操作过程，请用户仔细参考。

步骤 11：一模多腔型芯布局

(1) 确定文件窗口名称为 model3_top_***.prt。

单击(型腔布局)按钮，弹出“型腔布局”对话框。

(2) 如图 14-63 所示，“型腔布局”对话框中“布局类型”列表框选择“矩形”，选择“YC 方向”作为“指定矢量”，设置“平衡布局设置”下面的“型腔数”为 2，“缝隙距离”为 0mm。完成设置后单击“生成布局”下面的(生成布局)按钮，创建第二个型腔，如图 14-64 所示。

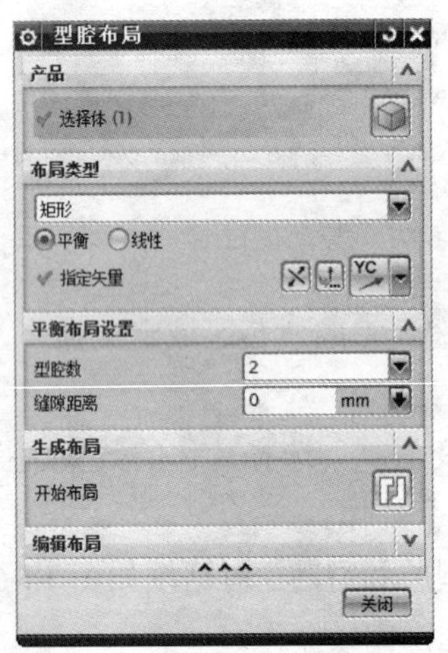

图 14-63　“型腔布局”对话框

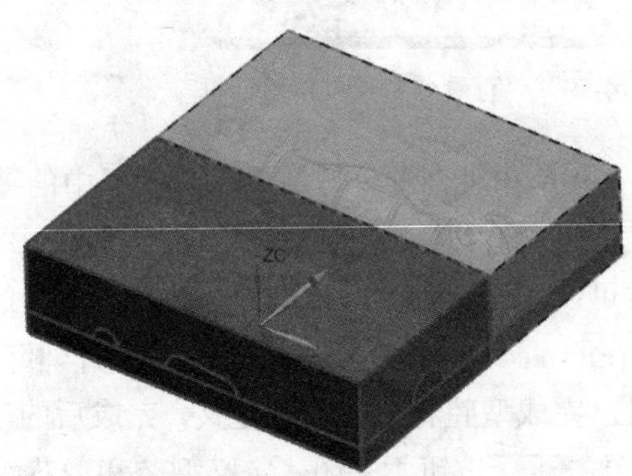

图 14-64　创建第二个型腔

(3) 单击“型腔布局”对话框“编辑布局”下面的(自动对准中心)按钮，即可将 WCS 轴自动对称到模仁组合的中心处，完成操作后如图 14-65 所示。

(4) 单击“型腔布局”对话框“编辑布局”下面的(编辑插入腔)按钮，弹出“插入腔体”对话框。

(5) 如图 14-66 所示，“目录”选项卡底部 R 列表框选择 10，type 列表框选择 0，其余默认设置。

(6) 单击按钮，创建刀槽框如图 14-67 所示(为方便用户比较，模仁零件被隐藏了)，并返回到“型腔布局”对话框中。

(7) 单击按钮，关闭“型腔布局”对话框。

(8) 选中刀槽框模型零件，使用鼠标右键将其隐藏，继续对模仁零件进行倒角操作。

图 14-65　自动对准中心

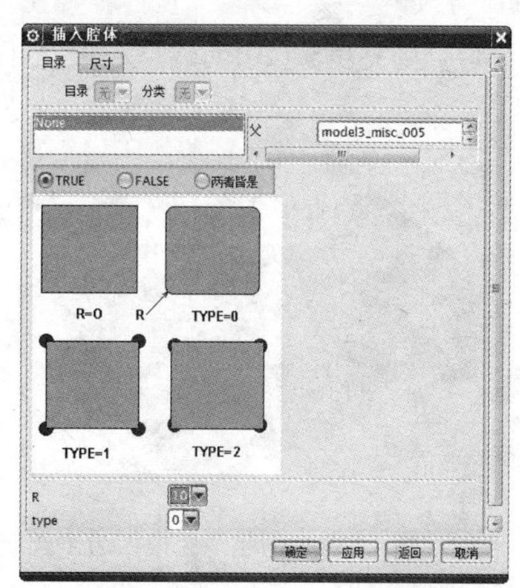

图 14-66　“目录”选项卡设置

(9) 使用鼠标指定任一型腔模仁零件并单击右键，在弹出的快捷菜单中选择“设为工作部件”命令，完成后如图 14-68 所示。

图 14-67　创建刀槽框

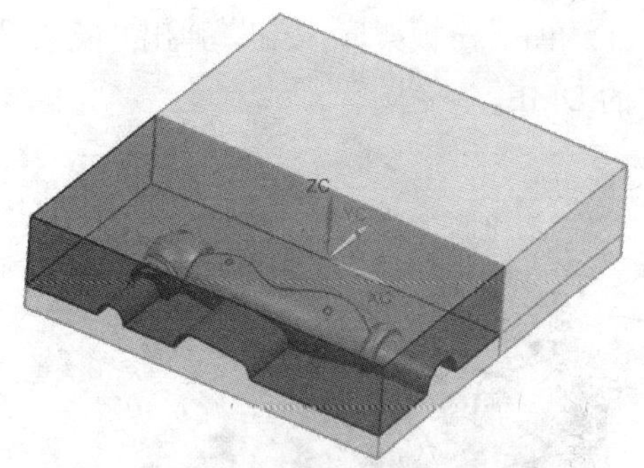

图 14-68　设置型腔模仁为工作部件

(10) 单击“主页”选项卡中的(边倒圆)按钮，弹出“边倒圆”对话框，如图 14-69 所示，选中型腔模仁零件的两外棱边作为“要倒圆的边”。

用户可以发现，其余两个型腔模仁的外棱边被自动选中。

如图 14-70 所示，将“边倒圆”对话框中的“半径 1”设置为 10mm，其余默认设置，完成设置后单击<确定>按钮，创建型腔模仁边倒圆，如图 14-71 所示。

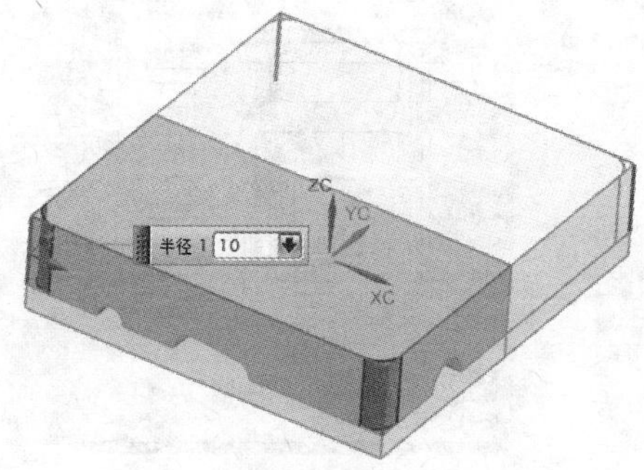

图 14-69　选中模仁外棱边

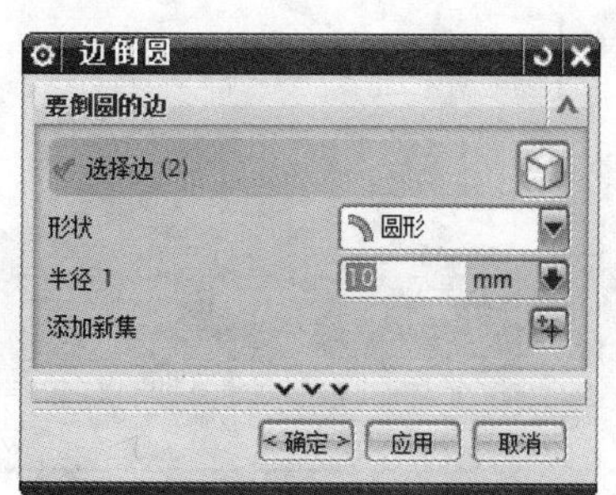

图 14-70　“边倒圆”对话框

(11) 重复步骤(10)创建型芯模仁半径为 10mm 的边倒圆，如图 14-72 所示。

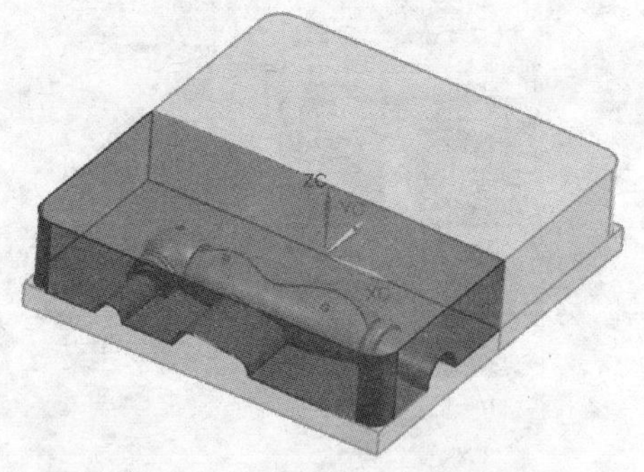

图 14-71 创建型腔模仁边倒圆

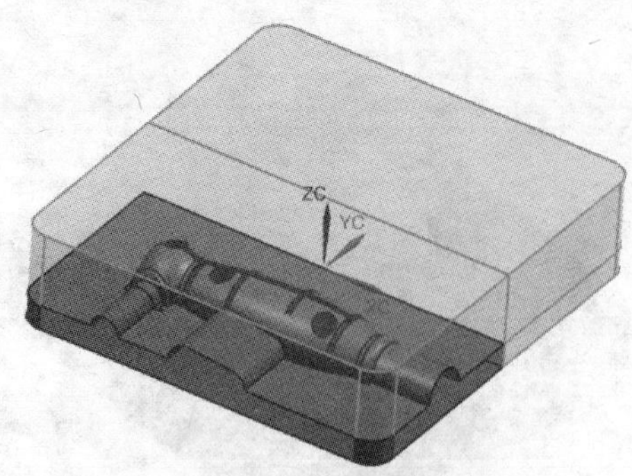

图 14-72 创建型芯模仁边倒圆

(12) 重新将刀槽框显示出来后的视图如图 14-73 所示。至此，完成一模多腔类型的型腔布局操作。

步骤 12：加载模架，模板避让腔体创建

(1) 单击(模架库)按钮，弹出“模架设计”对话框，单击如图 14-74 所示“文件夹视图”框中的 DME。

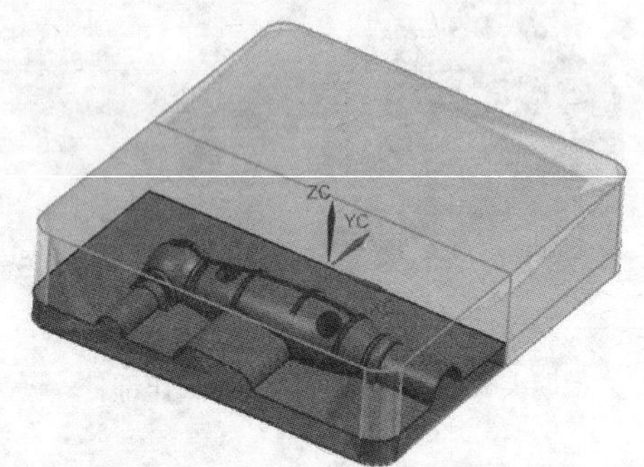

图 14-73 完成型腔布局操作

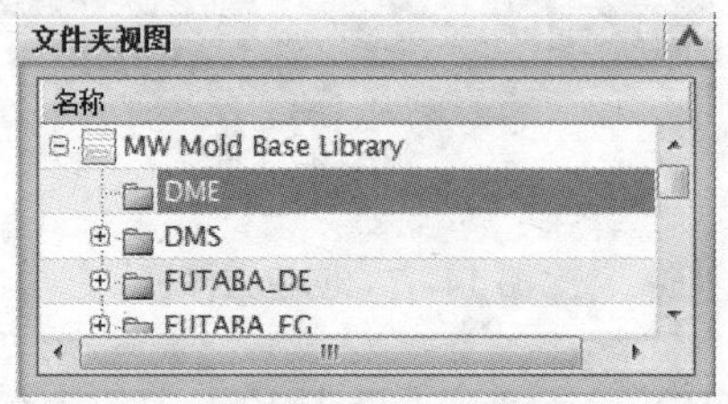

图 14-74 “文件夹视图”框

(2) 完成步骤(1)操作后，单击如图 14-75 所示“成员视图”框中的 2A，弹出如图 14-76 所示的“信息”窗口。

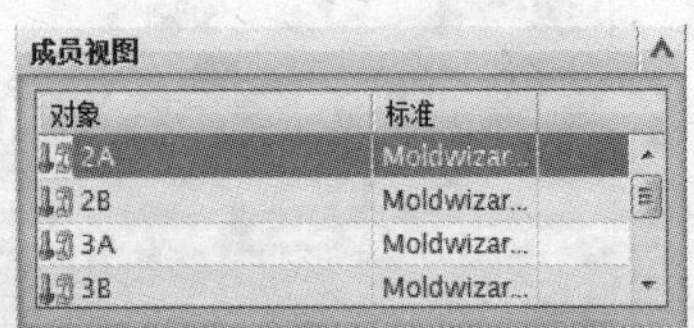

图 14-75 “成员视图”框

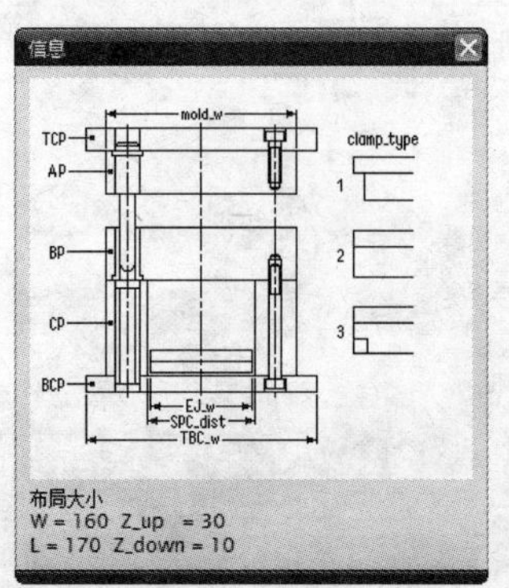

图 14-76 “信息”窗口

(3) 根据“信息”窗口中的预览图，设置“详细信息”框中的内容。

根据模仁的大小选择 index=3030 的模架，根据定模仁嵌入定模板内的部分和动模仁嵌入动模仁内的部分的尺寸，如图 14-77 所示，设置“模架设计”对话框下部 AP_h 文本框为 46，BP_h 文本框为 26，CP_h 文本框为 86，完成设置后单击确定按钮，加载模架如图 14-78 所示。

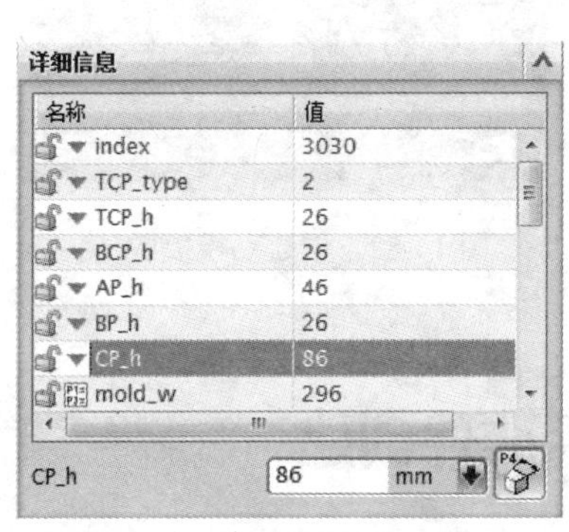

图 14-77 设置“详细信息”

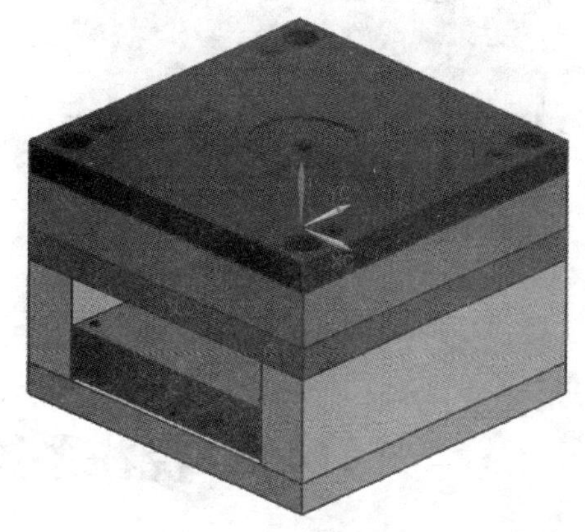

图 14-78 加载模架

完成模架加载后，下一步需要对模板腔体进行修剪。首先修剪定模板上的腔，将除了定模板和刀槽框其余的模具零部件隐藏，得到视图如图 14-79 所示。

(4) 单击(腔体)按钮，弹出“腔体”对话框，单击视图中定模板作为需要修剪的“目标”，单击刀槽框作为修剪所用的“刀具”。

“模式”列表框选择“减去材料”，“工具”下面的“工具类型”列表框选择“实体”，完成设置后的“腔体”对话框如图 14-80 所示。

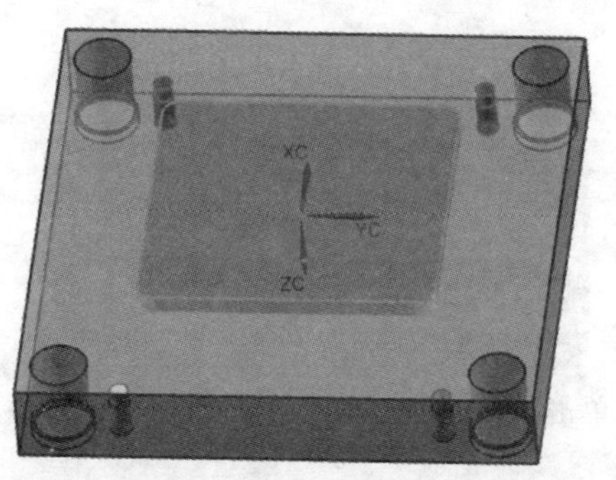

图 14-79 隐藏零部件后结果图

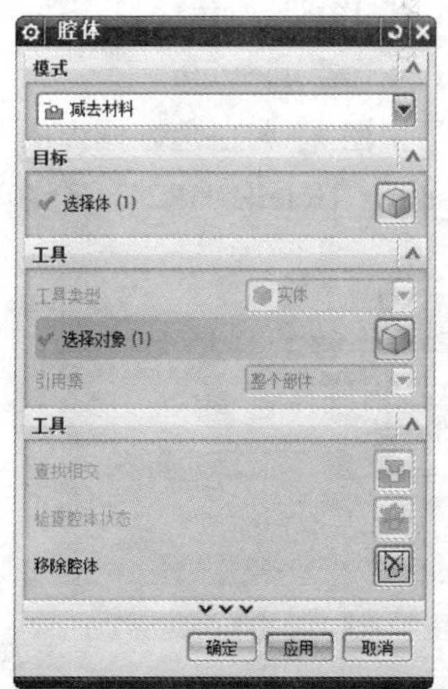

图 14-80 “腔体”对话框

单击“工具”下面的应用按钮，即可完成定模板创建腔体操作，将刀槽框隐藏后得到带腔体的定模板，如图 14-81 所示。

(5) 重复步骤(4)创建动模板腔体，如图 14-82 所示。

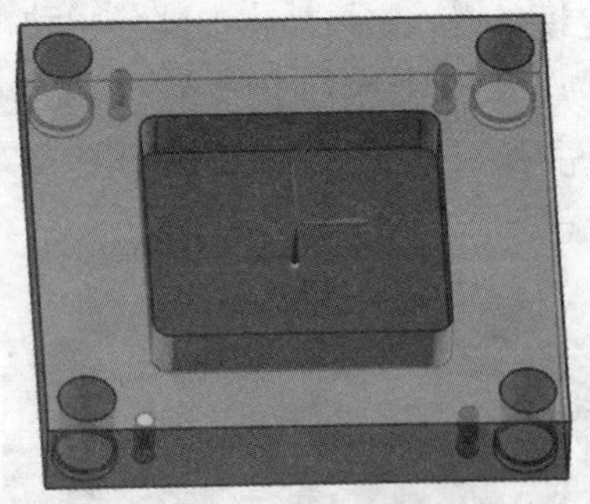

图 14-81　创建定模板腔体

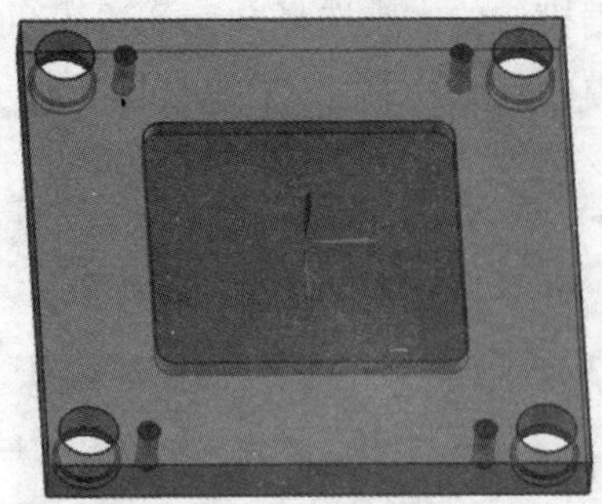

图 14-82　创建动模板腔体

14.4　浇注系统及标准件创建

步骤 13 至步骤 15 为添加浇注系统及修整和部分标准件设计的操作过程，其中包括浇注系统的加载及避让腔的创建、标准推料杆的加载及修整过程。

步骤 13：添加浇注系统及修整

(1) 在添加浇注法兰盘前，需要对浇注法兰盘的让位凹槽进行测量，单击“分析”选项卡中的(测量距离)按钮，测量凹槽的半径为 45mm，深为 5mm。

(2) 单击(标准件库)按钮，弹出“标准件管理”对话框。

(3) 如图 14-83 所示，单击“标准件管理”对话框中“文件夹视图”下面白色方框内 DME_MM 的子级 Injection。

“成员视图”下面白色方框内的内容会发生变化，如图 14-84 所示，单击 Locating_RING_With_Mounting_Holes[DHR21]，会在窗口右侧出现一个名为“信息”的预览窗口，如图 14-85 所示。

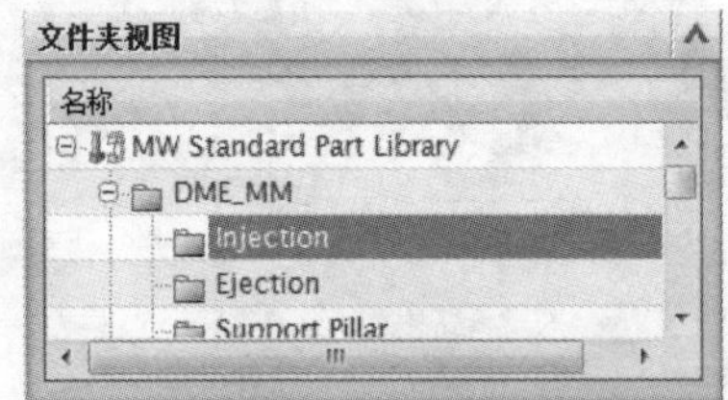

图 14-83　单击 Injection

图 14-84　单击 Locating_RING_With_Mounting_Holes[DHR21]

(4) 如图 14-86 所示，设置“标准件管理”对话框下部的“详细信息”白色方框中的参数，TYPE 设为 M8，其余默认设置，此时“信息”预览窗口如图 14-87 所示。

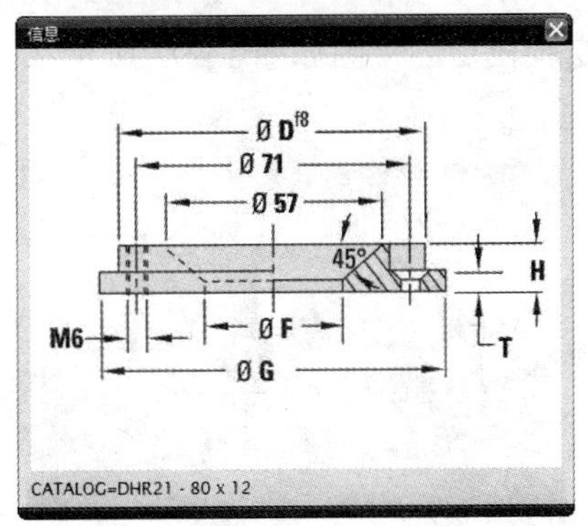

图 14-85　“信息”预览窗口

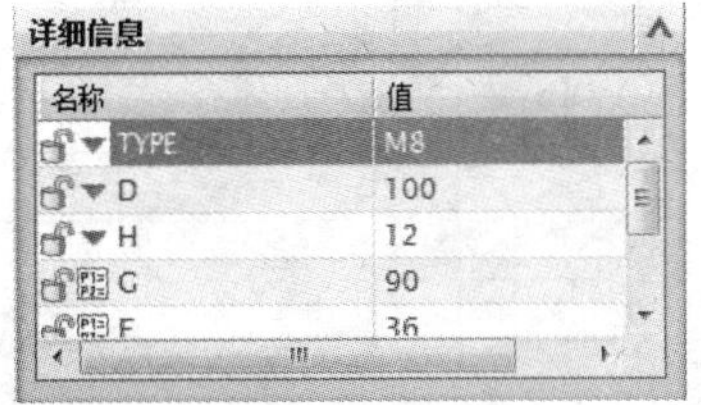

图 14-86　设置“详细信息”参数

(5) 单击“标准件管理”对话框中的[应用]按钮，等待片刻，在模架上添加浇注法兰盘，如图 14-88 所示。

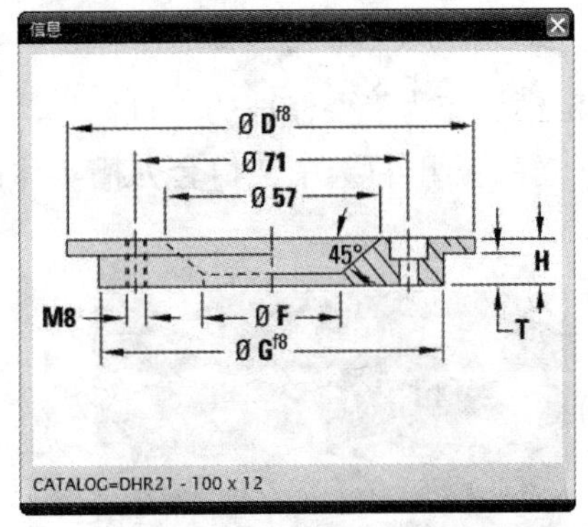

图 14-87　“信息”预览窗口

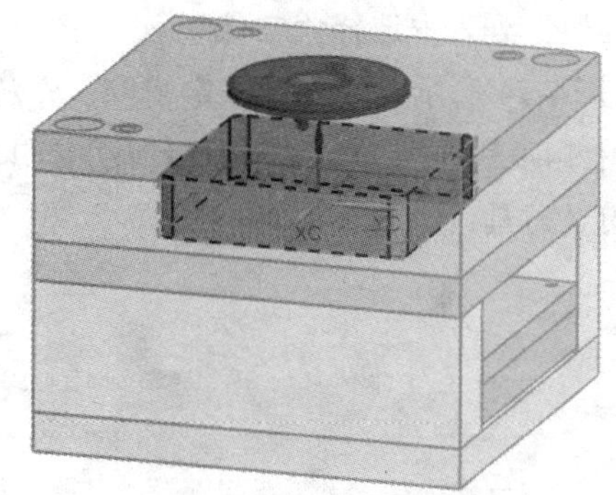

图 14-88　添加浇注法兰盘

(6) 单击(测量距离)按钮，如图 14-89 所示，测量上模座上平面至动模板上平面的距离，确定浇口套的大致长度为 72−3=69mm。

(7) 如图 14-90 所示，单击“成员视图”下面白色方框内的 Sprue Bushing(DHR 76 DHR78)，在窗口右侧出现“信息”预览窗口，如图 14-91 所示。

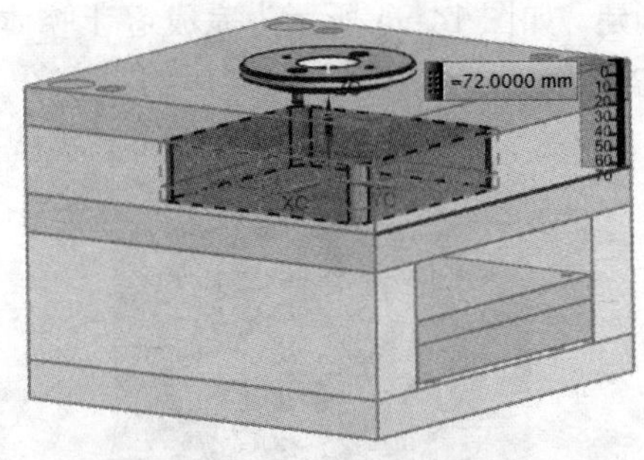

图 14-89　测量距离

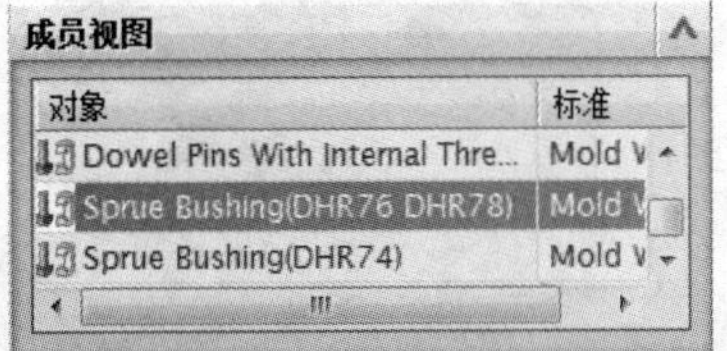

图 14-90　单击 Sprue Bushing(DHR76 DHR78)

(8) 如图 14-92 所示，设置“详细信息”白色方框内的参数，D 为浇口套外径，设为 18，N 设置为 69−18=51。

单击 应用 按钮，创建浇口套，隐藏定模座、定模板后的视图如图 14-93 所示。

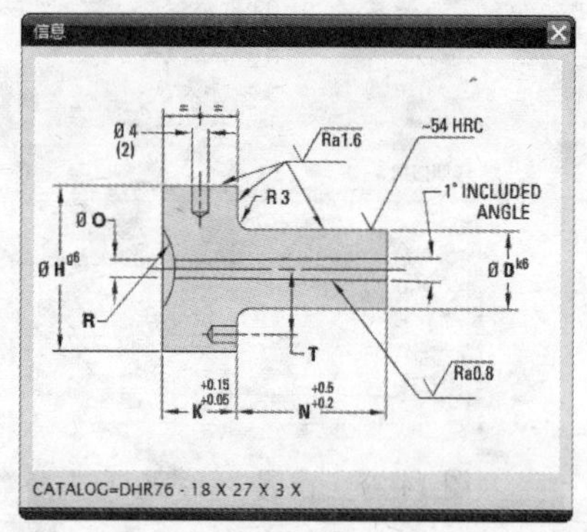

图 14-91　“信息”预览窗口

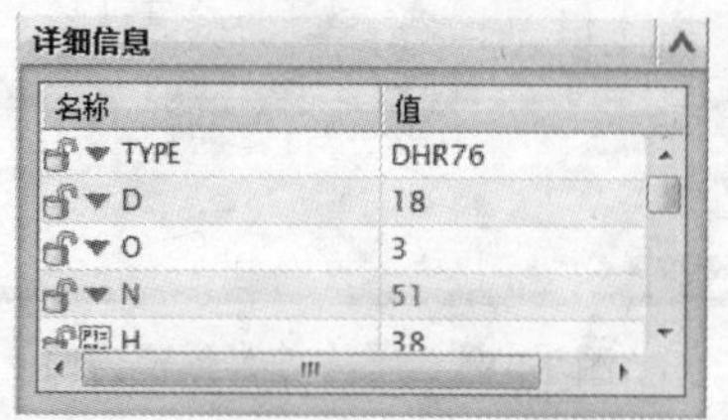

图 14-92　设置“详细信息”参数

(9) 单击 (腔体)按钮，弹出“腔体”对话框，在“模式”列表框选择“减去材料”，“工具类型”列表框选择“实体”。

如图 14-94 所示，依次单击定模座、定模板、定模仁作为需要修剪的“目标”。

如图 14-95 所示，依次单击浇口法兰盘组件、浇口套组件(选中浇口套刀槽实体)作为修剪所用的“刀具”。

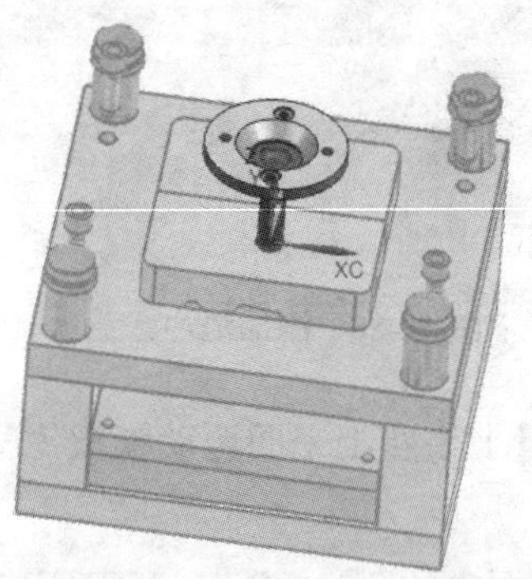

图 14-93　创建浇口套视图

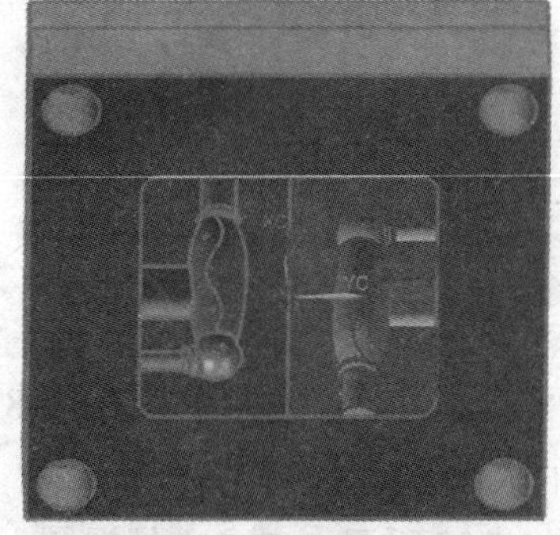

图 14-94　选中修剪目标

完成设置后单击 确定 按钮，完成避让腔体创建。如图 14-96 所示为完成避让腔体创建后的定模仁。如图 14-97 所示为定模板。如图 14-98 所示为定模座。

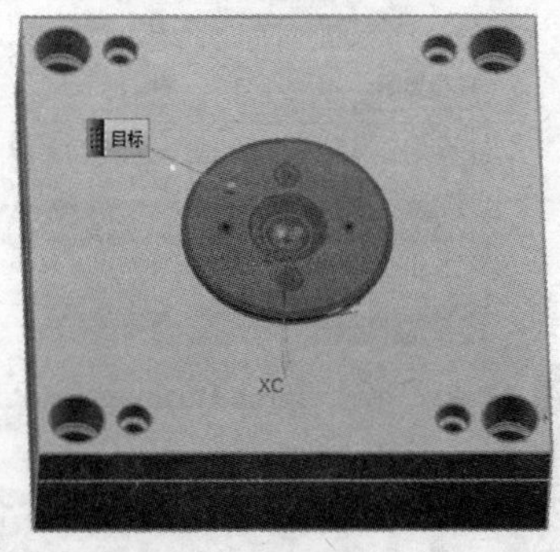

图 14-95　选中修剪刀具

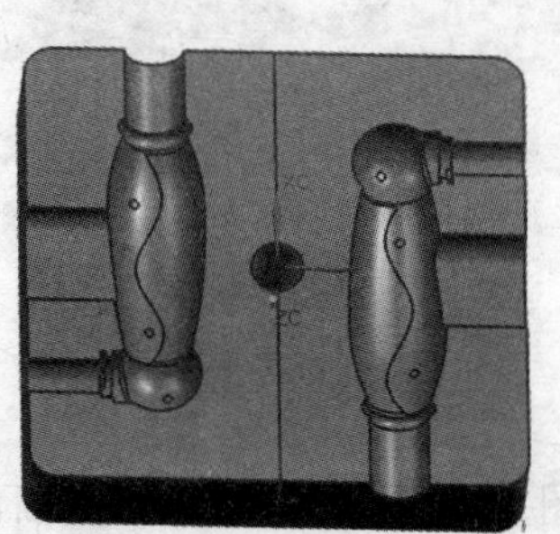

图 14-96　定模仁视图

图 14-97　定模板视图

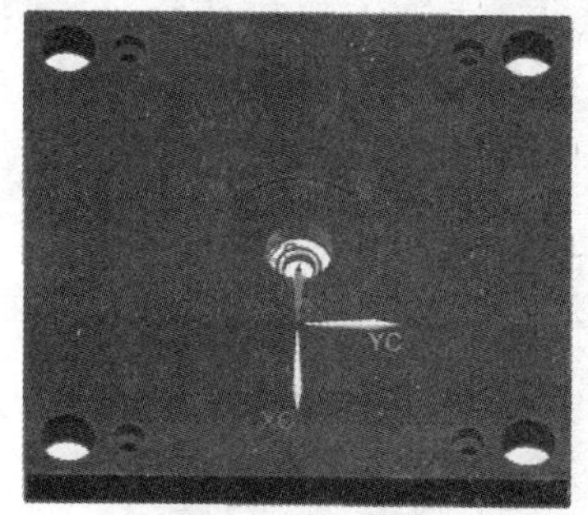

图 14-98　定模座视图

帮助

请用户以浇口法兰、浇口套刀槽实体分别对修剪目标进行修剪，勿一次修剪，否则将不能完全修剪，此处需要用户多做几遍。

步骤 14：创建流道及浇口

(1) 隐藏至视图中只余模仁零件，单击(草图)按钮，弹出“创建草图”对话框。

(2) 使用默认平面，单击按钮，进入如图 14-99 所示的草图绘制平面。

(3) 单击(直线)按钮，以原点为起点绘制如图 14-100 所示的角为 90deg，长度为 20mm 的直线。

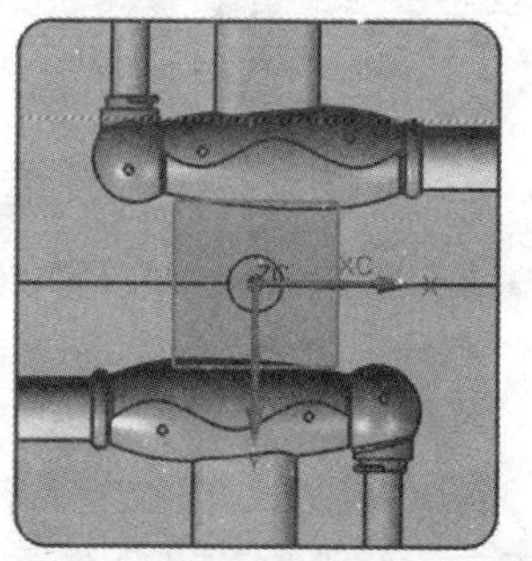

图 14-99　进入草图绘制平面

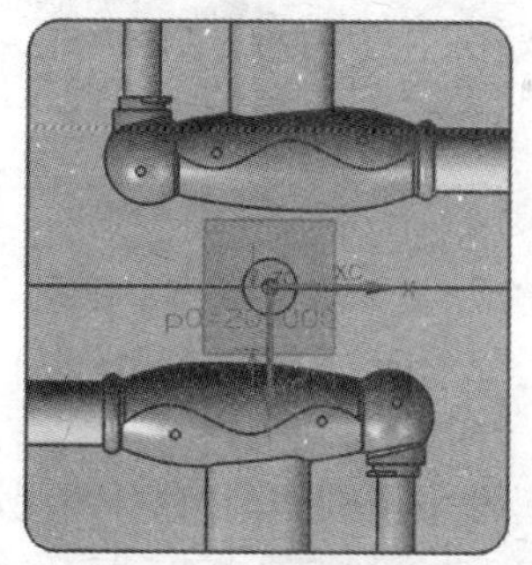

图 14-100　绘制直线

(4) 单击(完成草图)按钮，完成并退出草图。

(5) 单击(流道)按钮，弹出“流道”对话框。

(6) 单击曲线作为“引导线”，如图 14-101 所示，“流道”对话框中的“截面类型”列表框选择 Semi_Circular，单击(反向)按钮，使用默认设置，单击按钮，创建如图 14-102 所示的流道刀路。

(7) 单击(腔体)按钮，弹出“腔体”对话框，在“模式”列表框选择“减去材料”，“工具类型”列表框选择“实体”。

如图 14-103 所示，单击任意一个模仁作为修剪的“目标”，单击流道刀路作为修剪所用的“刀具”。

(8) 完成设置后单击<确定>按钮，完成避让腔体创建，如图 14-104 所示。

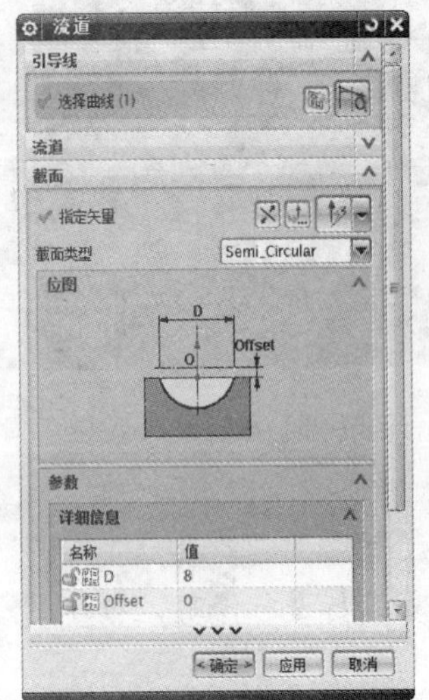

图 14-101 “流道”对话框

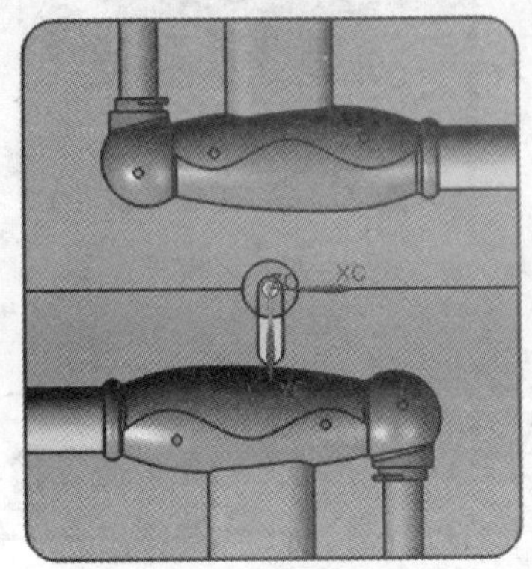

图 14-102 创建流道刀路

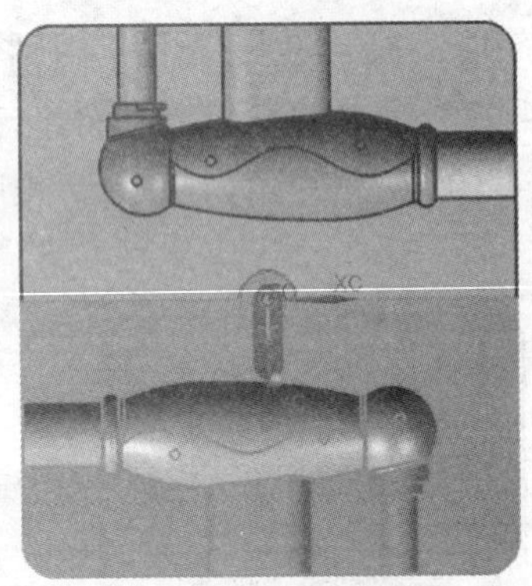

图 14-103 选中“目标”和“刀具”

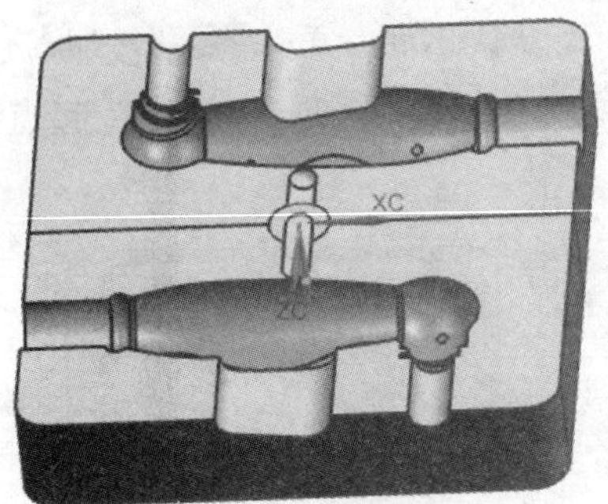

图 14-104 创建避让腔体

(9) 将模仁隐藏得到如图 14-105 所示的视图，单击“主页”选项卡中的阵列特征(阵列特征)按钮，弹出“阵列特征”对话框，如图 14-106 所示，单击修剪浇口套的刀槽体作为“要形成阵列的特征”。

图 14-105 浇口套视图

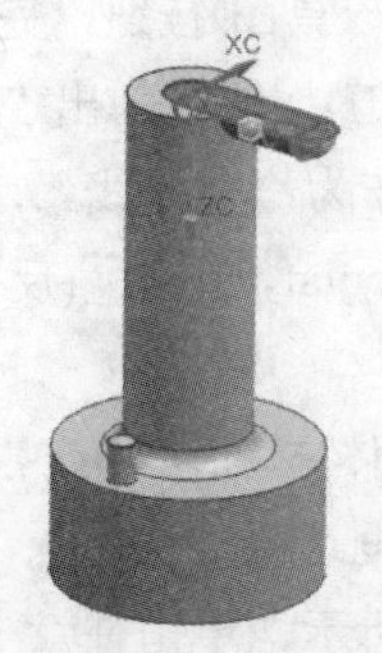

图 14-106 单击修剪体

(10) 在“阵列特征”对话框中“阵列定义”下面的“布局”列表框选择“圆形”，“旋转轴”下面的“指定矢量”选择 ZC 轴，选择如图 14-107 所示的中点作为“指定点”。

(11) “角度方向”下面的“间距”设置为“数量和节距”，“数量”设置为 2，“节距角”设置为 180deg，其余默认设置，完成设置后的“阵列特征”对话框如图 14-108 所示。

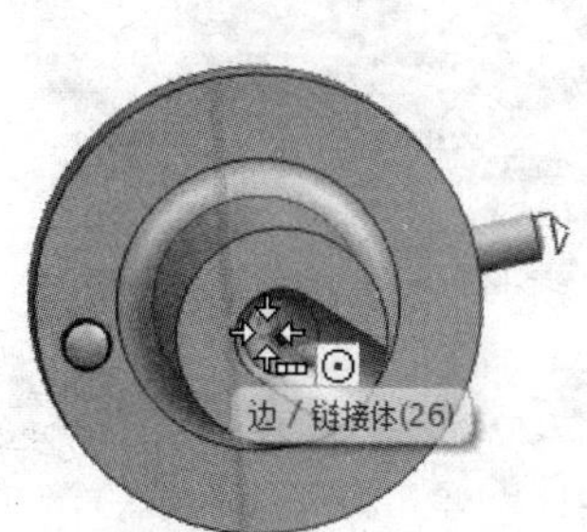

图 14-107　指定旋转点

图 14-108　完成设置的“阵列特征”对话框

(12) 单击“阵列特征”对话框中的确定按钮，完成阵列特征，如图 14-109 所示。

(13) 单击(腔体)按钮，弹出“腔体”对话框，在“模式”列表框选择“减去材料”，“工具类型”列表框选择“实体”。

单击浇口套作为修剪的“目标”，单击阵列特征作为修剪所用的“刀具”。完成修剪结果如图 14-110 所示。

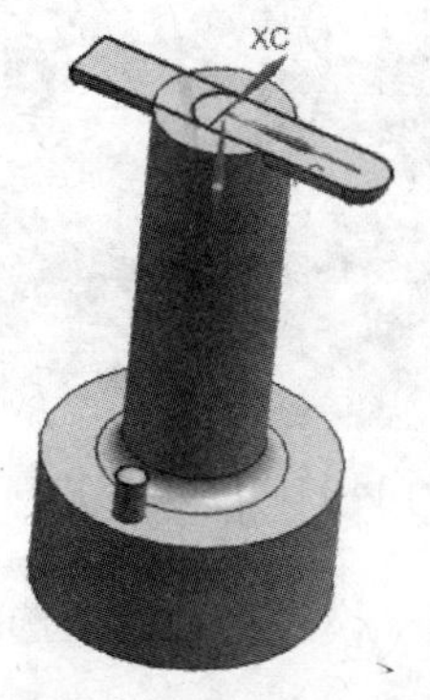

图 14-109　阵列特征

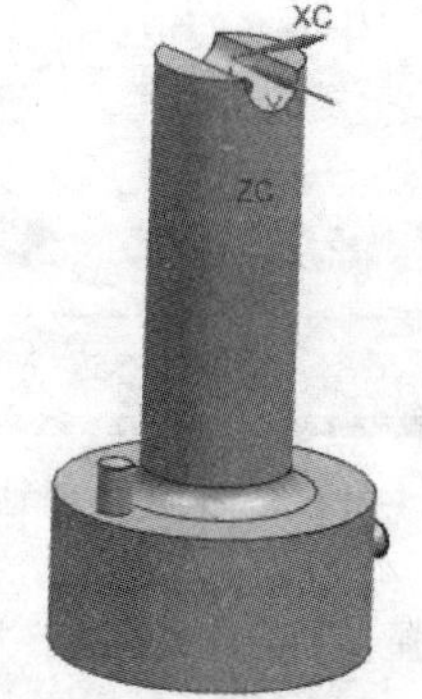

图 14-110　修剪浇口套

(14) 单击(浇口库)按钮，弹出“浇口设计”对话框，如图 14-111 所示，选中“位置”右侧的“型腔”选项，“类型”列表框选择 curved tunnel。

其余默认设置，单击应用按钮，弹出“点”对话框。

“点”对话框默认设置，如图 14-112 所示，单击直线顶点，更改“点”对话框 Z 的坐标为 4mm，单击<确定>按钮，弹出“矢量”对话框。

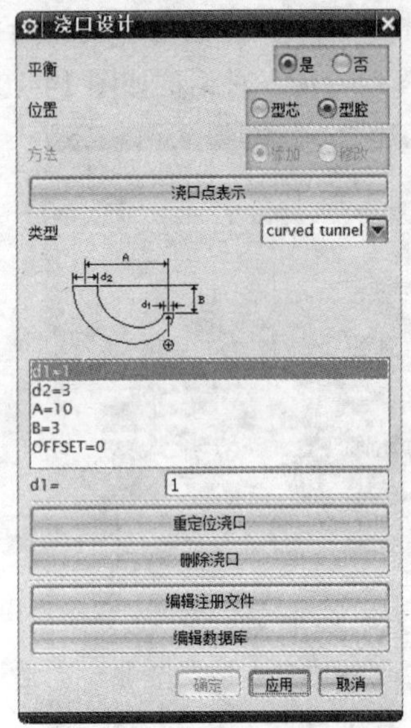

图 14-111 “浇口设计”对话框

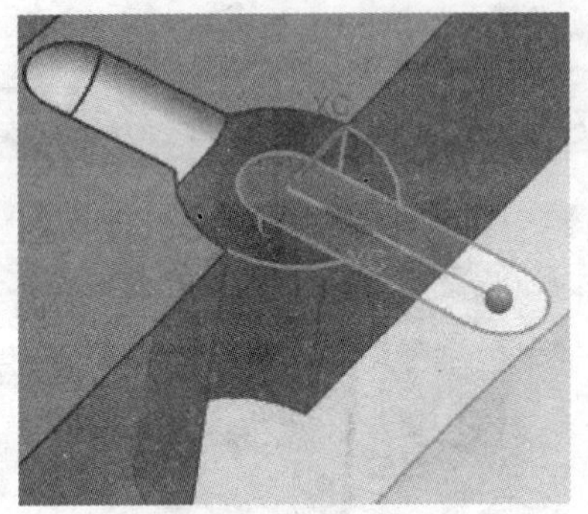

图 14-112 单击浇道刀路一点局部放大

(15) 选中点后，弹出“矢量”对话框，如图 14-113 所示，“类型”列表框选择“与 XC 成一角度”，“角度”设置为 225deg。

(16) 单击<确定>按钮，创建浇口如图 14-114 所示。(若一次创建不对，请在装配导航器中将 model3_fill_013 设置为显示部件，再对其进行重新定位)

图 14-113 “矢量”对话框

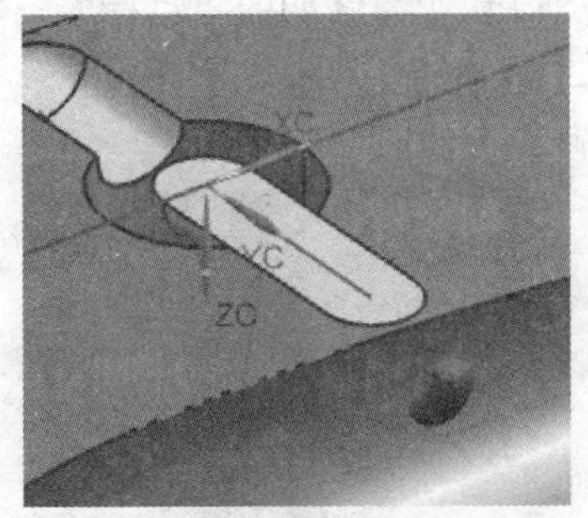

图 14-114 创建浇口局部放大

(17) 单击(腔体)按钮，弹出“腔体”对话框，在“模式”列表框选择“减去材料”，“工具类型”列表框选择“组件”。

如图14-115所示，依次单击定模仁作为需要修剪的“目标”，依次单击浇口刀路作为修剪所用的“刀具”。

完成设置后单击<确定>按钮，完成避让腔体创建，隐藏浇口刀路后如图 14-116 所示。

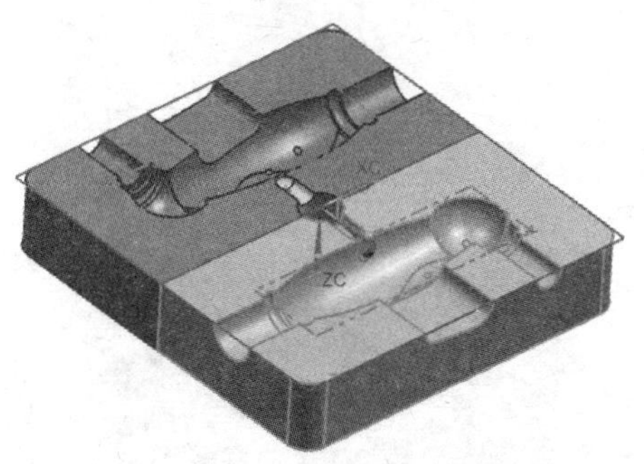

图 14-115　选中目标和刀具

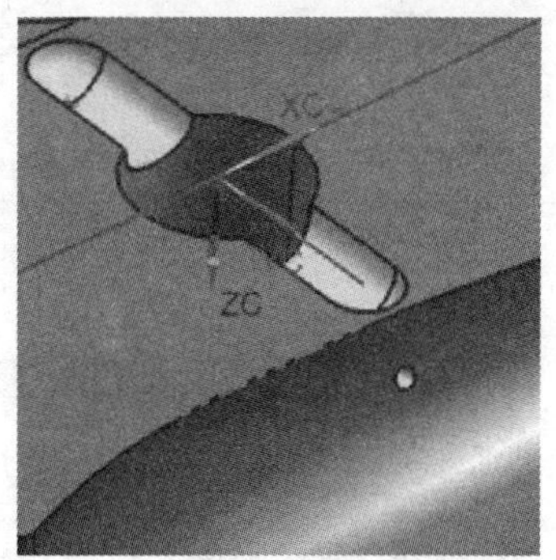

图 14-116　创建避让腔体

步骤 15：创建推料杆并修整

(1) 单击(标准件库)按钮，弹出“标准件管理”对话框。

(2) 如图14-117所示，单击“标准件管理”对话框中“文件夹视图”下面白色方框内 DME_MM 的子级 Ejection。

“成员视图”下面白色方框内的内容会发生变化，如图 14-118 所示，单击 Ejector Pin[Straight]，会在窗口右侧出现一个名为“信息”的预览窗口，如图 14-119 所示。

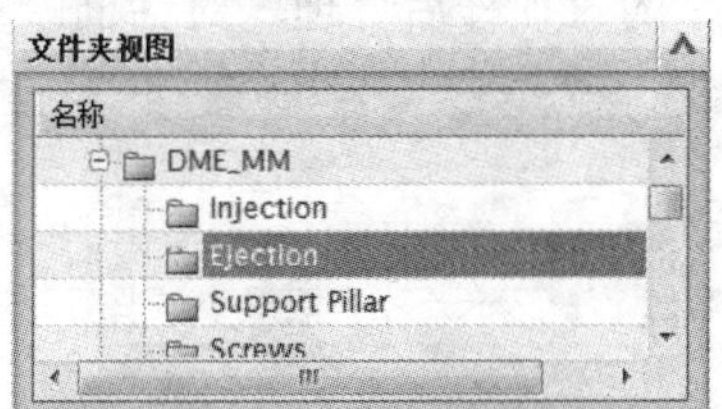

图 14-117　单击 Ejection

图 14-118　单击 Ejector Pin[Straight]

(3) 如图 14-120 所示，设置“标准件管理”对话框下部的“详细信息”白色方框中的参数，CATALOG_DIA(直径)设置为 3，CATALOG_LENGTH(长度)设置为 160，其余默认设置。

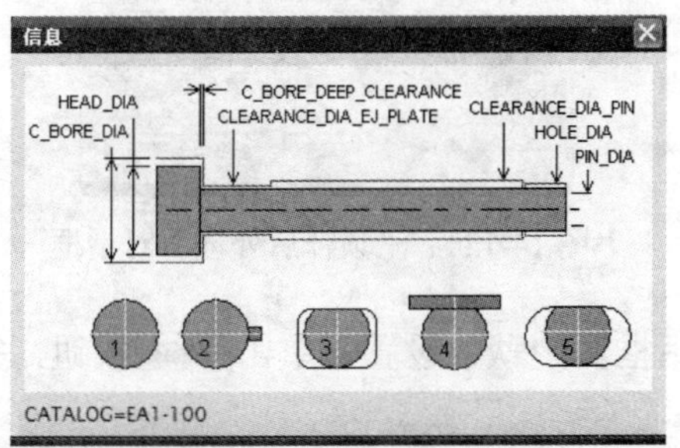

图 14-119　“信息”预览窗口

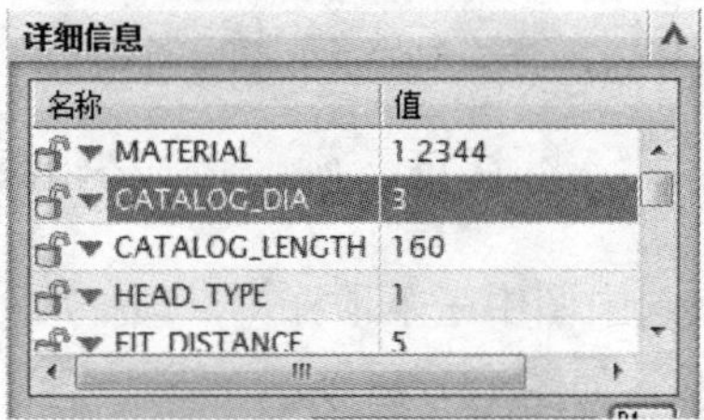

图 14-120　设置直径和长度

(4) 完成设置，单击“标准件管理”对话框中的应用按钮，弹出“点”对话框，如图 14-121 所示，在“坐标”下面“参考”列表框选择 WCS，XC 设置为-36mm，YC 设置为-40mm，ZC 设置为 0mm，其余默认设置。

完成设置后单击确定按钮，在模具中创建首个推料杆，如图 14-122 所示。

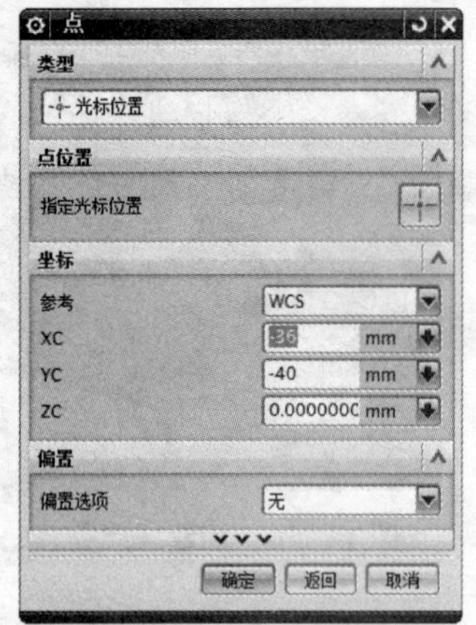

图 14-121 “点”对话框

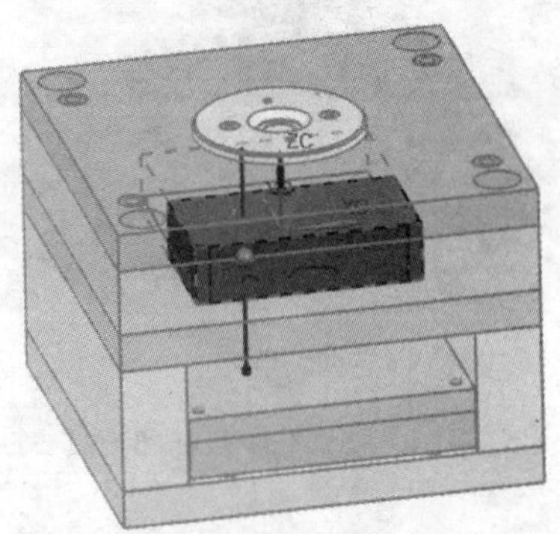

图 14-122 创建首个推料杆

(5) 重复设置“点”对话框，分别设置(XC，YC)的坐标组合为(0mm，-40mm)、(36mm，-40mm)，创建其余两个推料杆，如图 14-123 所示。

(6) 单击“点”对话框中的取消按钮，退出“点”对话框，回到“标准件管理”对话框，单击确定按钮，完成推料杆创建操作。

(7) 单击(顶杆后处理)按钮，弹出如图 14-124 所示的“顶杆后处理”对话框。

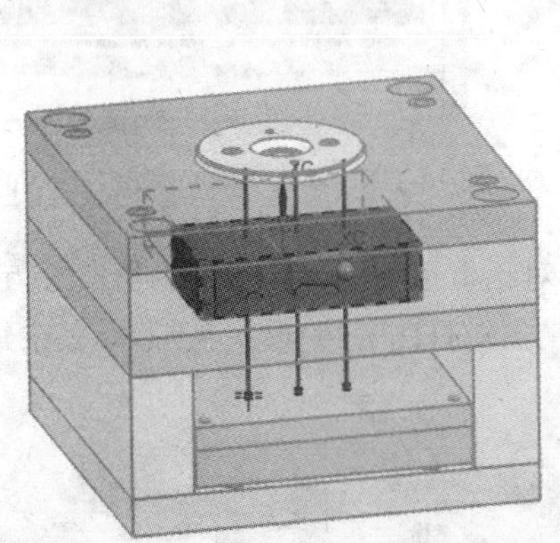

图 14-123 创建其余两个推料杆

图 14-124 “顶杆后处理”对话框

(8) 选中图中三个顶杆，“顶杆后处理”对话框其余默认设置，单击确定按钮，完成顶料杆修剪，如图 14-125 所示。

(9) 单击(腔体)按钮，弹出“腔体”对话框，在“模式”列表框选择“减去材料”，“工具类型”列表框选择“组件”。

如图 14-126 所示，依次单击动模仁、动模板、推杆固定板作为需要修剪的“目标”。

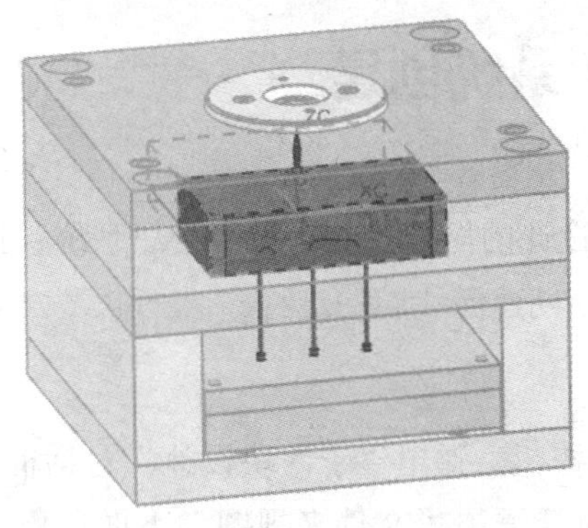
图 14-125　完成顶料杆修剪操作

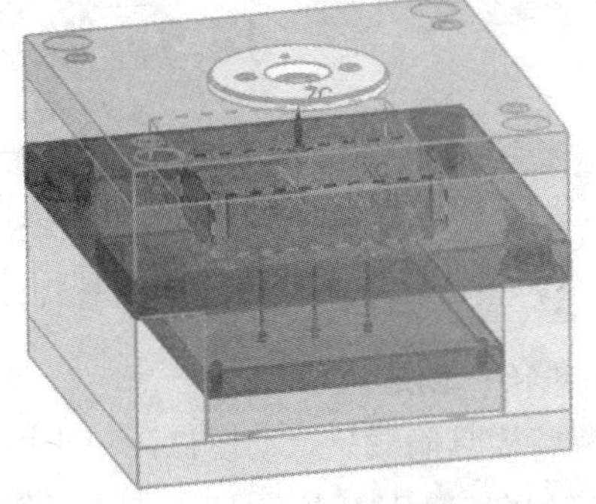
图 14-126　选中修剪目标

如图 14-127 所示，依次单击所有顶料杆作为修剪所用的“刀具”。

完成设置后单击<确定>按钮，完成避让腔体创建。如图 14-128 所示为完成避让腔体创建后的动模仁。如图 14-129 所示为动模板。如图 14-130 所示为推杆固定板。

图 14-127　选中修剪刀具

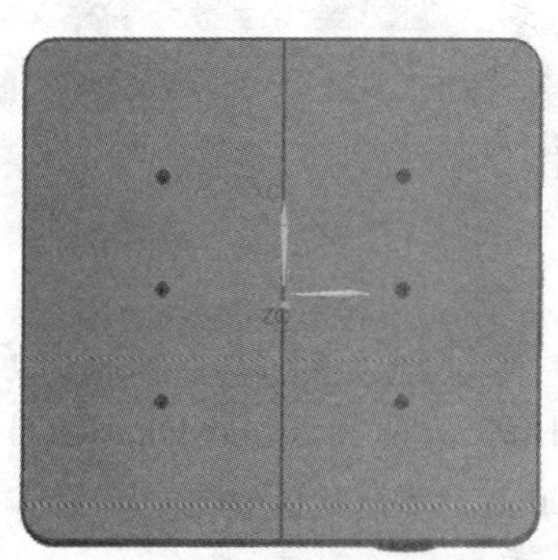
图 14-128　动模仁视图

图 14-129　动模板视图

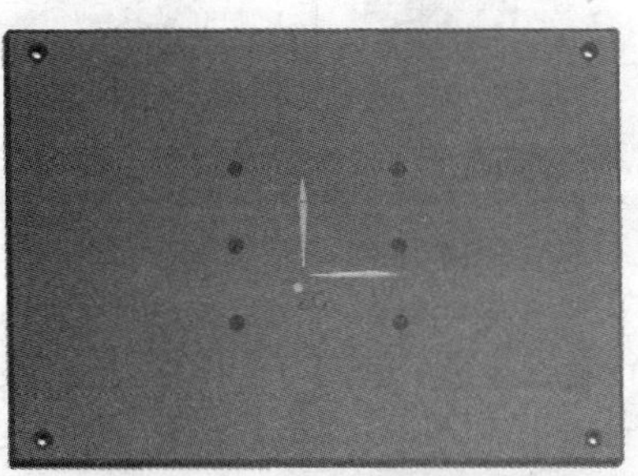
图 14-130　推杆固定板视图

14.5　镶块及冷却系统创建

步骤 16 和步骤 17 介绍了冷却系统设计及镶块设计的操作过程，其中冷却系统包括冷却水道、水道堵头等，并详细介绍了使用“腔体”命令创建避让腔的过程。

步骤 16：创建镶块

(1) 将模具隐藏只余动模仁，单击(子镶块库)按钮，弹出“子镶块设计”对话框。

(2) 如图 14-131 所示，单击“子镶块设计”对话框中“文件夹视图”下面白色方框内 MW Insert Library 的子级 INSERT。

如图 14-132 所示，单击 CAVITY SUB INSERT，会在窗口右侧出现一个名为“信息”的预览窗口，如图 14-133 所示。

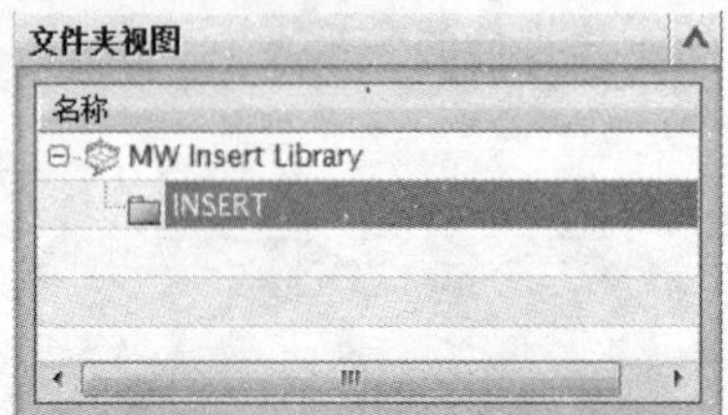

图 14-131　单击 INSERT

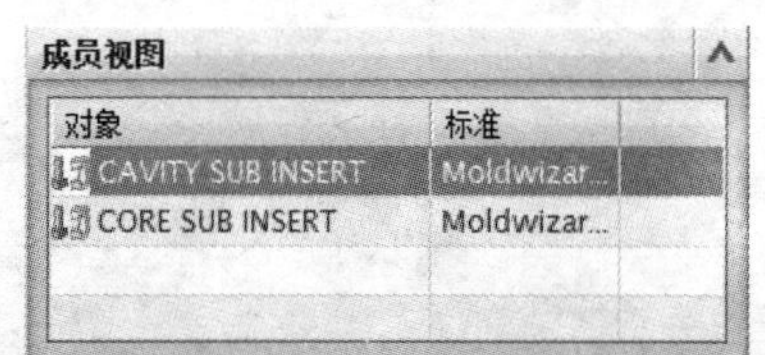

图 14-132　单击 CAVITY SUB INSERT

(3) 如图 14-134 所示，设置“子镶块设计”对话框下部的“详细信息”白色方框中的参数，SHAPE 设置为 ROUND，FOOT 设置为 ON，X_LENGTH 设置为 3mm，Z_LENGTH 设置为 26mm，其余默认设置。

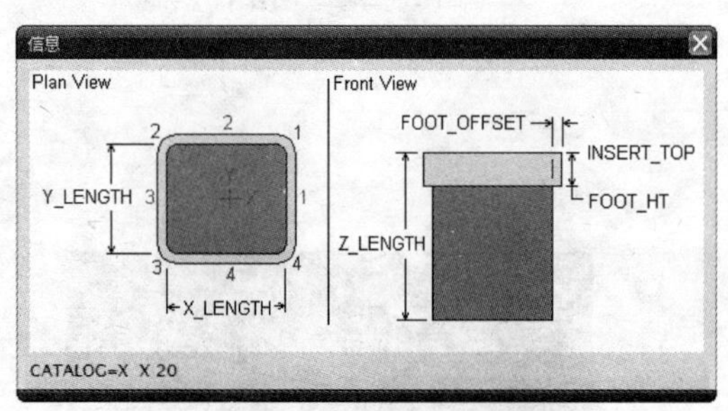

图 14-133　“信息”预览窗口

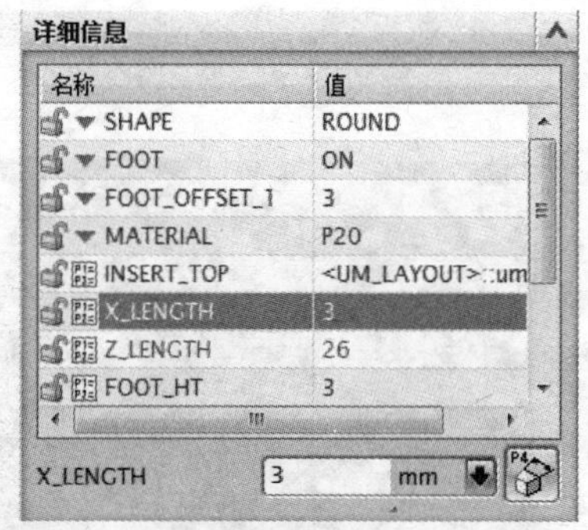

图 14-134　设置直径和长度

(4) 完成设置，单击“子镶块设计”对话框中的应用按钮，弹出“点”对话框，如图 14-135 所示，单击孔的中心，创建镶块如图 14-136 所示。

(5) 重复单击其余 5 孔中心，创建其余 5 个子镶块，如图 14-137 所示。

(6) 单击“点”对话框中的取消按钮，退出“点”对话框，回到“子镶块设计”对话框，单击确定按钮，完成子镶块创建操作。

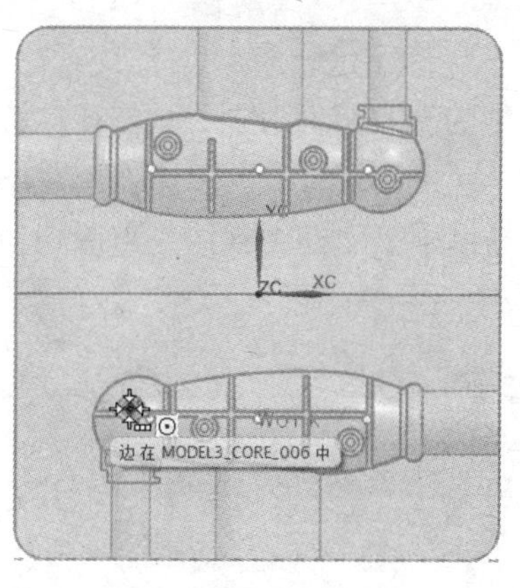

图 14-135　单击孔中心

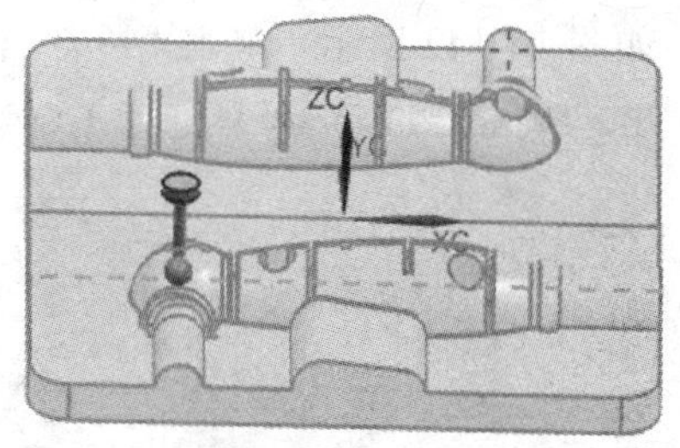

图 14-136　创建子镶块

(7) 单击 (腔体)按钮，弹出“腔体”对话框，“模式”列表框选择“减去材料”，“工具类型”列表框选择“组件”。

如图 14-138 所示，分别单击动定模仁作为需要修剪的“目标”。

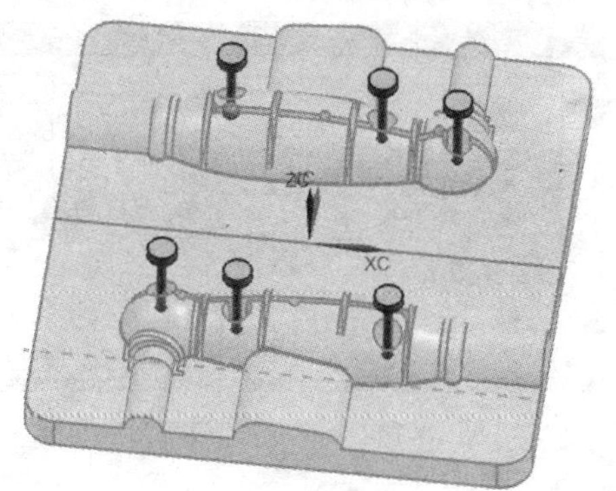

图 14-137　创建其余子镶块

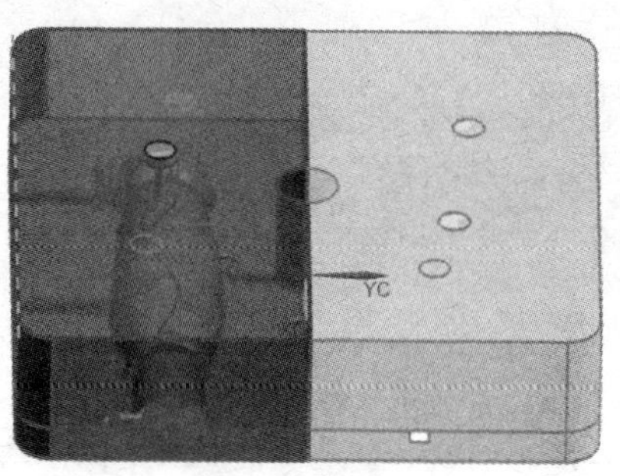

图 14-138　选择修剪目标

如图 14-139 所示，依次单击所有子镶块作为修剪所用的“刀具”。

完成设置后单击 按钮，完成避让腔体创建。如图 14-140 所示为完成避让腔体创建后的动定模仁。

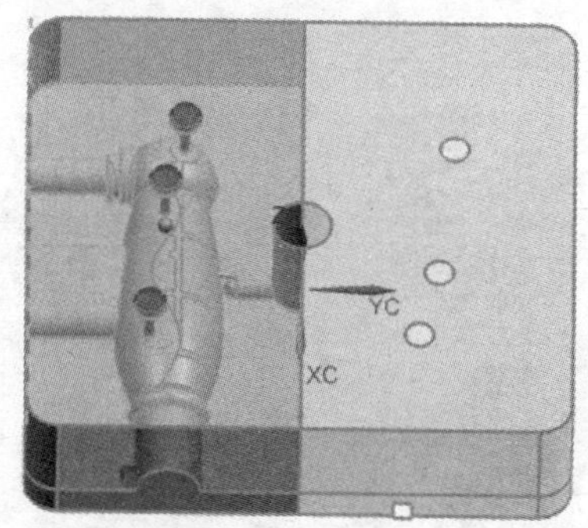

图 14-139　选择刀具

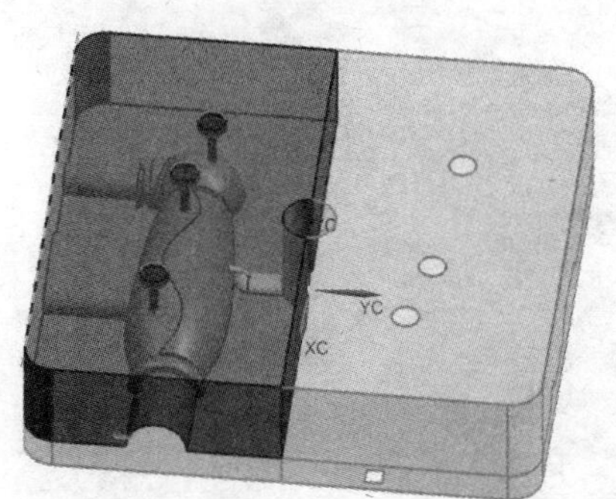

图 14-140　创建避让腔体的动定模仁

步骤 17：创建冷却系统及修整

(1) 单击如图 14-141 所示的“冷却工具”工具栏中的 (冷却标准件库)按钮，弹出“冷却组件设计”对话框。

(2) 如图 14-142 所示，单击“冷却组件设计”对话框中“文件夹视图”下面白色方框内 MW Cooling Standard Library 的子级 COOLING。

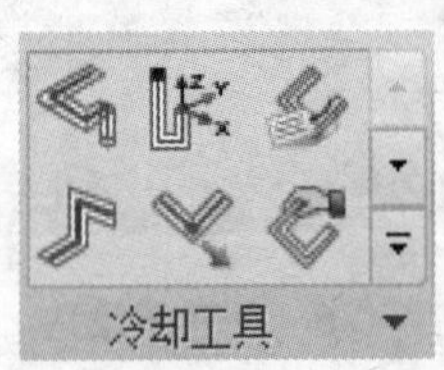

图 14-141 “冷却工具”工具栏

图 14-142 选中 COOLING

(3) “成员视图”下面白色方框内的内容会发生变化，如图 14-143 所示，单击 COOLING HOLE，会在窗口右侧出现一个名为“信息”的预览窗口，如图 14-144 所示。

图 14-143 选中 COOLING HOLE

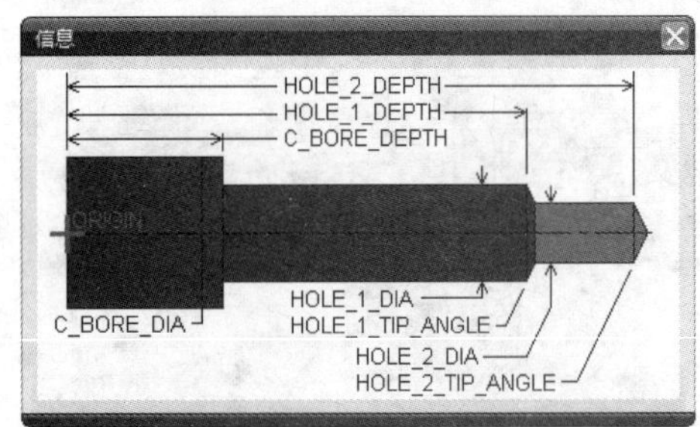

图 14-144 信息预览窗口

(4) 如图14-145所示，单击定模板的一面为“放置”、“位置”。

如图14-146所示，设置“冷却组件设计”对话框下部的“详细信息”白色方框中的参数，HOLE_1_DIA设置为8，HOLE_2_DIA设置为8，HOLE_1_DEPTH设置为290，HOLE_2_DEPTH设置为290，其余默认设置。

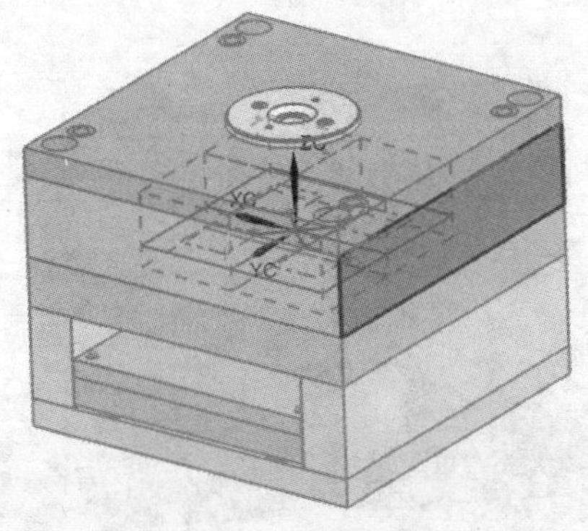

图 14-145 选择放置面

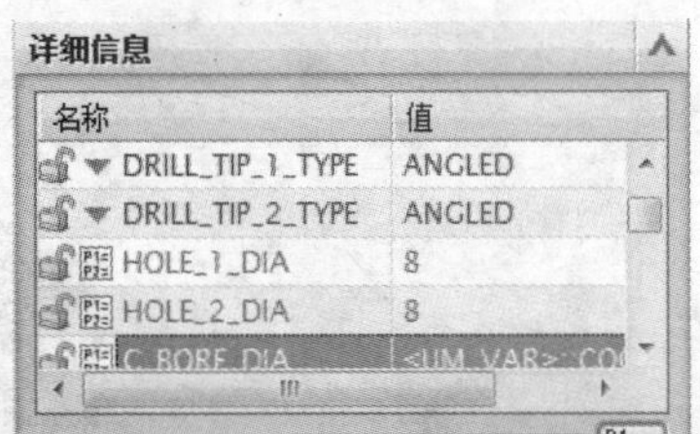

图 14-146 设置参数

(5) 单击应用按钮，弹出“标准件位置”对话框，如图 14-147 所示，设置“偏置”下面“X 偏置”、“Y 偏置”分别为-60mm、20mm。

单击确定按钮，创建冷却水道刀路实体，如图 14-148 所示。

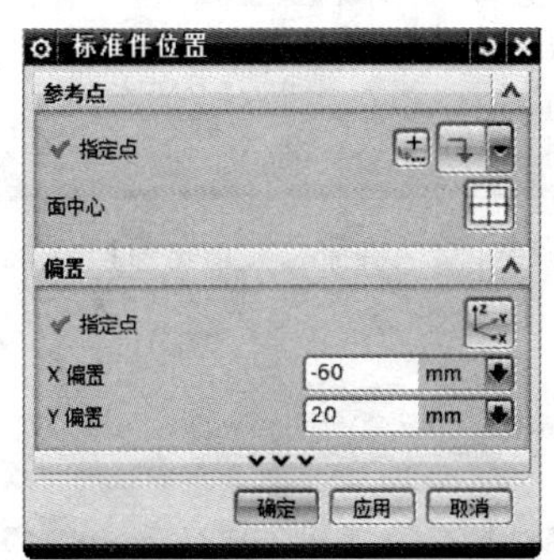

图 14-147　“标准件位置”对话框

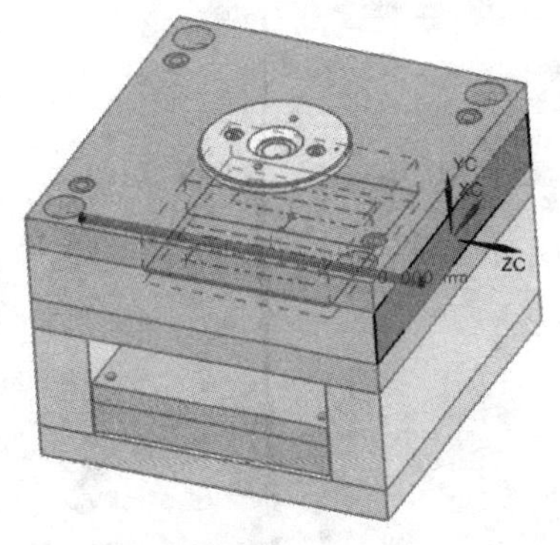

图 14-148　创建冷却水道刀路

同理，在 X 偏置为 60mm，Y 偏置为 20mm 的另一位置创建另一冷却水道刀路，如图 14-149 所示。

使用同样的方法，在相邻面上以同样的 X 偏置、Y 偏置尺寸创建两条长为 290mm 的冷却水道刀路，如图 14-150 所示。

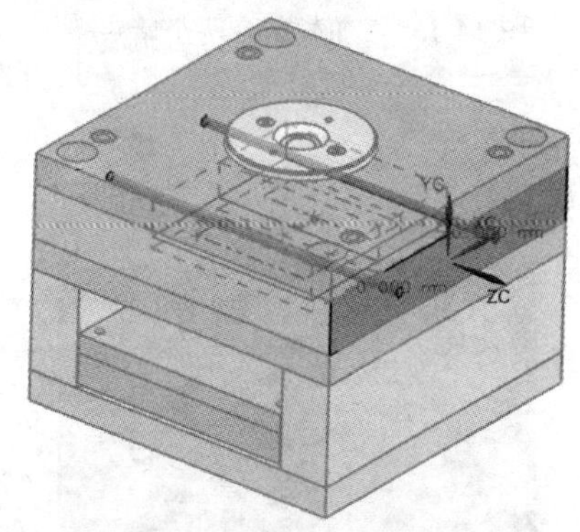

图 14-149　创建两个水道刀路

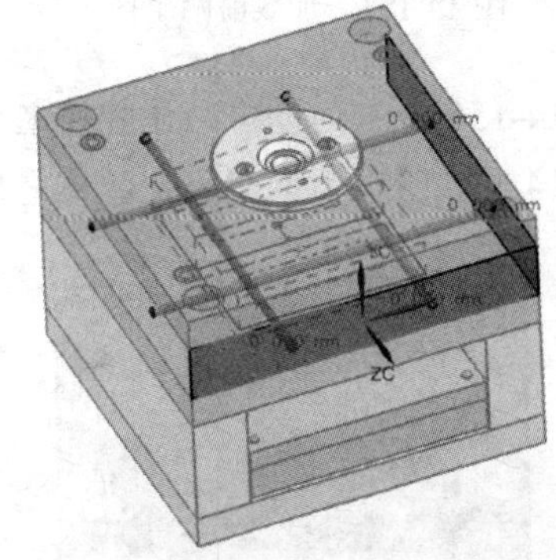

图 14-150　创建相邻面的两水道刀路

(6) 单击“冷却组件设计”对话框中的确定按钮，完成所有水道刀路创建。

(7) 单击(冷却标准件库)按钮，弹出“冷却组件设计”对话框。

(8) 如图 14-151 所示，单击“成员视图”下面的 Connector Plug，会在窗口右侧出现一个名为“信息”的预览窗口，如图 14-152 所示。

(9) 使用默认设置，单击应用按钮，加载堵头如图 14-153 所示。

(10) 单击另一侧一水道刀路，并重复步骤(8)，加载堵头如图 14-154 所示。

(11) 单击(腔体)按钮，使用创建避让腔的方法，以堵头和冷却水道刀路作为修剪刀具，以定模板和定模仁作为修剪目标，创建避让腔。

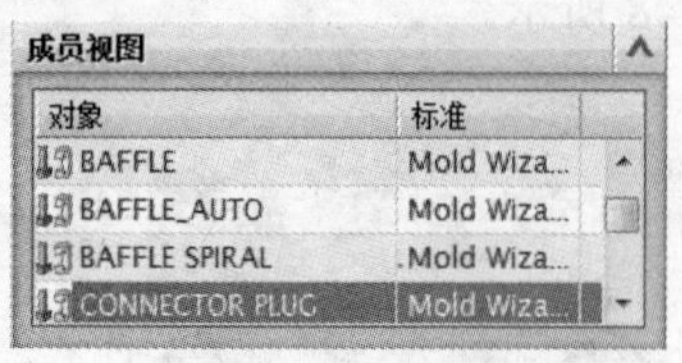

图 14-151　单击 Connector Plug

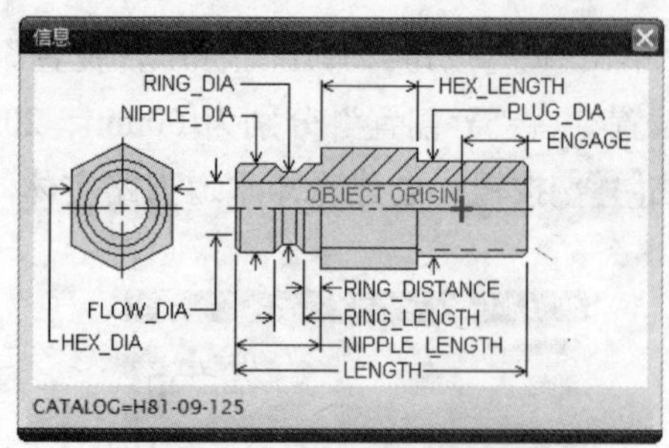

图 14-152　“信息”预览窗口

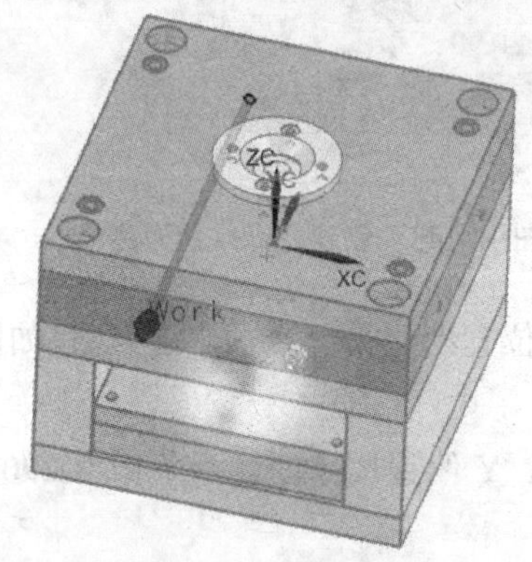

图 14-153　加载前两个堵头

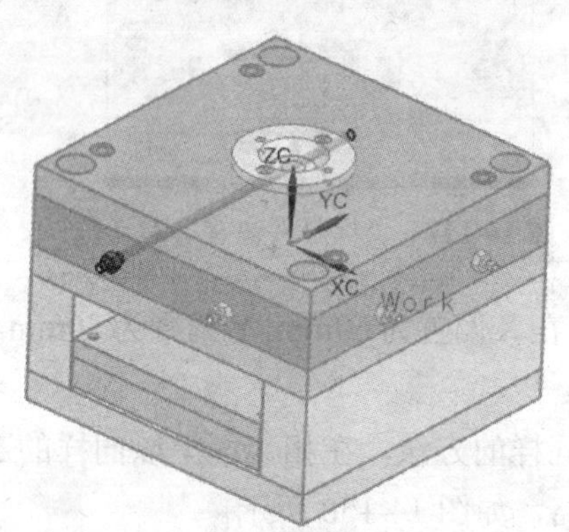

图 14-154　加载剩余两个堵头

如图 14-155 所示为创建避让腔体之后的定模仁视图。

如图 14-156 所示为创建避让腔体之后的定模板视图。

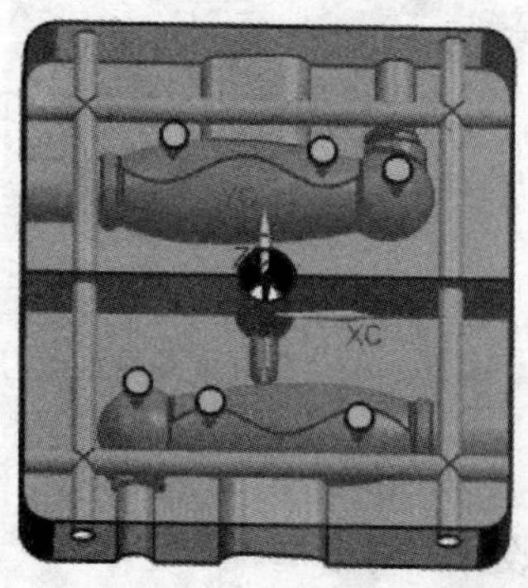

图 14-155　创建避让腔体后定模仁

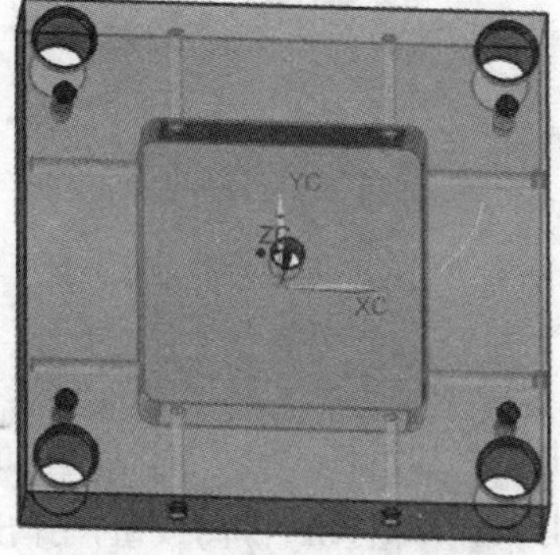

图 14-156　创建避让腔体后定模板

14.6　标准件添加及物料清单创建

步骤 18 至步骤 21 介绍了标准件添加及创建物料清单的操作过程，其中标准件包括复位杆、拉料杆、推板导柱导套等。并在最后介绍了简单的后处理过程，请用户参考前面内容进行详细操作。

步骤 18：创建复位杆，并进行修整

(1) 单击(标准件库)按钮，弹出“标准件管理”对话框。

(2) 如图 14-157 所示，单击“标准件管理”对话框中“文件夹视图”下面白色方框内 DME_MM 的子级 Ejection。

“成员视图”下面白色方框内的内容会发生变化，如图 14-158 所示，单击 Core Pin，会在窗口右侧出现一个名为“信息”的预览窗口，如图 14-159 所示。

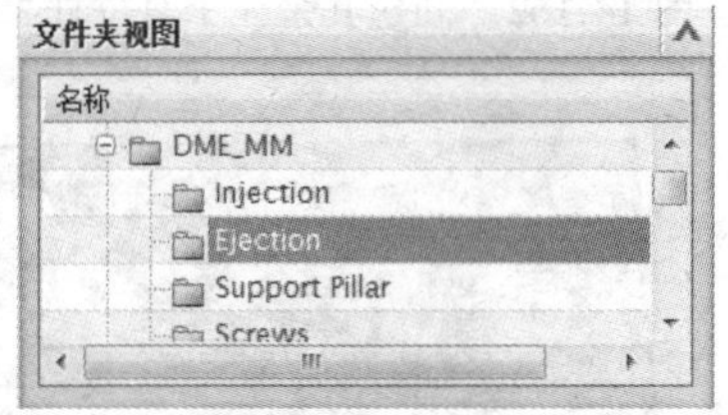

图 14-157　单击 Ejection

图 14-158　单击 Core Pin

(3) 如图 14-160 所示，设置“标准件管理”对话框下部的“详细信息”白色方框中的参数，CATALOG_DIA 设置为 6，CATALOG_LENGTH 设置为 82，其余默认设置；单击推杆固定座上平面作为“放置”、“位置”。

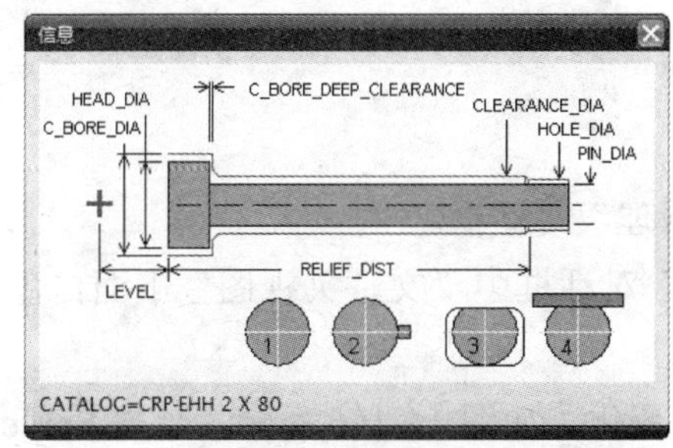

图 14-159　“信息”预览窗口

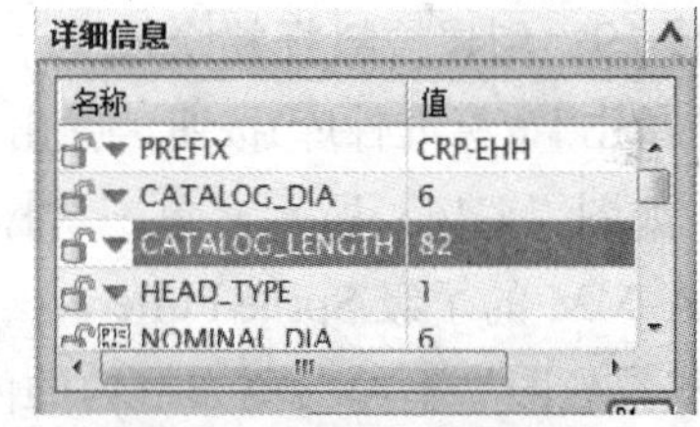

图 14-160　设置详细参数

(4) 单击“标准件管理”对话框中的应用按钮，弹出“标准件位置”对话框。

(5) “标准件位置”对话框“偏置”下面的“X 偏置”设置为-85mm，“Y 偏置”设置为 105mm，单击确定按钮，创建首个复位杆，如图 14-161 所示。

(6) 同样，(X 偏置，Y 偏置)坐标组合分别设置(85，105)、(-85，-105)、(85，-105)，创建另三个复位杆，如图 14-162 所示。

(7) 单击(腔体)按钮，使用创建避让腔的方法，以 4 个复位杆作为修剪刀具，以推杆固定板和动模板作为修剪目标，创建避让腔。

如图 14-163 所示为创建避让腔体之后的推杆固定板视图。

如图 14-164 所示为创建避让腔体之后的动模板视图。

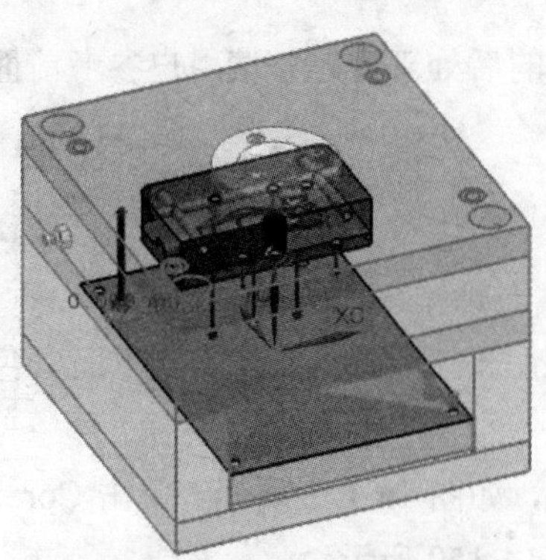

图 14-161　创建首个复位杆

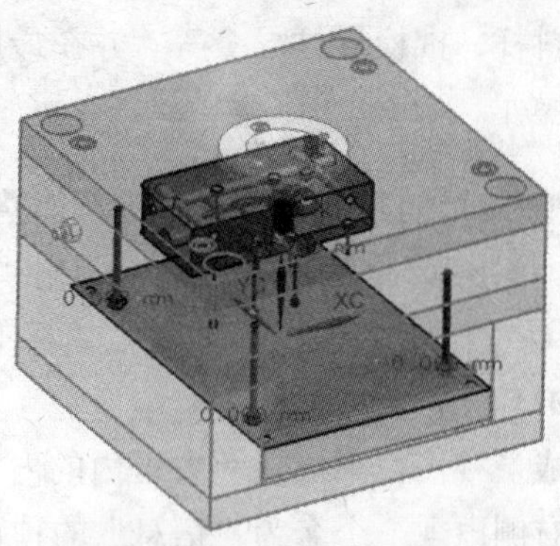

图 14-162　创建其余三个复位杆

图 14-163　推杆固定板视图

图 14-164　动模板视图

步骤 19：创建拉料杆并修整

(1) 单击(标准件库)按钮，弹出“标准件管理”对话框。

(2) 如图 14-165 所示，单击“标准件管理”对话框中“文件夹视图”下面白色方框内 FUTABA_MM 的子级 Sprue Puller。

“成员视图”下面白色方框内的内容会发生变化，如图 14-166 所示，单击 Sprue Puller [M-RLA]，会在窗口右侧出现一个名为“信息”的预览窗口，如图 14-167 所示。

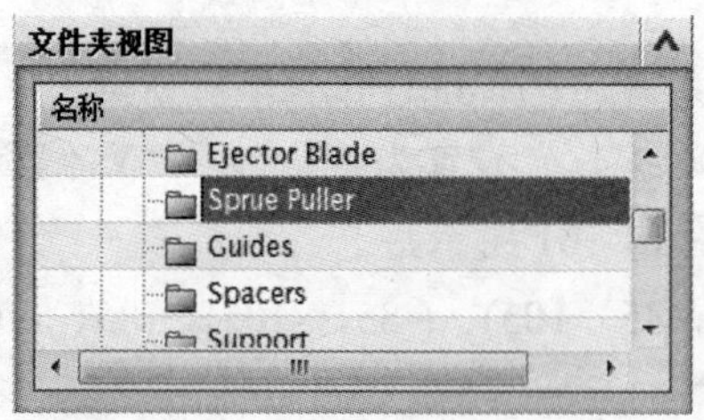

图 14-165　单击 Sprue Puller

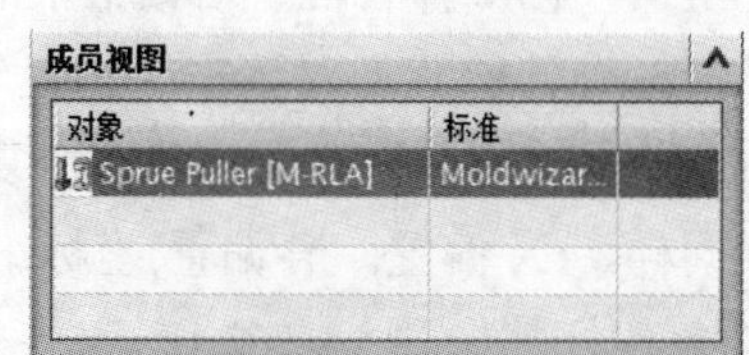

图 14-166　单击 Sprue Puller [M-RLA]

(3) 如图 14-168 所示，设置“标准件管理”对话框下部的“详细信息”白色方框中的参数，CATALOG_LENGTH 设置为 75，其余默认设置。

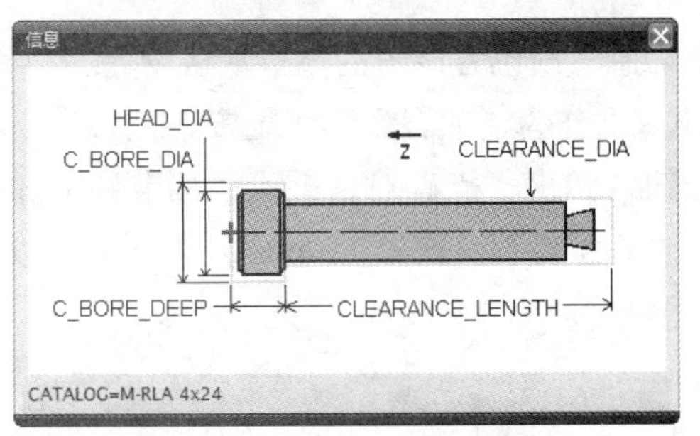

图 14-167　“信息”预览窗口

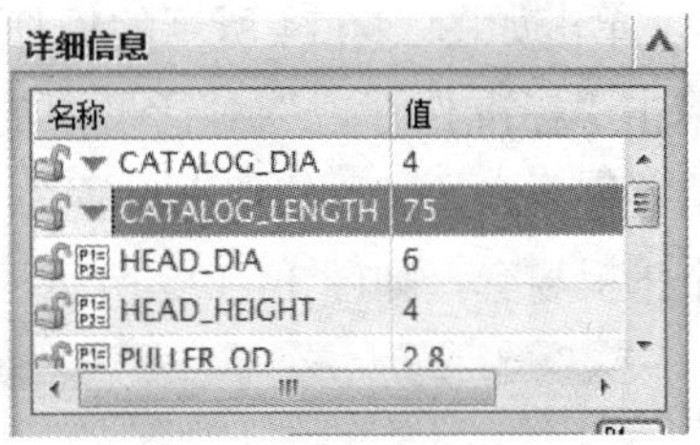

名称	值
CATALOG_DIA	4
CATALOG_LENGTH	75
HEAD_DIA	6
HEAD_HEIGHT	4
PULLER_OD	2.8

图 14-168　设置详细参数

(4) 单击动模板上平面作为“放置”、“位置”，然后单击对话框中的应用按钮，弹出“标准件位置”对话框，使用默认设置，单击确定按钮，创建推料杆如图 14-169 所示。

(5) 单击(腔体)按钮，使用创建避让腔的方法，以拉料杆修剪框作为修剪刀具，以推杆固定板、动模板和动模仁作为修剪目标，创建避让腔体如图 14-170 所示。

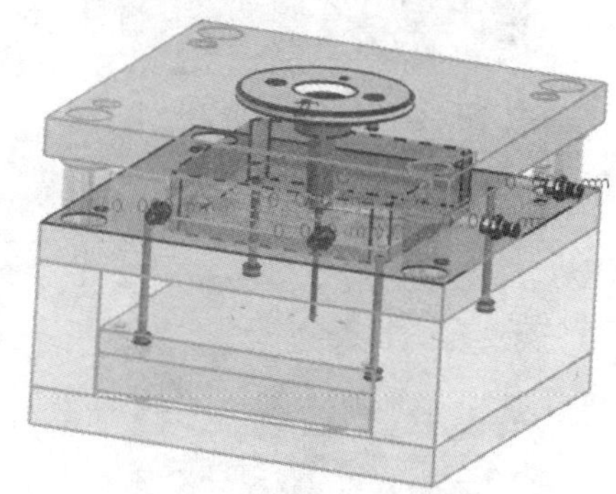

图 14-169　创建推料杆

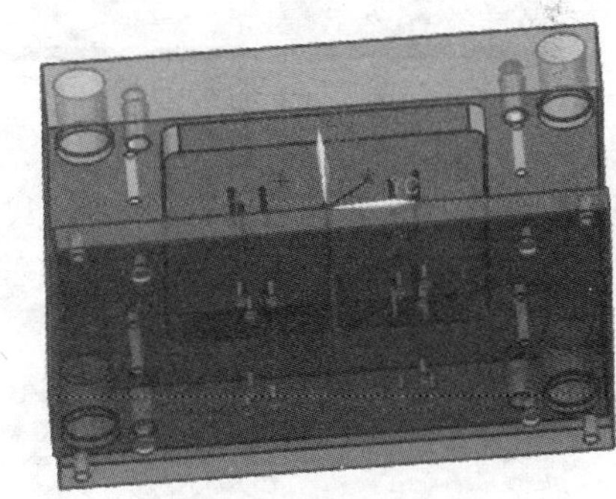

图 14-170　创建避让腔体

步骤 20：创建推板导柱导套，并修整

(1) 单击(标准件库)按钮，弹出“标准件管理”对话框。

(2) 如图 14-171 所示，单击“标准件管理”对话框中“文件夹视图”下面白色方框内 DME_MM 的子级 Dowels。

“成员视图”下面白色方框内的内容会发生变化，如图 14-172 所示，单击 Centering Bushing(R05)，会在窗口右侧出现一个名为“信息”的预览窗口，如图 14-173 所示。

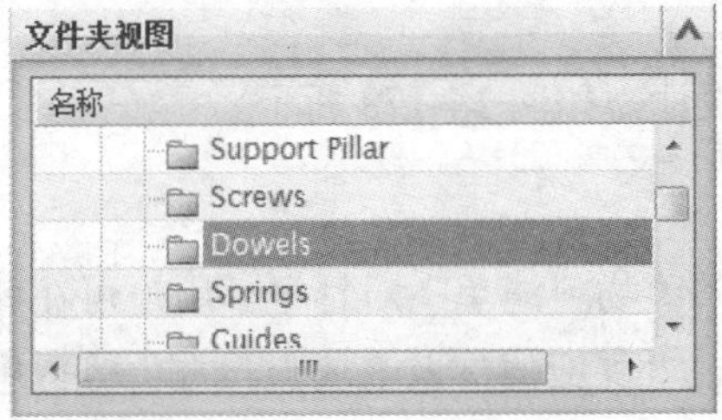

图 14-171　单击 Dowels

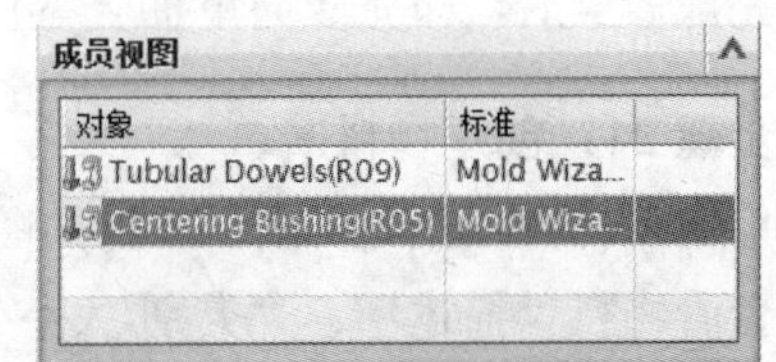

图 14-172　单击 Centering Bushing(R05)

(3) “标准件管理”对话框下部的“详细信息”白色方框中的参数默认设置。

(4) 单击如图 14-174 所示的推杆固定板下底面作为“放置”、“位置”。

单击“标准件管理”对话框中的应用按钮，弹出“点”对话框；“标准件位置”对话框“偏置”下面的“X 偏置”设置为 30mm，“Y 偏置”设置为 110mm，单击确定按钮，创建首个推板导套，如图 14-175 所示。

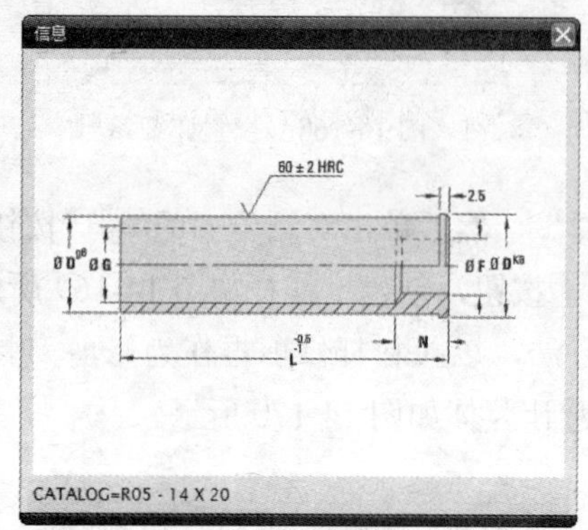

图 14-173 “信息”预览窗口

图 14-174 选中参考位置

(5) (X 偏置，Y 偏置)坐标为(-30，-110)，创建另一推板导套，如图 14-176 所示。

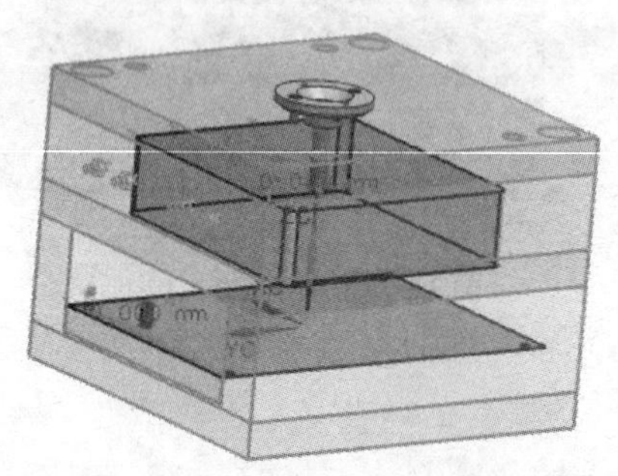

图 14-175 创建首个推板导套

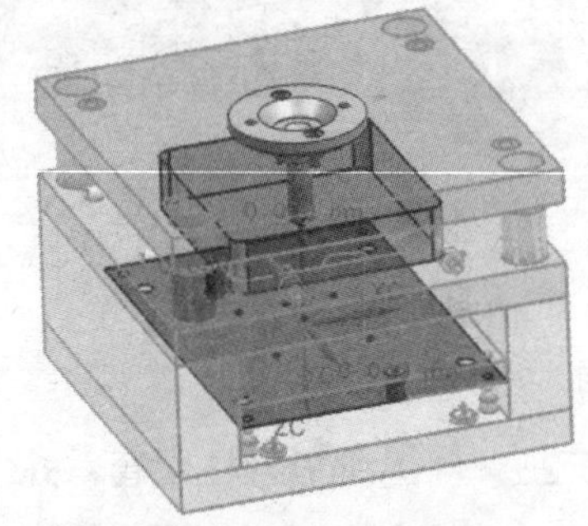

图 14-176 创建第 2 个推板导套

(6) 同样，单击“成员视图”下面白色方框中的 Tubular Dowels(R09)，在推板导套位置创建推板导柱，如图 14-177 所示。

(7) 单击(腔体)按钮，使用创建避让腔的方法，以推板导柱导套作为修剪刀具，以推杆固定板和动模座作为修剪目标，创建避让腔。

完成修整后，即完成简单抽壳零件的注塑模具设计，如图 14-178 所示。

步骤 21：创建物料清单

单击(物料清单)按钮，弹出如图 14-179 所示的“物料清单”对话框。用户可在此对话框中查看物料“描述”、“类别/大小”、“材料”、“供应商”及“坯料尺寸”等内容。亦可通过单击视图中的零件，来确定物料类型。

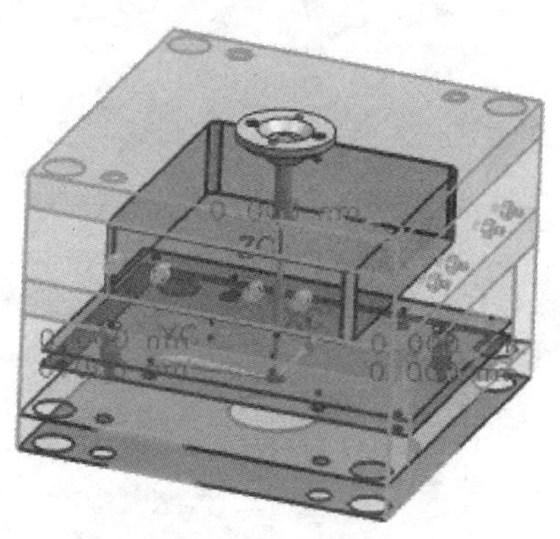

图 14-177　创建两个推板导柱

图 14-178　完成注塑模具设计

物料清单

选择组件

* 选择组件 (0)

列表

列表类型　BOM 表

编号	数量	描述	类别/大小	材料	供应商	坯料尺寸
1	2					
2	12	SUBINSERT	9 X 9 X 26	P20	CUSTOM	
3	6	EJECTOR PIN	EJP-EHN 3 X 1...	[...]	DME	[...]
4	8	CORE PIN	CRP-EHH 6 X ...	1.2344	DME	
5	2	Screw auto	CS - 8 x 16	STD		
6	1	location_ring_...	DHR21 - 100 ...		DME	
7	1	Sprue Bushings	DHR76 - 18 X...	1.2826	DME	
8	1	PULLER PIN	M-RLA 4x75	SKS3	FUTABA	
9	2	Tubular Dowels	R05 - 14 X 20	1.7131	DME	
10	2	Tubular Dowels	R05 - 10 X 20	1.7131	DME	
11	4	1/8 CONNECT...	H81-09-125	BRASS	DMS	
12	4		DME M12 x 35			
13	4	LEADER PIN	DME ESC24-4		DME	
14	1		DME N03-303...			

关闭

图 14-179　“物料清单”对话框

14.7　本 章 小 结

通过对塑料手柄模型的模具设计，希望用户掌握使用注塑模向导模块进行特殊模型的注塑模具设计。本模型进行注塑模具设计的重点是：分型前进行补片操作的过程，完成后进行手工分型创建分型线。希望用户对此部分内容进行重点掌握。

第 15 章

行星盘模型注塑模具设计

本章介绍了使用 UG NX 9 对某一行星盘模型进行注塑模具设计的操作过程。此过程包括动定模仁创建、多孔补面、模架加载、镶件设计、标准件和冷却系统创建等。

学习目标

通过学习本章，掌握对行星盘零件进行模具设计的全过程，特别需要注意此零件进行多次补片的操作过程，同时需要注意浇注系统创建的过程。

如图 15-1 所示为一行星盘模型的三维视图，如图 15-2 所示为完成设计后的注塑模具。

图 15-1　行星盘模型

图 15-2　完成设计的注塑模具

初始文件	\光盘文件\NX 9\Char15\xxp.prt
结果文件路径	\光盘文件\NX 9\Char15\zhusu\
视频文件	\光盘文件\视频文件\Char15\第 15 章.Avi

15.1　开模方向更改及初始化项目

步骤 1 至步骤 4 介绍了模具设计初始化过程，本过程包括重定位开模方向、初始化项目、模型重新定位、收缩率检查及工件加载等操作过程。

步骤 1：重定位开模方向，初始化项目

(1) 根据起始文件路径打开 model5.prt 文件。(用户使用 xxp.prt 文件进行操作)

(2) 经过审视零件模型可知，简易设计本模型的注塑模需改变其开模方向。

打开“建模”模块，选择“菜单”→“编辑”→“移动对象”命令，弹出“移动对象”对话框，单击零件模型作为“对象”，旋转坐标系后得到模型的方向如图 15-3 所示。

单击 按钮，完成旋转操作，此时开模方向得到重新定位。

(3) 单击 (初始化项目)按钮，弹出“初始化项目”对话框。

(4) 根据前面进行初始化设置的方法加载 model5.prt 文件，在“F 盘”创建英文路径文件夹并设置为其路径，设置模型材料为 ABS。单击 按钮，进行项目初始化操作。

步骤 2：模型重新定位

(1) 单击 (模具 CSYS)按钮，弹出“模具 CSYS”对话框，可以看到系统提供了“当前 WCS”、“产品实体中心”、“选定面的中心”三种对坐标轴重新定位的方式。

提供了“锁定 X 位置”、“锁定 Y 位置”、“锁定 Z 位置”三种不同方向上的位置锁定方式。

(2) 如图 15-4 所示，选中“选定面的中心”并取消选中“锁定 Z 位置”选项，单击如

图 15-5 所示模型的底面作为“选择对象”。

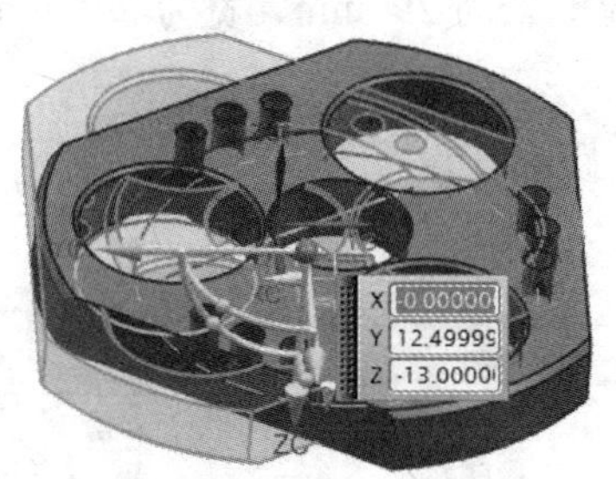

图 15-3　改变坐标系方向

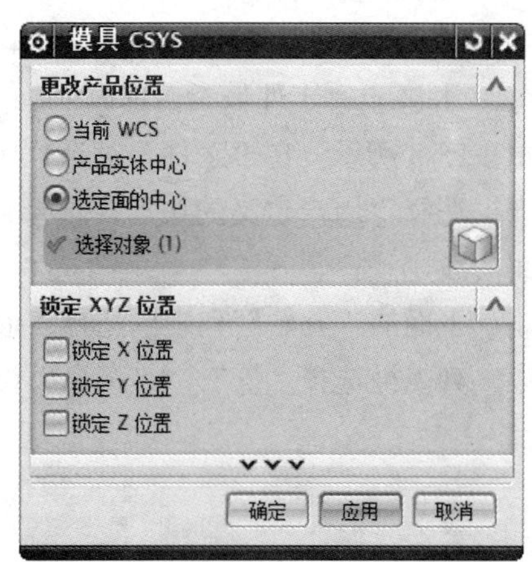

图 15-4　“模具 CSYS”对话框

(3) 单击“模具 CSYS”对话框中的按钮，即可完成模型重新定位操作。

(4) 选择“全部保存”命令，保存所有操作。

提示

本模型的坐标轴原就在底面的中心位置，所以本模型也可选中“当前 WCS”定位坐标轴。

步骤 3：收缩率检查

(1) 单击(收缩率)按钮，弹出如图 15-6 所示的“缩放体”对话框。

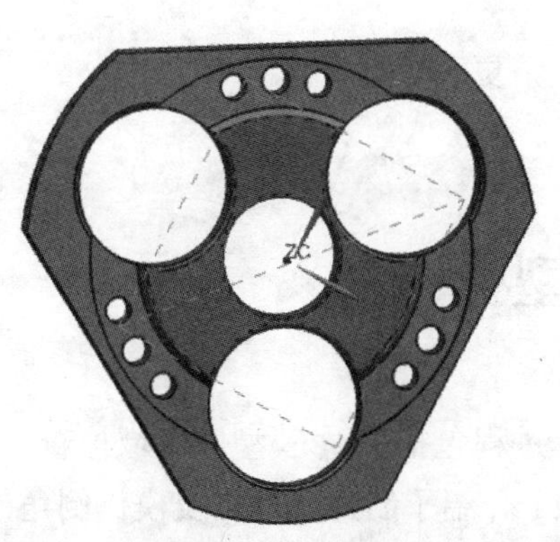

图 15-5　单击模型底面

图 15-6　“缩放体”对话框

(2) 由“缩放体”对话框中可以看出，“比例因子”为 1.006，与 ABS 材料的收缩率相同，因此不用改变，单击按钮，完成操作。

步骤 4：工件加载

(1) 单击(工件)按钮后，会出现一段短暂的工件加载时间，稍后会加载预览工件，如图 15-7 所示，并弹出“工件”对话框。

(2) 如图 15-8 所示，在“工件”对话框中，“类型”列表框选择“产品工件”，“工件方法”列表框选择“用户定义的块”，选择自动创建的长为 290mm、宽为 265mm 的矩形四边作为截面曲线。

“限制”下面的“开始”列表框选择“值”，“距离”设置为-50mm。

“结束”列表框选择“值”，“距离”设置为 25mm。

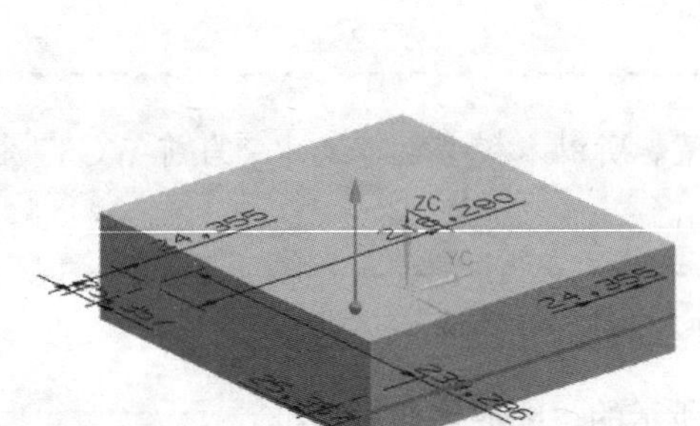

图 15-7　预加载工件

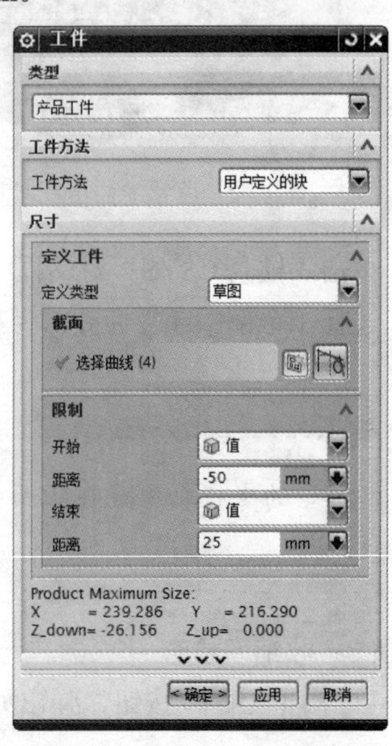

图 15-8　“工件”对话框

(3) 一般默认设置即为步骤(2)所示数据，否则，请更改数据。

单击< 确定 >按钮，完成工件加载，如图 15-9 所示。

15.2　模具分型操作

步骤 5 至步骤 10 介绍了模具分型设计过程，本过程包括了型芯\型腔区域检查、定义区域、分型面设计及型芯\型腔创建等操作过程。步骤 11 介绍了创建刀槽框及模仁倒角的过程。

步骤 5：进入模具分型窗口

(1) 在“注塑模向导”选项卡中，单击如图 15-10 所示的“分型刀具”工具栏中的(分型导航器)按钮，即可切入 model5_parting_***.prt 文件窗口。如图 15-11 所示为切入本文件窗口后的模型零件图，外边框代替工件模型轮廓。

图 15-9　完成工件加载

图 15-10　“分型刀具”工具栏

(2) 切入文件窗口的同时，弹出如图 15-12 所示的“分型导航器”窗口。

图 15-11　模型零件图

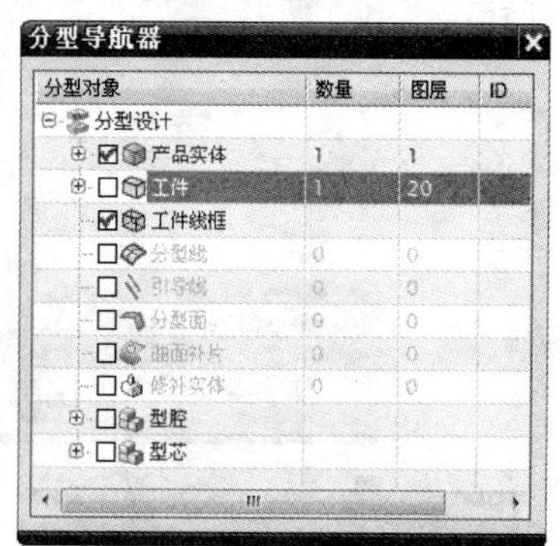

图 15-12　“分型导航器”窗口

(3) 用户可使用“分型导航器”将产品实体、工件、工件线框、分型线、型芯、型腔等进行隐藏\显示操作，例如，如图 15-13 所示，选中“工件”左侧的白色方框。如图 15-14 所示将工件显示出来。(此处用户应尽量进行操作，可检查加载工件及软件是否正常)

图 15-13　选中“分型导航器”内工件

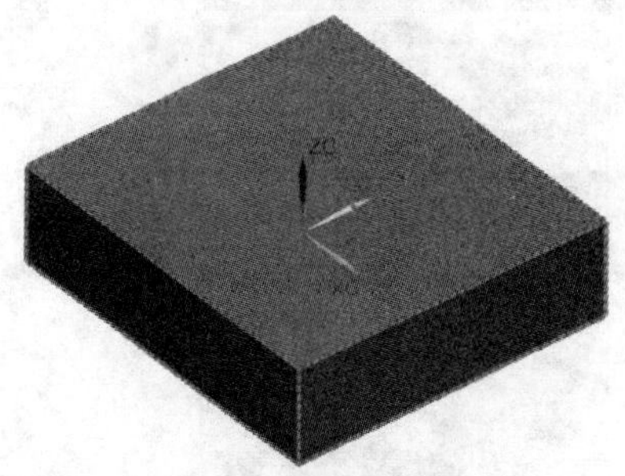

图 15-14　显示工件

用户可以单击(分型导航器)按钮，打开\关闭“分型导航器”窗口。

步骤 6：检查区域

(1) 单击(检查区域)按钮，弹出“检查区域”对话框。

(2) 单击模型作为“选择产品实体”，单击“指定脱模方向”右侧的 按钮的下拉箭头选择 ZC 方向，选中“选项”下面的“保持现有的”选项，完成设置后的“计算”选项卡如图 15-15 所示。

(3) 单击 (计算)按钮，进行计算。

(4) 完成计算后单击选项卡区域中的“面”，切入“面”选项卡，如图 15-16 所示。

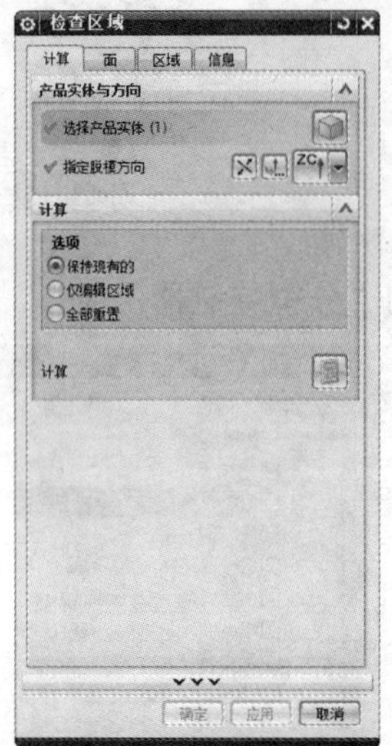

图 15-15 “计算”选项卡

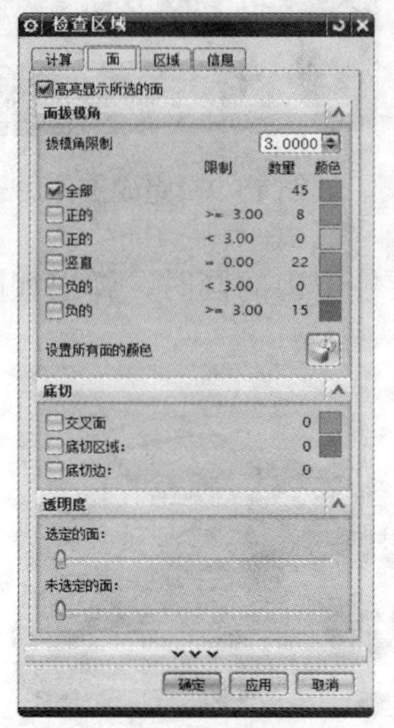

图 15-16 “面”选项卡

(5) 用户可以在“面”选项卡下看到，通过计算得到 45 个面，其中拔模角度≥3.00 的面有 8 个，拔模角度＝0.00 的面有 22 个，-3.00＜拔模角度＜0 的面有 15 个。

用户可以选中前面的方框在实体上预览这些面。

例如，如图 15-17 所示，选中“竖直＝0.00”左侧的方框，在窗口内的图形则会如图 15-18 所示对应“面”选项卡中选中的项目并红色高亮显示。

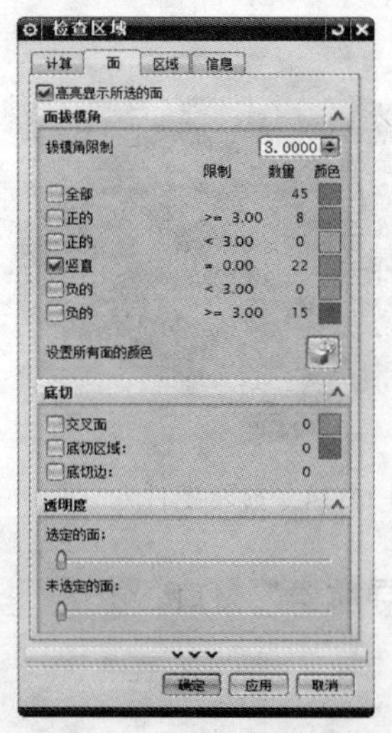

图 15-17 “面”选项卡设置

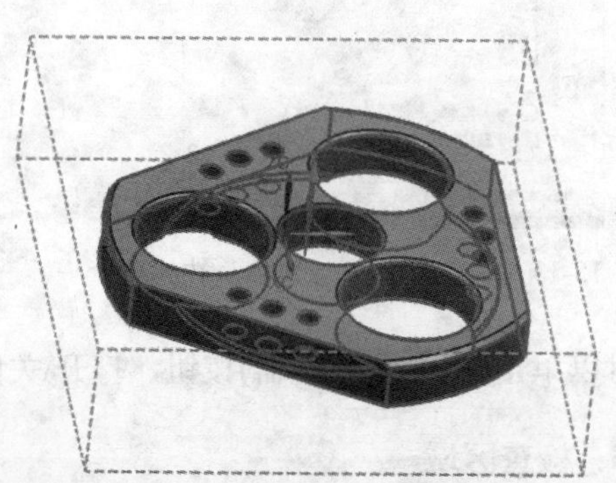

图 15-18 窗口图形显示

(6) 完成检查后，单击选项卡区域中的“区域”，切入“区域”选项卡。

(7) 在此选项卡中可以看到，“型腔区域”被定义了 8 个面，“型芯区域”被定义了 22 个面，还有 15 个面属于“未定义的区域”。

(8) 如图 15-19 所示，选中“指派到区域”下面的“选择区域面”，并选中“型芯区域”选项，然后依次单击如图 15-20 所示的 4 个交叉竖直面。

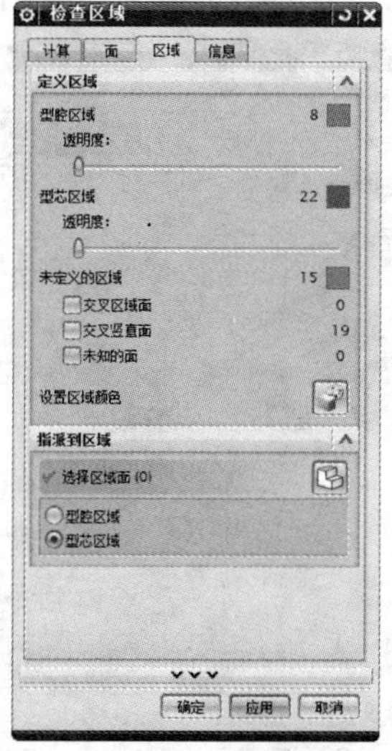

图 15-19 “区域”选项卡

图 15-20 选中区域面

设置完成后，单击应用按钮，即可将选定面重新定义进型芯区域。

(9) 如图 15-21 所示，选中“指派到区域”下面的“选择区域面”，并选中“型腔区域”选项，然后依次单击如图 15-22 所示的 6 个交叉竖直面。

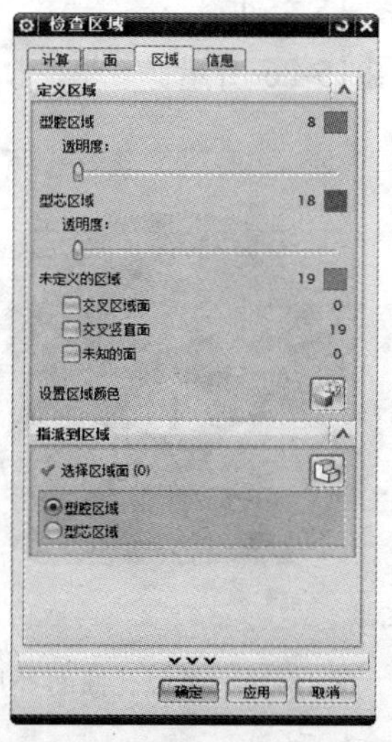

图 15-21 “区域”选项卡

图 15-22 选中区域面

设置完成后，单击应用按钮，即可将选定面重新定义进型腔区域。

(10) 单击“确定”按钮，完成“检查区域”操作。

步骤 7：曲面补片及定义区域

(1) 单击(曲面补片)按钮，弹出“边修补”对话框。

(2) “边修补”对话框中“环选择”下面的“类型”列表框选择“面”，完成设置后，如图 15-23 所示单击曲面。如图 15-24 所示为完成曲面选择后的“边修补”对话框。

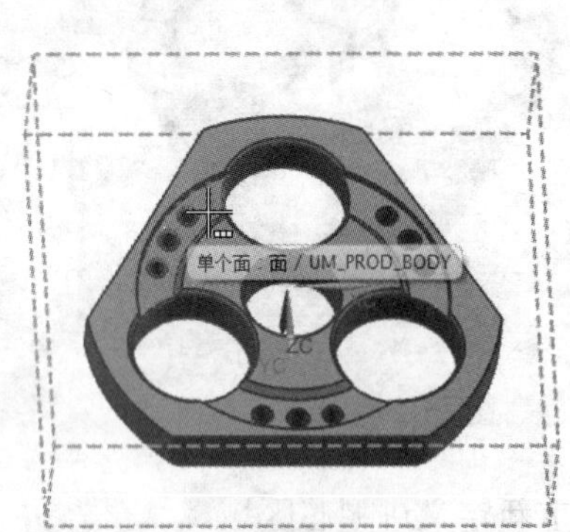

图 15-23　单击选中曲面

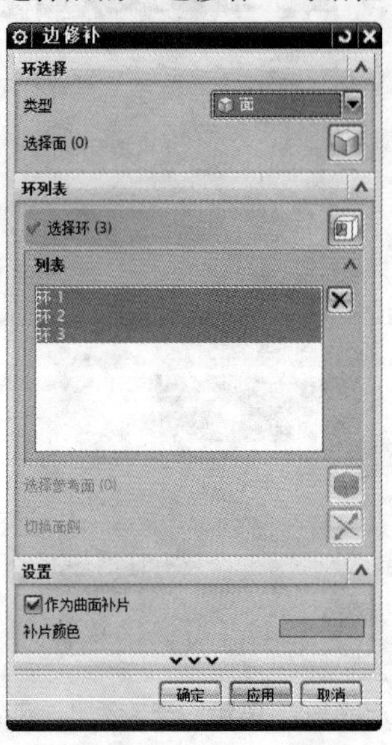

图 15-24　“边修补”对话框

(3) 单击“应用”按钮，完成选中曲面的补片操作，如图 15-25 所示。

(4) 重复步骤(2)和步骤(3)，完成类似孔的补片，如图 15-26 所示。

图 15-25　首个曲面补片

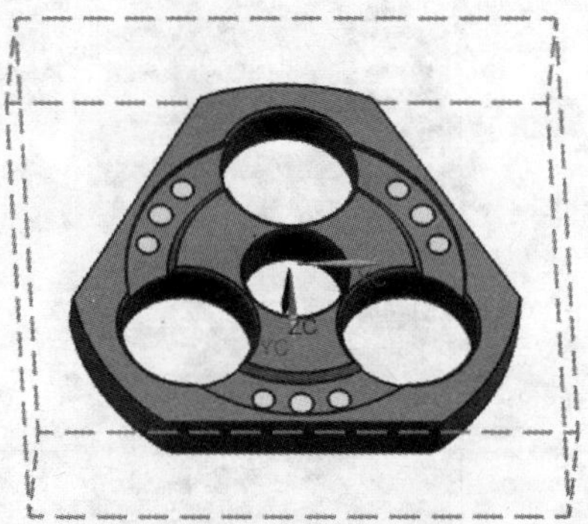

图 15-26　类似孔曲面补片

(5) 反转模型，选中如图 15-27 所示的平面。如图 15-28 所示，在“边修补”对话框中的“选择环”列表框下选中“环 1”至“环 13”13 个不同环。

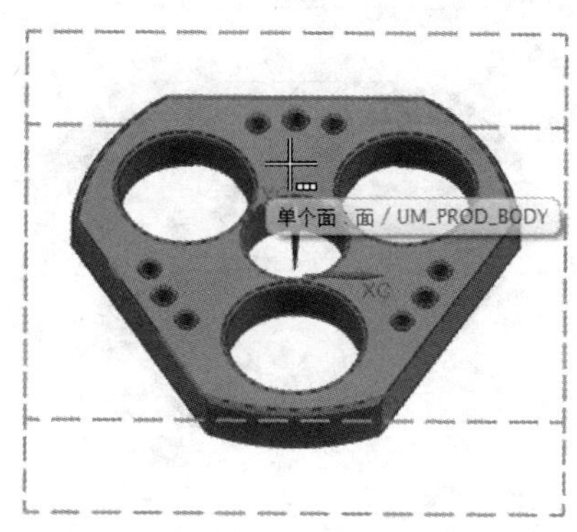

图 15-27　选择孔所在面

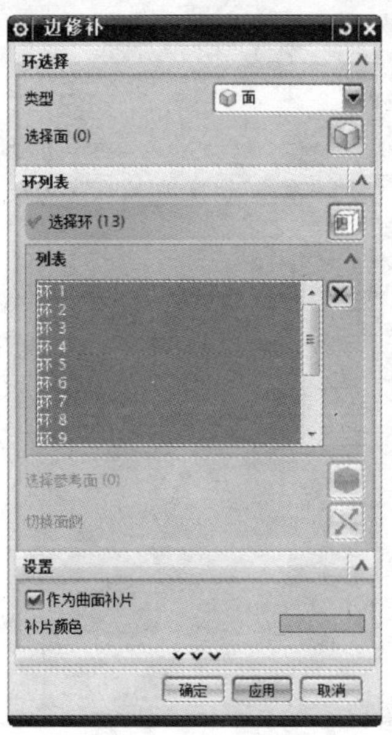

图 15-28　选中环

(6) 使用 Ctrl 键选中"列表"下面白色方框中的"环 10"至"环 13"，选中后零件模型视图如图 15-29 所示。单击"边修补"对话框中"列表"右侧的☒(移除)按钮，移除 4 个环。

(7) 使用 Ctrl 键选中其余环，单击应用按钮完成选中环的补片操作，如图 15-30 所示。

图 15-29　选中需移除环

图 15-30　完成其余环补片

(8) "边修补"对话框中"环选择"下面的"类型"列表框选择"体"，完成设置后单击视图零件模型，如图 15-31 所示为完成曲面选择后的"边修补"对话框。

单击应用按钮完成选中环的补片操作，如图 15-32 所示。

(9) 单击(定义区域)按钮，弹出"定义区域"对话框。

用户可在此对话框中看到，模型共45个面，"未定义的面"、"型腔区域"、"型芯区域"各占9、14、22个面；用户可单击"定义区域"下面的方框内的名称进行检查，检查是否按照用户的意愿进行分区，并可对其进行修改。

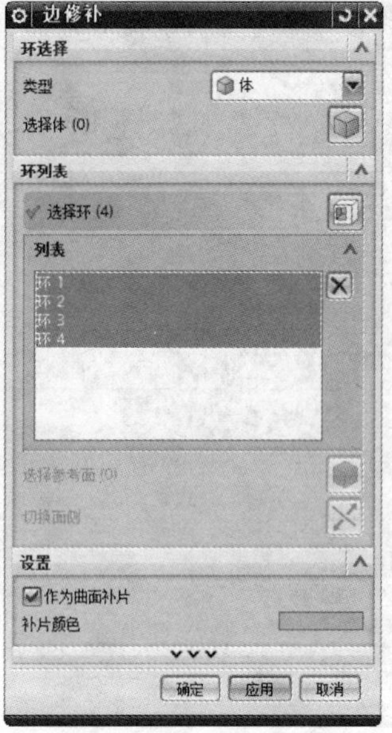

图 15-31 “边修补”对话框

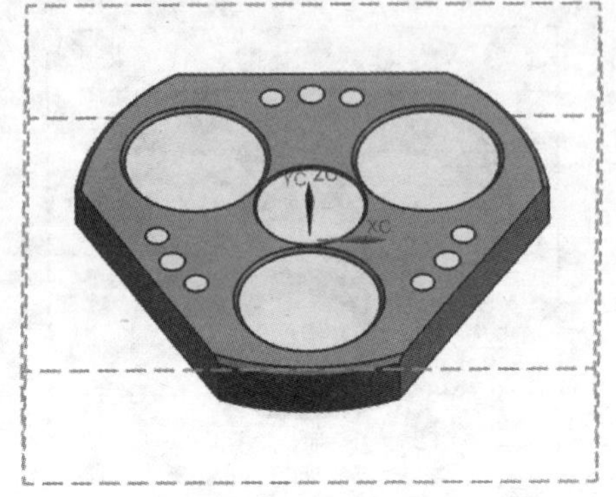

图 15-32 完成补片操作

(10) 完成检查后，依次选中“设置”下面的“创建区域”、“创建分型线”选项，单击应用按钮，如图 15-33 所示，“定义区域”下面白色方框内名称前符号发生变化。

(11) 单击<确定>按钮，并旋转窗口内模型，可发现模型面按型腔、型芯区域发生如图 15-34 所示的颜色变化。

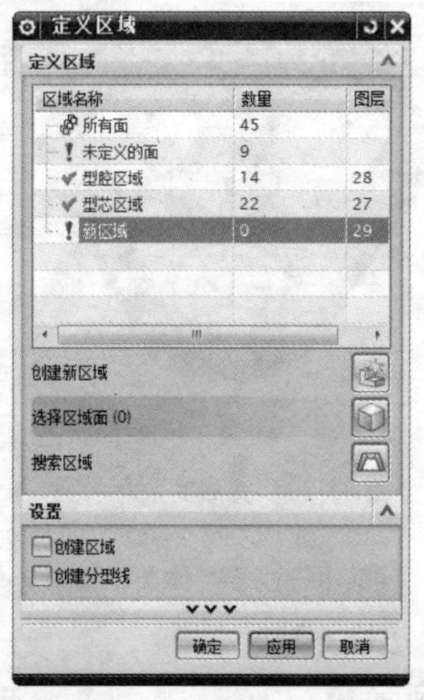

图 15-33 “定义区域”对话框

图 15-34 区域面变化

步骤 8：设计分型面

(1) 单击(设计分型面)按钮，弹出如图 15-35 所示的“设计分型面”对话框，并参考分型线自动创建分型面，如图 15-36 所示。

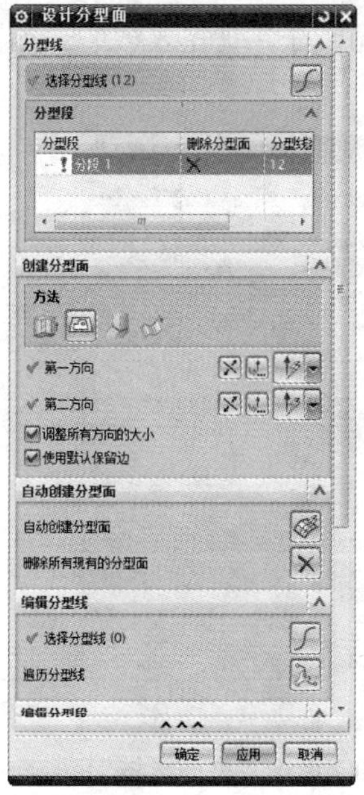

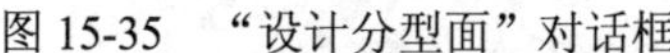
图 15-35　“设计分型面”对话框

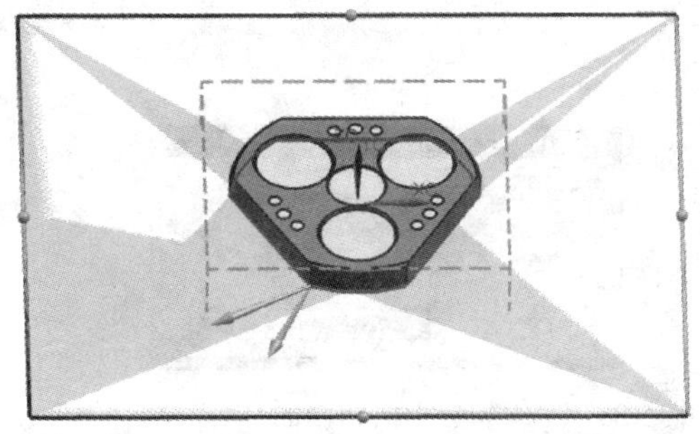
图 15-36　自动创建分型面

(2) 用户可发现，分型面的面积过大，需要将分型面缩小。

如图 15-37 所示，使用鼠标单击分型面边界上的 4 点的任意一点，向内拖曳，使分型面缩小，单击<确定>按钮，完成分型面创建，如图 15-38 所示。

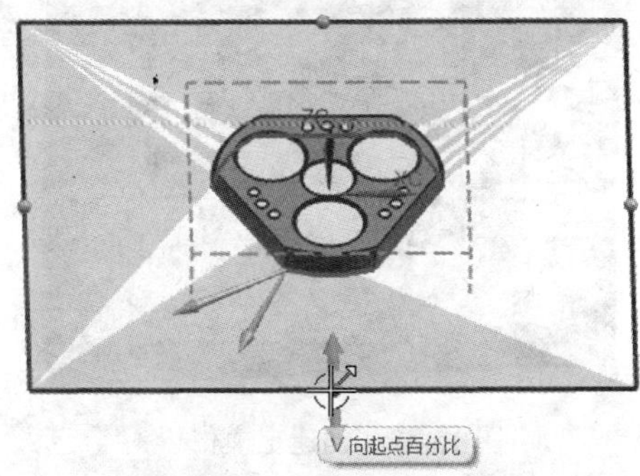

图 15-37　拖曳缩小分型面

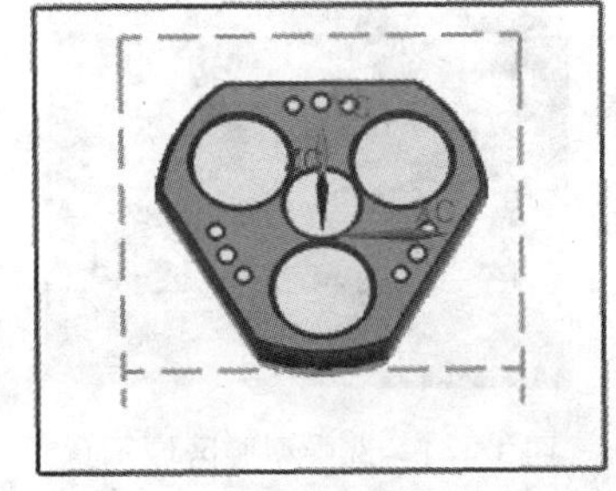
图 15-38　创建分型面

步骤 9：编辑分型面和曲面补片

用户使用“编辑分型面和曲面补片”命令，可选择现有片体以在分型部件中对开放区域进行补片，或取消选择片体以删除分型或补片的片体。

单击(编辑分型面和曲面补片)按钮，弹出如图 15-39 所示的“编辑分型面和曲面补片”对话框，默认自动选择分型面，单击<确定>按钮，完成操作。

步骤 10：定义型腔和型芯

(1) 单击(定义型腔和型芯)按钮，弹出“定义型腔和型芯”对话框。

(2) 如图 15-40 所示，选中“选择片体”下面白色方框中的“型腔区域”。如图 15-41 所示会自动选中模型的型腔面片体和分型面片体。

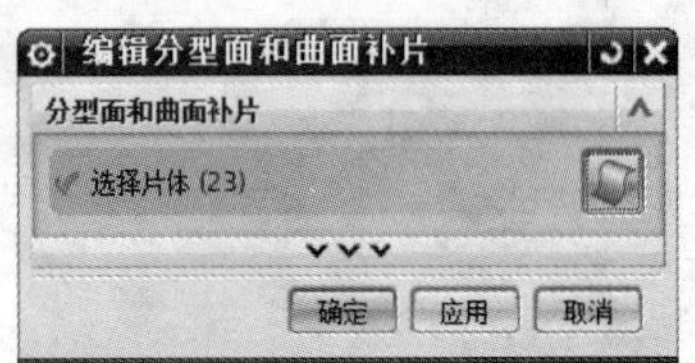

图 15-39 “编辑分型面和曲面补片”对话框

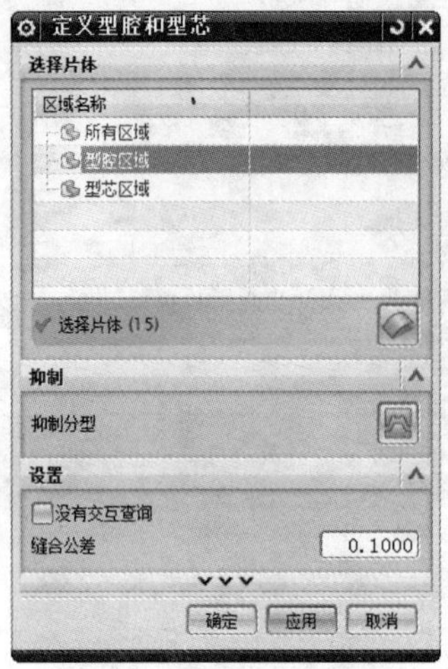

图 15-40 单击“型腔区域”

(3) 其余默认设置，单击应用按钮，软件进行计算，完毕后得到如图 15-42 所示的型腔模仁(定模仁)，并弹出如图 15-43 所示的“查看分型结果”对话框。

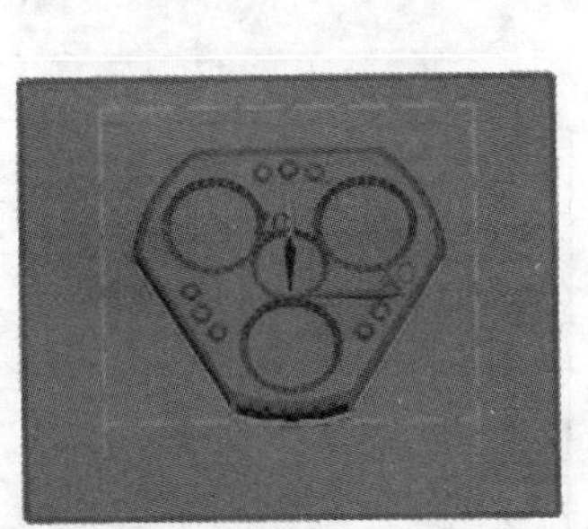

图 15-41 选中型腔区域示意

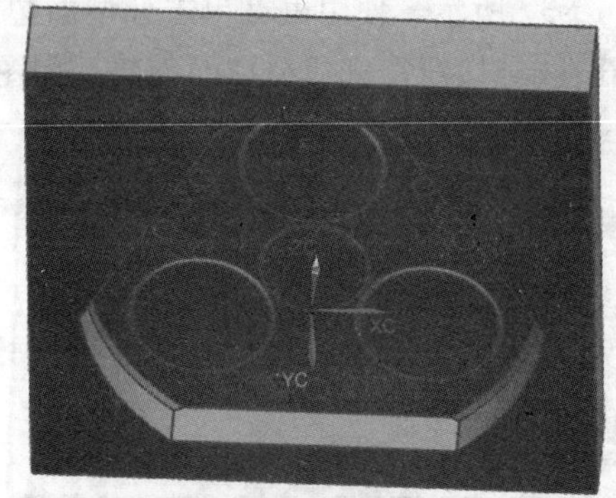

图 15-42 创建定模仁

(4) 直接单击“查看分型结果”对话框中的确定按钮，完成型腔区域定义操作，并返回至“定义型腔和型芯”对话框。

此时可以发现白色方框内“型腔区域”前面的符号变为✔，选择片体的数量由操作前的 15 变为现在的 1，说明型腔面片体同分型面片体缝合为一个片体。

(5) 重复操作，选中“选择片体”下面白色方框中的“型芯区域”，选中型芯面片体和分型面片体，其余默认设置，单击应用按钮，计算得到型芯模仁(动模仁)，如图 15-44 所示，并弹出“查看分型结果”对话框。

(6) 直接单击“查看分型结果”对话框中的确定按钮，完成型芯区域定义操作，并返回至“定义型腔和型芯”对话框。

图 15-43　“查看分型结果”对话框

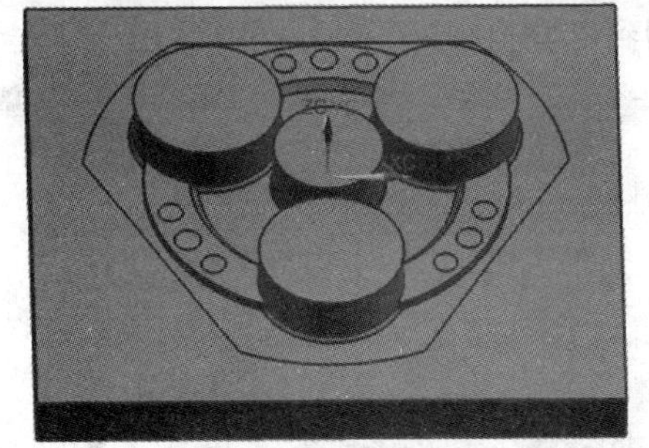

图 15-44　创建动模仁

此时可以发现白色方框内“型芯区域”前面的符号变为✔，选择片体的数量由操作前的15 变为现在的 1，说明型芯面片体同分型面片体缝合为一个片体。

此时已完成型腔和型芯区域定义，完成后的“定义型腔和型芯”对话框如图 15-45 所示。

(7) 单击取消按钮，关闭“定义型腔和型芯”对话框，完成操作。

用户可打开 model5_top_***.prt 装配文件查看动定模仁装配图，如图 15-46 所示。

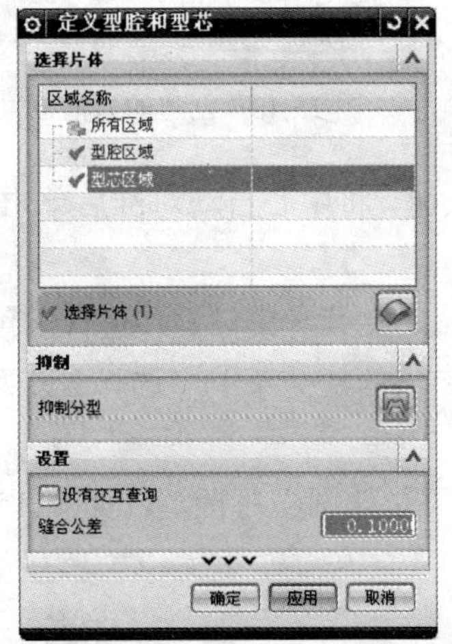

图 15-45　完成操作后的“定义型腔和型芯”对话框

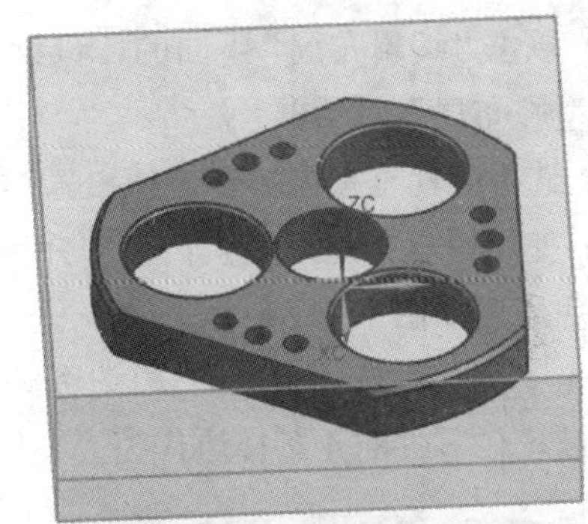

图 15-46　动定模仁装配图

步骤 11：创建刀槽框，模仁倒角

(1) 单击(型腔布局)按钮，弹出“型腔布局”对话框。

(2) 单击“型腔布局”对话框中的按钮，弹出更多操作命令按钮。(若已展开，则可不单击)

(3) 单击“型腔布局”对话框中“编辑布局”下面的(编辑插入腔)按钮，弹出“插入腔体”对话框。

(4) “插入腔体”对话框提供了 4 种插入刀槽框的方式，这里选择第 2 种方式。

如图 15-47 所示，“目录”选项卡底部 R 列表框选择 10，type 列表框选择 0，其余默认设置。单击确定按钮，创建的刀槽框如图 15-48 所示(为方便用户比较，模仁零件被隐藏了)，

并返回到“型腔布局”对话框中。

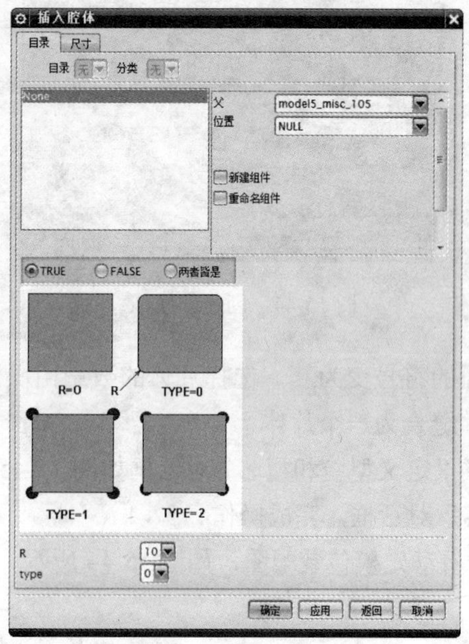

图 15-47 “目录”选项卡

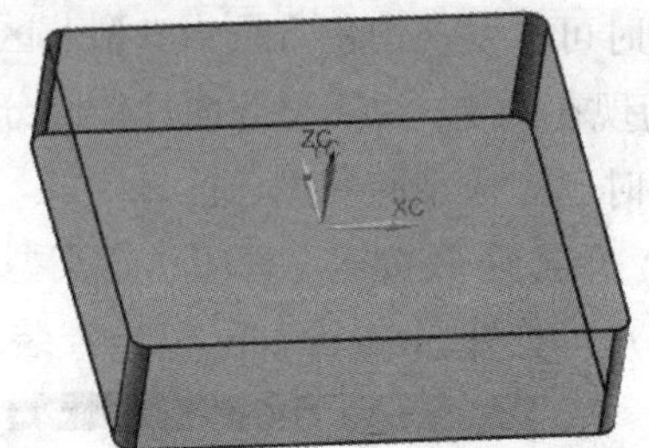

图 15-48 创建的刀槽框

(5) 单击“编辑布局”下面的(自动对准中心)按钮，将中心自动对准后单击关闭按钮，关闭“型腔布局”对话框。

(6) 选中刀槽框模型零件，使用鼠标右键将其隐藏，继续对模仁零件进行倒角操作。

(7) 使用鼠标指定型腔模仁零件并单击右键，在弹出的快捷菜单中选择“设为工作部件”命令，完成后如图 15-49 所示。

单击“主页”选项卡中的(边倒圆)按钮，弹出“边倒圆”对话框，如图 15-50 所示，选中型腔模仁零件的 4 条棱边作为“要倒圆的边”。

图 15-49 设置型腔模仁为工作部件

图 15-50 选中棱边

如图 15-51 所示，在“边倒圆”对话框中的“半径 1”设置为 10mm，其余默认设置，完成设置后单击确定按钮，创建型腔模仁边倒圆，如图 15-52 所示。

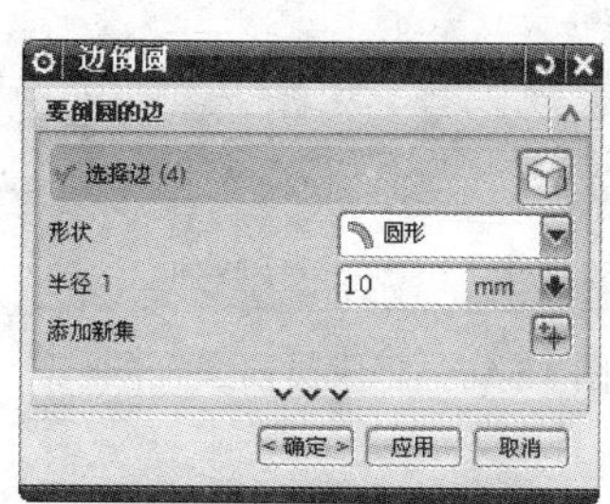

图 15-51　“边倒圆”对话框

图 15-52　创建型腔模仁边倒圆

(8) 重复步骤(7)，创建型芯模仁半径为 10mm 的边倒圆，如图 15-53 所示。

(9) 重新将刀槽框显示出来后的视图如图 15-54 所示。至此，完成一模单腔类型的型腔布局操作。

图 15-53　创建型芯模仁边倒圆

图 15-54　显示刀槽框后视图

15.3　加载模架及添加浇注系统

步骤 12 至步骤 14 介绍了加载模架并添加浇注系统的过程，其中浇注系统包括浇注法兰盘、浇口衬套、浇道及浇口等部件。浇注系统的添加过程是本书的重点、难点，希望用户能够牢固掌握。

步骤 12：加载模架，模板避让腔体创建

(1) 单击(模架库)按钮，弹出“模架设计”对话框，单击如图 15-55 所示“文件夹视图”框中的 DME。

(2) 完成步骤(1)操作后，单击如图 15-56 所示“成员视图”框中的 2A，弹出如图 15-57 所示的“信息”窗口。

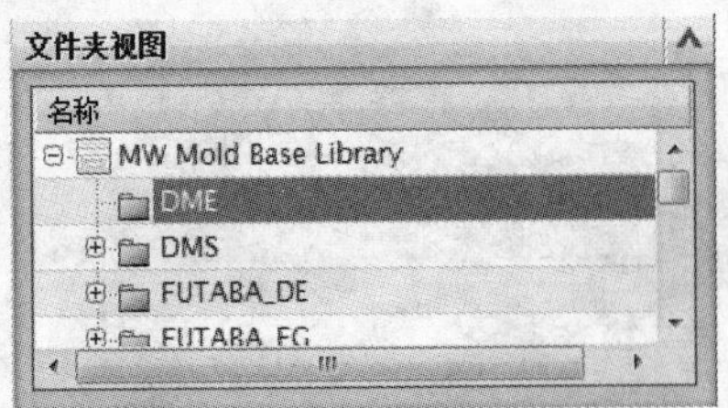

图 15-55　“文件夹视图”框

图 15-56　“成员视图”框

(3) 根据“信息”窗口中的预览图，设置“详细信息”框中的内容。

根据模仁的大小选择index=4040的模架，根据定模仁嵌入定模板内的部分和动模仁嵌入动模仁内的部分的尺寸，如图15-58所示，设置“模架设计”对话框下部AP_h文本框为76，BP_h文本框为36，CP_h文本框为106，完成设置后单击确定按钮，加载模架如图15-59所示。

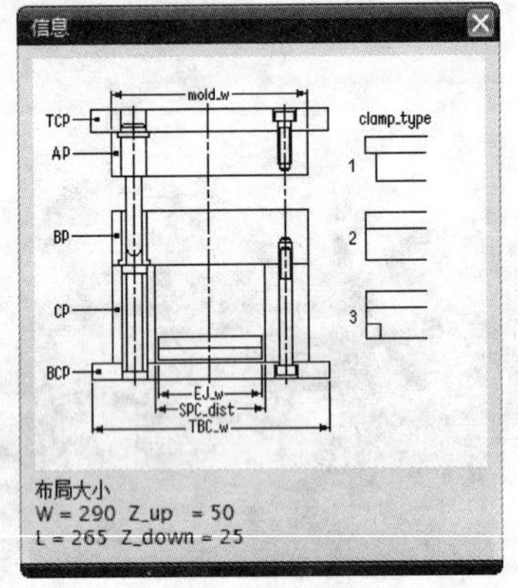

图 15-57　“信息”小窗口

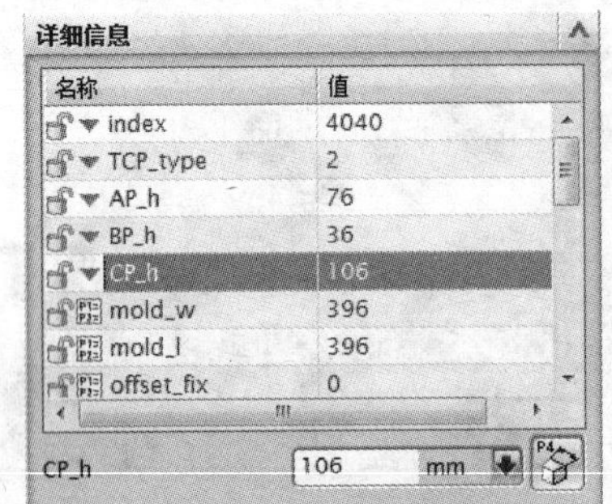

图 15-58　“详细信息”列表框

完成模架加载后，下一步需要对模板腔体进行修剪。首先修剪定模板上的腔，将除了定模板和刀槽框其余的模具零部件隐藏，得到的视图如图 15-60 所示。

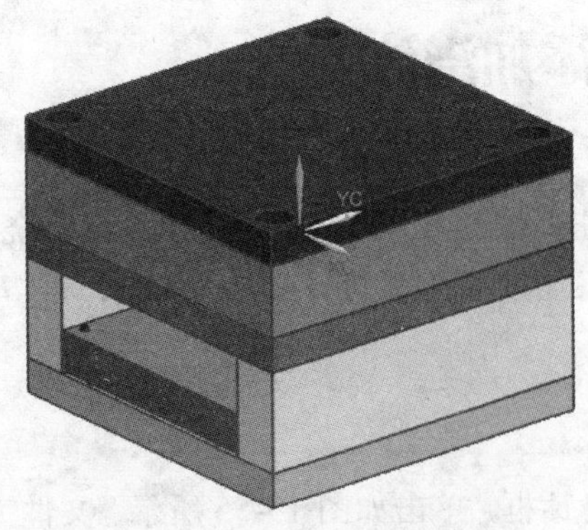

图 15-59　加载模架

图 15-60　隐藏零部件后结果

(4) 单击(腔体)按钮，弹出“腔体”对话框，单击视图中定模板作为需要修剪的“目标”，单击刀槽框作为修剪所用的“刀具”。

将“模式”列表框选择“减去材料”，“刀具”下面的“工具类型”列表框选择“实体”，完成设置后的“腔体”对话框如图 15-61 所示。

单击“工具”下面的应用按钮，即可完成定模板创建腔体操作，将刀槽框隐藏后得到带腔体的定模板如图 15-62 所示。

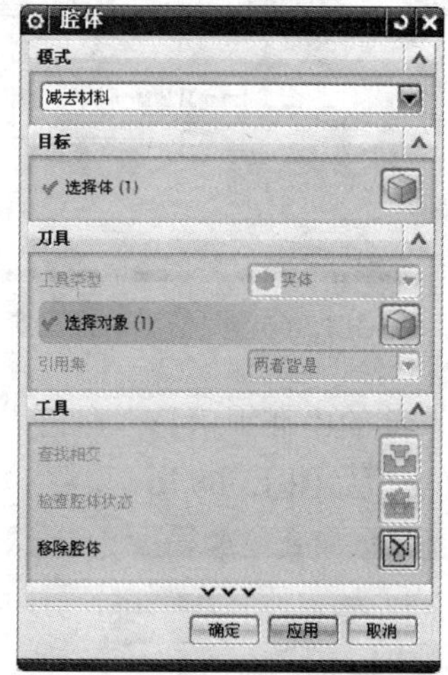

图 15-61　“腔体”对话框

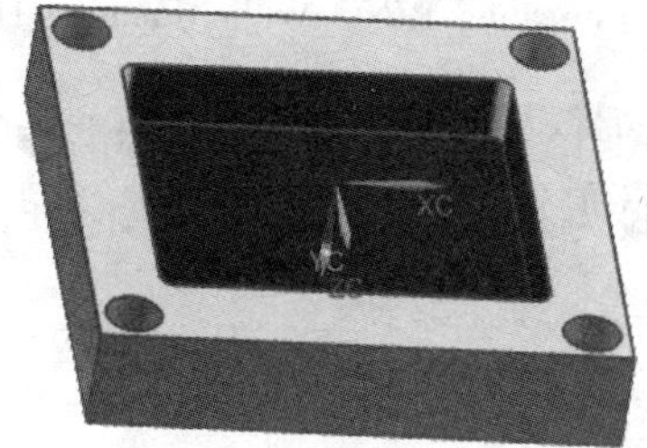

图 15-62　创建定模板腔体

(5) 重复步骤(4)创建动模板腔体，如图 15-63 所示。

步骤 13：添加浇注系统及修整

(1) 在添加浇注法兰盘前，需要对浇注法兰盘的让位凹槽进行测量，单击(测量距离)按钮，测量凹槽的半径为 45mm，深为 5mm。

(2) 单击(标准件库)按钮，弹出“标准件管理”对话框。

(3) 如图 15-64 所示，单击“标准件管理”对话框中“文件夹视图”下面白色方框内 DME_MM 的子级 Injection。

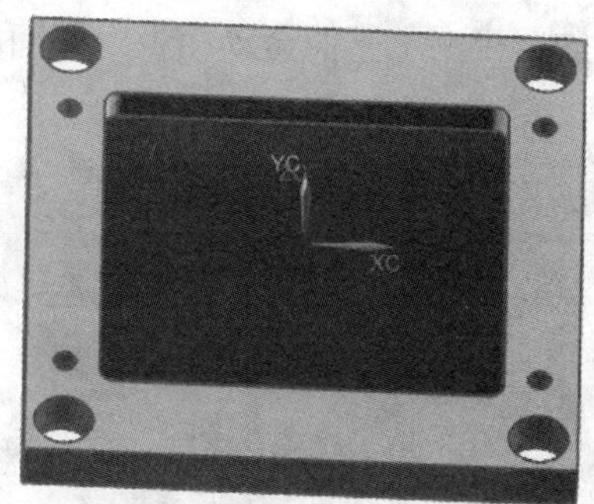

图 15-63　创建动模板腔体

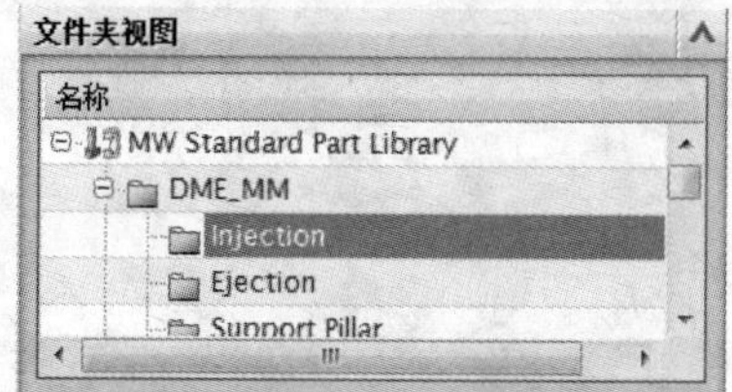

图 15-64　单击 Injection

“成员视图”下面白色方框内的内容会发生变化，如图 15-65 所示，单击 Locating_RING_With_Mounting_Holes[DHR21]，会在窗口右侧出现一个名为“信息”的预览窗口，如图 15-66 所示。

图 15-65　单击 Locating_RING_With_Mounting_Holes[DHR21]

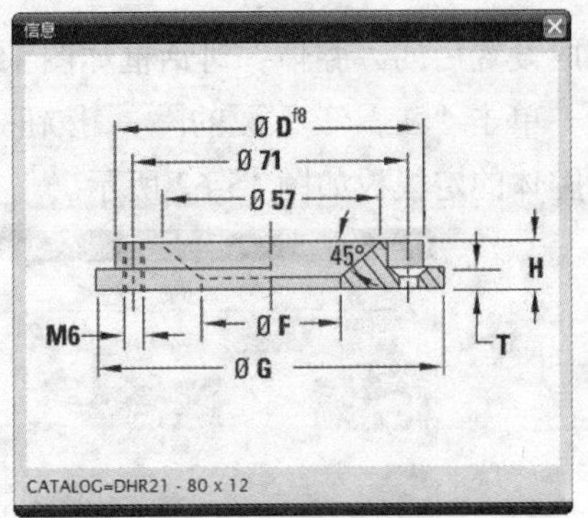

图 15-66　“信息”预览窗口

(4) 如图 15-67 所示，设置“标准件管理”对话框下部的“详细信息”白色方框中的参数，TYPE 设为 M8，其余默认设置，此时“信息”预览窗口如图 15-68 所示。

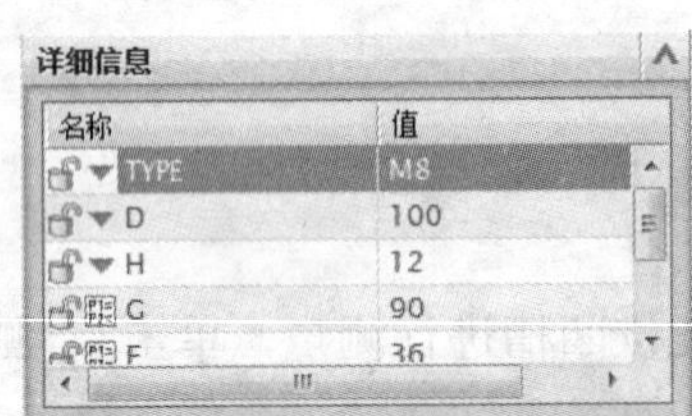

图 15-67　设置详细参数

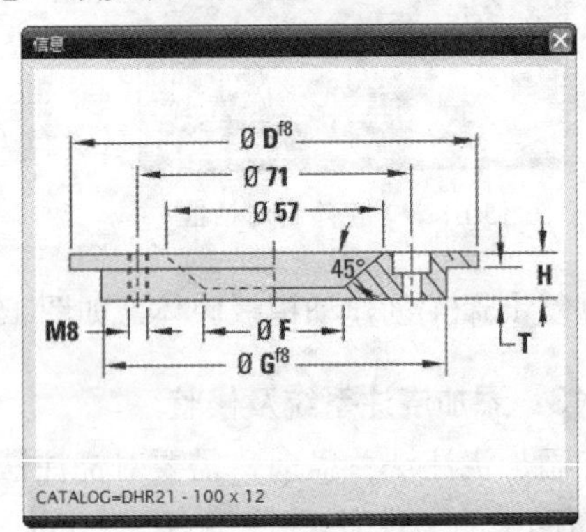

图 15-68　“信息”预览窗口

(5) 单击“标准件管理”对话框中的应用按钮，等待片刻，在模架上添加浇注法兰盘，如图 15-69 所示。

(6) 单击(测量距离)按钮，如图 15-70 所示，测量上模座上平面至动模板上平面的距离，确定浇口套的大致长度为 112mm。

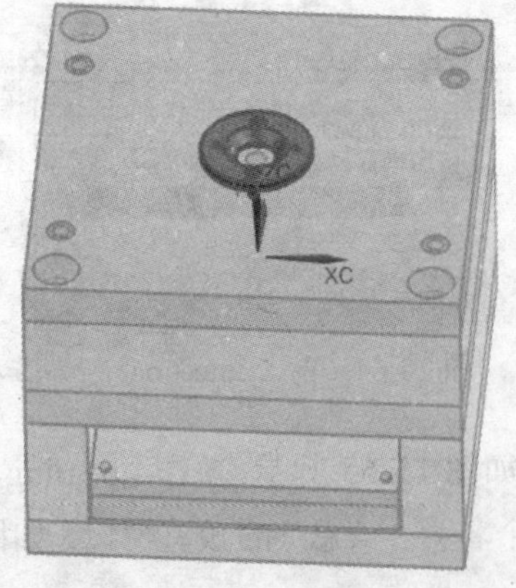

图 15-69　添加浇注法兰盘

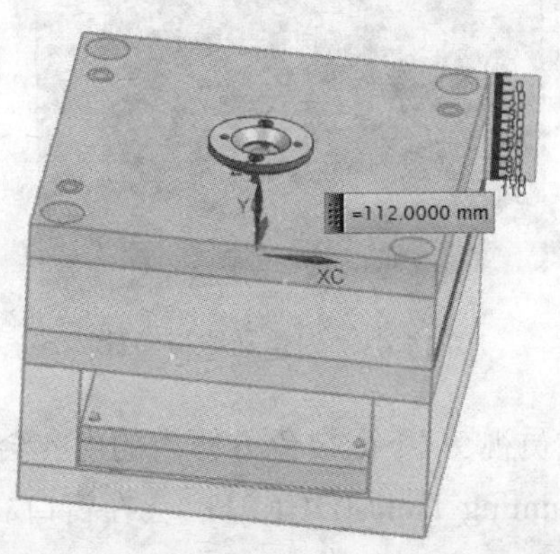

图 15-70　测量距离

(7) 如图 15-71 所示，单击“成员视图”下面白色方框内的“Sprue Bushing(DHR 76 DHR78)”，在窗口右侧出现“信息”预览窗口如图 15-72 所示。

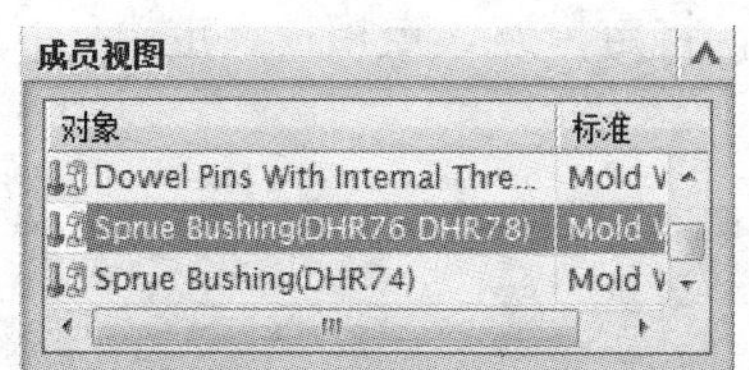

图 15-71　单击 Sprue Bushing(DHR76 DHR78)

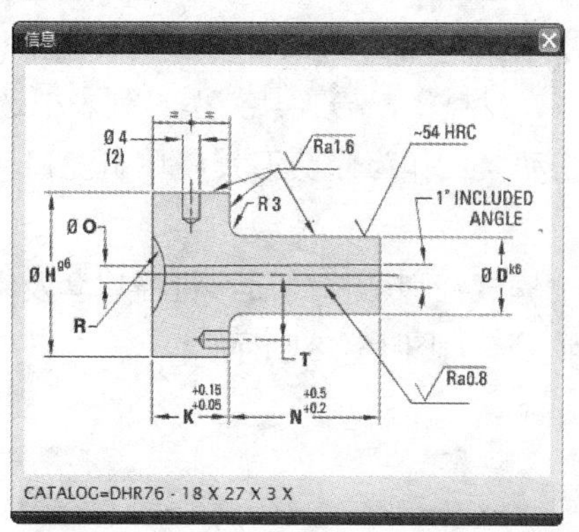

图 15-72　“信息”预览窗口

(8) 如图 15-73 所示设置“详细信息”白色方框内的参数，D 为浇口套外径，设为 18，N 设置为 112−18=94。

单击 应用 按钮，创建浇口套，隐藏定模座、定模板后的视图如图 15-74 所示。

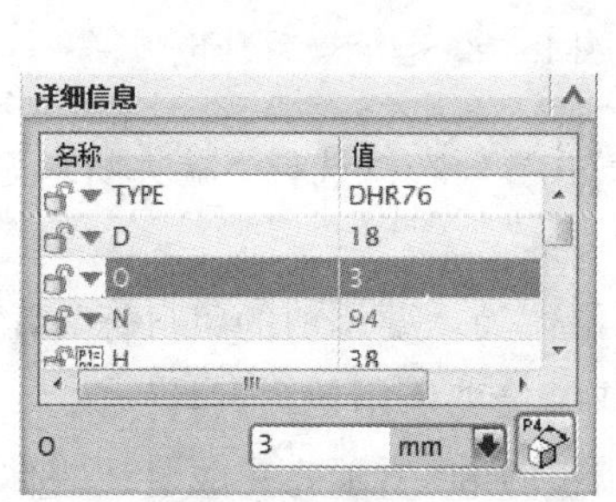

图 15-73　设置“详细信息”参数

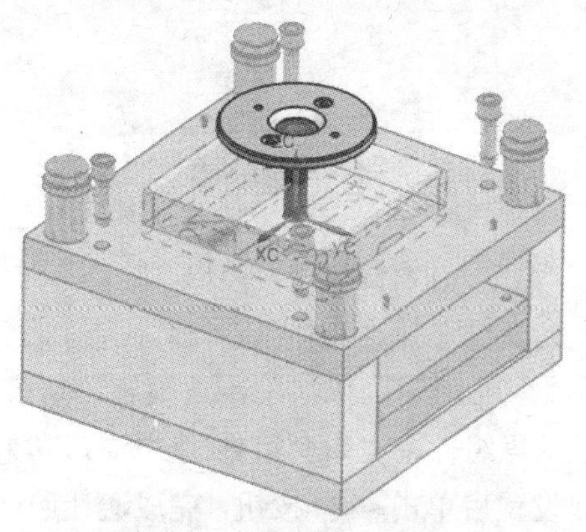

图 15-74　添加浇口套视图

(9) 将除浇口套组件其余部件隐藏得到如图 15-75 所示的视图。双击浇口套组件使其成为工作部件，如图 15-76 所示。

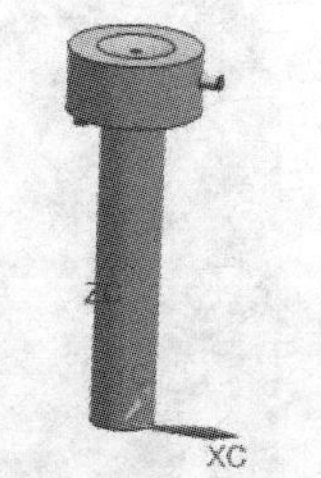

图 15-75　隐藏其余部件

图 15-76　设置浇口套为工作部件

由图中可以看到，浇口套部件外层有一透明实体，此为浇口套部件刀槽框，需使用此刀槽框对相应部件进行修剪。

(10) 将浇口套刀槽框隐藏，单击(腔体)按钮，弹出“腔体”对话框，“模式”列表框选择“减去材料”，“工具类型”列表框选择“实体”。

单击动模仁作为修剪刀具，单击浇口套作为修剪目标，完成修剪后的浇口套如图 15-77 所示。

(11) 完成浇口套修剪后，将浇口套及动模仁隐藏，将定模座、定模板、定模仁、浇注法兰组件显示，如图 15-78 所示。

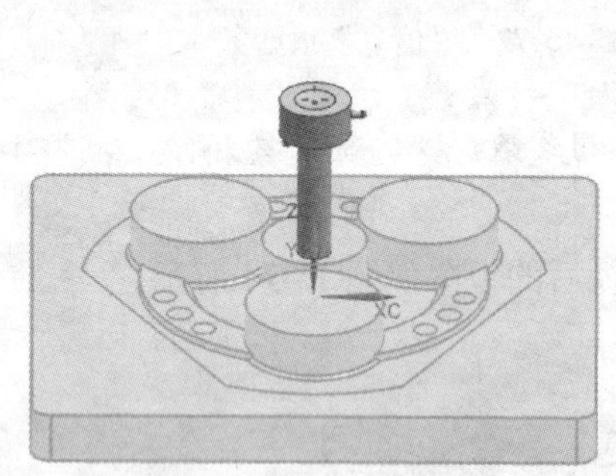

图 15-77　完成修剪后浇口套

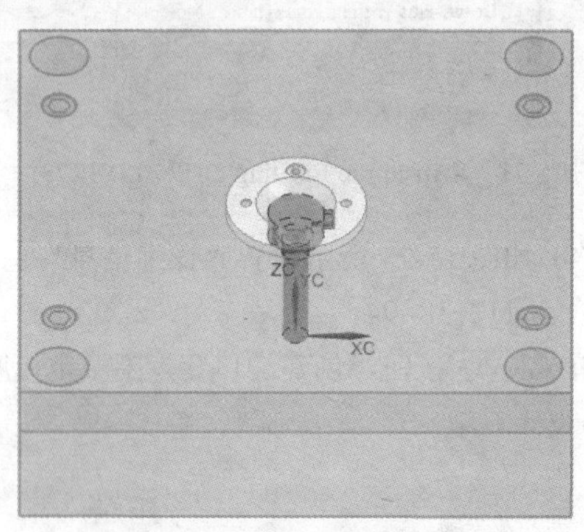

图 15-78　显示一系列组件

(12) 单击(腔体)按钮，弹出“腔体”对话框，“模式”列表框选择“减去材料”，“工具类型”列表框选择“实体”。

如图 15-79 所示，依次单击定模座、定模板、定模仁作为需要修剪的“目标”，依次单击浇口法兰盘组件、浇口套组件(选中浇口套刀槽实体)作为修剪所用的“刀具”。

完成设置后单击< 确定 >按钮，完成避让腔体创建。如图 15-80 所示为完成避让腔体创建后的定模仁。如图 15-81 所示为定模板。如图 15-82 所示为定模座。

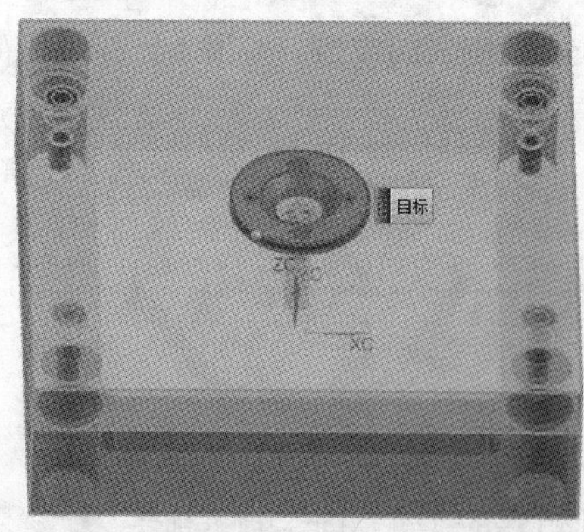

图 15-79　选中修剪目标及刀具

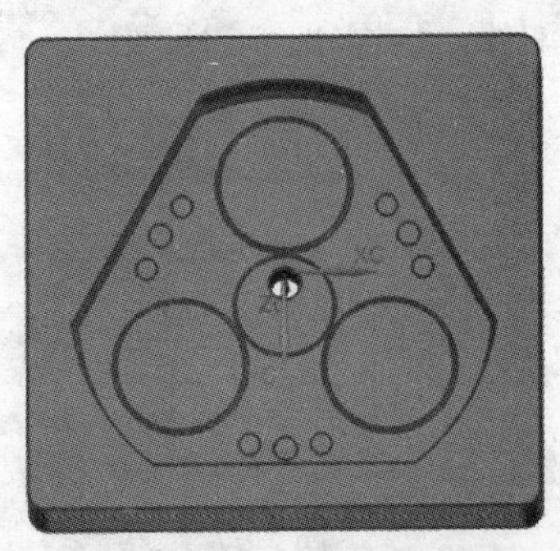

图 15-80　修剪得到的定模仁

图 15-81　修剪得到的定模板

图 15-82　修剪得到的定模座

步骤 14：创建流道及浇口

(1) 隐藏至视图中只余定模仁和浇口套零件，单击“主页”选项卡中的(草图)按钮，弹出“创建草图”对话框。

(2) 单击如图 15-83 所示的平面，单击按钮，进入草图绘制平面。

(3) 单击(直线)按钮，以浇口套中心点为起点绘制如图15-84所示的三条直线。(若直线显示不出，请单击“装配导航器”中 model5_layout_***前面方框，使其显示)

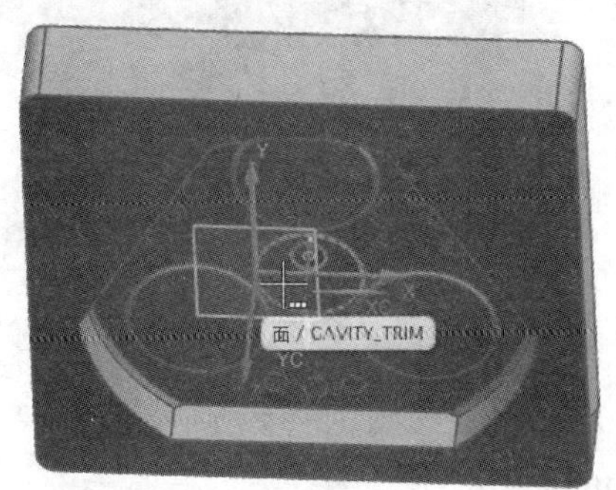

图 15-83　进入草图绘制平面

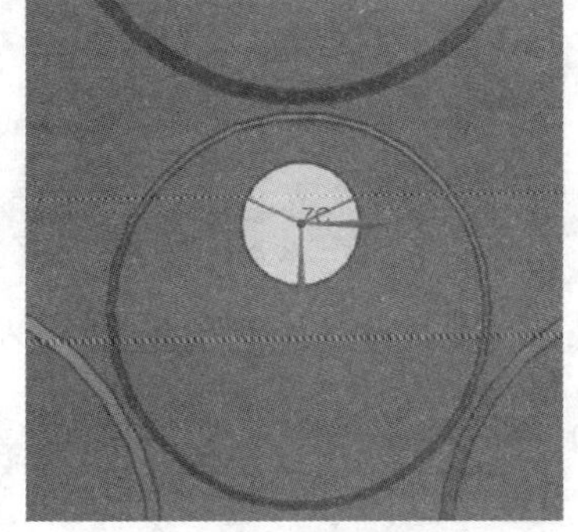

图 15-84　绘制直线局部放大图

(4) 单击(完成草图)按钮，完成并退出草图。

(5) 单击(流道)按钮，弹出“流道”对话框。

(6) 单击曲线作为“引导线”，如图 15-85 所示，“流道”对话框“截面类型”列表框选择 Semi_Circular，单击(反向)按钮，使用默认设置，单击按钮，创建如图 15-86 所示的流道刀路。

(7) 单击(腔体)按钮，弹出“腔体”对话框，在“模式”列表框中选择“减去材料”，“工具类型”列表框选择“实体”。

如图 15-87 所示，单击定模仁、浇口套作为修剪的“目标”；单击流道刀路作为修剪所用的“刀具”。

(8) 完成设置后单击按钮，完成避让腔体创建，如图 15-88 所示。

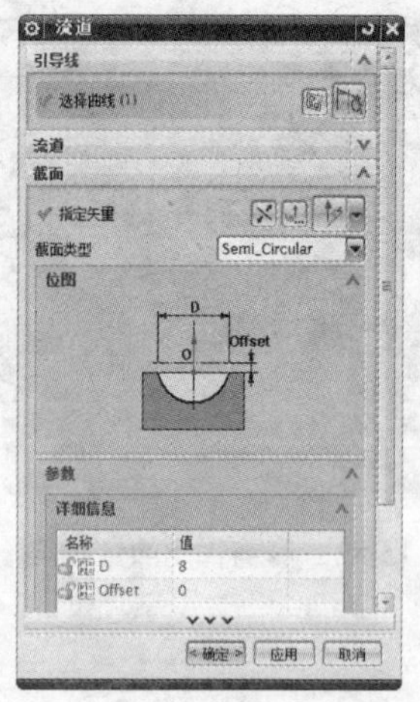

图 15-85 “流道”对话框

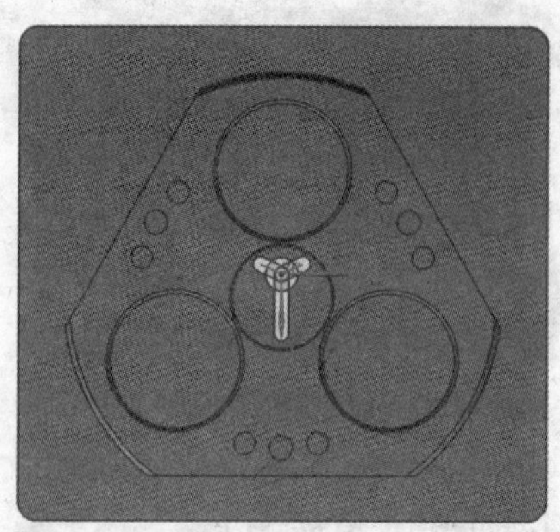

图 15-86 创建流道刀路

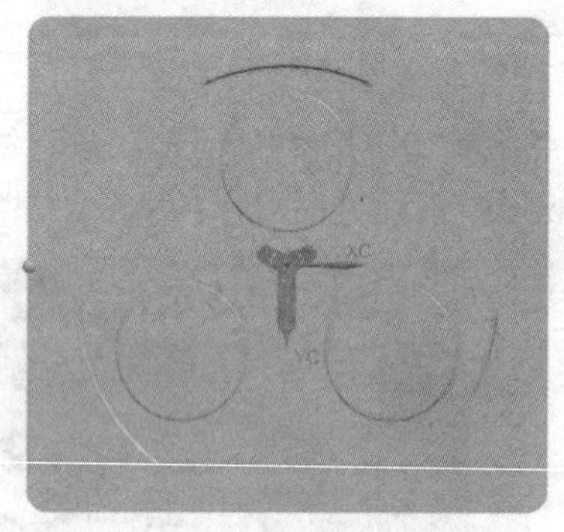

图 15-87 选中“目标”和“刀具”

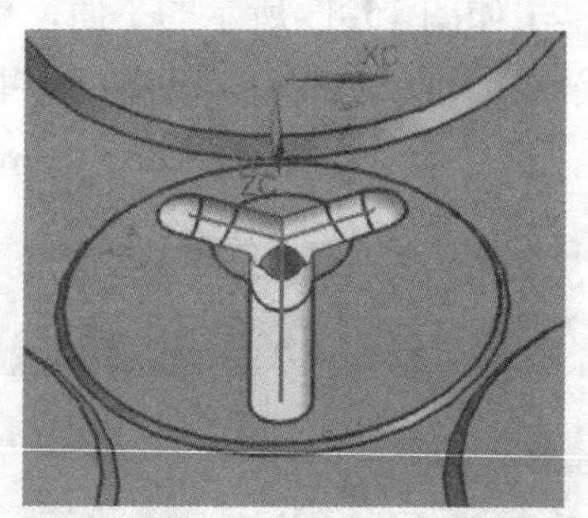

图 15-88 创建避让腔体局部图

(9) 单击(浇口库)按钮，弹出“浇口设计”对话框，如图 15-89 所示，选中“位置”右侧的“型腔”选项，“类型”列表框选择 curved tunnel。

其余默认设置，单击应用按钮，弹出“点”对话框。

“点”对话框默认设置，如图 15-90 所示，单击直线顶点，更改“点”对话框 Z 的坐标为原坐标值+4mm，单击<确定>按钮，弹出“矢量”对话框。(此处可单击直线顶点后取消操作，再重复单击“浇口设计”对话框中的应用按钮，用户再次进入“点”对话框就默认选中直线顶点，此时改变 Z 坐标值即可)

(10) 选中点后，弹出“矢量”对话框，如图 15-91 所示，“类型”列表框选择“与 XC 成一角度”，“角度”设置为 225deg。

(11) 单击<确定>按钮，创建浇口如图 15-92 所示。(若一次创建不对，则在装配导航器中将 xxp_fill_013 设置为显示部件，再对其进行重新定位)

(12) 重复以上操作，创建其余两个浇口刀槽，如图 15-93 所示。

(13) 单击(腔体)按钮，弹出“腔体”对话框，在“模式”列表框中选择“减去材料”，“工具类型”列表框选择“组件”。

依次单击定模仁作为需要修剪的“目标”，依次单击浇口刀路作为修剪所用的“刀具”。

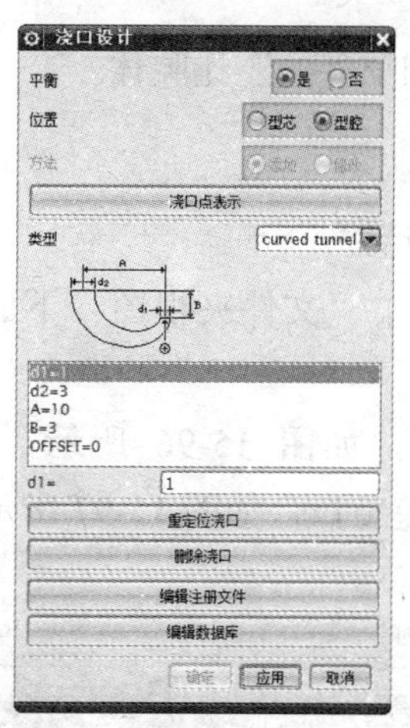

图 15-89　“浇口设计”对话框

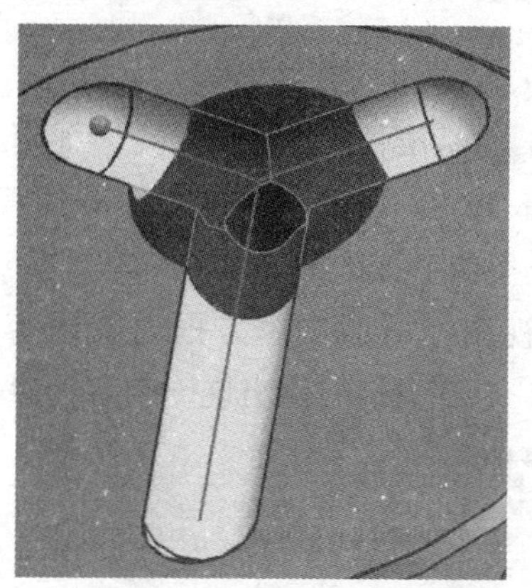

图 15-90　单击浇道刀路一点局部放大

图 15-91　“矢量”对话框

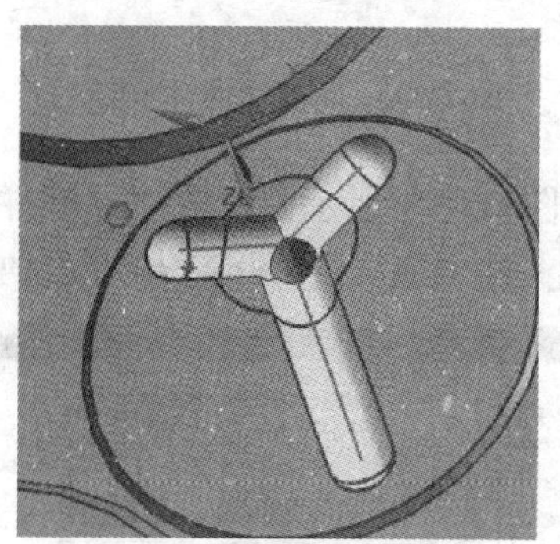

图 15-92　创建浇口局部放大

完成设置后单击“确定”按钮，完成避让腔体创建，隐藏浇口刀路后如图 15-94 所示。

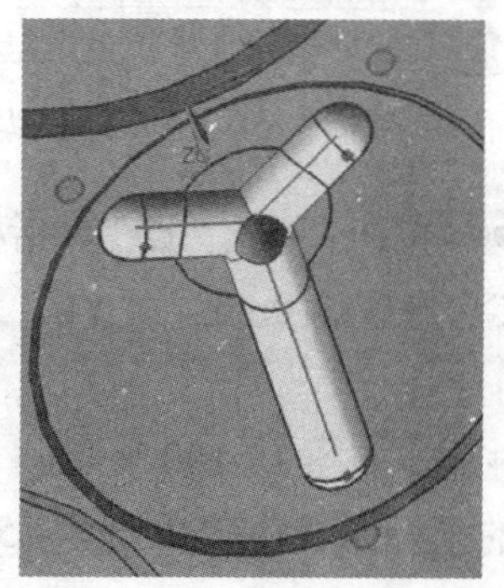

图 15-93　创建其余两个浇口刀槽

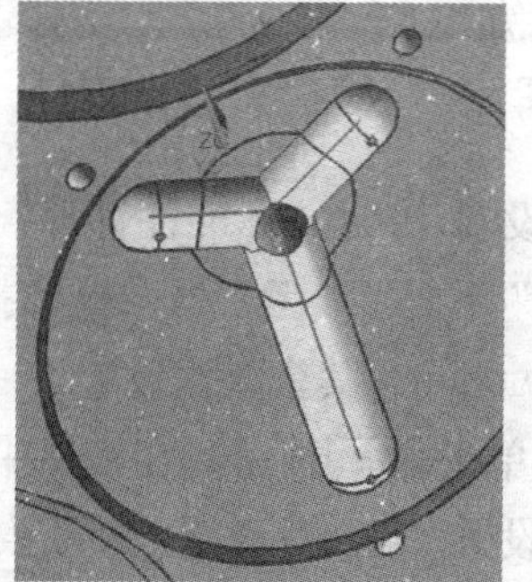

图 15-94　创建避让腔体

15.4　镶块及推料杆创建

步骤 15 和步骤 16 介绍了创建推料杆和镶块的操作过程，其中还包括了使用“顶杆后处理”命令处理顶杆，并介绍了使用“腔体”命令创建不同部件的避让腔体。

步骤 15：创建推料杆并修整

(1) 单击(标准件库)按钮，弹出“标准件管理”对话框。

(2) 如图 15-95 所示，单击“标准件管理”对话框中“文件夹视图”下面白色方框内 DME_MM 的子级 Ejection。

“成员视图”下面白色方框内的内容会发生变化，如图 15-96 所示，单击 Ejector Pin[Straight]，会在窗口右侧出现一个名为“信息”的预览窗口，如图 15-97 所示。

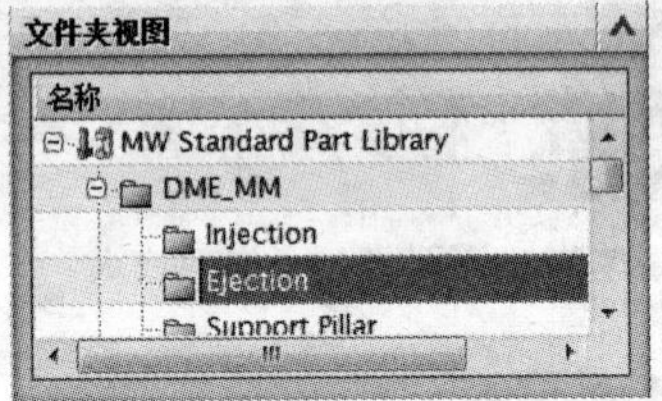

图 15-95　单击 Ejection

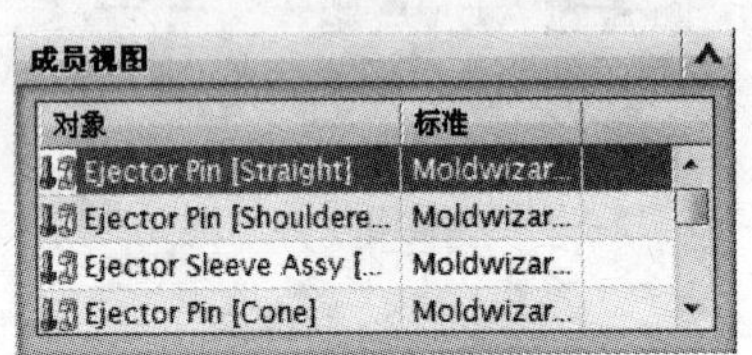

图 15-96　单击 Ejector Pin[Straight]

(3) 如图 15-98 所示，设置“标准件管理”对话框下部的“详细信息”白色方框中的参数，CATALOG_DIA(直径)设置为 3，CATALOG_LENGTH(长度)设置为 160，其余默认设置。

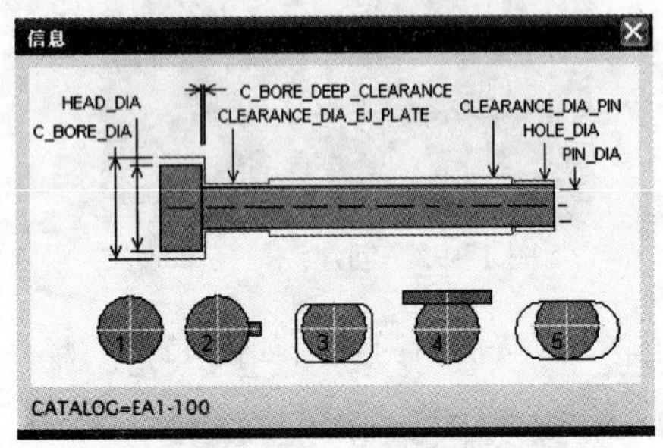

图 15-97　“信息”预览窗口

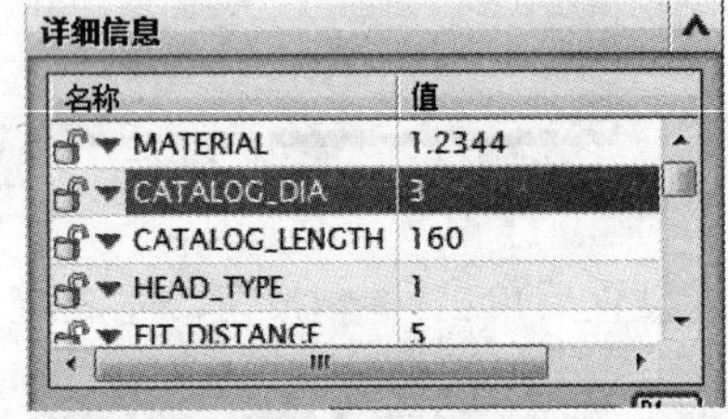

图 15-98　设置直径和长度

(4) 完成设置，单击“标准件管理”对话框中的应用按钮，弹出“点”对话框，如图 15-99 所示，“坐标”下面“参考”列表框选择 WCS，“XC”设置为 0mm，“YC”设置为 70mm，“ZC”设置为 0mm，其余默认设置。

完成设置单击确定按钮，在模具中创建首个推料杆，如图 15-100 所示。

(5) 重复设置“点”对话框，分别设置(XC，YC)的坐标组合为(-50mm，-15mm)、(50mm，-15mm)，创建其余两个推料杆，如图 15-101 所示。

(6) 单击“点”对话框中的取消按钮，退出“点”对话框，回到“标准件管理”对话框，单击确定按钮，完成推料杆创建操作。

(7) 单击(顶杆后处理)按钮，弹出如图 15-102 所示的“顶杆后处理”对话框。

(8) 选中图中三个顶杆，“顶杆后处理”对话框其余默认设置，单击确定按钮，完成顶料杆修剪，如图 15-103 所示。

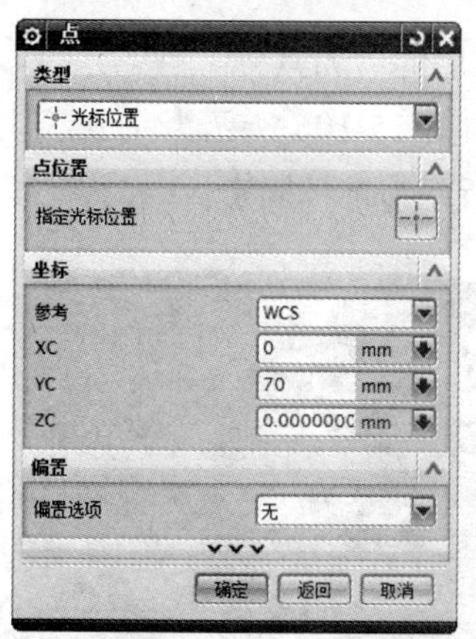

图 15-99　“点”对话框

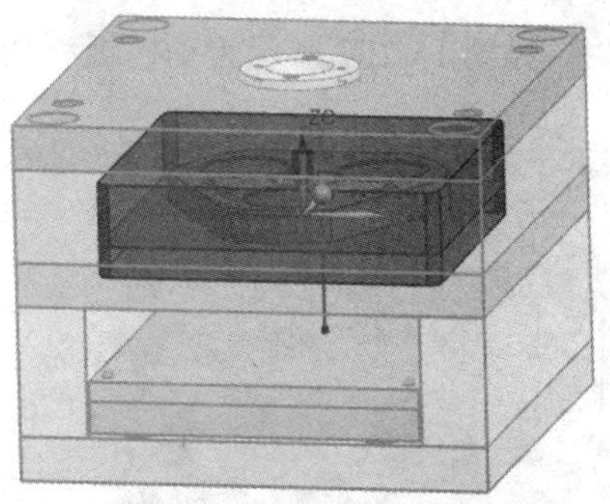

图 15-100　创建首个推料杆

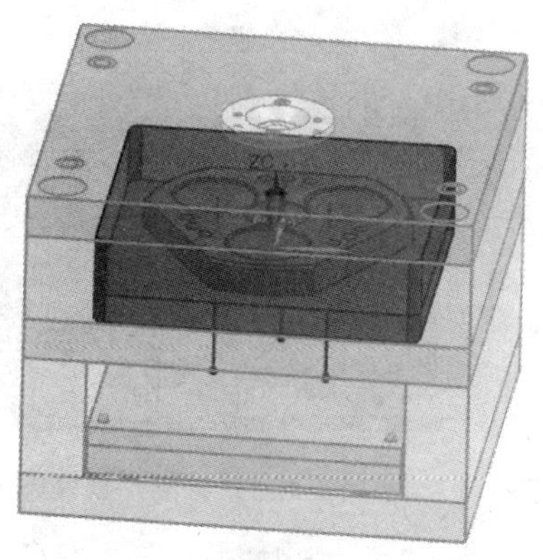

图 15-101　创建其余两个推料杆

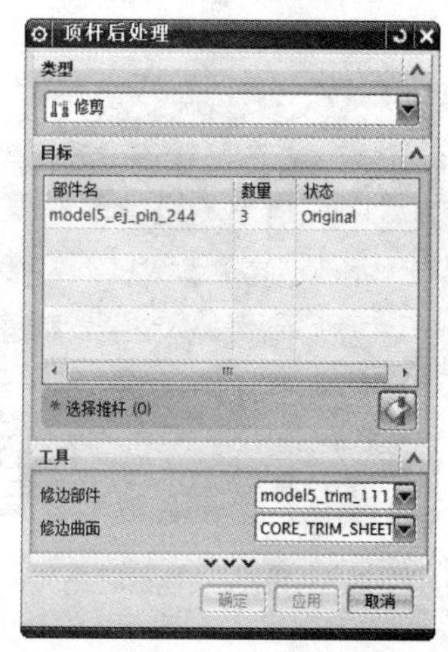

图 15-102　“顶杆后处理”对话框

(9) 单击 (腔体)按钮，弹出“腔体”对话框，“模式”列表框选择“减去材料”，“工具类型”列表框选择“实体”。

如图 15-104 所示，依次单击动模仁、动模板、推杆固定板作为需要修剪的“目标”。

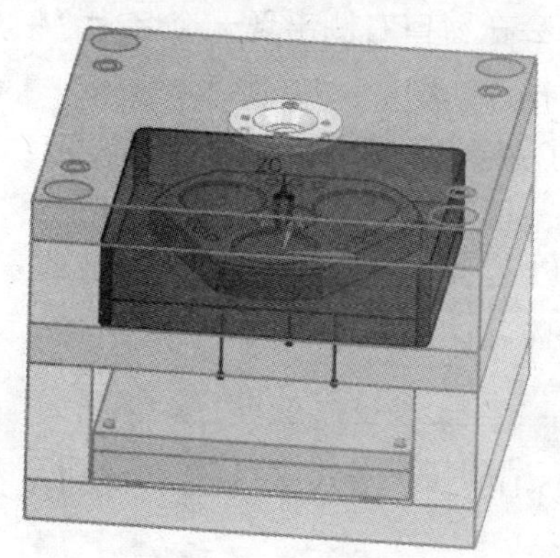

图 15-103　完成顶料杆修剪操作

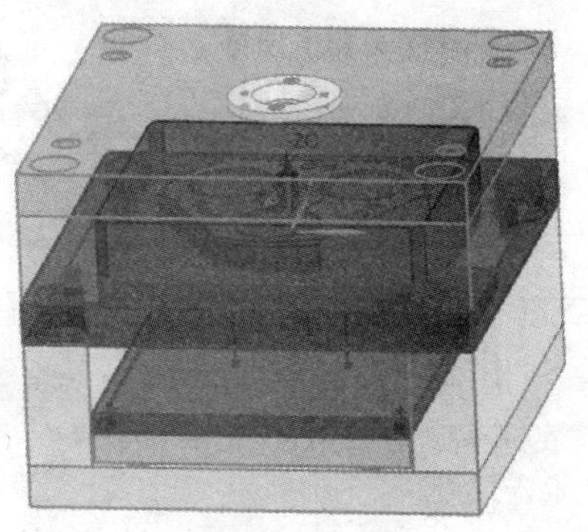

图 15-104　选中修剪目标

如图 15-105 所示，依次单击所有顶料杆作为修剪所用的“刀具”。

完成设置后单击<确定>按钮，完成避让腔体创建。如图 15-106 所示为完成避让腔体创建后的动模仁。如图 15-107 所示为动模板。如图 15-108 所示为推杆固定板。

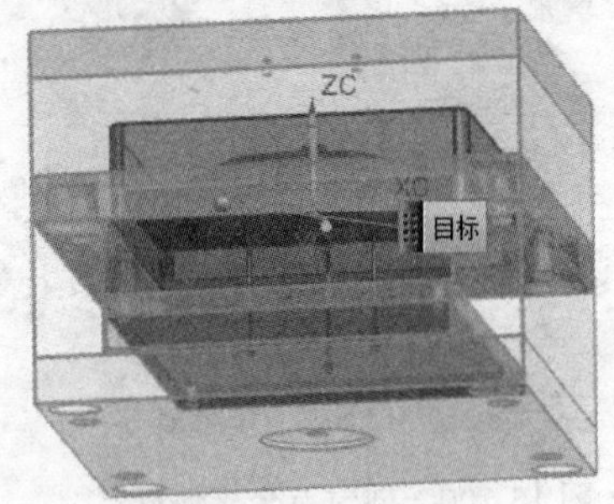

图 15-105　选中修剪刀具

图 15-106　动模仁视图

图 15-107　动模板视图

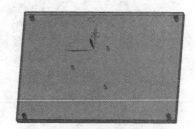

图 15-108　推杆固定板视图

步骤 16：创建镶块

(1) 将模具隐藏只余动模仁，单击(子镶块库)按钮，弹出“子镶块设计”对话框。

(2) 如图 15-109 所示，单击“子镶块设计”对话框中“文件夹视图”下面白色方框内 MW Insert Library 的子级 INSERT。

如图 15-110 所示，单击 CAVITY SUB INSERT，会在窗口右侧出现一个名为“信息”的预览窗口，如图 15-111 所示。

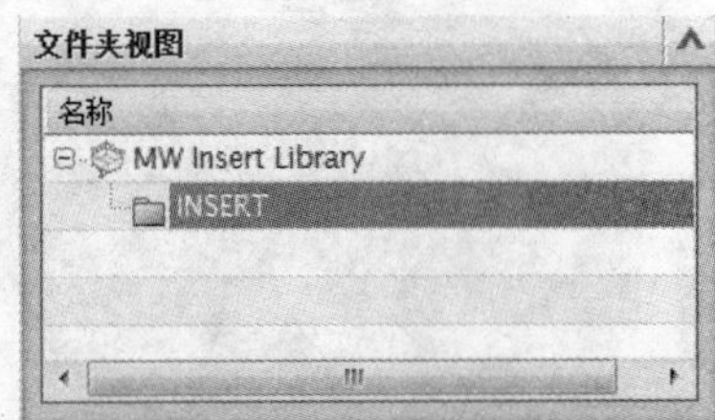

图 15-109　单击 INSERT

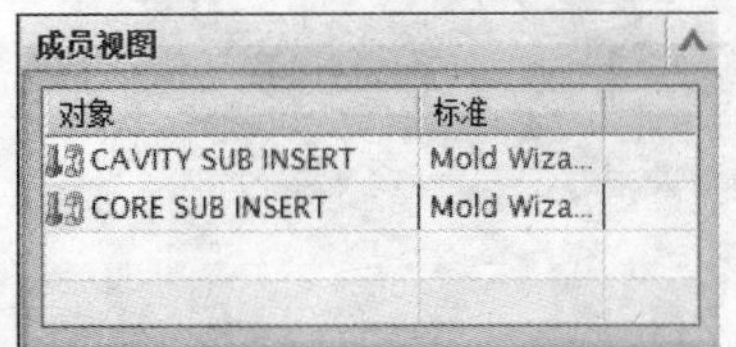

图 15-110　单击 CAVITY SUB INSERT

(3) 如图 15-112 所示，设置“子镶块设计”对话框下部的“详细信息”白色方框中的参数，SHAPE 设置为 ROUND，FOOT 设置为 ON，X_LENGTH 设置为 12mm，Z_LENGTH 设置为 53mm，其余默认设置。

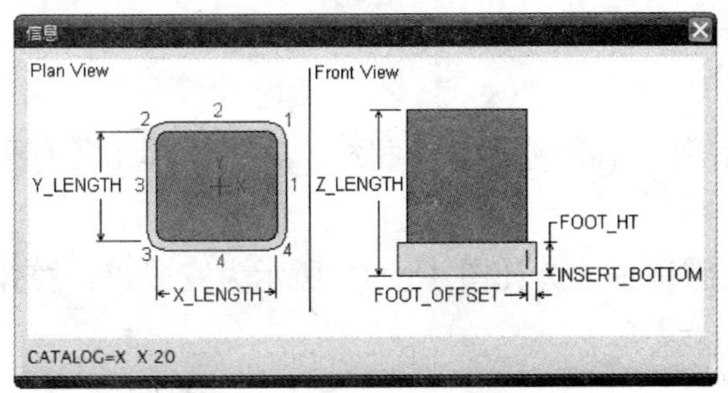

图 15-111　“信息”预览窗口

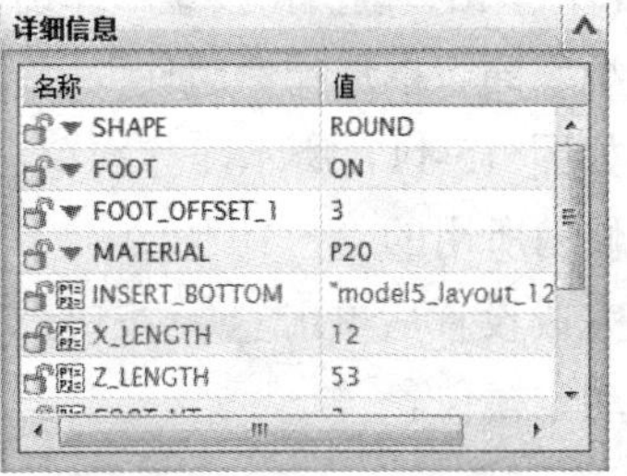

图 15-112　设置直径和长度

(4) 完成设置，单击“子镶块设计”对话框中的应用按钮，弹出“点”对话框，如图 15-113 所示单击一个孔的中心，创建镶块如图 15-114 所示。

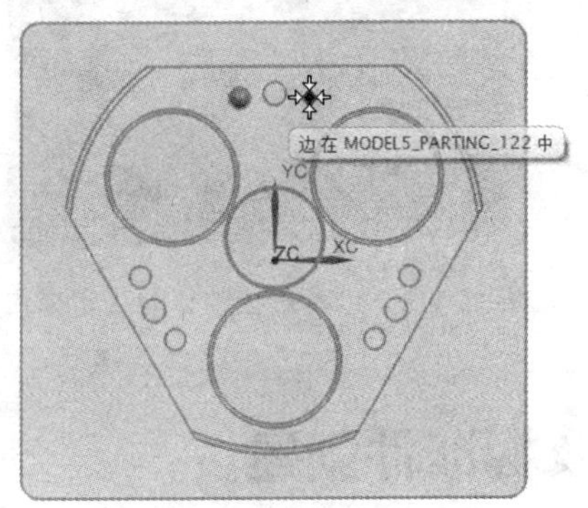

图 15-113　单击孔中心

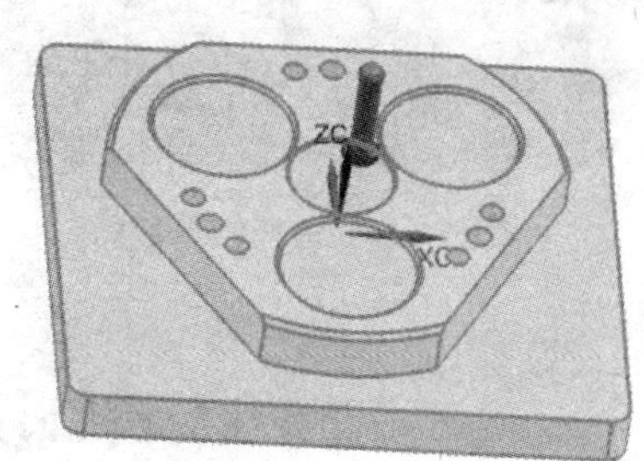

图 15-114　创建子镶块

(5) 重复单击其余 5 个孔中心，创建其余 5 个子镶块，如图 15-115 所示。

(6) 单击“点”对话框中的取消按钮，退出“点”对话框，回到“子镶块设计”对话框，单击确定按钮，完成子镶块创建操作。

(7) 重复以上步骤，将 X_LENGTH 设置为 13mm，其余同步骤(3)设置，创建其余 3 个镶块，如图 15-116 所示。

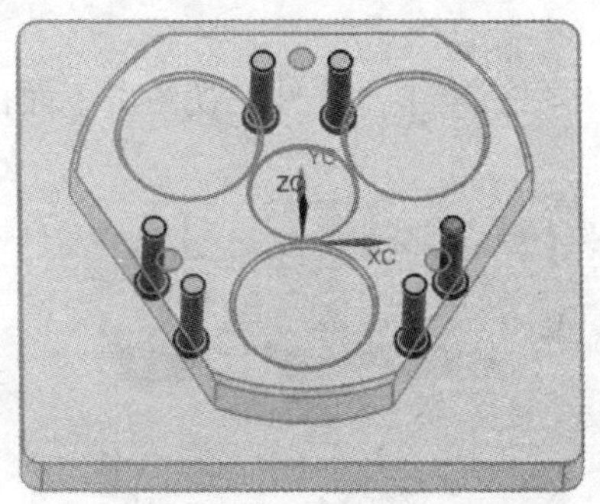

图 15-115　创建 6 个镶块

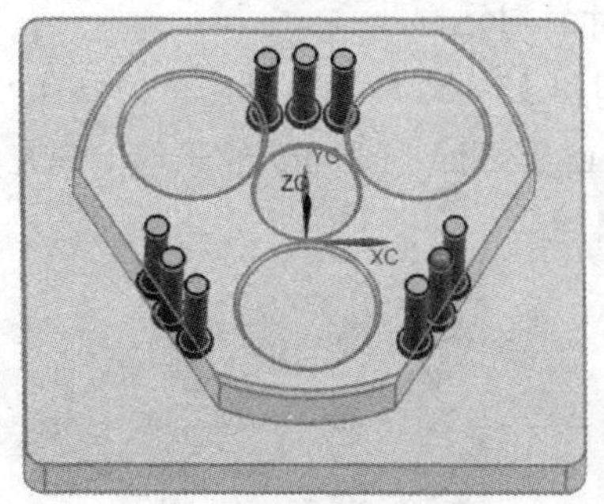

图 15-116　创建其余 3 个镶块

(8) 单击“点”对话框中的取消按钮，退出“点”对话框，回到“子镶块设计”对话框，单击确定按钮，完成子镶块创建操作。

(9) 单击(腔体)按钮，弹出“腔体”对话框，“模式”列表框选择“减去材料”，“工具类型”列表框选择“组件”。

如图 15-117 所示，分别单击动定模仁作为需要修剪的“目标”，依次单击所有子镶块作为修剪所用的“刀具”。

完成设置后单击< 确定 >按钮，完成避让腔体创建。如图 15-118 所示为完成避让腔体创建后的动定模仁。

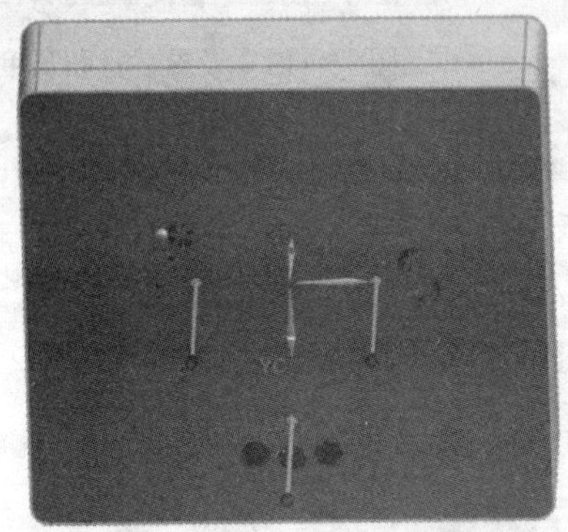

图 15-117　选择修剪目标

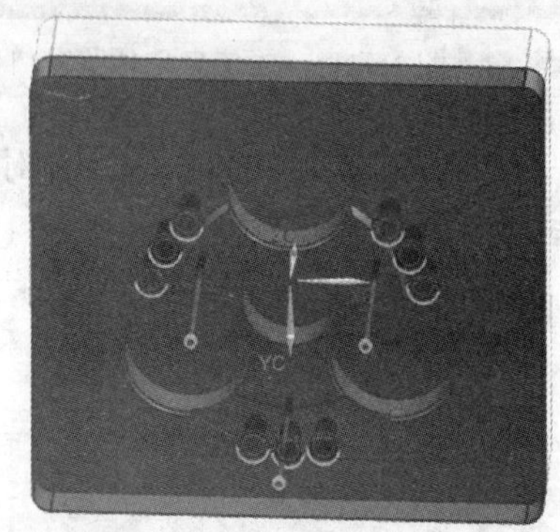

图 15-118　创建避让腔体的动定模仁

15.5　冷却系统及标准件创建

步骤 17 至步骤 21 介绍了创建冷却系统、添加标准件及创建物料清单的操作过程，其中标准件包括复位杆、拉料杆、推板导柱导套等。并在最后介绍了简单后处理过程，请用户参考前面的内容进行详细后处理操作。

步骤 17：创建冷却系统及修整

(1) 单击如图 15-119 所示的“冷却工具”工具栏中的(冷却标准件库)按钮，弹出“冷却组件设计”对话框。

(2) 如图 15-120 所示，单击“冷却组件设计”对话框中“文件夹视图”下面白色方框内 MW Cooling Standard Library 的子级 COOLING。

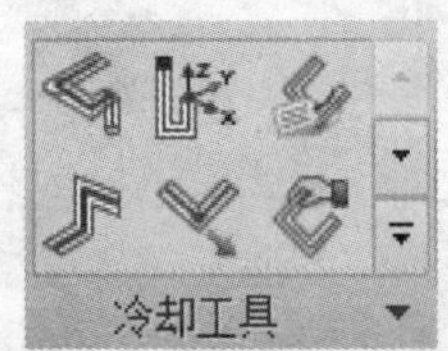

图 15-119　“冷却工具”工具栏

图 15-120　选中 COOLING

(3) “成员视图”下面白色方框内的容会发生变化，如图 15-121 所示，单击 COOLING HOLE，会在窗口右侧出现一个名为“信息”的预览窗口，如图 15-122 所示。

图 15-121 选中 COOLING HOLE

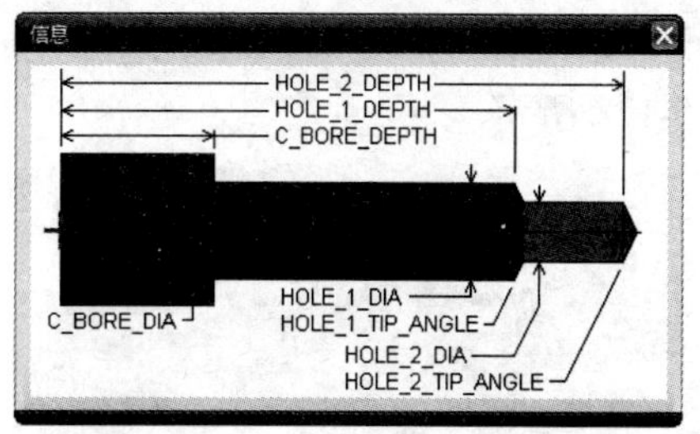

图 15-122 “信息”预览窗口

(4) 因浇注腔全部在下模，此模具需在下模上创建冷却管道。

如图15-123所示，单击定模板的较短面为“放置”、“位置”。

如图15-124所示，设置“冷却组件设计”对话框下部的“详细信息”白色方框中的参数，HOLE_1_DIA设置为8，HOLE_2_DIA设置为8，HOLE_1_DEPTH设置为390，HOLE_2_DEPTH设置为390，其余默认设置。

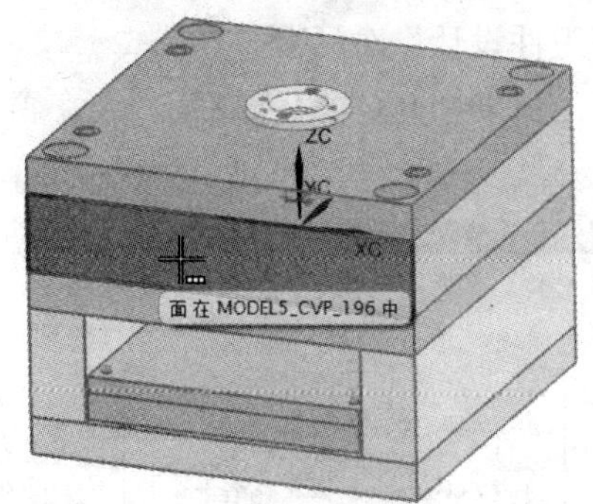

图 15-123 选择放置面

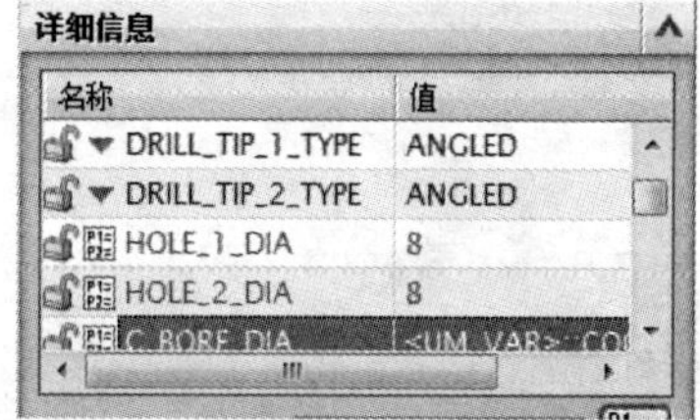

图 15-124 设置参数

(5) 单击 应用 按钮，弹出“标准件位置”对话框，如图 15-125 所示，设置“偏置”下面“X 偏置”、“Y 偏置”分别为-50mm、36mm。

单击 确定 按钮，创建冷却水道刀路实体，如图 15-126 所示。

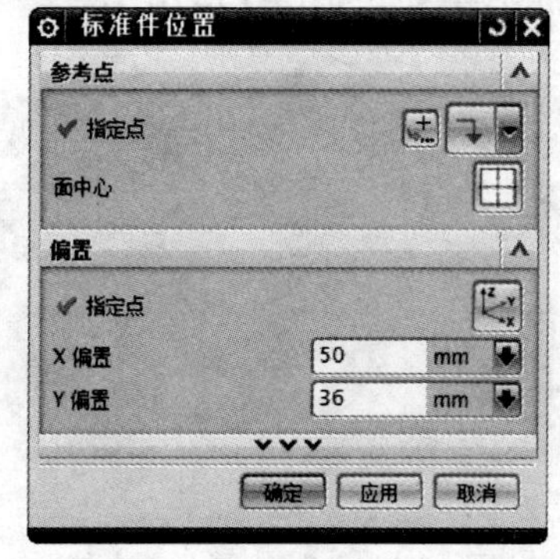

图 15-125 “标准件位置”对话框

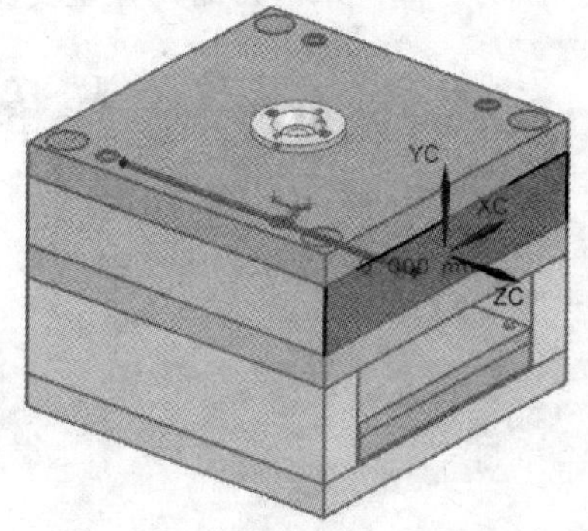

图 15-126 创建冷却水道刀路

同理，在相同面以(50，36)、(-100，36)、(100，36)创建其余三条冷却水道刀路，如图 15-127 所示。

使用同样的方法，在相邻面上以相同 4 个坐标创建 4 条长为 390mm 的冷却水道刀路，如图 15-128 所示。

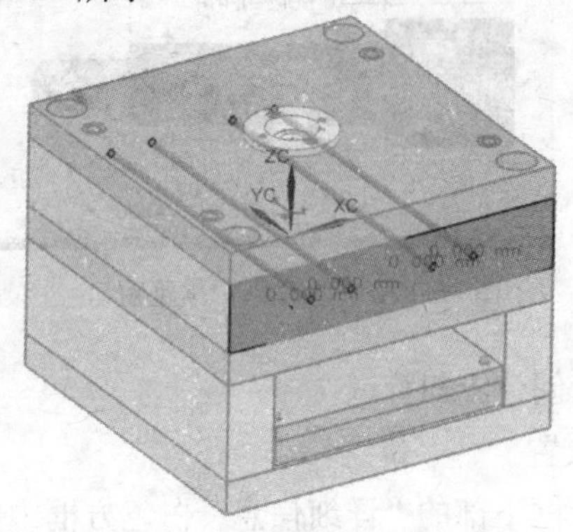

图 15-127 创建 4 个水道刀路

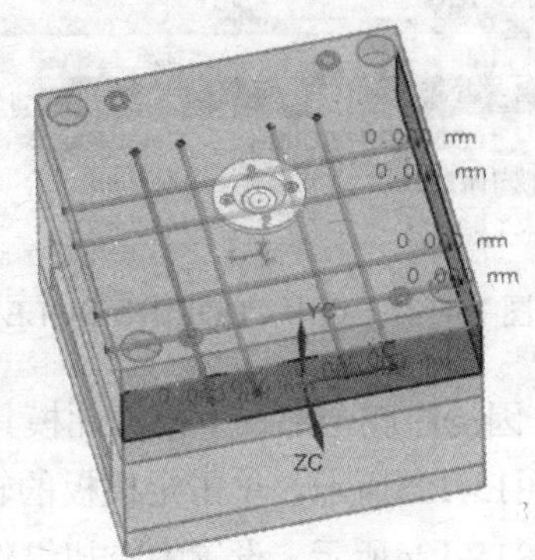

图 15-128 创建相邻面的 4 个水道刀路

(6) 单击“冷却组件设计”对话框中的确定按钮，完成所有水道刀路创建。

(7) 单击(冷却标准件库)按钮，弹出“冷却组件设计”对话框。

(8) 如图 15-129 所示，单击“成员视图”下面的 CONNECTOR PLUG，会在窗口右侧出现一个名为“信息”的预览窗口，如图 15-130 所示。

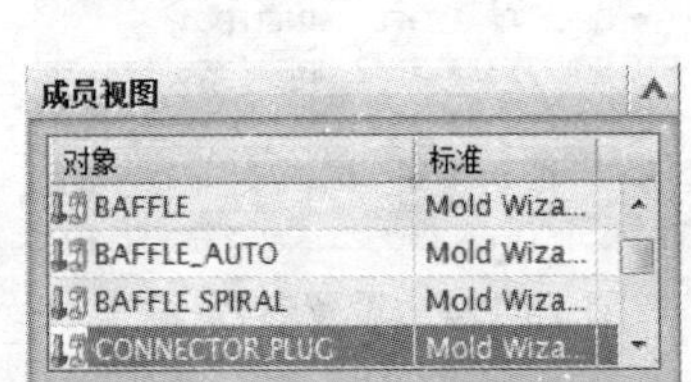

图 15-129 单击 CONNECTOR PLUG

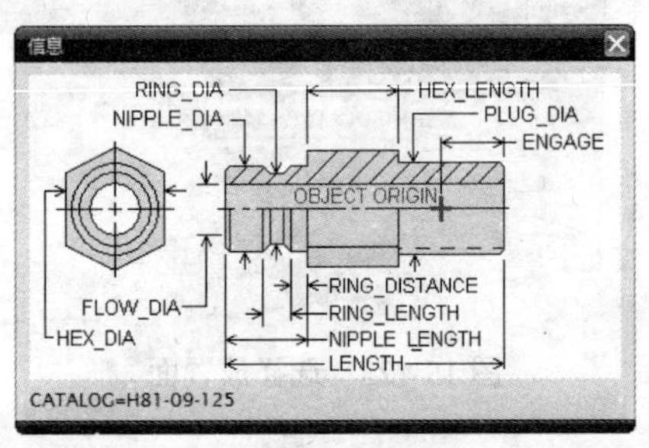

图 15-130 “信息”预览窗口

(9) 使用默认设置，单击应用按钮，加载堵头如图 15-131 所示。

(10) 单击另一侧一水道刀路，并重复步骤(8)，加载堵头如图 15-132 所示。

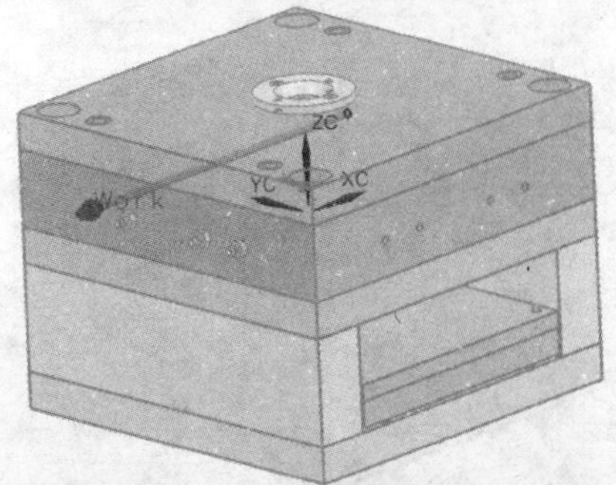

图 15-131 加载前 4 个堵头

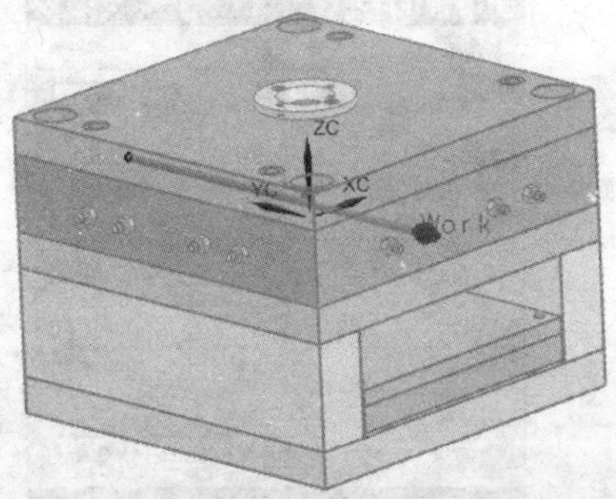

图 15-132 加载剩余 4 个堵头

(11) 单击 (腔体)按钮，使用创建避让腔的方法，以堵头和冷却水道作为修剪刀具，以定模板和定模仁作为修剪目标，创建避让腔。

如图 15-133 所示为创建避让腔体之后的定模仁视图。如图 15-134 所示为创建避让腔体之后的定模板视图。

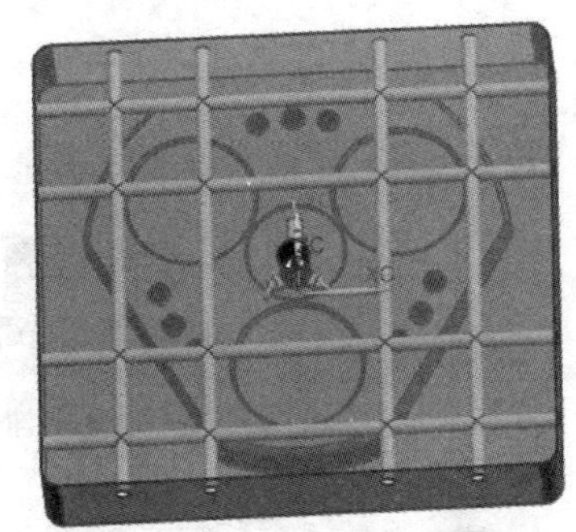

图 15-133　创建避让腔体后定模仁

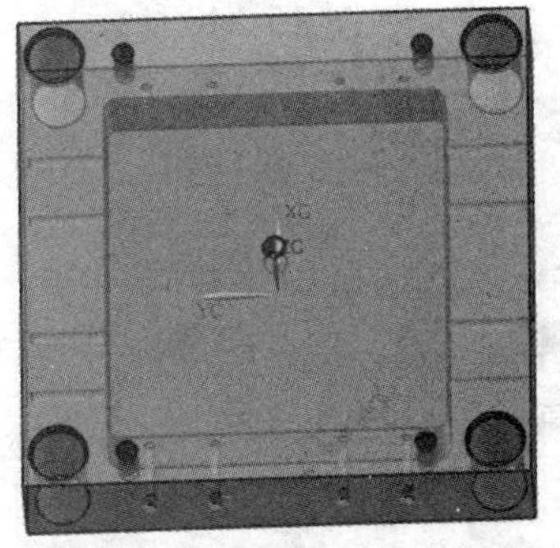

图 15-134　创建避让腔体后定模板

步骤 18：创建复位杆，并进行修整

(1) 单击 (标准件库)按钮，弹出“标准件管理”对话框。

(2) 如图15-135所示，单击“标准件管理”对话框中“文件夹视图”下面白色方框内DME_MM的子级Ejection。

“成员视图”下面白色方框内的内容会发生变化，如图 15-136 所示，单击 Core Pin，会在窗口右侧出现一个名为“信息”的预览窗口，如图 15-137 所示。

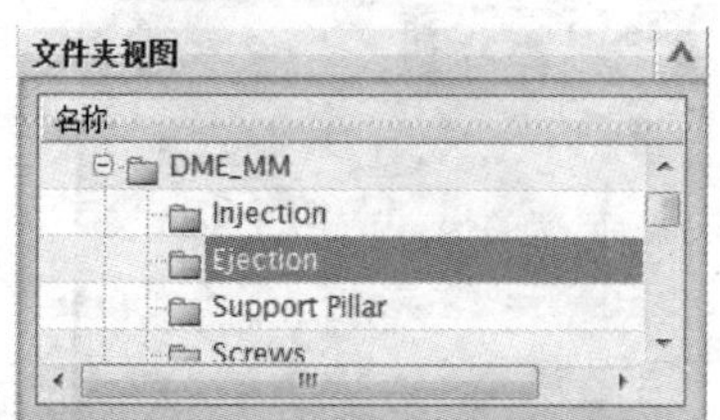

图 15-135　单击 Ejection

图 15-136　单击 Core Pin

(3) 如图 15-138 所示，设置“标准件管理”对话框下部的“详细信息”白色方框中的参数，CATALOG_DIA 设置为 6，CATALOG_LENGTH 设置为 112，其余默认设置；单击推杆固定板底面作为“放置”、“位置”。

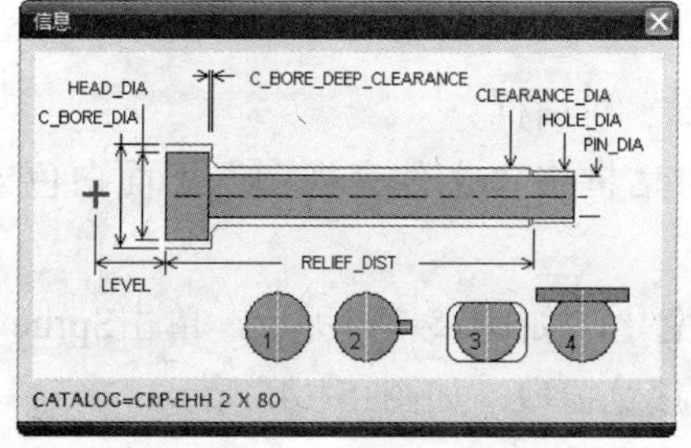

图 15-137　“信息”预览窗口

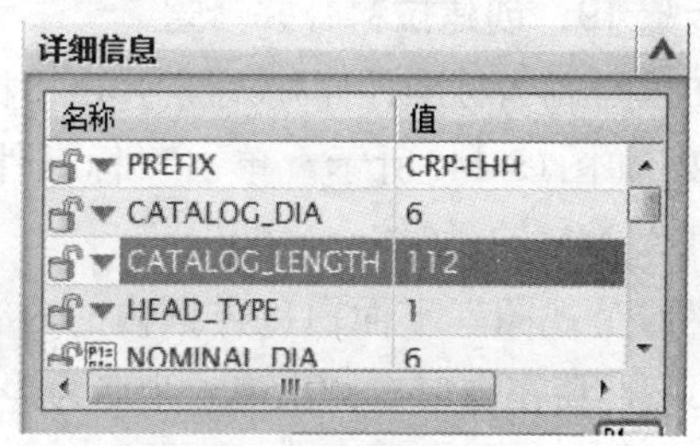

图 15-138　设置详细参数

(4) 单击“标准件管理”对话框中的应用按钮，弹出“标准件位置”对话框。

(5) “标准件位置”对话框“偏置”下面的“X 偏置”设置为-115mm，“Y 偏置”设置为-90mm，单击确定按钮，创建首个复位杆，如图 15-139 所示。

(6) 同样，(X 偏置，Y 偏置)坐标组合分别设置(115，90)、(-115，90)、(115，-90)，创建另三个复位杆，如图 15-140 所示。

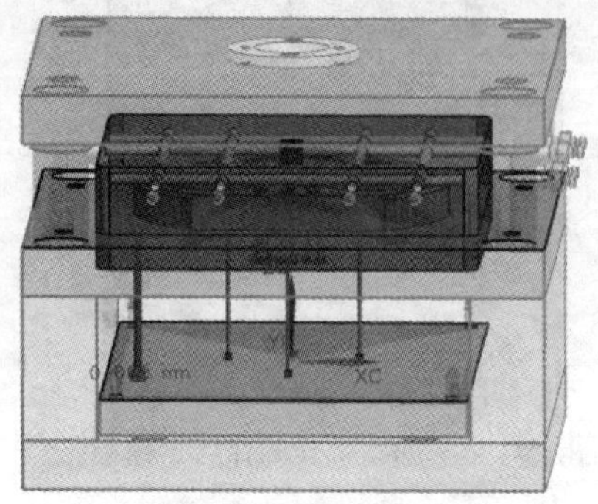

图 15-139 创建首个复位杆

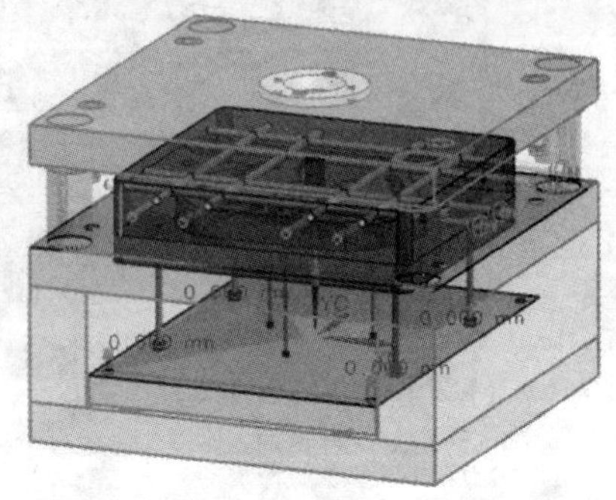

图 15-140 创建其余三个复位杆

(7) 单击(腔体)按钮，使用创建避让腔的方法，以 4 个复位杆作为修剪刀具，以推杆固定板和动模板作为修剪目标，创建避让腔。

如图 15-141 所示为创建避让腔体之后的推杆固定板视图。

如图 15-142 所示为创建避让腔体之后的动模板视图。

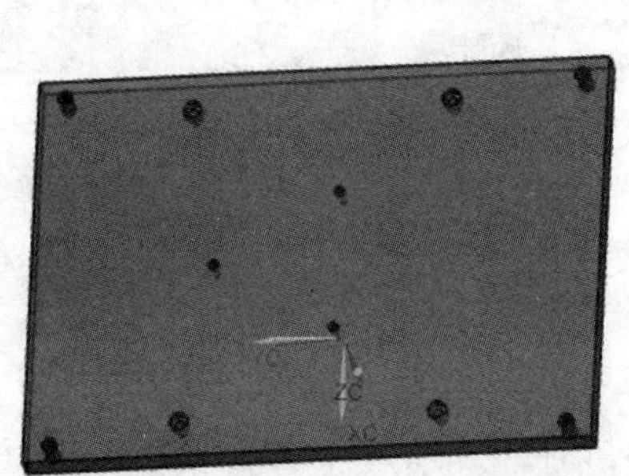

图 15-141 推杆固定板视图

图 15-142 动模板视图

步骤 19：创建拉料杆并修整

(1) 单击(标准件库)按钮，弹出“标准件管理”对话框。

(2) 如图15-143所示，单击“标准件管理”对话框中“文件夹视图”下面白色方框内FUTABA_MM的子级Sprue Puller。

“成员视图”下面白色方框内的内容会发生变化，如图15-144所示，单击Sprue Puller [M-RLA]，会在窗口右侧出现一个名为“信息”的预览窗口，如图15-145所示。

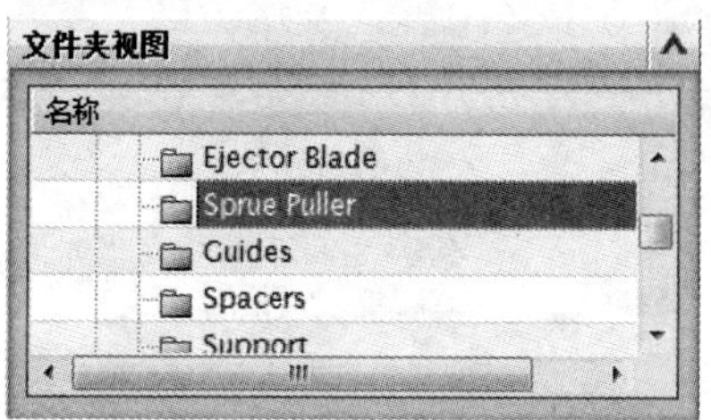

图 15-143 单击 Sprue Puller

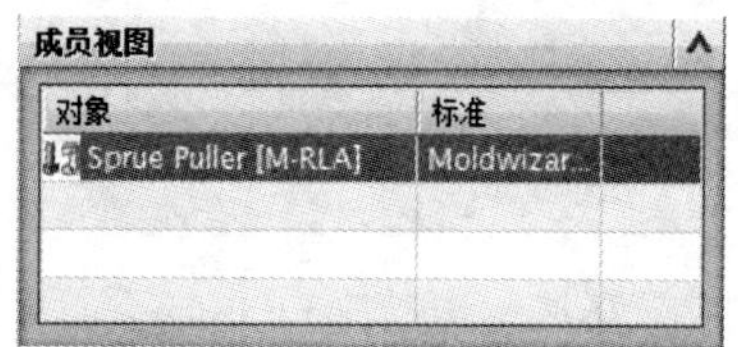

图 15-144 单击 Sprue Puller [M-RLA]

(3) 如图 15-146 所示，设置“标准件管理”对话框下部的“详细信息”白色方框中的参数，“CATALOG_LENGTH”设置为 122，其余默认设置。

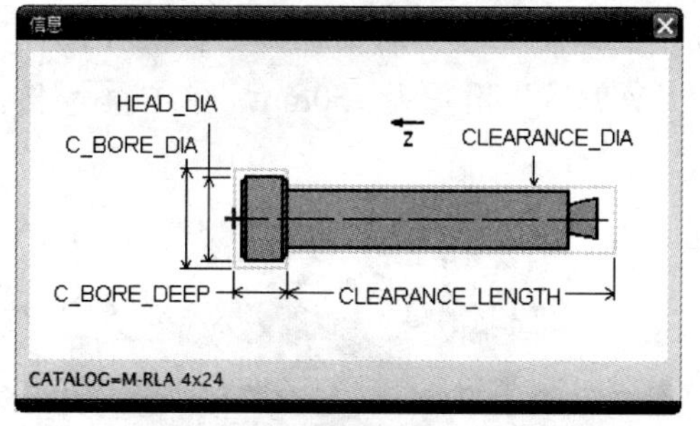

图 15-145 “信息”预览窗口

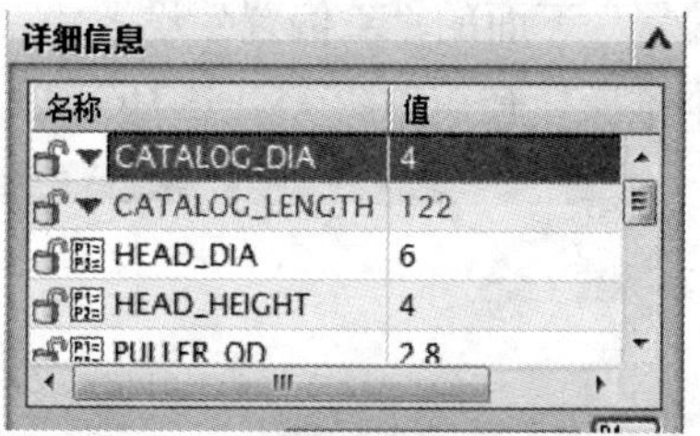

图 15-146 设置详细参数

(4) 单击动模仁最上平面作为“放置”、“位置”，然后单击对话框中的 应用 按钮，弹出“标准件位置”对话框，使用默认设置，单击 确定 按钮，创建推料杆，如图 15-147 所示。

(5) 单击 (腔体)按钮，使用创建避让腔的方法，以拉料杆修剪框作为修剪刀具，以推杆固定板、动模板和动模仁作为修剪目标，创建避让腔体如图 15-148 所示。

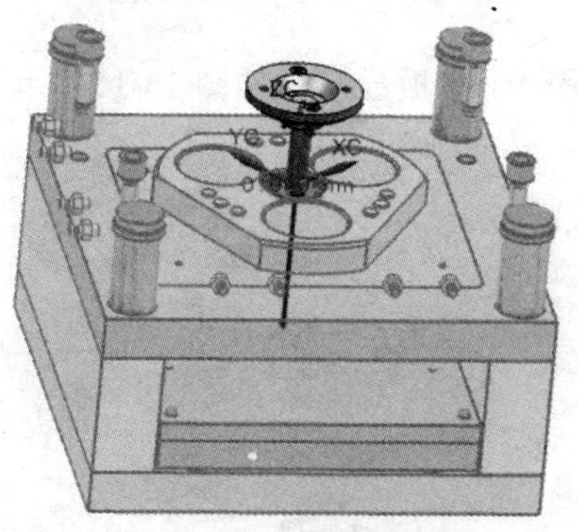

图 15-147 创建推料杆

图 15-148 创建避让腔体

步骤 20：创建推板导柱导套，并修整

(1) 单击 (标准件库)按钮，弹出“标准件管理”对话框。

(2) 如图 15-149 所示，单击“标准件管理”对话框中“文件夹视图”下面白色方框内 DME_MM 的子级 Dowels。

“成员视图”下面白色方框内的内容会发生变化，如图 15-150 所示，单击 Centering

Bushing(R05)，会在窗口右侧出现一个名为“信息”的预览窗口，如图 15-151 所示。

图 15-149　单击 Dowels

图 15-150　单击 Centering Bushing(R05)

(3) “标准件管理”对话框下部的“详细信息”白色方框中的参数默认设置。

(4) 单击如图 15-152 所示推杆固定板下底面作为“放置”、“位置”。

单击“标准件管理”对话框中的应用按钮，弹出“点”对话框；“标准件位置”对话框“偏置”下面的“X 偏置”设置为 70mm，“Y 偏置”设置为 150mm，单击确定按钮，创建首个推板导套，如图 15-153 所示。

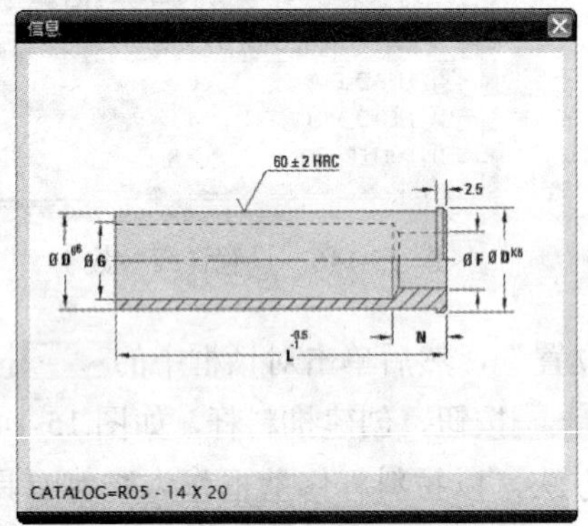

图 15-151　“信息”预览窗口

图 15-152　选中参考位置

(5) (X 偏置，Y 偏置)坐标为(-70，-150)创建另一个推板导套，如图 15-154 所示。

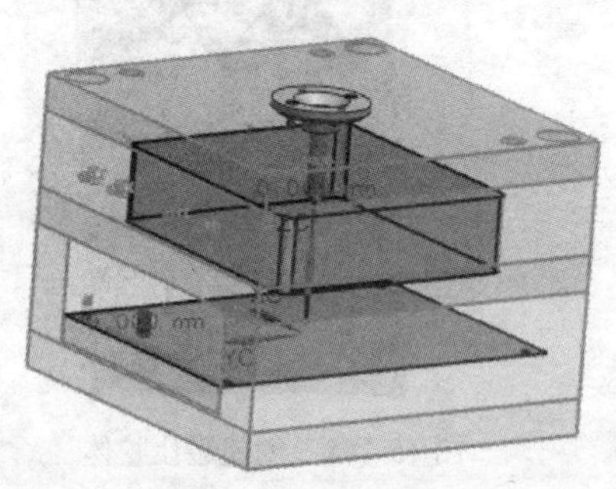

图 15-153　创建首个推板导套

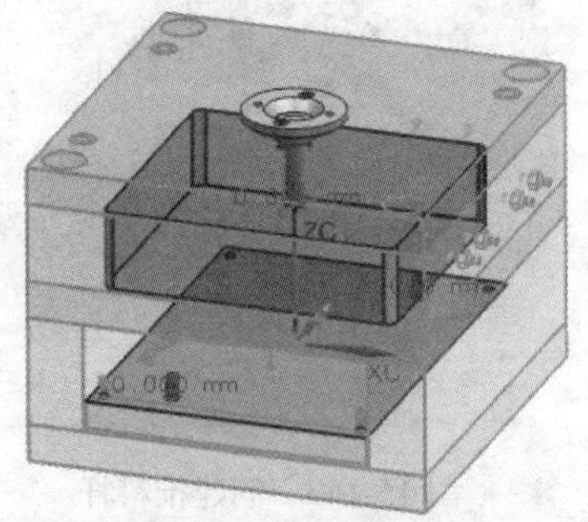

图 15-154　创建第 2 个推板导套

(6) 同样，单击“成员视图”下面白色方框中的 Tubular Dowels(R09)，在推板导套位置创建推板导柱，如图 15-155 所示。

(7) 单击(腔体)按钮，使用创建避让腔的方法，以推板导柱导套作为修剪刀具，以推杆固定板和动模座作为修剪目标，创建避让腔。

完成修整后，即完成简单抽壳零件的注塑模具设计，如图 15-156 所示。

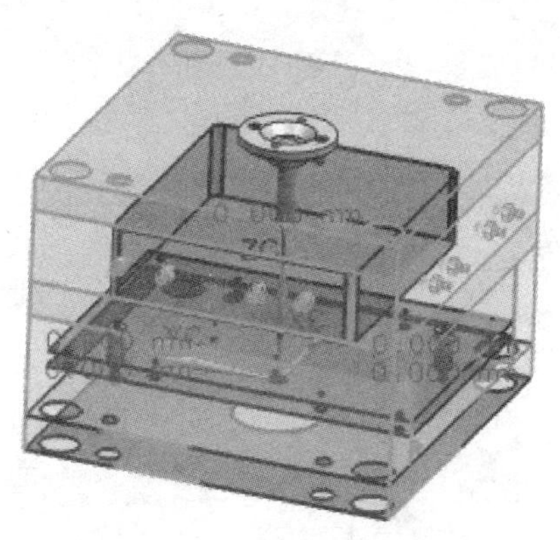

图 15-155　创建两个推板导柱

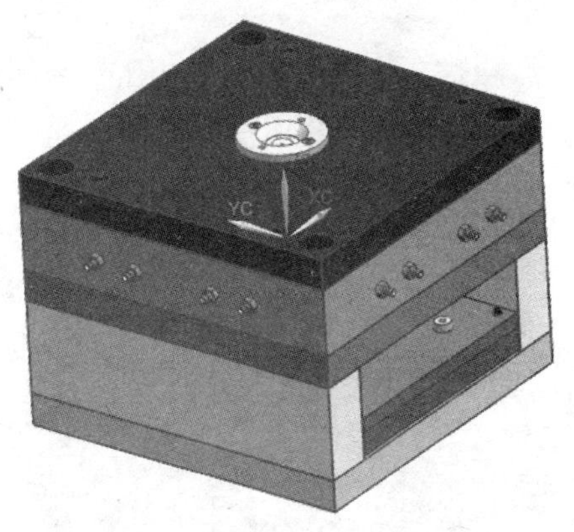

图 15-156　完成注塑模具设计

步骤 21：创建物料清单

单击(物料清单)按钮，弹出如图 15-157 所示的“物料清单”对话框。用户可在此对话框中查看物料“描述”、“类别/大小”、“材料”、“供应商”及“坯料尺寸”等内容。亦可通过单击视图中的零件，来确定物料类型。

物料清单

选择组件

* 选择组件 (0)

列表

列表类型　BOM 表

编号	数量	描述	类别/大小	材料	供应商	坯料尺寸
1	1					
2	14	SUBINSERT	18 X 18 X 53	P20	CUSTOM	
3	3	EJECTOR PIN	EJP-EHN 3 X 1...	{...}	DME	Length= 112...
4	4	CORE PIN	CRP-EHH 6 X ...	1.2344	DME	
5	2	Screw auto	CS - 8 x 16	STD		
6	1	location_ring_...	DHR21 - 100 ...		DME	
7	1	Sprue Bushings	DHR78 - 18 X...		DME	
8	1	PULLER PIN	M-RLA 4x122	SKS3	FUTABA	
9	2	Tubular Dowels	R05 - 20 X 40	1.7131	DME	
10	2	Tubular Dowels	R05 - 10 X 20	1.7131	DME	
11	8	1/8 CONNECT...	H81-09-125	BRASS	DMS	
12	4		DME M16 x 45			
13	4	LEADER PIN	DME FSC34-7...		DME	
14	1		DME N03-404...			
15	1		DME N10-404...			

关闭

图 15-157　“物料清单”对话框

15.6　本 章 小 结

通过对行星盘模型的模具设计，希望用户掌握使用注塑模向导模块进行特殊模型的注塑模具设计。本模型进行注塑模具设计的特点是：前期需要调整开模方向，后期需创建镶块。本模型的注塑模具设计的浇注系统的创建添加亦需要用户认真参考。

参 考 文 献

[1] 贾东勇，郭光立. UG 模具设计基础教程[M]. 北京：清华大学出版社，2010.

[2] 李军. UG 模具设计实训教程[M]. 北京：北京航空航天大学出版社，2011.

[3] 张兴强，赵勇. UG 模具技术应用[M]. 重庆：重庆大学出版社，2013.

[4] 赵华. 模具设计与制造[M]. 北京：电子工业出版社，2012.

[5] 云杰漫步多媒体科技 CAX 设计教研室. UG NX 6.0 中文版，模具设计[M]. 北京：清华大学出版社，2009.

[6] 唐家鹏，齐伟，周伟文. 精通 UG NX 7.0 中文版模具设计[M]. 北京：科学出版社，2011.

[7] 王中行. UG NX 7.5 中文版基础教程[M]. 北京：清华大学出版社，2012.

[8] 吴宗泽，高志. 机械设计(第 2 版)[M]. 北京：高等教育出版社，2009.

[9] 田光辉，林红旗. 模具设计与制造[M]. 北京：北京大学出版社，2009.